1.5 户外[illegible]——唇[illegible]

1.3 报纸广告设计——欧洁蔓化妆品

1.2 公交站牌广告——出水芙蓉

1.1 美容院VIP卡——美时慕

1.7 海报设计——化妆美容大赛

珀莱我喜欢

PROLISER

珀莱晶纯系列

1.6 宣传折页——珀莱

2.4 优惠券设计——迪欧咖啡

2.8 月饼盒包装——中华神韵

2.5 杂志内页设计——冰爽无限

2.6 海报招贴——可口可乐

2.2 吊旗设计——佛跳墙

2.7 公交站牌广告——仙活酸奶

3.5 展板设计——山东省眼科医院

3.3 宣传折页——药膳房三折页

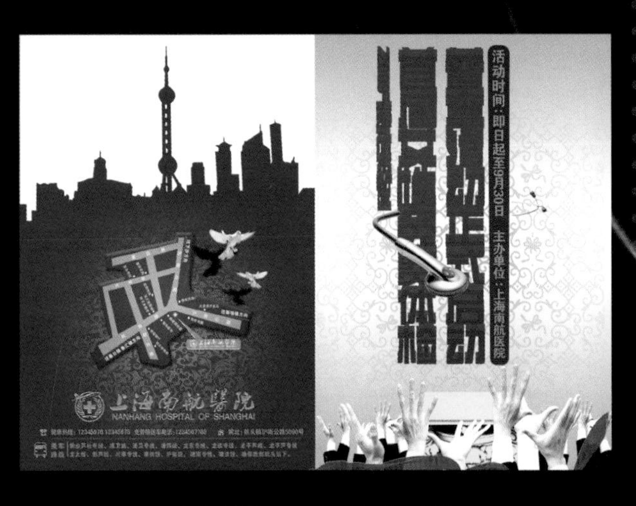

3.2 宣传折页——女性体检折页

3.4 宣传单页——绿茶菁华胶囊产品

2.3 路灯灯箱广告——饮料广告

4.7 画册设计——NORTH TEEM

4.2 悬挂POP——春天畅想

4.8 标志设计——第六大道

4.1 海报设计——BLUEGIRL时装加盟海报设计

4.5 折卡设计——内衣折卡

5.6 报纸广告设计——冰爽大自然

5.7 宣传单页——喜约喜庆家纺

5.8 包装设计——普洱茶

AUX 奥克斯

中國心 端午情

5.5 户外媒体灯箱广告——奥克斯空调

5.3 高立柱户外广告——元升太阳能

6.2 母亲节——感悟母爱

PREMIUM QUALITY
Cheer day
清纯
PURE BEER
千島湖啤酒
好水才能酿好酒
净含量
570ml

7.6 瓶贴设计——清纯千岛湖啤酒

7.2 杂志内页设计——莫妮长城葡萄酒

打电话大拜年

优惠包	资费内容	短信方式
长途大优惠	10元包50分钟本地长途，超出一口价0.25元/分钟	发CJCT10到10086开通，发CTQX取消
	20元包100分钟本地长途，超出一口价0.25元/分钟	发CJCT20到10086开通，发CTQX取消
漫游大优惠	功能费5元/月，省内漫游一口价0.35元/分钟	发SNMY5到10086开通，发MYQX取消
	功能费5元/月，国内漫游一口价0.40元/分钟	发GNMY5到10086开通，发MYQX取消

短信大拜年 节日祝福短信点播

彩信大拜年 加入日照移动彩信俱乐部，享受超值会员特权

96160大拜年 96160手机圈铃彩信彩铃人工服务、祝福传情

彩铃大拜年 彩铃贺岁，流行时尚，让您的"响"法与众不同！

诚信服务 满意100

13406331860

6.1 宣传单页——移动礼贺新春

6.5 招贴设计——第8届横溪西瓜节

精彩案例欣赏

8.9 网站设计——金牌销售平台

6.4 提货券设计——情人节促销活动提货券

9.4 招贴设计——节能减耗从我做起

8.1 邀请函——金港湾国际商务大厦开工典礼

8.3 画册设计——新财经赢之道

8.4 高立柱大型户外广告——广东发展银行

11.8 房地产画册设计——居住天堂

10.3 包装盒设计——惠普鼠标

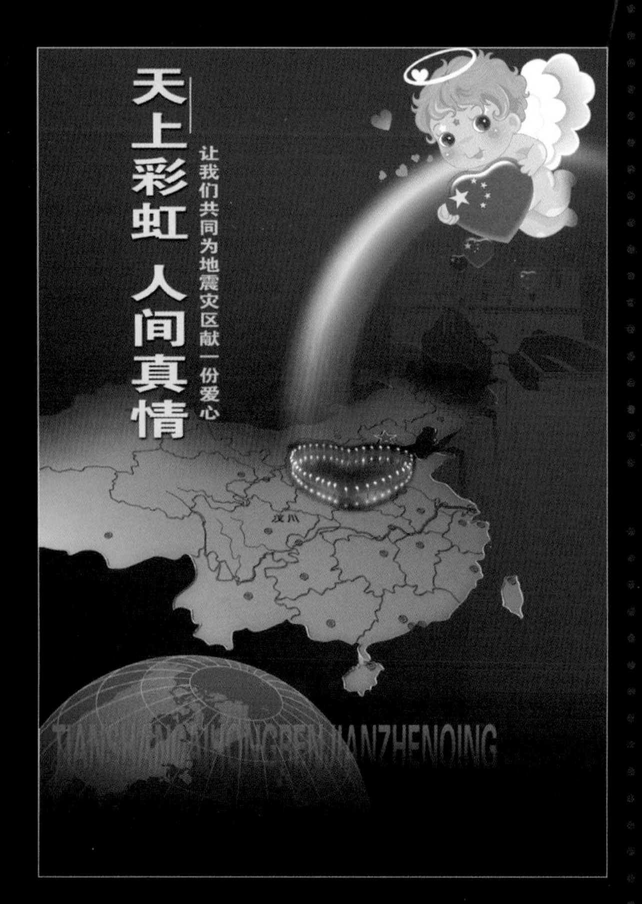

9.2 宣传海报——天上彩虹 人间真情

9.3 户外灯箱广告——关爱地球 保护环境

精彩案例欣赏

12.2 宣传海报——高速列车

12.5 杂志内页广告——力帆摩托车

12.8 X展架设计——绿能电动车

12.3 CD设计——汽车专用CD设计

11.2 标志设计——西域皇家港湾

12.4 公交站牌广告——GTR

13.4 甜美笑容——打造迷人酒窝

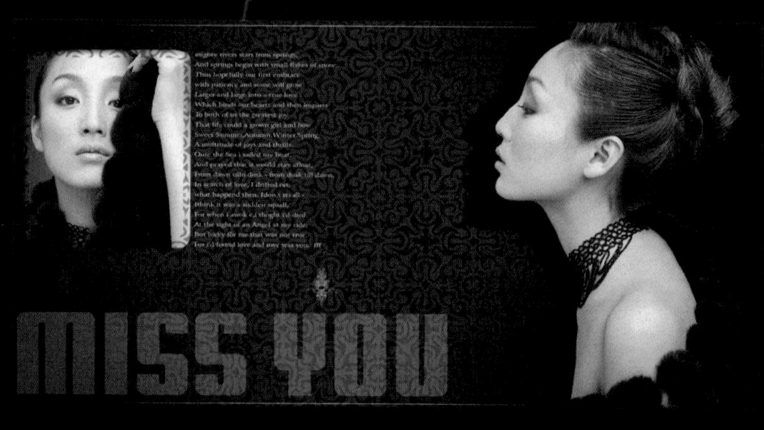

13.8 写真照片模版——青春的痕迹

13.7 儿童照片模版——天使女孩儿童艺术照

Photoshop CS5
平面广告设计经典108例

麓山文化　编著

机械工业出版社

本书是一本 Photoshop CS5 的平面广告设计案例教程，也是一本 Photoshop 商业广告设计实战宝典，详细讲解了各种类型广告的创意思路和制作方法。

本书紧跟平面广告发展趋势和行业设计特点，通过美容、食品、医药、服装、生活、节日店庆、酒相关、金融、教育公益、电子数码、地产、交通和照片处理 13 篇，共 108 个商业案例，详细讲述了各类平面广告设计的创意思路、构图、用色等表现手法以及 Photoshop 制作技术要领，案例类型涉及标志、卡片、DM、POP、海报、户外、UI、包装、画册、照片处理等 13 大门类。

本书案例精彩、实战性强，在深入剖析案例制作技法的同时，作者还将自己多年积累的大量宝贵的设计经验、制作技巧和行业知识毫无保留地奉献给读者，力求使读者在学习技术的同时也能够扩展设计视野与思维，并且巧学活用、学以致用，轻松完成各类商业广告的设计工作。

本书赠 2 张 DVD 光盘，容量达 8G，除提供所有案例的高分辨率最终分层文件和素材文件外，还提供全书 108 个实例共 12 个小时的高清语音视频教学，详尽演示所有案例制作方法和过程。确保初学者能够看得懂、学得会、做得出。

本书不仅为平面设计的初学者积累行业经验、提高实际工作能力提供了难得的学习机会，也为从事平面广告设计的专业人士提供了宝贵的创意思路、实战技法和设计经验的参考。

图书在版编目（CIP）数据

Photoshop CS5 平面广告设计经典 108 例/麓山文化编著.—北京：机械工业出版社，2010.8

ISBN 978-7-111-31088-4

Ⅰ. P… Ⅱ. 麓 Ⅲ. 广告—计算机辅助设计—图形软件，Photoshop CS5 Ⅳ. J524.3-39

中国版本图书馆 CIP 数据核字(2010)第 117724 号

机械工业出版社（北京市百万庄大街 22 号　邮政编码 100037）

责任编辑：汤攀

北京鹰驰彩色印刷有限公司印刷

2010 年 8 月第 1 版第 1 次印刷

184mm×260mm・25.25 印张・6 插页・629 千字

0001－5000 册

标准书号：ISBN 978-7-111-31088-4

ISBN 978-7-89451-657-2（光盘）

定价：69.00 元（含 2DVD）

凡购本书，如有缺页、倒页、脱页，由本社发行部调换

销售服务热线电话（010）68326294

购书热线电话（010）88379639　88379641　88379643

编辑热线电话（010）68327259

前　言 Preface

关于本书

广告伴随着商品生产和交换的出现而产生。随着信息时代的到来，经济的飞速发展，广告得以空前地繁荣。平面广告作为广告宣传的主力军，以其价格便宜、发布灵活、信息传递迅速等优势成为众多行业主要的宣传手段。

近年来，平面广告设计已经成为热门职业之一。在各类平面设计和制作中，Photoshop 是使用最为广泛的软件，因此很多人都想通过学习 Photoshop 来进入平面设计领域，成为一位令人羡慕的平面设计师。

然而在当今日益激烈的平面广告设计行业，要想成为一名合格的平面设计师，仅仅具备熟练的软件操作技能是远远不够的，还必须具有新颖独特的设计理论和创意思维、丰富的行业知识和经验。

为了引导平面广告设计的初学者能够快速胜任本职工作，本书摒弃传统的教学思路和理论教条，从实际的商业平面设计案例出发，详细讲述了各类平面设计的创意思路、表现手法和技术要领。只要读者能够耐心地按照书中的步骤完成每一个实例，就能深入了解现代商业平面设计的设计思想及技术实现的完整过程，从而获得举一反三的能力，以轻松完成各类平面设计工作。

本书特点

为了使读者快速熟悉各行业的设计特点和要求，以适应复杂多变的平面设计工作，本书独具匠心地将所有实例，按照美容、食品、医药、服装、生活、节日店庆、酒相关、金融、教育公益、电子通信、地产、交通工具和照片处理进行分类，可谓“商业全接触，行业大集成”，涉及标志、卡片、DM、POP、海报、户外、UI、包装、画册、照片处理等 13 大门类，集行业的宽度和专业的深度于一体。

本书讲解的平面设计案例，全部来源于实际商业项目，饱含一流的创意和智慧。这些精美案例全面展示了如何在平面设计中灵活使用 Photoshop 的各种功能。每一个案例都渗透了平面广告创意与设计的理论，为读者了解一个主题或产品应如何展示提供了较好的“临摹”蓝本。

在案例的制作过程中，本书针对一些重点和关键知识点，作者精心设计了“技巧点拨”、

前　言

Preface

“知识链接”、“专家提醒”、“设计传真”等环节，对相关内容作深入讲解，将作者多年积累的设计经验、制作技术和印前技巧毫无保留地奉献给读者，使读者在学习技术的同时能够迅速积累宝贵的行业经验、拓展知识深度，以便能够轻松完成各类平面设计工作。

视频教学

本书光盘附赠了长达了 12 小时的语音多媒体视频教学，详细讲解了全书 108 个实例的制作过程，手把手式的课堂讲解，即使没有任何软件使用基础的初学者，也可以轻松地制作出本书中的案例效果，学习兴趣和效率可以得到最大程度地提高。

版权声明

本书内容所涉及的公司及个人名称、作品创意、图片和商标素材等，版权仍为原公司或个人所有，这里仅为教学和说明之用，绝无侵权之意，特此声明。

后续服务

本书由麓山文化编著，参加编写的有：杨芳、李红萍、李红艺、李红术、陈云香、林小群、何俊、周国章、刘争利、朱海涛、朱晓涛、彭志刚、李羡盛、刘莉子、周鹏、刘佳东、肖伟、何亮、林小群、刘清平、陈文香、蔡智兰、陆迎锋、罗家良、罗迈江、马日秋、潘霏、曹建英、罗治东、陈志民、廖志刚、姜必广、周楚仁、赵灿、卿丽芳、孙文仪、李鹏飞、陈晶、易盛、张绍华、刘有良、伍顺等。

由于作者水平有限，书中错误、疏漏之处在所难免。在感谢您选择本书的同时，也希望您能够把对本书的意见和建议告诉我们。

联系邮箱：lushanbook@gmail.com

麓山文化

目 录

contents

前 言

第 1 章 美容篇 …… 1

1.1 美容院 VIP 卡——美时慕 …… 2
1.2 公交站牌广告——出水芙蓉 …… 8
1.3 报纸广告设计——欧洁蔓化妆品 ……12
1.4 杂志内页广告——眼影 ……16
1.5 户外灯箱广告——唇彩 ……20
1.6 宣传折页——珀莱 …… 23
1.7 海报设计——化妆美容大赛 …… 26
1.8 画册设计——老庙黄金翡翠 …… 33
1.9 网站设计——化妆品网站首页 …… 39

第 2 章 食品篇 ……42

2.1 软包装设计——荔枝鲜冰 ……43
2.2 吊旗设计——佛跳墙 ……49
2.3 路灯灯箱广告——饮料 ……52
2.4 优惠券设计——迪欧咖啡 ……54
2.5 杂志内页设计——冰爽无限 …… 57
2.6 海报招贴——可口可乐 …… 61
2.7 公交站牌广告——仙活酸奶 …… 66
2.8 月饼盒包装——中华神韵 …… 71

第 3 章 医疗保健篇 ……………………………………………………………… 76

3.1 报纸广告——美丽印象减肥茶…………77
3.2 宣传折页——女性体检折页 ……………80
3.3 宣传折页——药膳房三折页 ……………85
3.4 宣传单页——绿茶菁华胶囊产品………89
3.5 展板设计——眼科医院 ……………………91
3.6 公交站牌展广告——博爱特大援助活动 ……………………………………………………94
3.7 标志设计——平洲医院 …………………… 98
3.8 网站设计——武汉华西医院………… 101

第 4 章 服装篇 ……………………………………………………………… 105

4.1 海报设计——Blue girl 时装加盟海报设计…………………………………………106
4.2 悬挂 POP——春天畅想…………………109
4.3 VIP 贵宾卡——阳光女人屋服饰 ……114
4.4 手提袋设计——香港时尚凉鞋………117
4.5 折卡设计——内衣折卡 …………………119
4.6 网站设计——朵以时尚先锋………… 122
4.7 画册设计——North Teem …………… 124
4.8 标志设计——第六大道 ……………… 128

第 5 章 生活篇 ……………………………………………………………… 130

5.1 超市堆头——金口健牙膏 ……………131
5.2 娱乐海报——欢乐颂 KTV ……………135
5.3 高立柱户外广告——元升太阳能……141
5.4 贵宾卡——东海生活贵宾卡 …………144
5.5 户外媒体灯箱广告——奥克斯空调··148
5.6 报纸广告设计——冰爽大自然……… 152
5.7 宣传单页——喜约喜庆家纺………… 154
5.8 包装设计——普洱茶 ………………… 157
5.9 电器包装设计——SGK ……………… 165

第 6 章 节日庆典篇 ……… 171

6.1 宣传单页——移动好礼贺新春………172
6.2 贺卡设计——感悟母爱 呵护母亲…175
6.3 超市堆头——端午粽飘香 ……………178
6.4 提货券设计——情人节促销 …………180
6.5 招贴设计——第 8 届横溪西瓜节…… 183
6.6 海报设计——复活节 …………………… 186
6.7 贺卡设计——迎春纳福 ………………… 192
6.8 贺卡设计——圣诞快乐 ………………… 195

第 7 章 酒相关篇 ……… 200

7.1 户外灯箱广告——绝对伏特加………201
7.2 杂志内页设计——莫妮长城葡萄酒··203
7.3 X 展架广告设计——九门口优质白酒……………………………………207
7.4 公交站牌广告——泸州老酒坊………209
7.5 报纸广告——动力火车 DJ 大赛 …… 213
7.6 瓶贴设计——清纯千岛湖啤酒……… 217
7.7 手提袋设计——纯麦啤酒……………… 220
7.8 标志设计——“藏”酒标志 …………… 225

第 8 章 金融篇 ……………………………………………………………… 230

8.1 邀请函——商务大厦开工典礼………231
8.2 宣传单页设计——光大银行 …………236
8.3 画册设计——新财经赢之道 …………239
8.4 高立柱大型户外广告——发展银行 ··243
8.5 标志设计——汇通理财 …………………246
8.6 户外媒体灯箱——中国银行………… 248
8.7 信用卡设计——农村商业银行……… 251
8.8 画册设计——农业银行 ………………… 253
8.9 网站设计——金牌销售平台………… 257

第 9 章 教育公益篇 ………………………………………………………… 262

9.1 报纸广告——管理学院 …………………263
9.2 宣传海报——天上彩虹 人间真情 ···266
9.3 户外灯箱广告——关爱地球 保护环境 ……………………………………………267
9.4 招贴设计——节能减耗从我做起……269
9.5 展板设计——群艺培训展板………… 273
9.6 网站设计——商务经纪人培训……… 276
9.7 易拉宝——圣薇娜终极课程………… 281
9.8 教育基金券——小城邻里…………… 284

第 10 章 电子通信篇 ……………………………………………………… 287

10.1 宣传单设计——电信学子 E 行套餐288
10.2 邀请函设计——心之韵综艺晚会邀请函 ………………………………………………293
10.3 包装盒设计——惠普鼠标…………… 296
10.4 信封设计——引领 3G 生活………… 302
10.5 X 展架设计——华擎主板…………… 307

10.6 户外灯箱广告——网络企业广告····311
10.7 椅贴广告设计——天翼带你畅游3G·········315
10.8 杂志内页广告——海尔笔记本······318

第 11 章 地产篇

第 11 章 地产篇·········323

11.1 房地产手提袋设计——怡涛阁·······324
11.2 标志设计——西域皇家港湾···········330
11.3 报纸广告——恒荔湾畔二期···········333
11.4 楼盘参观券设计——长沙新城房产·········336
11.5 户外灯箱广告——大江岸上的院馆·········338
11.6 地产开业广告——Open·········341
11.7 户外墙体广告——星汇雅苑·········344
11.8 房地产画册设计——居住天堂······346

第 12 章 交通工具篇

第 12 章 交通工具篇·········351

12.1 宣传单页——哈飞汽车·········352
12.2 宣传海报——高速列车·········354
12.3 CD 设计——汽车专用 CD 设计······357
12.4 公交站牌广告——GTR·········361
12.5 杂志内页广告——力帆摩托车······363
12.6 杂志封面设计——南海汽维·········367
12.7 户外媒体广告——机场户外·········369
12.8 X 展架设计——绿能电动车·········372

第 13 章 数码暗房篇……376

13.1 让头发色彩飞扬——为头发染色…377
13.2 还原真实——矫正偏色……378
13.3 完美彩妆——添加唇彩……380
13.4 甜美笑容——打造迷人酒窝……381
13.5 眼色大变样——给人物的眼睛变色 383
13.6 流行美——调出浪漫色调……386
13.7 儿童照片模板——天使女孩儿童艺术照……387
13.8 写真照片模板——青春的痕迹……389
13.9 写真照片模板——蓝色情迷……391

第1章

随着人们消费意识的提高和健康观念的更新，对美容护肤类产品的要求也越来越高。美容行业是一种时尚类行业，在制作各种平面宣传作品的时候应该注意色彩要鲜艳和丰富，选用的设计元素要潮流和现代。

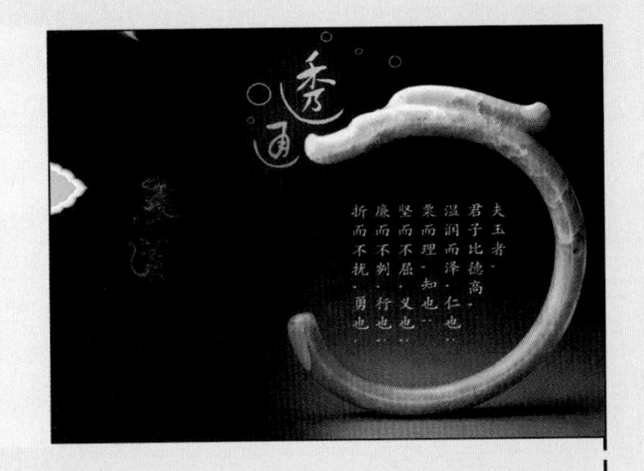

美容篇

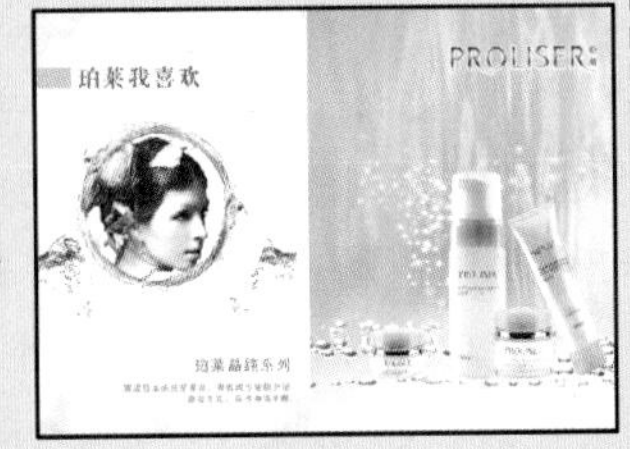

01

Photoshop CS5

Example

1.1 美容院 VIP 卡——美时慕

本实例制作的是美容院 VIP 卡，实例注重色彩的表现，通过使用亮丽的颜色迎合时尚女性的“爱美之心”，版式设计灵活，大面积的蓝色色块打破了条纹的呆板，带给人舒适的视觉享受。

使用工具：圆角矩形工具、矩形选框工具、矩形工具、多边形套索工具、图层样式、横排文字工具、自定形状工具。

视频路径：avi\1.1.avi

01 启用 Photoshop 后，执行“文件”|“新建”命令，弹出“新建”对话框，在对话框中设置“单位”为“厘米”、“宽度”为 8.85、“高度”为 5.7、“分辨率”为“600 像素/英寸”、“颜色模式”为“RGB 颜色”、“背景内容”为“白色”，如图 1-1 所示，单击“确定”按钮，新建一个空白文件。

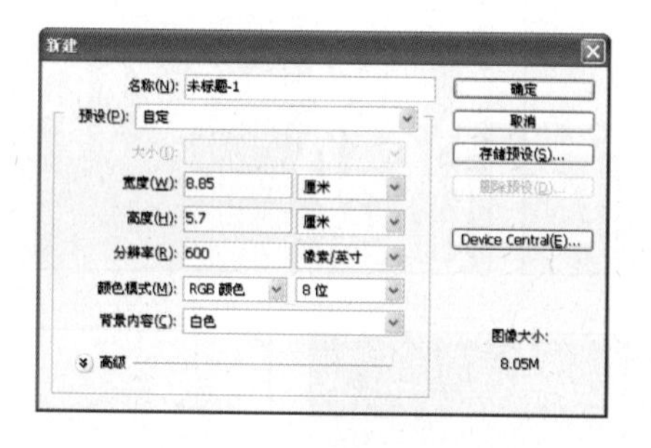

图 1-1 “新建”对话框

图 1-2 “圆角矩形”形状

知识链接——新建文件对话框

“新建”对话框中各选项含义如下：

名称：可输入新建文件的名称，也可以使用默认的文件名称“未标题-1”。创建文件后，名称会显示在图像窗口的标题栏中，在保存文件时，文件的名称也会显示在存储文件的对话框中。

预设：在该选项下拉列表中可以选择系统预设的文件尺寸，如图 1-3 所示。选择一个预设后，可以在“大小”下拉列表中选择图像的大小。例如，选择“国际标准纸张”后，可以在“大小”下拉列表中选择预设的纸张大小，如图 1-4 所示。

宽度/高度：可输入新建文件的宽度和高度。在选项右侧的下拉列表中可以选择一种单位，包括“像素”、“英寸”、“厘米”、“毫米”、“点”、“派卡”和“列”。

分辨率：可输入文件的分辨率。在选项右侧的下拉列表中可以选择分辨率的单位，包括“像素/英寸”和“像素/厘米”。

颜色模式：在该选项的下拉列表中可以选择文件的颜色模式，包括“位图”、“灰度”、“RGB 颜色”、“CMYK 颜色”和“Lab 颜色”。

剪贴板
默认 Photoshop 大小
美国标准纸张
国际标准纸张
照片
Web
移动设备
胶片和视频
自定

图 1-3 “预设”下拉列表

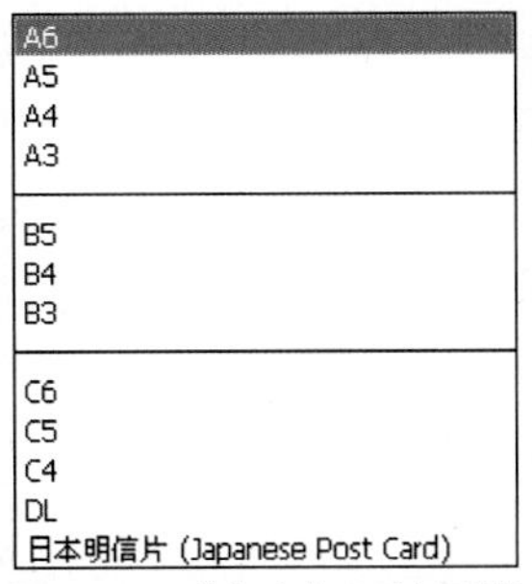

图 1-4 “大小”下拉列表

背景内容：在该选项的下拉列表中可以选择文件背景的内容，包括“白色”、“背景色”和“透明”。“白色”为默认的颜色，如图 1-5 所示。选择“背景色”，可以使用工具箱中的背景色作为背景颜色，如图 1-6 所示。选择透明，则创建透明背景，如图 1-7 所示。创建透明背景时当前文件将没有“背景”图层。

图 1-5 “白色”文件背景

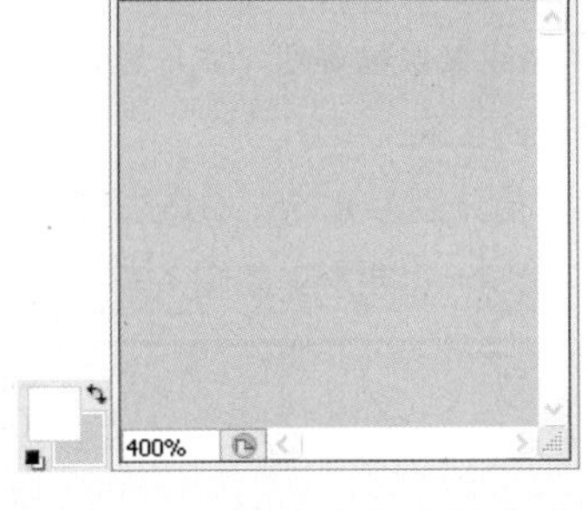

图 1-6 “背景色”文件背景

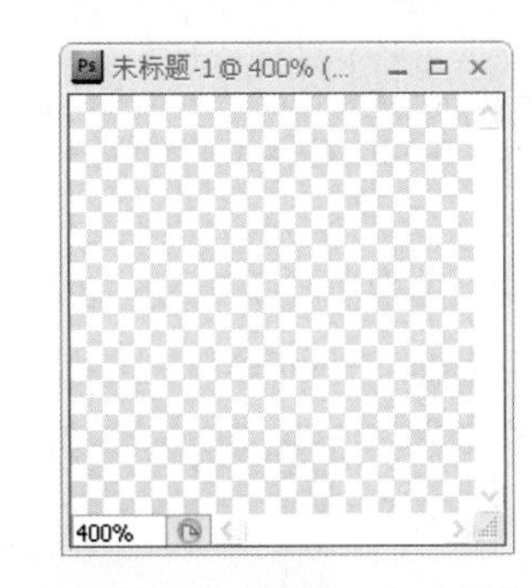

图 1-7 “透明”文件背景

高级：单击按钮，可以显示扩展的对话框，对话框内包含了“颜色配置文件”和“像素长宽比”两个选项，如图 1-8 所示。在“颜色配置文件”下拉列表中可为新建的文件选择一个颜色配置文件，在“像素长宽比”的下拉列表中可以选择像素的长宽比，计算机显示器上的图像是由本质上为方形的像素组成的，除非使用用于视频的图像，否则都应选择“方形像素”选项，选择其他选项可使用非方形像素。

图 1-8 “背景色”文件背景

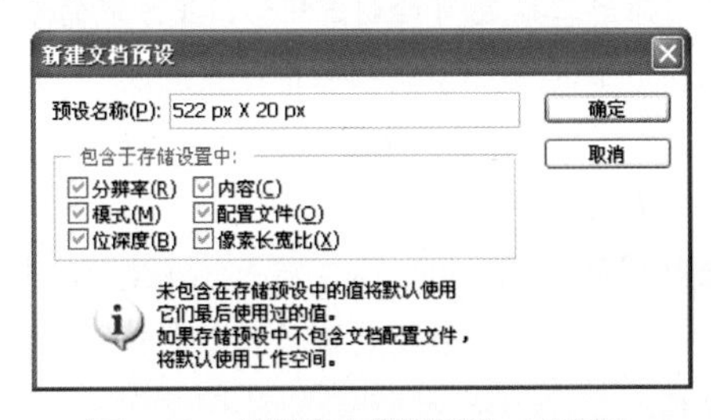

图 1-9 “新建文档预设”对话框

存储设置：单击该按钮，可以打开“新建文档预设”对话框，如图 1-9 所示。在对话框中可以选择将当前设置的文件大小、分辨率、颜色模式等创建为一个预设。以后在创建同样设置内容的文件时，可在“预设”下拉列表中选择该预设项，这样就免去了重复设置选项的麻烦。

删除预设：选择自定义的预设，单击“删除预设”按钮可将其删除，系统提供的设置不能删除。

Device Central：单击该按钮，可运行 Device Central。在 Device Central 中可以创建具有为特定设备设置的像素大小的新文档。

图像大小：显示了以当前尺寸和分辨率新建文件时，文件的大小。

02 设置前景色为绿色（RGB 参考值分别为 R102、G204、B51），在工具箱中选择圆角矩形工具，按下“形状图层”按钮，单击几何选项下拉按钮在弹出的面板中设置参数如图 1-10 所示。在图像窗口中，拖动鼠标绘制一个圆角矩形，如图 1-2 所示。

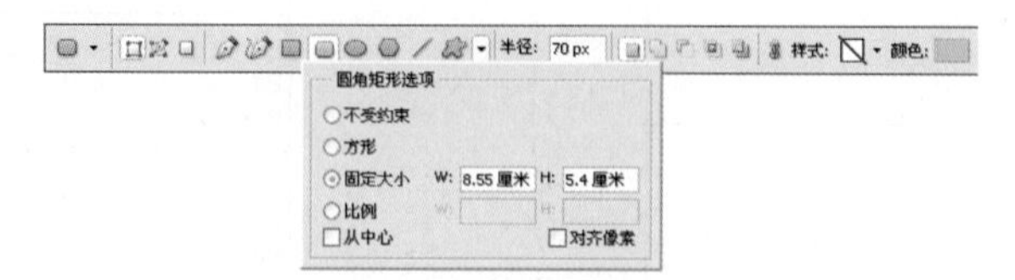

图 1-10 圆角矩形选项面板

03 按住 Ctrl 键的同时单击矢量蒙版缩览图，将“形状 1”图层载入选区，选择矩形选框工具，按住 Alt 键的同时绘制矩形选框，减选选区，新建一个图层，填充玫红色（RGB 参考值分别为 R204、G51、B153），如图 1-11 所示。

技巧点拨

按下 Ctrl 键单击非背景图层缩览图或蒙版缩览图（光标显示为形状），即可选中该图层的非透明区域。不透明区域是指图层中包含像素的区域。

04 设置前景色为橙色（RGB 参考值分别为 R255、G153、B0）。新建一个图层，在工具箱中选择矩形工具，在图像窗口中拖动鼠标，绘制一个矩形，如图 1-12 所示。

图 1-11 减选选区

图 1-12 绘制矩形

知识链接——矩形工具

使用矩形工具可绘制出矩形、正方形的形状、路径或填充区域，使用方法也比较简单。选择工具箱中的矩形工具，在选项栏中适当地设置各参数，移动光标至图像窗口中拖动，即可得到所需的矩形路径或形状。

矩形工具选项栏如图 1-13 所示，在使用矩形工具前应适当地设置绘制的内容和绘制方式。

图 1-13 矩形工具选项栏

形状图层：按下此选项按钮，使用矩形工具将创建得到矩形形状图层，填充的颜色为前景色。

路径：按下此选项按钮，使用矩形工具将创建得到矩形路径。

区域：按下此选项按钮，使用矩形工具将在当前图层绘制一个填充前景色的矩形区域。

图层样式：只有当按下形状图层选项按钮，该选项才有效。从样式下拉列表中选择一种样式，该样式将应用到绘制的形状图层中。

此外，单击选项栏“几何选项”下拉按钮，将打开如图 1-13 所示的“矩形选项”框，在其中可控制矩形的大小和长宽比例。

05 运用同样的操作方法，制作其他的矩形，得到如图 1-14 所示的效果。

06 按住 Ctrl 键的同时单击圆角矩形图层缩览图，将“形状 1”图层载入选区，选择多边形套索工具，按住 Alt 键的同时绘制矩形选框，减选选区得到如图 1-15 所示的选区，新建一个图层，填充颜色为白色。

图 1-14　绘制矩形

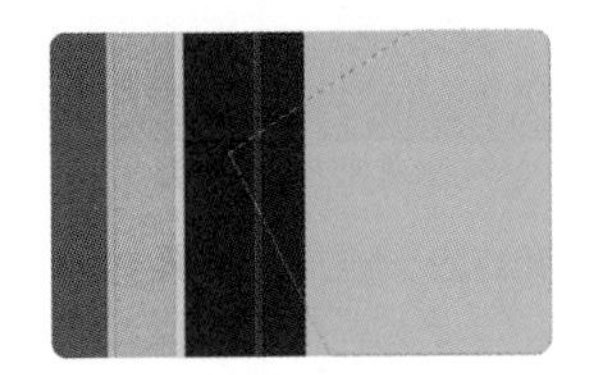

图 1-15　减选选区

专家提醒

默认情况下，新建图层会置于当前图层的上方，并自动成为当前图层。按下 Ctrl 键单击创建新图层按钮，则在当前图层下方创建新图层。

07 执行“图层”|“图层样式”|“渐变叠加”命令，弹出“图层样式”对话框，单击渐变条，在弹出的“渐变编辑器”对话框中设置颜色如图 1-16 所示，其中深蓝色的 RGB 参考值分别为 R0、G102、B204，蓝色的 RGB 参考值分别为 R0、G153、B204。

08 单击“确定”按钮，返回“图层样式”对话框，如图 1-17 所示。

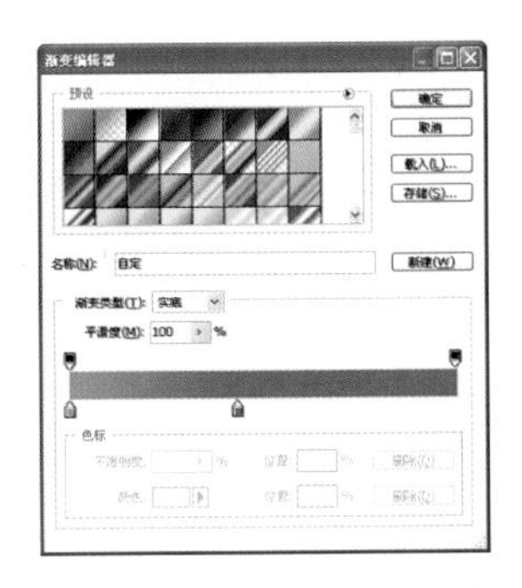

图 1-16　“渐变编辑器”对话框

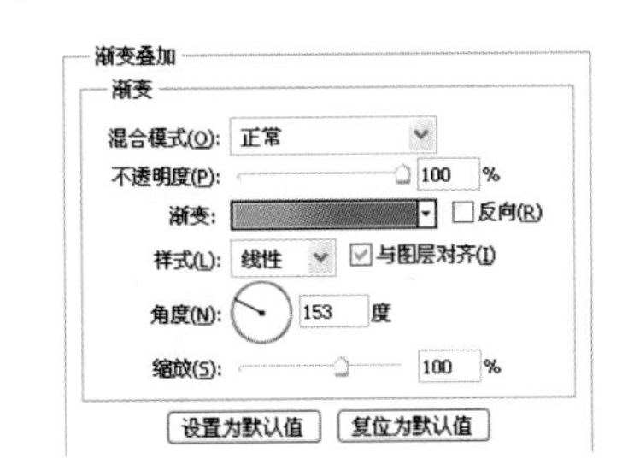

图 1-17　“渐变叠加”参数

09 单击“确定”按钮，添加“渐变叠加”的效果如图 1-18 所示。

10 按 Ctrl+O 快捷键，弹出“打开”对话框，选择插画人物素材，单击“打开”按钮，运用移动工具，将人物素材添加至文件中，放置在合适的位置，如图 1-19 所示。

11 按 D 键，恢复前景色和背景色的默认设置。

12 按 Ctrl 键的同时，分别单击三个人物图层缩览图，按 Ctrl+Delete 快捷键，为每个人物素材填充白色，然后按 Ctrl+D 键取消选区，得到效果如图 1-20 所示。

图 1-18　“渐变叠加”效果

图 1-19　添加人物素材

图 1-20　填充素材

13 设置前景色为蓝紫色（RGB 参考值分别为 R0、G51、B153），新建一个图层，在工具箱中选择椭圆工具，按住 Shift 键的同时，单击鼠标左键并拖动鼠标绘制一个“正圆”形状。

14 在图层面板中单击“添加图层样式”按钮，弹出“图层样式”对话框，选择“颜色叠加”选项，参数设置如图 1-21 所示，选择“描边”选项，参数设置如图 1-22 所示。

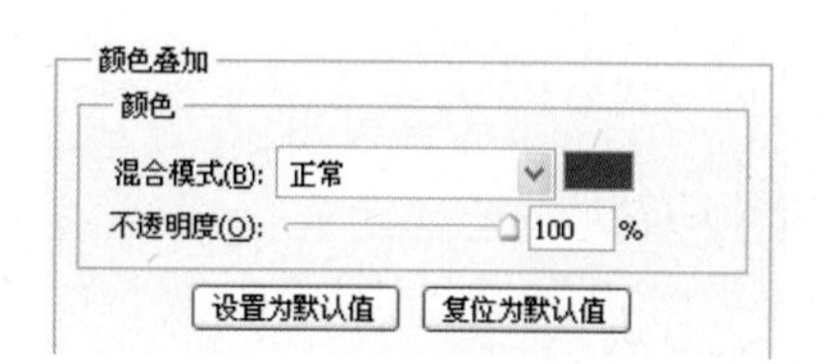

图 1-21　“颜色叠加”参数

图 1-22　“描边”参数

15 单击“确定”按钮，关闭对话框，得到效果如图 1-23 所示。

图 1-23　“图层样式”效果

16 在工具箱中选择横排文字工具，在工具选项栏“设置字体”下拉列表框中选择“方正康体繁体”字体。在“设置字体大小”下拉列表框中输入 60，确定字体大小。

17 在图像窗口单击鼠标，此时会出现一个文本光标，然后输入文字即可得到水平排列的文字。按 Ctrl+Enter 键确定，完成文字 VIP 的输入。

18 执行“图层”|“图层样式”|“渐变叠加”命令，弹出“图层样式”对话框，渐变叠加的参数设

置如图 1-24 所示，单击渐变条，在弹出的“渐变编辑器”对话框中设置颜色，其中银色的 RGB 参考值分别为 R205、G205、B205，白色的 RGB 参考值分别为 R255、G255、B255。

19 单击“确定”按钮，返回“图层样式”对话框，添加“渐变叠加”的效果如图 1-25 所示。

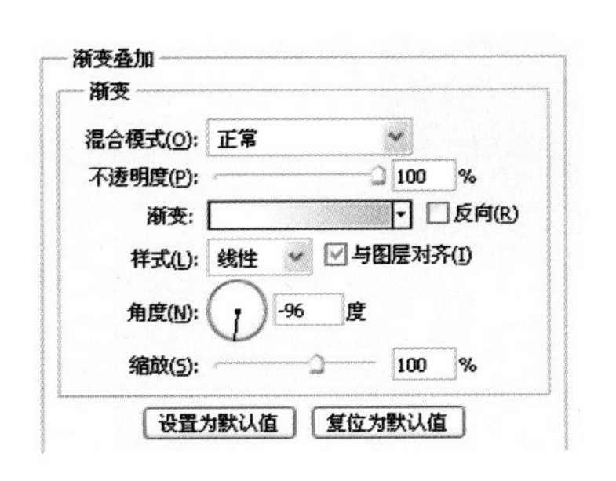

图 1-24 “渐变叠加”参数

图 1-25 “渐变叠加”的效果

20 设置前景色为蓝色，RGB 参考值分别为 R0、G51、B153，新建一个图层，在工具箱中选择自定形状工具，然后单击选项栏“形状”下拉列表按钮，从形状列表中选择“装饰 1”形状，如图 1-26 所示。

21 按下“形状图层”按钮，在图像窗口中右上角位置，拖动鼠标绘制一个“装饰 1”形状，效果如图 1-27 所示。

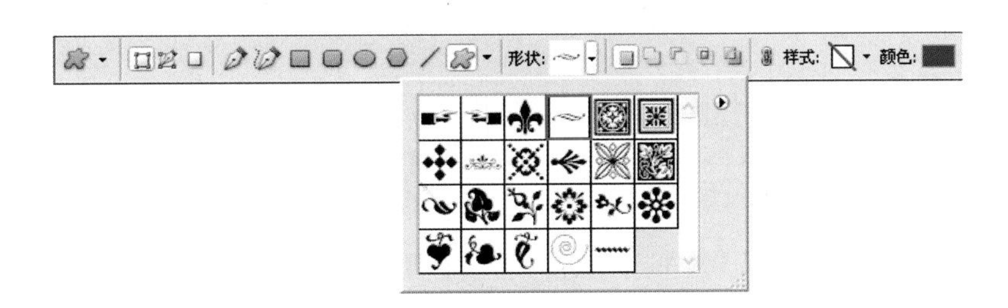

图 1-26 选择“装饰 1”形状

22 运用同样的操作方法，选择自定形状工具，绘制“五彩纸屑”形状，效果如图 1-28 所示。

图 1-27 绘制“装饰 1”形状

图 1-28 绘制“五彩纸屑”形状

23 运用同样的操作方法，输入文字、设置图层样式，得到效果如图 1-29 所示。

图 1-29　最终效果

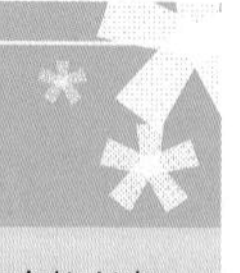

1.2 公交站牌广告——出水芙蓉

Example

本实例制作的是出水芙蓉的公交站牌广告，实例以清新的蓝色为主色调，画面简洁清爽，突出产品的特点，带给人舒适的视觉享受，制作完成的公交站牌广告效果如左图所示。

使用工具：矩形选框工具、“添加杂色”命令、混合模式、添加图层蒙版、移动工具、自定形状工具、图层样式。

视频路径：avi\1.2.avi

01 启用 Photoshop 后，执行“文件”|“新建”命令，弹出“新建”对话框，设置参数如图 1-30 所示，单击“确定”按钮，新建一个空白文件。

02 设置前景色为蓝色（RGB 参考值分别为 R1、G162、B234）、背景色为深蓝色（RGB 参考值分别为 R41、G99、B187）。

03 在工具箱中选择渐变工具，按下“线性渐变”按钮，单击选项栏渐变列表框下拉按钮，从弹出的渐变列表中选择“前景到背景”渐变，拖动鼠标填充渐变，得到如图 1-31 所示的效果。

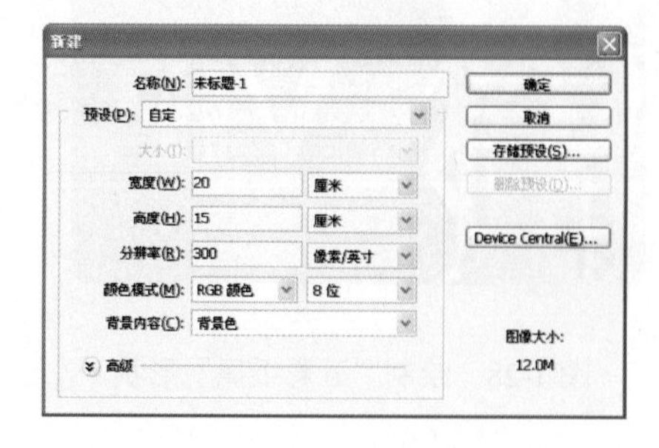

图 1-30　“新建”对话框

图 1-31　填充渐变

专家提醒

印刷品图像的分辨率一般要求达到 300 像素/英寸，如果是操作练习，可以设置分辨率为 72 像素/英寸，以减少计算机资源消耗，加快计算机的反应速度。

04 选择工具箱中的矩形选框工具，在图像窗口中按住鼠标并拖动，绘制选区。

05 新建一个图层，参照前面同样的操作方法，为矩形选区填充渐变，其中深蓝色的 RGB 参考值分别为 R2、G61、B233、淡蓝色的 RGB 参考值分别为 R180、G226、B245，得到如图 1-32 所示。

06 新建一个图层，填充灰色，执行“滤镜”|“杂色”|“添加杂色”命令，弹出“添加杂色”对话框，参数设置如图 1-33 所示。

图 1-32　渐变填充

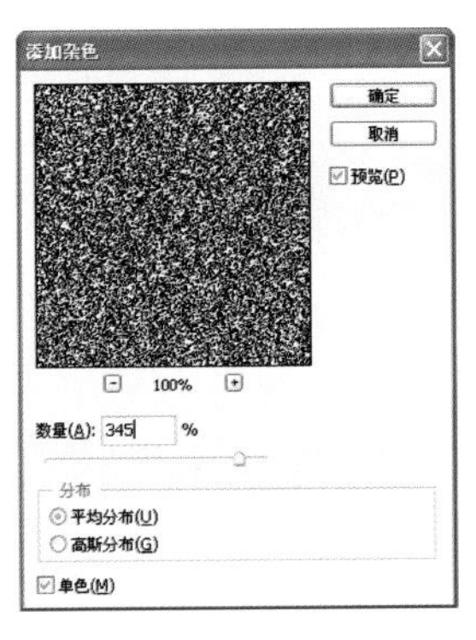

图 1-33　“添加杂色”对话框

07 单击“确定”按钮，执行滤镜效果并退出“添加杂色”对话框，效果如图 1-34 所示。

08 设置图层的“混合模式”为“滤色”，按 Ctrl+D 快捷键，取消选择，效果如图 1-35 所示。

图 1-34　“添加杂色”效果

图 1-35　滤色

知识链接——滤色模式

与正片叠底模式相反，滤色模式将上方图层像素的互补色与底色相乘，因此结果颜色比原有颜色更浅，具有漂白的效果。

任何颜色与黑色应用“滤色”模式，原颜色不受黑色影响，任何颜色与白色应用“滤色”模式得到的颜色为白色。

09 按 Ctrl+O 快捷键，弹出“打开”对话框，选择产品和瓶子素材单击“打开”按钮，运用移动工具将产品和瓶子素材添加至文件中，放置在合适的位置，如图 1-36 所示。

10 选择“瓶子”图层组，按住鼠标左键并拖动至创建新图层按钮上，释放鼠标即可得到“瓶子”副本。

11 按 Ctrl+T 快捷键，进入自由变换状态，单击鼠标右键，在弹出的快捷菜单中选择“垂直翻转”选项，垂直翻转图层，然后调整至合适的位置，效果如图 1-37 所示。

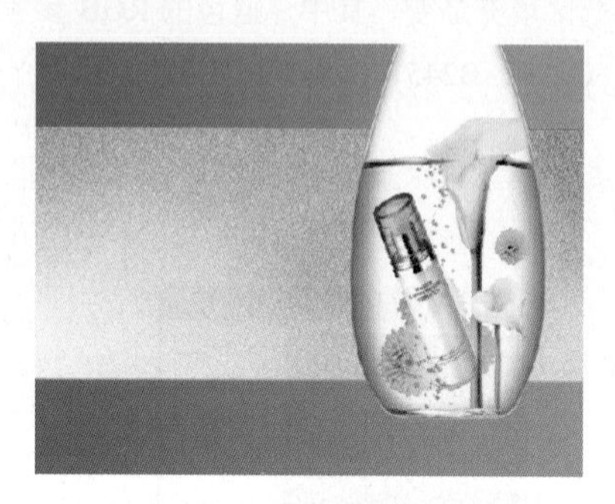

图 1-36　添加产品和瓶子素材

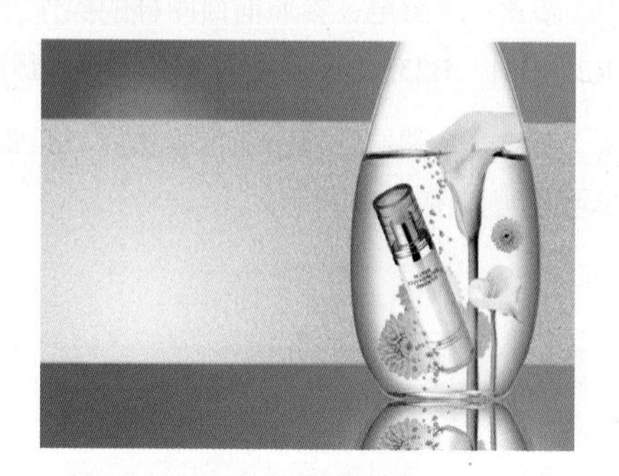

图 1-37　自由变换

知识链接——文件打开对话框

执行“文件”|“打开”命令，可以弹出“打开”对话框，如图 1-38 所示。在对话框中可以选择一个文件，或者按住 Ctrl 键单击以选择多个文件。单击“打开”按钮，或双击文件即可将其打开。

“打开”对话框中各选项含义如下：

查找范围：在该选项的下拉列表中可以选择图像文件所在的文件夹。

文件名：显示了当前选择的文件的文件名称。

文件类型：在该选项下拉列表中可以选择文件的类型，默认为“所有格式”。选择某一文件类型后，对话框中只显示该类型的文件。

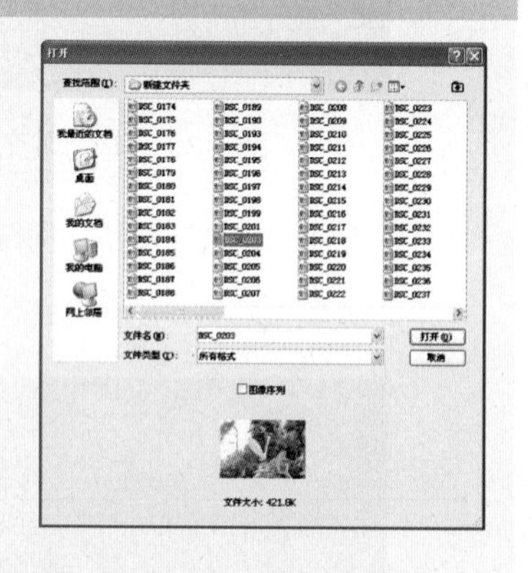

图 1-38　“打开”对话框

12 单击图层面板上的“添加图层蒙版”按钮，为瓶子副本图层添加图层蒙版。按 D 键，恢复前景色和背景色为默认的黑白颜色，拖动鼠标填充黑白线性渐变，效果如图 1-39 所示。

13 按 Ctrl+O 快捷键，弹出“打开”对话框，选择两张花纹素材单击“打开”按钮，运用移动工具，将素材添加至文件中，放置在合适的位置，设置花纹图层的“混合模式”为叠加，如图 1-40 所示。

14 新建一个图层，在工具箱中选择自定形状工具，然后单击选项栏“形状”下拉列表按钮，从形状列表中选择“雪花 3”形状，如图 1-41 所示。

15 设置颜色为白色，新建一个图层，按下“填充像素”按钮，绘制大小不同的雪花形状，设置图层的“不透明度”为 80%，如图 1-42 所示。

16 选择工具箱中的矩形选框工具，在图像窗口中按住鼠标并拖动，绘制选区如图 1-43 所示。

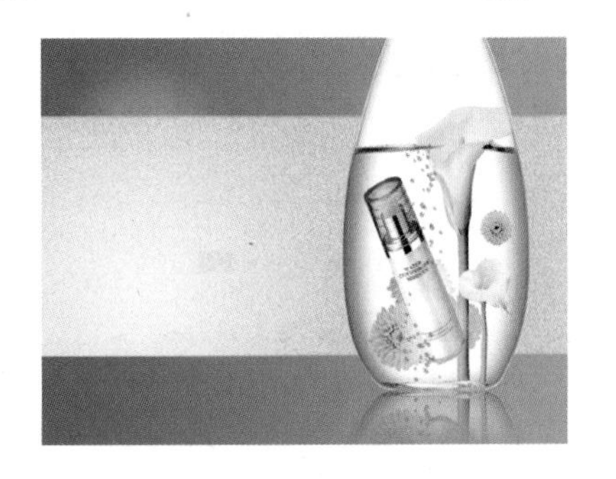
图 1-39　添加图层蒙版

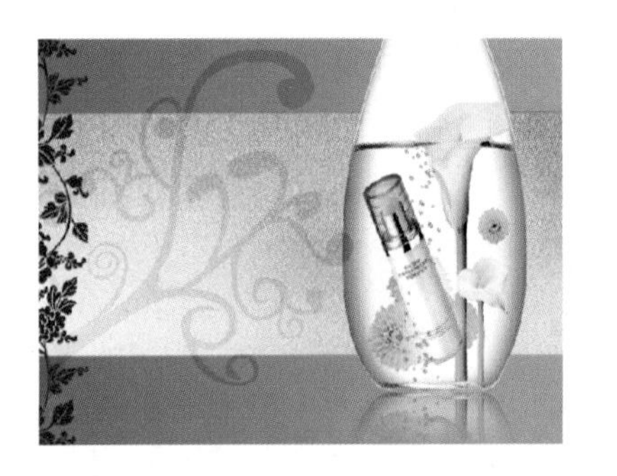
图 1-40　添加花纹素材

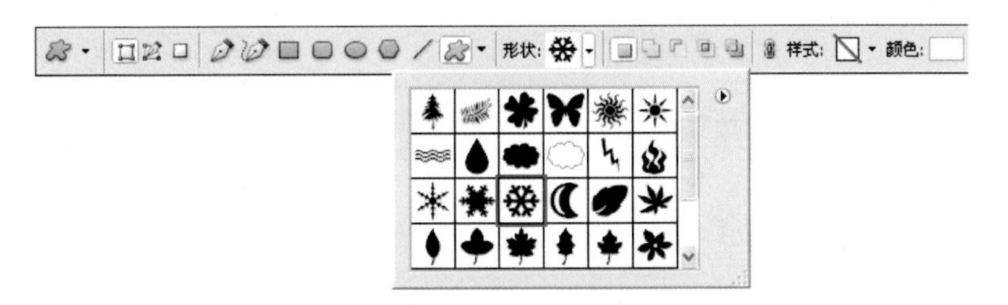

图 1-41　自定"雪花 3"形状

图 1-42　绘制雪花

图 1-43　绘制选区

17 按 Delete 快捷键删除多余部分，得到雪花效果如图 1-44 所示。

18 参照前面同样的操作方法，添加产品素材，新建一个图层，选择画笔工具，设置画笔大小为 65，不透明度为 100%，绘制如图 1-45 所示的白色光效效果。

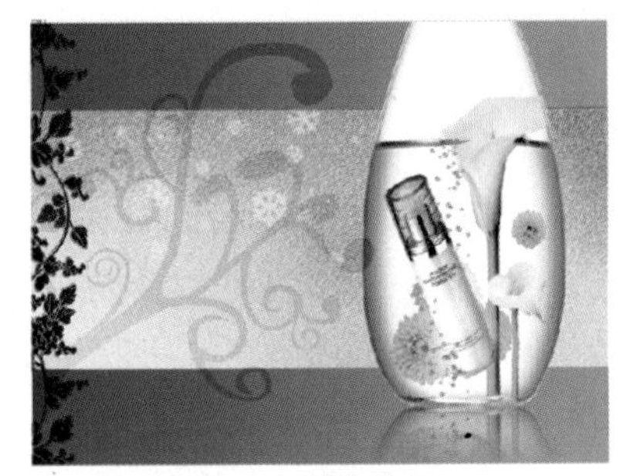
图 1-44　删除选区

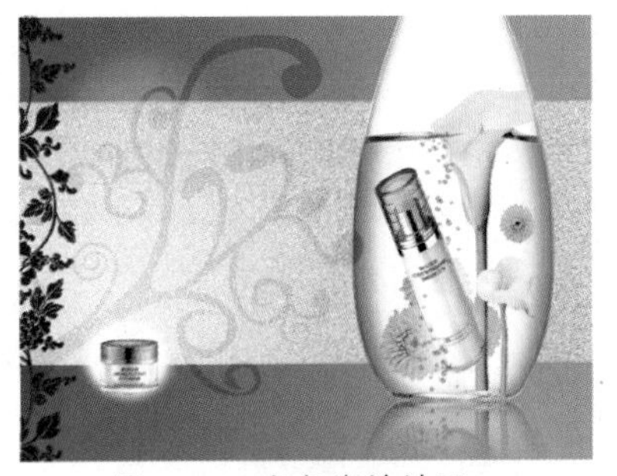
图 1-45　白色光效效果

19 按 Ctrl+O 快捷键，弹出"打开"对话框，选择产品和出水芙蓉文字素材，单击"打开"按钮，运用移动工具，将文字素材添加到文件中，调整好大小、位置和图层顺序，得到如图 1-46 所示的效果。

20 在图层面板中单击“添加图层样式”按钮 fx，弹出“图层样式”对话框，选择“投影”选项，设置参数如图 1-47 所示，单击确定按钮，退出“图层样式”对话框，得到如图 1-48 所示的效果。

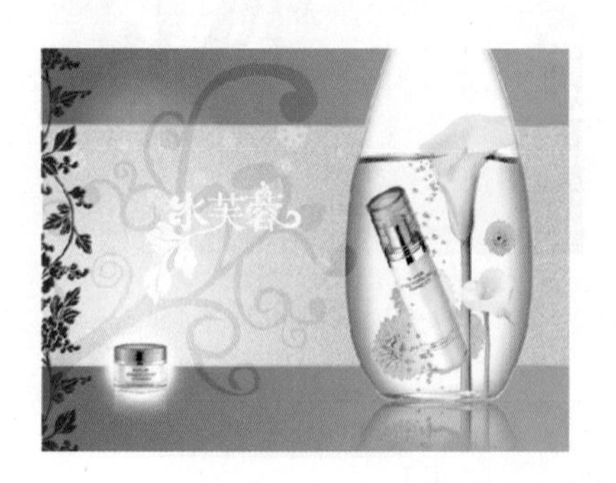

图 1-46　添加文字效果

图 1-47　“投影”参数

技巧点拨

按 Ctrl+O 快捷键，或者在 Photoshop 灰色的程序窗口中双击鼠标，都可以弹出“打开”对话框。

21 运用同样的操作方法添加其他的文字和素材，完成制作，最终效果如图 1-49 所示。

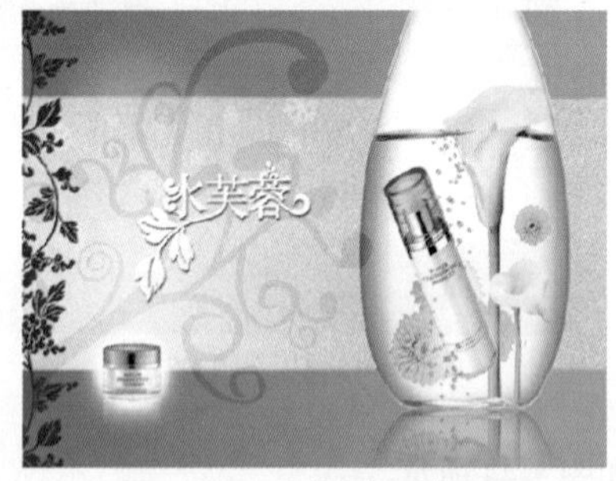

图 1-48　“投影”效果

图 1-49　最终效果

Example

1.3 报纸广告设计——欧洁蔓化妆品

本实例制作的是欧洁蔓化妆品报纸广告设计，实例以紫色为主色调，画面以人物形象和产品图像为主体，直观地反映产品的特质，模特的气质将产品的定位清晰地传递给受众，制作完成的化妆品报纸广告效果如左图所示。

使用工具：矩形工具、图层样式、椭圆选框工具、横排文字工具。

视频路径：avi\1.3.avi

01 启用 Photoshop 后，执行“文件”|“新建”命令，弹出“新建”对话框，设置参数如图 1-50 所示，新建一个空白文件。

02 在工具箱中选择矩形工具，按下“形状图层”按钮，在图像窗口中，拖动鼠标绘制一个矩形。

03 执行“图层”|“图层样式”|“渐变叠加”命令，弹出“图层样式”对话框，单击渐变条，在弹出的“渐变编辑器”对话框中设置颜色如图 1-51 所示，其中粉紫色的 CMYK 参考值分别为 C37、M86、Y1、K1，紫色的 CMYK 参考值分别为 C61、M100、Y3、K9。

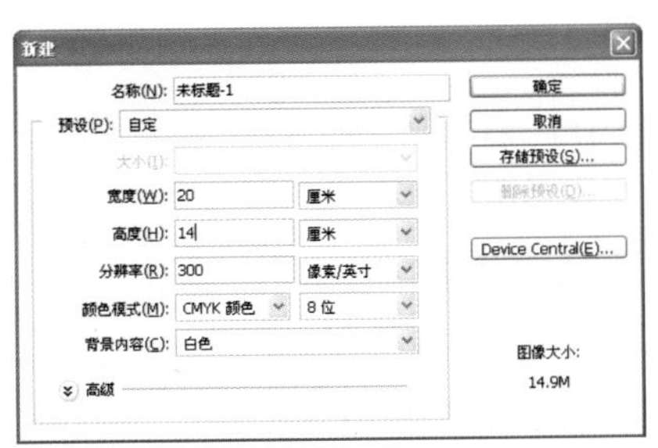

图 1-50 “新建”对话框

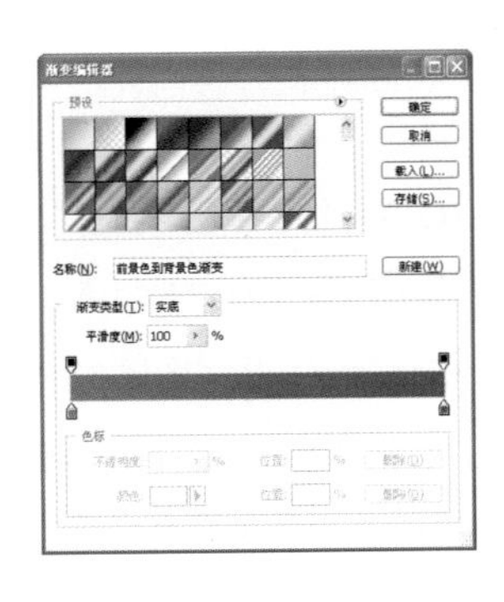

图 1-51 “渐变编辑器”对话框

04 单击“确定”按钮，返回“图层样式”对话框，如图 1-52 所示。

05 单击“确定”按钮，退出“图层样式”对话框，添加“渐变叠加”的效果如图 1-53 所示。

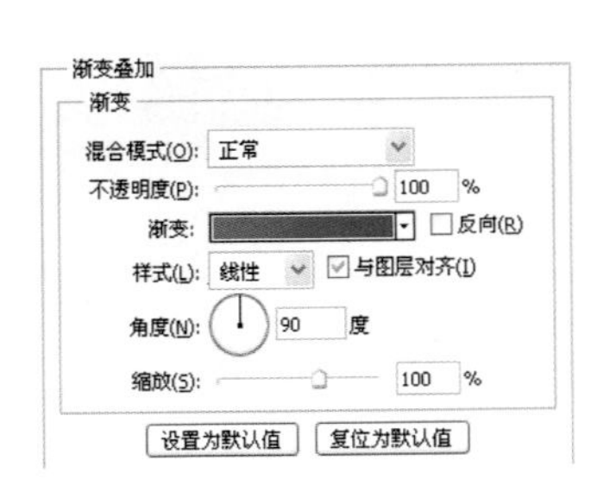

图 1-52 “渐变叠加”参数

图 1-53 添加“渐变叠加”效果

06 按 Ctrl+O 快捷键，弹出“打开”对话框，选择化妆品素材文件，单击“打开”按钮，如图 1-54 所示。

图 1-54 素材文件

图 1-55 “滤色”效果

07 运用移动工具，将背景图片素材添加到文件中，调整好大小和位置。

08 设置图层的“混合模式”为“滤色”、“不透明度”为 100%，效果如图 1-55 所示。

技巧点拨

要使用某种工具，直接单击工具箱中该工具图标，将其激活即可。通过工具图标，可以快速识别工具种类。例如，画笔工具图标是画笔形状，橡皮擦工具是一块橡皮擦的形状。

Photoshop 具有自动提示功能，当不知道某个工具的含义和作用时，将光标放置于该工具图标上 2 秒钟左右，屏幕上即会出现该工具名称及操作快捷键的提示信息，如图 1-56 所示。

图 1-56 工具提示

09 按 Ctrl+O 快捷键，弹出“打开”对话框，选择素材文件，单击“打开”按钮，运用移动工具，将化妆品素材添加到文件中，调整好大小、位置和图层顺序，效果如图 1-57 所示。

10 按 Ctrl+J 组合键，将“图层 3”复制一层，即可得到图层 3 副本。

11 按 Ctrl+T 快捷键，进入自由变换状态，单击鼠标右键，在弹出的快捷菜单中选择“垂直翻转”选项，垂直翻转图层，然后调整至合适的位置，按 Ctrl+Enter 键确定调整，设置图层的“不透明度”为 30%，如图 1-58 所示。

图 1-57 添加化妆品素材效果

图 1-58 调整不透明度

12 选择工具箱中的椭圆选框工具，在图像窗口中按住鼠标并拖动，绘制如图 1-59 所示的选区。

图 1-59 椭圆选框工具

图 1-60 Delete 删除选区

13 单击鼠标右键，在弹出的快捷菜单里选择“羽化”选项，弹出“羽化选区”对话框，设置“羽化半径”为 10 像素，单击“确定”按钮，按 Delete 键删除。

14 按 Ctrl+D 键取消选择，得到羽化选区效果如图 1-60 所示效果。

知识链接——自定义快捷键

使用快捷键可以快速选择某一工具，或者执行菜单中的命令，这为编辑操作带来了极大的方便。Photoshop 有其预设的快捷键，但它也支持自定义快捷键。

自定义工具快捷键方法：

执行“编辑”|“键盘快捷键”命令，打开“键盘快捷键和菜单”对话框，在“快捷键用于”下拉列表中选择“工具”选项，如图 1-61 所示。

在“工具面板命令”列表中选择单列选框工具，如图 1-62 所示。

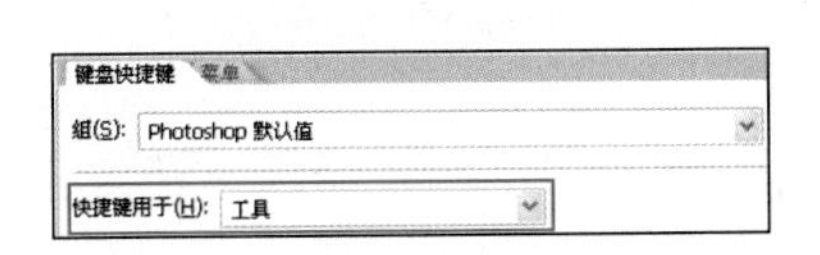

图 1-61　选择“工具”选项

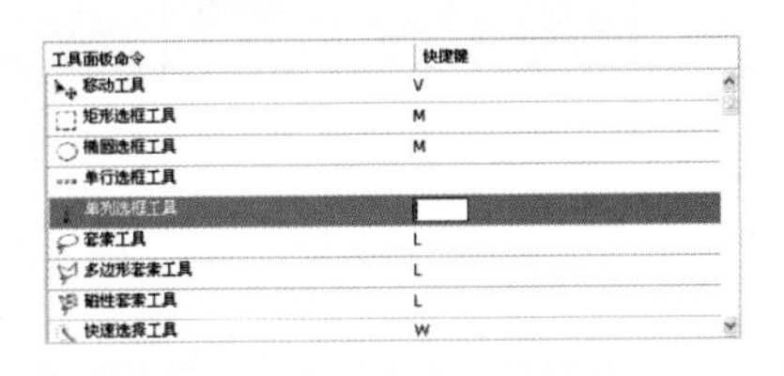

图 1-62　选择单列选框工具

在文本框中输入字母 M，如图 1-63 所示，单击“确定”按钮，关闭对话框，完成修改操作。在工具箱中，在单列选框工具后会显示字母 M，如图 1-64 所示。

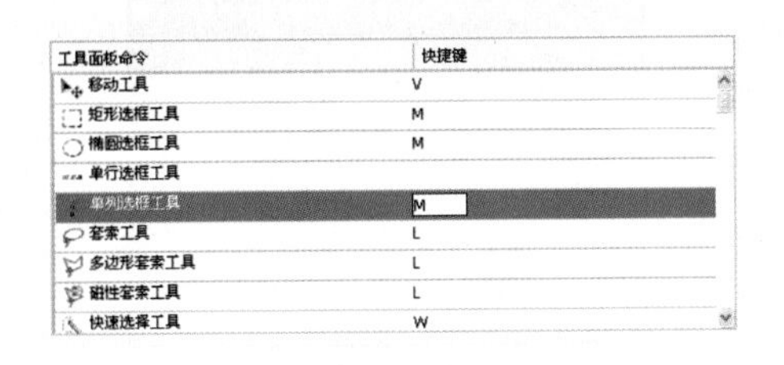

图 1-63　输入字母 M

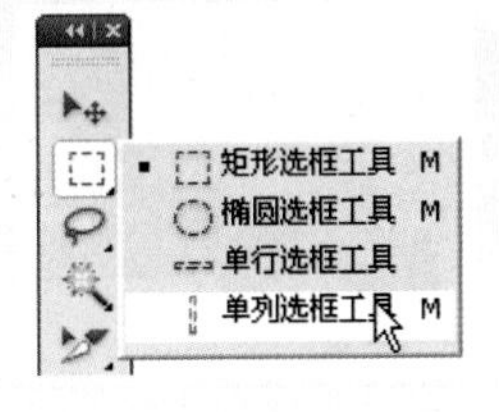

图 1-64　显示字母 M

15 按 Ctrl+O 快捷键，打开一张人物素材，运用移动工具将人物素材添加至文件中，调整好大小、位置，得到如图 1-65 所示的效果。

图 1-65　添加人物素材

图 1-66　输入文字

16 设置前景色为黑色，在工具箱中选择横排文字工具 T，设置字体为“方正魏碑繁体”，大小为 48 点，输入文字，如图 1-66 所示。

17 执行“图层”|“图层样式”|“渐变叠加”命令，弹出“图层样式”对话框，单击渐变条，在弹出的“渐变编辑器”对话框中设置颜色如图1-67所示，其中黄色的CMYK参考值分别为C6、M13、Y32、K0，深黄色的CMYK参考值分别为C24、M46、Y79、K19。

18 单击“确定”按钮，返回“图层样式”对话框，设置渐变叠加其他参数如图1-68所示。

图1-67　“渐变编辑器”对话框

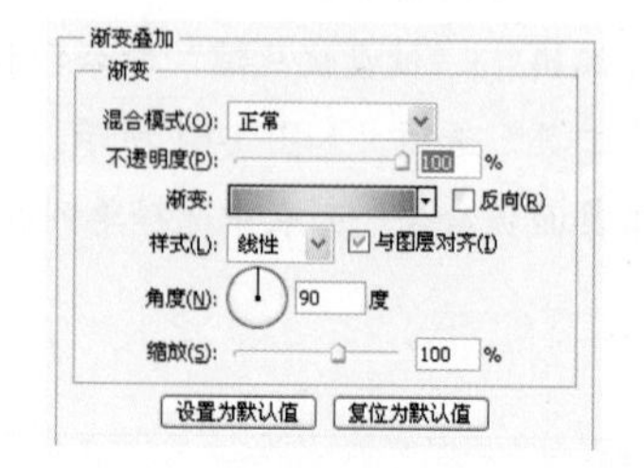

图1-68　“渐变叠加”参数

19 单击“确定”按钮，退出“图层样式”对话框，添加“渐变叠加”效果如图1-69所示。

20 运用同样的操作方法，添加其他的文字，完成实例的制作，最终效果如图1-70所示。

图1-69　添加“渐变叠加”效果

图1-70　最终效果

Example

1.4 杂志内页广告——眼影

本实例制作的是眼影的杂志内页广告，实例以人物眼眼睛和眼部的妆容为主体，画面简洁、清新，具有较强的视觉冲击力，制作完成的效果如左图所示。

使用工具：添加图层蒙版、画笔工具、自定形状工具、图层样式、“动感模糊”命令、涂抹工具、图层样式、横排文字工具。

视频路径：avi\1.4.avi

01 启动Photoshop后，执行“文件”|“新建”命令，弹出“新建”对话框，设置参数如图1-71所示，单击“确定”按钮，新建一个空白文件。

02 按 Ctrl+O 快捷键，弹出“打开”对话框，选择眼睛素材照片，单击“打开”按钮。运用移动工具，将眼睛素材添加到新建图像文件中，放置在合适的位置，如图 1-72 所示。

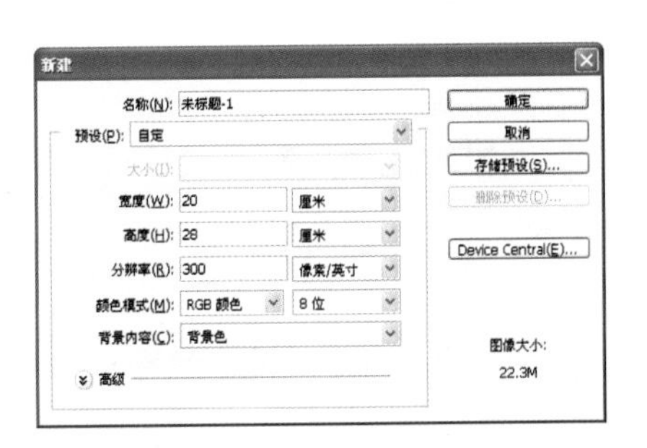

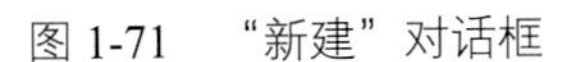
图 1-71 “新建”对话框

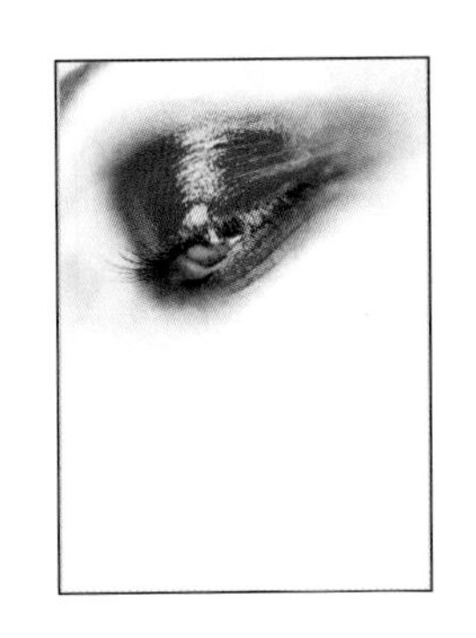
图 1-72 添加眼睛素材照片

03 将图层复制一份，设置图层的“混合模式”为“柔光”，效果如图 1-73 所示。

04 按 Ctrl+O 快捷键，弹出“打开”对话框，选择彩泥素材，单击“打开”按钮，运用移动工具，将彩泥素材添加到眼睛文件中，调整好大小、位置，得到如图 1-74 所示的效果。

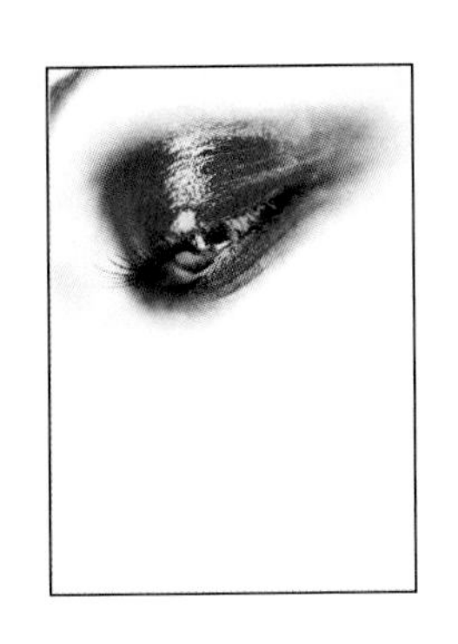
图 1-73 “柔光”效果

图 1-74 添加彩泥素材

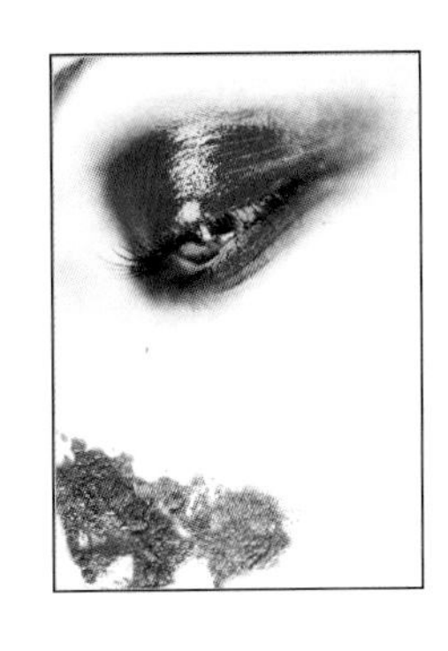
图 1-75 添加图层蒙版

05 单击图层面板上的“添加图层蒙版”按钮，为“图层 2”添加图层蒙版。设置前景色为黑色，然后选择画笔工具，在彩泥背景周围涂抹，效果如图 1-75 所示。

06 新建一个图层，在工具箱中选择自定形状工具，然后单击选项栏“形状”下拉列表按钮，从形状列表中选择“五角星边框”形状，如图 1-76 所示。

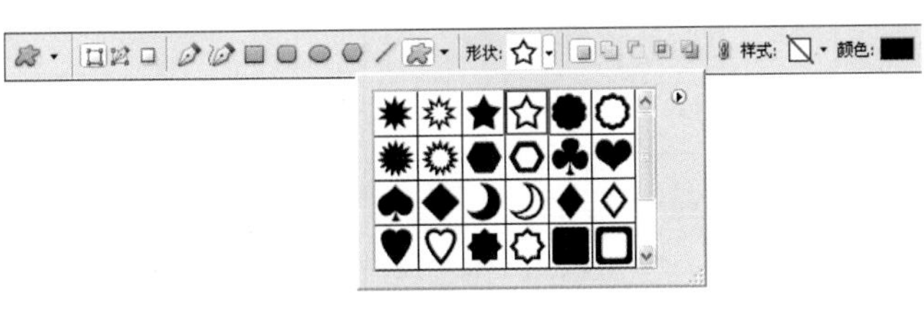

图 1-76 “五角星边框”形状

07 在图像窗口中右上角位置，拖动鼠标绘制一个五角星边框，如图 1-77 所示。

08 执行“图层”|“图层样式”|“渐变叠加”命令，弹出“图层样式”对话框如图 1-78 所示。

09 单击渐变条，在弹出的“渐变编辑器”对话框中设置颜色如图 1-79 所示。

图 1-77　自定形状

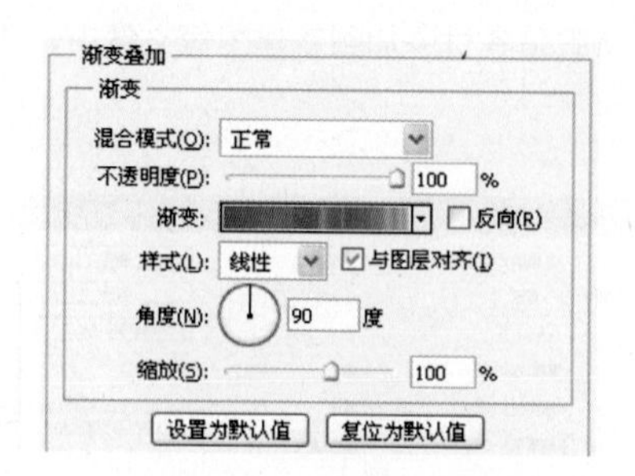

图 1-78　“渐变叠加”参数

10 单击“确定”按钮，退出“图层样式”对话框，添加“渐变叠加”的效果如图 1-80 所示。

图 1-79　“渐变编辑器”对话框

图 1-80　“渐变叠加”命令

11 单击鼠标右键，在弹出的快捷菜单中选择“栅格化图层”选项，执行“滤镜”|“模糊”|“动感模糊”命令，弹出“动感模糊”对话框，参数设置如图 1-81 所示。

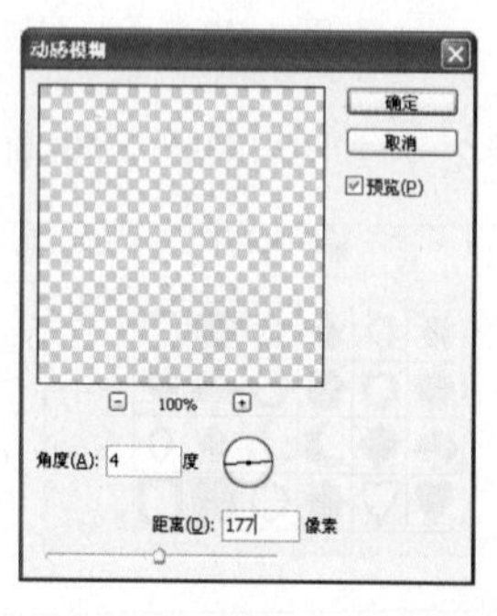

图 1-81　动感模糊参数设置

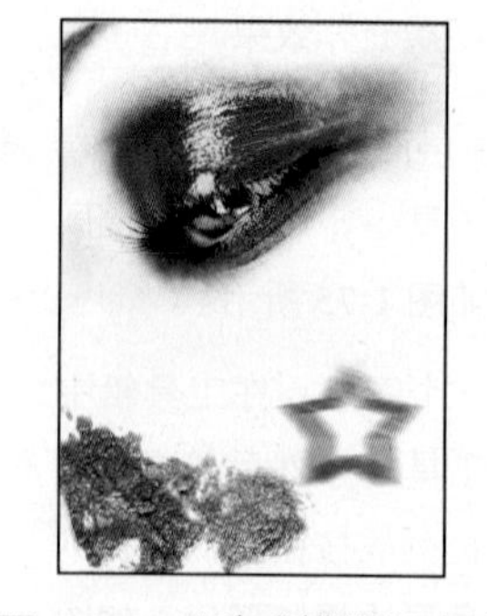

图 1-82　“动感模糊”命令

12 单击“确定”按钮，执行滤镜效果并退出“动感模糊”对话框，效果如图 1-82 所示。

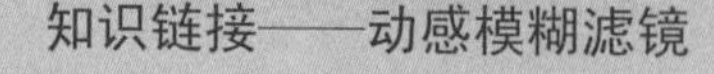

知识链接——动感模糊滤镜

动感模糊滤镜产生对象沿某方向运动而得到的模糊效果，此滤镜的效果类似于以固定的曝光时间给一个移动的对象拍照。

13 选择涂抹工具，在“五角星”的四周涂抹，制作发散效果，得到效果如图 1-83 所示。

14 按 Ctrl+O 快捷键，弹出“打开”对话框，选择画笔素材，单击“打开”按钮，运用移动工具添加至文件中，效果如图 1-84 所示。

图 1-83　制作发散效果

图 1-84　添加画笔素材

知识链接——涂抹工具

涂抹工具通过混合鼠标拖动位置的颜色，从而模拟手指搅拌颜料的效果。涂抹时首先在其工具选项栏中选择一个合适大小的画笔，然后在图像中单击并拖动鼠标即可。

涂抹工具选项栏如图 1-85 所示。选中“手指绘画”选项，鼠标拖动时，涂抹工具使用前景色与图像中的颜色相融合，否则涂抹工具使用单击并开始拖动时的图像颜色。

图 1-85　涂抹工具选项栏

15 执行“图层”|“图层样式”|“投影”命令，弹出“图层样式”对话框，设置如图 1-86 所示。

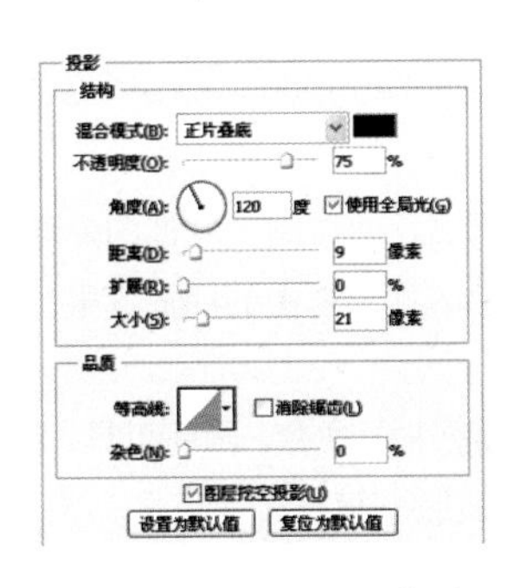

图 1-86　“投影”参数

图 1-87　“投影”效果

16 单击“确定”按钮，关闭“图层样式”对话框，添加“投影”的效果如图 1-87 所示。

17 设置前景色为玫红色。在工具箱中选择横排文字工具，在工具选项栏“设置字体”下拉列表框中选择“黑体”字体，输入文字，如图 1-88 所示。

18 新建一个图层，在工具箱中选择矩形选框工具，在图像窗口中按住鼠标并拖动，绘制选区。

19 设置前景色为 R193、G30、B130，按 Alt+Delete 键填充颜色，效果如图 1-89 所示。

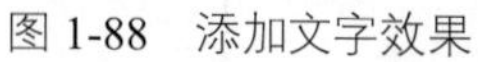
图 1-88　添加文字效果

图 1-89　填充矩形

图 1-90　最终效果

20 设置前景色为白色，在工具箱中选择横排文字工具 T，设置字体为“黑体”，字体大小为 48 点，在玫红色矩形上输入文字，得到最终效果如图 1-90 所示。

技巧点拨

在进行平面设计时，会需要使用各种不同的字体，按照字型的不同，有宋体、黑体、楷体、隶书等，按照字体厂商的不同，又有方正、汉仪、文鼎、长城等字体。

由于 Photoshop 在启动时需要载入字体列表，并生成预览图，如果系统所安装的字体较多，启动速度就会大大减缓，启动之后也会占用更用的内存。

因此，要想提高 Photoshop 的运行效率，对于无用或较少使用的字体应及时删除。

与字体一样，安装过多的第三方插件，也会大大降低 Photoshop 的运行效率。对于不常用的第三方插件，可以将其移动至其他目录，在需要的时候再将其移回。

Example

1.5 户外灯箱广告——唇彩

本实例制作的是唇彩的户外灯箱广告，实例以极具诱惑的色彩展示女性的妩媚，通过图片色调的处理与组合，制造个性的氛围，展示华丽、复古的视觉效果，制作完成的效果如左图所示。

使用工具：“高斯模糊”命令、画笔工具、钢笔工具、图层样式、图层蒙版、横排文字工具。

视频路径: avi\1.5.avi

01 启用 Photoshop 后，执行“文件” | “新建”命令，弹出“新建”对话框，设置参数如图 1-91 所示，新建一个空白文件。

02 按 Ctrl+O 快捷键，弹出“打开”对话框，选择背景素材，单击“打开”按钮。运用移动工具，将素材添加到文件中，放置在合适的位置，如图 1-92 所示。

03 运用同样的操作方法，添加球体、发散球体素材文件，得到效果如图 1-93 所示。

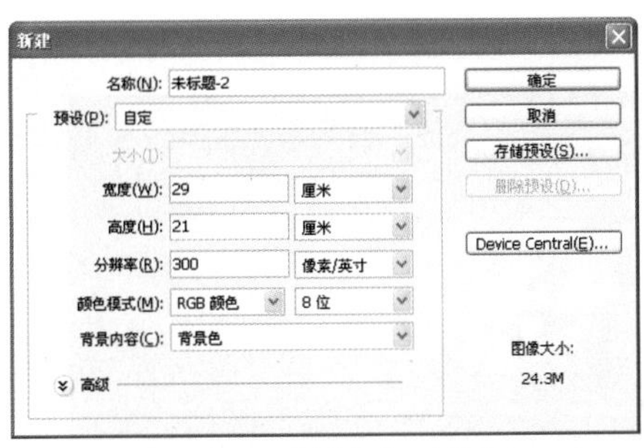

图 1-91 “新建”对话框

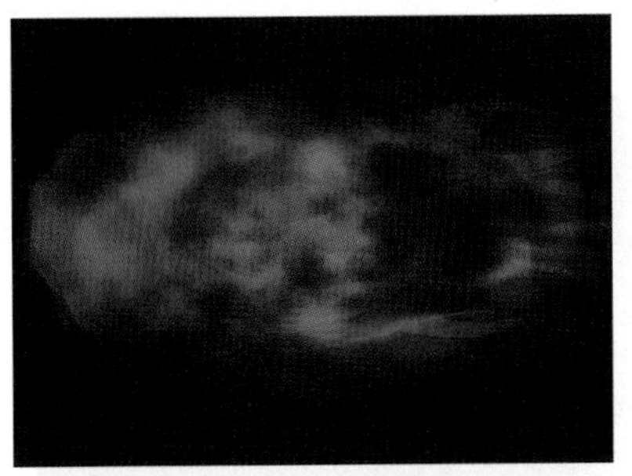

图 1-92 添加背景素材文件

04 为图层添加“内阴影”、“外发光”、“光泽”和“颜色叠加”图层样式，设置参数如图 1-94 所示。

05 单击“确定”按钮，退出“图层样式”对话框，添加“图层样式”的效果如图 1-95 所示。

06 新建一个图层，设置前景色为白色，选择钢笔工具，按下“路径”按钮，在发散球体周围绘制钢笔路径。

07 选择画笔工具，按 F5 键，打开画笔面板，选择“柔角”画笔预设，然后单击画笔浮动面板的“画笔笔尖形状”选项，会出现相对应的调整参数，调整参数如图 1-96 所示。

08 选择钢笔工具，按下“路径”按钮，绘制一条路径，单击鼠标右键，在弹出的快捷菜单中选择“描边路径”选项，在弹出的对话框中选择“画笔”选项，单击“确定”按钮，描边路径。

图 1-93 添加球体、发散球体素材文件

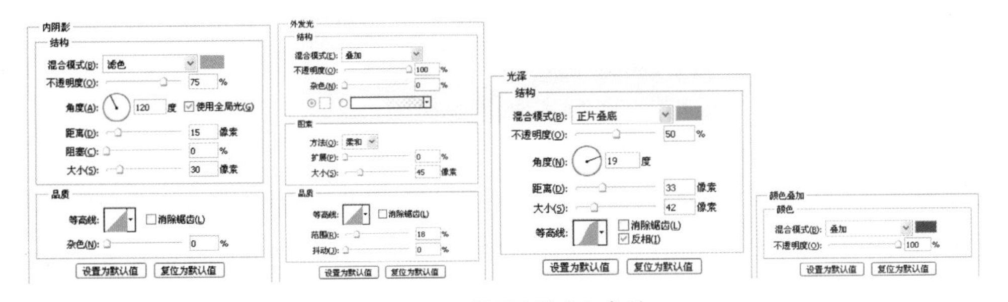

图 1-94 “图层样式”参数

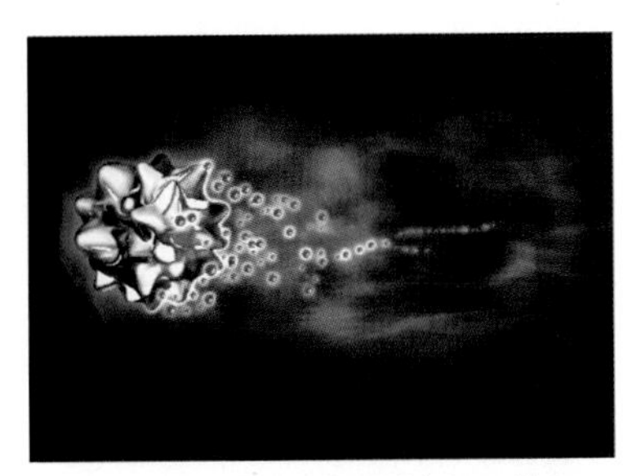

图 1-95 添加“图层样式”效果

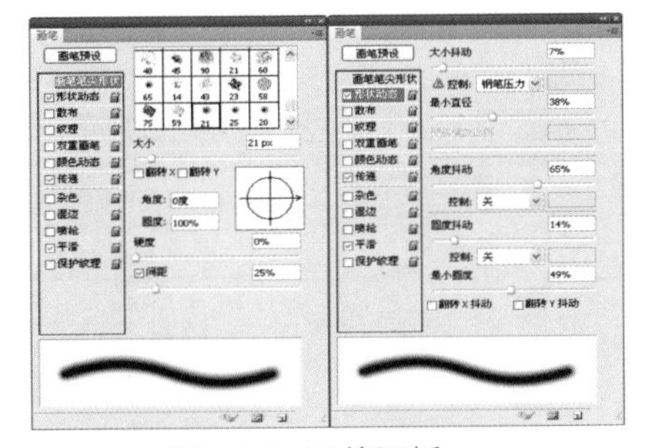

图 1-96 画笔调板

09 运用同样的操作方法，绘制钢笔路径、执行描边路径，得到效果如图 1-97 所示。

10 执行 “滤镜”|“模糊”|“高斯模糊”命令，弹出“高斯模糊”对话框，设置高斯模糊“半径”

为 2.7px。单击“确定”按钮，执行滤镜效果并退出“高斯模糊”对话框，效果如图 1-98 所示。

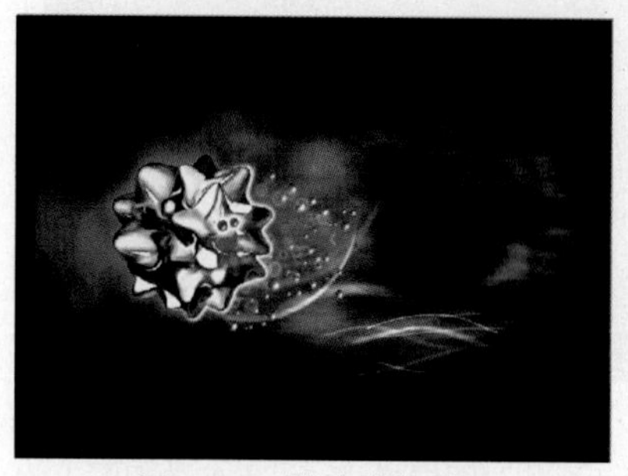

图 1-97　描边路径效果

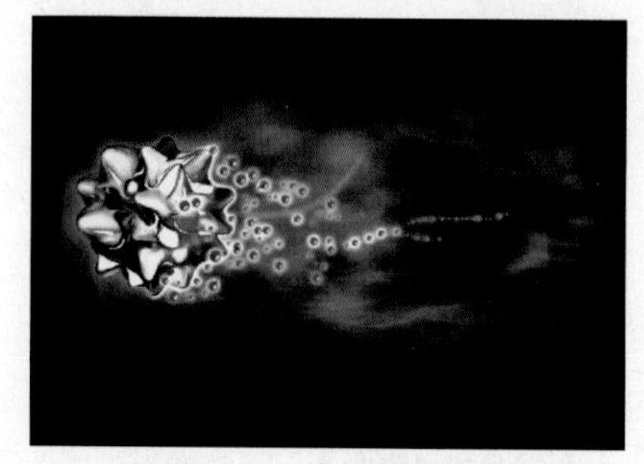

图 1-98　高斯模糊效果

知识链接——高斯模糊

“高斯模糊”滤镜利用钟形高斯曲线，有选择性地快速模糊图像，其特点是中间高，两边低，呈尖峰状。而且高斯模糊可通过调节对话框中的“半径”参数控制模糊的程度，在实际应用中非常广泛。

11 按 Ctrl+O 快捷键，弹出“打开”对话框，选择人物素材，单击“打开”按钮，运用移动工具，将素材添加至文件中，放置在合适的位置，得到如图 1-99 所示的效果。

图 1-99　添加人物素材效果

12 设置前景色为白色，在工具箱中选择横排文字工具 T，选择“幼圆”字体，输入文字。

13 为文字添加图层样式，其中渐变叠加的参数如图 1-100 所示，其中黄色的 RGB 参考值分别为 R242、G202、B2，绿色的 RGB 参考值分别为 R159、G203、B71，橙色 RGB 参考值分别为 R233、G90、B64，得到效果如图 1-101 所示。

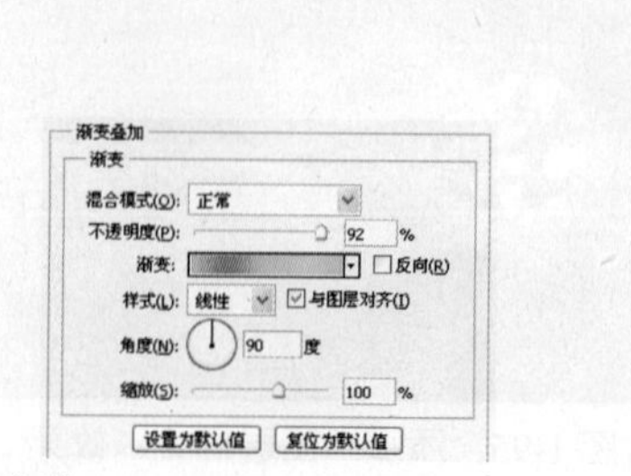

图 1-100　“图层样式”参数

14 按 Ctrl+O 快捷键，弹出“打开”对话框，选择发光线素材，单击“打开”按钮，得到最终效果如图 1-102 所示。

图 1-101 添加“图层样式”效果

图 1-102 最终效果

Example

1.6 宣传折页——珀莱

本实例制作的是珀莱宣传折页，实例以清新的绿色为主色调，通过制作“云彩”效果，呈现一种朦胧梦幻的感觉，整个画面呈现一种时尚清新的流行气息，制作完成的效果如左图所示。

使用工具：图层蒙版、矩形选框工具、图层样式、横排文字工具。

视频路径：avi\1.6.avi

01 启用 Photoshop 后，执行“文件”|“新建”命令，弹出“新建”对话框，设置参数如图 1-103 所示，单击“确定”按钮，新建一个空白文件。

02 新建一个图层，设置前景色为粉绿色（RGB 参考值分别为 R170、G215、B219），背景色为白色。

03 执行“滤镜”|“渲染”|“云彩”命令，效果如图 1-104 所示。

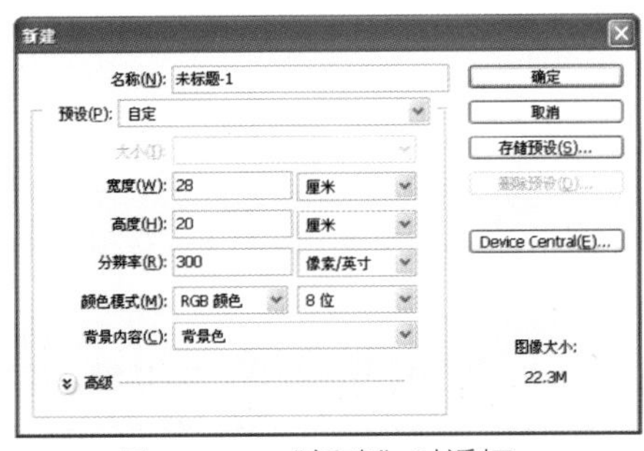

图 1-103 “新建”对话框

图 1-104 “云彩”效果

知识链接——云彩和分层云彩滤镜

“云彩”滤镜使用介于前景色与背景色之间的随机值，生成柔和的云彩图案，每次生成的结果都会有所不同。若要生成色彩较为分明的云彩图案，可按住 Alt 键并选择“滤镜”|“渲染”|“云彩”命令，如图 1-105 所示。

图 1-105　云彩效果

图 1-106　分层云彩效果

“分层云彩”滤镜使用随机生成的介于前景色与背景色之间的值，生成云彩图案。此滤镜将云彩数据和现有的像素混合，其方式与“差值”模式混合颜色的方式相同。第一次选择此滤镜时，图像的某些部分被反相为云彩图案。应用此滤镜几次之后，会创建出与大理石的纹理相似的凸缘与叶脉图案，如图 1-106 所示。

04 新建一个图层，设置前景色为白色，选择画笔工具，在工具选项栏中设置“硬度”为 100%，“不透明度”为 100%、“流量”为 14%，在图像窗口中拖动鼠标，在图像中涂抹得到如图 1-107 所示的效果。在绘制的时候，可通过按“[”键和“]”键调整画笔的大小。

05 按 Ctrl+O 快捷键，弹出“打开”对话框，选择背景素材，单击“打开”按钮，运用移动工具，将背景素材添加至文件中，调整好大小和位置，得到效果如图 1-108 所示。

图 1-107　涂抹云彩效果

图 1-108　添加背景素材

06 运用同样的方法打开人物和水素材，如图 1-109、图 1-110 所示，单击“打开”按钮，运用移动工具，将素材添加至文件中，调整好大小和位置。

07 单击图层面板上的“添加图层蒙版”按钮，为人物图层添加图层蒙版。按 D 键，设置前景色为黑色，选择画笔工具，设置“流量”为 19%，“不透明度”为 33%，在人物背景上涂抹，得到人物效果如图 1-111 所示。

08 新建一个图层，选择工具箱中的矩形选框工具，在画布左侧按住鼠标并拖动，绘制选区，按 Alt+Delete 快捷键，填充颜色为粉绿色，得到效果如图 1-112 所示。

09 运用同样的操作方法打开标志和产品素材，运用移动工具，将素材添加至文件中，调整好大小和位置。

10 选择标志图层，在图层面板中单击“添加图层样式”按钮 fx，弹出“图层样式”对话框，选择“外发光”选项，设置参数如图 1-113 所示，选择“描边”选项，设置参数如图 1-114 所示。

图 1-109　人物素材

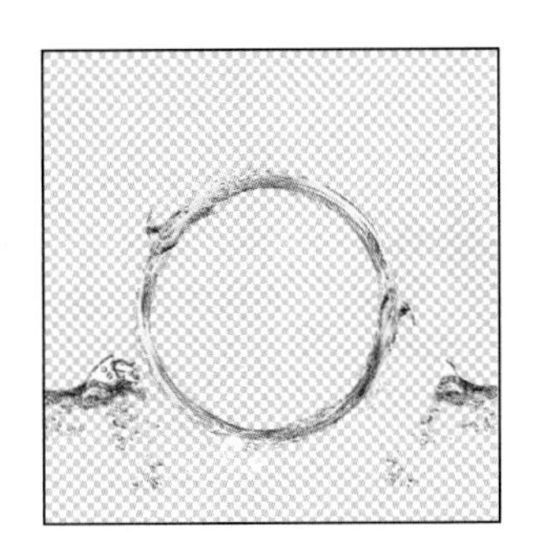

图 1-110　水素材

图 1-111　添加图层蒙版

图 1-112　绘制矩形

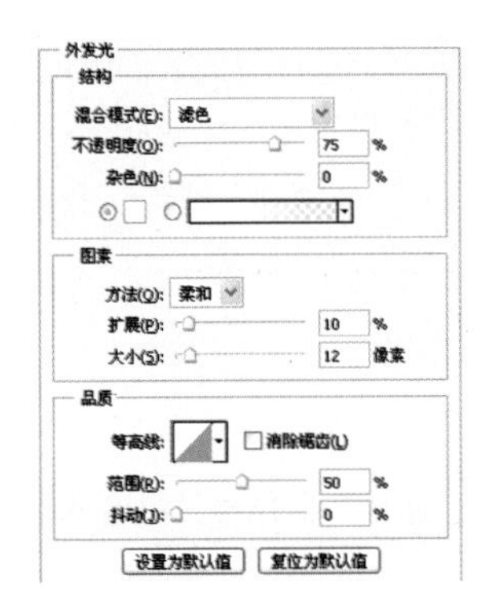

图 1-113　“外发光”参数

图 1-114　“描边”参数

技巧点拨

“外发光”效果可以在图像边缘产生光晕，从而将对象从背景中分离出来，以达到醒目、突出主题的作用，

11 单击“确定”按钮，退出“图层样式”对话框，添加“图层样式”的效果如图 1-115 所示。

12 设置前景色为黑色，在工具箱中选择横排文字工具 T，设置字体为“方正小标宋简体”，字体大小为 30 点，输入文字，如图 1-116 所示。

图 1-115　添加“图层样式”效果

图 1-116　最终效果

设计传真

宣传折页的文字和图片排版是很重要的，需要观察整体图文比例关系后，再调整字体的疏密和大小关系。

Example

1.7 海报设计——化妆美容大赛

本实例制作的是化妆美容大赛海报设计，实例以人物形象为视觉的中心点，直接表明主题，具有较好的宣传效果。背景中的线条、花纹、文字等元素的运用使画面富有节奏和韵律感，制作完成的效果如左图所示。

使用工具：画笔工具、“波浪”命令、“极坐标”命令、自定形状工具、横排文字工具。

视频路径: avi\1.7.avi

01 启动 Photoshop 后，执行“文件”|“新建”命令，弹出“新建”对话框，设置参数如图 1-117 所示，单击“确定”按钮，新建一个空白文件。

02 设置前景色为黑色，按 Alt + Delete 填充背景。

03 新建一个图层，设置前景色为蓝色，RGB 参考值分别为 R68、G165、B201，选择画笔工具，设置画笔“硬度”为 0%、不透明度设为 10%、“流量”为 80%，在图像窗口中单击鼠标，绘制如图 1-118 所示的光点。

04 新建一个图层，设置前景色和背景色为默认的黑白颜色，参照前面同样的操作方法填充渐变。

05 执行“滤镜”|“扭曲”|“波浪”命令，弹出“波浪”对话框，设置参数如图 1-119 所示。

06 单击“确定”按钮，执行滤镜效果并退出“波浪”对话框，执行“滤镜”|“扭曲”|“极坐标”命令，弹出“极坐标”对话框，设置参数如图 1-120 所示。

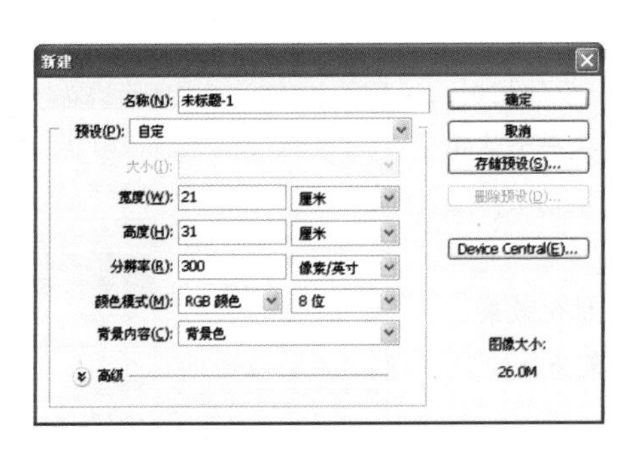

图 1-117 “新建”对话框

图 1-118 绘制光点

07 单击“确定”按钮，执行滤镜效果并退出“极坐标”对话框，设置图层的“混合模式”为“叠加”，得到如图 1-121 所示效果。

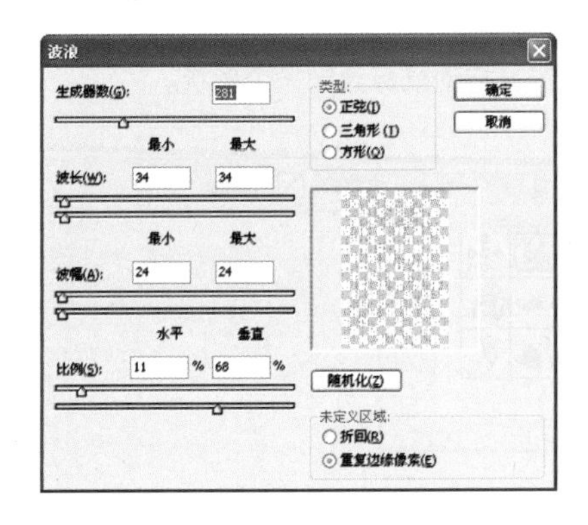

图 1-119 波浪

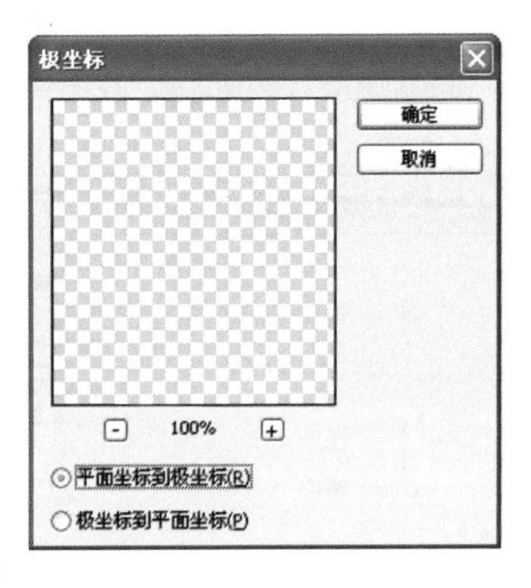

图 1-120 极坐标

图 1-121 滤镜效果

知识链接——波浪滤镜

“波浪”滤镜工作方式类似波纹滤镜，但可进行进一步的控制。该滤镜可控参数较多，包括波浪生成器的数目、波长（从一个波峰到下一个波峰的距离）、波浪高度和波浪类型：“正弦”（滚动）、“三角形”或“方形”，波浪滤镜对话框如图 1-122 所示。

单击“随机化”按钮可在参数不变的前提下得到随机化效果，如果对波浪效果不满意，可单击该按钮直至得到满意效果为止。

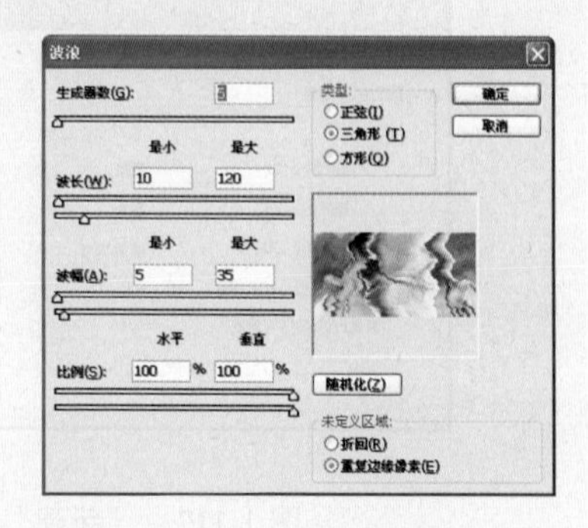

图 1-122　“波浪”滤镜对话框

08 新建一个图层，在工具箱中选择自定形状工具，然后单击选项栏“形状”下拉列表按钮，从形状列表中选择“装饰 5”形状，如图 1-123 所示。

09 按下“形状图层”按钮，在图像窗口中右上角位置，拖动鼠标绘制一个形状。

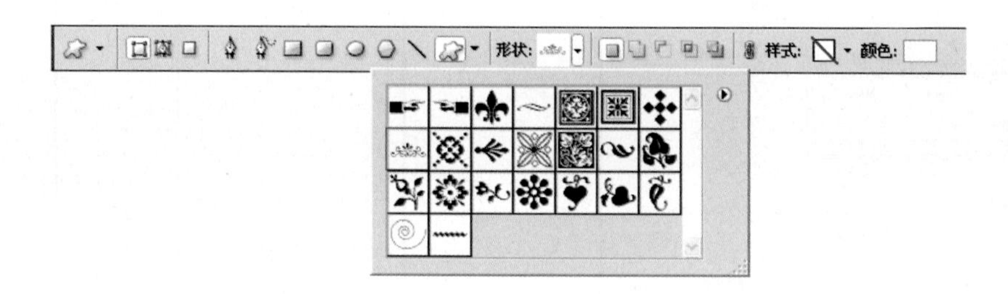

图 1-123　选择“装饰 5”形状

10 执行“图层”|“图层样式”|“渐变叠加”命令，弹出“图层样式”对话框，单击渐变条，在弹出的“渐变编辑器”对话框中设置颜色如图 1-124 所示，其中蓝色的 RGB 参考值分别为 R0、G109、B181，深蓝色的 RGB 参考值分别为 R0、G180、B228。

11 单击“确定”按钮，退出“图层样式”对话框，如图 1-125 所示。

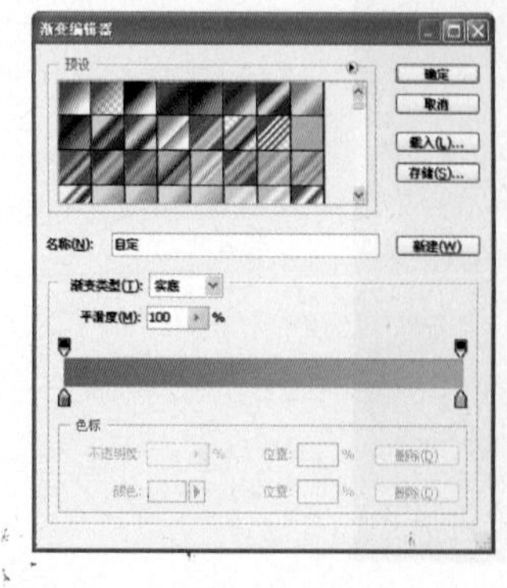

图 1-124　“渐变编辑器”对话框

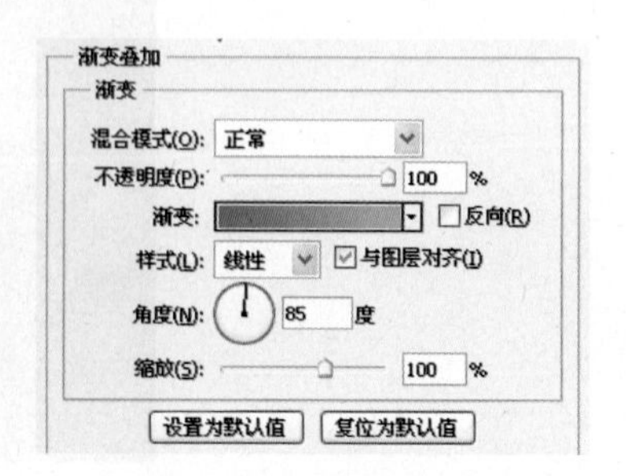

图 1-125　“渐变叠加”参数

12 单击“确定”按钮，返回“图层样式”对话框，添加“渐变叠加”的效果如图 1-128 所示。

13 选择“花纹”形状，按 Ctrl+Enter 快捷键载入选区，选择工具栏选择工具，单击“选择”|“修改”|“扩展”选区，如图 1-129 所示。

知识链接——扩展选区

执行“选择”|“修改”|“扩展”命令，可以在原来选区的基础上向外扩展选区，图 1-126 所示为“扩展选区”对话框，扩展效果如图 1-127 所示。其中“扩展量”数值框用来设置选区的扩展范围。

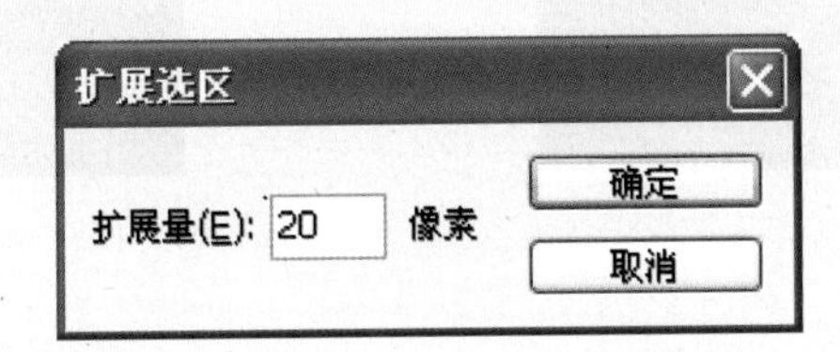

图 1-126 “扩展选区”对话框

图 1-127 扩展选区

14 新建一个图层，执行“编辑”|“描边”命令，设置“描边宽度”为 4px，颜色为蓝色，RGB 参考值分别为 R0、G109、B181，得到效果如图 1-130 所示。

图 1-128 “渐变叠加”的效果

图 1-129 “扩展”选区

15 运用移动工具，将花纹素材添加至文件中，放置在合适的位置，如图 1-131 所示。

16 运用同样的操作方法打开“花纹”、“气泡”、“水晶”等素材如图 1-132 所示，得到效果如图 1-133 所示。

17 执行“文件”|“新建”命令，弹出“新建”对话框，设置参数如图 1-134 所示。单击“确定”按钮，关闭对话框，新建一个图像文件。

18 设置前景色为黑色，按 F5 键，弹出画笔面板，设置参数如图 1-135 所示，在图像窗口中单击鼠标左键，绘制图形。

图 1-130　描边

图 1-131　添加花纹效果

图 1-132　素材

图 1-133　添加素材效果

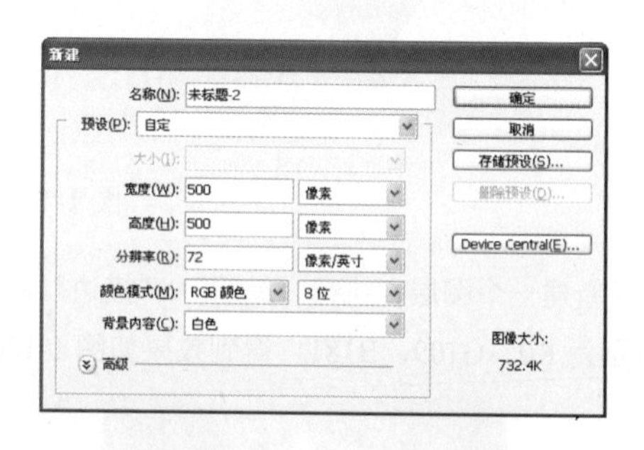

图 1-134　“新建”对话框

19 继续在画笔面板设置参数如图 1-136 所示。

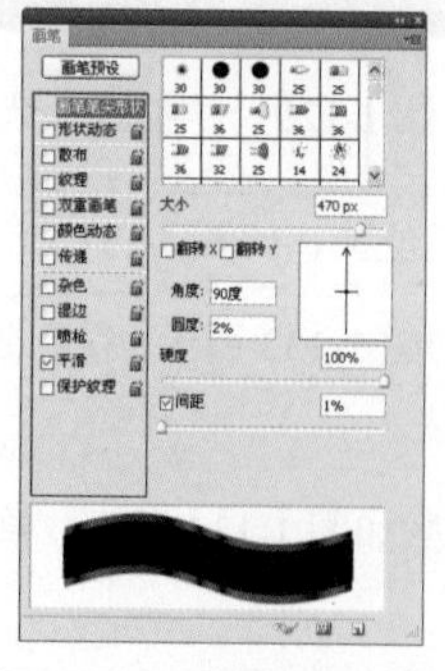

图 1-135　设置画笔参数

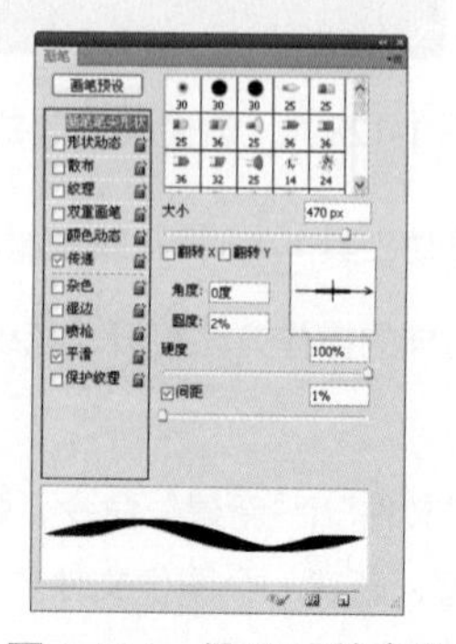

图 1-136　设置画笔参数

20 在图像窗口中单击鼠标左键，绘制图形，得到如图 1-137 所示的效果。

21 选择椭圆工具，新建一个图层，按下工具选项栏中的“填充像素”按钮，按住 Shift 键的同时，在图像窗口中拖动鼠标，绘制一个圆，效果如图 1-138 所示。

图 1-137 绘制图形　　　　图 1-138 绘制圆

22 执行“图层” | “图层样式” | “外发光”命令，在弹出的“图层样式”对话框中设置参数如图 1-139 所示。

23 单击“确定”按钮，效果如图 1-140 所示。

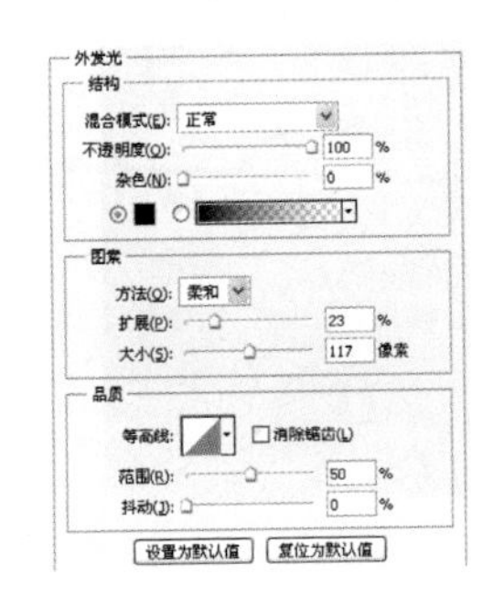

图 1-139 外发光

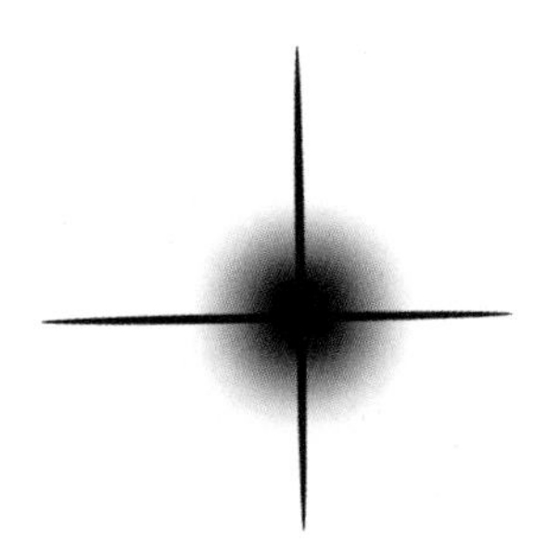

图 1-140 “图层样式”效果

24 执行“编辑” | “定义画笔预设”命令，弹出“画笔名称”对话框，设置“名称”为“星星”，如图 1-141 所示。

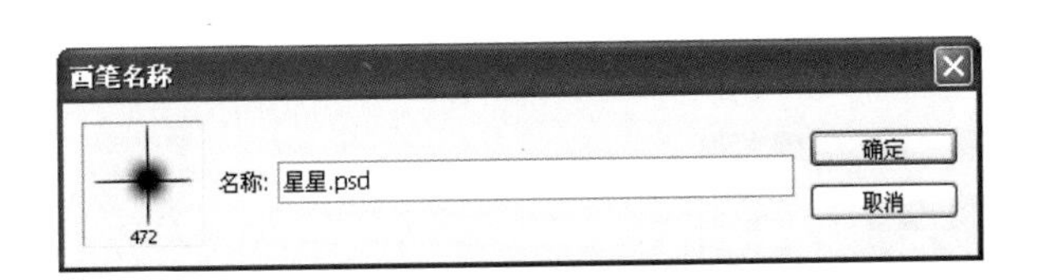

图 1-141 设置名称

25 切换至海报文件，选择画笔工具，按 F5 键，打开画笔面板，选择刚才定义的画笔，设置“角度”为“158 度”，“间距”为 100%、“大小抖动”为 100%、“角度抖动”为 100%、“散布”为 150%，如图 1-142 所示。

26 单击“创建新图层”按钮，新建图层，在图层中用刚才设好的画笔绘制，效果如图 1-143 所示。

27 运用同样的操作方法，添加其他的素材，如图 1-144 所示。

28 设置前景色为白色，在工具箱中选择横排文字工具T，设置字体为“方正大黑简体”、字体大小为 16 点，输入文字。

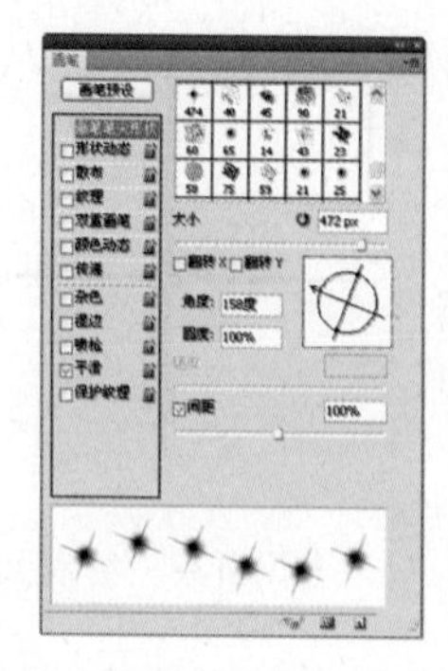
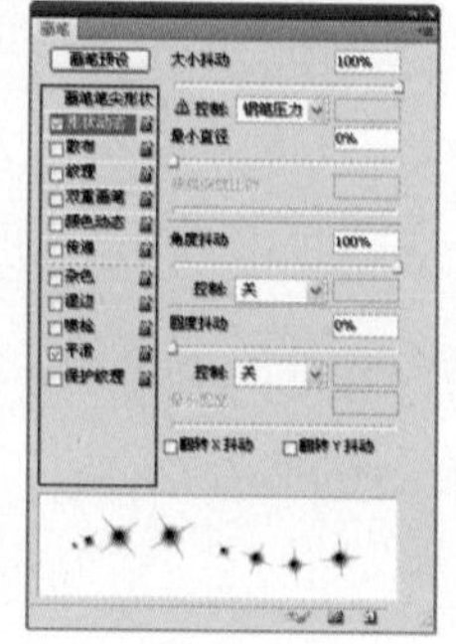
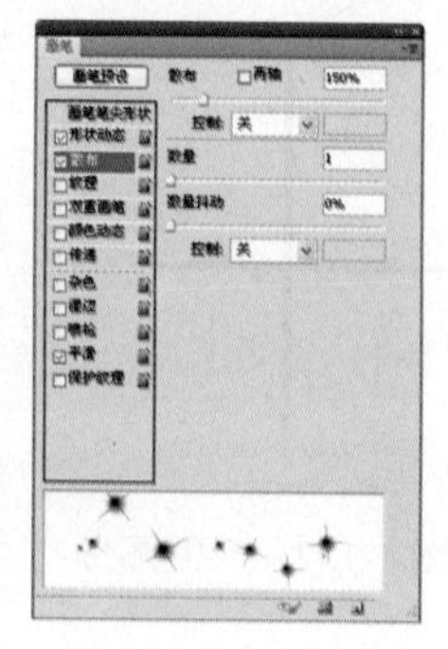

图 1-142　设置画笔参数

图 1-143　光点效果

图 1-144　添加飘带效果

29 执行“图层”|“图层样式”|“渐变叠加”命令，弹出“图层样式”对话框，单击渐变条，在弹出的“渐变编辑器”对话框中设置颜色如图 1-145 所示，其中黄色的 RGB 参考值分别为 R241、G233、B125，绿色的 RGB 参考值分别为 R176、G145、B65。

30 单击“确定”按钮，返回“图层样式”对话框，如图 1-146 所示。

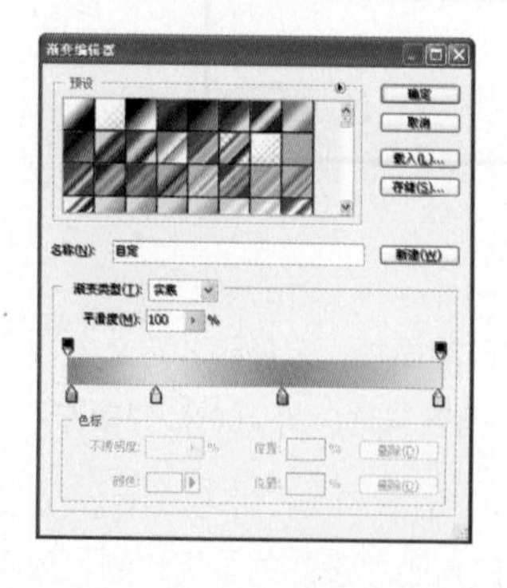

图 1-145　“渐变编辑器”对话框

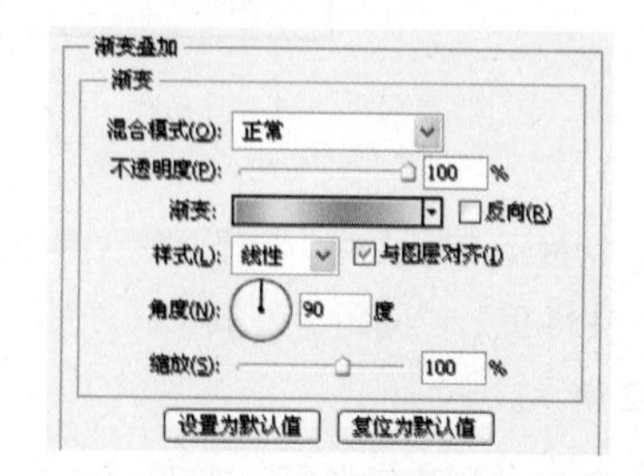

图 1-146　“渐变叠加”参数

31 选择“描边”选项，设置参数如图 1-147 所示，单击“确定”按钮，退出“图层样式”对话框。

32 参照前面同样的操作方法输入其他文字，最终效果如图 1-148 所示。

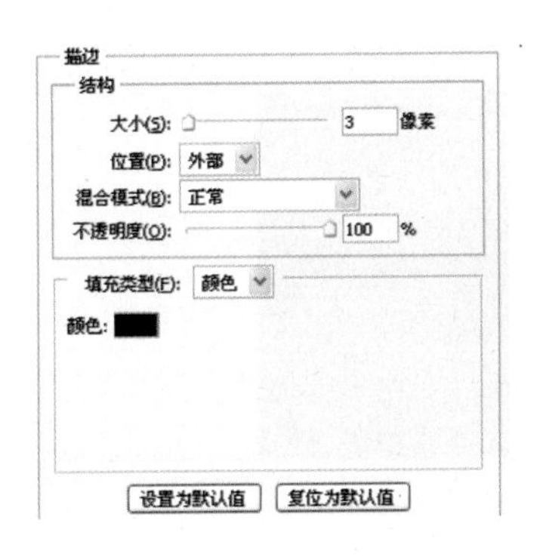

图 1-147 “描边”参数

图 1-148 最终效果

Example

1.8 画册设计——老庙黄金翡翠

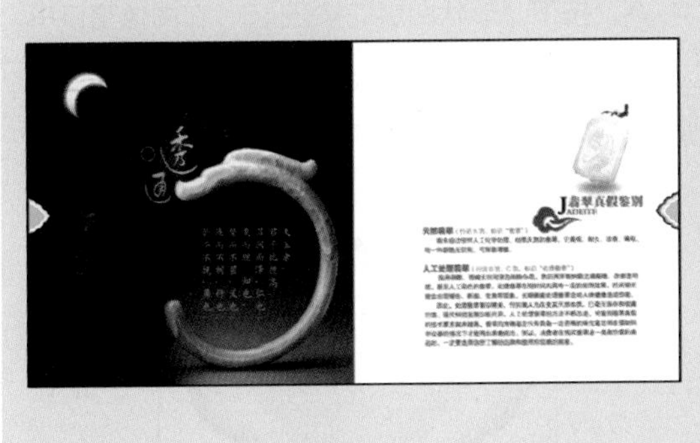

本实例制作的是老庙黄金翡翠画册设计，实例以翡翠为主体，通过深色的背景，使主体物成为整个画面的主导，右边用清新淡雅的元素、色调，强调了使整个画册的对比，形成较强的视觉冲击力。

使用工具：“新建参考线”命令、矩形选框工具、钢笔工具、“风”命令、“色相/饱和度”、图层蒙版、横排文字工具。

视频路径：avi\1.8.avi

01 启用 Photoshop 后，执行“文件”|“新建”命令，弹出“新建”对话框，设置参数如图 1-149 所示，单击“确定”按钮，新建一个空白文件。

02 执行“视图”|“新建参考线”命令，弹出“新建参考线”对话框，在对话框中设置参数如图 1-150 所示。

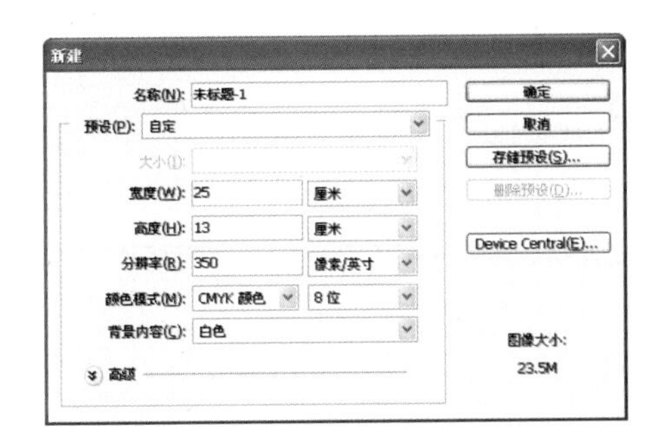

图 1-149 “新建”对话框

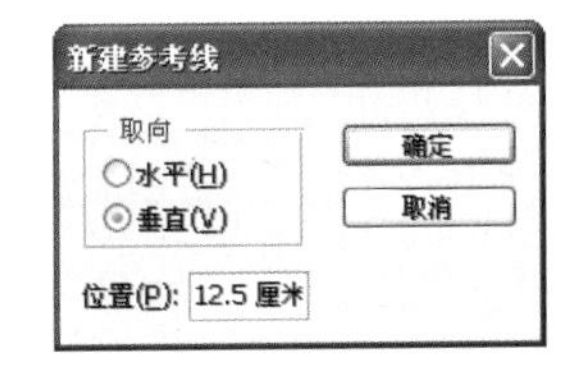

图 1-150 “新建参考线”对话框

03 单击“确定”按钮，退出“新建参考线”对话框，新建参考线如图 1-151 所示。

04 新建一个图层，选择工具箱中的矩形选框工具，绘制矩形选区。按下 D 键，恢复前/背景色为系统默认的黑白颜色。按 Alt+Delete 键，填充黑色，按 Ctrl+D 快捷键取消选区，如图 1-152 所示。

图 1-151　新建参考线

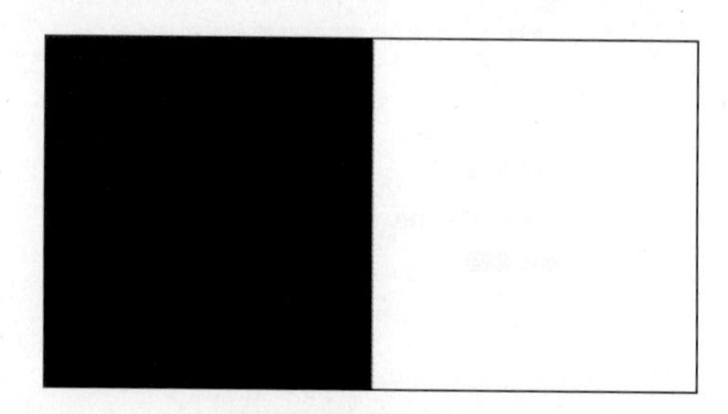

图 1-152　绘制选区

技巧点拨

按下 Alt + →（退格键）或 Alt + Delete 快捷键，可以快速填充前景色；按下 Ctrl + →（退格键）快捷键可快速填充背景色；按下 Shift + ←（退格键）快捷键则可以打开“填充”对话框。

05 设置前景色为黑色，在工具箱中选择钢笔工具，按下“形状图层”按钮，在图像窗口中，拖动鼠标绘制图形，如图 1-153 所示。

06 按 Ctrl+J 组合键，将绘制的形状图层复制四层，分别填充如图 1-154 所示的颜色。

图 1-153　绘制图形

图 1-154　填充颜色

07 按 Ctrl+E 组合键，将各个形状图层合并，选择工具箱中的矩形选框工具，在图像窗口中按住鼠标并拖动，绘制选区，如图 1-155 所示。

08 按 Ctrl+X 快捷键剪切，新建一个图层，按 Ctrl+V 快捷键粘贴，调整至合适的位置，然后将另一半调整至合适的位置，如图 1-156 所示。

09 按 Ctrl+O 快捷键，弹出“打开”对话框，选择翡翠素材，单击“打开”按钮，运用移动工具，将素材添加至文件中，放置在合适的位置，如图 1-157 所示。

10 运用同样的操作方法打开龙纹素材，如图 1-158 所示。

11 选择工具箱中的魔棒工具，选择素材的白色部分，按 Delete 键删除此部分，按 Ctrl+D 取消选区，运用移动工具，将素材添加至文件中，放置在合适的位置，如图 1-159 所示。

12 单击图层面板上的“添加图层蒙版”按钮，为图层添加图层蒙版，选择渐变工具，单击选项栏渐变列表框下拉按钮▾，从弹出的渐变列表中选择“黑白”渐变，按下“线性渐变”按钮▭，选中“反向”复选框，然后在图像窗口中按住并拖动鼠标，填充黑白线性渐变，效果如图 1-160 所示。

图 1-155　建立选区

图 1-156　调整图形

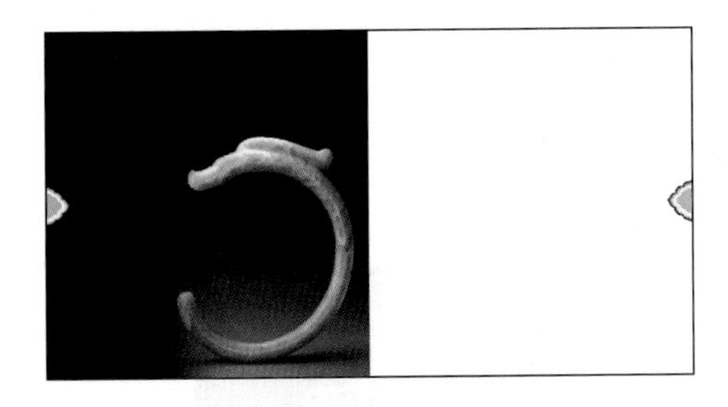

图 1-157　添加翡翠素材

图 1-158　添加龙纹素材

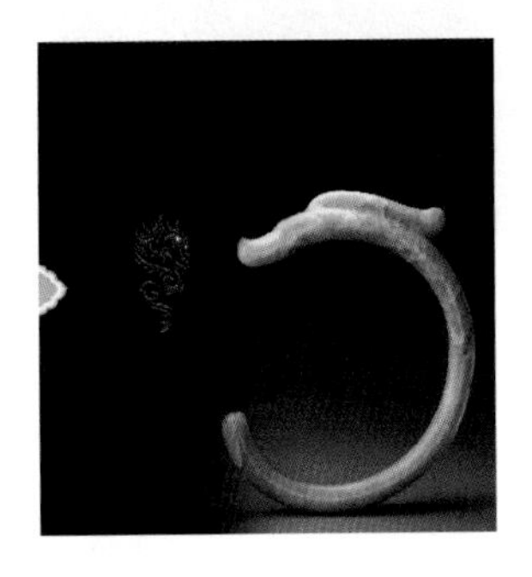

图 1-159　添加素材

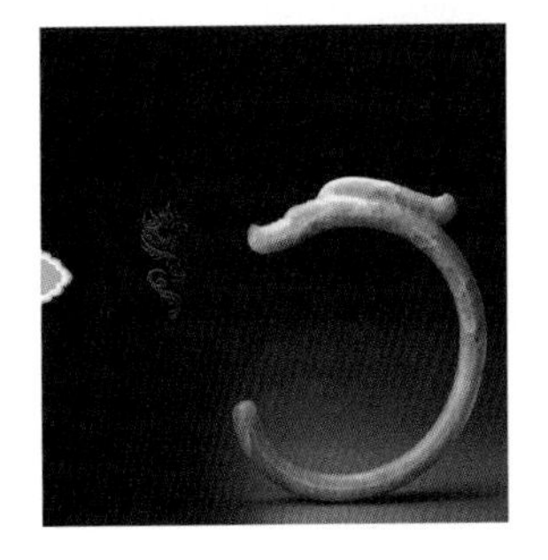

图 1-160　添加图层蒙版

专家提醒

魔棒工具是依据图像颜色进行选择的工具，它能够选取图像中颜色相同或相近的区域。

13 按 Ctrl+O 快捷键，弹出“打开”对话框，选择月亮素材，运用移动工具，将材添加至文件中，放置在合适的位置，调整其位置及图层顺序，效果如图 1-161 所示。

14 选择工具箱中的横排文字工具T，设置字体为“方正黄草简体”，字体大小为 21 点，在图像窗口中分别输入文字，如图 1-162 所示。

15 按 Ctrl+E 快捷键，将两个文字图层合并，在图层上单击鼠标右键，在弹出的快捷菜单中选择“栅格化文字”命令，将文字栅格化。

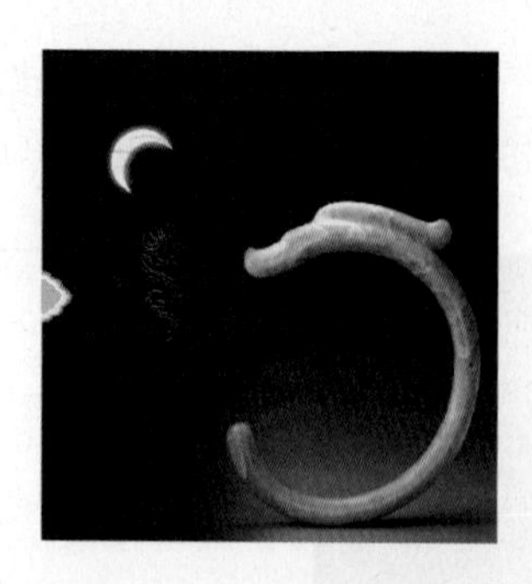

图 1-161　添加月亮素材

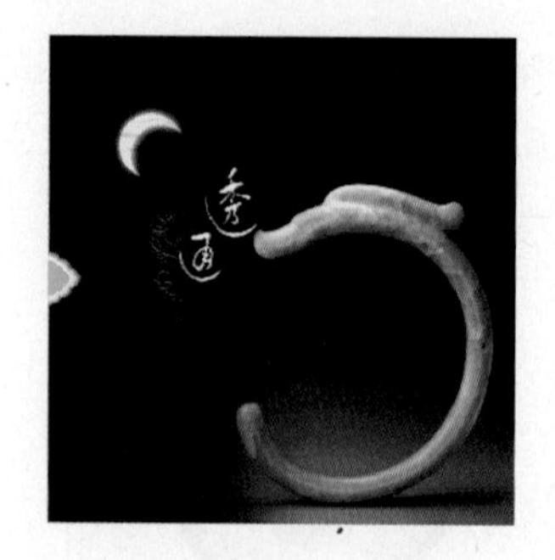

图 1-162　输入文字

16 按住 Ctrl 键的同时单击此图层的缩览图，将文字载入选区，然后选择工具箱中的渐变工具，单击工具选项栏中的渐变条，在弹出的“渐变编辑器”对话框中设置参数如图 1-163 所示，其中黄色的 RGB 参考值分别为 R184、G172、B0。

17 单击“确定”按钮，关闭“渐变编辑器”对话框。按下工具选项栏中的“线性渐变”按钮，选中“反向”复选框，在图像中拖动鼠标，填充渐变，按 Ctrl+D 取消选择，效果如图 1-164 所示。

图 1-163　“渐变编辑器”对话框

图 1-164　填充渐变

18 在图层面板中单击“添加图层样式”按钮，在弹出的快捷菜单中选择“外发光”选项，弹出“图层样式”对话框，设置参数如图 1-165 所示，外发光颜色为黄色（RGB 参考值分别为 R254、G238、B0）。

19 单击“确定”按钮，退出“图层样式”对话框，添加“外发光”的效果如图 1-166 所示。

20 在工具箱中选择椭圆工具，按下“路径”按钮，在图像窗口中按住 Shift 键的同时，拖动鼠标绘制如图 1-167 所示正圆。

21 选择画笔工具，设置前景色为白色，画笔“大小”为“5 像素”、“硬度”为 100%，选择钢笔工具，在绘制的路径上方单击鼠标右键，在弹出的快捷菜单中选择“描边路径”选项，在弹出的对话框中选择“画笔”选项，单击“确定”按钮，描边路径，按 Ctrl+H 快捷键隐藏路径，得到如图 1-168 所示的效果。

22 将绘制的圆环复制几层，并调整到合适的位置，如图 1-169 所示。

23 在工具箱中选择竖排文字工具，设置字体为“方正楷体简体”，字体大小为 12 点，输入文字，如图 1-170 所示。

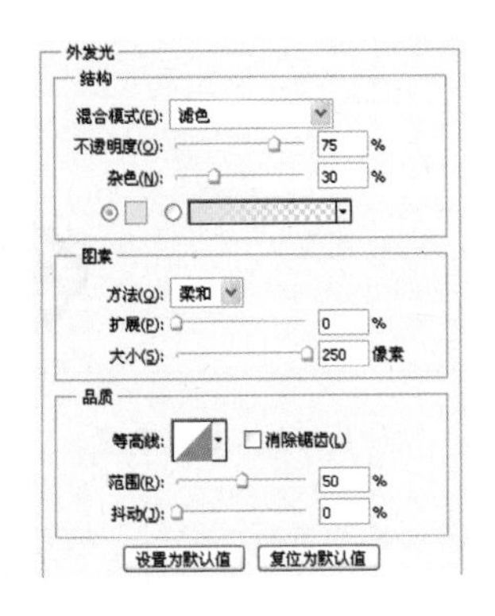

图 1-165 “外发光”参数

图 1-166 “外发光”效果

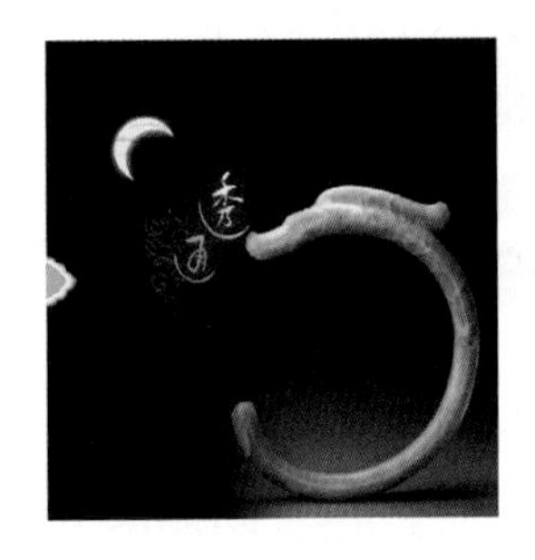

图 1-167 绘制路径

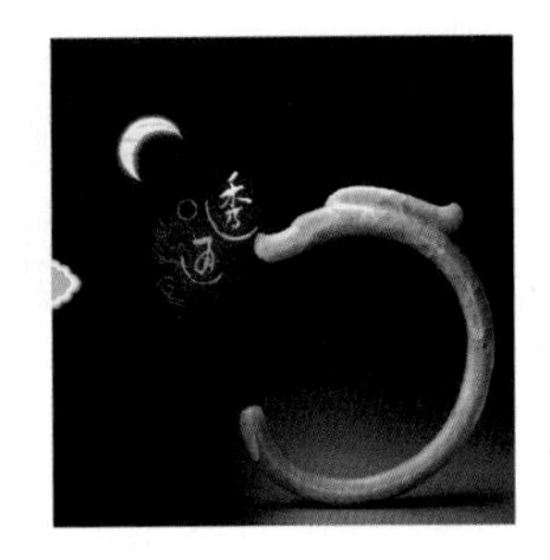

图 1-168 描边路径

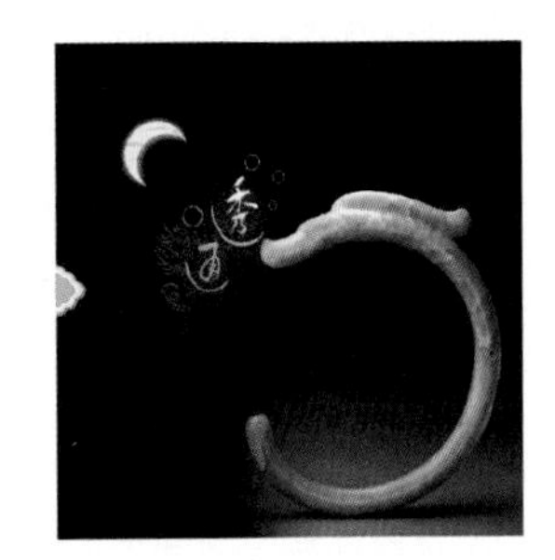

图 1-169 复制正圆

24 按 Ctrl+O 快捷键，弹出“打开”对话框，选择玉素材，单击“打开”按钮，运用移动工具，将素材添加至文件中，放置在合适的位置，如图 1-171 所示。

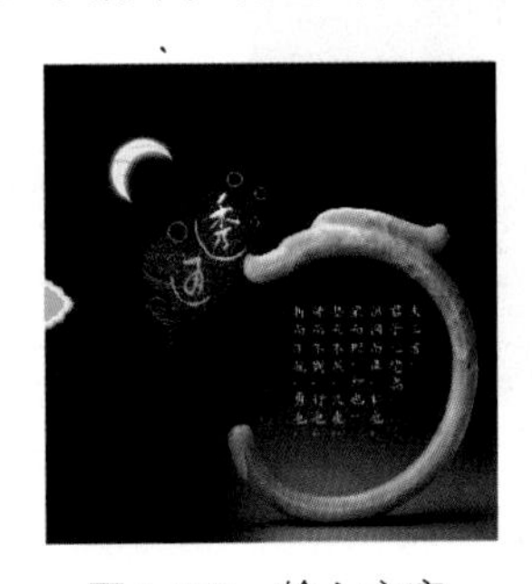

图 1-170 输入文字

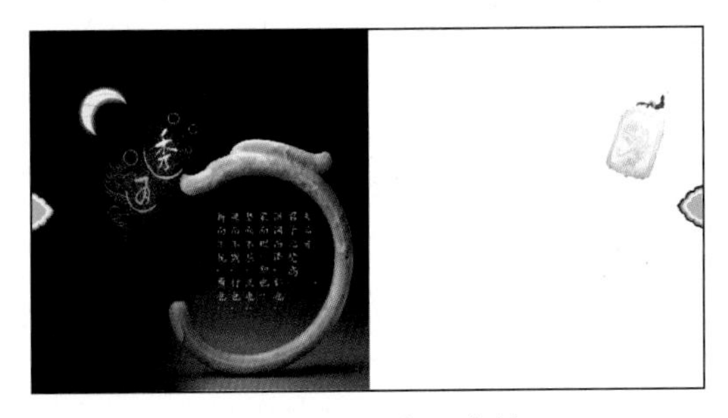

图 1-171 添加玉素材

25 新建一个图层，选择工具箱中的椭圆选框工具，在工具选项栏中设置“羽化半径”为 30 像素，绘制选区如图 1-172 所示。

26 选择工具箱中的渐变工具，单击选项栏渐变列表框下拉按钮，从弹出的渐变列表中选择“黑白”渐变，按下“线性渐变”按钮，选择“反向”复选框，在选区内按住并拖动鼠标，填充黑白线性渐变，然后设置图层的“不透明度”为 45%，按 Ctrl+D 取消选区，效果如图 1-173 所示。

图 1-172　绘制选区

图 1-173　填充渐变

27 新建一个图层，选择工具箱中的钢笔工具，在工具选项栏中选择“路径”按钮，在图中绘制如图 1-174 所示的路径。

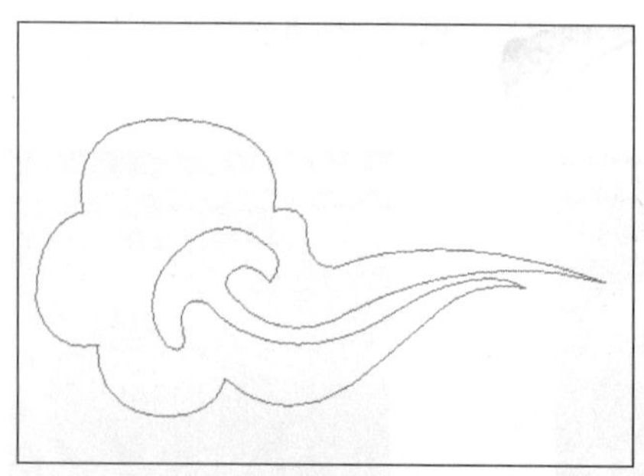

图 1-174　绘制路径

图 1-175　填充颜色

28 设置前景色为绿色（RGB 参考值分别为 R0、G94、B20），按 Ctrl+Enter 快捷键转换路径为选区，然后按 Alt+Delete 快捷键填充选区，按 Ctrl+D 取消选区，效果如图 1-175 所示。

29 选择工具箱中的横排文字工具T，设置字体为“方正中等线简体”，字体大小为 7 点，输入文字，如图 1-176 所示。

图 1-176　绘制路径

图 1-177　最终效果

30 运用同样的操作方法输入其他文字，最终效果如图 1-177 所示。

设计传真

平面设计实际就是平面视觉传达设计，是传递信息的一种方式。它是设计者借助一定的工具、材料，将所要传送的设计形象，遵循主从、对比、协调、统一、对称、均衡、韵律、节奏等美学规律，运用集聚、删减、分割、变化，或扩大、缩小、变形等手段，在二维平面媒介上塑造出来，而且要根据创意和设计营造出立体感、运动感、韵律感、透明感等各种视觉冲击效果。

Example

1.9 网站设计——化妆品网站首页

本实例设计一款化妆品网站首页，实例效果如左图所示。色调淡雅大方，浏览起来使人心情愉快，接收信息也更加容易，同时提升了品牌的形象。

使用工具：钢笔工具、“色阶”命令、图层样式、文字工具

视频路径：avi\1.9.avi

01 启用 Photoshop 后，执行“文件” | “新建”命令，弹出“新建”对话框，在对话框中设置参数如图 1-178 所示，单击“确定”按钮，新建一个空白文件。

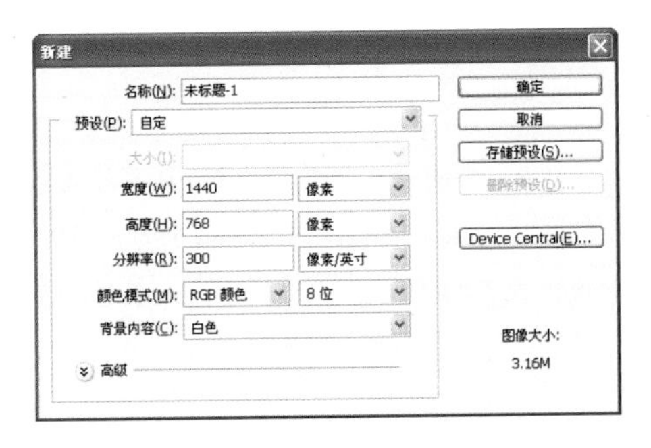

图 1-178 “新建”对话框

02 执行“文件” | “打开”命令，打开一张背景素材，运用移动工具，将素材添加至文件中，如图 1-179 所示。

03 运用同样的操作方法，打开一张人物素材，运用钢笔工具，绘制如图 1-180 所示的路径，选择人物。

04 执行 Ctrl+J 快捷键，复制图层，将人物选择出来。

图 1-179 背景素材

图 1-180 人物素材

05 切换至通道面板，查看三个通道，发现红通道黑白对比最为明显，如图 1-181 所示，复制红通道。

06 执行“图像”|“调整”|“色阶”命令，弹出“色阶”对话框，调整参数如图 1-182 所示，单击“确定”按钮，效果如图 1-183 所示。

图 1-181　红通道

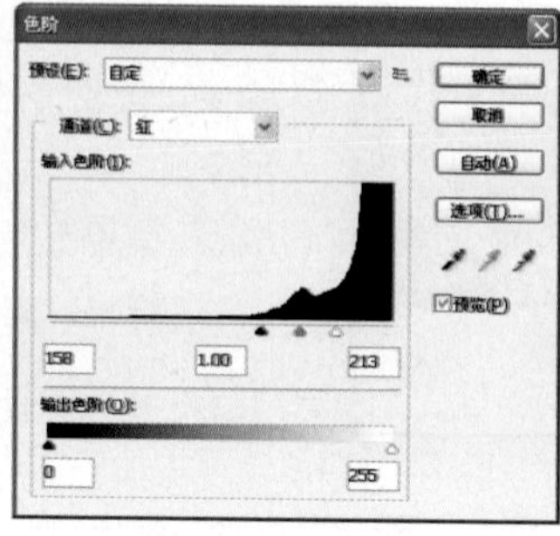

图 1-182　“色阶”对话框

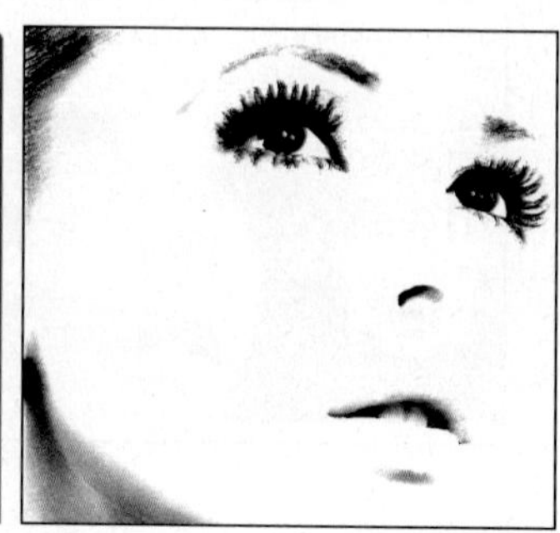
图 1-183　“色阶”调整效果

技巧点拨

使用色阶命令可以调整图像的阴影、中间调和的强度级别，从而校正图像的色调范围和色彩平衡。“色阶”命令常用于修正曝光不足或过度的图像，同时也可对图像的对比度进行调节。

拖动输入色阶下方的三个滑块，或直接在输入色阶框中输入数值分别设置阴影、中间色调和高光色阶值来调整图像的色阶。

07 单击通道面板中的“载入通道选区”按钮，将通道载入选区，按 Ctrl+Shift+I 快捷键反选选区，返回至图层面板，如图 1-184 所示。

08 选择背景图层，执行 Ctrl+J 快捷键，复制图层，将人物睫毛选择出来。

09 隐藏背景图层，效果如图 1-185 所示，将复制的两个图层合并，运用移动工具，将人物素材添加至文件中，执行“编辑”|“变换”|“水平翻转”命令，按 Ctrl+Alt+G 快捷键，创建剪贴蒙版，调整好大小、位置和图层顺序，得到如图 1-186 所示的效果。

图 1-184　载入选区

图 1-185　复制图层

10 执行“文件”|“打开”命令，打开一张化妆品素材，运用移动工具，将素材添加至文件中，

调整好大小和位置，如图 1-187 所示。

图 1-186　添加人物素材

图 1-187　添加化妆品素材

11 执行“图层”|“图层样式”|“外发光”命令，弹出“图层样式”对话框，设置参数如图 1-188 所示。

12 单击“确定”按钮，添加图层样式的效果如图 1-189 所示。

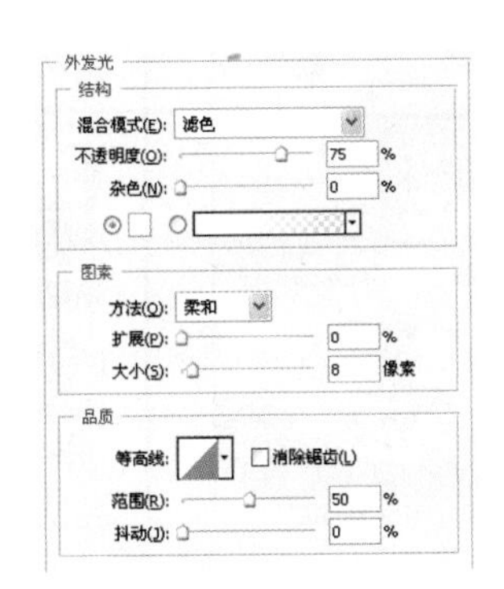

图 1-188　“外发光”参数

图 1-189　“外发光”效果

13 运用同样的操作方法，制作其他的效果，如图 1-190 所示。

图 1-190　最终效果

第2章

俗话说“民以食为天”，可见食品行业在国民经济中的重要性。

食品平面设计多以产品形象示人，和配料、原料等的随意组合，使人们更直观地认识产品，信任产品。食品平面设计注重色彩的运用，色彩能影响人的情绪，有些色彩还会给人以甜、酸、苦、辣的味觉感受，引起人们的食欲。

食品篇

02

Example

2.1 软包装设计——荔枝鲜冰

本实例制作的是内附金属膜的高分子材料包装荔枝鲜冰设计，以荔枝鲜冰雪糕为主体，通过使用钢笔工具绘制出图形，使包装层次分明，设计将荔枝和冰块融入画面中，使产品要传达的信息更简明，制作完成的效果如左图所示。

使用工具：钢笔工具、矩形工具、创建剪贴蒙版、钢笔工具、渐变工具、横排文字工具。

视频路径：avi\2.1.avi

01 启动 Photoshop 后，执行“文件”|“新建”命令，弹出“新建”对话框，设置参数如图 2-1 所示，单击“确定”按钮，新建一个空白文件。

02 新建一个图层，运用钢笔工具，绘制如图 2-2 所示的路径。

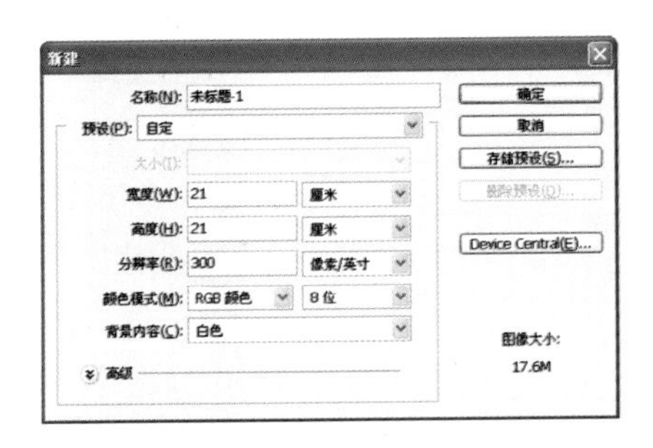

图 2-1 “新建”对话框

图 2-2 绘制路径

知识链接——新建图层

用“新建”命令新建图层方法如下：

选择“图层”|“新建”|“图层”命令或按下 Ctrl + Shift + N 快捷键，在弹出的如图 2-3 所示的“新建图层”对话框单击“确定”按钮，即可得到新建图层。

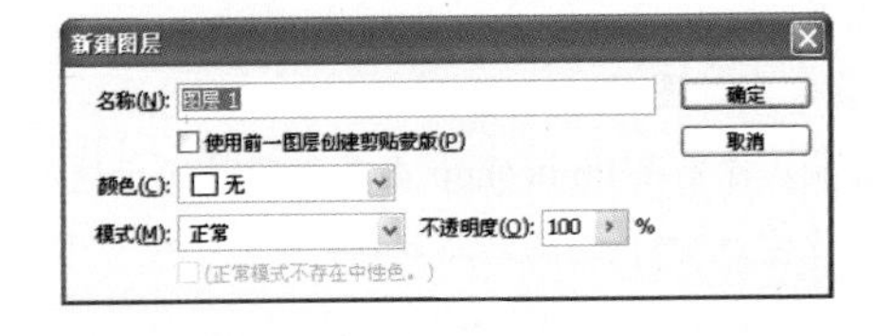

图 2-3 “新建图层”对话框

03 设置前景色为粉红色（RGB 参考值分别为 R 234、G169、B201），按 Enter+Ctrl 快捷键，转换路径为选区，再按 Alt+Delete 键填充颜色，按 Ctrl+D 快捷键取消选区，如图 2-4 所示。

04 设置前景色为白色，在工具箱中选择矩形工具，按下“形状图层”按钮，在图像窗口中，拖动鼠标绘制矩形，按 Ctrl+H 快捷键隐藏选区，如图 2-5 所示。

图 2-4　填充颜色

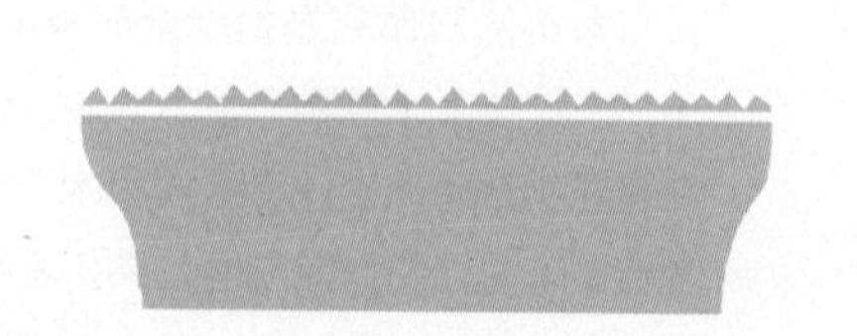

图 2-5　绘制矩形

图 2-6　复制形状

05 将绘制的矩形复制几层，并调整到合适的位置，如图 2-6 所示。

06 执行“文件”|“打开”命令，打开冰块素材文件，运用移动工具将素材添加至文件中，调整至合适的大小和位置，如图 2-7 所示。

07 按 Ctrl+Alt+G 快捷键，创建剪贴蒙版，如图 2-8 所示。

08 运用同样的操作方法添加荔枝素材，然后按 Ctrl+Alt+G 快捷键，创建剪贴蒙版如图 2-9 所示。

图 2-7　添加冰块素材

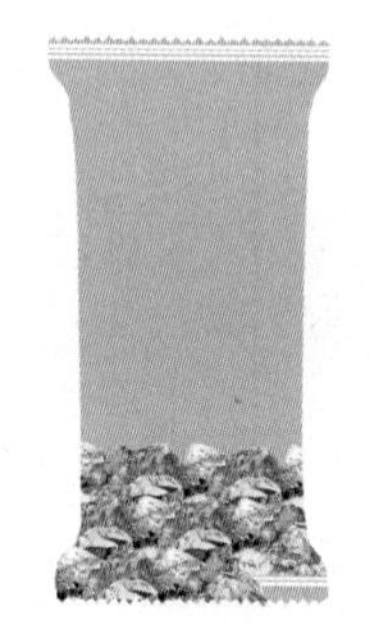

图 2-8　创建剪贴蒙版

图 2-9　添加荔枝素材

知识链接——复制图层

通过复制图层可以复制图层中的图像。在 Photoshop 中，不但可以在同一图像中复制图层，而且还可以在两个不同的图像之间复制图层。

如果是在同一图像内复制，选择“图层”|“复制图层”命令，或拖动图层至“创建新图层”按钮，即可得到当前选择图层的复制图层。

按下 Ctrl + J 键，可以快速复制当前图层。

如果是在不同的图像之间复制，首先在 Photoshop 桌面中同时显示这两个图像窗口，然后在源图像的图层面板中拖拽该图层至目标图像窗口即可。

09 新建一个图层，设置前景色为灰色，单击工具箱中的钢笔工具，在选项栏中选择“填充像素”按钮，绘制如图 2-10 所示的图形。

10 按 Ctrl+Alt+G 快捷键，创建剪贴蒙版，如图 2-11 所示。

11 将绘制的图形复制一层，选择工具箱中的渐变工具，在工具选项栏中单击渐变条，打开“渐变编辑器”对话框，设置参数如图 2-12 所示，其中玫红色（RGB 参考值分别为 R230、G14、B120），黄色（RGB 参考值分别为 R249、G194、B110）。

图 2-10　绘制图形

图 2-11　创建剪贴蒙版

12 单击“确定”按钮，关闭“渐变编辑器”对话框。按下工具选项栏中的“线性渐变”按钮，在图像中拖动鼠标，填充渐变效果，按 Ctrl+Alt+G 快捷键，创建剪贴蒙版如图 2-13 所示。

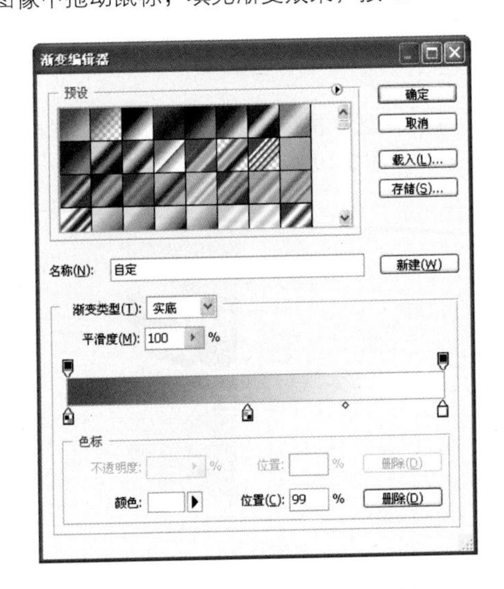

图 2-12　“渐变编辑器”对话框

图 2-13　填充渐变效果

13 将绘制的图形再复制一层，并填充白色，如图 2-14 所示。

14 新建一个图层，设置前景色为紫色（RGB 参考值分别为 R163、G0、B130），单击工具箱中的钢笔工具，在选项栏中选择“填充像素”按钮，绘制如图 2-15 所示的图形。

15 按 Ctrl+Alt+G 快捷键，创建剪贴蒙版，如图 2-16 所示。

图 2-14　复制图形

图 2-15　绘制图形

图 2-16　创建剪贴蒙版

知识链接——更改图层名称

Photoshop 默认以“图层 1”、“图层 2”……命名图层，不便于图层的识别和管理。当图像的图层比较多时，为每个图层定义相应的名称就显得非常必要。

更改图层名称的操作非常简单。在图层面板中双击图层的名称，在出现的文本框中直接输入新的名称即可。

另一种更改图层名称的方法是在图层名称位置右击鼠标，从弹出的菜单中选择“图层属性”命令，再在打开的“图层属性”对话框“名称”文本框中输入新的名称

16 按 Ctrl+O 快捷键，打开素材文件，运用移动工具，将素材添加至文件中，调整好大小、位置，按 Ctrl+Alt+G 快捷键，创建剪贴蒙版，如图 2-17 所示。

17 设置前景色为白色，单击工具箱中的横排文字工具T，设置字体为“方正综艺简体”，字体大小为 57 点，输入文字，如图 2-18 所示。

18 按下 Ctrl 键的同时单击文字图层的缩览图，将文字载入选区。执行“选择”|“修改”|“扩展”命令，弹出“扩展选区”对话框，设置“扩展量”为 10 像素，如图 2-19 所示。

图 2-17　创建剪贴蒙版

图 2-18　输入文字

图 2-19　扩展选区

19 新建一个图层，设置前景色为紫色（RGB 参考值分别为 R163、G0、B130），按下 Alt+Delete 键，填充选区，如图 2-20 所示。

20 按下 Ctrl 键的同时单击文字荔枝鲜冰的图层缩览图，载入文字选区。

21 选择工具箱渐变工具，在工具选项栏中单击渐变条，打开“渐变编辑器”对话框，设置参数如图 2-21 所示。

图 2-20　填充选区

图 2-21　“渐变编辑器”对话框

知识链接——载入选区

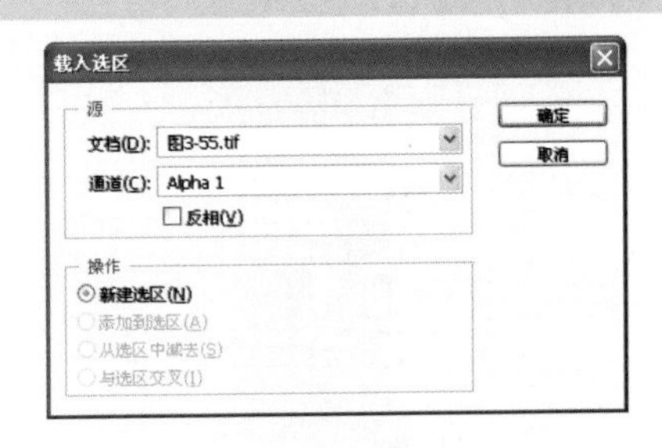

图 2-22 “载入选区”对话框

选区保存之后，在需要时可以随时将其调入。

选择“选择”|“载入选区”命令，打开如图 2-22 所示的“载入选区”对话框，设置好相关的载入参数后，单击“确定”按钮完成选区载入。

22 单击“确定”按钮，关闭“渐变编辑器”对话框。按下工具选项栏中的“对称渐变”按钮，在图像窗口中拖动鼠标填充渐变，效果如图 2-23 所示。

23 按 Ctrl+O 快捷键，打开素材文件，运用移动工具，将素材添加至文件中，调整好大小、位置，如图 2-24 所示。

图 2-23 填充渐变

图 2-24 添加冰棒素材

24 参照前面同样的操作方法，扩展选区，并填充玫红色（RGB 参考值分别为 R232、G72、B148），如图 2-25 所示。

25 执行“滤镜”|“模糊”|“高斯模糊”命令，弹出“高斯模糊”对话框，设置“半径”为 5 像素，如图 2-26 所示。

图 2-25 扩展选区

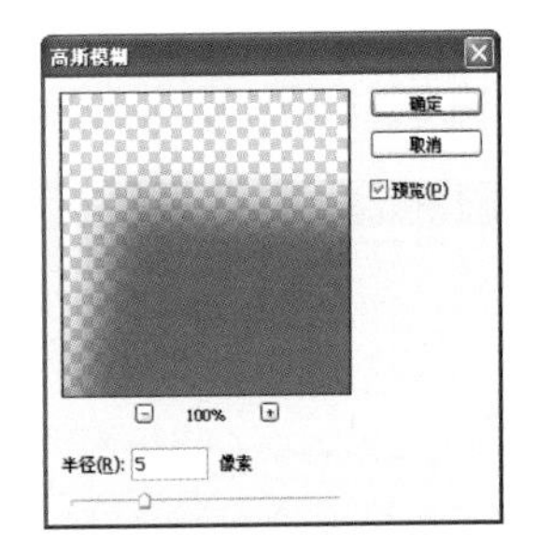

图 2-26 “高斯模糊”对话框

26 单击“确定”按钮，退出“高斯模糊”对话框，如图 2-27 所示。

27 新建一个图层，单击工具箱中的钢笔工具，在选项栏中选择“路径”按钮，绘制图形。按 Ctrl + Enter 快捷键，转换路径为选区，填充颜色（RGB 参考值分别为 R248、G169、B201），按 Ctrl+D

取消选区，如图 2-28 所示。

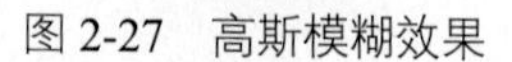

图 2-27　高斯模糊效果

图 2-28　绘制图形

图 2-29　复制图形

28 将绘制的图形复制一层，填充颜色为灰色（RGB 参考值分别为 R219、G219、B219），然后将图层下移一层，如图 2-29 所示。

29 运用同样的操作方法添加其他素材，如图 2-30 所示。

30 新建一个图层，单击工具箱中的钢笔工具，在选项栏中选择“路径”按钮，绘制如图 2-31 所示的路径。

图 2-30　绘制路径

图 2-31　填充路径

图 2-32　填充颜色

31 按 Enter+Ctrl 快捷键，转换路径为选区，填充颜色为白色，按 Ctrl+D 取消选区，如图 2-32 所示。

32 执行“滤镜”|“模糊”|“高斯模糊”命令，弹出“高斯模糊”对话框，设置半径为 32 像素，如图 2-33 所示。

33 单击“确定”按钮，退出“高斯模糊”对话框，最终效果如图 2-34 所示。

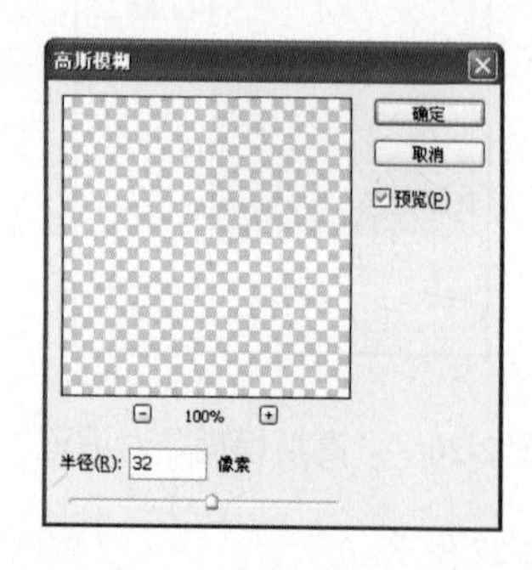

图 2-33　“高斯模糊”对话框

图 2-34　最终效果

Example

2.2 吊旗设计——佛跳墙

本实例制作的是佛跳墙吊旗设计，以红色为主体，以清新的绿色为点缀，带给人舒适的视觉享受，制作完成的佛跳墙吊旗设计效果如左图所示。

使用工具：矩形工具、矩形选框工具、椭圆工具、圆角矩形工具、图层样式、魔棒工具、创建剪贴蒙版、横排文字工具。

视频路径：avi\2.2.avi

01 启动 Photoshop 后，执行“文件”|“新建”命令，弹出“新建”对话框，设置对话框的参数如图 2-35 所示，单击“确定”按钮，新建一个空白文件。

02 设置前景色为红色（RGB 参考值分别为 R200、G0、B0），新建一个图层，在工具箱中选择矩形工具，按下“填充像素”按钮，在图像窗口中，拖动鼠标绘制一个矩形，效果如图 2-36 所示。

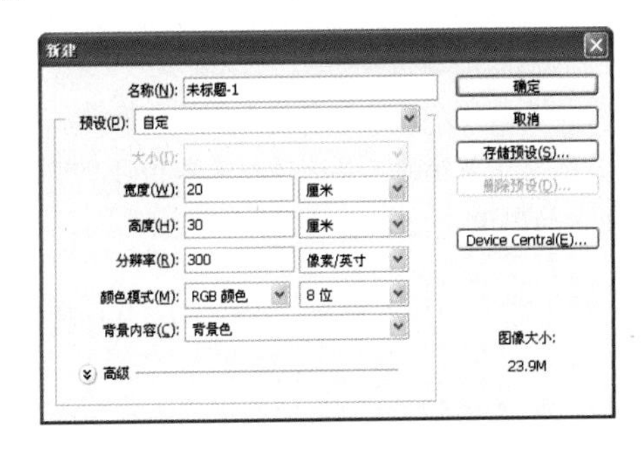

图 2-35 “新建”对话框

图 2-36 绘制矩形

03 选择工具箱中的矩形选框工具，在图像窗口中按住鼠标并拖动，绘制选区如图 2-37 所示，按 Delete 键删除选区，Ctrl+D 取消选区，得到如图 2-38 所示的效果。

专家提醒

矩形选框工具是最常用的选框工具，使用该工具在图像窗口相应位置拖动，即可创建矩形选区。

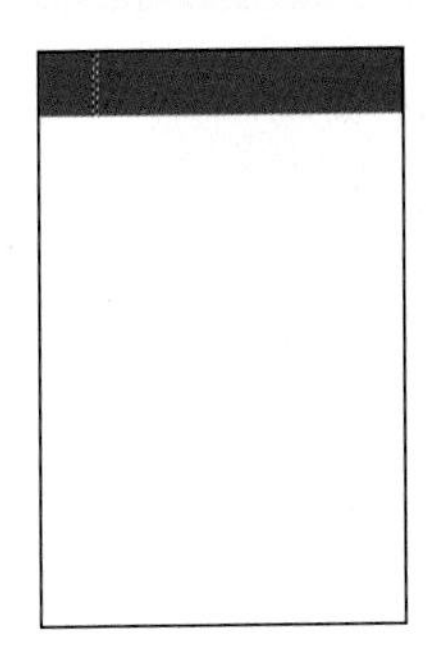

图 2-37 绘制选区

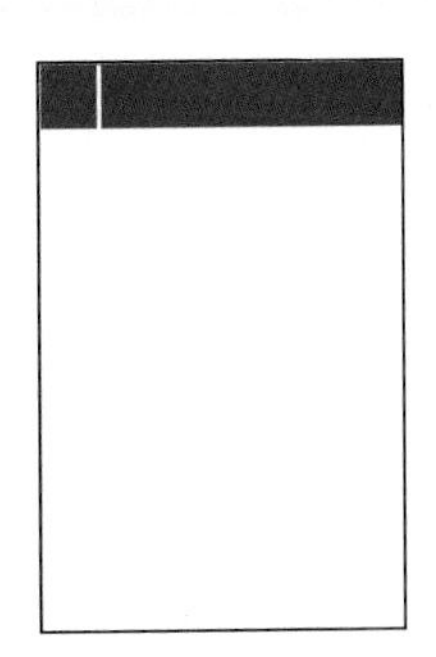

图 2-38 删除选区

图 2-39 绘制椭圆

04 新建一个图层，在工具箱中选择椭圆工具，按下“填充像素”按钮，在图像窗口中，拖动鼠标绘制一个椭圆，效果如图 2-39 所示。

05 按 Ctrl+J 组合键，将“椭圆”图层复制一层，得到“椭圆副本”，将图层顺序向下移动一层，填充颜色为深红色（RGB 参考值分别为 R122、G0、B0），得到如图 2-40 所示的效果。

06 设置前景色为白色，新建一个图层，运用同样的操作方法绘制一个矩形，如图 2-41 所示。

图 2-40 绘制椭圆

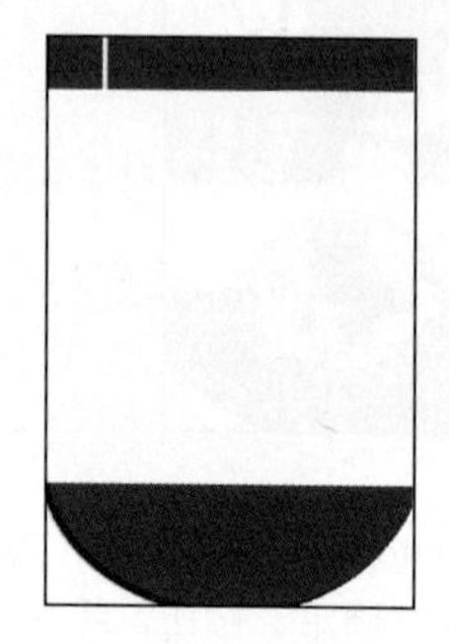

图 2-41 椭圆形状

知识链接——椭圆工具

椭圆工具可建立圆形或椭圆的形状或路径，选择该工具后，在画面中单击鼠标并拖动，可创建椭圆形，按住 Shift 键拖动鼠标则可以创建圆形，椭圆工具选项栏与矩形工具选项栏基本相同，可以选择创建不受约束的椭圆形和圆形，也选择创建固定大小和比例的图像。

07 新建一个图层，在工具箱中选择圆角矩形工具，按下“填充像素”按钮，在图像窗口中，拖动鼠标绘制一个圆角矩形。

08 在图层面板中单击“添加图层样式”按钮 fx，在弹出的快捷菜单中选择“投影”选项，弹出“图层样式”对话框，设置参数如图 2-42 所示，单击“确定”按钮，关闭对话框，效果如图 2-43 所示。

图 2-42 “投影”参数

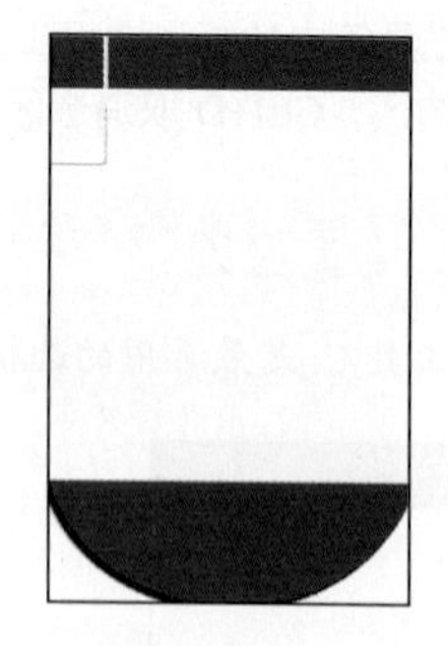

图 2-43 圆角矩形

技巧点拨

“投影”效果用于模拟光源照射生成的阴影，添加“投影”效果可使平面图形产生立体感。

09 按 Ctrl+J 组合键，将圆角矩形图层复制一层，按 Ctrl+T 快捷键，进入自由变换状态，按住 Shift 键的同时按向右的方向键 4 次，移动 40 个像素，如图 2-44 所示，按 Enter 键确认。

⑩ 按下 Ctrl+Alt+Shift+T 快捷键，可在进行再次变换的同时复制变换对象。如图 2-45 所示为使用重复变换复制功能制作的效果。

⑪ 选择 6 个圆角矩形图层，单击鼠标右键，在弹出的快捷菜单中选择“合并图层”选项，按 Ctrl+J 组合键，将圆角矩形图层复制三层，调整好位置，得到效果如图 2-46 所示。

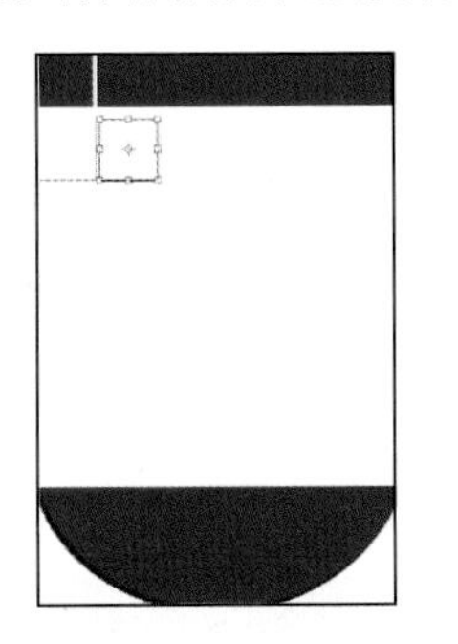

图 2-44　绘制圆角矩形

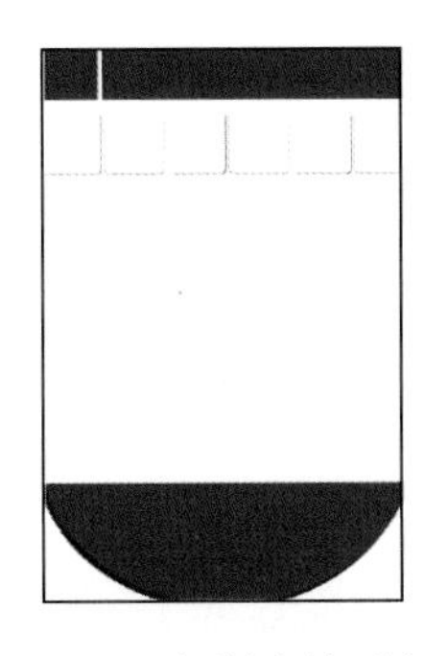

图 2-45　复制变换对象

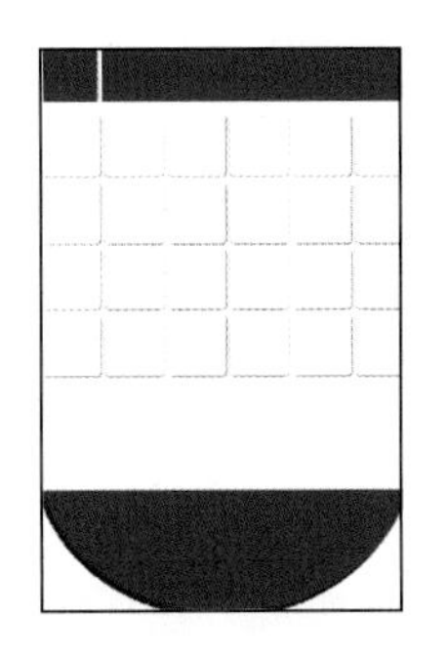

图 2-46　复制变换对象效果

知识链接——合并图层

合并图层有以下 4 种方法：

“向下合并”：选择此命令，可将当前选择图层与图层面板的下一图层进行合并，合并时下一图层必须为可见，否则该命令无效，快捷键为 Ctrl + E。

“合并可见图层”：选择此命令，可将图像中所有可见图层全部合并。

“拼合图像”：合并图像中的所有图层。如果合并时图像有隐藏图层，系统将弹出一个提示对话框，单击其中的“确定”按钮，隐藏图层将被删除，单击“取消”按钮则取消合并操作。

如果需要合并多个图层，可以先选择这些图层，然后执行“图层”|“合并图层”命令，快捷键为 Ctrl + E。

⑫ 选择工具箱魔棒工具，按住 Shift 键，单击选择两个圆角矩形，填充颜色为红色，按 Ctrl+D 快捷键，取消选择，得到如图 2-47 所示的效果。

⑬ 按 Ctrl+O 快捷键，弹出“打开”对话框，选择绿芽素材图片，单击“打开”按钮，如图 2-48 所示。

⑭ 运用移动工具，将绿芽素材添加到文件中，调整好大小、位置。

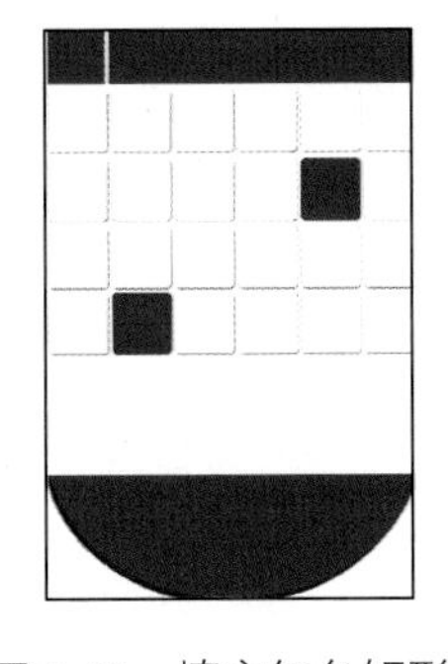

图 2-47　填充红色矩形

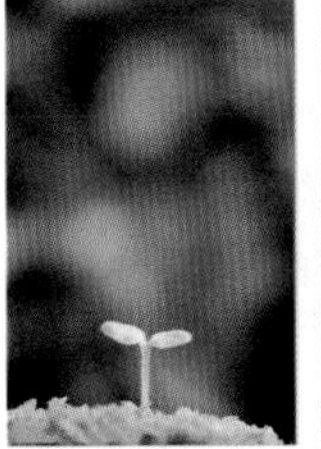

图 2-48　绿芽素材

专家提醒

魔棒工具是依据图像颜色进行选择的工具，它能够选取图像中颜色相同或相近的区域。

15 按 Ctrl+Alt+G 快捷键，分别为两个绿芽素材图层创建剪贴蒙版，按 Ctrl+T 组合键，调整图形的大小，并移动至合适位置，图像效果如图 2-49 所示。

16 参照前面的操作方法，将食物、花纹素材添加到文件中，调整好大小、位置，得到如图 2-50 所示的效果。

17 在工具箱中选择横排文字工具，在工具选项栏“设置字体”下拉列表框中选择“方正大黑简体”字体，在“设置字体大小”下拉列表框中输入 23，确定字体大小，输入文字效果如图 2-51 所示。

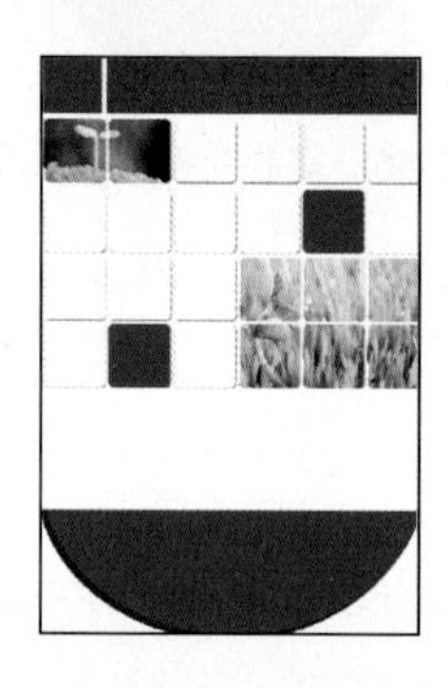

图 2-49 创建剪贴蒙版

图 2-50 添加素材

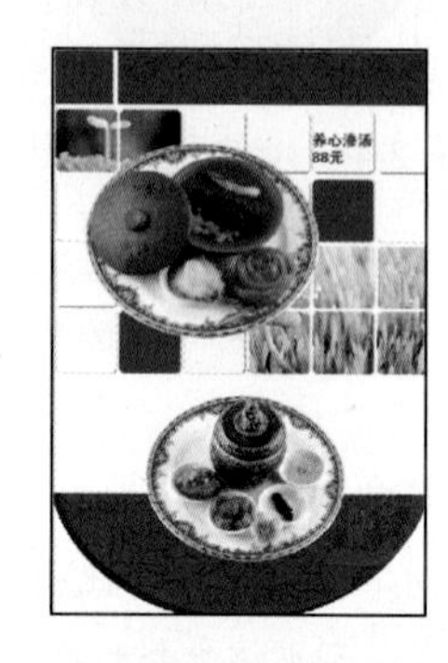

图 2-51 输入文字

技巧点拨

按 Alt 键，移动光标至分隔两个图层之间的实线上，当光标显示为形状时单击，也可创建剪贴蒙版。

Example

2.3 路灯灯箱广告——饮料

本实例制作的是饮料的路灯灯箱广告，实例主要使用色调柔和自然的暖色系，让人感觉到一种希望与激情。制作完成的饮料的路灯灯箱广告效果如左图所示。

使用工具：钢笔工具、椭圆选框工具、“照片滤镜”命令、横排文字工具。

视频路径：avi\2.3.avi

01 启动 Photoshop 后，执行“文件”|“新建”命令，弹出“新建”对话框，在对话框中设置参数如图 2-52 所示，单击“确定”按钮，新建一个空白文件。

02 按 Ctrl+O 快捷键，弹出“打开”对话框，选择人物素材，单击“打开”按钮，运用钢笔工具，绘制如图 2-53 所示的路径。

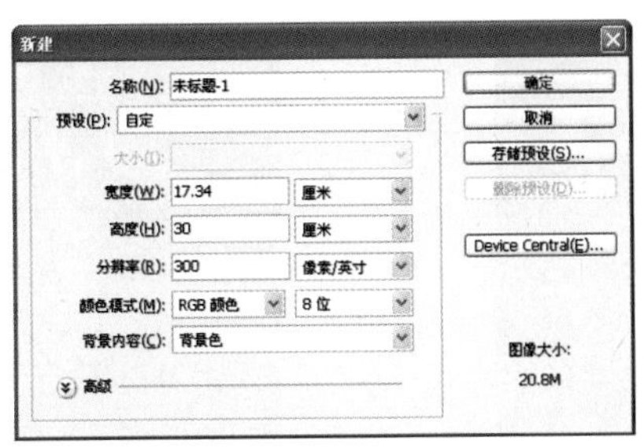

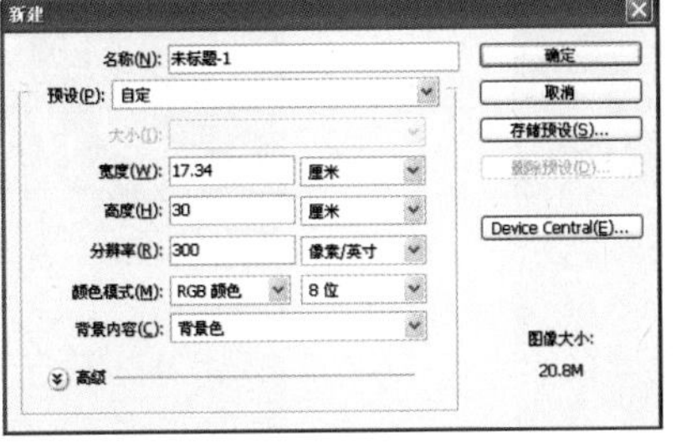
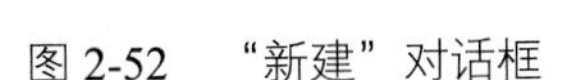

图 2-52 “新建”对话框

图 2-53 人物素材

03 按 Ctrl+Enter 快捷键，转换路径为选区，如图 2-54 所示。

04 按 Ctrl+Shift+I 键反选选区，运用移动工具，将素材添加至文件中，放置在合适的位置。

图 2-54 转换路径为选区

知识链接——全选和反选

执行“选择”|“全选”命令，或按下 Ctrl + A 键，可选择整幅图像。

执行“选择”|“反向”命令，或按下 Ctrl + Shift + I 快捷键，可以反选当前的选区，即取消当前选择的区域，选择未选取的区域。

05 按 Ctrl+O 快捷键，弹出“打开”对话框，选择背景、叶子和酒瓶素材，单击“打开”按钮，如图 2-55 所示。

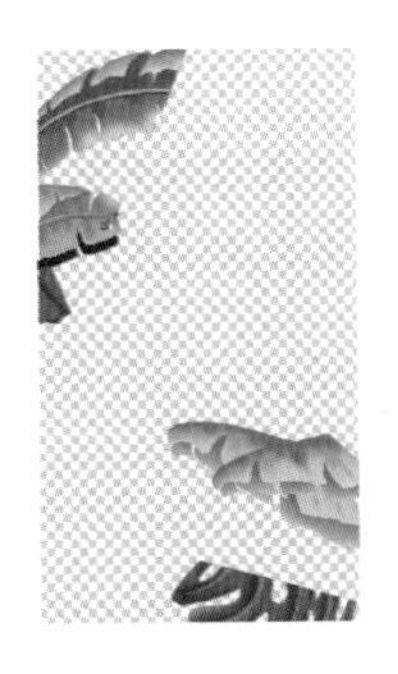

图 2-55 打开素材

06 运用移动工具，将叶子和酒瓶素材添加至背景文件中，放在合适的位置，效果如图 2-56 所示。

07 按 Ctrl+J 组合键，将瓶子复制一层，按 Ctrl+T 快捷键，进入自由变换状态，单击鼠标右键，在弹出的快捷菜单中选择“垂直翻转”选项，垂直翻转图层，然后调整至合适的位置，如图 2-57 所示。

08 选择椭圆选框工具，在工具选项栏中设置“羽化”为 150px，按住 Shift 键的同时拖动鼠标，绘制一个正圆选区，按 Delete 键删除，按 Ctrl+D 键取消选择，得到如图 2-58 所示效果。

图 2-56　添加背景、叶子素材效果

图 2-57　复制瓶子

图 2-58　羽化选区

09 单击图层面板中“创建新的填充或调整图层”按钮 ，选择照片滤镜，设置参数如图 2-59 所示，此时图像效果如图 2-60 所示。

10 在工具箱中选择横排文字工具 T，设置字体为“方正黑体简体”、字体大小为 48 点，输入文字，效果如图 2-61 所示。

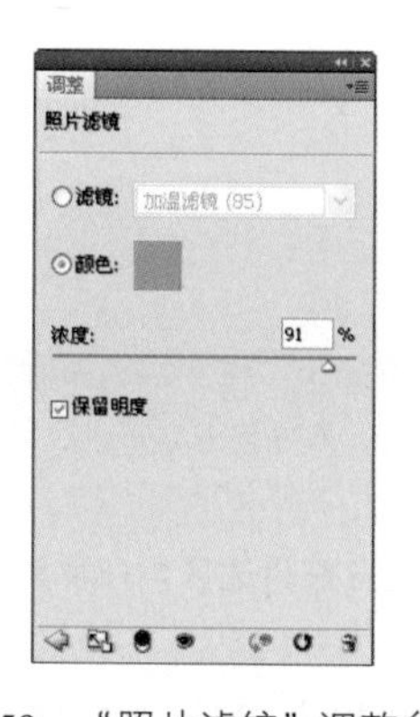

图 2-59　“照片滤镜”调整参数

图 2-60　“照片滤镜”调整效果

图 2-61　最终效果

知识链接——照片滤镜

“照片滤镜”的功能相当于传统摄影中滤光镜的功能，即模拟在相机镜头前加上彩色滤光镜，以便调整到达镜头光线的色温与色彩的平衡，从而使胶片产生特定的曝光效果，在“照片滤镜”对话框中可以选择系统预设的一些标准滤光镜，也可以自己设定滤光镜的颜色。

Example

2.4 优惠券设计——迪欧咖啡

本例以清新的绿色为主色调，带给人舒适的视觉享受，制作完成的效果如左图所示。

使用工具：“新建”命令、渐变工具、圆角矩形工具、移动工具、图层样式、图层蒙版、横排文字工具。

视频路径: avi\2.4.avi

01 启动 Photoshop 后，执行“文件”|“新建”命令，弹出“新建”对话框，在对话框中设置参数如图 2-62 所示，单击“确定”按钮，新建一个空白文件。

02 新建一个图层，设置前景色为绿色,（RGB 参考值分别为 R0、G138、B76），在工具箱中选择矩形工具，按下“填充像素”按钮，在图像窗口中，拖动鼠标绘制矩形如图 2-63 所示。

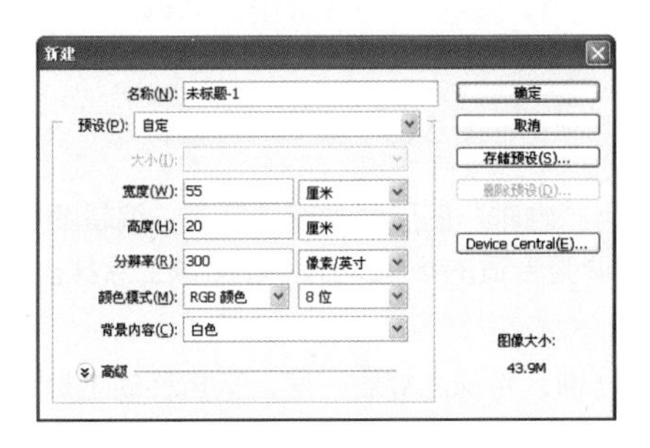

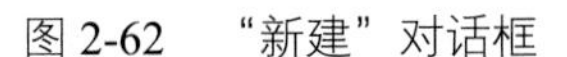
图 2-62 “新建”对话框

图 2-63 绘制矩形

03 执行“图层”|“图层样式”|“渐变叠加”命令，弹出“图层样式”对话框，单击渐变条，在弹出的“渐变编辑器”对话框中设置参数如图 2-64 所示，其中深绿色的 RGB 参考值分别为 R35、G66、B51，绿色的 RGB 参考值分别为 R2、G142、B81。单击“确定”按钮，返回“图层样式”对话框如图 2-65 所示，单击“确定”按钮，退出“图层样式”对话框，添加“渐变叠加”的效果如图 2-66 所示。

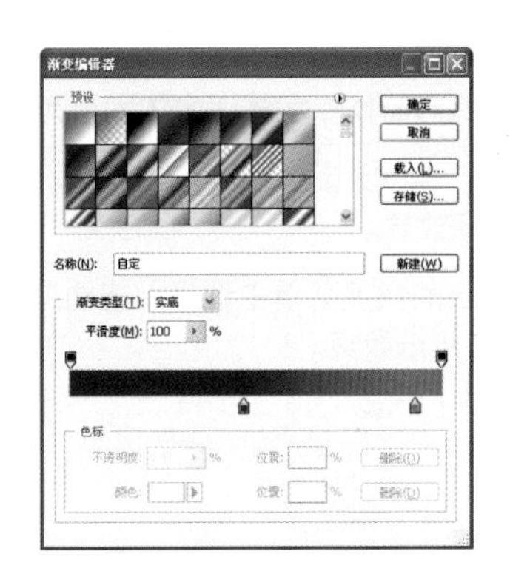

图 2-64 “渐变编辑器”对话框

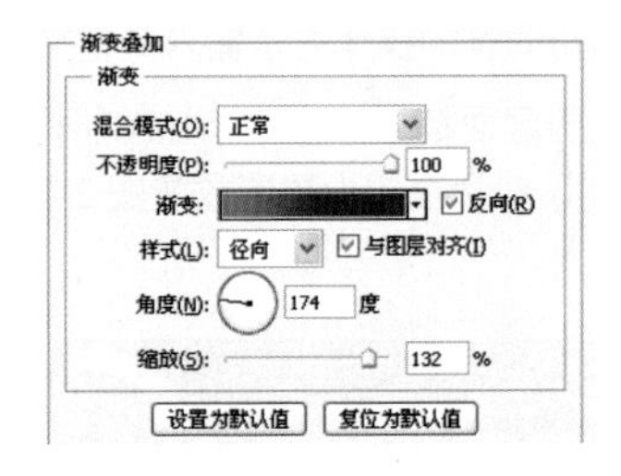

图 2-65 渐变叠加

04 按 Ctrl+O 快捷键，弹出“打开”对话框，选择布纹素材，单击“打开”按钮，运用移动工具，将布纹素材添加至文件中，放置在合适的位置，如图 2-67 所示。

图 2-66 渐变叠加效果

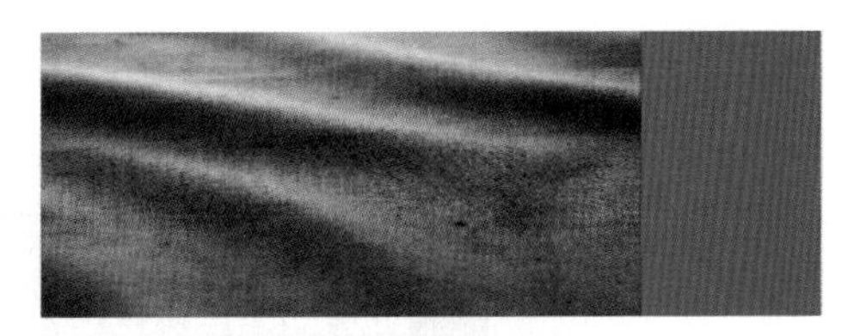
图 2-67 添加布纹素材

05 设置图层的“混合模式”为“柔光”，得到效果如图 2-68 所示。

06 运用同样的操作方法添加咖啡素材，如图 2-69 所示。

图 2-68　柔光

图 2-69　添加咖啡素材

07 单击图层面板上的“添加图层蒙版”按钮，为“咖啡”图层添加图层蒙版，编辑图层蒙版，设置前景色为黑色，选择画笔工具，按“[”或“]”键调整合适的画笔大小，在图像上涂抹。效果如图 2-70 所示。

08 运用同样的操作方法添加标志素材，按 Ctrl+J 组合键，将标志复制一层，运用移动工具，将标志素材添加至文件中，调整好大小、位置得到如图 2-71 所示的效果。

图 2-70　添加图层蒙版

图 2-71　添加标志素材

09 在工具箱中选择横排文字工具，设置字体为“方正综艺简体”字体、字体大小为 255 点，输入文字。

10 运用同样的操作方法输入其他文字，得到如图 2-72 所示效果。

11 在图层面板中单击“添加图层样式”按钮，在弹出的快捷菜单中选择“描边”选项，弹出“图层样式”对话框，设置参数如图 2-73 所示，得到如图 2-74 所示效果。

图 2-72　输入文字

图 2-73　“描边”参数

12 运用同样的操作方法制作其他文字，得到如图 2-74 所示最终效果。

图 2-74　最终效果

Example

2.5 杂志内页设计——冰爽无限

本实例制作的是冰爽无限杂志内页设计，以清新的绿色为主色调，体现了冰爽的舒适感，版式设计灵活、文字简洁，效果如左图所示。

使用工具：钢笔工具、渐变工具、图层样式、混合模式、“扩展”命令、横排文字工具。

视频路径: avi\2.5.avi

01 启动 Photoshop 后，执行“文件”|“新建”命令，弹出“新建”对话框，在对话框中设置参数如图 2-75 所示，单击“确定”按钮，新建一个空白文件。

02 按 Ctrl+O 快捷键，弹出“打开”对话框，选择水珠素材，单击“打开”按钮，运用移动工具，将水珠素材添加至文件中，放置在合适的位置，如图 2-76 所示。

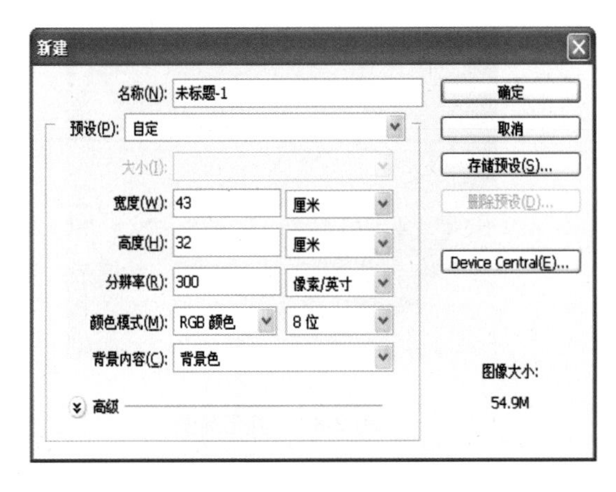

图 2-75 “新建”对话框

图 2-76 添加水珠素材

03 运用钢笔工具，绘制如图 2-77 所示的路径。

04 按 Ctrl+Enter 快捷键，转换路径为选区，如图 2-78 所示。

图 2-77 绘制路径

图 2-78 转换路径为选区

知识链接——使用路径选择

Photoshop 中的钢笔工具是矢量工具，使用它可以绘制光滑的路径。如果对象边缘光滑，并且呈现不规则形状，可以使用钢笔工具来选取。

图层和路径都可以转换为选区。按住 Ctrl 键，移动光标至图层缩览图上方时光标显示为形状，单击鼠标，即可得到该图层非透明区域的选区。

使用路径建立选区也是比较精确的方法。因为使用路径工具建立的路径可以非常光滑，而且可以反复调节各锚点的位置和曲线的曲率，因而常用来建立复杂和边界较为光滑的选区。

05 新建一个图层，选择工具箱渐变工具，在工具选项栏中单击渐变条，打开“渐变编辑器”对话框，设置参数如图 2-79 所示，其中淡黄色的 RGB 参考值分别为 R239、G225、B149，土黄色的 RGB 参考值分别为 R164、G130、B14。

06 单击“确定”按钮，关闭“渐变编辑器”对话框。按下工具选项栏中的“对称渐变”按钮，在图像中拖动鼠标，填充渐变效果如图 2-80 所示。

图 2-79 “渐变编辑器”对话框

图 2-80 填充渐变

07 按 Ctrl+J 组合键，将图层复制一层，按住 Ctrl 键的同时单击图层缩览图，按 Alt+Delete 键填充绿色（RGB 参考值分别为 R23、G123、B47），如图 2-81 所示。

08 在图层面板中单击“添加图层样式”按钮 fx，在弹出的快捷菜单中选择“内投影”选项，弹出“图层样式”对话框，设置参数如图 2-82 所示。

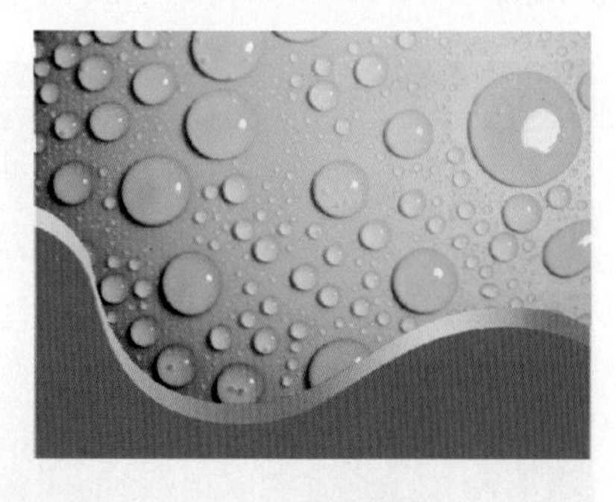

图 2-81 填充绿色

图 2-82 “内投影”参数

09 单击“确定”按钮，退出“图层样式”对话框，效果如图 2-83 所示。

10 按住 Ctrl 键的同时，单击绿色图形的缩览图，将图层载入选区，然后选择水珠图层，按 Ctrl+C 快捷键复制图形，新建一个图层，按 Ctrl+V 快捷键粘贴，设置图层的“混合模式”为“正片叠底”，得到如图 2-84 所示效果。

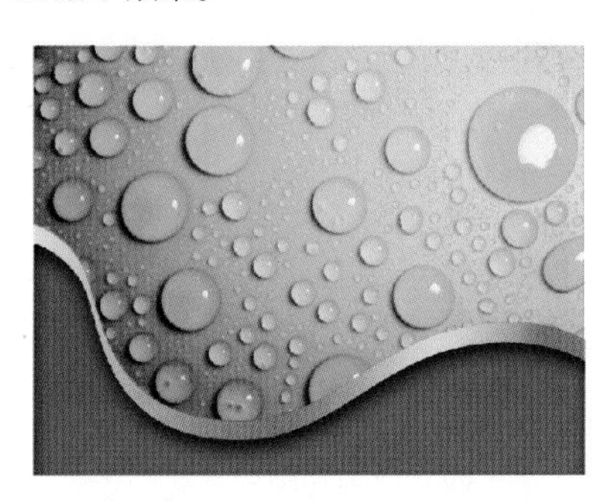

图 2-83　“内投影”效果

图 2-84　“正片叠底”效果

知识链接——恢复图像操作

使用命令和快捷键可以快速恢复和还原图像。

恢复一个操作:选择“编辑”|“还原”命令（快捷键 Ctrl + Z），可以还原上一次对图像所做的操作。还原之后，可以选择“编辑”|“重做”命令，重做已还原的操作，快捷键同样是 Ctrl + Z。“还原”和“重做”命令只能还原和重做最近的一次操作，因此如果连续按下 Ctrl + Z 键，会在两种状态之间循环，这样可以比较图像编辑前后的效果。

恢复多个操作:使用“前进一步”和“后退一步”命令可以还原和重做多步操作。在实际工作时，直接使用 Ctrl + Shift + Z（前进一步）和 Ctrl + Alt + Z（后退一步）快捷键进行操作。

11 运用同样的操作方法将柠檬素材添加至文件中，放置在合适的位置，如图 2-85 所示。

12 在图层面板中单击“添加图层样式”按钮 fx，在弹出的快捷菜单中选择“投影”选项，弹出“图层样式”对话框，设置参数如图 2-86 所示。

13 选择“外发光”选项，设置参数如图 2-87 所示。

14 单击“确定”按钮，退出“图层样式”对话框，添加“图层样式”的效果如图 2-88 所示。

15 参照前面同样的操作方法，添加杯子素材，如图 2-89 所示。

图 2-85　添加柠檬素材

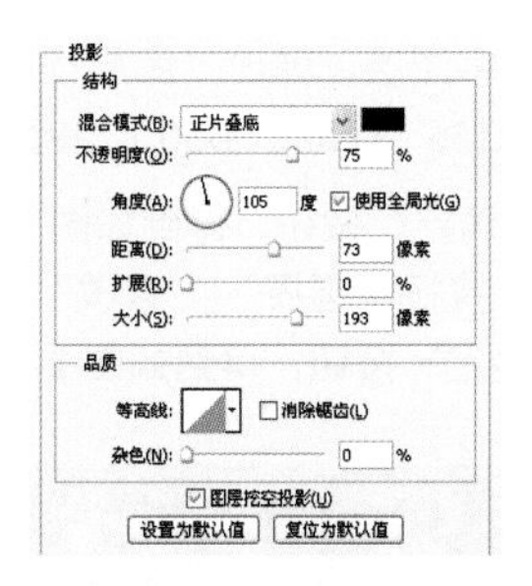

图 2-86　“投影”参数

16 将杯子素材的图层复制一层，按 Ctrl+T 快捷键，进入自由变换状态，单击鼠标右键，在弹出的快捷菜单中选择“垂直翻转”选项，垂直翻转图层，然后调整至合适的位置和图层顺序，得到如图 2-90 所示的效果。

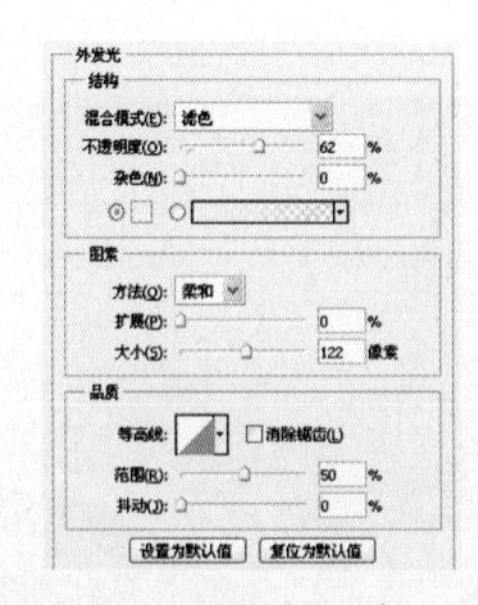

图 2-87　“外发光”参数

图 2-88　“添加图层样式”效果

图 2-89　添加冰素材

图 2-90　自由变换

17 设置前景色为绿色（RGB 参考值分别为 R22、G123、B47），在工具箱中选择横排文字工具 T，设置字体为“方正粗宋简体”字体、字体大小为 110 点，输入文字效果如图 2-91 所示。

图 2-91　输入文字

图 2-92　“描边”参数

18 双击文字图层，弹出“图层样式”对话框，选择“描边”选项，设置描边颜色为淡绿色（RGB 参考值分别为 R136、G202、B30），参数设置如图 2-92 所示。

19 单击“确定”按钮，得到如图 2-93 所示效果。按住 Ctrl 键的同时，单击文字图层的缩览图，将图层载入选区，执行“选择”|“修改”|“扩展”命令，弹出的“扩展选区”对话框，设置“扩展量”52 像素，单击“确定”按钮，得到如图 2-94 所示的选区。

图 2-93　“描边”效果

图 2-94　扩展选区

20 设置前景色为白色，新建一个图层，填充颜色为白色，将图层顺序向下移动一层，效果如图 2-95 所示。

21 运用同样的操作方法，输入其他文字，得到如图 2-96 所示最终效果。

图 2-95　扩展效果

图 2-96　最终效果

Example

2.6 海报招贴——可口可乐

本实例制作的是可口可乐海报招贴，通过画面以时尚潮流的色彩为背景，迎合年轻消费者的青春活力和个性张扬，使设计绚丽夺目。

使用工具：钢笔工具、渐变工具、图层样式、混合模式、图层样式、“扩展”命令、横排文字工具。

视频路径: avi\2.6.avi

01 启动 Photoshop 后，执行“文件” | “新建”命令，弹出“新建”对话框，设置参数如图 2-97 所示，单击“确定”按钮，新建一个空白文件。

02 新建一个图层，选择工具箱渐变工具，在工具选项栏中单击渐变条，打开“渐变编辑器”对话框如图 2-98 所示，设置前景色为黄色（RGB 参考值分别为 R249、G184、B64）设置背景色为淡黄色（RGB 参考值分别为 R243、G199、B120）。

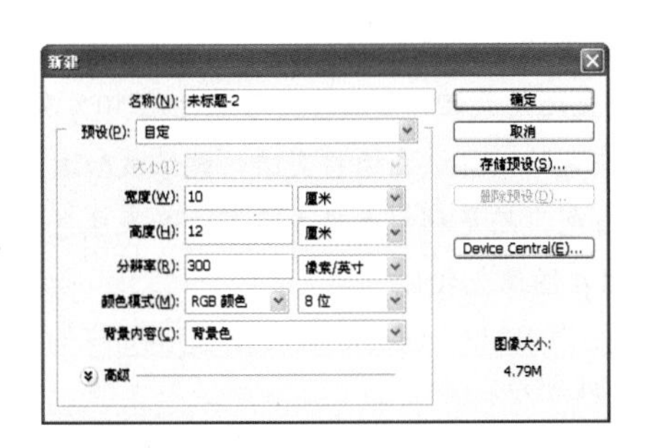

图 2-97　“新建”对话框

图 2-98　“渐变编辑器”对话框

03 单击“确定”按钮，关闭“渐变编辑器”对话框。按下工具选项栏中的“线性渐变”按钮，在图像中拖动鼠标，填充渐变效果如图 2-99 所示。

04 按 Ctrl+O 快捷键，弹出“打开”对话框，选择墨迹图片，单击“打开”按钮，运用移动工具，将墨迹素材添加至文件中，放置在合适的位置，如图 2-100 所示。

05 设置图层的“混合模式”为“柔光”，“不透明度”为 100%，得到效果如图 2-101 所示。

图 2-99　填充渐变

图 2-100　添加墨迹素材

06 新建一个图层，设置前景色为红色 RGB 参考值分别为 R250、G55、B39，选择画笔工具，在工具选项栏中设置“主直径”为 600px、“硬度”为 0%、“不透明度”为 100%、“流量”均为 89%，在图像窗口中单击鼠标，绘制如图 2-102 所示的光点。在绘制的时候，可通过按“[”键和“]”键调整画笔的大小，以便绘制出不同大小的光点，得到效果如图 2-103 所示。

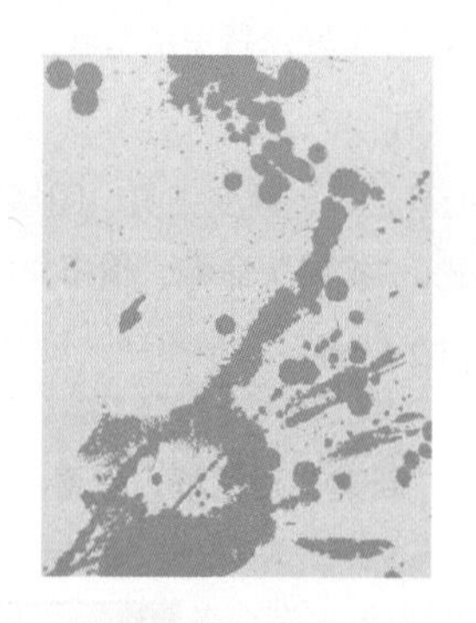

图 2-101　“柔光”效果

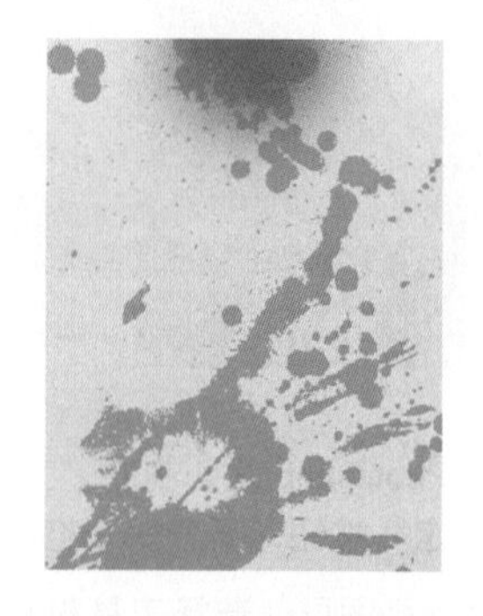

图 2-102　绘制光点

知识链接——柔光混合模式

“柔光”根据上方图层的明暗程度决定最终的效果是变亮还是变暗。当上方图层颜色比 50% 灰色亮，那么图像变亮，就像被减淡一样；当上方图层颜色比 50% 灰色暗，那么图像将变暗，就像被加深一样。

如果上方图层是纯黑色或纯白色，最终色不是黑色或白色，而是稍微变暗或变亮；如果底色是纯白色或纯黑色，则不产生任何效果。此效果与发散的聚光灯照在图像上相似。

07 新建一个图层，设置前景色为黄色 RGB 参考值分别为 R243、G228、B126，运用同样的操作方法，调整画笔的参数，绘制黄色的光点，得到效果如图 2-104 所示。

08 按 Ctrl+O 快捷键，弹出“打开”对话框，选择祥云图片，单击“打开”按钮，选择工具箱中的魔棒工具，在图像窗口中单击鼠标点选白色区域，得到选区如图 2-105 所示。

09 按 Shift+Ctrl+I 快捷键反选选区，运用移动工具，将祥云素材添加至文件中，放置在合适的位置。

10 按 Ctrl+T 快捷键，进入自由变换状态，单击鼠标右键，在弹出的快捷菜单中选择“缩放”选项，缩放图层，然后调整至合适的位置和角度，如图 2-106 所示。

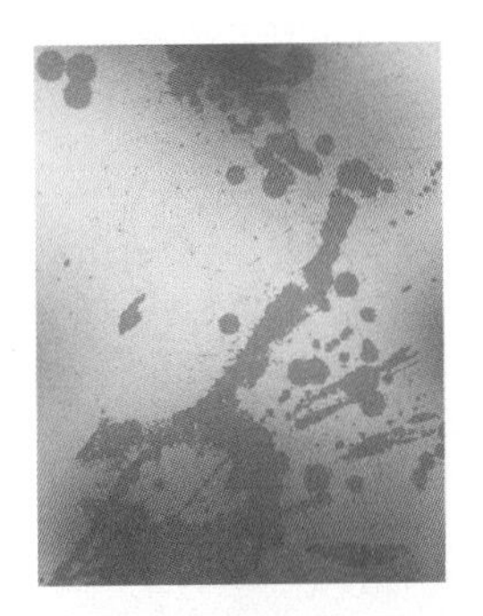

图 2-103　绘制红色光点效果

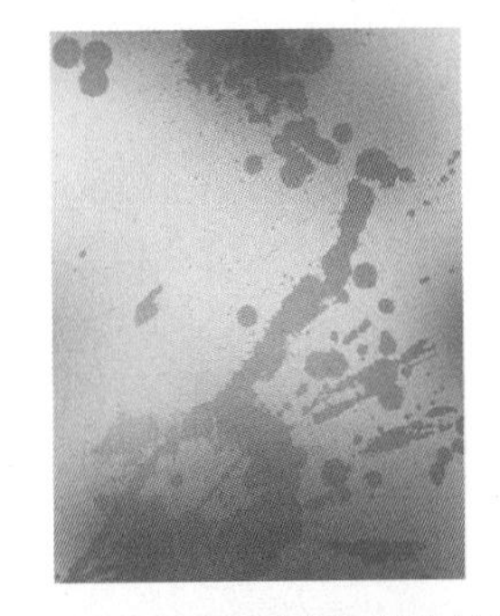

图 2-104　绘制黄色光点效果

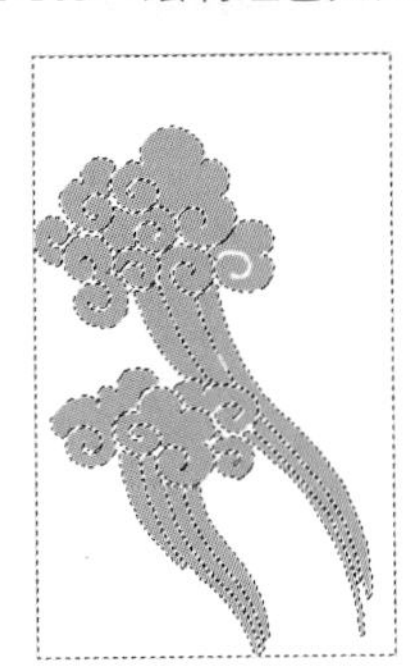

图 2-105　选区

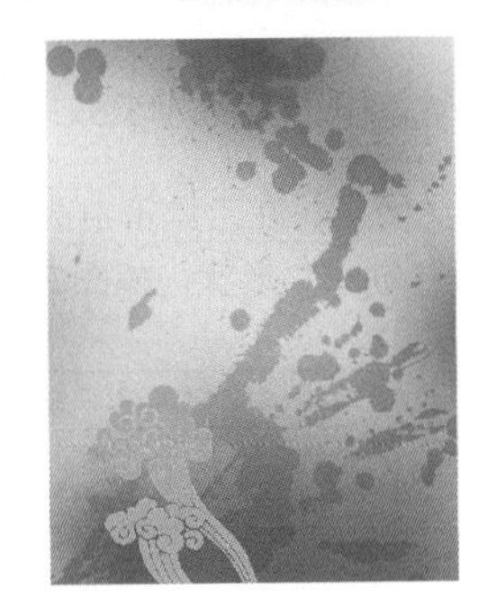

图 2-106　添加祥云素材效果

11 按 Ctrl+J 组合键，将祥云素材图层复制一层，运用同样的操作方法，垂直缩放图层，然后调整至合适的位置，得到效果如图 2-107 所示。

12 选择工具箱渐变工具，在工具选项栏中单击渐变条，打开“渐变编辑器”对话框如图 2-108 所示，设置颜色为黄色（RGB 参考值分别为 R255、G242、B31）、橙色（RGB 参考值分别为 R234、G105、B45）、红色（RGB 参考值分别为 R229、G53、B43）。

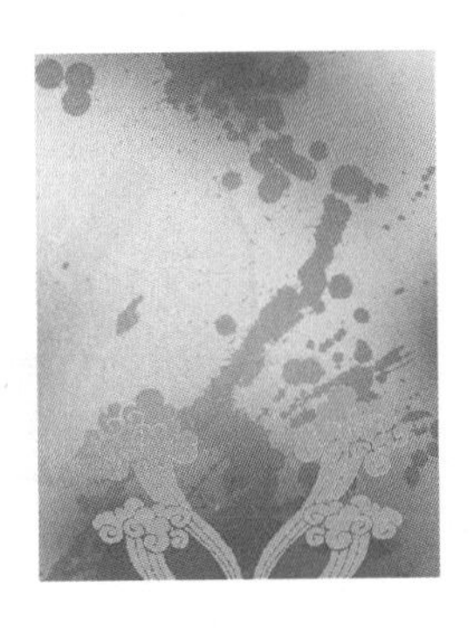

图 2-107　自由变换

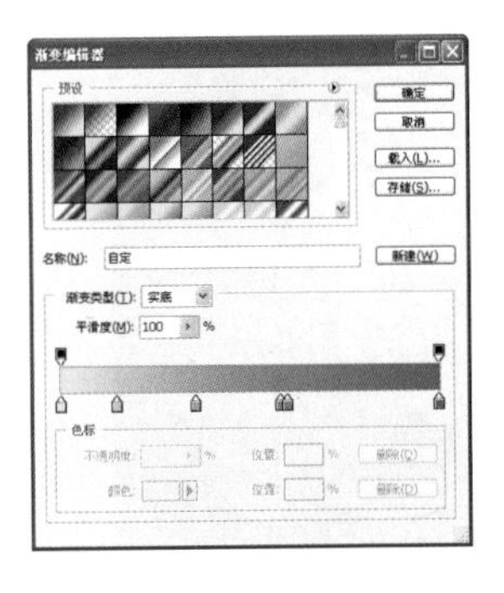

图 2-108　“渐变编辑器”对话框

专家提醒

按渐变工具能够填充两种以上颜色的混合，所得到的效果过渡细腻、色彩丰富。

13 单击“确定”按钮，关闭“渐变编辑器”对话框。按下工具选项栏中的“线性渐变”按钮，在图像中填充渐变效果如图 2-109 所示。

14 运用同样的操作方法添加瓶子、花和花藤等素材，得到如图 2-110 所示效果。

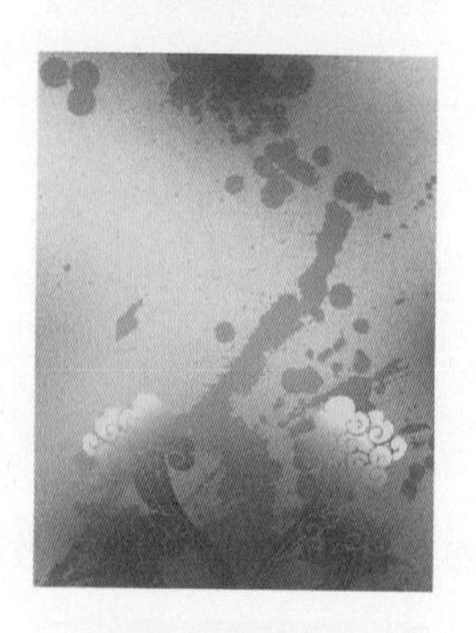

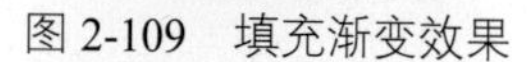

图 2-109　填充渐变效果

图 2-110　添加瓶子、花和花藤等素材

15 新建一个图层，在工具箱中选择自定形状工具，然后单击选项栏“形状”下拉列表按钮，从形状列表中选择“蝴蝶”形状，如图 2-111 所示。

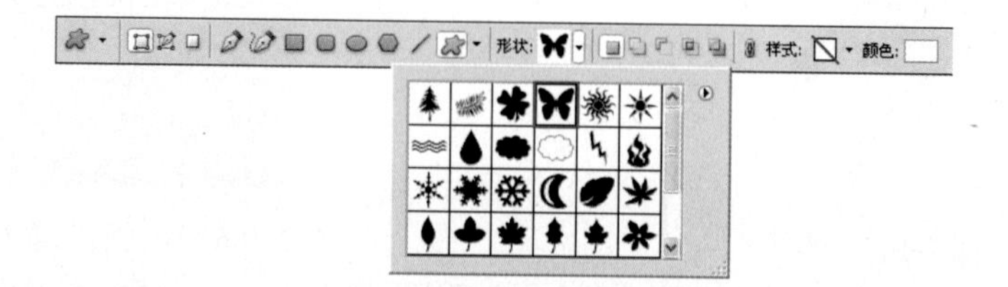

图 2-111　选择“蝴蝶”形状

16 按下“填充像素”按钮，在图像窗口中，拖动鼠标绘制一个“蝴蝶”形状，如图 2-112 所示。

17 按 Ctrl+T 快捷键，调整至合适的位置和角度，得到效果如图 2-113 所示。

图 2-112　绘制蝴蝶

图 2-113　自由变换

图 2-114　图标

18 运用同样的操作方法，打开可口可乐标志素材，选择工具箱中的魔棒工具，在图像窗口中单击鼠标点选图标白色区域，得到选区如图 2-114 所示。

19 按 Shift+Ctrl+I 快捷键反选选区，运用移动工具，将图标添加至文件中，放置在合适的位置，如图 2-115 所示。

20 在图层面板中单击“添加图层样式”按钮 fx，在弹出的快捷菜单中选择“投影”选项，弹出

"图层样式"对话框，设置参数如图 2-116 所示，单击"确定"按钮，退出"图层样式"对话框，添加图层样式效果如图 2-117 所示。

图 2-115　添加图标素材

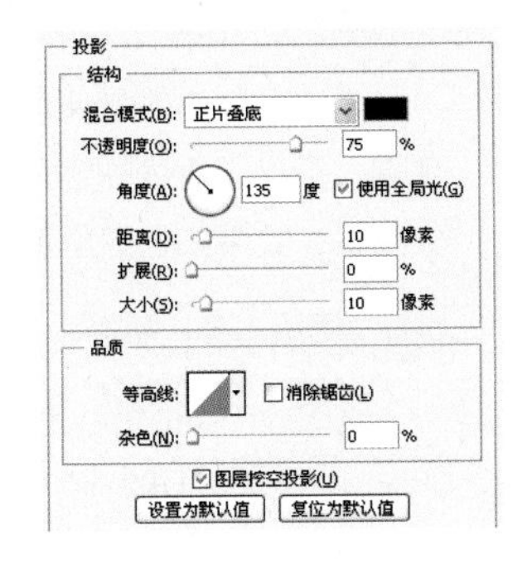

图 2-116　投影

图 2-117　添加投影效果

21 运用同样的操作方法打开可口可乐标志素材，如图 2-118 所示。

图 2-118　图标

22 执行"选择" | "色彩范围"命令，弹出"色彩范围"对话框，按下对话框右侧的吸管按钮，移动光标至图像窗口中白色位置单击鼠标，单击"确定"按钮，执行色彩范围选择并退出"色彩范围"对话框，如图 2-119 所示。

23 运用运用移动工具，将标志素材添加至文件中，放置在合适的位置，得到如图 2-120 所示最终效果。

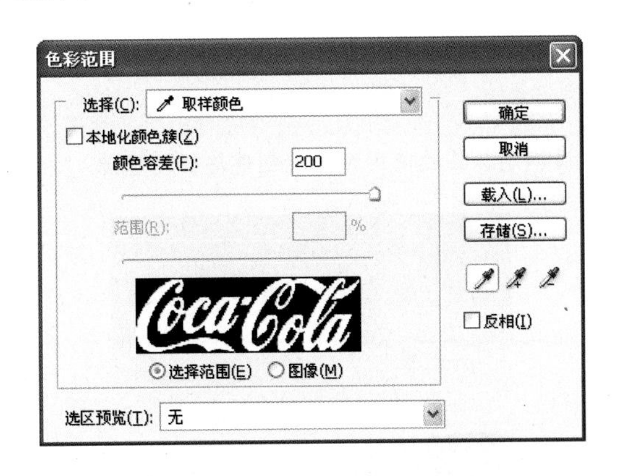

图 2-119　"色彩范围"命令

图 2-120　添加图标素材

Example

2.7 公交站牌广告——仙活酸奶

本实例制作的是仙活酸奶公交站牌广告，以蓝绿色为主色调，突出了活泼的感觉，使整个画面动静结合、沉稳而不失生机，效果如左图所示。

使用工具：渐变工具、图层样式、钢笔工具、画笔工具、“变形文字”命令、横排文字工具。

视频路径：avi\2.7.avi

01 启动 Photoshop 后，执行“文件”|“新建”命令，弹出“新建”对话框，在对话框中设置参数如图 2-121 所示，单击“确定”按钮，新建一个空白文件。

02 新建一个图层，选择工具箱渐变工具，在工具选项栏中单击渐变条，打开“渐变编辑器”对话框，设置参数如图 2-122 所示，其中蓝色的 RGB 参考值分别为 R0、G120、B197。

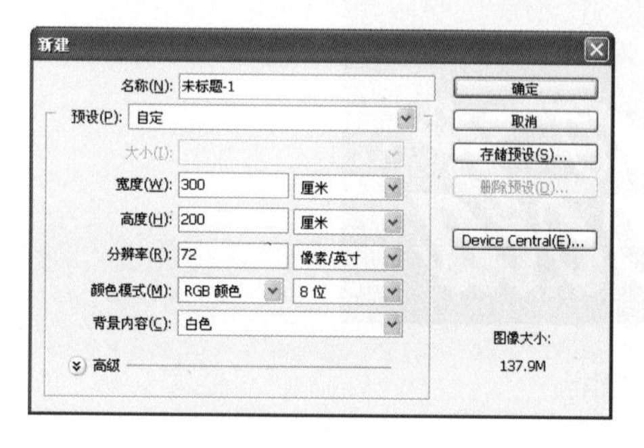

图 2-121 “新建”对话框

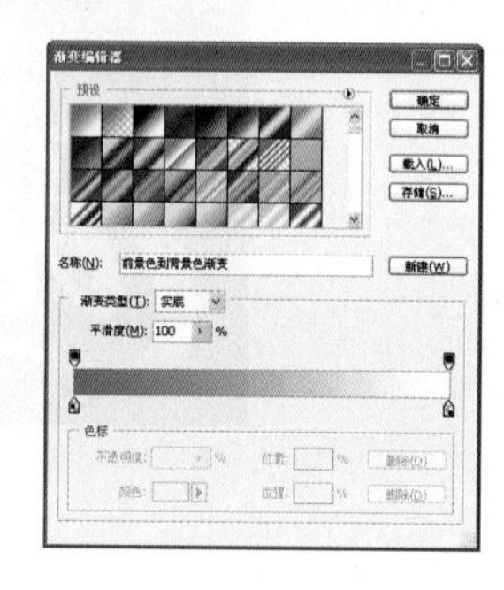

图 2-122 “渐变编辑器”对话框

03 单击“确定”按钮，关闭“渐变编辑器”对话框。按下工具选项栏中的“线性渐变”按钮，在图像中拖动鼠标，填充渐变效果如图 2-123 所示。

04 设置前景色为黑色，在工具箱中选择钢笔工具，按下“形状图层”按钮，在图像窗口中，绘制如图 2-124 所示的图形。

专家提醒

钢笔工具是绘制和编辑路径的主要工具，了解和掌握钢笔工具的使用方法是创建路径的基础。

图 2-123 填充渐变

图 2-124 绘制图形

05 执行“图层”|“图层样式”|“渐变叠加”命令，弹出“图层样式”对话框，单击渐变条，在弹出的“渐变编辑器”对话框中设置颜色如图 2-125 所示，其中绿色的 RGB 参考值分别为 R57、G148、B56，黄色的 RGB 参考值分别为 R218、G225、B31。

06 单击“确定”按钮，返回“图层样式”对话框，其他参数设置如图 2-126 所示。

图 2-125 “渐变编辑器”对话框

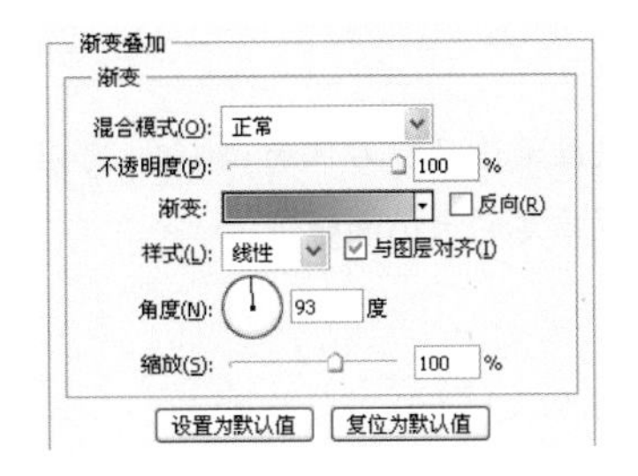

图 2-126 “渐变叠加”参数

07 单击“确定”按钮，退出“图层样式”对话框，添加“渐变叠加”的效果如图 2-127 所示。

08 运用同样的操作方法继续绘制其他图形，如图 2-128 所示。

图 2-127 添加“渐变叠加”效果

图 2-128 绘制其他图形

09 设置前景色为白色，在工具箱中选择钢笔工具，按下“形状图层”按钮，在图像窗口中，绘制如图 2-129 所示的图形。

10 新建一个图层，设置前景色为灰色 RGB 参考值分别为 R170、G173、B160，选择画笔工具，在工具选项栏中设置“硬度”为 0%，“不透明度”和“流量”均为 80%，在图像窗口中单击鼠标，涂抹如图 2-130 所示的效果。

图 2-129 绘制图形

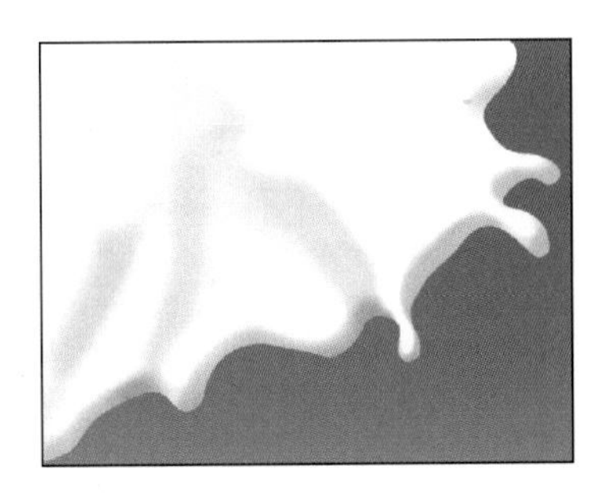

图 2-130 涂抹

知识链接——画笔工具

画笔工具选项栏如图 2-131 所示，在开始绘图之前，应选择所需的画笔笔尖形状和大小，并设置不透明度、流量等画笔属性。

图 2-131　画笔工具选项栏

单击画笔选项栏右侧的·按钮，可以打开画笔下拉面板，如图 2-132 所示。在面板中可以选择画笔样本，设置画笔的大小和硬度。

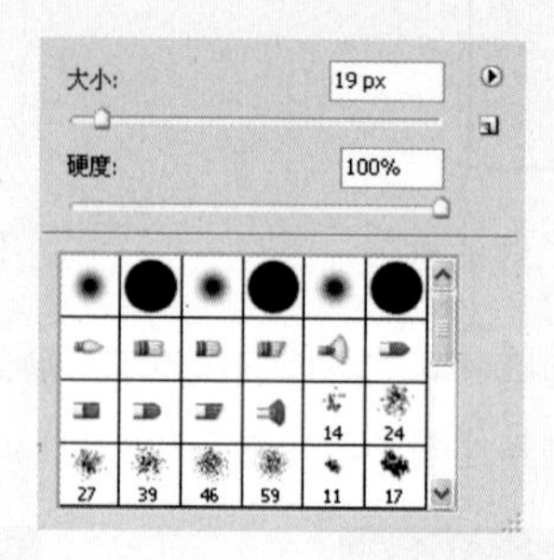

图 2-132　画笔下拉面板

主直径：拖动滑块或者在数值栏中输入数值可以调整画笔的大小。

硬度：用来设置画笔笔尖的硬度。

画笔列表：在列表中可以选择画笔样本。

创建新的预设：单击面板中的按钮，可以打开“画笔名称”对话框，设置画笔的名称后，单击“确定”按钮，可以将当前画笔保存为新的画笔预设样本。

11 在图层面板中单击“添加图层样式”按钮 *fx*，在弹出的快捷菜单中选择“投影”选项，弹出“图层样式”对话框，设置参数如图 2-133 所示。

12 单击“确定”按钮，退出“图层样式”对话框，添加“投影”的效果如图 2-134 所示。

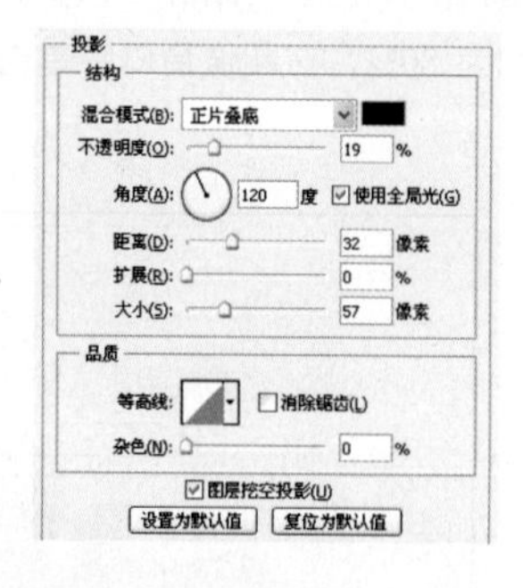

图 2-133　“投影”参数

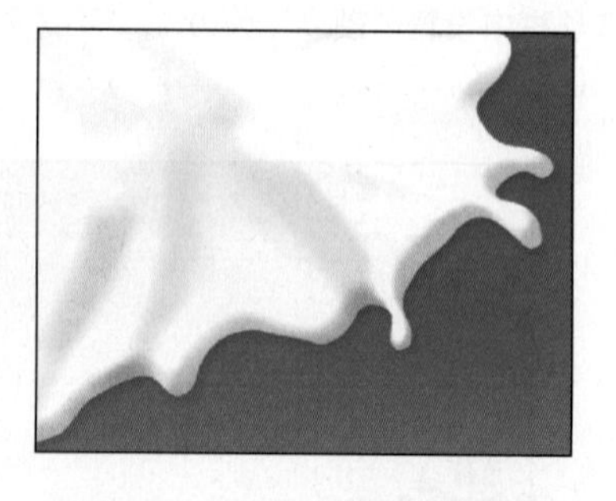

图 2-134　添加“投影”的效果

13 按 Ctrl+O 快捷键，弹出“打开”对话框，选择产品和其他素材，单击“打开”按钮，运用移动工具，将素材添加至文件中，放置在合适的位置，如图 2-135 所示。

14 设置前景色为白色，在工具箱中选择钢笔工具，按下“形状图层”按钮，在图像窗口中，绘制如图 2-136 所示的图形。

图 2-135　添加产品和其他素材

图 2-136　绘制图形

15 执行“图层”|“图层样式”|“渐变叠加”命令，弹出“图层样式”对话框，单击渐变条，在弹出的“渐变编辑器”对话框中设置颜色如图 2-137 所示，其中绿色的 RGB 参考值分别为 R57、G148、B56，黄色的 RGB 参考值分别为 R218、G225、B31。

16 单击“确定”按钮，返回“图层样式”对话框，如图 2-138 所示。

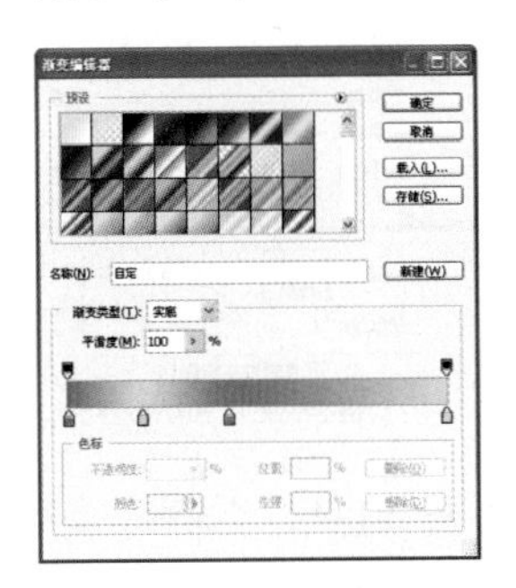

图 2-137　“渐变编辑器”对话框

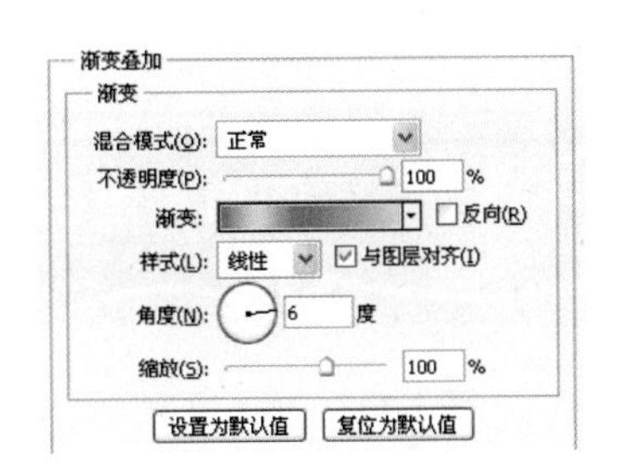

图 2-138　“渐变叠加”参数

17 单击“确定”按钮，退出“图层样式”对话框，添加“渐变叠加”的效果如图 2-139 所示。

18 运用同样的操作方法制作另外的图形，如图 2-140 所示。

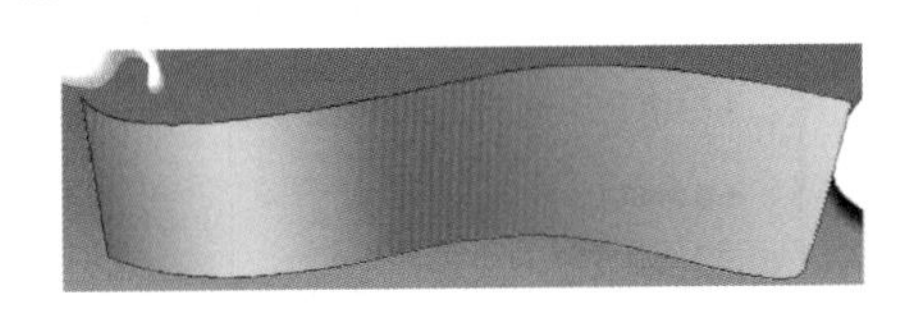

图 2-139　添加“渐变叠加”的效果

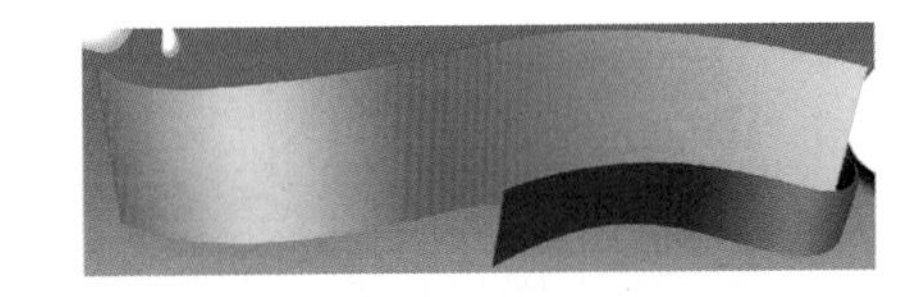

图 2-140　制作另外的图形

19 将绘制的图形合并，选择合并的图层，在图层面板中单击“添加图层样式”按钮 fx，在弹出的快捷菜单中选择“描边”选项，弹出“图层样式”对话框，设置参数如图 2-141 所示。

20 单击“确定”按钮，退出“图层样式”对话框，添加“描边”的效果如图 2-142 所示。

21 在工具箱中选择横排文字工具 T，设置字体为“方正粗圆简体”字体、字体大小为 380 点，输入文字，如图 2-143 所示。

22 在图层面板中单击“添加图层样式”按钮 fx，在弹出的快捷菜单中选择“投影”选项，弹出“图层样式”对话框，设置参数如图 2-144 所示。

23 单击“确定”按钮，退出“图层样式”对话框，添加“投影”的效果如图 2-145 所示。

24 在工具选项栏中单击变形文字按钮，弹出“变形文字”对话框，设置参数如图2-146所示。

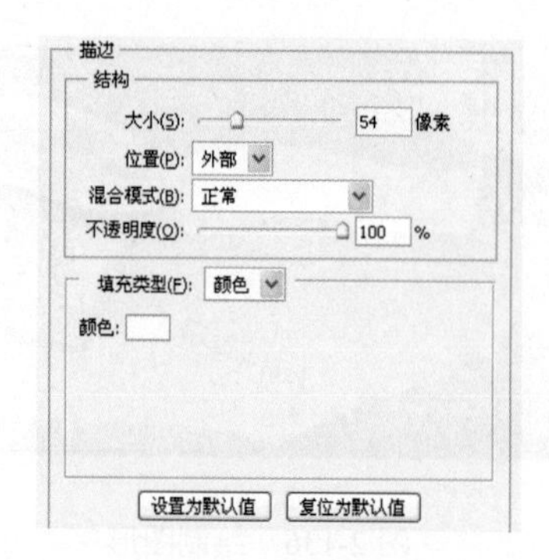

图2-141 “描边”参数

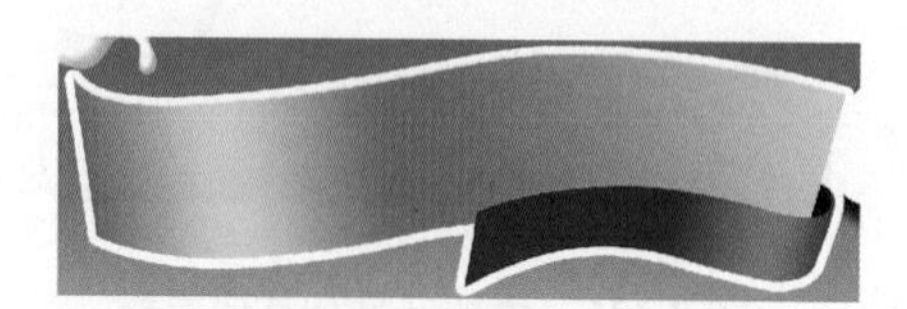

图2-142 “描边”效果

图2-143 输入文字

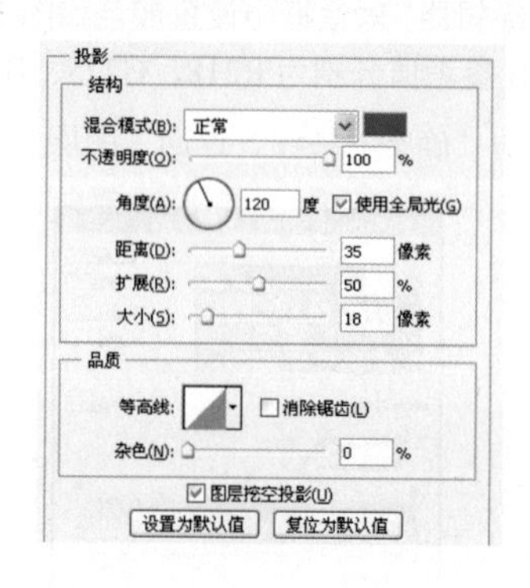

图2-144 “投影”参数

图2-145 “投影”效果

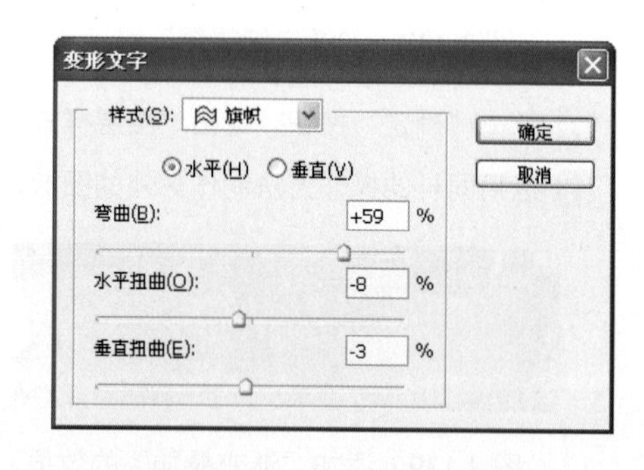

图2-146 “变形文字”对话框

知识链接——文本变形

在图像中输入文字，单击工具选项栏中的“创建文字变形”按钮，弹出“变形文字”对话框。在“样式”下拉列表框中选择一种变形样式，如扇形、上弧、下弧样式等，然后单击选择变形的方向：“水平”或“垂直”，再在其下的三根滑杆上调整变形文本的参数。最后单击“确定”按钮，便得到文本变形效果。

25 单击“确定”按钮，退出“变形文字”对话框，执行变形文字效果并退出“变形文字”对话框，效果如图 2-147 所示。

26 运用同样的操作方法输入其他文字，并行变形文字效果，如图 2-148 所示。

图 2-147 变形文字

图 2-148 变形文字

27 按 Ctrl+O 快捷键，弹出“打开”对话框，选择其他素材，单击“打开”按钮，运用移动工具，将素材添加至文件中，放置在合适的位置，最终效果如图 2-149 所示。

图 2-149 最终效果

Example

2.8 月饼盒包装——中华神韵

本实例制作的是中华神韵月饼盒包装，以“中华神韵”为主题，结合中国传统元素，将文化的源远流长和悠久的历史融合为一体，效果如左图所示。制作完成的中华神韵月饼盒包装设计效果如左图所示。

使用工具：“新建参考线”命令、钢笔工具、矩形工具、渐变工具、创建剪贴蒙版、椭圆选框工具、横排文字工具。

视频路径: avi\2.8.avi

01 启动 Photoshop 后，执行“文件”|“新建”命令，弹出“新建”对话框，在对话框中设置参数如图 2-150 所示，单击“确定”按钮，新建一个空白文件。

02 设置前景色为黑色，按 Alt+Delete 快捷键填充黑色，执行“视图”|“新建参考线”命令，弹出“新建参考线”对话框，在对话框中设置参数，如图 2-151 所示。

03 单击“确定”按钮，退出“新建参考线”对话框，新建参考线如图 2-152 所示。

04 运用同样的操作方法，新建其他参考线，如图 2-153 所示。

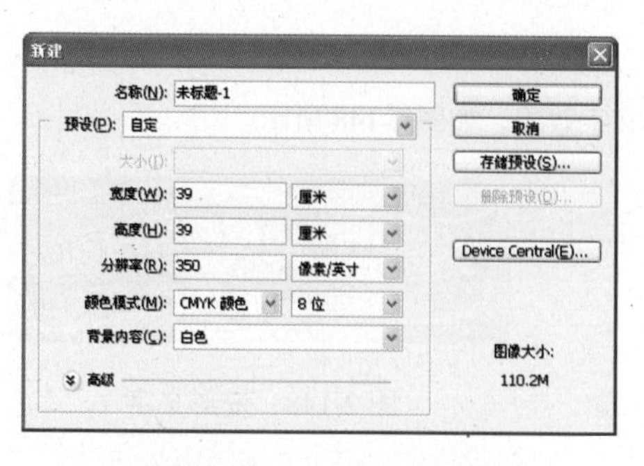

图 2-150 “新建”对话框

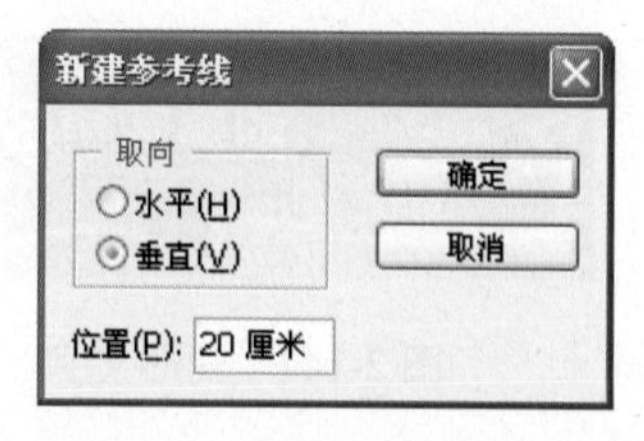

图 2-151 “新建参考线”对话框

图 2-152 新建参考线

图 2-153 新建参考线

技巧点拨

绘制精确的参考线可按快捷键 Shift+Ctrl+N，创建图层，在弹出的“新建参考线”对话框中设置参数即可。

05 设置前景色为白色，在工具箱中选择横排文字工具，设置字体为 Times New Roman，字体大小为 17 点，输入文字，如图 2-154 所示。

06 设置前景色为白色，在工具箱中选择钢笔工具，按下“形状图层”按钮，在图像窗口中，绘制如图 2-155 所示图形。

图 2-154 输入文字

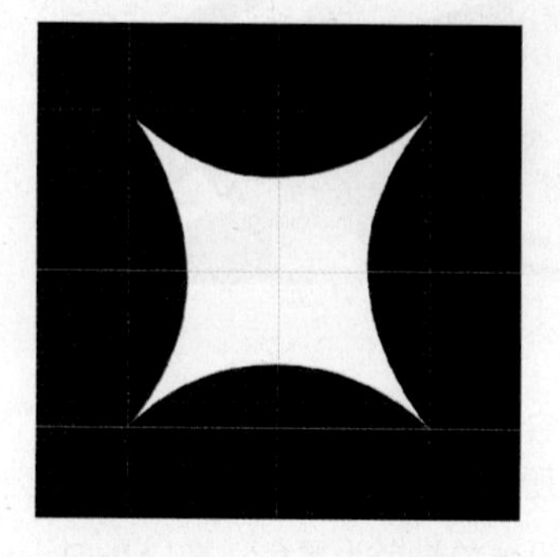

图 2-155 绘制图形

07 新建一个图层，设置前景色为白色，在工具箱中选择矩形工具，按下“填充像素”按钮，在图像窗口中，绘制如图 2-156 所示矩形。

08 按住 Ctrl 键的同时单击矩形的图层缩览图，将图层载入选区，选择工具箱渐变工具，在工具选项栏中单击渐变条，打开“渐变编辑器”对话框，设置参数如图 2-157 所示，其中土黄色的 CMYK 参考值分别为 C36、M45、Y100、K0，黄色的 CMYK 参考值分别为 C11、M15、Y81、K0。

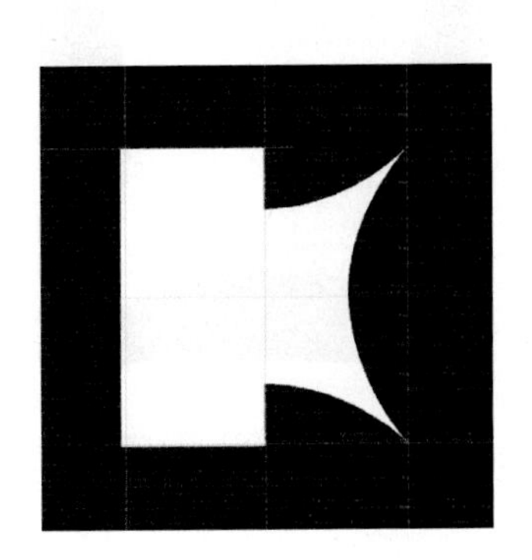

图 2-156　绘制矩形

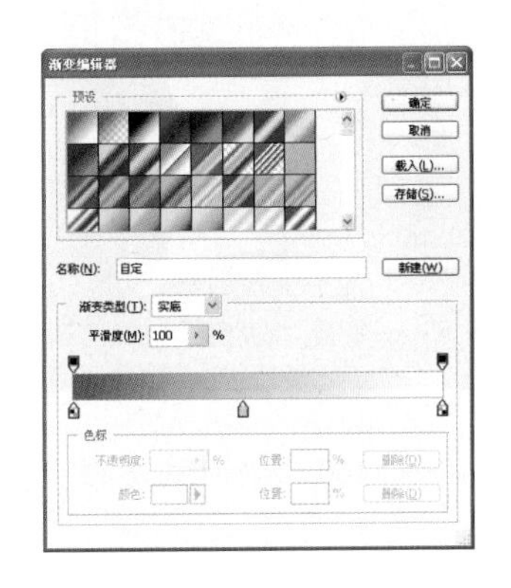

图 2-157　“渐变编辑器”对话框

09 单击“确定”按钮，关闭“渐变编辑器”对话框。按下工具选项栏中的“线性渐变”按钮，在图像中拖动鼠标，填充渐变，按 Ctrl+D 取消选择，得到效果如图 2-158 所示。

10 按住 Alt 键的同时，移动光标至分隔两个图层的实线上，当光标显示为形状时，单击鼠标左键，创建剪贴蒙版，如图 2-159 所示。

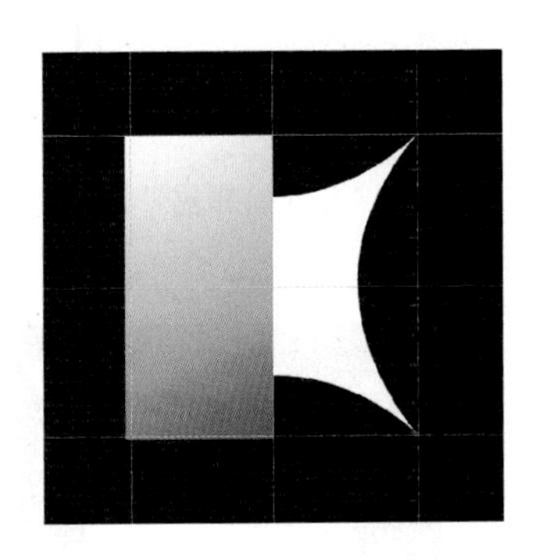

图 2-158　填充渐变

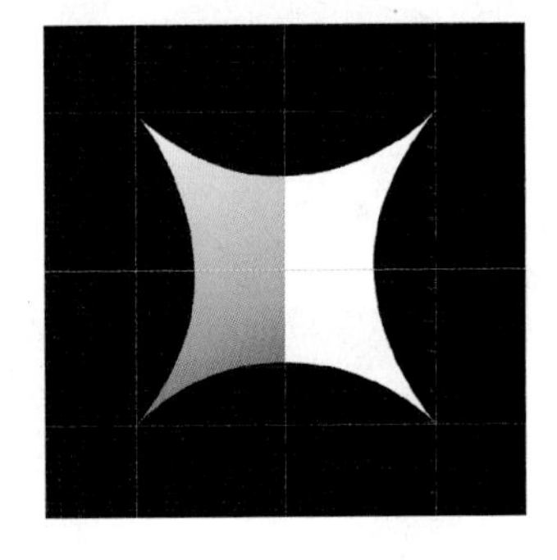

图 2-159　创建剪贴蒙版

11 按 Ctrl+O 快捷键，弹出“打开”对话框，选择花纹素材，单击“打开”按钮，运用移动工具，将素材添加至文件中，放置在合适的位置，如图 2-160 所示。

12 按 Ctrl+Alt+G 快捷键，创建剪贴蒙版，如图 2-161 所示。

13 选择椭圆选框工具，按住 Shift 键的同时拖动鼠标，绘制一个正圆选区，如图 2-162 所示。

14 选择工具箱渐变工具，在工具选项栏中单击渐变条，打开“渐变编辑器”对话框，设置参数如图 2-163 所示，其中土黄色的 CMYK 参考值分别为 C36、M545、Y100、K0，黄色的 CMYK 参考值分别为 C11、M15、Y81、K0。

15 单击“确定”按钮，关闭“渐变编辑器”对话框。按下工具选项栏中的“线性渐变”按钮，在图像中拖动鼠标，填充渐变效果如图 2-164 所示。

16 将绘制的 3 层，并调整到合适的位置，如图 2-165 所示。

17 按 Ctrl+O 快捷键，弹出“打开”对话框，选择文字素材，单击“打开”按钮，运用移动工具，将素材添加至文件中，放置在合适的位置，如图 2-166 所示。

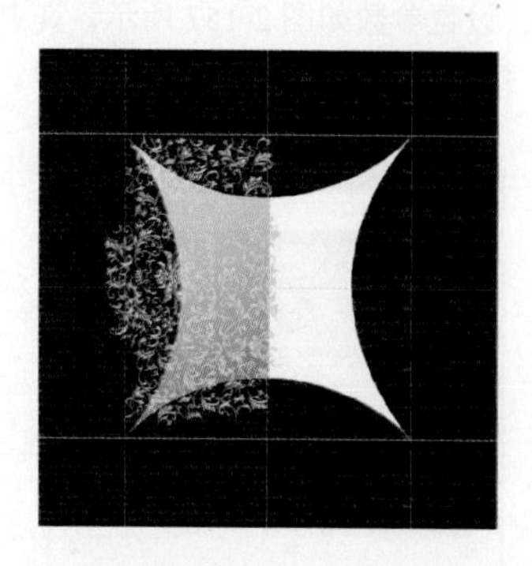

图 2-160　添加花纹素材

图 2-161　创建剪贴蒙版

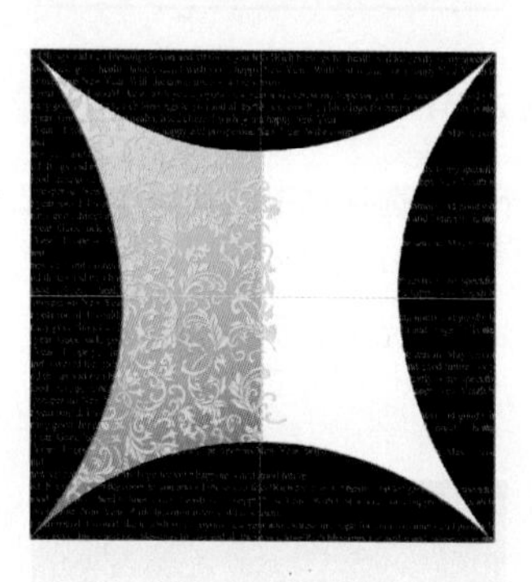

图 2-162　绘制正圆选区

图 2-163　“渐变编辑器”对话框

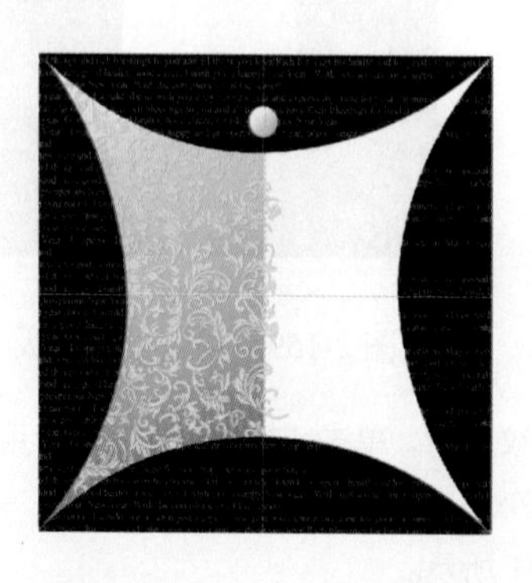

图 2-164　“新建”对话框

图 2-165　复制正圆

18 运用同样的操作方法添加其他素材，如图 2-167 所示。

19 执行“文件”|“新建”命令，弹出“新建”对话框，在对话框中设置参数如图 2-168 所示，单击“确定”按钮，新建一个空白文件。

20 按 Ctrl+O 快捷键，弹出“打开”对话框，选择背景素材，单击“打开”按钮，运用移动工具，将素材添加至文件中，放置在合适的位置，如所示。

21 切换至平面效果文件，选取矩形选框工具，绘制一个矩形选框，按 Ctrl+C 快捷键复制，切换立体效果文件，按 Ctrl+V 快捷键粘贴，并调整大小及位置，如图 2-169 所示。

图 2-166　添加文字素材

图 2-167　添加其他素材

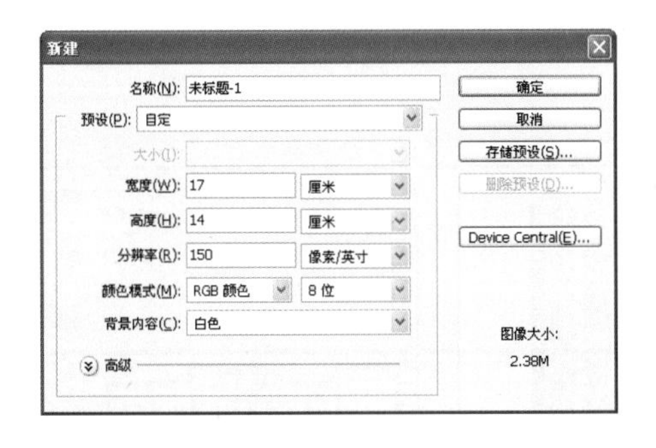

图 2-168　“新建”对话框

图 2-169　调整图像

知识链接——剪切和拷贝

选择图像中的全部或部分区域后，执行“编辑” | “拷贝”命令，或按下 Ctrl + C 快捷键，可将选区内的图像复制到剪贴板中。在其他图像窗口或程序中执行“编辑” | “粘贴”命令，或按下 Ctrl + V 快捷键，即可得到剪贴板中的图像。

22 运用同样的操作方法制作侧面，如图 2-170 所示。

23 运用同样的操作方法继续制作包装盒的立体效果，最终效果如图 2-171 所示。

图 2-170　调整

图 2-171　最终效果

第 3 章

随着社会的进步和科学的发展，医药卫生事业也得到了迅速发展。由于医药产品是一种特殊的商品，具有药品和商品的双重属性。因此药品设计要求在遵循药品管理法及相关政策法规的同时还要体现企业形象，提高外观设计品味，获得消费者的心理认可。

医药产品平面设计要求稳重大方、安全、健康，给人以和谐、信任的感觉，设计风格要求贴近大众生活。

医疗保健篇

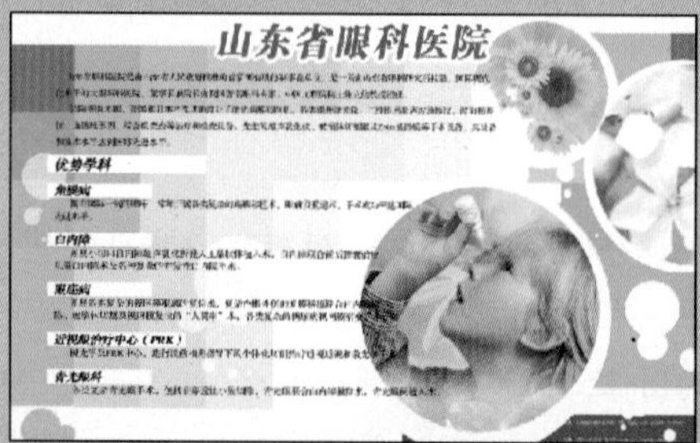

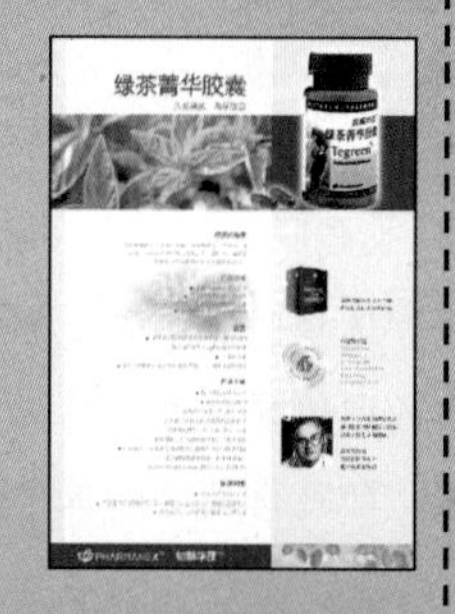

Photoshop CS5

03

Example

3.1 报纸广告——美丽印象减肥茶

本实例制作的是美丽印象减肥茶的报纸广告，实例以橙色为主色调，突出女性减肥的愿望，通过艳丽的颜色吸引女性的眼球，制作完成的美丽印象减肥茶的报纸广告设计效果如左图所示。

使用工具：渐变工具、横排文字工具、图层样式、“扩展”命令、“色彩范围”命令。

视频路径：avi\3.1.avi

01 启动 Photoshop 后，执行“文件”|“新建”命令，弹出“新建”对话框，设置参数如图 3-1 所示，单击“确定”按钮，新建一个空白文件。

02 选择工具箱渐变工具，在工具选项栏中单击渐变条，打开“渐变编辑器”对话框，设置参数如图 3-2 所示，颜色为橙色（RGB 参考值分别为 R255、G110、B2），黄色（RGB 参考值分别为 R247、G215、B64）和淡黄色（RGB 参考值分别为 R255、G250、B215）。-

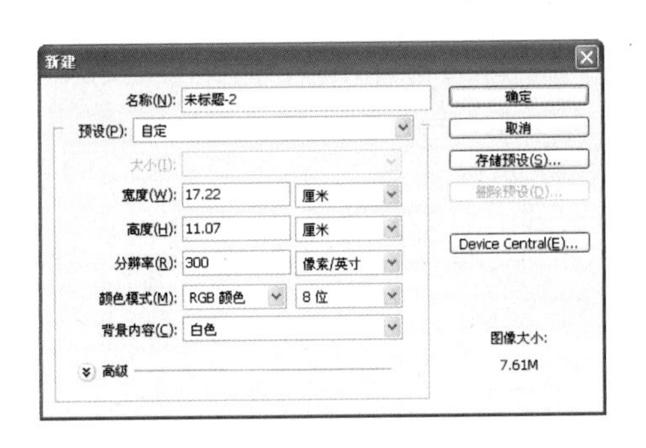

图 3-1 “新建”对话框

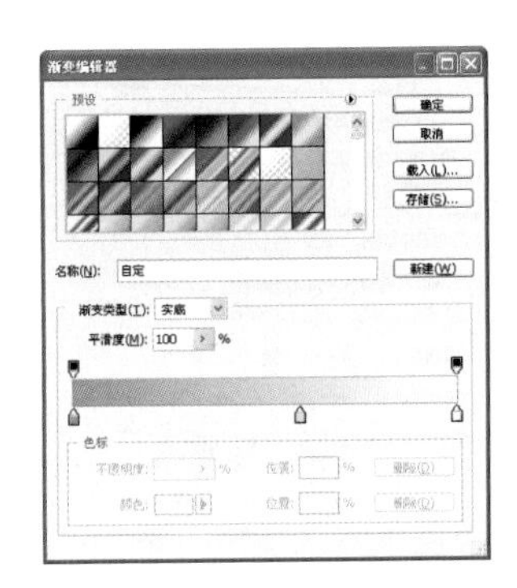

图 3-2 “渐变编辑器”对话框

03 单击“确定”按钮，关闭“渐变编辑器”对话框。按下工具选项栏中的“径向渐变”按钮，在图像中拖动鼠标，填充渐变效果如图 3-3 所示。

图 3-3 填充渐变效果

图 3-4 添加光效、人物素材

04 按 Ctrl+O 快捷键，弹出“打开”对话框，选择光效、人物和标志素材，单击“打开”按钮，运用移动工具，将素材添加至文件中，放置在合适的位置，如图 3-4 所示。

05 设置前景色为白色，在工具箱中选择横排文字工具 T，设置字体为“方正综艺简体”、字体大小为 48 点，输入文字，调整“印象”和“减肥”的文字大小为 22 点，如图 3-5 所示。

06 在图层面板中单击“添加图层样式”按钮 fx，弹出“图层样式”对话框，选择“描边”选项，设置填充类型为“渐变”，单击渐变条，在弹出的“渐变编辑器”对话框中设置颜色如图 3-6 所示。

图 3-5　输入文字

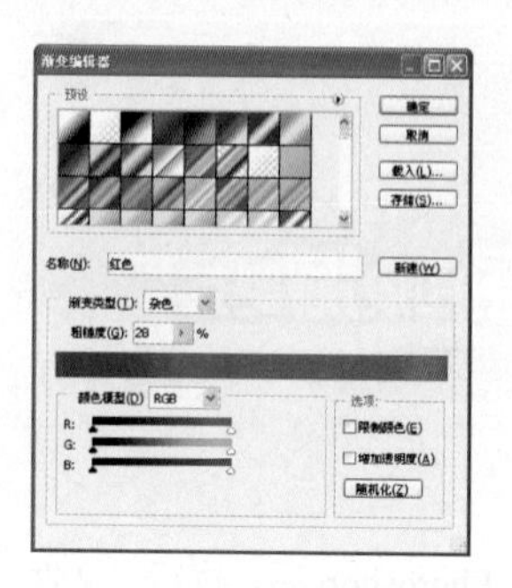

图 3-6　“渐变编辑器”对话框

07 单击“确定”按钮，返回“图层样式”对话框，设置参数如图 3-7 所示。

08 单击“确定”按钮，退出“图层样式”对话框，添加“图层样式”的效果如图 3-8 所示。

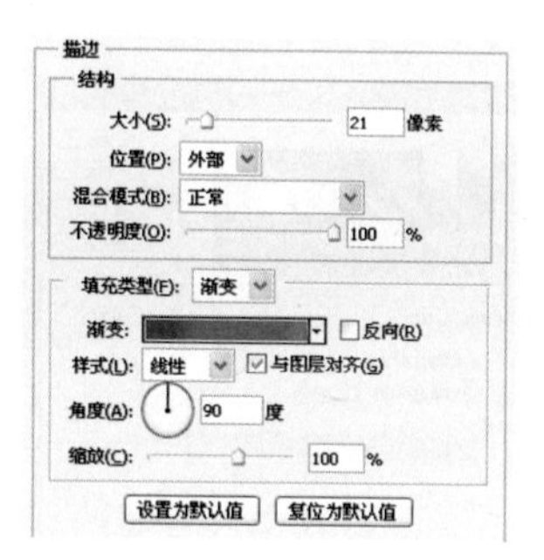

图 3-7　“描边”参数

图 3-8　添加“图层样式”效果

知识链接——描边

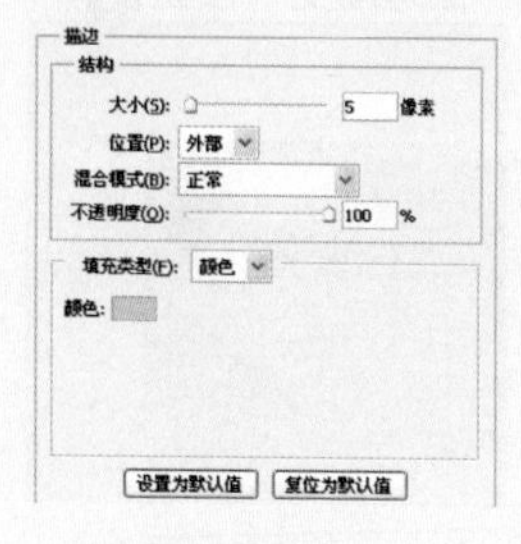

图 3-9　描边参数

描边”效果用于在图层边缘产生描边效果，描边参数如图 3-9 所示。

在“结构”选项组中可设置描边的大小、位置、混合模式和不透明度。在“填充类型”列表框中可以选择描边的填充类型：颜色、渐变或图案，当选择不同的填充类型时，“填充类型”选项组就会发生相应的变化。

09 按 Ctrl 键的同时，单击文字缩览图，将文字载入选区，执行“选择”|“修改”|“扩展”命令，弹出“扩展选区”对话框，设置“扩展量”为 35 像素，单击“确定”按钮，退出“扩展选区”对话框，添加“扩展选区”的效果如图 3-10 所示。

10 设置前景色为深红色（RGB 参考值分别为 R126、G21、B27），按 Alt+Delete 快捷键，填充颜色，如图 3-11 所示。

图 3-10　扩展选区

图 3-11　填充选区

11 运用同样的操作方法，输入其他文字，如图 3-12 所示。

12 按 Ctrl+O 快捷键，弹出“打开”对话框，选择叶子素材，单击“打开”按钮。执行“选择”|“色彩范围”命令，弹出“色彩范围”对话框，设置参数如图 3-13 所示。

专家提醒

Photoshop 提供了三个颜色选择工具，魔棒工具、快速选择工具和“色彩范围”对话框。

图 3-12　输入文字

图 3-13　“色彩范围”对话框

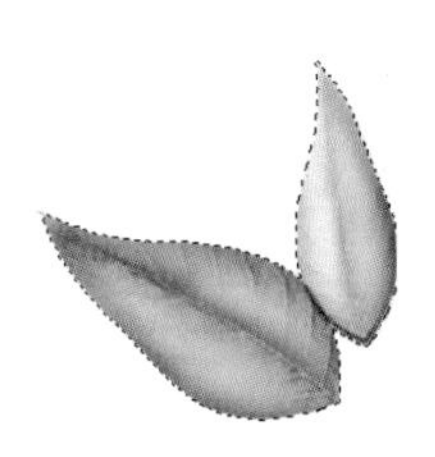

图 3-14　建立选区

13 按 Ctrl+Shift+I 快捷键，执行选区反向，得到如图 3-14 所示选区。

14 运用移动工具，将叶子素材添加至文件中，放置在合适的位置，如图 3-15 所示。

图 3-15　添加叶子素材

图 3-16　最终效果

15 运用同样的操作方法，输入其他文字，最终效果如图 3-16 所示。

Example

3.2 宣传折页——女性体检折页

本实例制作的是女性体检宣传折页，实例通过“文字”和“地图”来表现主题，制作完成的女性体检宣传折页效果如左图所示。

使用工具：图层蒙版、“新建参考线”命令、钢笔工具、图层样式、圆角矩形工具、横排文字工具。

视频路径：avi\3.2.avi

01 启动 Photoshop 后，执行“文件”|“新建”命令，弹出“新建”对话框，设置参数如图 3-17 所示，单击“确定”按钮，新建一个空白文件。

02 执行“视图”|“新建参考线”命令，弹出“新建参考线”对话框，设置参数如图 3-18 所示，单击“确定”按钮，退出“新建参考线”对话框，新建参考线如图 3-19 所示。

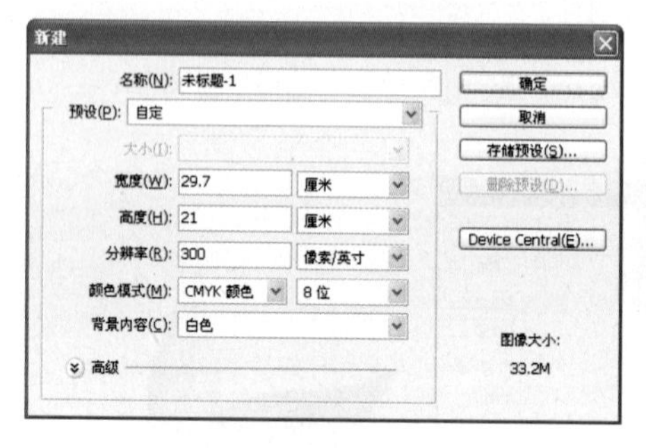

图 3-17 “新建”对话框

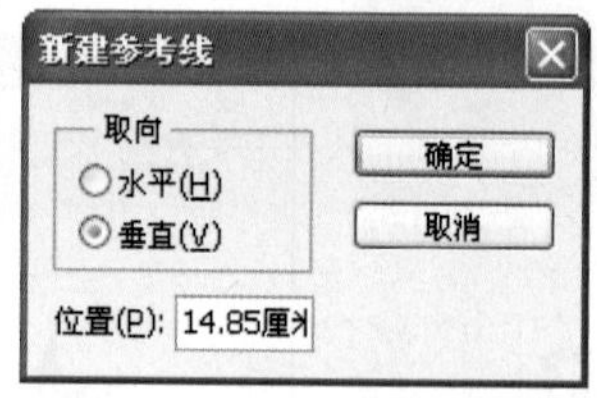

图 3-18 “新建参考线”对话框

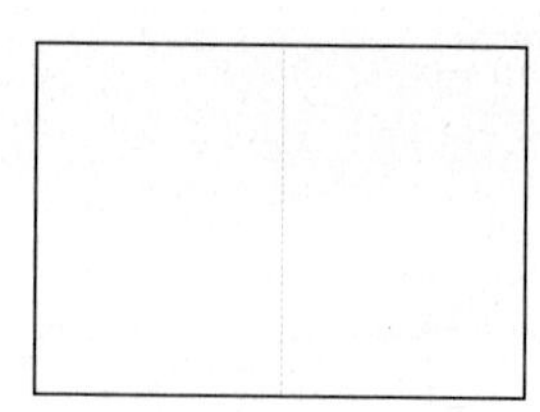

图 3-19 新建参考线

03 按 Ctrl+O 快捷键，弹出“打开”对话框，选择背景和花纹素材，单击“打开”按钮，运用移动工具，将背景和花纹素材添加至文件中，放置在合适的位置，如图 3-20 所示。

04 单击图层面板上的“添加图层蒙版”按钮，为图层添加图层蒙版，按 D 键，恢复前景色和背景为默认的黑白颜色，选择渐变工具，按下“径向渐变”按钮，在图像窗口中按住并拖动鼠标，在图层蒙版中填充黑白渐变如图 3-21 所示。

图 3-20 添加背景和花纹素材

图 3-21 添加图层蒙版

05 设置前景色为白色，在工具箱中选择钢笔工具，按下“填充像素”按钮，在图像窗口中，绘制如图 3-22 所示图形。

06 双击图层，弹出“图层样式”对话框，选择“投影”选项，设置参数如图 3-23 所示。

图 3-22　绘制图形

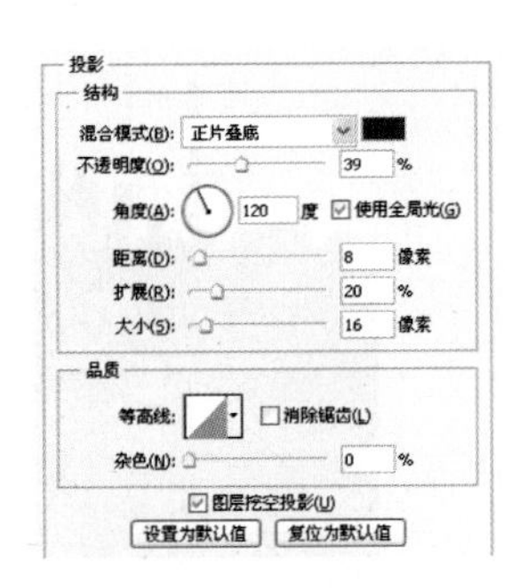

图 3-23　“投影”参数

07 选择“斜面和浮雕”选项，设置参数如图 3-24 所示。

08 选择“渐变叠加”选项，单击渐变条，打开“渐变编辑器”对话框，设置参数如图 3-25 所示。

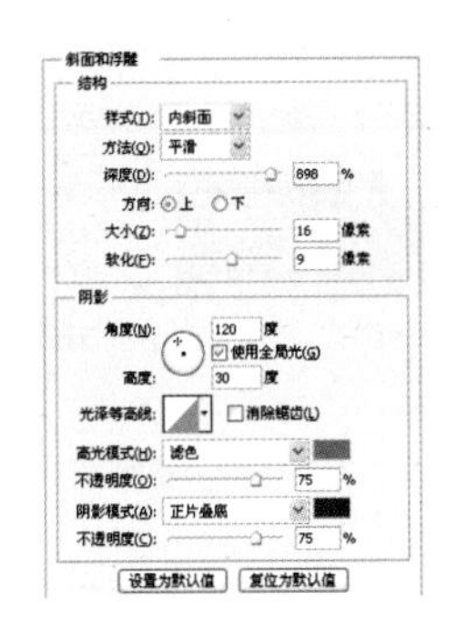

图 3-24　“斜面和浮雕”参数

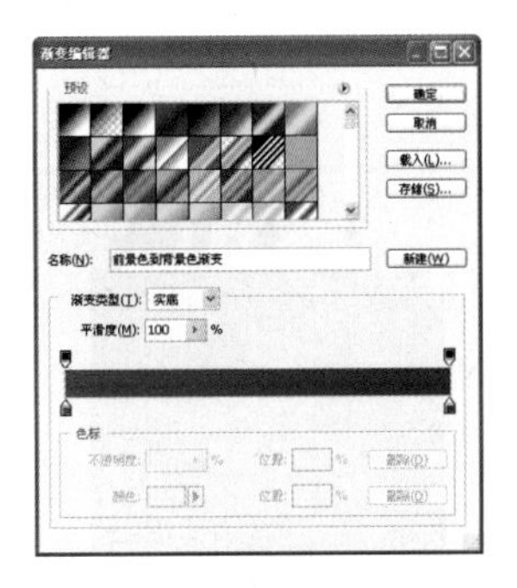

图 3-25　“渐变编辑器”对话框

09 单击“确定”按钮，关闭“渐变编辑器”对话框，如图 3-26 所示。单击“确定”按钮，退出“图层样式”对话框，添加“图层样式”效果如图 3-27 所示。

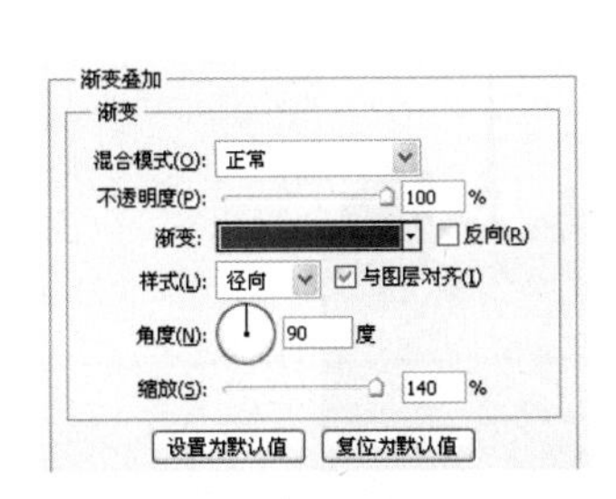

图 3-26　“渐变叠加”参数

图 3-27　添加“图层样式”效果

10 运用同样的操作方法，添加地图和白鸽素材，并对白鸽图层添加投影图层样式效果，如图 3-28 所示。

11 设置前景色为黄色（CMYK 参考值分别为 C0、M0、Y100、K40），在工具箱中选择横排文字工具T，设置字体为“黑体”、字体大小为 10 点，输入文字，如图 3-29 所示。

图 3-28　添加地图和白鸽素材

图 3-29　输入文字

12 运用同样的操作方法添加标志和其他素材，得到效果如图 3-30 所示。

13 选择工具箱中的矩形选框工具，在图像窗口中按住鼠标并拖动，绘制选区，选择工具箱渐变工具，在工具选项栏中单击渐变条，打开“渐变编辑器”对话框，设置参数如图 3-31 所示。

图 3-30　添加标志其他素材效果

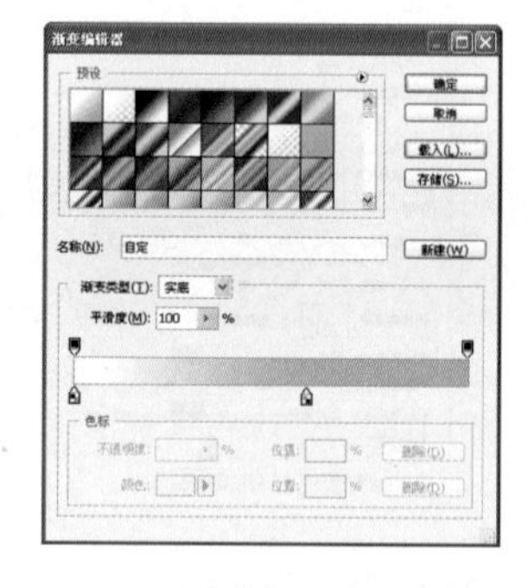

图 3-31　“渐变编辑器”对话框

14 单击“确定”按钮，关闭“渐变编辑器”对话框。按下工具选项栏中的“对称渐变”按钮，在图像中拖动鼠标，填充渐变效果，按 Ctrl+D 取消选区，如图 3-32 所示。

15 运用同样的操作方法，添加花纹素材，得到如图 3-33 所示效果。

图 3-32　填充渐变效果

图 3-33 添加花纹素材

16 单击图层面板上的“添加图层蒙版”按钮，为图层添加图层蒙版，选择渐变工具，单击选项栏渐变列表框下拉按钮▾，从弹出的渐变列表中选择“黑白”渐变，按下“渐变”按钮▣，在图像窗口中按住并拖动鼠标，填充黑白径向渐变，效果如图 3-34 所示。

17 设置前景色为玫红色（CMYK 参考值分别为 C26、M100、Y0、K0），在工具箱中选择直排文字工具↓T，设置字体为“方正综艺简体”、字体大小为 54 点，输入文字“首届女性免费体检普查活动正式启动”。设置字体为“方正大黑简体”、字体大小为 25 点，输入其他文字如图 3-35 所示。

知识链接——新建图层

默认情况下，新建图层会置于当前图层的上方，并自动成为当前图层。按下 Ctrl 键单击创建新图层按钮 ▣，则在当前图层下方创建新图层。

图 3-34　添加图层蒙版

图 3-35　输入文字

18 运用同样的操作方法输入其他文字，如图 3-36 所示。

19 新建一个图层，设置前景色为黑色，在工具箱中选择圆角矩形工具▢，按下“填充像素”按钮▢，在图像窗口中，拖动鼠标绘制一个圆角矩形如图 3-37 所示，选择“活动时间”和“圆角矩形”图层，按 Ctrl+E 组合键，将图层合并。

图 3-36　输入其他文字

图 3-37　绘制圆角矩形

20 运用同样的操作方法，将其他文字图层合并，然后按 Ctrl+J 组合键，将文字图层复制两层，选择“文字副本”，按 Ctrl+T，进入自由变换状态，按住 Shift 键的同时，按向上的方向键，向上移动文字图层至合适的位置，按下 Ctrl＋Alt＋Shift＋T 快捷键，在进行再次变换的同时复制变换对象。如图 3-38 所示为使用重复变换复制功能制作。

21 选择“文字副本 2”，执行“图层”|“图层样式”|“渐变叠加”命令，弹出“图层样式”对话框，单击渐变条，在弹出的“渐变编辑器”对话框中设置颜色如图 3-39 所示，其中玫红色（CMYK 参考值分别为 C26、M100、Y0、K0）、紫红色（CMYK 参考值分别为 C75、M99、Y1、K0）。

22 单击“确定”按钮，退出“图层样式”对话框如图 3-40 所示。

23 添加“渐变叠加”的效果，并调整图层顺序，得到如图3-41所示效果。

图3-38　重复变换复制

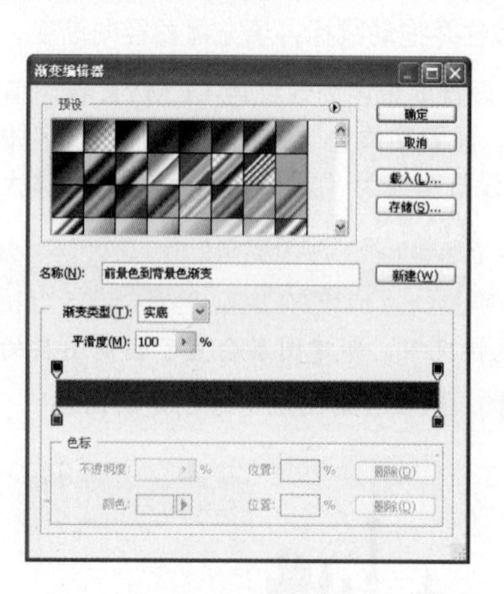

图3-39　“渐变编辑器”对话框

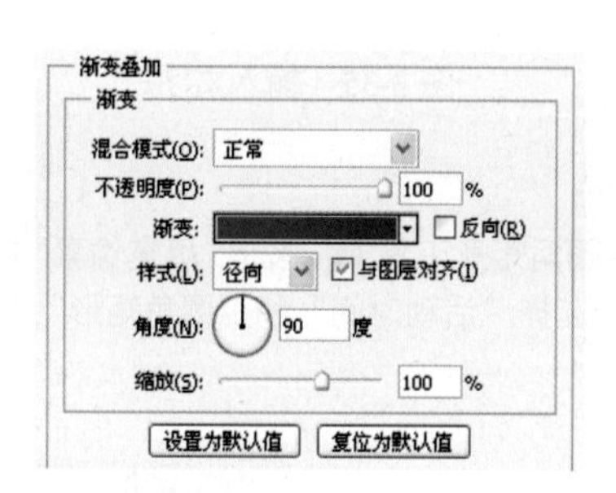

图3-40　“渐变叠加”参数

图3-41　“渐变叠加”效果

24 运用同样的操作方法，打开手势、耳听素材，运用移动工具，将手势、耳听素材添加至文件中，放置在合适的位置，如图3-42所示

25 女性体检宣传单反面展示如图3-43所示，制作方法这里就不详细讲解了。

图3-42　添加手势、耳听素材

图3-43　宣传单反面展示

Example

3.3 宣传折页——药膳房三折页

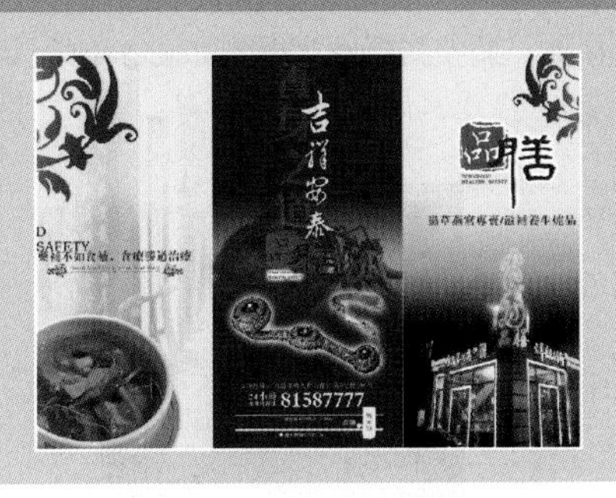

本实例制作的是药膳房三折页，实例主要通过添加图层蒙版，将图片融于设计中。使过渡更为自然，制作完成的效果如左图所示。

使用工具：矩形工具、图层蒙版、“色彩范围”命令、渐变工具、图层样式、直线工具、圆角矩形工具、矩形工具、椭圆工具、横排文字工具。

视频路径：avi\3.3.avi

01 启动 Photoshop 后，执行“文件”|“新建”命令，弹出“新建”对话框，设置参数如图 3-44 所示，单击“确定”按钮，新建一个空白文件。

02 参照实例 3.2 宣传折页——女性体检折页，新建参考线，如图 3-45 所示。

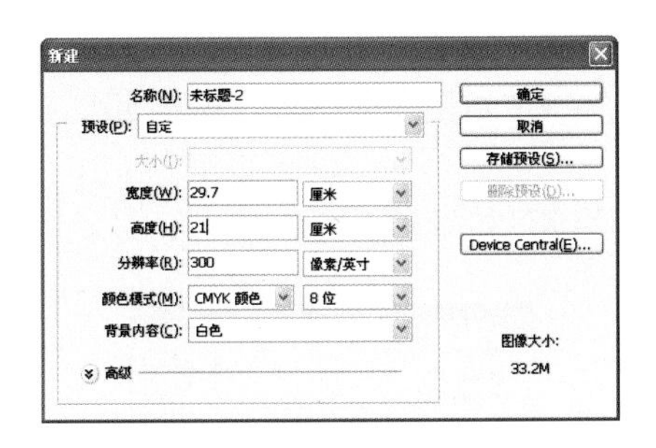

图 3-44 “新建”对话框

图 3-45 新建参考线

03 设置前景色为淡黄色（CMYK 参考值分别为 C0、M11、Y40、K0），按 Alt+Delete 快捷键，填充颜色。设置前景色为深红色（CMYK 参考值分别为 C0、M100、Y100、K60）。新建一个图层，在工具箱中选择矩形工具，按下“填充像素”按钮，在图像窗口中，拖动鼠标绘制一个矩形，如图 3-46 所示。

04 按 Ctrl+O 快捷键，弹出“打开”对话框，选择药膳房外景、饮食和药材素材图片，单击“打开”按钮，运用移动工具，将素材图片添加至文件中，放置在合适的位置，如图 3-47 所示。

图 3-46 绘制选区

图 3-47 添加素材图片

05 单击图层面板上的“添加图层蒙版”按钮，为“药膳房外景图片”添加图层蒙版，按 D 键，恢复前景色和背景为默认的黑白颜色，选择渐变工具，按下“线性渐变”按钮，在图像窗口中按住并拖动鼠标，效果如图 3-48 所示，使建筑图片与背景自然融合。

06 单击图层面板上的“添加图层蒙版”按钮，为“饮食图片”图层添加图层蒙版。选择画笔工具，按“[”或“]”键调整合适的画笔大小，在图像左边涂抹，调整图层顺序得到如图 3-49 所示效果。

图 3-48 “添加图层蒙版”效果

图 3-49 “添加图层蒙版”效果

07 运用同样的操作方法，对药材添加图层蒙版，得到如图 3-50 所示效果。

08 按 Ctrl+O 快捷键，打开花纹素材，执行“选择”|“色彩范围”命令，弹出“色彩范围”对话框，设置参数如图 3-51 所示。

09 单击“确定”按钮，退出“色彩范围”对话框，得到选区如图 3-56 所示。

图 3-50 “添加图层蒙版”效果

图 3-51 “色彩范围”对话框

10 颜色选择工具通过颜色的反差来创建选区，从而得到颜色一致或相似的图像区域。

知识链接——“色彩范围”对话框

打开一个文件，如图 3-52 所示。执行“选择”|“色彩范围”命令，可以打开“色彩范围”对话框，如图 3-53 所示。在对话框中可以预览到选区，白色代表了被选择的区域，黑色代表未被选择的区域，灰色则代表了被部分选择的区域。

图 3-52 素材图像

在“色彩范围”对话框中，名选项含义如下：

选择：用来设置选区的创建依据。选择“取样颜色”时，使用对话框中的吸管工具拾取的颜色为依据创建选区。选择“红色”、“黄色”或者其他颜色时，可以选择图像中特定的颜色，如图 3-54 所示。选择“高光”、“中间调”和“阴影”时，可以选择图像中特定的色调，如图 3-55 所示。

颜色容差：用来控制颜色的范围，该值越高，包含的颜色范围越广。

选择范围/图像：如果选中“选择范围”单选按钮，在预览区的图像中，白色代表了被选择的部分，黑色代表未被选择的区域，灰色则代表了被部分选择的区域（带有羽化效果）。

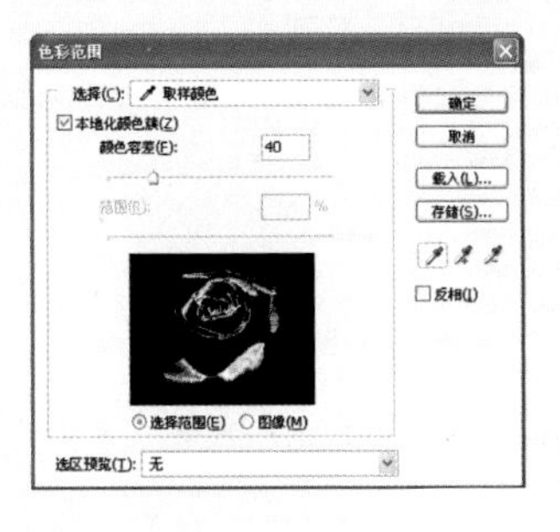

图 3-53 “色彩范围”对话框

图 3-54 选择“红色”选项

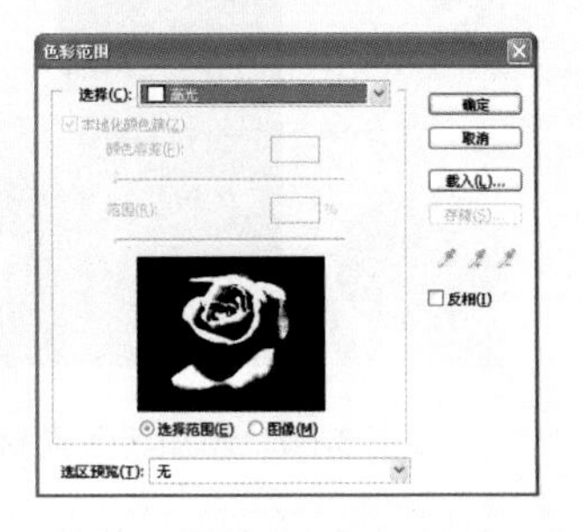

图 3-55 选择“高光”选项

11 运用移动工具，将花纹素材添加至文件中，放置在合适的位置。

12 选择工具箱渐变工具，在工具选项栏中单击渐变条，打开“渐变编辑器”对话框，设置参数如图 3-57 所示，其中深红色的 CMYK 参考值分别为 C0、M100、Y100、K60，土黄色的 CMYK 参考值分别为 C16、M58、Y100、K0。单击“确定”按钮，关闭“渐变编辑器”对话框。按下工具选项栏中的“线性渐变”按钮，在图像中拖动鼠标，填充渐变如图 3-58 所示。

图 3-56 建立选区

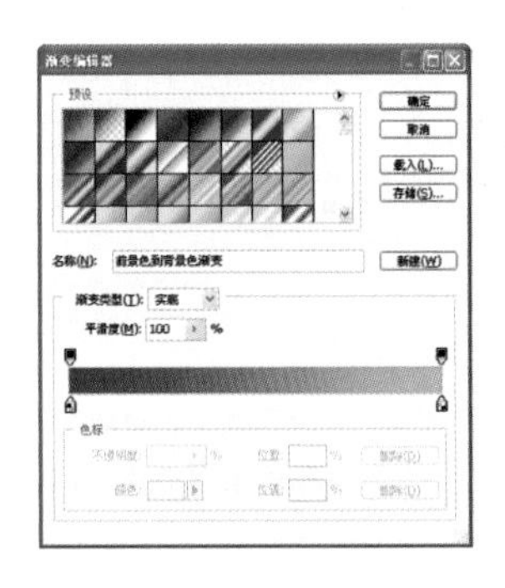

图 3-57 “渐变编辑器”对话框

13 按 Ctrl+J 组合键，将花纹图层复制一层，填充渐变，得到如图 3-59 所示效果。

图 3-58 填充渐变

图 3-59 复制花纹图层

14 运用同样的操作方法，添加其他素材，得到效果如图 3-60 所示。

15 在图层面板中单击“添加图层样式”按钮 fx，选择“外发光”选项，设置参数如图 3-61 所示。

图 3-60　添加其他素材效果

图 3-61　“外发光”参数

16 选择“描边”选项，设置参数如图 3-62 所示。

17 单击“确定”按钮，退出“图层样式”对话框，得到如图 3-63 所示的效果。

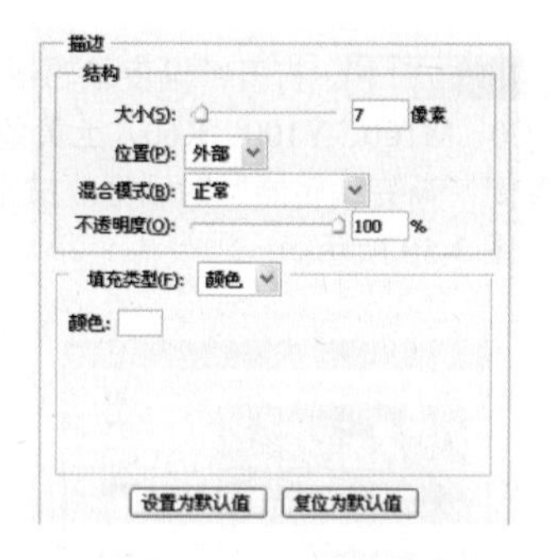

图 3-62　“描边”参数

图 3-63　“图层样式”效果

18 设置前景色为米黄色（CMYK 参考值分别为 C0、M0、Y40、K1），新建一个图层，在工具箱中选择直线工具，按 Shift 键的同时绘制线段如图 3-64 所示。

19 新建一个图层，在工具箱中选择圆角矩形工具，按下“填充像素”按钮，在图像窗口中，拖动鼠标绘制一个圆角矩形，效果如图 3-65 所示。

20 运用同样的操作方法，分别选择矩形工具、椭圆工具，绘制如图 3-66 所示效果。

图 3-64　绘制线段

图 3-65　绘制圆角矩形

图 3-66　绘制矩形、圆点

知识链接——直线工具

直线工具除可绘制直线形状或路径以外，也可绘制箭头形状或路径。

若绘制线段，首先可在如图 3-67 所示选项栏“粗细”文本框中输入线段的宽度，然后移动光标至图像窗口拖动鼠标即可。若想绘制水平、垂直或呈 45° 角的直线，可在绘制时按住 Shift 键。

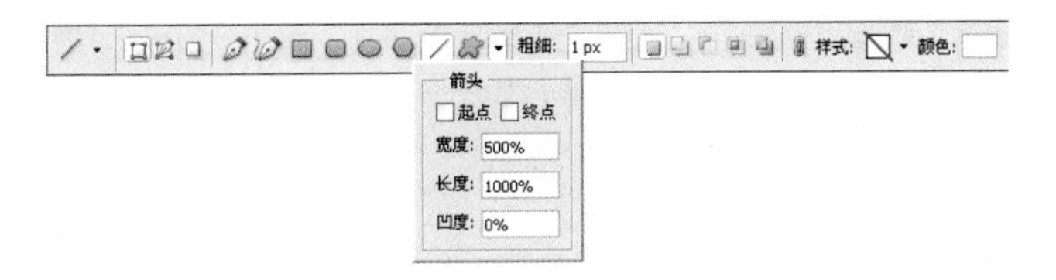

图 3-67　直线工具选项栏

21 在工具箱中选择横排文字工具T，设置字体为“方正粗活意繁体”字体、字体大小为 60 点，输入文字，如图 3-68 所示，完成整个三折页的制作。

图 3-68　最终效果

Example

3.4 宣传单页——绿茶菁华胶囊产品

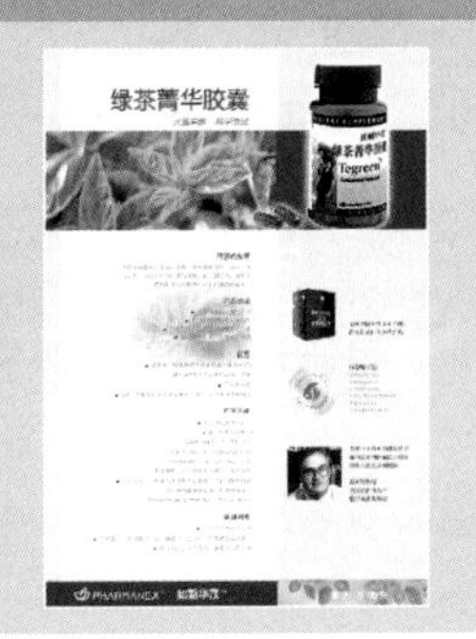

本实例制作的是绿茶菁华胶囊产品宣传单页，实例通过矩形选框工具，构造出简洁流畅的板式设计，使设计通俗易懂

使用工具：矩形选框工具、混合模式、图层蒙版、画笔工具、图层样式、渐变工具、圆角矩形工具、横排文字工具。

视频路径：avi\3.4.avi

01 启动 Photoshop 后，执行“文件”|“新建”命令，弹出“新建”对话框，设置参数如图 3-69 所示，单击“确定”按钮，新建一个空白文件。

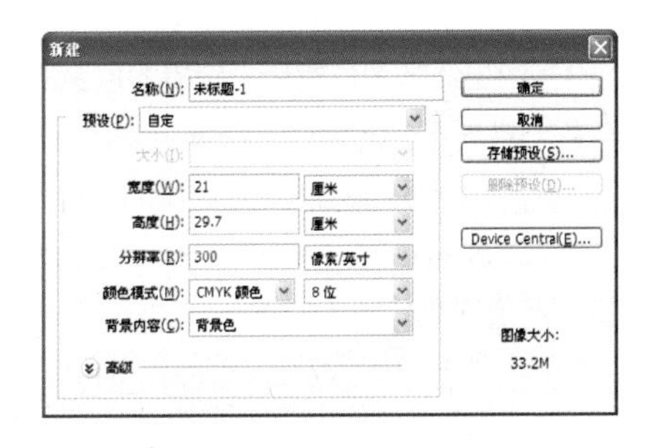

图 3-69　“新建”对话框

02 选择工具箱中的矩形选框工具，按下工具选项栏中的“添加到选区”按钮，在图像窗口中按住鼠标并拖动，绘制选区如图 3-70 所示。

03 新建一个图层，设置前景色为淡绿色（CMYK 参考值分别为 C9、M3、Y18、K0），按 Alt+Delete 快捷键，填充颜色，按 Ctrl+D 取消选区，如图 3-71 所示。

04 运用同样的操作方法，绘制选区，填充颜色为深绿色（CMYK 参考值分别为 C90、M56、Y100、K33），如图 3-72 所示。

05 按 Ctrl+O 快捷键，弹出“打开”对话框，选择叶子图片，单击“打开”按钮，运用移动工具，将叶子图片素材添加至文件中，放置在合适的位置，如图 3-73 所示。

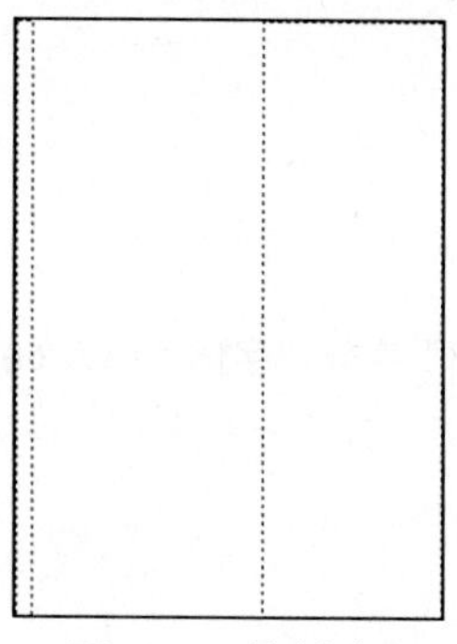

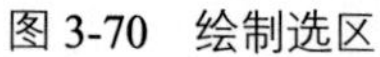

图 3-70　绘制选区

图 3-71　填充颜色

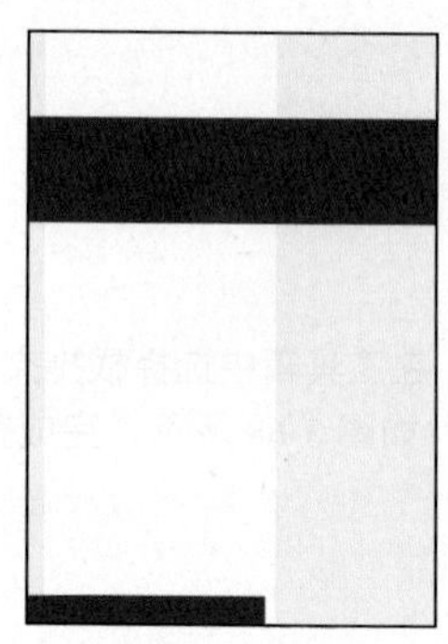

图 3-72　绘制矩形

06 按 Ctrl+J 组合键，将叶子图层复制一层，设置图层的“混合模式”为“滤色”，如图 3-74 所示。

图 3-73　添加叶子图片素材

图 3-74　“滤色”效果

知识链接——滤色模式

与正片叠底模式相反，滤色模式将上方图层像素的互补色与底色相乘，因此结果颜色比原有颜色更浅，具有漂白的效果。

任何颜色与黑色应用“滤色”模式，原颜色不受黑色影响，任何颜色与白色应用“滤色”模式得到的颜色为白色。

07 复制叶子图层，并调整至合适的位置，单击图层面板上的“添加图层蒙版”按钮，为“图层 1”图层添加图层蒙版。编辑图层蒙版，设置前景色为黑色，选择画笔工具，按“[”或“]”键调整合适的画笔大小，在叶子图像上涂抹，得到如图 3-75 所示效果。

08 运用同样的操作方法添加其他素材文件，得到如图 3-76 所示效果。

09 在图层面板中单击“添加图层样式”按钮 fx，弹出“图层样式”对话框，选择“外发光”选项，设置参数如图 3-77 所示，添加“外发光”效果如图 3-78 所示。

专家提醒

使用蒙版控制图层的显示或隐藏，并不直接编辑图层图像，因此不会像使用橡皮擦工具或剪切删除命令一样破坏原图像，而且还可以运用不同滤镜，产生一些奇特的效果。

图 3-75 “添加图层蒙版”效果

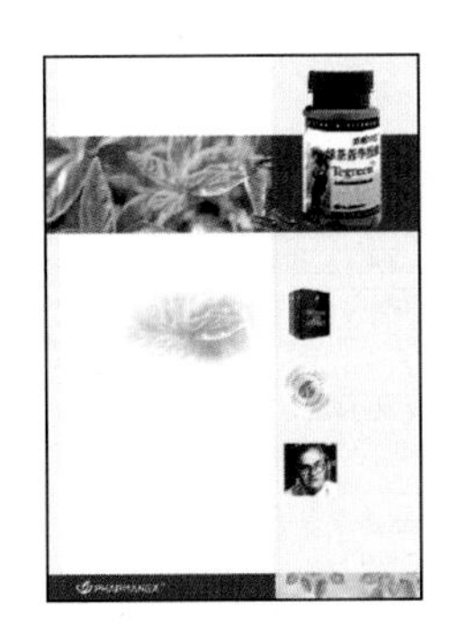

图 3-76 添加其他素材效果

图 3-77 “外发光”参数

10 在工具箱中选择横排文字工具[T]，设置字体为“方正准圆简体”、字体大小为 36 点，输入文字，得到如图 3-79 所示效果。

11 运用同样的操作方法输入其他文字，如图 3-80 所示，从而完成胶囊产品宣传单页的制作。

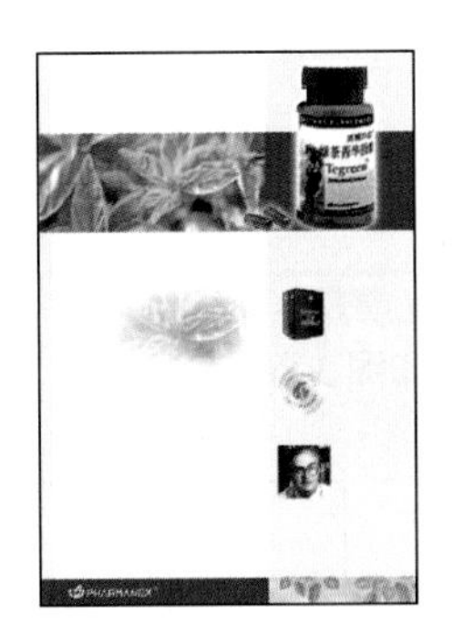

图 3-78 “外发光”效果

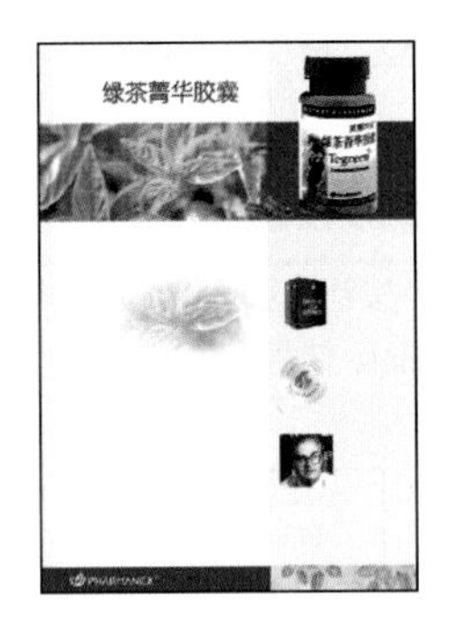

图 3-79 输入文字

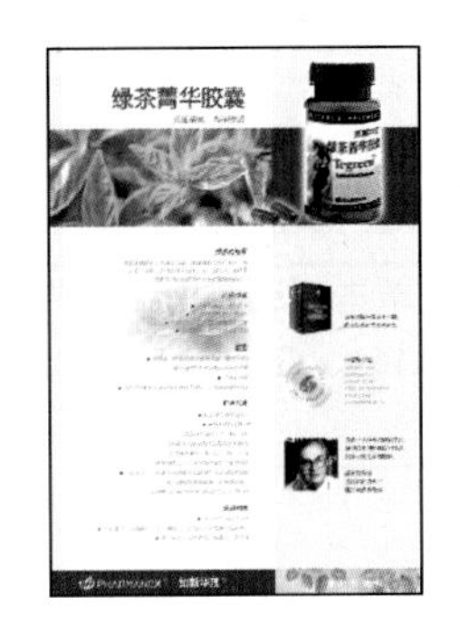

图 3-80 最终效果

Example 3.5 展板设计——眼科医院

本实例制作的是眼科医院展板设计，实例运用抽象几何图形的组合与文字，色调柔和自然，制作完成的效果如左图所示。

使用工具：“参考线、网格和切片”命令、“色彩平衡”命令、圆角矩形工具、椭圆工具、创建剪贴蒙版、图层样式。

视频路径: avi\3.5.avi

01 启动 Photoshop 后，执行“文件”|“新建”命令，弹出“新建”对话框，设置参数如图 3-81 所示，单击“确定”按钮，新建一个空白文件。

02 单击“编辑”|“首选项”|“参考线、网格和切片”命令，在弹出的对话框中设置参数，如图 3-82 所示。

03 执行“视图”|“显示”|“网格”命令，或按下“Ctrl+ '”快捷键，在图像窗口中显示网格，如

图 3-84 所示。

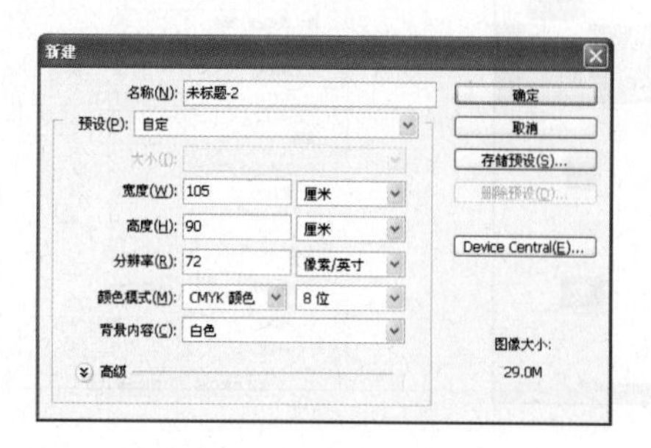

图 3-81 “新建”对话框

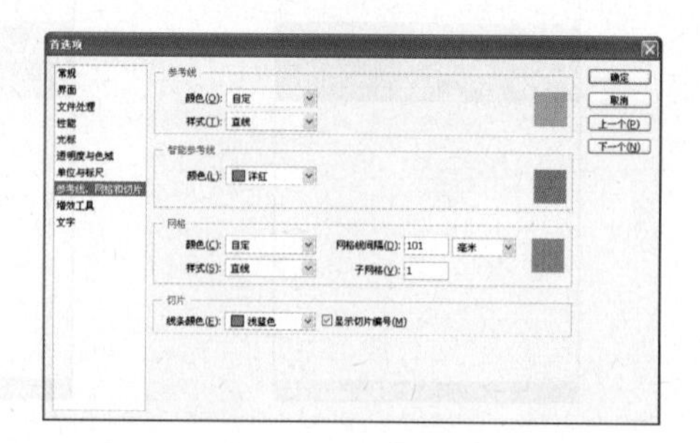

图 3-82 “首选项”对话框

04 选择工具箱矩形选框工具，在工具选项栏中设置参数，如图 3-83 所示。

图 3-83 矩形选框工具选项栏

05 在网格线上单击鼠标左键，即可绘制一个矩形选框，按住 Shift 键的同时，每单击一个网格线，便可添加一个矩形选框，绘制的选框如图 3-85 所示。

06 单击图层面板中的“创建新图层”按钮，新建一个图层，设置前景色为绿色（RGB 参考值分别为 R161、G186、B142），按下 Alt+Delete 快捷键，填充前景色，效果如图 3-86 所示。

图 3-84 显示网格

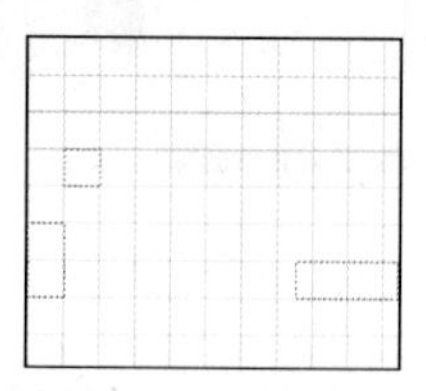

图 3-85 绘制矩形选框

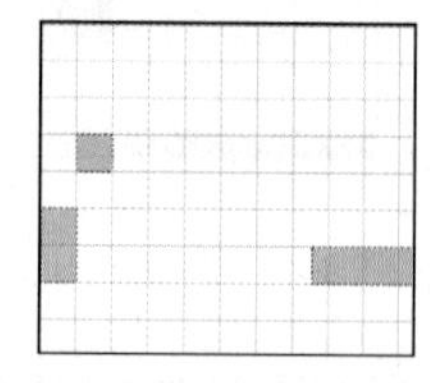

图 3-86 填充矩形选框

知识链接——网格

网格用于物体的对齐和光标的精确定位。执行“视图”|“显示”|“网格”命令，或按下 Ctrl+′快捷键，即可在图像窗口中显示网格。

在图像窗口中显示网格后，就可以利用网格的功能，沿着网格线对齐或移动物体。如果希望在移动物体时能够自动贴齐网格，或者在建立选区时自动贴齐网格线的位置进行定位选取，可执行“视图”|“对齐到”|“网格”命令，使“网格”命令左侧出现“✓”标记即可。

Photoshop 默认网格的间隔为 2.5 厘米，子网格的数量为 4 个，网格的颜色为灰色，选择“编辑”|“首选项”|“参考线、网格和切片”命令，打开“首选项”对话框，从中更改相应的参数即可。

当不需要显示网格时，执行“视图”|“显示”|“网格”命令，去掉“网格”命令左侧的“✓”标记，或直接按下 Ctrl+′快捷键。

07 参照上述同样的操作方法，继续绘制选框，得到如图 3-87 所示的图像效果。

08 执行“图像”|“调整”|“色彩平衡”命令，弹出“色彩平衡”对话框，调整参数如图 3-88 所示。

单击“确定”按钮，调整效果如图 3-89 所示。

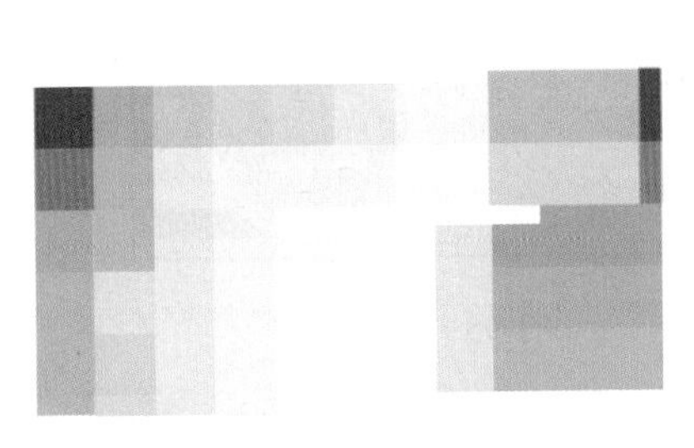

图 3-87　绘制其他矩形

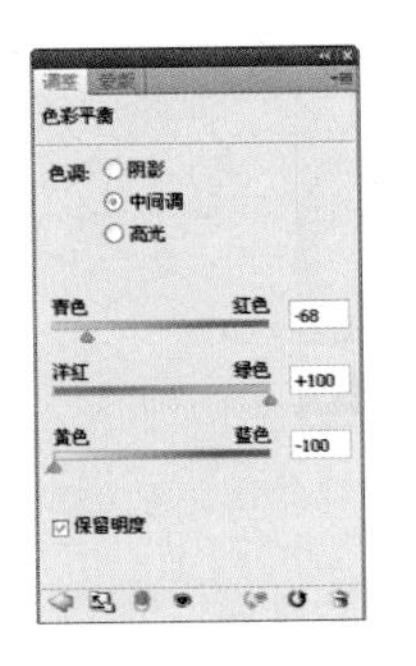

图 3-88　“色彩平衡”调整参数

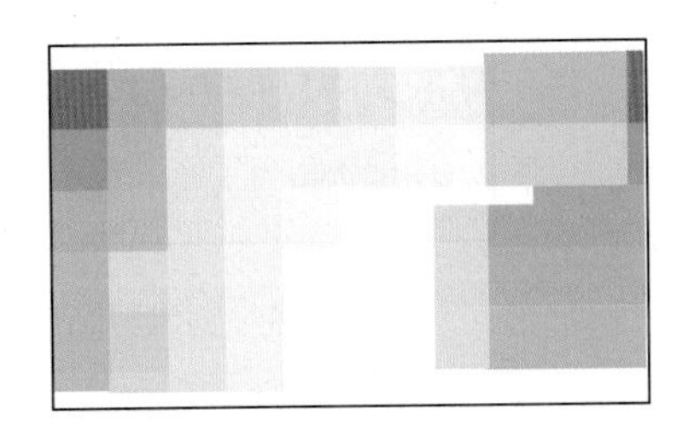

图 3-89　“色彩平衡”调整效果

09 设置前景色为绿色（RGB 参考值分别为 R39、G73、B16），在工具箱中选择圆角矩形工具，按下“填充像素”按钮，在图像窗口中，拖动鼠标绘制如图 3-90 所示圆角矩形。

10 运用同样的操作方法绘制其他图形，如图 3-91 所示。

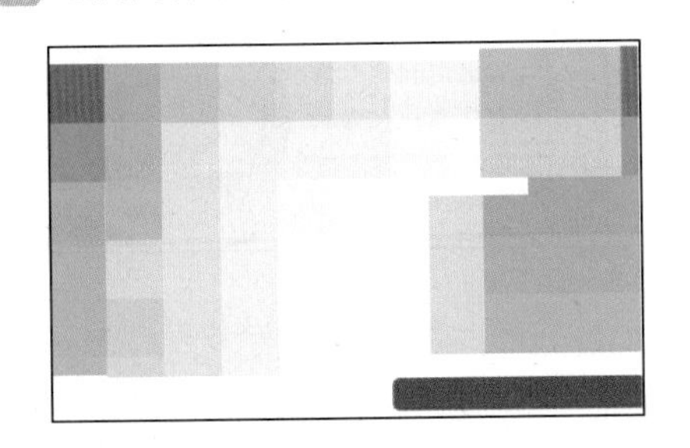

图 3-90　绘制圆角矩形

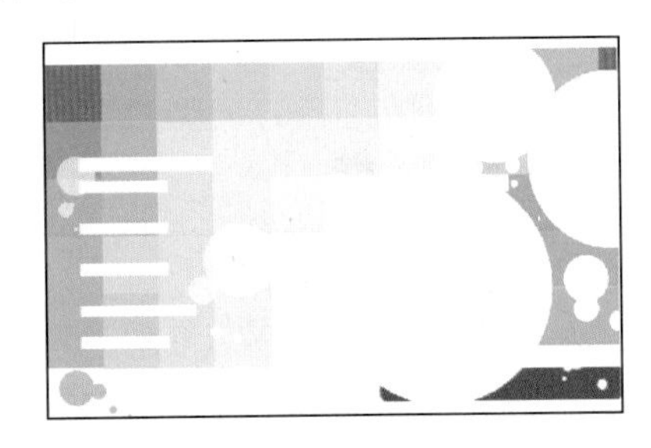

图 3-91　绘制其他图形

11 设置前景色为白色，在工具箱中选择椭圆工具，按下“形状图层”按钮，按住 Shift 键的同时拖动鼠标，绘制正圆。重复绘制正圆如图 3-92 所示。

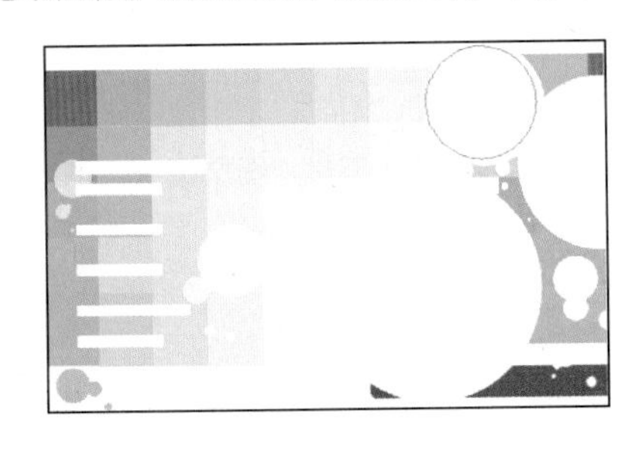

图 3-92　绘制正圆

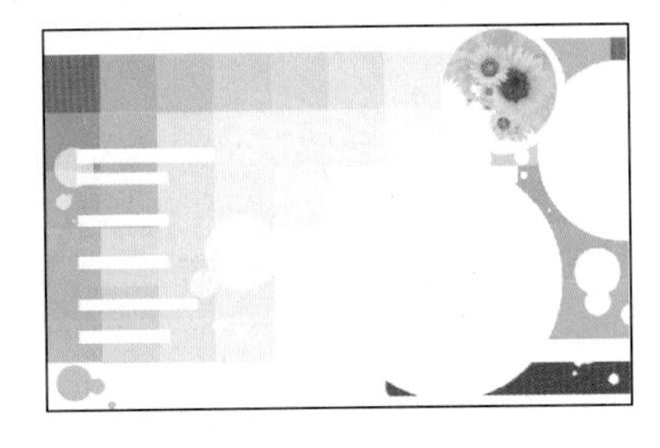

图 3-93　创建剪贴蒙版

12 按 Ctrl+O 快捷键，弹出“打开”对话框，选择向日葵、花朵和人物图片，单击“打开”按钮，运用移动工具，将素材添加至文件中，放置在合适的位置。

13 选择“向日葵”图层，按住 Alt 键的同时，移动光标至图层面板分隔两个图层的实线上，当光标显示为形状时，单击鼠标左键，创建剪贴蒙版，如图 3-93 所示。

14 运用同样的操作方法，分别对花朵和人物图片创建剪贴蒙版，如图 3-94 所示。

15 在工具箱中选择横排文字工具，设置字体为“方正粗宋简体”、字体大小为 155 点，输入文字，如图 3-95 所示。

图 3-94　创建剪贴蒙版

图 3-95　输入文字

16 双击图层，弹出“图层样式”对话框，选择“描边”选项，设置参数如图 3-96 所示，最终效果如图 3-97 所示。

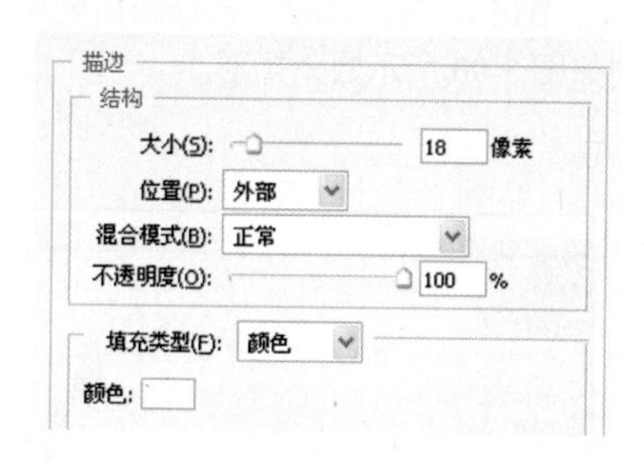

图 3-96　“描边”参数

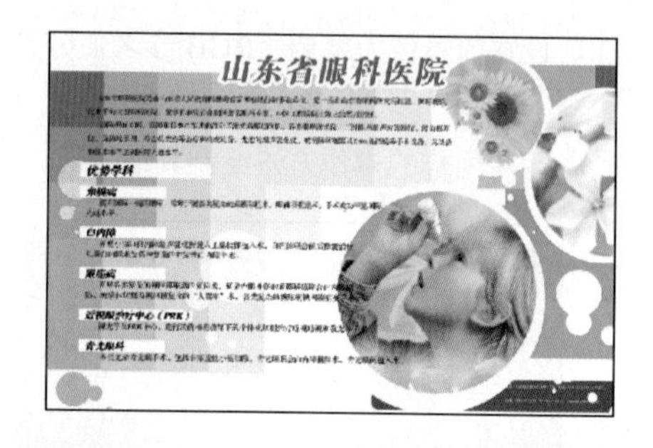

图 3-97　最终效果

Example

3.6 公交站牌展广告——博爱特大援助活动

本实例制作的是博爱特大援助活动公交站牌展广告，实例以人物为主体，通过自定形状工具点缀背景，制作完成的效果如左图所示。

使用工具：自定形状工具、图层蒙版、钢笔工具、画笔工具、横排文字工具。

视频路径：avi\3.6.avi

01 启动 Photoshop 后，执行“文件”|“新建”命令，弹出“新建”对话框，设置参数如图 3-98 所示，单击“确定”按钮，新建一个空白文件。

02 新建一个图层，执行“图层”|“图层样式”|“渐变叠加”命令，弹出“图层样式”对话框，单击渐变条，在弹出的“渐变编辑器”对话框中设置颜色如图 3-99 所示，其中深紫色的 RGB 参考值分别为 R123、G43、B108，玫红色的 RGB 参考值分别为 R194、G51、B96。

03 单击“确定”按钮，返回“图层样式”对话框，设置其他参数如图 3-100 所示。

04 单击“确定”按钮，退出“图层样式”对话框，添加“渐变叠加”的效果如图 3-101 所示。

05 设置前景色为黄色（RGB 参考值分别为 R255、G226、B0），在工具箱中选择椭圆工具，按下“填充像素”按钮，按住 Shift 键的同时绘制如图 3-102 所示正圆。

06 参照前面同样的操作方法添加“渐变叠加”效果，如图 3-103 所示。

07 运用同样的操作方法绘制图形，如图 3-104 所示。

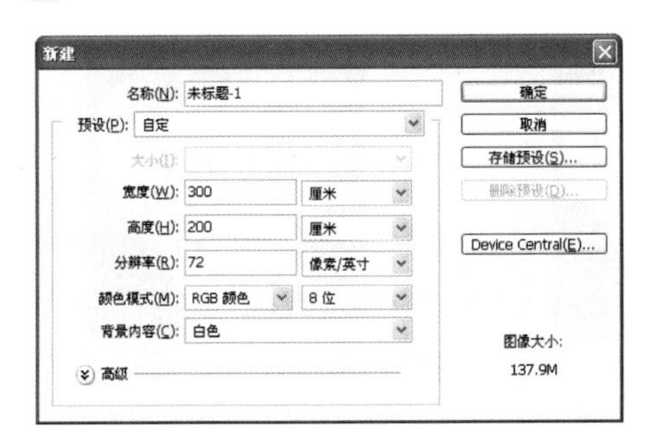

图 3-98 “新建”对话框

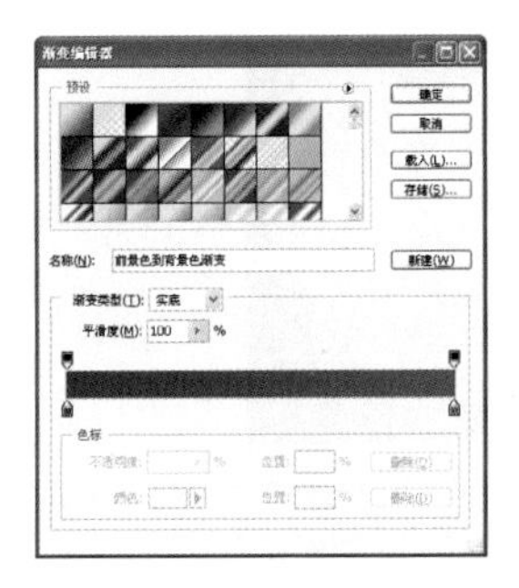

图 3-99 “渐变编辑器”对话框

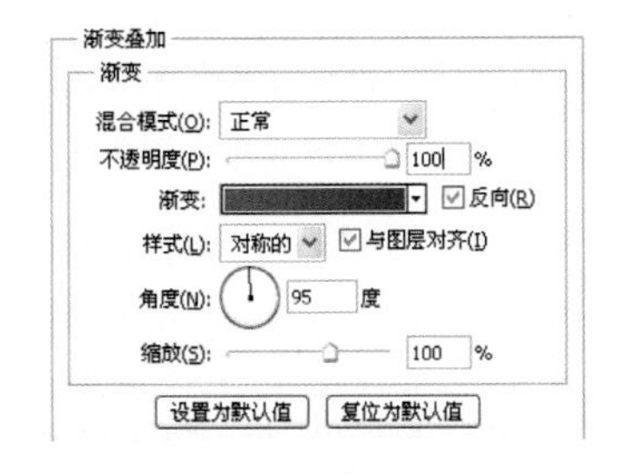

图 3-100 “渐变叠加”参数

图 3-101 “渐变叠加”效果

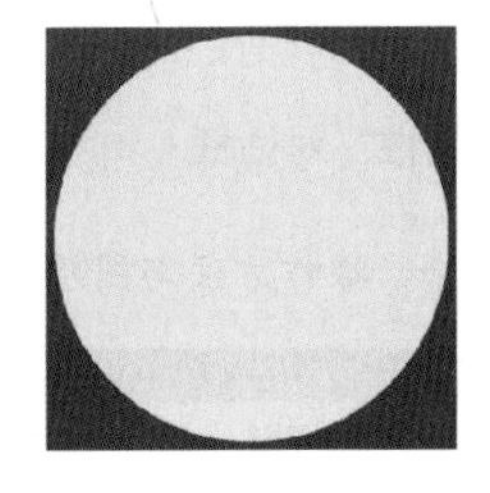

图 3-102 绘制正圆

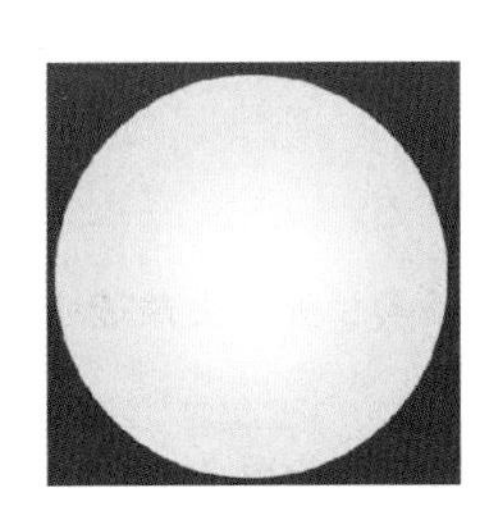

图 3-103 “渐变叠加”参数

图 3-104 绘制其他图形

08 新建一个图层组，然后新建一个图层，设置前景色为淡黄色（RGB 参考值分别为 R246、G227、B119）在工具箱中选择自定形状工具，然后单击选项栏“形状”下拉列表按钮，从形状列表中选择“红心”形状。按下“填充像素”按钮，在图像窗口中右上角位置，拖动鼠标绘制一个“红心”形状，如图 3-105 所示。

09 选择工具箱中的缩放工具，然后移动光标至图像窗口，这时光标显示形状，在图像窗口按住鼠标并拖动，绘制一个虚线框，释放鼠标后，窗口放大显示绘制的形状，以方便后面的操作。

10 设置前景色为白色，在工具箱中选择钢笔工具，按下“形状图层”按钮，在图像窗口中，绘制如图 3-106 所示路径。

11 单击图层面板上的“添加图层蒙版”按钮，为图层添加图层蒙版，按 D 键，恢复前景色和背景为默认的黑白颜色，选择，按下“线性渐变”按钮，在图像窗口中按住并拖动鼠标，如图 3-107 所示。

12 按 Ctrl+J 组合键，将背景图层复制几层，调整到合适的角度和位置，并分别填充如图 3-111 所示的颜色。

图 3-105　绘制红心

图 3-106　绘制高光

图 3-107　添加图层蒙版

知识链接——图层组

当图层组中的图层比较多时，可以折叠图层组以节省图层面板空间。折叠时只需单击图层组三角形图标▽即可，如图图 3-108 所示。当需要查看图层中的图层时，再次单击该三角形图标又可展开图层组各图层。

图 3-108　折叠图层组

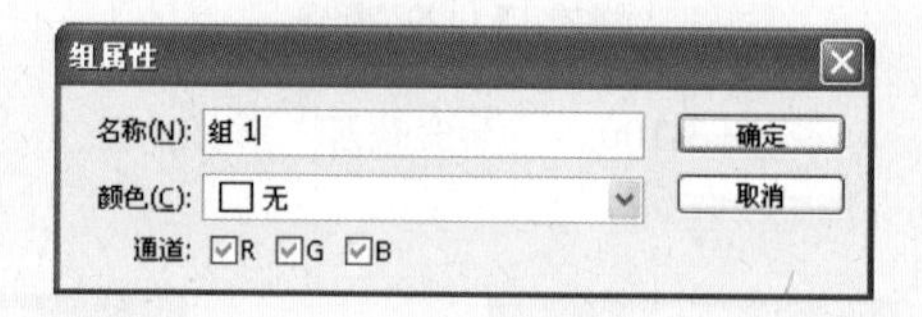

图 3-109　"组属性"对话框

图层组也可以像图层一样，设置属性、移动位置、更改透明度、复制或删除，操作方法与图层完全相同。

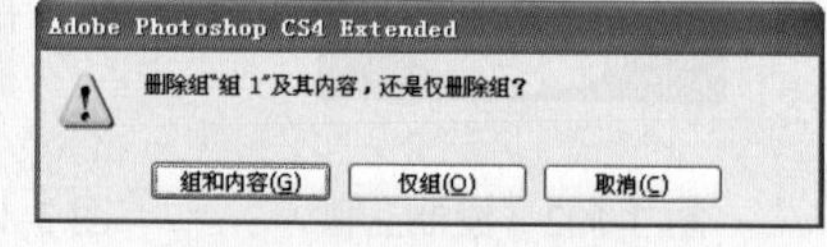

图 3-110　提示信息框

双击图层组空白区域，可打开"组属性"对话框，如图 3-109 所示，在该对话框中可指定图层组的名称和颜色。

单击图层组左侧的眼睛图标，可隐藏图层组中的所有图层，再次单击又可重新显示。

拖动图层组至图层面板底端的按钮可复制当前图层组。选择图层组后单击按钮，弹出如图 3-110 所示的对话框，单击"组和内容"按钮，将删除图层组和图层组中的所有图层；若单击"仅组"按钮，将只删除图层组，图层组中的图层将被移出图层组。

13 新建一个图层，运用钢笔工具绘制一条路径，如图 3-112 所示。

14 选择画笔工具，设置前景色为白色，画笔"大小"为"5 像素"、"硬度"为 100%，选择钢笔工具，在绘制的路径上方单击鼠标右键，在弹出的快捷菜单中选择"描边路径"选项，在弹出的对话框中选择"画笔"选项，单击"确定"按钮，描边路径如图 3-113 所示。

15 运用同样的操作方法绘制其他路径并描边路径如图 3-114 所示。

16 按 Ctrl+O 快捷键，弹出"打开"对话框，选择人物素材，单击"打开"按钮，选择工具箱魔棒工具，选择白色背景，按 Ctrl+Shift+I 快捷键，反选得到人物选区，运用移动工具，将素材添加至文件中。

17 运用同样的操作方法添加药丸、注射器、和星光素材，放置在合适的位置如图 3-115 所示。

图 3-111　复制图层

图 3-112　绘制路径

图 3-113　描边

图 3-114　绘制其他路径

图 3-115　添加素材效果

18 在工具箱中选择横排文字工具T，设置字体为“方正综艺简体”字体、字体大小为 997 点，输入文字，如图 3-116 所示。

19 按 Ctrl+T 快捷键，进入自由变换状态，单击鼠标右键，在弹出的快捷菜单中选择“旋转”选项，调整至合适的位置和角度，按 Enter 键应用变换。按 Ctrl 键的同时，将文字图层载入选区。执行“选择” |“修改” |“扩展”命令，弹出“扩展选区”对话框，设置“扩展量”为 55 像素，得到扩展选区如图 3-117 所示。

20 新建一个图层，设置前景色为红色（RGB 参考值分别为 R230、G262、B36），按 Alt+Delete 快捷键，填充颜色，并将图层下移一层，按 Ctrl+D 取消选择，如图 3-118 所示。

图 3-116　输入文字

图 3-117　扩展选区

图 3-118　填充颜色

21 双击文字图层，弹出“图层样式”对话框，选择“描边”选项，设置参数如图 3-119 所示，单击“确定”按钮，退出“图层样式”对话框，添加“描边”效果如图 3-120 所示。

图 3-119　“描边”参数

图 3-120　最终效果

Example

3.7 标志设计——平洲医院

本实例制作的是平洲医院标志设计，实例以“十字架”来突出行业主题，以“和平鸽”的变形寓意医院的文化理念，制作完成的效果如左图所示。

使用工具：矩形工具、椭圆工具、渐变工具、圆角矩形工具、图层样式、图层蒙版、横排文字工具。

视频路径：avi\3.7.avi

01 启动 Photoshop 后，执行“文件”|“新建”命令，弹出“新建”对话框，设置参数如图 3-121 所示，单击“确定”按钮，新建一个空白文件。

02 设置前景色为黑色，在工具箱中选择椭圆工具，按下“形状图层”按钮，在图像窗口中，拖动鼠标绘制椭圆如图 3-122 所示。

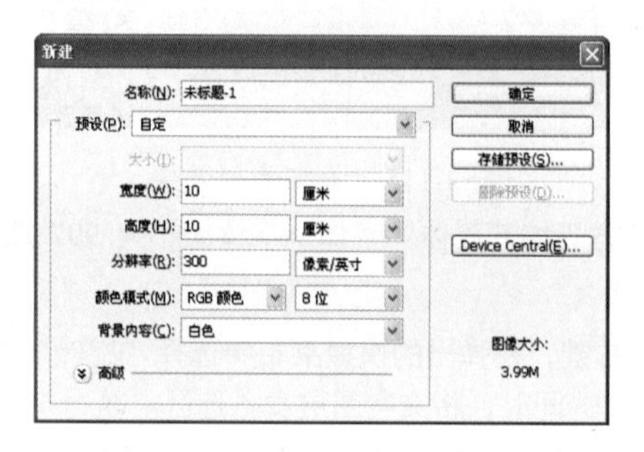

图 3-121 “新建”对话框

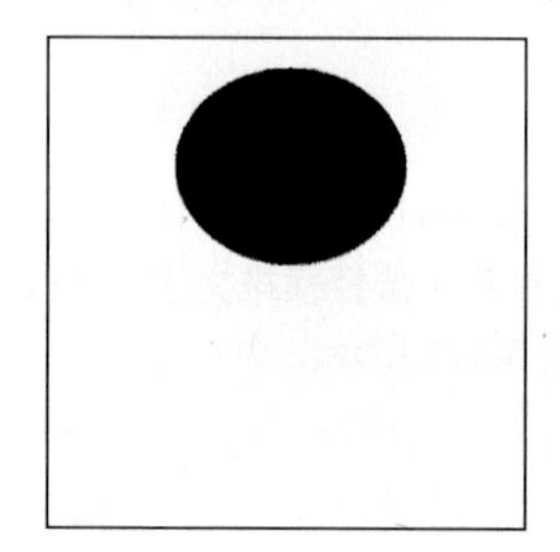

图 3-122 绘制椭圆

03 设置前景色为黑色，在工具箱中选择钢笔工具，按下添加到路径区域，在图像窗口中，绘制如图 3-123 所示图形。

04 执行“图层”|“图层样式”|“渐变叠加”命令，弹出“图层样式”对话框，单击渐变条，在弹出的“渐变编辑器”对话框中设置颜色如图 3-124 所示，其中蓝色的 RGB 参考值分别为 R4、G77、B143，淡蓝色的 RGB 参考值分别为 R1、G148、B214。

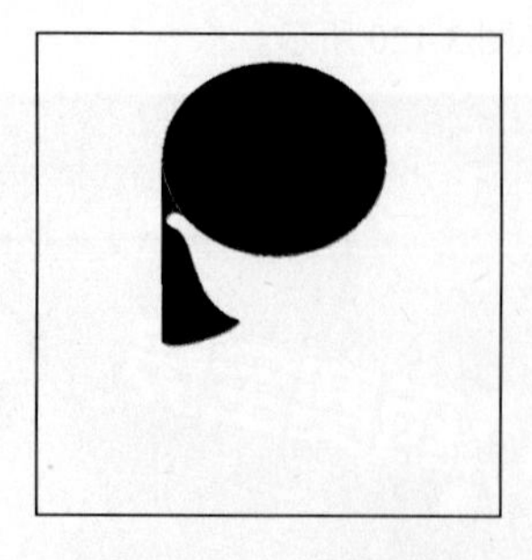

图 3-123 绘制图形

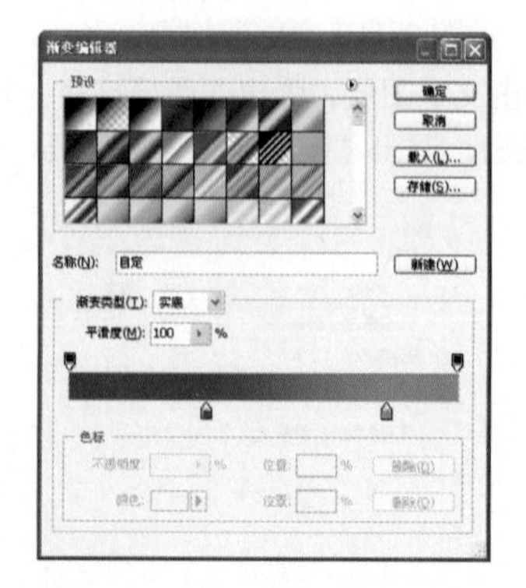

图 3-124 “渐变编辑器”对话框

05 单击“确定”按钮，返回“图层样式”对话框，设置其他参数如图 3-125 所示。

06 单击“确定”按钮，退出“图层样式”对话框，添加“渐变叠加”的效果如图3-126所示。

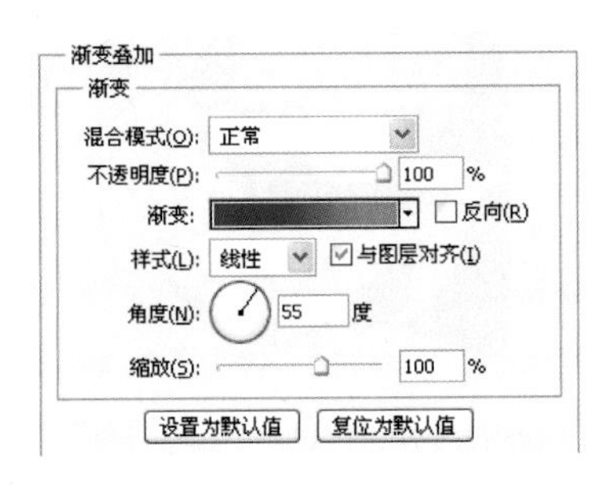

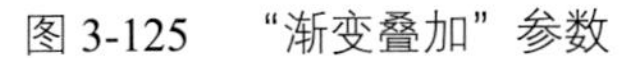

图3-125 “渐变叠加”参数

图3-126 “渐变叠加”效果

07 设置前景色为白色，在工具箱中选择圆角矩形工具，按下“形状图层”按钮，设置“半径”为50px，在图像窗口中，拖动鼠标绘制圆角矩形如图3-127所示。

08 在工具箱中选择矩形工具，设置“半径”为10px，选择添加到路径区域按钮，在图像窗口中拖动鼠标绘制矩形如图3-128所示。

图3-127 绘制圆角矩形

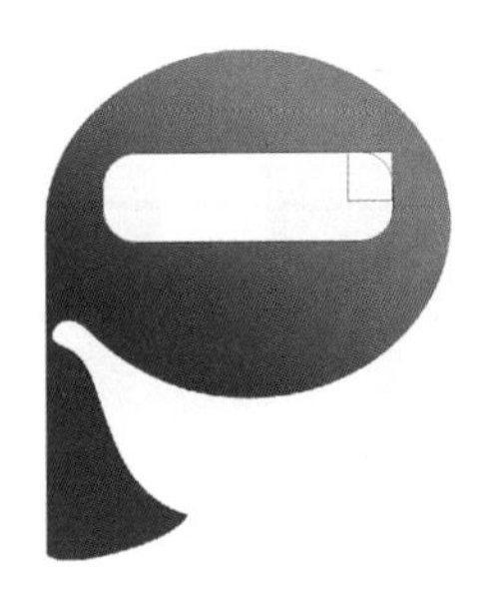

图3-128 绘制矩形

09 运用同样的操作方法继续绘制矩形，如图3-129所示。

10 运用同样的操作方法制作图形，如图3-130所示。

图3-129 继续绘制矩形

图3-130 制作图形

11 设置前景色为绿色（RGB参考值分别为R104、G185、B46），在工具箱中选择椭圆工具，按下“形状图层”按钮，在图像窗口中，拖动鼠标绘制椭圆如图3-131所示。

12 在工具箱中选择椭圆工具，按下“形状图层”按钮，选择从路径区域减去按钮，在图像窗口中，拖动鼠标绘制椭圆，如图3-132所示。

图 3-131　绘制椭圆

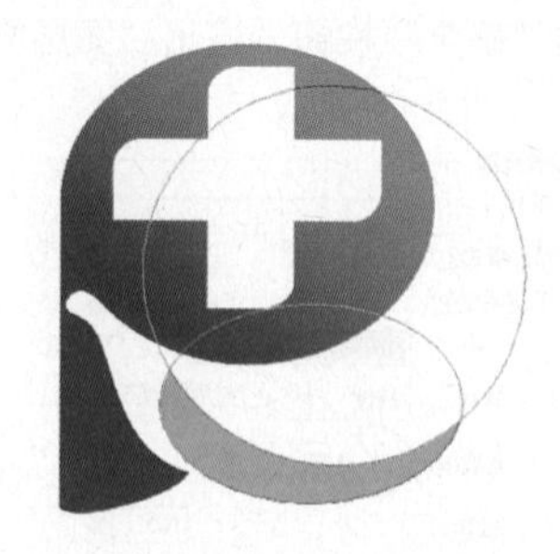

图 3-132　从路径区域减去

13 按 Ctrl+T 快捷键，进入自由变换状态，单击鼠标右键，在弹出的快捷菜单中选择“旋转”选项，调整图形至合适的位置和角度，如图 3-133 所示。

14 在工具箱中选择横排文字工具 T，设置字体为“黑体”、字体大小为 52 点，输入文字，如图 3-134 所示。

图 3-133　调整图形

图 3-134　输入文字

15 运用同样的操作方法输入其他文字，最终效果如图 3-135 所示。

图 3-135　最终效果

技巧点拨

执行“编辑”|“自由变换”命令，移动鼠标至定界框外，当光标显示为↰形状后，拖动即可旋转图像。若按住 Shift 键拖动，则每次旋转 15°。

Example

3.8 网站设计——武汉华西医院

本实例制作的是武汉华西医院网站设计，实例通过运用版面空间的构成元素，在画面中形成大小对比，从而使整个画面更加醒目、突出而又不失美感，制作完成的效果如左图所示。

使用工具：图层样式、图层蒙版、魔棒工具、创建剪贴蒙版、渐变工具、圆角矩形工具、移动工具、图层样式、图层蒙版、横排文字工具。

视频路径：avi\3.8.avi

01 启动 Photoshop 后，执行"文件" | "新建"命令，弹出"新建"对话框，设置参数如图 3-136 所示，单击"确定"按钮，新建一个空白文件。

02 设置前景色为粉红色(RGB 参考值分别为 R246、G226、B232)，设置前景色为黑色，在工具箱中选择圆角矩形工具，按下"形状图层"按钮，设置"半径"为 50px，在图像窗口中，拖动鼠标绘制圆角矩形如图 3-137 所示。

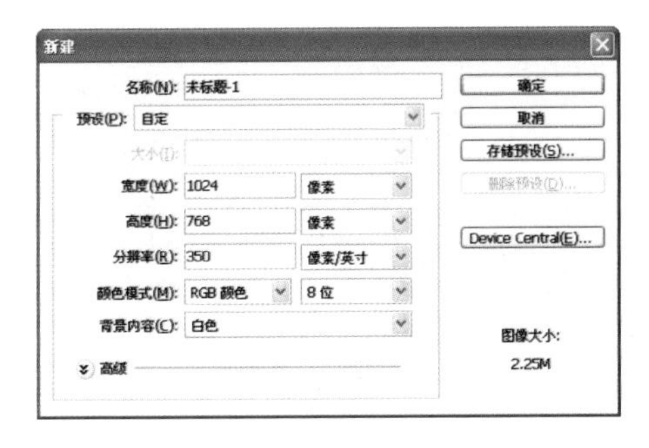

图 3-136 "新建"对话框

图 3-137 绘制圆角矩形

03 在工具箱中选择矩形工具，按下添加到路径区域按钮，在图像窗口中，拖动鼠标绘制矩形如图 3-138 所示。

04 设置前景色为白色，在工具箱中选择钢笔工具，按下"形状图层"按钮，在图像窗口中，绘制图形，如图 3-139 所示。

图 3-138 绘制矩形

图 3-139 绘制图形

05 选择工具箱渐变工具，在工具选项栏中单击渐变条，打开"渐变编辑器"对话框，设置参数如图 3-140 所示，其中紫色 RGB 参考值分别为 R110、G23、B118，玫红色 RGB 参考值分别为 R222、G8、B125。

06 单击“确定”按钮，关闭“渐变编辑器”对话框。按下工具选项栏中的“线性渐变”按钮，在图像中拖动鼠标，填充渐变效果如图3-141所示。

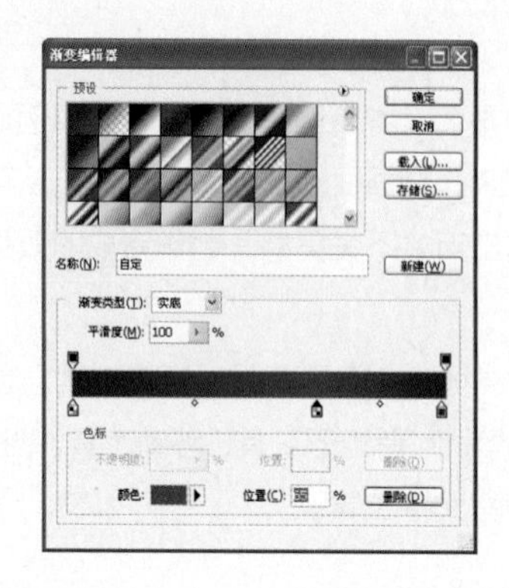

图3-140 “渐变编辑器”对话框

图3-141 填充渐变

07 在图层面板中单击“添加图层样式”按钮，在弹出的快捷菜单中选择“投影”选项，弹出“图层样式”对话框，设置参数如图3-142所示。

08 选择“斜面和浮雕”选项，设置参数如图3-143所示。

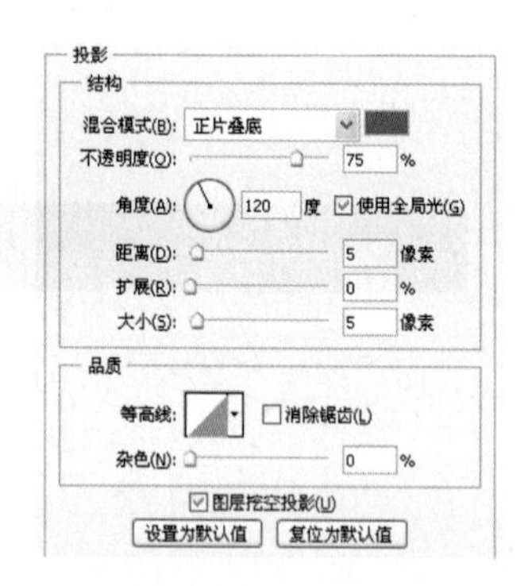

图3-142 “投影”参数

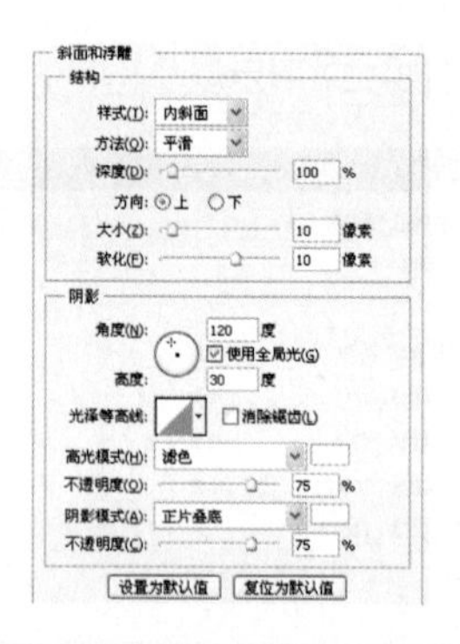

图3-143 “斜面和浮雕”参数

09 选择“渐变叠加”选项，单击渐变条，在弹出的“渐变编辑器”对话框中设置颜色如图3-144所示，其中粉紫色的RGB参考值分别为R191、G47、B169，粉红色的RGB参考值分别为R239、G100、B148。

10 单击“确定”按钮，返回“图层样式”对话框，设置其他参数如图3-145所示。

11 单击“确定”按钮，退出“图层样式”对话框，添加“图层样式”的效果如图3-146所示。

12 运用同样的操作方法绘制其他图形，如图3-147所示。

13 打开一张星光素材图片，如图3-148所示。

14 运用移动工具，将素材添加至文件中，放置在合适的位置，设置图层的“混合模式”为“滤色”，“填充”为80%，如图3-149所示。

15 单击图层面板上的“添加图层蒙版”按钮，为图层添加图层蒙版，按D键，恢复前景色和背景为默认的黑白颜色，选择，按下“线性渐变”按钮，在图像窗口中拖动鼠标，如图3-150所示。

16 按Ctrl+O快捷键，弹出“打开”对话框，选择人物素材，单击“打开”按钮，然后选择工具箱魔棒工具，选择粉红色背景，建立选区如图 3-151 所示。

图 3-144　“渐变编辑器”对话框

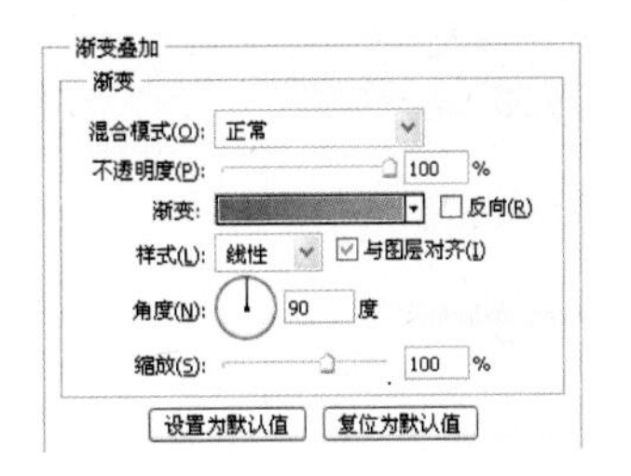

图 3-145　“渐变叠加”参数

图 3-146　添加“图层样式”的效果

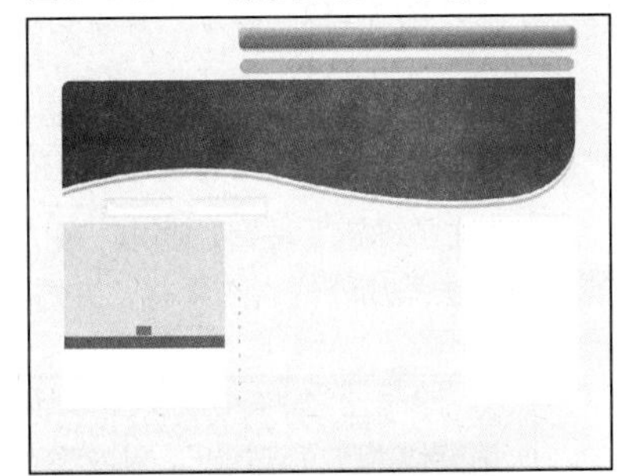

图 3-147　绘制其他图形

图 3-148　星光素材图片

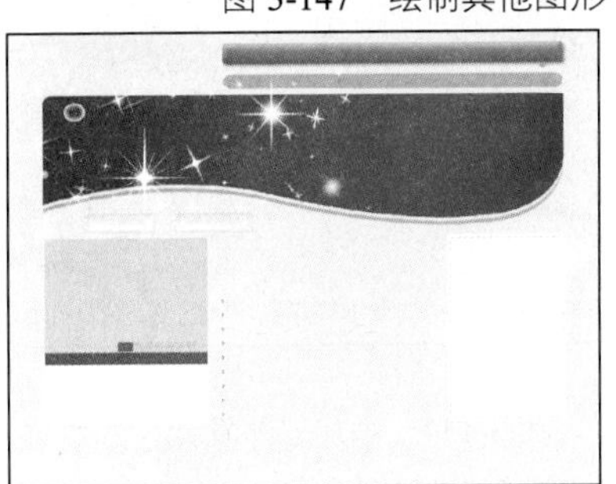

图 3-149　添加星光素材图片

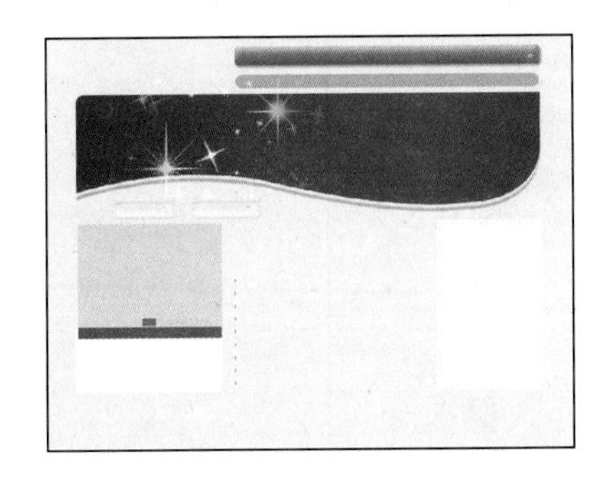

图 3-150　添加图层蒙版

图 3-151　建立选区

17 按 Ctrl+Shift+I 快捷键，反选得到人物选区，运用移动工具，将素材添加至文件中，放置在合适的位置，选择工具箱中的套索工具，建立选区，然后按 Delete 快捷键删除多余选区，如图 3-152 所示。

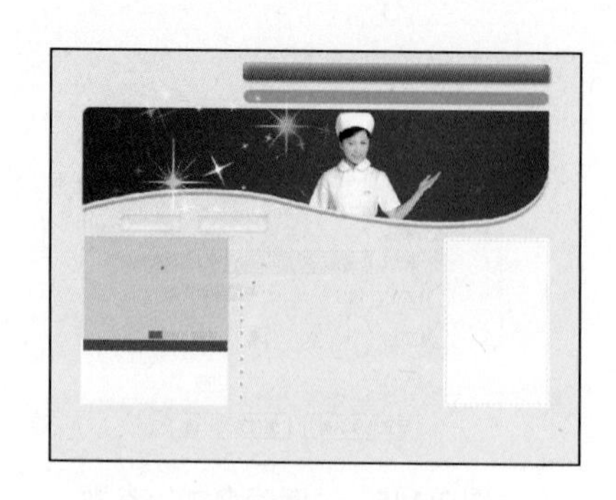

图 3-152　添加人物素材

图 3-153　“外发光”参数

18 在图层面板中单击“添加图层样式”按钮 *fx*，在弹出的快捷菜单中选择“外发光”选项，弹出“图层样式”对话框，设置参数如图 3-153 所示。

19 单击“确定”按钮，退出“图层样式”对话框，添加“外发光”的效果如图 3-154 所示。运用同样的操作方法添加外的人物素材，并添加“外发光”样式，如图 3-155 所示。

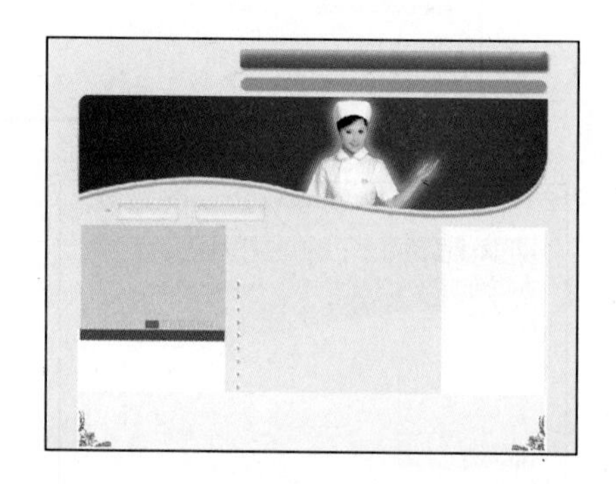

图 3-154　添加“外发光”的效果

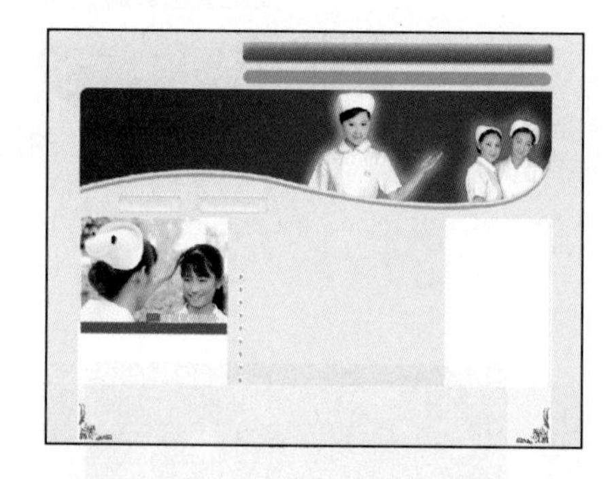

图 3-155　添加“外发光”的效果

20 参照前面同样的操作方法添加文字和其他素材，最终效果如图 3-156 所示。

图 3-156　最终效果

第 4 章

服装既是人类文明进步的象征，也是一个国家、民族文化艺术的组成部分，因此，对服装来说，是随着民族文化的延续发展而不断发展的，它不仅具体地反映了人们的生活方式和生活水平，而且形象地体现了人们的思想意识和审美观念的变化和升华。

服装类产品设计应注重消费者档次、视觉、触觉的需要，同时要根据服装的类型风格不同，设计风格也不尽相同。

服装篇

Photoshop CS5

Example

4.1 海报设计——Blue girl 时装加盟海报设计

本实例制作的是 Bluegirl 时装加盟海报设计，实例以抽象几何图形和藤蔓组合出绚丽夺目的背景，通过颜色彰显女性独特的魅力，制作完成的效果如左图所示。

使用工具：椭圆选框工具、磁性套索工具、自定形状工具、横排文字工具。

视频路径：avi\4.1.avi

01 启动 Photoshop 后，执行"文件" | "新建"命令，弹出"新建"对话框，设置参数如图 4-1 所示，单击"确定"按钮，新建一个空白文件。

02 新建一个图层，选择工具箱渐变工具，在工具选项栏中单击渐变条，打开"渐变编辑器"对话框，设置参数如图 4-2 所示，其中淡黄色 RGB 参考值分别为 R242、G242、B180，蓝色 RGB 参考值分别为 R44、G139、B255。

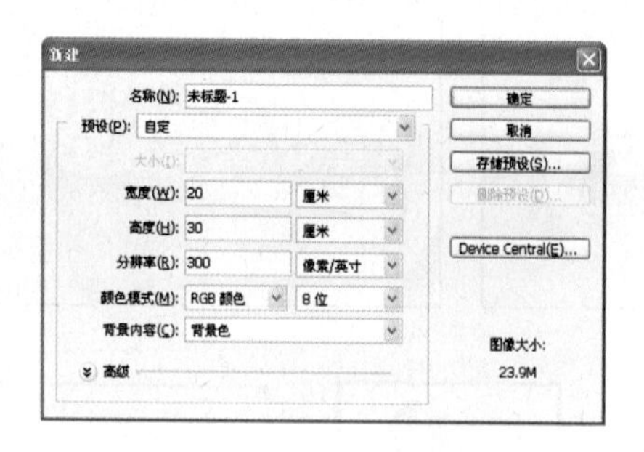

图 4-1 "新建"对话框

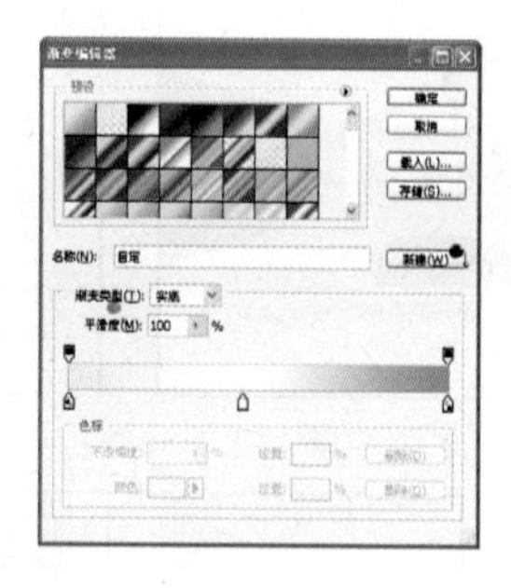

图 4-2 "渐变编辑器"对话框

03 单击"确定"按钮，关闭"渐变编辑器"对话框。按下工具选项栏中的"线性渐变"按钮，在图像中拖动鼠标，填充渐变效果，如图 4-3 所示。

04 新建一个图层，设置前景色为黄色（RGB 参考值分别为 R251、G236、B84），选择画笔工具，在工具选项栏中设置"主直径"为 100%、"硬度"为 0%，"不透明度"为 100%、"流量"为 49%，在图像窗口中单击鼠标，绘制如图 4-4 所示的光点。

图 4-3 填充渐变

图 4-4 绘制光点

图 4-5 绘制光点效果

05 运用同样的操作方法，绘制如图 4-5 所示的效果。在绘制的时候，可通过按"["键和"]"键调整画笔的大小，以便绘制出不同大小的光点。

06 在工具箱中选择椭圆选框工具，按住 Shift 键的同时，拖动鼠标绘制一个正圆，单击图层面板上的“创建新图层”按钮，新建一个图层，填充颜色为红色（RGB 参考值分别为 R207、G22、B76），如图 4-6 所示。

07 执行“选择”|“变换选区”命令，按住 Shift+Alt 键的同时，向内拖动控制柄，如图 4-7 所示。

08 按 Enter 键确认调整，填充选区中的部分图形为蓝色（RGB 参考值分别为 R44、G139、B205），如图 4-8 所示。

图 4-6　绘制圆

图 4-7　变换选区

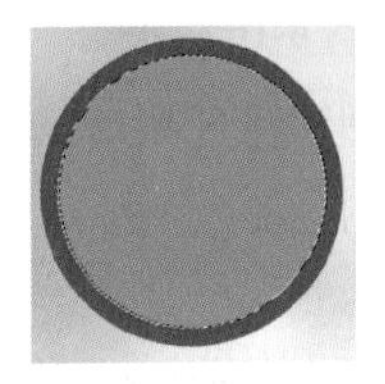

图 4-8　填充选区

09 继续执行“选择”|“变换选区”命令，按住 Shift+Alt 键的同时，向内拖动控制柄，按 Enter 键确认调整，填充颜色为绿色（RGB 参考值分别为 R87、G180、B56），如图 4-9 所示。

10 继续执行“选择”|“变换选区”命令，按住 Shift+Alt 键的同时，向内拖动控制柄，按 Enter 键确认调整，填充颜色为黄色（RGB 参考值分别为 R254、G238、B27），如图 4-10 所示。

11 参照前面同样的操作方法，完成圆环图形的绘制，如图 4-11 所示。

图 4-9　填充绿色

图 4-10　填充黄色

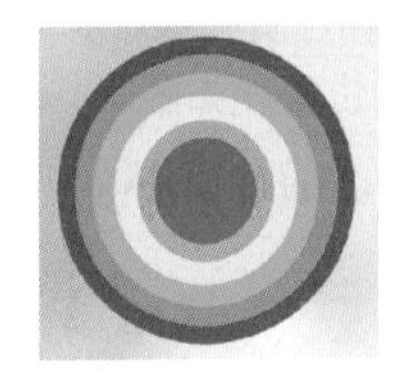

图 4-11　制作圆环

12 按 Ctrl+O 快捷键，弹出“打开”对话框，选择人物素材，单击“打开”按钮，选择工具箱磁性套索工具，围绕人物的轮廓建立如图 4-12 所示的选区。

13 运用移动工具，将素材添加至文件中，放置在合适的位置，如图 4-13 所示。

图 4-12　绘制选区

图 4-13　添加人物素材

14 新建一个图层，设置颜色为绿色（RGB 参考值分别为 R98、G166、B76），选择工具箱中自定形状工具，然后单击选项栏“形状”下拉列表按钮，从形状列表中选择“花 6”形状，如图 4-14 所示。

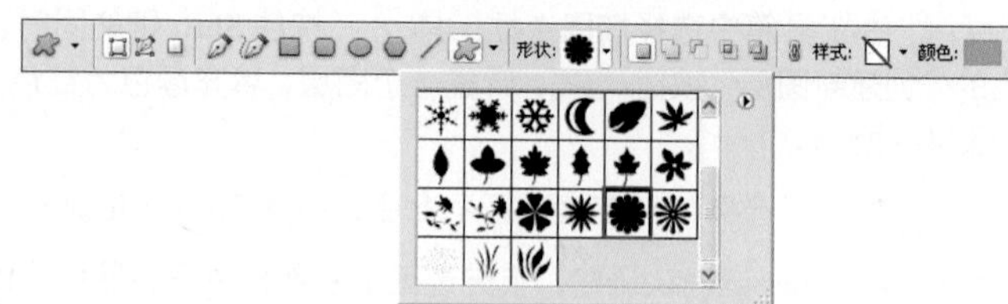

图 4-14　选择“花 6”形状

15 按下“填充像素”按钮，在图像窗口中，拖动鼠标绘制一个“花 6”形状，如图 4-15 所示。

16 运用同样的操作方法绘制其他形状，如图 4-16 所示。

17 运用同样的操作方法添加光效和花朵素材，如图 4-17 所示。

图 4-15　绘制形状

图 4-16　绘制形状

图 4-17　添加光效和花朵素材

18 参照上面同样的操作方法打开一张蝴蝶图片，如图 4-18 所示。

19 选择工具箱磁性套索工具，选择蝴蝶轮廓，运用移动工具，将蝴蝶素材添加至文件中，放置在合适的位置，如图 4-19 所示。

20 按 Ctrl+O 快捷键，弹出“打开”对话框，选择蝴蝶素材，单击“打开”按钮。

图 4-18　蝴蝶图片

图 4-19　添加蝴蝶素材效果

图 4-20　最终效果

21 在工具箱中选择横排文字工具，设置字体为“方正超粗黑简体”、字体大小为 90 点，输入文字 Blue girl。

22 运用同样的操作方法，输入其他文字，得到实例最终效果如图 4-20 所示。

设计传真

海报是一种常见的招贴形式，多用于电影、戏剧、比赛、文艺演出等活动。

Example

4.2 悬挂 POP——春天畅想

本实例制作的是春天畅想悬挂 POP，实例以文字为主体，文字成为整个画面的中心，主次分明、画面饱满，制作完成的春天畅想悬挂 POP 效果如左图所示。

使用工具：“扩展”命令、磁性套索工具、自定形状工具、横排文字工具。

视频路径: avi\4.2.avi

01 启动 Photoshop 后，执行“文件” | “新建”命令，弹出“新建”对话框，设置参数如图 4-21 所示，单击“确定”按钮，新建一个空白文件。

02 设置前景色为淡黄色（CMYK 参考值分别为 C18、M4、Y49、K0），按 Alt+Delete 快捷键，填充背景。

03 选择工具箱中的多边形套索工具，建立如图 4-22 所示的选区。

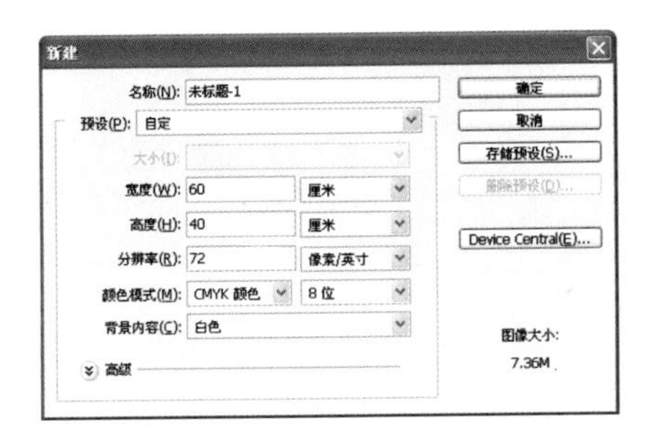

图 4-21 “新建”对话框

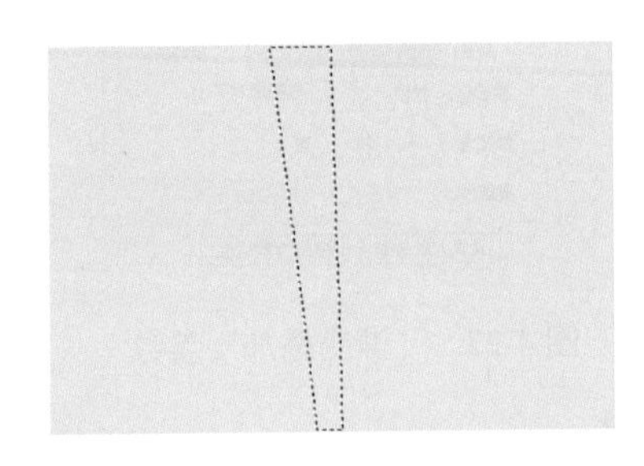

图 4-22 建立选区

04 新建一个图层，设置前景色为浅绿色（CMYK 参考值分别为 C43、M6、Y97、K0），按 Alt+Delete 快捷键，填充颜色，按 Ctrl+D 快捷键，取消选区如图 4-23 所示。

05 运用同样的操作方法绘制其他多边形，得到效果如图 4-24 所示。

图 4-23 填充浅绿色

图 4-24 绘制其他图形

06 按 D 键，恢复前景色和背景色的默认设置，在工具箱中选择横排文字工具，设置字体为“方正平和繁体”、字体大小为 450 点，输入文字，如图 4-25 所示。

07 执行“图层” | “图层样式” | “渐变叠加”命令，弹出“图层样式”对话框，单击渐变条，在弹

出的“渐变编辑器”对话框中设置颜色如图4-26所示，其中深绿色的CMYK参考值分别为C85、M40、Y100、K3，绿色的CMYK参考值分别为C52、M7、Y98、K0。

08 单击“确定”按钮，返回“图层样式”对话框，设置参数如图4-27所示。

图4-25　输入文字

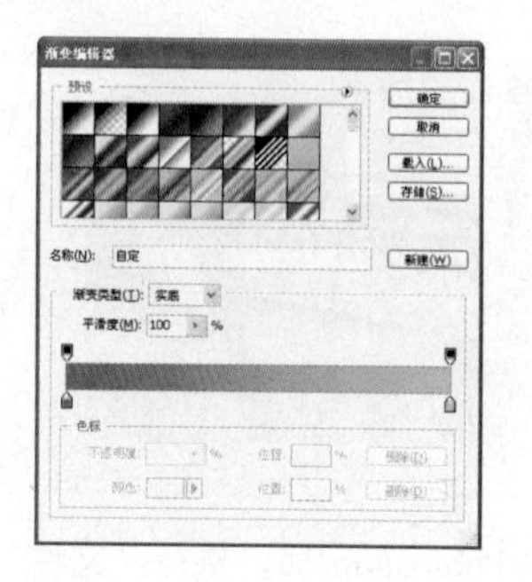

图4-26　“渐变编辑器”对话框

09 单击“确定”按钮，退出“图层样式”对话框，添加“渐变叠加”的效果，如图4-28所示。

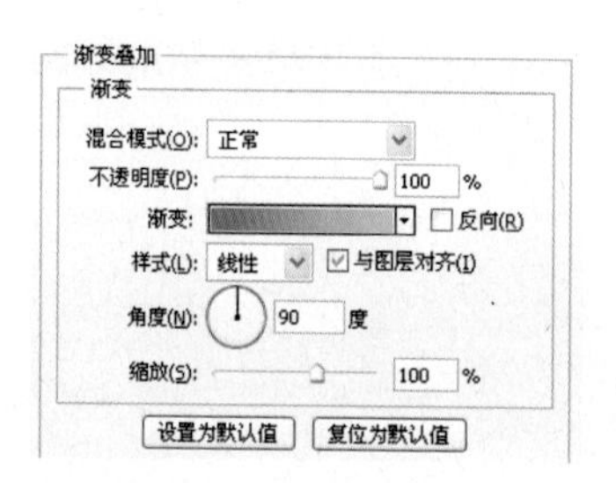

图4-27　“渐变叠加”参数

图4-28　“渐变叠加”效果

知识链接——图层样式

图层样式是由投影、内阴影、外发光、内发光、斜面和浮雕、光泽、颜色叠加、图案叠加、渐变叠加、描边等图层效果组成的集合，它能够在顷刻间将平面图形转化为具有材质和光影效果的立体物体。

10 按Ctrl+O快捷键，弹出“打开”对话框，选择文字素材，单击“打开”按钮，运用移动工具，将文字素材添加至文件中，放置在合适的位置，如图4-29所示。

11 选择“春”和“天畅想”文字，Ctrl+T快捷键，进入自由变换状态，单击鼠标右键，在弹出的快捷菜单中选择“旋转”选项，旋转文字图层，调整至合适的位置和角度得到效果如图4-30所示。

图4-29　添加文字素材

图4-30　调整文字

12 新建一个图层，设置前景色为橙色，CMYK 参考值分别为 C6、M51、Y93、K0。在工具箱中选择圆角矩形工具，按下“填充像素”按钮，在图像窗口中右上角位置，拖动鼠标绘制一个圆角矩形。

13 运用同样的操作方法，调整圆角矩形至合适的位置和角度，得到效果如图 4-31 所示。

14 参照上面同样的操作方法，输入文字，并调整合适的位置和角度，如图 4-32 所示。

图 4-31 绘制圆角矩形

图 4-32 输入文字

15 按住 Shift 快捷键的同时，单击图层缩览图，选择文字图层、圆角矩形图层，拖动至图层面板中的“创建新图层”按钮，得到各图层的副本。

16 按 Ctrl+E 快捷键，将各图层的副本合并，按 Ctrl 键的同时，将合并的图层载入选区。

17 执行“选择”|“修改”|“扩展”命令，弹出“扩展选区”对话框，设置“扩展量”为“35 像素”，单击“确定”按钮，得到选区如图 4-33 所示。

18 按 Alt+Delete 快捷键，填充颜色为白色，将图层顺序下移一层，得到效果如图 4-34 所示。

图 4-33 扩展选区

图 4-34 填充白色

19 在图层面板中单击“添加图层样式”按钮，在弹出的快捷菜单中分别选择“投影”选项，弹出“图层样式”对话框，设置参数如图 4-35 所示，选择“斜面和浮雕”选项，设置参数如图 4-36 所示。

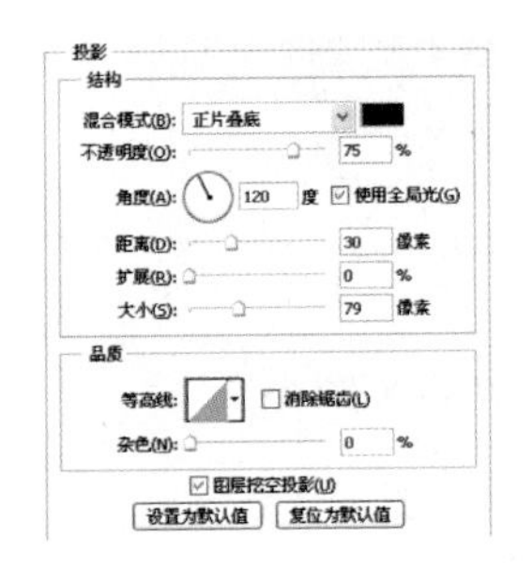

图 4-35 “投影”参数

图 4-36 “斜面和浮雕”参数

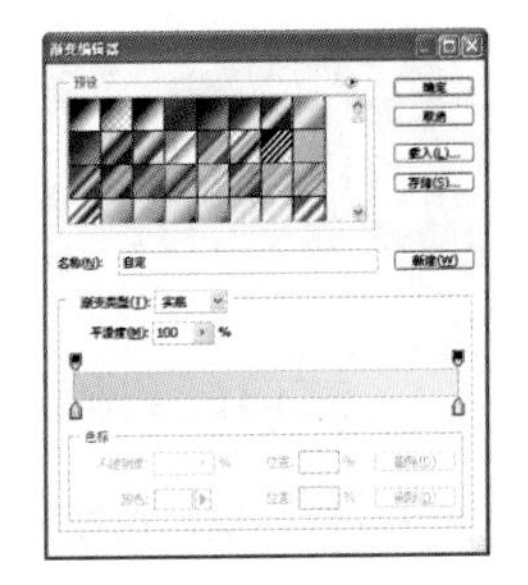

图 4-37 “渐变编辑器”对话框

20 选择“渐变叠加”选项，单击渐变条，打开“渐变编辑器”对话框，设置参数如图 4-37

所示，其中淡绿色CMYK参考值分别为C36、M0、Y72、K0，淡黄色CMYK参考值分别为C0、M0、Y72、K0，绿色CMYK参考值分别为C100、M0、Y100、K60。

21 单击“确定”按钮关闭“渐变编辑器”对话框，设置参数如图4-38所示，选择“描边”选项，设置参数如图4-39所示。

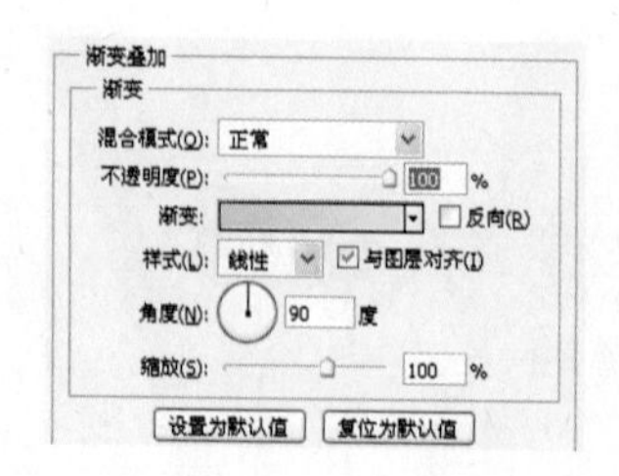

图4-38 “斜面和浮雕”参数

图4-39 “斜面和浮雕”参数

22 单击“确定”按钮，退出“图层样式”对话框，添加“图层样式”的效果，如图4-40所示。

图4-40 “添加图层样式”效果

23 打开一张蝴蝶图片。

24 选择工具箱磁性套索工具，建立如图4-41所示的选区，选择蝴蝶的翅膀，运用移动工具，将蝴蝶素材添加至文件中，放置在合适的位置，如图4-42所示。

图4-41 蝴蝶图片

图4-42 添加蝴蝶素材

25 按Ctrl+J组合键，将蝴蝶图层复制一层，调整蝴蝶至合适的位置和大小如图4-43所示。

26 参照上面同样的操作方法添加矢量人物和标志素材，并为矢量人物素材添加“渐变叠加”效果，为标志素材添加“描边”效果，如图4-44所示。

27 新建一个图层，设置前景色为蓝色（CMYK参考值分别为C88、M0、Y9、K0），在工具箱中选择自定形状工具，然后单击选项栏“形状”下拉列表按钮，从形状列表中选择“五角星”形状，如图4-45所示。

图4-43　复制蝴蝶

图4-44　添加“图层样式”效果

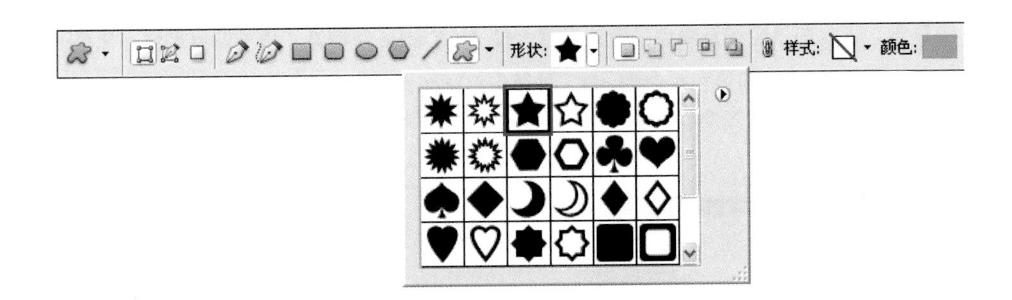

图4-45　选择“五角星”形状

28 按下“填充像素”按钮，在图像窗口中右上角位置，拖动鼠标绘制一个“五角星”形状，如图4-46所示。

29 按Ctrl+J组合键，将“五角星”形状图层复制几层，分别填充不同的颜色，最终效果得到如图4-47所示POP效果。

图4-46　绘制五角星

图4-47　最终效果

设计传真

POP广告除了要注重节日氛围和创造热闹的气氛外，还要根据商店的整体造型、宣传的主题，以及加强商店形象的总体出发，烘托商店的气氛。

Example

4.3 VIP贵宾卡——阳光女人屋服饰

本实例制作的是阳光女人屋服饰 VIP 贵宾卡，实例以妖娆、妩媚的女子为视觉中心点，制作完成的 VIP 贵宾卡设计效果如左图所示。

使用工具：矩形工具、“转换为形状”、图层样式、横排文字工具。

视频路径：avi\4.3.avi

01 启动 Photoshop 后，执行“文件”|“新建”命令，弹出“新建”对话框，设置参数如图 4-48 所示，单击“确定”按钮，新建一个空白文件。

02 按 D 键，恢复前景色和背景色的默认设置，按 Alt+Delete 快捷键，填充背景颜色为黑色。

03 新建一个图层，设置前景色为白色，在工具箱中选择圆角矩形工具，按下“形状图层”按钮，在工具选项栏中设置“半径”为 50px，在图像窗口中，拖动鼠标绘制一个“圆角矩形”形状，如图 4-49 所示。

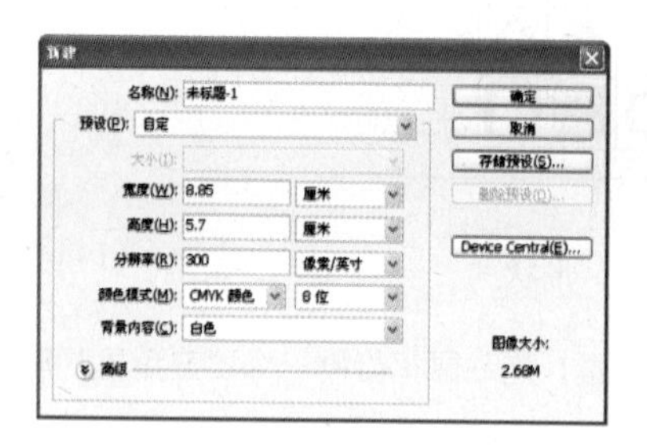

图 4-48 “新建”对话框

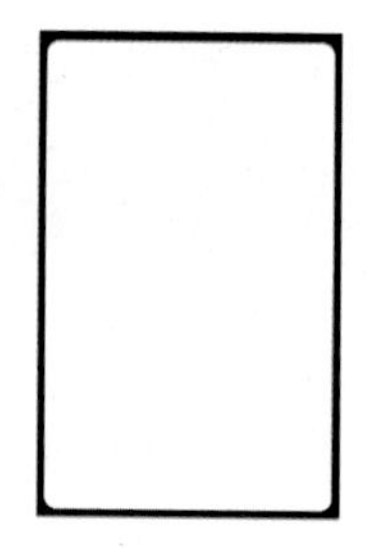

图 4-49 绘制圆角矩形

技巧点拨

圆角矩形工具用于绘制圆角的矩形，选择该工具后，在画面中单击鼠标并拖动，可创建圆角矩形，按住 Shift 键拖动鼠标可创建正圆角矩形。

04 执行“图层”|“图层样式”|“斜面和浮雕”命令，弹出“图层样式”对话框，选择“斜面和浮雕”选项，设置参数如图 4-50 所示。

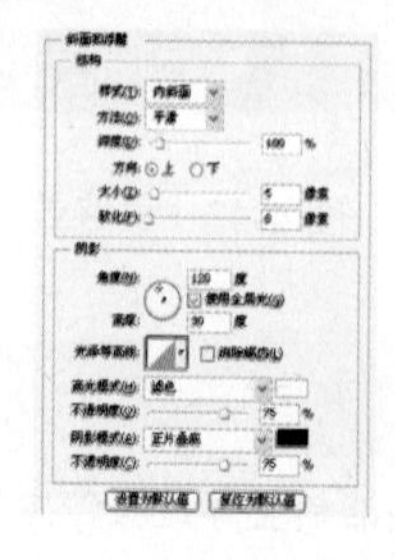

图 4-50 “斜面和浮雕”参数

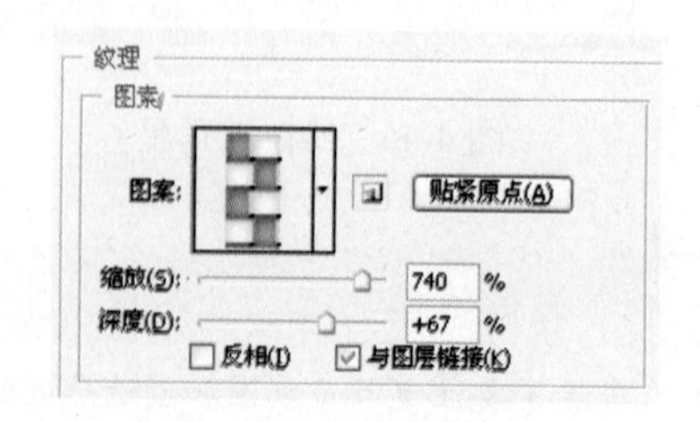

图 4-51 “纹理”参数

05 选择“纹理”选项，设置参数如图4-51所示。选择“图案叠加”选项，设置参数如图4-52所示，单击“确定”按钮，退出“图层样式”对话框，得到如图4-53所示的效果。

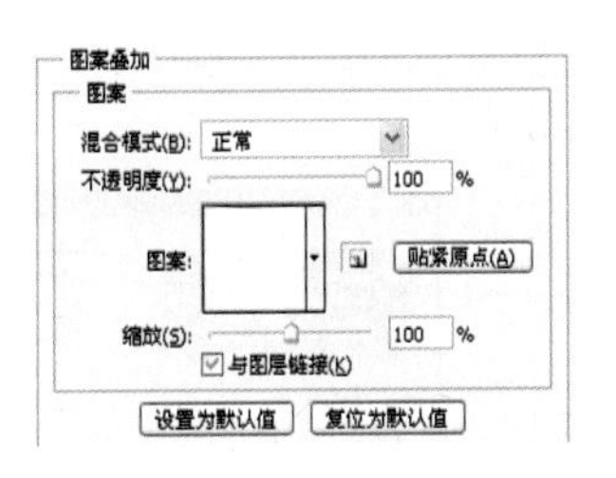

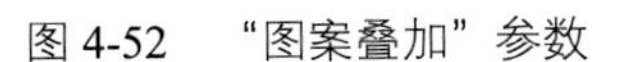
图4-52 “图案叠加”参数

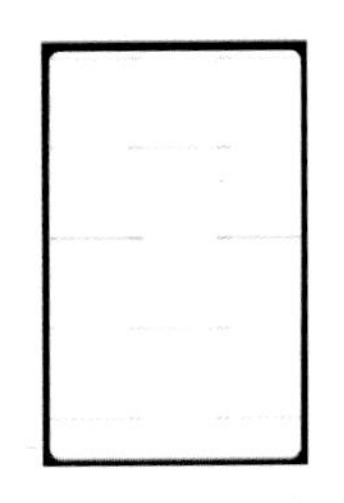
图4-53 图层样式效果

06 新建一个图层，设置前景色为红色（CMYK参考值分别为C18、M90、Y90、K0）在工具箱中选择矩形工具，按下“填充像素”按钮，在图像窗口中，拖动鼠标绘制一个矩形，效果如图4-54所示。

07 运用同样的操作方法继续绘制图形，如图4-55所示。

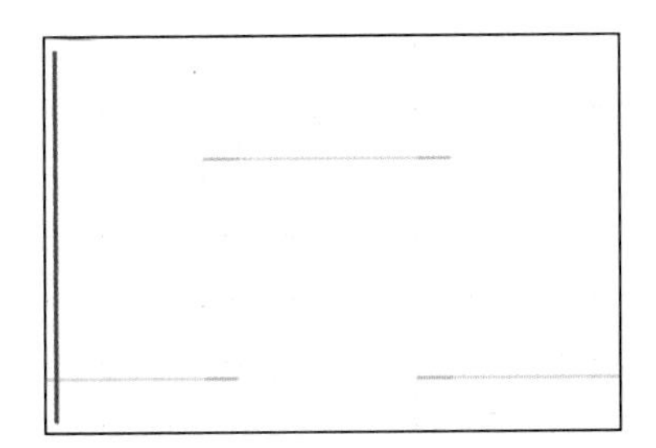
图4-54 绘制矩形

图4-55 绘制其他矩形

08 按Ctrl+T快捷键，进入自由变换状态，单击鼠标右键，在弹出的快捷菜单中选择“旋转”选项，缩放图层，然后调整至合适的大小和位置，得到效果如图4-56所示。

09 按Ctrl+O快捷键，弹出“打开”对话框，选择人物和VIP文字素材，单击“打开”按钮，运用移动工具，将素材添加至文件中，放置在合适的位置，如图4-57所示。

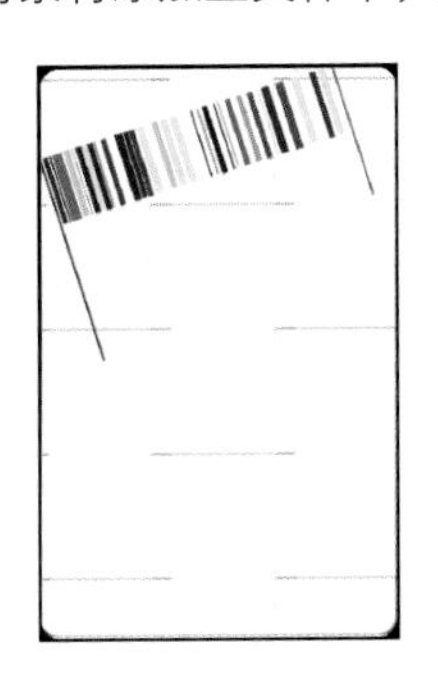
图4-56 自由变换效果

图4-57 添加人物和VIP文字素材

10 设置前景色为黑色，在工具箱中选择横排文字工具T，设置字体为“方正粗活意简体”、字体大小为16点，输入文字，效果如图4-58所示。

11 按Ctrl+T快捷键，进入自由变换状态，单击鼠标右键，在弹出的快捷菜单中选择“旋转”选项，调整至合适的位置和角度。

12 双击图层，弹出“图层样式”对话框，选择“投影”选项，设置参数如图 4-59 所示。

13 选择“渐变叠加”选项，在弹出的“渐变编辑器”对话框中设置参数如图 4-60 所示，其中紫色的 CMYK 参考值分别为 C100、M94、Y30、K0、红色的 CMYK 参考值分别为 C0、M96、Y95、K0、黄色的 CMYK 参考值分别为 C10、M0、Y83、K0。

阳光

图 4-58 输入文字

图 4-59 “投影”参数

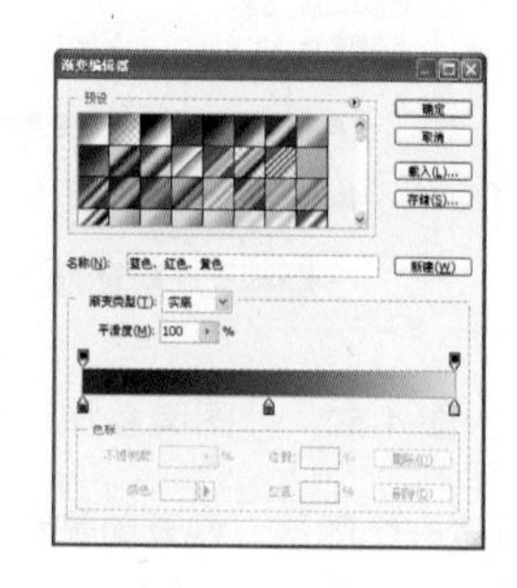

图 4-60 “渐变编辑器”对话框

14 单击“确定”按钮，返回“图层样式”对话框，设置参数如图 4-61 所示。单击“确定”按钮，退出“图层样式”对话框，得到如图 4-62 所示的效果。

15 设置前景色为玫红色（CMYK 参考值分别为 C0、M100、Y0、K0），参照上面同样的操作方法输入“女人”文字，并调整到合适的位置和角度，如图 4-63 所示。

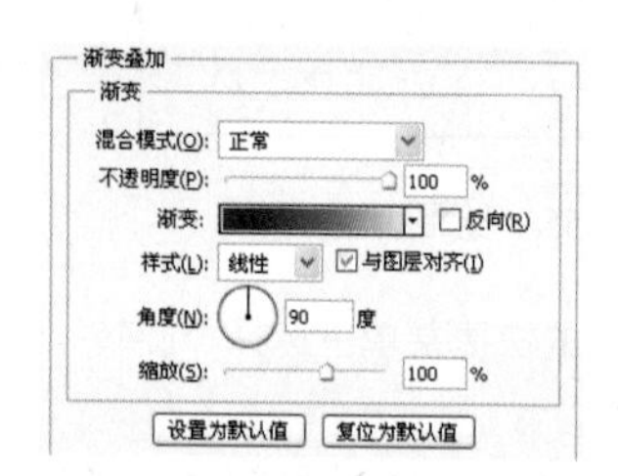

图 4-61 “渐变叠加”参数

图 4-62 “渐变叠加”效果

图 4-63 输入文字

16 执行“图层”|“文字”|“转换为形状”命令，转换文字为形状。

17 分别运用添加锚点工具和删除锚点工具，制作变形文字，如图 4-64 所示。

图 4-64 制作变形文字

图 4-65 添加“投影”效果

图 4-66 最终效果

18 参照前面同样的操作方法添加“投影”图层样式，如图 4-65 所示。

19 运用同样的操作方法制作其他文字，并添加“图层样式”效果，最终效果如图 4-66 所示。

Example

4.4 手提袋设计——香港时尚凉鞋

本实例制作的是香港时尚凉鞋手提袋设计，实例主要通过特殊的工艺来展现企业文化、品牌理念，制作完成的香港时尚凉鞋手提袋设计效果如左图所示。

使用工具：魔棒工具、混合模式、创建剪贴蒙版、竖排文字工具。

视频路径：avi\4.4.avi

01 启动 Photoshop 后，执行“文件”|“新建”命令，弹出“新建”对话框，设置参数如图 4-67 所示，单击“确定”按钮，新建一个空白文件。

02 按 Ctrl+O 快捷键，弹出“打开”对话框，选择纹理、花纹和人物素材，单击“打开”按钮，运用移动工具，将素材添加至文件中，放置在合适的位置，如图 4-68 所示。

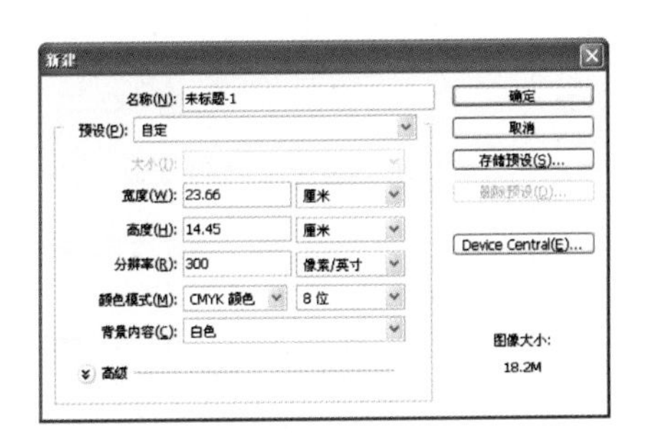

图 4-67 “新建”对话框

图 4-68 添加素材效果

03 运用同样的操作方法打开桌子图片素材，选择工具箱魔棒工具，选择白色背景，按 Ctrl+Shift+I 快捷键反选，得到桌子的选区，然后运用移动工具，将桌子添加至文件中，放置在合适的位置，调整图层顺序，得到如图 4-69 所示效果。

04 设置图层的“混合模式”为“正片叠底”，得到如图 4-70 所示效果。

图 4-69 添加桌子素材

图 4-70 “正片叠底”效果

图 4-71 “色彩范围”对话框

05 运用同样的操作方法，打开花纹素材，执行“选择”|“色彩范围”命令，弹出“色彩范围”对话框，设置参数如图 4-71 所示，单击“确定”按钮，退出“色彩范围”对话框。

技巧点拨

在魔棒工具 工具选项栏中的“容差”文本框中，可输入 0～255 之间的数值来确定选取的颜色范围。其值越小，选取的颜色范围与鼠标单击位置的颜色越相近，同时选取的范围也越小；值越大，选取的范围就越广。

06 运用移动工具 ，将花纹素材添加至文件中，放置在合适的位置，如图 4-72 所示。

07 按 Ctrl+O 组合键，打开纹理素材。

08 按住 Alt 键的同时，移动光标至分隔两个图层的实线上，当光标显示为 形状时，单击鼠标左键，创建剪贴蒙版，设置图层的“混合模式”为“强光”，得到如图 4-73 所示效果。

09 运用同样的操作方法添加“凉鞋”文字素材，得到如图 4-74 所示效果。

图 4-72　添加花纹素材

图 4-73　创建剪贴蒙版

图 4-74　添加文字素材

10 在工具箱中选择竖排文字工具 ，设置字体为“方正宋三简体”、字体大小为 16 点，输入文字，如图 4-75 所示。

11 运用同样的操作方法输入其他文字，如图 4-76 所示。

12 按 Ctrl+E 快捷键将文字、印章和叶子图层合并，然后按 Ctrl+J 组合键，将图层复制一层，调整大小和位置，如图 4-77 所示。

图 4-75　输入文字效果

图 4-76　输入其他文字效果

图 4-77　最终效果

知识链接——删除图层

对于多余的图层，应及时将其从图像中删除，以减少图像文件的大小。在实际工作中，可以根据具体情况选择最快捷的删除图层的方法。

图 4-78　确认图层删除提示框

如果需要删除的图层为当前图层，可以按下图层面板底端的“删除图层”按钮，或选择“图层”|“删除”|“图层”命令，在弹出的如图 4-78 所示的提示信息框中单击“是”按钮即可。

如果需要删除的图层不是当前图层，则可以移动光标至该图层上方，然后按下鼠标并拖动至按钮上，当该按钮呈按下状态时释放鼠标即可。

如果需要同时删除多个图层，则可以首先选择这些图层，然后按下按钮删除。

如果需要删除所有处于隐藏状态的图层，可选择“图层”|“删除”|“隐藏图层”命令。

在 Photoshop 中，如果当前选择的工具是移动工具，则可以通过直接按 Delete 键删除当前图层（一个或多个）。

Example

4.5 折卡设计——内衣折卡

本实例制作的是内衣折卡设计，实例通过图文并茂的排版方式，体现该产品的时尚大气，制作完成的内衣折卡设计效果如左图所示。

使用工具：“亮度/对比度”命令、图层样式、横排文字工具。

视频路径: avi\4.5.avi

01 启动 Photoshop 后，执行“文件”|“新建”命令，弹出“新建”对话框，设置参数如图 4-79 所示，单击“确定”按钮，新建一个空白文件。

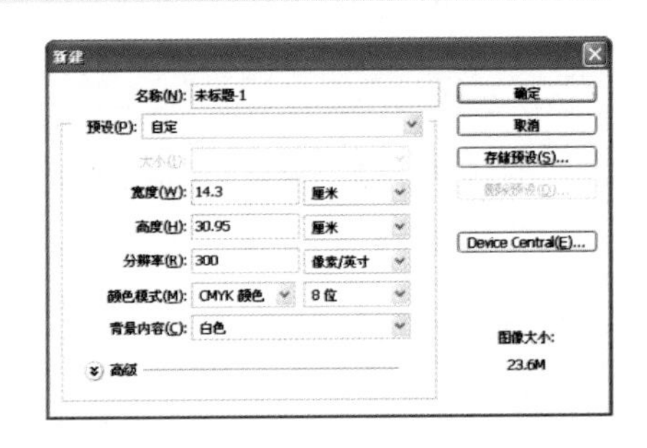

图 4-79　“新建”对话框

02 按 D 键，恢复前景色和背景色的默认设置，按 Alt+Delete 快捷键，填充背景颜色为黑色。

03 设置前景色为白色，在工具箱中选择钢笔工具，按下“形状图层”按钮，在图像窗口中绘制折卡底端流线造型。

04 设置前景色为绿色（CMYK 参考值分别为 C100、M0、Y100、K0），选择工具箱中的矩形工具，在图像窗口中按住鼠标并拖动，绘制矩形，如图 4-80 所示。

05 按 Ctrl+O 快捷键，弹出“打开”对话框，选择背景图片，单击“打开”按钮，运用移动工具，将素材添加至文件中，放置在合适的位置。

06 分别为背景图片、矩形创建剪贴蒙版，按住 Alt 键的同时，移动光标至分隔两个图层的实线上，当光标显示为形状时，单击鼠标左键，创建剪贴蒙版，图像效果如图 4-81 所示。

07 运用同样的操作方法添加人物素材，如图 4-82 所示。

08 单击调整面板中的“亮度/对比度”按钮，系统自动添加一个“亮度/对比度”调整图层，设置参数如图 4-83 所示。

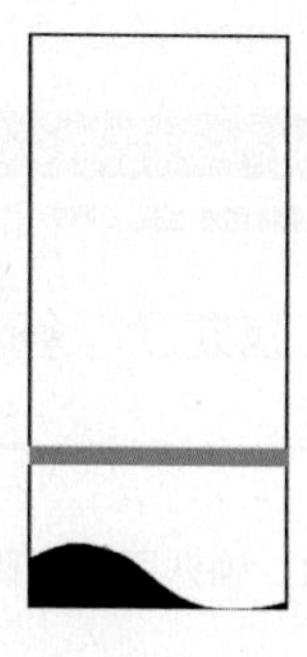

图 4-80　绘制矩形

图 4-81　创建剪贴蒙版

图 4-82　添加人物素材

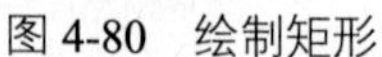

09 按 Ctrl+Alt+G 快捷键，创建剪贴蒙版，使“亮度/对比度”调整只作用于人物素材，调整效果如图 4-84 所示。

10 设置前景色为灰色（CMYK 参考值分别为 C0、M0、Y0、K16），运用钢笔工具，绘制图形，并填充颜色如图 4-85 所示。

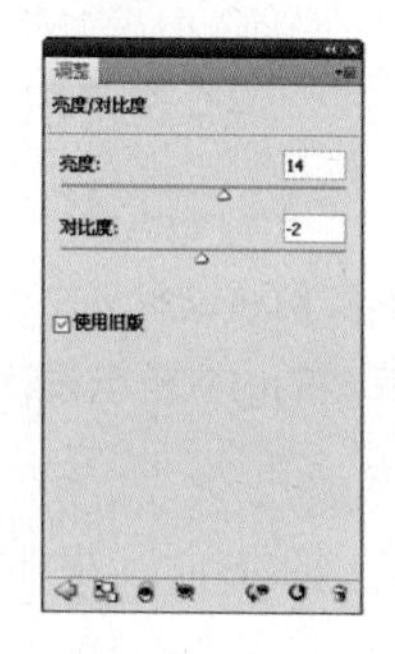

图 4-83　“亮度/对比度”调整参数

图 4-84　创建剪贴蒙版

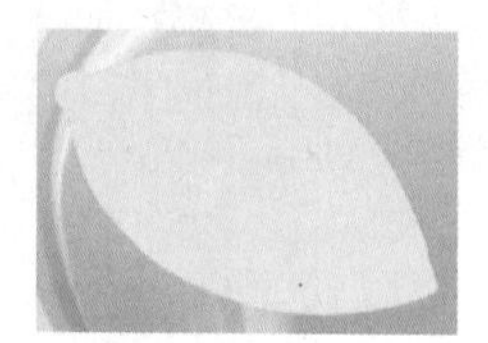

图 4-85　绘制图形

专家提醒

“亮度/对比度”命令用来调整图像的亮度和对比度，它只适用于粗略地调整图像。

11 设置前景色为白色，运用同样的操作方法绘制如图 4-86 所示的图形。

图 4-86　绘制路径

图 4-87　“投影”参数

图 4-88　“描边”参数

12 在图层面板中单击“添加图层样式”按钮 fx，在弹出的快捷菜单中选择“投影”选项，弹出“图层样式”对话框，设置参数如图 4-87 所示。

13 选择“描边”选项，设置参数如图 4-88 所示。

14 单击“确定”按钮，退出“图层样式”对话框，添加“图层样式”的效果如图 4-89 所示。

15 执行“图层”|“图层样式”|“渐变叠加”命令，弹出“图层样式”对话框。

16 单击渐变条，在弹出的“渐变编辑器”对话框中设置参数如图4-90所示，其中绿色的CMYK参考值分别为C86、M39、Y100、K2，淡绿色的CMYK参考值分别为C41、M0、Y67、K0。单击“确定”按钮，返回“图层样式”对话框，如图4-91所示。

图4-89 填充绿色

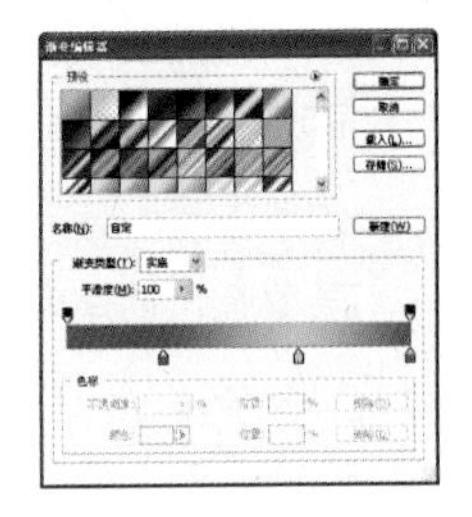

图4-90 “渐变编辑器”对话框

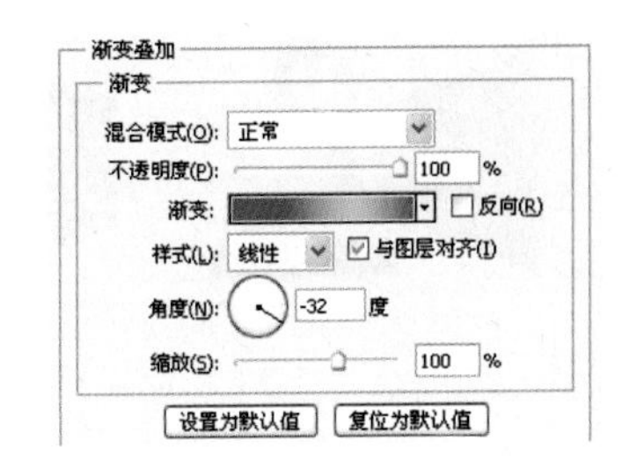

图4-91 “渐变叠加”参数

17 单击“确定”按钮，退出“图层样式”对话框，添加“渐变叠加”的效果如图4-92所示。

18 运用同样的操作方法，绘制图形，填充颜色，如图4-93所示。

19 设置前景色为绿色（CMYK参考值分别为C76、M0、Y95、K19），在工具箱中选择横排文字工具T，设置字体为“方正粗倩简体”、字体大小为50点，输入文字。

20 按Ctrl+T快捷键，进入自由变换状态，单击鼠标右键，在弹出的快捷菜单中选择“旋转”选项，旋转图层，然后调整至合适的位置。

21 运用同样的操作方法，添加“描边”、“渐变叠加”效果，如图4-94所示。

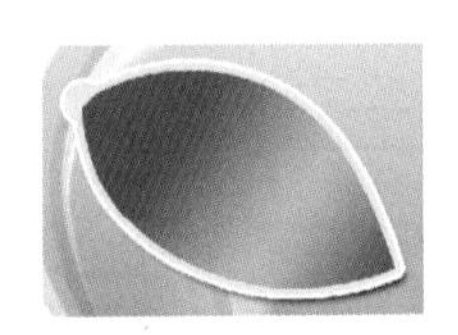

图4-92 “渐变叠加”效果

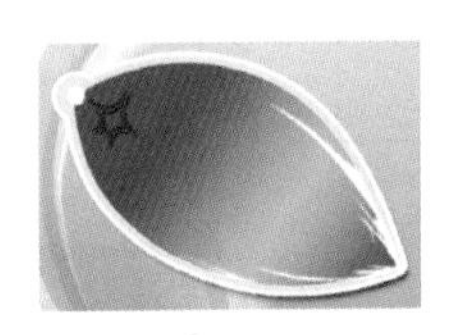

图4-93 绘制图形

图4-94 输入文字

22 运用同样的操作方法添加标志素材，输入其他文字，最终效果如图4-95所示。

图4-95 最终效果

Example

4.6 网站设计——朵以时尚先锋

本实例制作的是朵以时尚先锋网站设计，实例以流畅的板式设计，简洁通俗易懂的设计风格吸引受众的眼球，制作完成的朵以时尚先锋网站设计效果如左图所示。

使用工具：钢笔工具、圆角矩形工具、图层样式、图层蒙版、创建剪贴蒙版、魔棒工具、横排文字工具。

视频路径：avi\4.6.avi

01 启动 Photoshop 后，执行“文件”|“新建”命令，弹出“新建”对话框，设置参数如图 4-96 所示，单击“确定”按钮，新建一个空白文件。

02 新建一个图层，选择工具箱中的矩形选框工具，在图像窗口中按住鼠标并拖动，绘制选区。

03 设置前景色为粉紫色（RGB 参考值分别为 R228、G205、B224），按 Alt+Delete 快捷键，填充颜色，如图 4-97 所示。

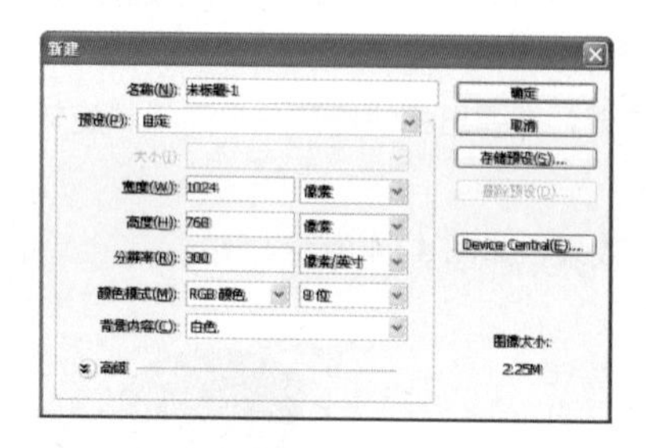

图 4-96 “新建”对话框

图 4-97 绘制选区

04 设置前景色为深紫色（RGB 参考值分别为 R93、G18、B83），在工具箱中选择钢笔工具，按下“形状图层”按钮，在图像窗口中，绘制如图 4-98 所示的图形。

05 在工具箱中选择圆角矩形工具，按下“路径”按钮，设置“半径”为 10px，在图像窗口中拖动鼠标绘制一个圆角矩形。

06 在图层面板中单击“添加图层样式”按钮 fx，在弹出的快捷菜单中选择“描边”选项，弹出“图层样式”对话框，设置参数如图 4-99 所示，其中紫色的 RGB 参考值分别为 R255、G161、B214。

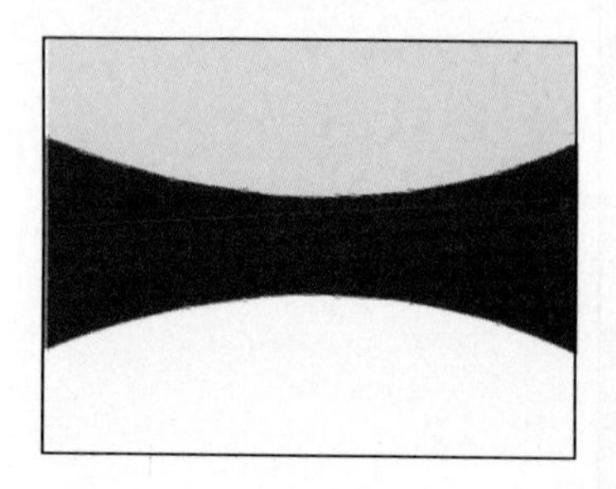

图 4-98 绘制路径

图 4-99 “描边”参数

技巧点拨

在运用钢笔工具绘制路径的过程中，按下 Delete 键可删除上一个添加的锚点，按下 Delete 键两次删除整条路径，按三次则删除所有显示的路径。按住 Shift 键可以让所绘制的点与上一个点保持 45°整数倍夹角（比如 0°、90°）。

07 单击“确定”按钮，退出“图层样式”对话框，添加“描边”的效果，如图 4-100 所示。

08 按 Ctrl+J 快捷键，将圆角矩形图层复制一层，按 Ctrl+T 快捷键，进入自由变换状态，单击鼠标右键，在弹出的快捷菜单中选择“垂直翻转”选项，垂直翻转图层，然后调整至合适的位置。

09 单击图层面板上的“添加图层蒙版”按钮，为图层添加图层蒙版，按 D 键，恢复前景色和背景为默认的黑白颜色，选择渐变工具，按下“线性渐变”按钮，在图像窗口中按住并拖动鼠标，如图 4-101 所示，制作出倒影效果。

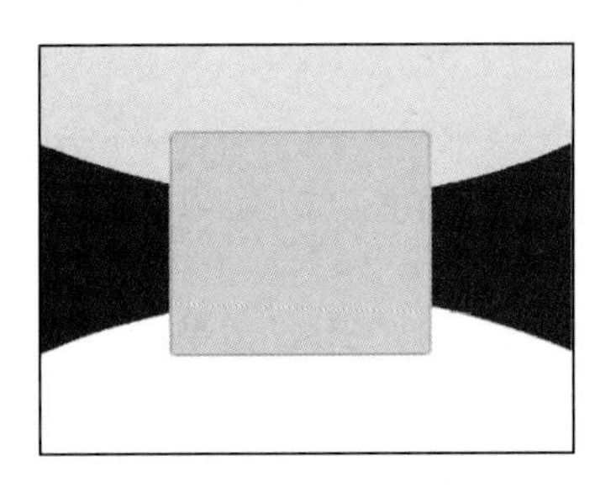

图 4-100 “描边”效果

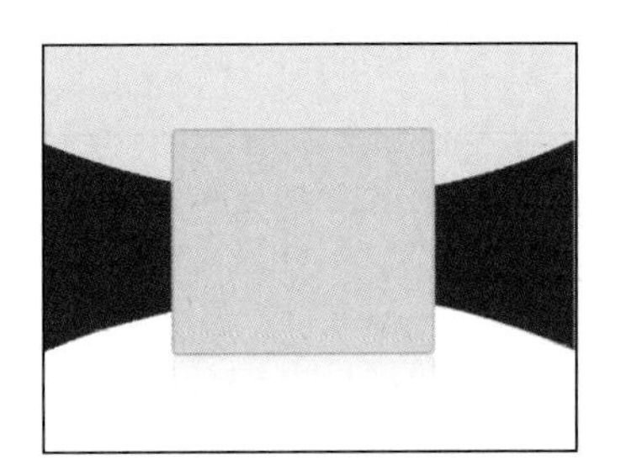

图 4-101 添加图层蒙版

技巧点拨

图层蒙版可轻松控制图层区域的显示或隐藏，是进行图像合成最常用的手段。使用图层蒙版混合图像的好处在于，可以在不破坏图像的情况下反复实验、修改混合方案，直至得到所需的效果。

10 按 Ctrl+O 快捷键，弹出“打开”对话框，选择人物图片，单击“打开”按钮，运用移动工具，将素材添加至文件中，放置在合适的位置。

11 按住 Alt 键的同时，移动光标至分隔两个图层的实线上，当光标显示为形状时，单击鼠标左键，创建剪贴蒙版，图像效果如图 4-102 所示。

12 运用同样的操作方法，添加照片素材，按 Ctrl+T 快捷键，进入自由变换状态，单击鼠标右键，在弹出的快捷菜单中选择“斜切”选项，调整至合适的位置和角度，设置图层的“填充”为 40%，如图 4-103 所示。

图 4-102 创建剪贴蒙版

图 4-103 调整照片

13 运用同样的操作方法添加并调整其他照片，如图 4-104 所示。

14 打开一张蝴蝶图片，选择工具箱魔棒工具，选择白色背景，按 Ctrl+Shift+I 快捷键，反选得到翅膀选区。

15 设置前景色为玫红色（RGB 参考值分别为 R244、G104、B209），按 Alt+Delete 快捷键，填充颜色，运用移动工具，将蝴蝶添加至文件中，放置在合适的位置，按 Ctrl+T 快捷键，调整至合适的大小和角度，如图 4-105 所示。

图 4-104　调整照片

图 4-105　添加蝴蝶素材

16 运用同样的操作方法，添加花纹和标志素材，并为标志素材添加"描边"效果，如图 4-106 所示。

17 在工具箱中选择横排文字工具，设置字体为"方正舒体"、字体大小为 3 点，输入文字，最终效果如图 4-107 所示。

图 4-106　添加花纹、标志素材

图 4-107　最终效果

Example

4.7 画册设计——North Teem

本实例制作的是 North Teem 画册设计，实例通过运用版面空间的构成元素，在画面中形成大小对比，从而使整个画面更加醒目、突出而又不失美感，制作完成的画册设计设计效果如左图所示。

使用工具：矩形工具、圆角矩形工具、移动工具、图层样式、图层蒙版、横排文字工具。

视频路径：avi\4.7.avi

01 启动 Photoshop 后，执行“文件”|“新建”命令，弹出“新建”对话框，设置参数如图 4-108 所示，单击“确定”按钮，新建一个空白文件。

02 设置前景色为黄色（RGB 参考值分别为 R250、G219、B1），在工具箱中选择矩形工具，按下“填充像素”按钮，在图像窗口中拖动鼠标绘制矩形，如图 4-109 所示。

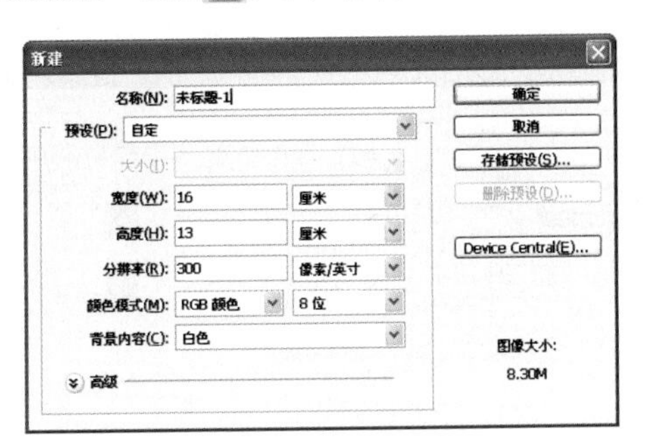

图 4-108 “新建”对话框

图 4-109 绘制矩形

03 运用同样的操作方法绘制如图 4-110 所示的矩形。

04 单击图层面板中的“创建新的填充或调整图层”按钮，在打开的快捷菜单中选择“渐变填充”选项，设置参数如图 4-111 所示。

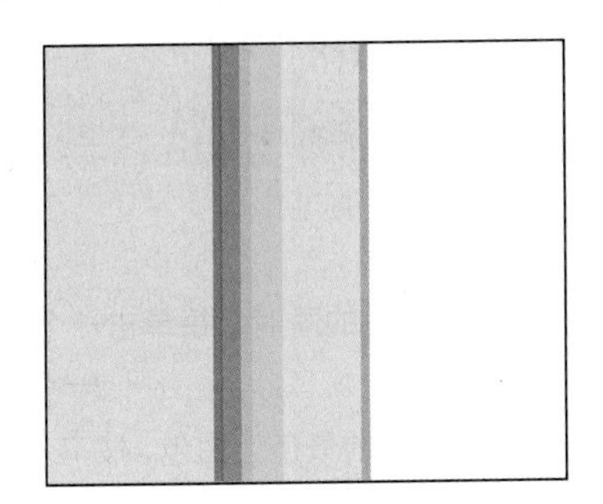

图 4-110 绘制矩形

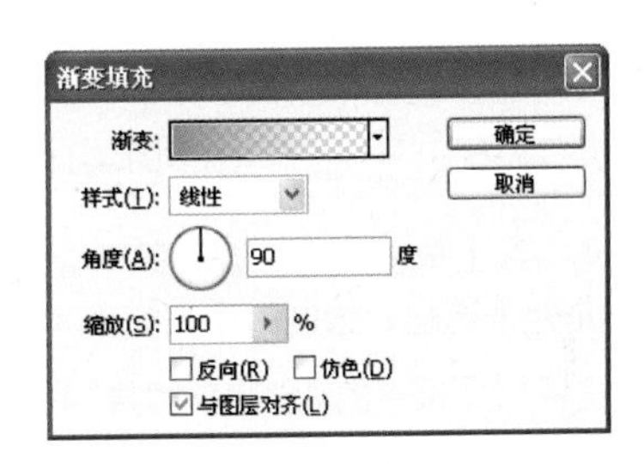

图 4-111 “渐变填充”对话框

05 单击“确定”按钮，图像效果如图 4-112 所示。

06 按 Ctrl+O 快捷键，弹出“打开”对话框，选择人物素材，单击“打开”按钮，运用移动工具，将素材添加至文件中，放置在合适的位置，如图 4-113 所示。

图 4-112 “渐变填充”效果

图 4-113 添加人物素材

07 单击图层面板上的“添加图层蒙版”按钮，为图层添加图层蒙版，按 D 键，恢复前景色和背景为默认的黑白颜色，选择渐变工具，按下“线性渐变”按钮，在图像窗口中按住并拖动鼠标，效果如图 4-114 所示。

08 单击“编辑”|“首选项”|“参考线、网格和切片”命令，在弹出的对话框中设置参数，如图 4-115 所示。

图 4-114　添加图层蒙版

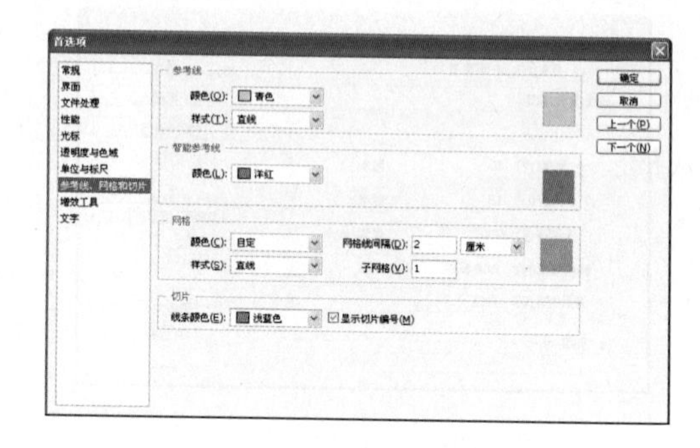

图 4-115　“首选项”对话框

09 执行“视图”|“显示”|“网格”命令，或按下“Ctrl+ '”快捷键，在图像窗口中显示网格，如图 4-117 所示。

10 选择工具箱矩形选框工具，在工具选项栏中设置参数，如图 4-116 所示。

图 4-116　矩形选框工具选项栏

11 在网格线上单击鼠标左键，即可绘制一个矩形选框，按住 Shift 键的同时，每单击一个网格线，便可添加一个矩形选框，绘制的选框如图 4-118 所示。

12 单击图层面板中的“创建新图层”按钮，新建一个图层，设置前景色为白色，按下 Alt+Delete 快捷键，填充前景色，运用同样的操作方法再次绘制纵向的矩形选框，并填充白色，效果如图 4-119 所示。

图 4-117　显示网格

图 4-118　绘制矩形选框

13 按 Ctrl+T 快捷键，进入自由变换状态，单击鼠标右键，在弹出的快捷菜单中选择“缩放”选项，调整至合适的大小和位置，如图 4-120 所示。

14 新建一个图层，设置前景色为白色，在工具箱中选择矩形工具，按下“填充像素”按钮，在图像窗口中拖动鼠标绘制矩形，如图 4-121 所示。

15 按 Ctrl+O 快捷键添加人物素材，按 Ctrl+Alt+G 快捷键，创建剪贴蒙版，如图 4-122 所示。

图 4-119　填充矩形选框

图 4-120　调整图形

图 4-121　填充矩形选框

图 4-122　创建剪贴蒙版

知识链接——剪贴蒙版

在剪贴蒙版中，最下面的图层为基底图层（即箭头 指向的那个图层），上面的图层为内容图层。基底图层名称带有下划线，内容图层的缩览图是缩进的，并显示出一个剪贴蒙版标志 。

16 运用同样的操作方法继续绘制矩形，并创建剪贴蒙版，如图 4-123 所示。

17 在工具箱中选择横排文字工具[T]，设置字体为 Georgia、字体大小为 24 点，输入文字，设置图层的“不透明度为”50%，如图 4-124 所示。

图 4-123　填充矩形选框

图 4-124　输入文字

图 4-125　最终效果

18 运用同样的操作方法继续输入文字，最终效果如图 4-125 所示。

Example

4.8 标志设计——第六大道

本实例制作的是服饰街“第六大道”的标志设计，标志以光鲜亮丽的颜色为背景，成为整个标志的视觉中心点，制作完成的标志设计效果如左图所示。

使用工具：椭圆工具、矩形工具、直接选择工具、创建剪贴蒙版、横排文字工具。

视频路径：avi\4.8.avi

01 启动 Photoshop 后，执行“文件”|“新建”命令，弹出“新建”对话框，设置参数如图 4-126 所示，单击“确定”按钮，新建一个空白文件。

02 设置前景色为奶白色（RGB 参考值分别为 R247、G247、B245），按 Alt+Delete 快捷键，填充背景。设置前景色为黑棕色（RGB 参考值分别为 R69、G22、B18），在工具箱中选择椭圆工具，按下“形状图层”按钮，在图像窗口中，按住 Shift 键的同时拖动鼠标绘制正圆，如图 4-127 所示。

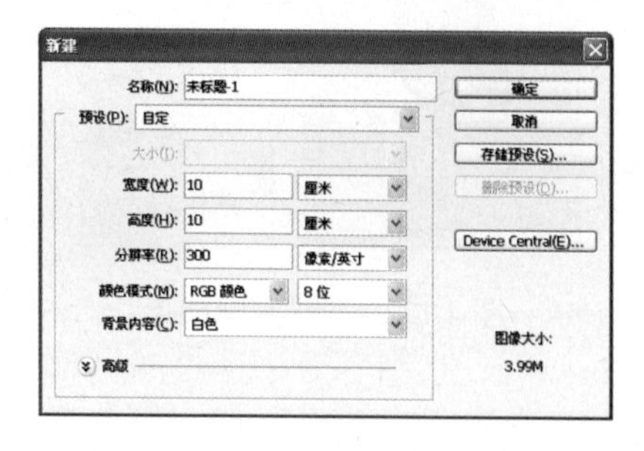

图 4-126 “新建”对话框

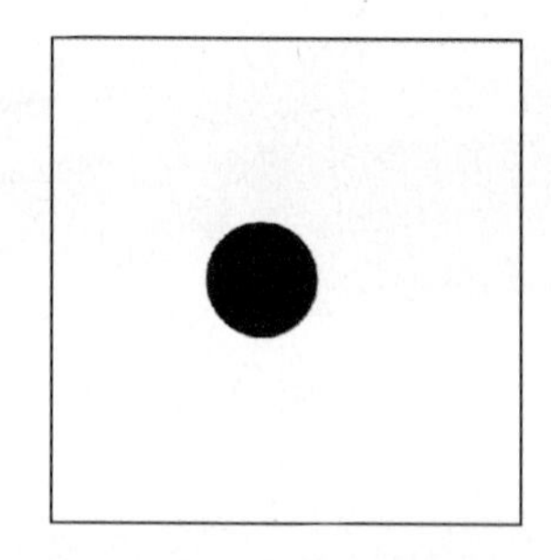

图 4-127 绘制正圆

03 在工具箱中选择矩形工具，按下“形状图层”按钮，在图像窗口中，拖动鼠标绘制矩形如图 4-128 所示。

04 在工具箱中选择直接选择工具，调整节点至合适的位置，如图 4-129 所示。

专家提醒

使用矩形工具可绘制出矩形、正方形的形状、路径或填充区域。

图 4-128 绘制矩形

图 4-129 调整节点

图 4-130 绘制椭圆

05 设置前景色为白色，在工具箱中选择椭圆工具，按下“形状图层”按钮，在图像窗口中，拖动鼠标绘制椭圆如图 4-130 所示。

06 将椭圆复制一层，并缩放到合适的大小并填充黄色（RGB 参考值分别为 R253、G208、B0），如图 4-131 所示。

图 4-131　复制椭圆

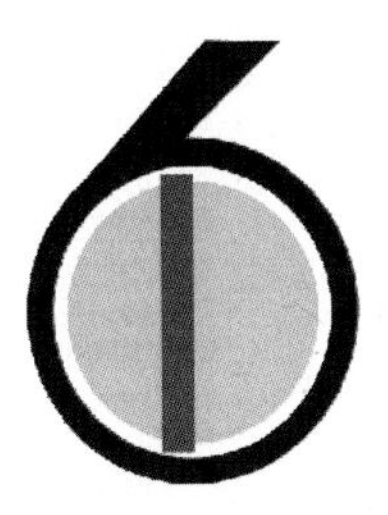

图 4-132　绘制矩形

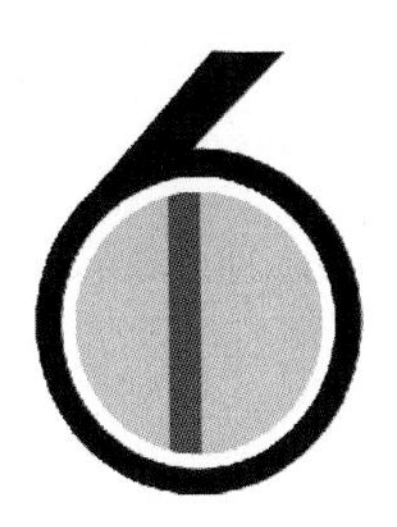

图 4-133　创建剪贴蒙版

07 设置前景色为紫色 RGB 参考值分别为 R121、G107、B175，在工具箱中选择矩形工具，按下“形状图层”按钮，在图像窗口中，拖动鼠标绘制矩形如图 4-132 所示。

08 按住 Alt 键的同时，移动光标至分隔两个图层的实线上，当光标显示为形状时，单击鼠标左键，创建剪贴蒙版，如图 4-133 所示。

09 运用同样的操作方继续法绘制如图 4-134 所示的矩形。

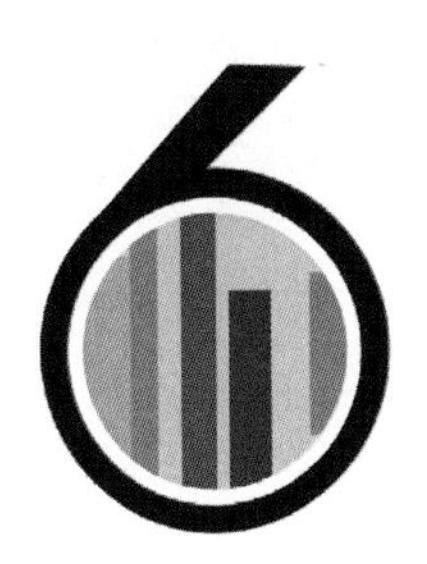

图 4-134　绘制矩形

图 4-135　最终效果

10 设置前景色为棕色（RGB 参考值分别为 R69、G22、B18），在工具箱中选择横排文字工具，设置字体为“黑体”、字体大小为 48 点，输入文字，如图 4-135 所示。

第 5 章

生活篇含义广泛，泛指人们日常用的日用品、消费娱乐活动平面设计。生活类平面设计与人们生活息息相关，要求迎合目标消费人群的消费心理，满足其消费意愿。

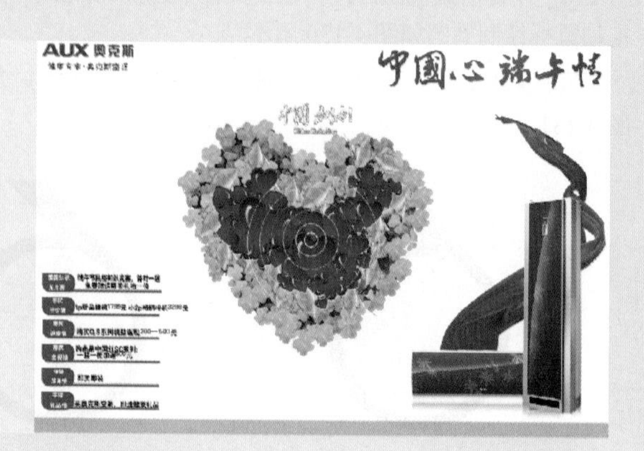

生活篇

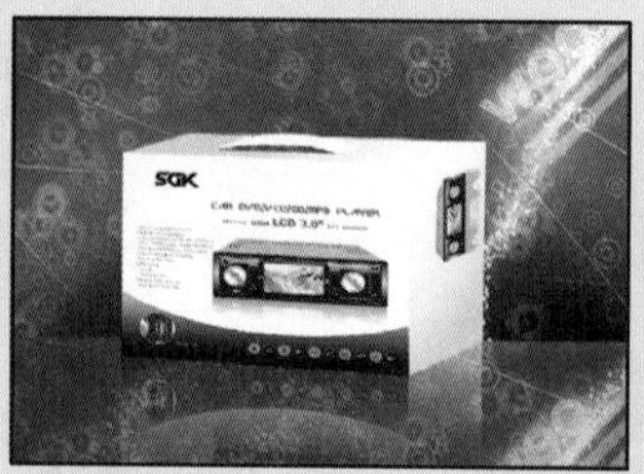

05

Example

5.1 超市堆头——金口健牙膏

本实例制作的是金口健牙膏超市堆头设计，实例以特异的结构造型，给受众营造一种新的视觉感受，制作完成的效果如左图所示。

使用工具：圆角矩形工具、创建剪贴蒙版、图层蒙版、画笔工具、“扩展”命令、钢笔工具、横排文字工具。

视频路径：avi\5.1.avi

01 启动 Photoshop 后，执行“文件”|“新建”命令，弹出“新建”对话框，设置参数如图 5-1 所示，单击“确定”按钮，新建一个空白文件。

02 新建一个图层，在工具箱中选择圆角矩形工具，按下“填充像素”按钮，在工具选项栏中设置“半径”为 220px，在图像窗口中，拖动鼠标绘制一个圆角矩形，效果如图 5-2 所示。

03 新建一个图层，在工具箱中选择矩形工具，在圆角矩形左下端位置拖动鼠标绘制一个矩形。继续新建一个图层，在工具箱中选择椭圆工具，按住 Shift 键，在圆角矩形右上角位置拖动鼠标绘制一个正圆，得到效果如图 5-3 所示。

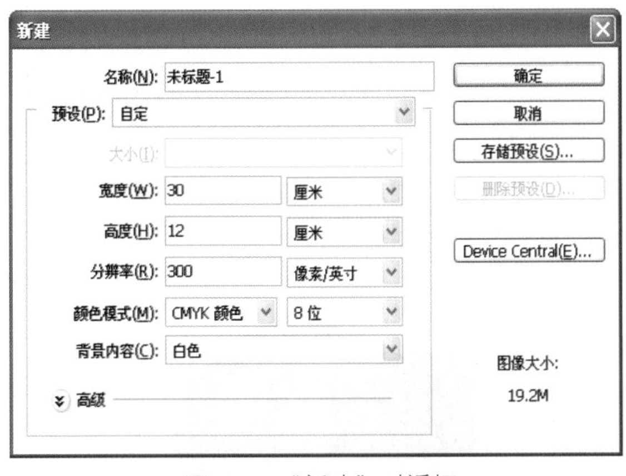

图 5-1 “新建”对话框

图 5-2 绘制圆角矩形

04 按住 Shift 键的同时选择三个图层，按 Ctrl+E 快捷键，将三个图层合并。

05 新建一个图层，设置前景色为橙色（CMYK 参考值分别为 C3、M69、Y99、K2），选择画笔工具，在选项栏中设置画笔“大小”为柔角 100 像素；“不透明度”为 100%，“填充”为 100%，在图像的右上角绘制发光效果，如图 5-4 所示。

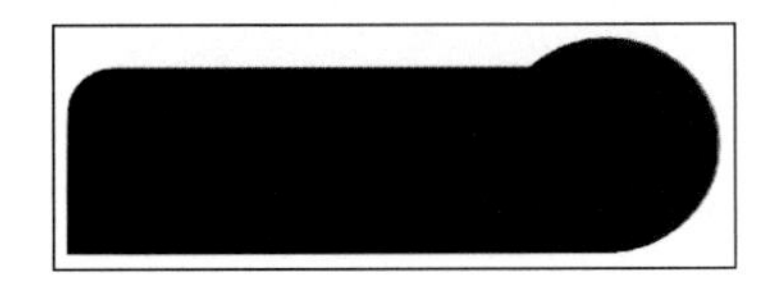

图 5-3 绘制图形

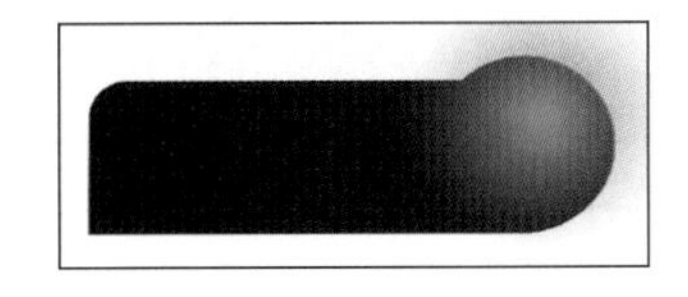

图 5-4 绘制光点

知识链接——合并图层

"向下合并"：选择此命令，可将当前选择图层与图层面板的下一图层进行合并，合并时下一图层必须为可见，否则该命令无效，快捷键为 Ctrl + E。

"合并可见图层"：选择此命令，可将图像中所有可见图层全部合并。

"拼合图像"：合并图像中的所有图层。如果合并时图像有隐藏图层，系统将弹出一个提示对话框，单击其中的"确定"按钮，隐藏图层将被删除，单击"取消"按钮则取消合并操作。

"合并图层"：如果需要合并多个图层，可以先选择这些图层，然后执行"图层"|"合并图层"命令，快捷键为 Ctrl + E。

06 新建一个图层，设置前景色为黄色（CMYK 参考值分别为 C0、M5、Y100、K0），运用同样的操作方法，绘制高光，得到效果如图 5-5 所示。

07 按住 Alt 键的同时，移动光标至分隔两个图层的实线上，当光标显示为形状时，单击鼠标左键，创建剪贴蒙版，图像效果如图 5-6 所示。

图 5-5　绘制光点

图 5-6　创建剪贴蒙版

08 按 Ctrl+O 快捷键，弹出"打开"对话框，选择人物素材，单击"打开"按钮，运用移动工具，将人物素材添加至文件中，放置在合适的位置，如图 5-7 所示。

09 单击图层面板上的"添加图层蒙版"按钮，为"人物"图层添加图层蒙版。编辑图层蒙版，设置前景色为黑色，选择画笔工具，按"["或"]"键调整合适的画笔大小，在人物图像上涂抹，得到效果如图 5-8 所示。

图 5-7　添加人物素材

图 5-8　添加图层蒙版

技巧点拨

按下快捷键"["和"]"键改变画笔大小时，必须在英文输入状态下才可以操作。

10 选择工具箱中的钢笔工具，按下"路径"按钮，绘制如图 5-9 所示的路径。

11 按 Enter+Ctrl 快捷键，转换路径为选区，设置前景色为黄色（CMYK 参考值分别为 C6、M49、Y99、K5），按 Alt+Delete 快捷键，填充颜色为黄色，按 Ctrl+D 取消选区，如图 5-10 所示。

图 5-9　绘制路径

图 5-10　填充颜色

专家提醒

使用钢笔工具或形状工具创建路径时，新的路径作为“工作路径”出现在路径面板中。工作路径是临时路径，必须进行保存，否则当再次绘制路径时，新路径将代替原工作路径。

12 设置图层的“混合模式”为“柔光”，“不透明度”为 60%，效果如图 5-11 所示。

13 按 Ctrl+J 组合键，将光效图层复制几层，运用同样的操作方法设置图层的“混合模式”和“不透明度”。

14 新建一个图层组，然后新建一个图层，设置前景色为深红色（CMYK 参考值分别为 C24、M85、Y97、K21），选择画笔工具，在工具选项栏中设置“硬度”为 0%，“不透明度”和“流量”均为 80%，在图像窗口中单击鼠标左键，绘制如图 5-12 所示的光效。

图 5-11　设置图层混合模式

图 5-12　绘制光效

15 按 Ctrl+O 快捷键，弹出“打开”对话框，选择牙膏素材，单击“打开”按钮，运用移动工具，将牙膏素材添加至文件中，放置在合适的位置，如图 5-13 所示。

图 5-13　添加牙膏素材

图 5-14　绘制光点

16 新建一个图层，设置前景色为橙色(CMYK 参考值分别为 C1、M44、Y88、K1)，选择画笔工具，在工具选项栏中设置参数，在图像的左下角绘制光点，如图 5-14 所示。

17 运用同样的操作方法继续绘制光点，得到如图 5-15 所示效果。

图 5-15　绘制光点

18 在工具箱中选择横排文字工具T，设置字体为“方正综艺简体”、字体大小为 65 点，输入文字，调整“口腔”和“质生活”的字体大小为 50 点，如图 5-16 所示。

19 单击工具选项栏的字符面板，弹出“字符面板”对话框，选择字符面板上的“仿斜体”按钮T，得到如图 5-17 所示的文字倾斜效果。

图 5-16　输入文字

图 5-17　仿斜体效果

20 按 Ctrl+J 组合键，将文字图层复制一层。

21 单击“图层”|“文字”|“转换为形状”命令，转换文字为形状，按 Ctrl + Enter 快捷键，转换路径为选区，如图 5-18 所示。

22 执行“选择”|“修改”|“扩展”命令，弹出“扩展选区”对话框，设置“扩展量”为 35 像素，单击“确定”按钮，退出“扩展选区”对话框，添加“扩展选区”效果如图 5-19 所示。

图 5-18　转换路径为选区

图 5-19　扩展选区

23 新建一个图层，设置前景色为深红色，CMYK 参考值分别为 C30、M100、Y100、K30，按 Alt + Delete 快捷键，填充颜色为深红色，如图 5-20 所示。

24 参照前面同样的操作方法，制作如图 5-21 所示的图形。

图 5-20　填充选区

图 5-21　绘制图形

25 继续制作扩展选区效果，如图 5-22 所示。

26 再运用同样的操作方法，输入其他文字，并添加标志素材，得到如图 5-23 所示的最终效果。

图 5-22 制作扩展选区效果

图 5-23 最终效果

Example

5.2 娱乐海报——欢乐颂 KTV

本实例制作的是欢乐颂 KTV 娱乐海报设计，实例以舞动的人物形态为主体，通过星闪烁背景，营造激情、活跃的音乐氛围，制作完成的效果如左图所示。

使用工具：渐变工具、画笔工具、自定形状工具、椭圆选框工具、“彩色半调”命令、“扩展”命令、矩形选框工具、横排文字工具。

视频路径：avi\5.2.avi

01 启动 Photoshop 后，执行“文件”|“新建”命令，弹出“新建”对话框，设置参数如图 5-24 所示，单击“确定”按钮，新建一个空白文件。

02 选择工具箱中的渐变工具，在工具选项栏中单击渐变条，打开“渐变编辑器”对话框，设置参数如图 5-25 所示。其中橙色的 CMYK 参考值分别为 C1、M40、Y65、K0、玫红色的 CMYK 参考值分别为 C1、M76、Y25、K0、紫罗兰的 CMYK 参考值分别为 C22、M98、Y11、K14、深紫色的 CMYK 参考值分别为 C80、M97、Y39、K53。

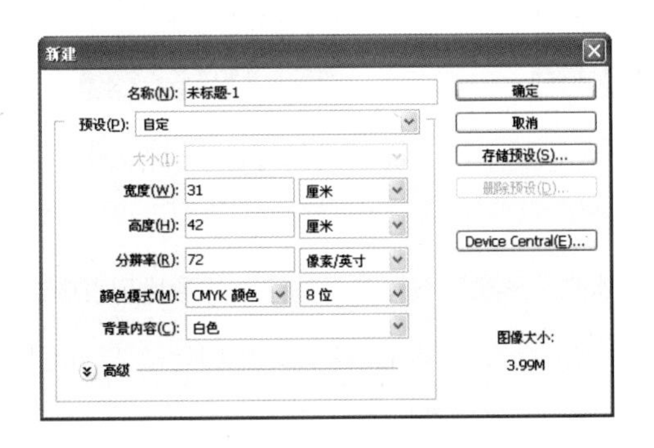

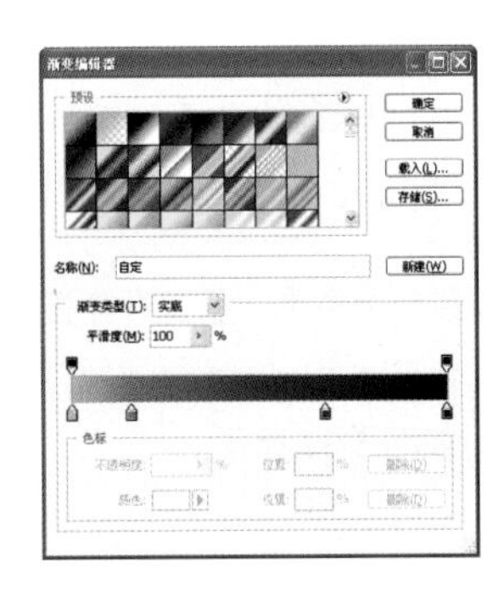

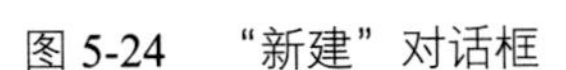

图 5-24 “新建”对话框　　图 5-25 “渐变编辑器”对话框

03 单击“确定”按钮，关闭“渐变编辑器”对话框。新建一个图层，按下工具选项栏中的“径向渐变”按钮，在图像窗口中拖动鼠标，填充渐变效果如图 5-26 所示。

04 选择画笔工具，按 F5 键，打开画笔面板，选择“尖角 19 像素”画笔预设，然后单击画笔浮动面板的“画笔笔尖形状”选项，调整参数如图 5-27 所示。

05 按住 Shift 的同时，在图像窗口顶端绘制圆点，如图 5-28 所示。

06 按 Ctrl+J 组合键，将圆点图层复制一层，按 Ctrl+T 快捷键，进入自由变换状态，如图 5-29 所示。

知识链接——渐变工具

在使用渐变工具时，在其属性栏中可以选择线性、径向、角度、对称、菱形等渐变类型，不同的渐变类型所创建的效果也各有特点。

图 5-26 填充渐变

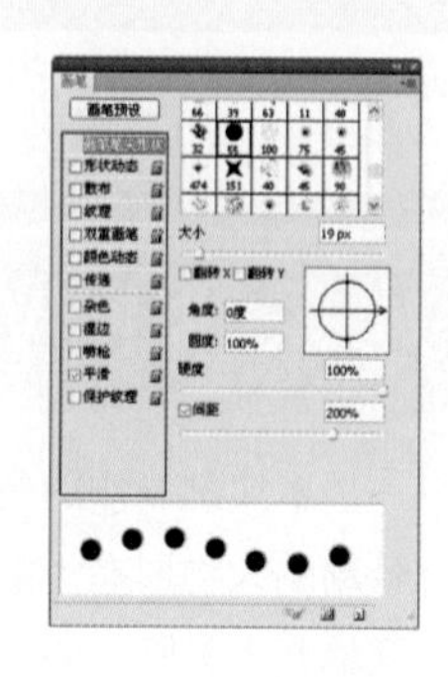

图 5-27 “画笔面板”参数

图 5-28 绘制圆点

07 按住 Shift 的同时拖动鼠标至合适的位置，按 Ctrl+Alt+Shift+T 快捷键，可在进行再次变换的同时复制变换对象，如图 5-30 所示为使用重复变换复制功能制作。

08 按 Ctrl+E 快捷键将重复变换复制的图形合并，按 Ctrl+T 快捷键，进入自由变换状态，单击鼠标右键，在弹出的快捷菜单中选择“透视”选项，调整至合适的位置和角度，得到如图 5-31 所示效果。

图 5-29 自由变换

图 5-30 复制变换对象

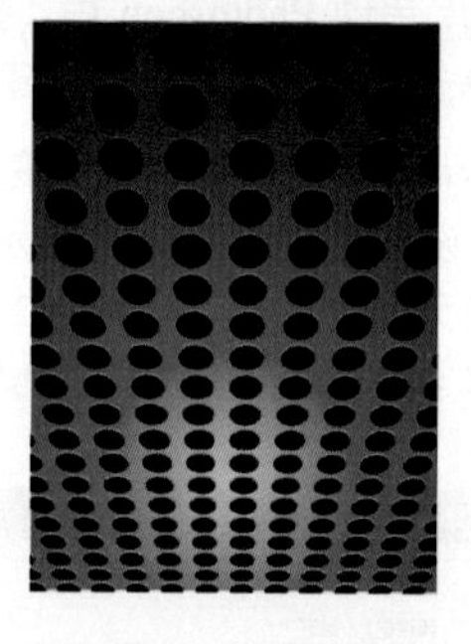

图 5-31 透视效果

09 设置前景色为白色，新建一个图层，

10 在工具箱中选择自定形状工具，然后单击选项栏“形状”下拉列表按钮，从形状列表中选择“靶心”形状，如图 5-32 所示。

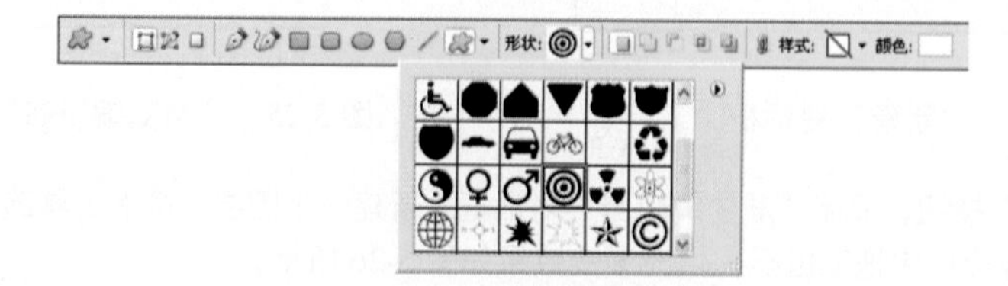

图 5-32 选择“靶心”形状

11 按住 Ctrl 键的同时单击合并的图层缩览图，选择工具箱中的渐变工具，按下工具选项栏中的“线性渐变”按钮，运用同样的操作方法，在图像窗口中拖动鼠标，填充渐变，按 Ctrl+D 取消选区，效果如图 5-33 所示。

12 按下“填充像素”按钮，在图像窗口中，拖动鼠标绘制“靶心”形状，运用同样的操作方法绘制形状，并设置图层的“不透明度”为 30%，如图 5-34 所示。

图 5-33　填充渐变效果

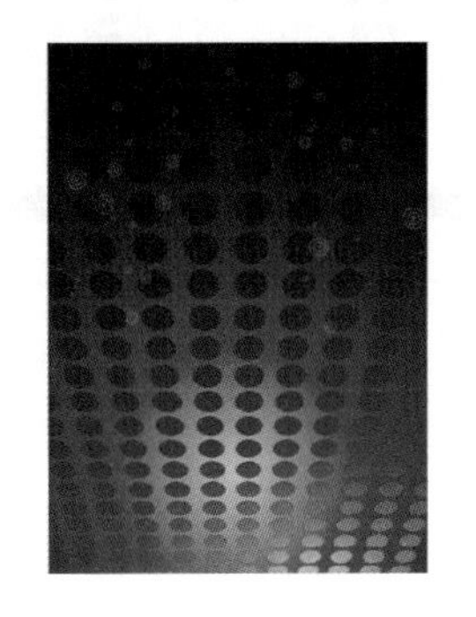

图 5-34　绘制“靶心”形状

13 执行“文件”|“新建”命令，弹出“新建”对话框，设置参数如图 5-35 所示。单击“确定”按钮，关闭对话框，新建一个图像文件。

14 设置前景色为黑色，按 F5 键，弹出画笔面板，设置参数如图 5-36 所示，在图像窗口中单击鼠标左键，绘制图形，然后设置参数如图 5-37 所示，在图像窗口中单击鼠标左键，绘制图形，如图 5-38 所示。

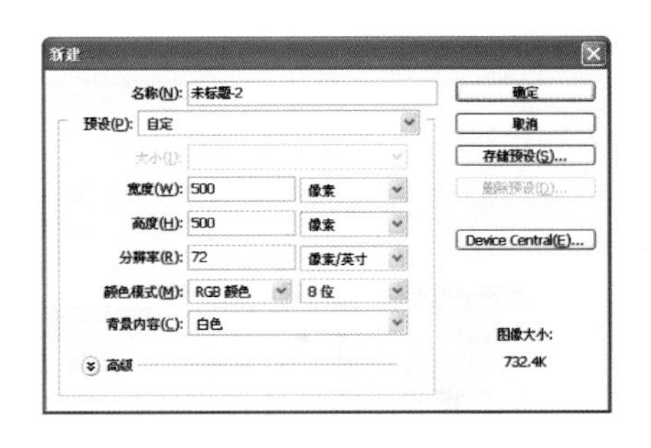

图 5-35　“新建”对话框

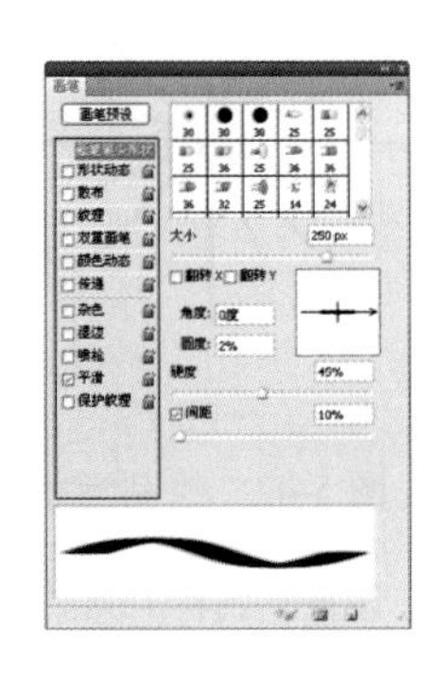

图 5-36　“画笔面板”参数

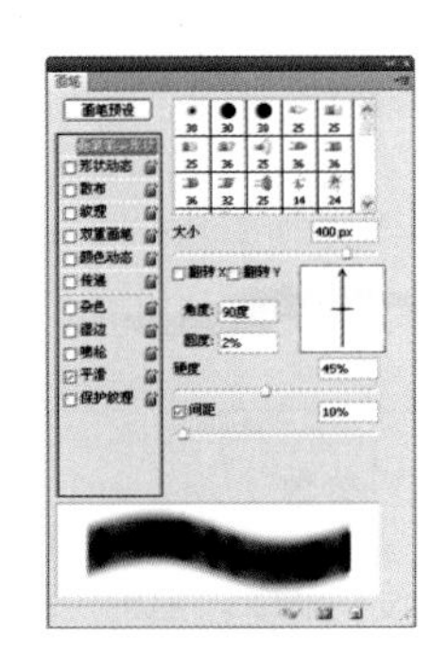

图 5-37　“画笔面板”参数

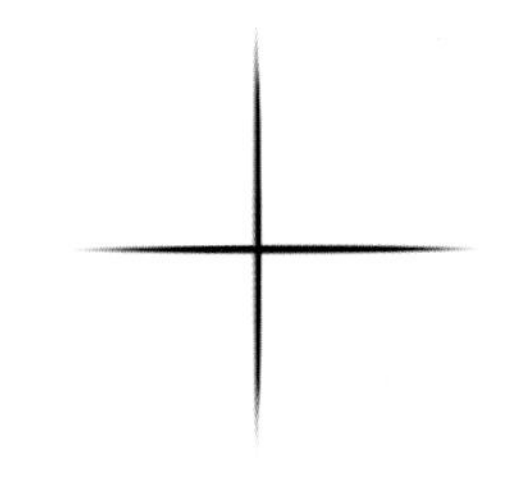

图 5-38　绘制图形

15 运用同样的操作方法，在弹出的画笔面板设置参数如图 5-39 所示，分别在图像窗口中单击鼠标左键绘制图形，得到如图 5-40 所示的效果。

16 参照上面同样的操作方法，在弹出的画笔面板设置参数如图 5-41 所示，再次在图像窗口中单击鼠标左键绘制图形。

17 选择画笔工具，在工具选项栏中设置“硬度”为 0%，“不透明度”和“流量”均为 100%，在图像窗口中单击鼠标，绘制如图 5-42 所示的光点。

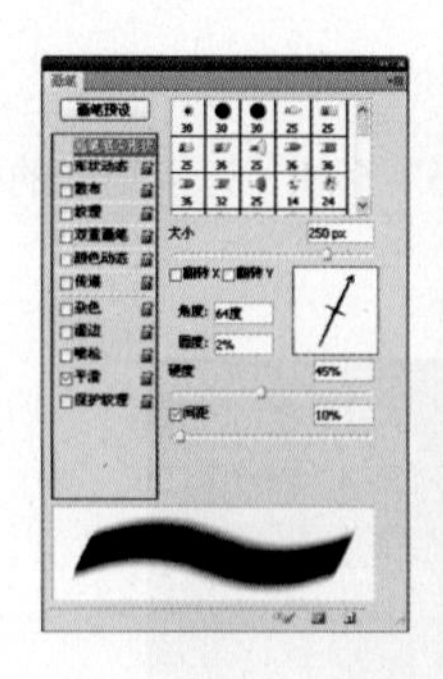
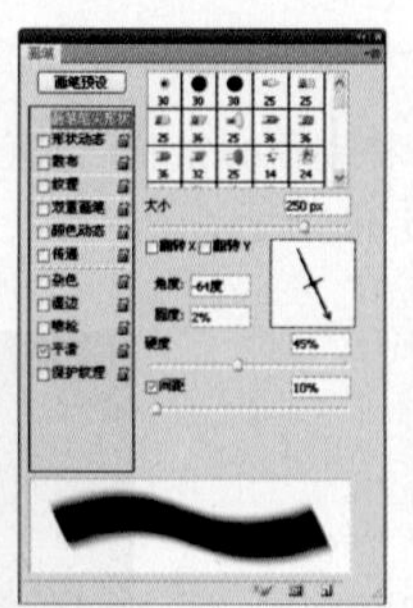
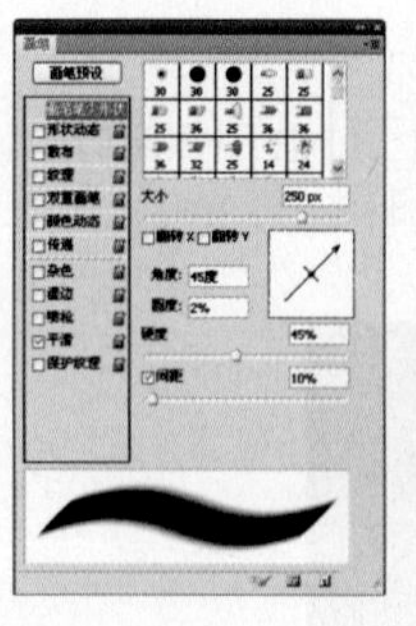
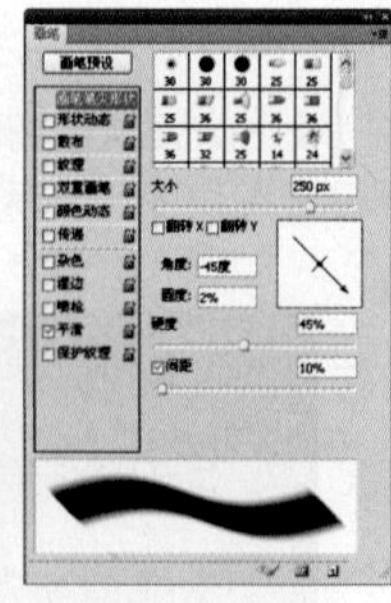

图 5-39 “画笔面板”参数

图 5-40 绘制图形

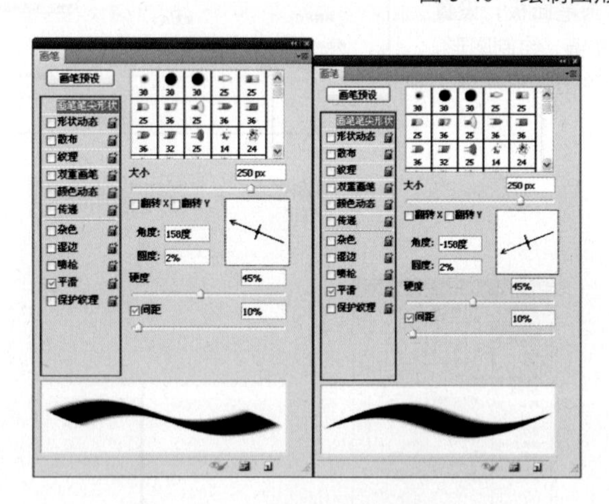

图 5-41 “画笔面板”参数

图 5-42 绘制光点

18 执行“编辑” | “定义画笔预设”命令，弹出“画笔名称”对话框，设置“名称”为“星星”，如图 5-43 所示。

图 5-43 设置名称

19 切换至海报文件，选择画笔工具，按 F5 键，打开画笔面板，选择刚才定义的画笔，设置参数如图 5-44 所示。

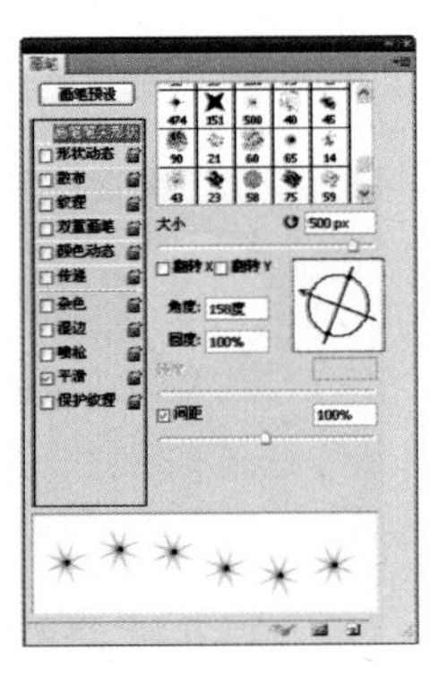

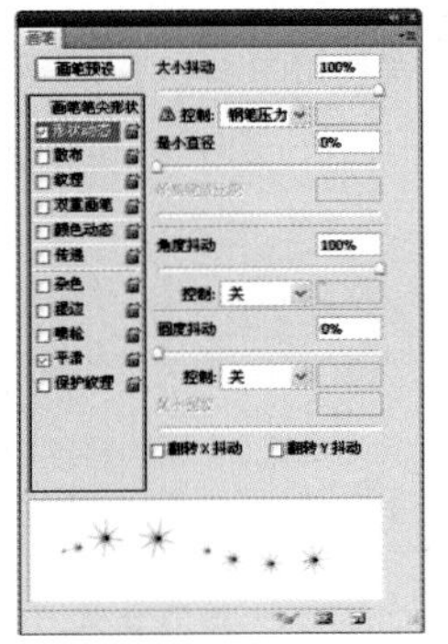

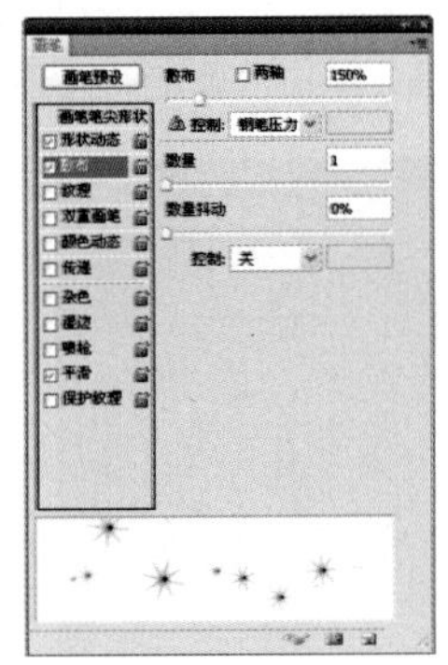

图 5-44 “画笔面板”参数

知识链接——画笔预设

画笔的可控参数众多，包括笔尖的形状及相关的大小、硬度、纹理等特性，如果每次绘画前都重复设置这些参数，将是一件非常繁琐的工作。为了提高工作效率，Photoshop 提供了预设画笔功能，预设画笔是一种存储的画笔笔尖，并带有诸如大小、形状和硬度等定义的特性。Photoshop 提供的许多常用的预设画笔，如图 5-45 所示为几种预设画笔绘画效果，用户也可以将自己常用的画笔存储为画笔预设。

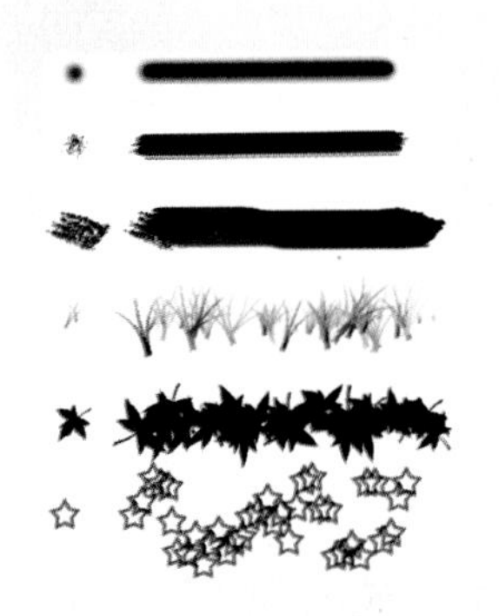

图 5-45 几种预设画笔绘画效果

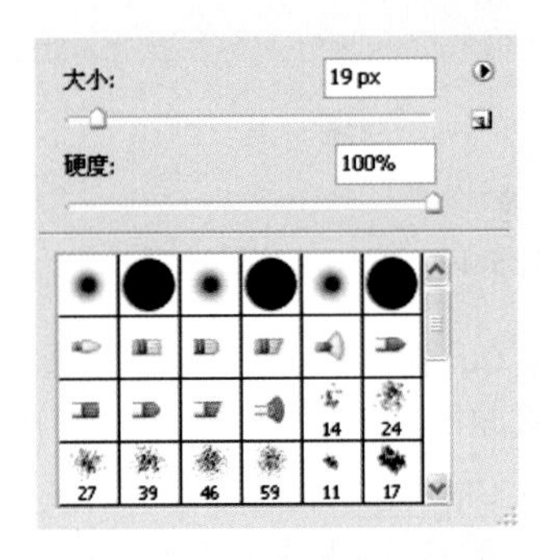

图 5-46 画笔预设下拉列表

在工具选项栏中单击画笔预设下拉按钮，打开画笔预设下拉列表框，拖动滚动条即可浏览、选择所需的预设画笔，每个画笔的右侧还有该画笔绘画效果预览，如图 5-46 所示。

选择画笔或铅笔工具后，在图像窗口任意位置单击鼠标右键，可快速打开画笔预设列表框。

20 设置前景色为白色，单击“创建新图层”按钮，新建一个图层，在图像窗口中用刚才设好的画笔绘制，效果如图 5-47 所示。

21 新建一个图层，选择椭圆选框工具，按住 Shift 键的同时拖动鼠标，绘制一个正圆选区，按 Alt+Delete 快捷键，填充颜色为白色。如图 5-48 所示。

22 切换到通道面板，单击图层面板中的“创建新图层”按钮，新建一个 Alpha1 通道。

23 执行“选择”|“修改”|“扩展”命令，弹出“扩展选区”对话框，设置扩展量为 100 像素，单击“确定”按钮，退出“扩展选区”对话框。

24 单击鼠标右键，在弹出的快捷菜单里选择“羽化”选项，弹出“羽化选区”对话框，设置“羽化半径”为 100 像素，单击“确定”按钮，得到如图 5-49 所示效果。

图 5-47　绘制“靶心”形状

图 5-48　绘制正圆

25 按 D 键，恢复前景色和背景色的默认设置，按 Ctrl+Delete 快捷键，填充颜色为黑色，如图 5-50 所示。

26 执行“滤镜”|“像素化”|“彩色半调”命令，弹出“彩色半调”对话框，设置“最大半径”为 20 像素，单击“确定”按钮，执行滤镜效果并退出“彩色半调”对话框，效果如图 5-51 所示。

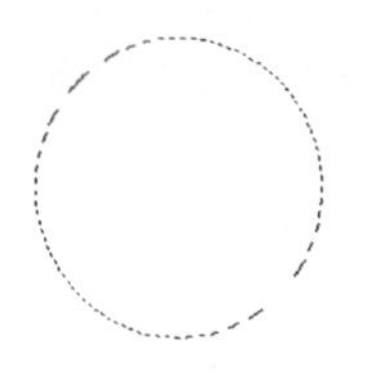

图 5-49　羽化、扩展选区

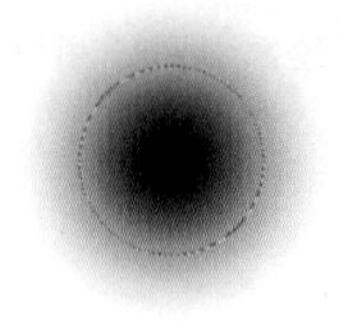

图 5-50　填充黑色

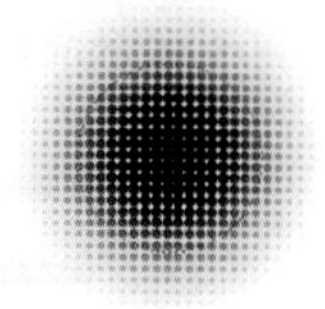

图 5-51　彩色半调

27 按 Ctrl 键的同时单击 Alpha1 通道，载入选区，回到图层面板。新建一个图层，按 Alt+Delete 快捷键，填充颜色，按 Ctrl+D 取消选区，得到效果如图 5-52 所示。

28 按 Ctrl+O 快捷键，弹出“打开”对话框，选择人物、乐器等素材，单击“打开”按钮，运用移动工具，将素材添加至文件中，放置在合适的位置，如图 5-53 所示。

图 5-52　彩色半调效果

图 5-53　添加素材文件效果

29 选择工具箱中的矩形选框工具，在图像窗口顶端按住鼠标并拖动，绘制选区，按 Ctrl+Delete 键填充颜色，如图 5-54 所示。

30 在工具箱中选择横排文字工具，设置字体为“方正综艺简体”、字体大小为 60 点，输入文字。

31 单击工具选项栏的字符面板，弹出“字符面板”对话框，选择字符面板上的“仿斜体”按钮 T。运用同样的操作方法继续输入文字，得到效果如图 5-55 所示。

图 5-54　绘制选区

图 5-55　最终效果

Example

5.3 高立柱户外广告——元升太阳能

本实例制作的是元升太阳能高立柱户外广告设计，实例以清新的绿色为主色调，突出产品环保、节能的特性，制作完成的效果如左图所示。

使用工具：图层样式、魔棒工具、画笔工具、钢笔工具、自定形状工具、横排文字工具。

视频路径：avi\5.3.avi

01 启动 Photoshop 后，执行“文件”|“新建”命令，弹出“新建”对话框，设置参数如图 5-56 所示，单击“确定”按钮，新建一个空白文件。

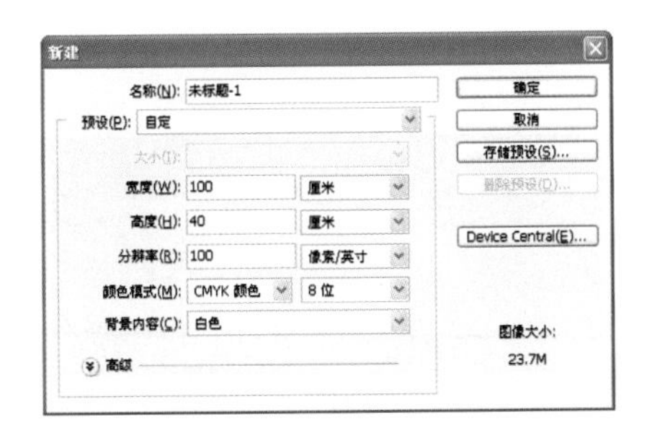

图 5-56　“新建”对话框

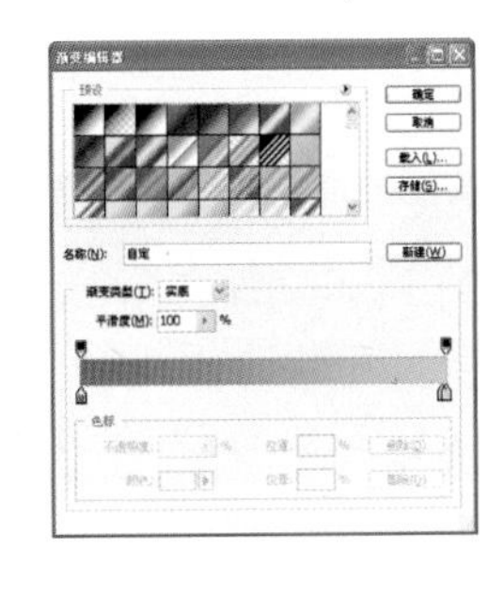

图 5-57　“渐变编辑器”对话框

02 设置前景色为深绿色，CMYK 参考值分别为 C100、M0、Y100、K33，按 Alt+Delete 快捷键，填充背景。

03 新建一个图层，执行“图层”|“图层样式”|“渐变叠加”命令，弹出“图层样式”对话框，单击渐变条，在弹出的“渐变编辑器”对话框中设置颜色如图 5-57 所示，其中黄色的 CMYK 参考值分别为 C0、M10、Y100、K0，绿色的 CMYK 参考值分别为 C100、M0、Y100、K33。

04 单击“确定”按钮，返回“图层样式”对话框如图 5-58 所示。

05 单击“确定”按钮，退出“图层样式”对话框，添加“渐变叠加”的效果如图 5-59 所示。

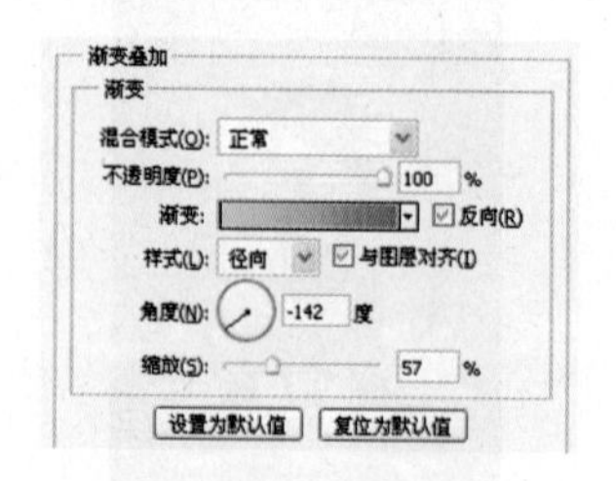

图 5-58 “渐变叠加”的参数

图 5-59 “渐变叠加”效果

06 按 Ctrl+O 快捷键，弹出“打开”对话框，选择飘旗图片，单击“打开”按钮，选择工具箱中的魔棒工具，选择黑色背景，按 Ctrl＋Shift＋I 快捷键，反选得到飘旗选区，运用移动工具，将素材添加至文件中，放置在合适的位置。

07 按 Ctrl+J 组合键，将飘旗图层复制六层，放置在合适的位置，如图 5-60 所示。

08 在图层面板中单击“添加图层样式”按钮 fx，在弹出的快捷菜单中选择“投影”选项，弹出“图层样式”对话框，设置参数如图 5-61 所示。

图 5-60 添加飘旗素材

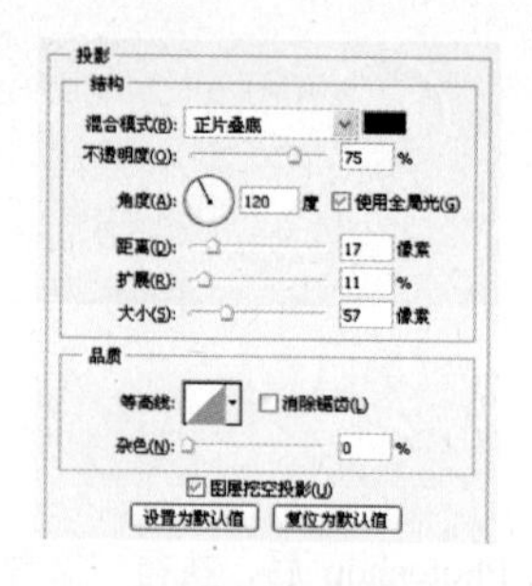

图 5-61 “投影”参数

09 单击“确定”按钮，退出“图层样式”对话框，添加“图层样式”的效果如图 5-62 所示。

图 5-62 添加“投影”效果

图 5-63 绘制光点

10 新建一个图层，设置前景色为黄色（CMYK 参考值分别为 C0、M10、Y100、K0），选择画笔工具，在工具选项栏中选择“柔角 27 像素”，“不透明度”和“流量”均为 80%，在图像窗口中单击鼠标，绘制如图 5-63 所示的光点。

11 按 Ctrl+O 快捷键，弹出“打开”对话框，选择标志素材，单击“打开”按钮，运用移动工具，将标志素材添加至文件中，放置在合适的位置，如图 5-64 所示。

12 运用钢笔工具，按下“路径”按钮，绘制如图 5-65 所示的路径。

13 按 Enter+Ctrl 快捷键，转换路径为选区，按 Alt+Delete 快捷键，填充颜色为黄色，按 Ctrl+D 快捷键，取消选区，如图 5-66 所示。

图 5-64 添加标志素材

图 5-65 绘制路径

图 5-66 填充颜色

14 双击其他标志图层，弹出“图层样式”对话框，选择“描边”选项，设置参数如图 5-67 所示。

15 单击“确定”按钮，退出“图层样式”对话框，得到如图 5-68 所示效果。

图 5-67 “描边”参数

图 5-68 “描边”效果

16 运用同样的操作方法，添加人物、叶子和太阳能等其他素材如图 5-69 所示，并对太阳能图像添加“外发光”的图层样式效果，如图 5-70 所示。

图 5-69 添加其他素材

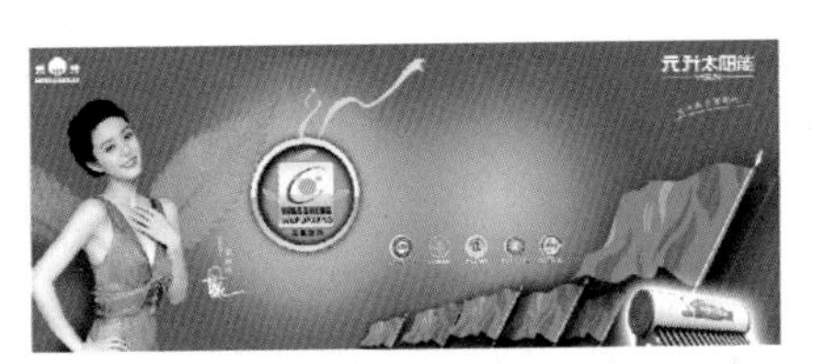

图 5-70 “外发光”效果

知识链接——外发光

“外发光”效果可以在图像边缘产生光晕，从而将对象从背景中分离出来，以达到醒目、突出主题的作用

17 新建一个图层，在工具箱中选择自定形状工具，然后单击选项栏“形状”下拉列表按钮，从形状列表中选择“雪花 3”形状，如图 5-71 所示。

18 按下“填充像素”按钮，在图像窗口中右上角位置，拖动鼠标绘制雪花形状，设置雪花形状的“不透明度”为 50%。

19 按 Ctrl+J 组合键，将雪花图层复制几层，分别设置图层的不透明度，如图 5-72 所示。

20 在工具箱中选择横排文字工具T，设置字体为“方正大黑简体”、字体大小为100点，输入文字，运用同样的操作方法，输入其他文字，如图5-73所示。

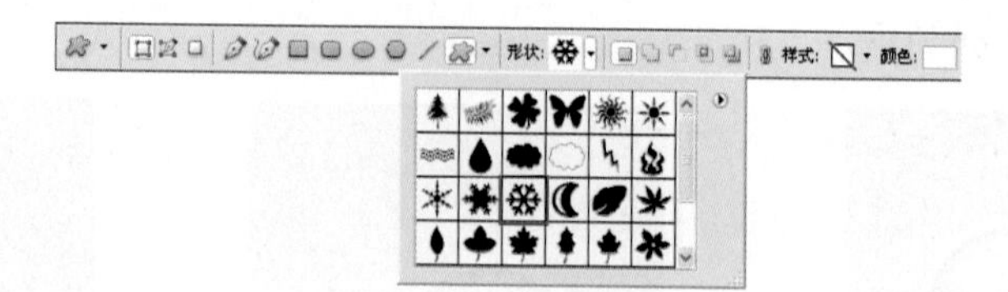

图5-71　选择“雪花3”形状

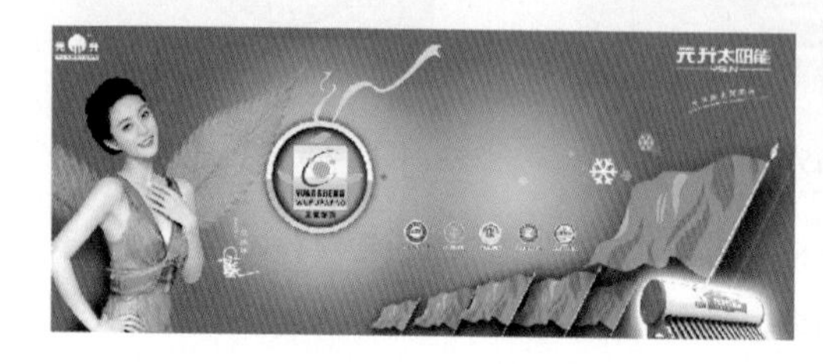

图5-72　绘制雪花形状

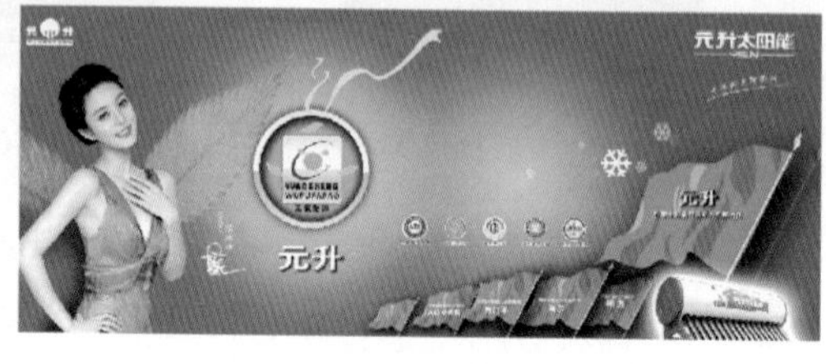

图5-73　最终效果

Example

5.4 贵宾卡——东海生活贵宾卡

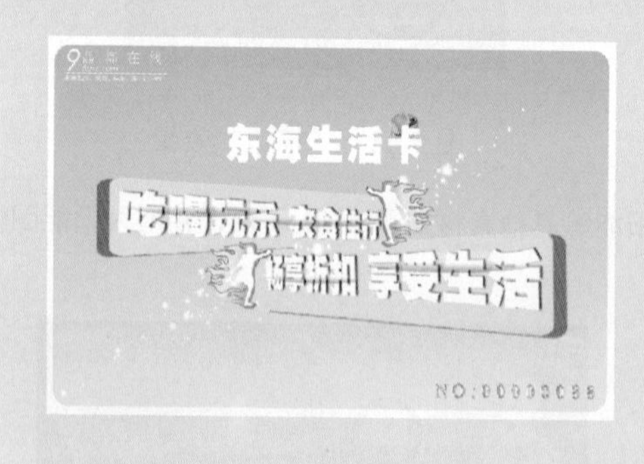

本实例制作的是东海生活贵宾卡设计，实例以图形辅助来突出文字的空间立体感，让整个画面不仅仅是停留在平面中，制作完成的效果如左图所示。

使用工具：圆角矩形工具、图层样式、横排文字工具。

视频路径：avi\5.4.avi

01 启动Photoshop后，执行“文件”|“新建”命令，弹出“新建”对话框，设置参数如图5-74所示，单击“确定”按钮，新建一个空白文件。

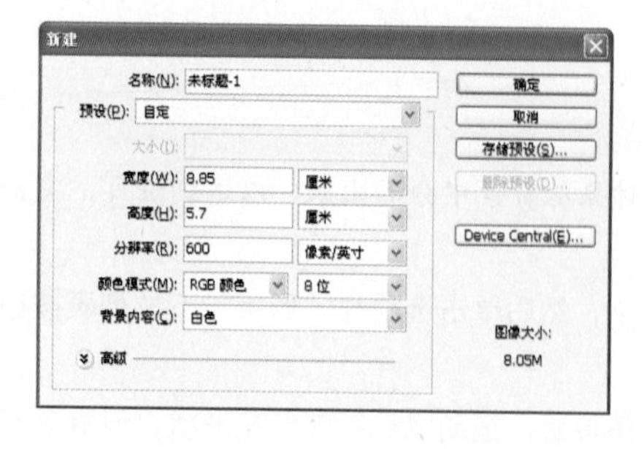

新建

名称(N): 未标题-1　　确定

预设(P): 自定　　取消

大小(I):　　存储预设(S)...

删除预设(D)...

宽度(W): 8.85　厘米

高度(H): 5.7　厘米

分辨率(R): 600　像素/英寸　　Device Central(E)...

颜色模式(M): RGB 颜色　8位

背景内容(C): 白色　　图像大小: 8.05M

高级

图5-74　“新建”对话框

图5-75　绘制圆角矩形

02 设置前景色为绿色（RGB 参考值分别为 R102、G204、B51），在工具箱中选择圆角矩形工具，按下“形状图层”按钮，单击几何选项下拉按钮在弹出的面板中设置参数如图 5-76 所示。在图像窗口中，拖动鼠标绘制一个圆角矩形，如图 5-75 所示。

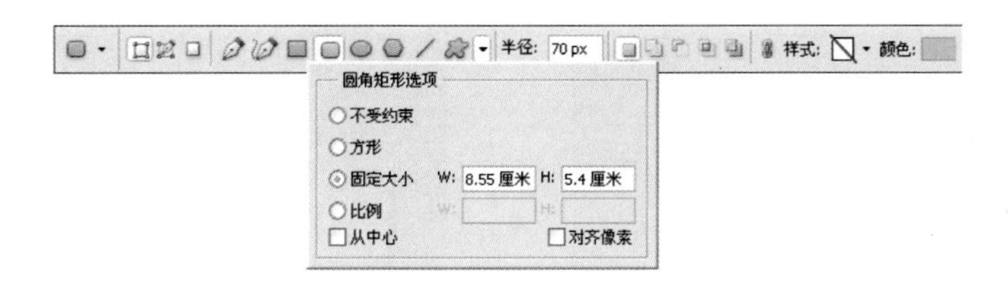

图 5-76　圆角矩形选项面板

03 执行“图层”|“图层样式”|“渐变叠加”命令，弹出“图层样式”对话框，单击渐变条，在弹出的“渐变编辑器”对话框中设置颜色如图 5-77 所示，其中黄色的 RGB 参考值分别为 R193、G183、B24，绿色的 RGB 参考值分别为 R82、G142、B23。

04 单击“确定”按钮，返回“图层样式”对话框，如图 5-78 所示。

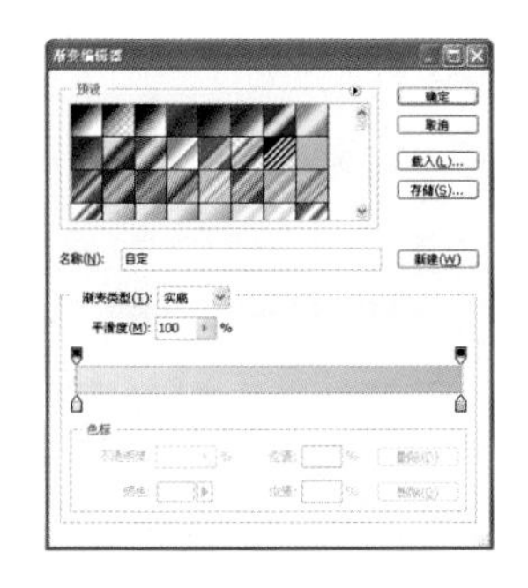

图 5-77　“渐变编辑器”对话框

图 5-78　“渐变叠加”参数

05 单击“确定”按钮，退出“图层样式”对话框，添加“渐变叠加”的效果如图 5-79 所示。

06 新建一个图层，设置前景色为黄色，RGB 参考值分别为 R255、G226、B0，在工具箱中选择圆角矩形工具，按下“填充像素”按钮，在图像窗口中，拖动鼠标绘制一个圆角矩形。

07 按 Ctrl+T 快捷键，进入自由变换状态，单击鼠标右键，在弹出的快捷菜单中选择“透视”选项，调整至合适的位置和角度，如图 5-80 所示。

图 5-79　“渐变叠加”效果

图 5-80　“透视”效果

08 按 Ctrl+J 组合键，将圆角矩形图层复制一层。

09 设置前景色为褐色，RGB 参考值分别为 R157、G114、B29，按 Alt+Delete 快捷键，填充颜色，如图 5-81 所示，制作出立体效果。

10 运用同样的操作方法制作另一个图形，如图 5-82 所示。

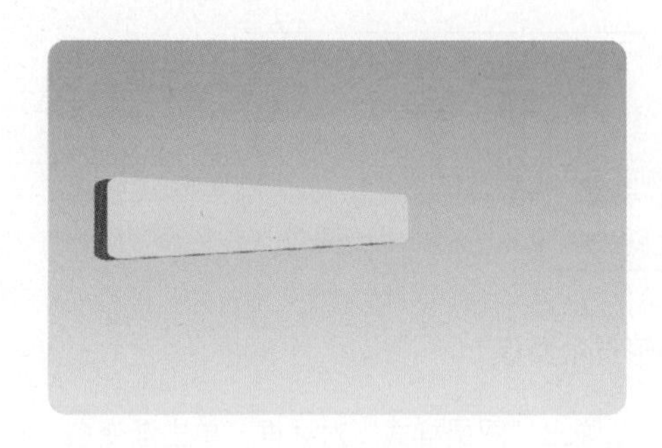

图 5-81 复制图形

图 5-82 制作透视圆角矩形

11 在工具箱中选择横排文字工具 T，设置字体为“方正超粗黑简体”、字体大小为 24 点，输入文字。

12 运用同样的操作方法，调整文字的“透视”，得到如图 5-83 所示效果。

13 双击图层，弹出“图层样式”对话框，选择“投影”选项，设置参数如图 5-84 所示。

图 5-83 输入文字

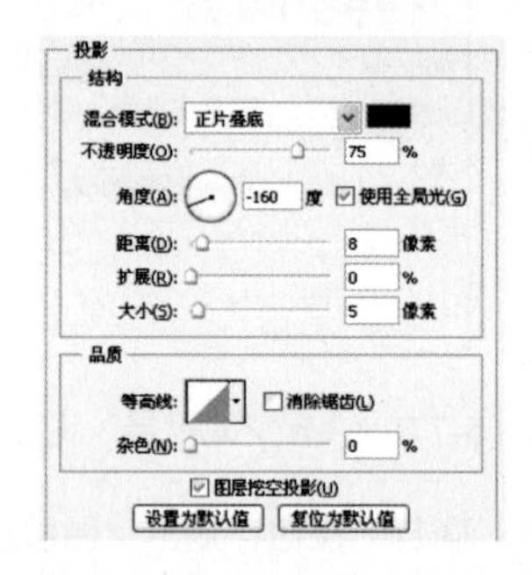

图 5-84 “投影”参数

14 单击“确定”按钮，退出“图层样式”对话框，添加“投影”的效果如图 5-85 所示。

15 运用钢笔工具，绘制如图 5-86 所示的路径，按 Ctrl + Enter 快捷键，转换路径为选区，按 Alt+Delete 快捷键，填充褐色，按 Ctrl + D 快捷键，取消选区。

技巧点拨

执行“选择” | “取消选择”命令，或按下 Ctrl + D 快捷键，可取消所有已经创建的选区。如果当前激活的是选择工具（如选框工具、套索工具），移动光标至选区内单击鼠标，也可以取消当前的选择。

16 执行“图层” | “图层样式” | “渐变叠加”命令，弹出“图层样式”对话框，单击渐变条，在弹出的“渐变编辑器”对话框中设置颜色如图 5-87 所示。

17 单击“确定”按钮，返回“图层样式”对话框，设置其他参数如图 5-88 所示。

18 单击“确定”按钮，退出“图层样式”对话框，添加“渐变叠加”的效果。运用同样的操作方法，制作其他光效，如图 5-89 所示。

19 按 Ctrl+O 快捷键，弹出“打开”对话框，选择动态人物、星星和帽子素材，运用移动工具，将素材添加至文件中，放置在合适的位置，如图 5-90 所示。

图 5-85 “投影”效果

图 5-86 绘制路径

图 5-87 “渐变编辑器”对话框

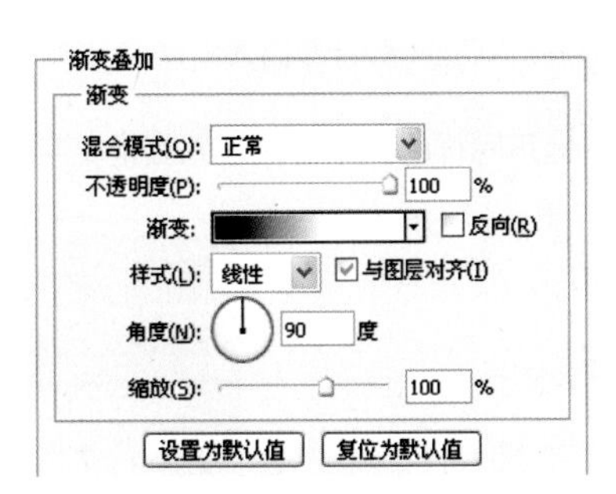

图 5-88 “渐变叠加”参数

图 5-89 “渐变叠加”效果

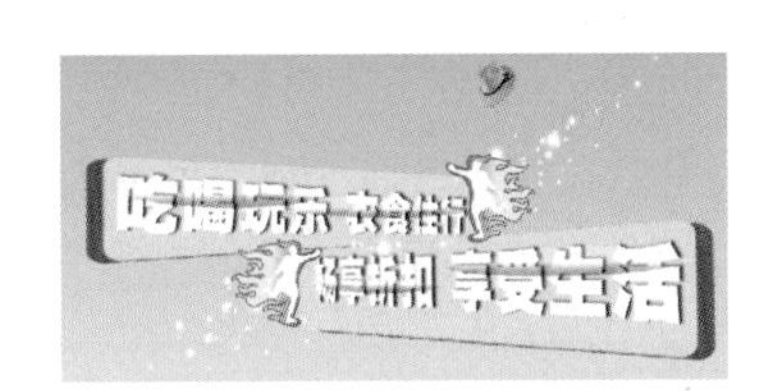

图 5-90 添加素材效果

20 在工具箱中选择横排文字工具T，设置字体为 MyriadPro、字体大小为 8 点，输入文字，效果如图 5-91 所示。

21 在图层面板中单击“添加图层样式”按钮 fx，选择“投影”选项，设置参数如图 5-92 所示。

NO:00000088

图 5-91 “斜面和浮雕”参数

图 5-92 “投影”参数

22 选择“斜面和浮雕”选项，设置参数如图 5-93 所示，单击“确定”按钮，退出“图层样式”对话框，添加“图层样式”的效果如图 5-94 所示。

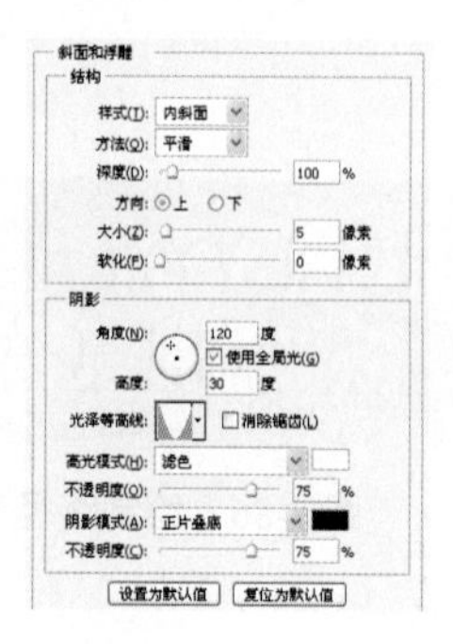

图 5-93　输入文字

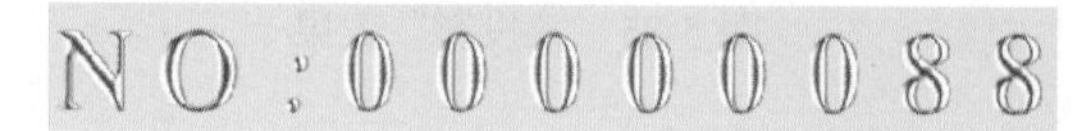

图 5-94　添加“图层样式”的效果

23 运用同样的操作方法输入其他文字，最终效果如图 5-95 所示。

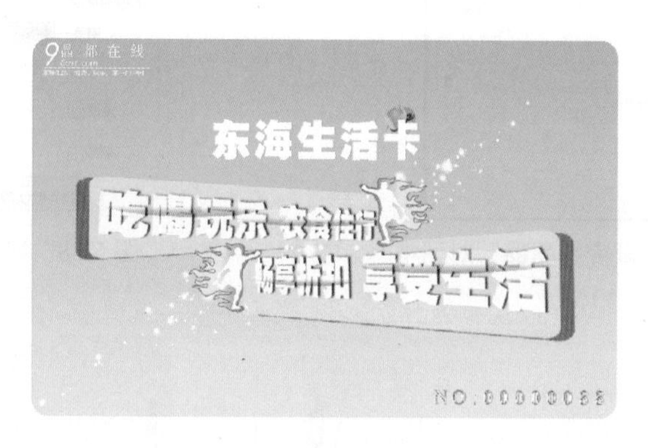

图 5-95　最终效果

Example

5.5 户外媒体灯箱广告——奥克斯空调

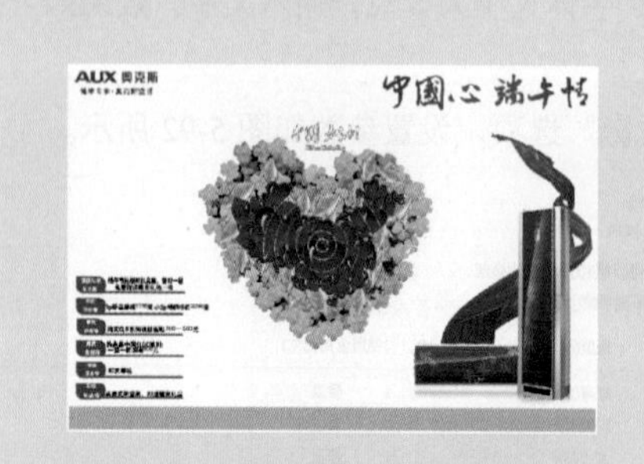

本实例制作的是奥克斯空调户外媒体灯箱广告设计，实例以“中国心 端午情”为主题，主要通过绘制心形的叶子和心形的地图来传递活动的宗旨，制作完成的效果如左图所示。

使用工具：钢笔工具、磁性套索工具、椭圆工具、画笔工具、图层蒙版、图层样式、横排文字工具。

视频路径：avi\5.5.avi

01 启动 Photoshop 后，执行“文件”|“新建”命令，弹出“新建”对话框，设置参数如图 5-96 所示，单击“确定”按钮，新建一个空白文件。

02 按 Ctrl+O 快捷键，弹出“打开”对话框，选择叶子图片，单击“打开”按钮，运用移动工具，将素材添加至文件中，放置在合适的位置。

03 选择工具箱中的钢笔工具，按下“形状图层”按钮，绘制如图 5-97 所示的图形。

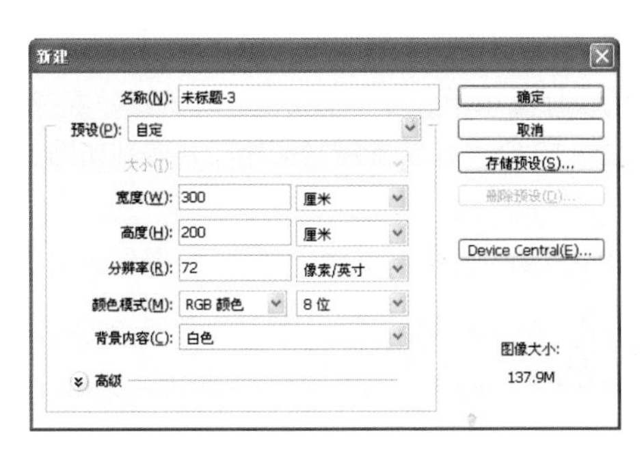

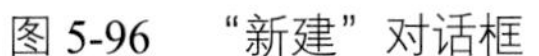
图 5-96 “新建”对话框

图 5-97 绘制路径

04 设置图层不透明度为 50%，选择磁性套索工具，围绕心形创建不规则的选区，如图 5-98 所示。

图 5-98 绘制选区

图 5-99 复制选区

05 选择叶子图层，按 Ctrl+C 快捷键，复制选区内的图形，新建一个图层，按 Ctrl+V 快捷键粘贴，隐藏心形和叶子图层，效果如图 5-99 所示。

知识链接——显示与隐藏图层

图层面板中的眼睛图标不仅可指示图层的可见性，也可用于图层的显示/隐藏切换。通过设置图层的显示/隐藏，可控制一幅图像的最终效果。

单击文字图层前的图标，该图层即由可见状态转换为隐藏状态，同时眼睛图标也显示为形状，如图 5-100 所示。当图层处于隐藏状态时，单击该图层的图标，该图层即由不可见状态转换为可见状态，眼睛图标也显示为形状。

按住 Alt 键单击图层的眼睛图标，可显示/隐藏除本图层外的所有其他图层。

图 5-100 隐藏图层

06 运用同样的操作方法，添加其他素材。

07 新建一个图层，在工具箱中选择椭圆工具，按下“路径”按钮，在图像窗口中，按住 Shift 键的同时，拖动鼠标绘制一个正圆。

08 选择画笔工具，设置前景色为白色，画笔“大小”为“尖角 5 像素”、“硬度”为 100%，选择钢笔工具，在绘制的路径上方单击鼠标右键，在弹出的快捷菜单中选择“描边路径”选项，在弹出的对话框中选择“画笔”选项，单击“确定”按钮，描边路径，按 Ctrl+H 快捷键隐藏路径，得到如图 5-101 所示的效果。

09 按下 Ctrl＋Alt＋T 键，变换图形，按住 Alt 键的同时，拖动中心控制点向内侧移动，得到如图 5-102 所示。

10 单击 Enter 键确认，并重复变换图形，如图 5-103 所示。

图 5-101　描边路径

图 5-102　变换图形

11 运用同样的操作方法，添加其他产品和文字素材，如图 5-104 所示。

12 新建一个图层，设置前景色为大红色（RGB 参考值分别为 R22、G12、B24），在工具箱中选择圆角矩形工具，按下“填充像素”按钮，设置“半径”为 550px，在图像窗口中，拖动鼠标绘制一个圆角矩形，效果如图 5-105 所示。

图 5-103　重复变换效果

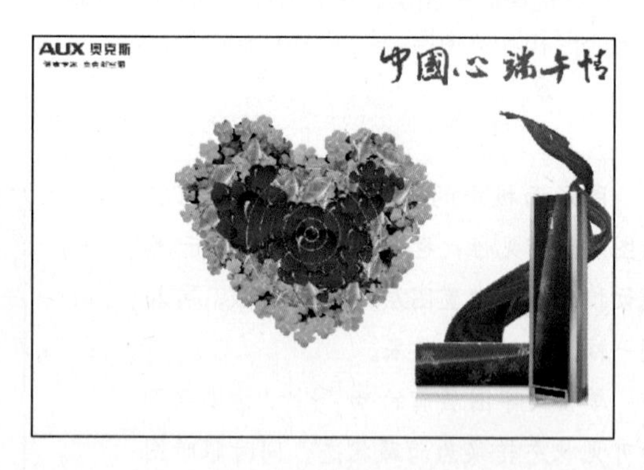

图 5-104　添加素材

13 在工具箱中选择矩形工具，在圆角矩形左上角，拖动鼠标绘制一个矩形，如图 5-106 所示。运用同样的操作方法，继续绘制图形，如图 5-107 所示。

图 5-105　绘制圆角矩形

图 5-106　绘制矩形

图 5-107　绘制图形

知识链接——编辑图层蒙版

在编辑图层蒙版时，必须掌握以下规律：

因为蒙版是灰度图像，因而可使用画笔工具、铅笔工具或渐变填充等绘图工具进行编辑，也可以使用色调调整命令和滤镜。

使用黑色在蒙版中绘图，将隐藏图层图像，使用白色绘图将显示图层图像。

使用介于黑色与白色之间的灰色绘图，将得到若隐若现的效果。

14 运用同样的操作方法绘制图形，如图5-108所示。

图5-108　绘制图形

15 执行“图层”|“图层样式”|“渐变叠加”命令，弹出“图层样式”对话框，单击渐变条，在弹出的“渐变编辑器”对话框中设置参数如图5-109所示，其中红色的RGB参考值分别为R211、G12、B44，粉色的RGB参考值分别为R240、G180、B156。

16 单击“确定”按钮，返回“图层样式”对话框，如图5-110所示。

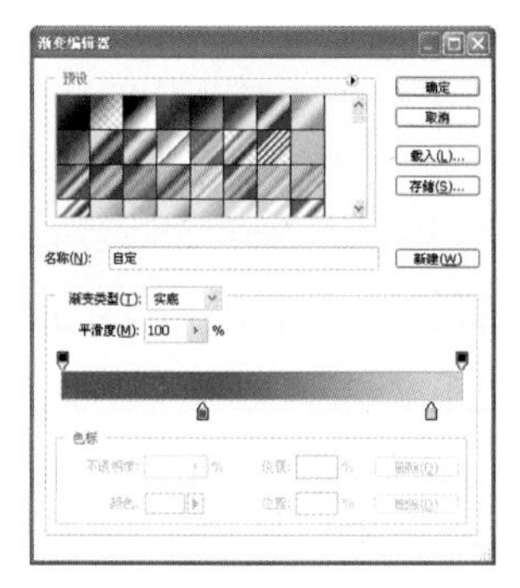

图5-109　“渐变编辑器”对话框

图5-110　“渐变叠加”参数

17 单击“确定”按钮，退出“图层样式”对话框，添加“渐变叠加”的效果如图5-111所示。

18 运用同样的操作方法制作灰色矩形。

19 在工具箱中选择横排文字工具T，设置字体为“草檀斋毛泽东”、字体大小为80点，输入文字。

20 运用同样的操作方法，输入其他文字，得到如图5-111所示的最终效果。

图5-111　最终效果

Example

5.6 报纸广告设计——冰爽大自然

本实例制作的是冰爽大自然报纸广告设计，实例以清爽的蓝色为主色调，以文字为视觉中心，通过对文字的变形来体现舒适、怡人的氛围，制作完成的效果如左图所示。

使用工具：圆角矩形工具、矩形工具、横排文字工具、“转换为形状”命令、图层样式。

视频路径: avi\5.6.avi

01 启动 Photoshop 后，执行“文件”|“新建”命令，弹出“新建”对话框，设置参数如图 5-112 所示，单击“确定”按钮，新建一个空白文件。

02 按 Ctrl+O 快捷键，弹出“打开”对话框，选择背景图片，单击“打开”按钮，运用移动工具，将素材添加至文件中，放置在合适的位置，如图 5-113 所示。

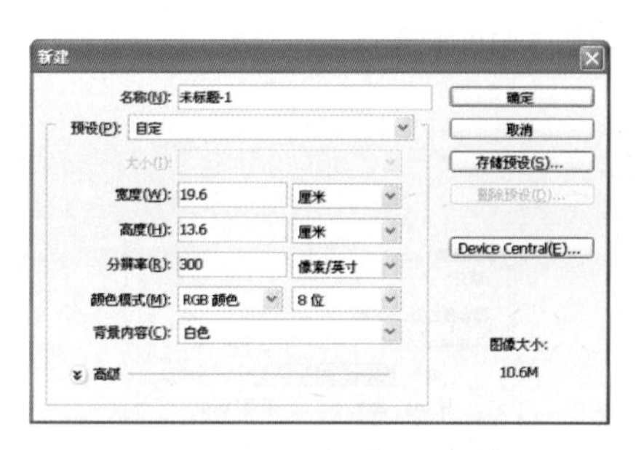

图 5-112 “新建”对话框

图 5-113 添加背景图片

03 设置前景色为粉蓝色（RGB 参考值分别为 R199、G234、B251），在工具箱中选择圆角矩形工具，按下“形状图层”按钮，设置“半径”为 220px，在图像窗口中，拖动鼠标绘制圆角矩形，如图 5-114 所示。

04 在工具箱中选择矩形工具，在工具栏选项中选择“形状图层”按钮，按下添加到形状区域按钮，在图像窗口中，拖动鼠标绘制矩形，运用同样的操作方法再次绘制矩形，如图 5-115 所示。

图 5-114 绘制圆角矩形

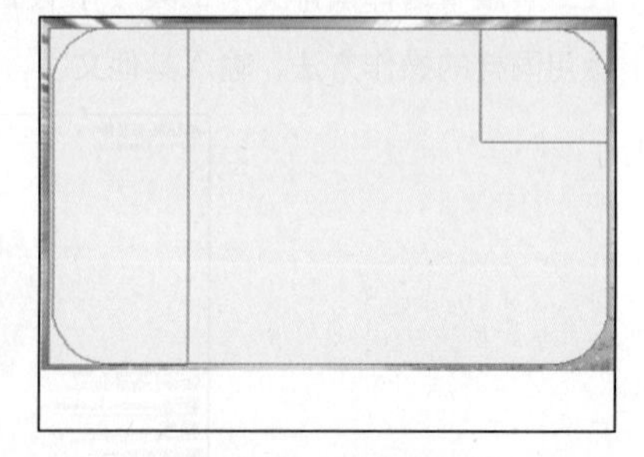

图 5-115 绘制矩形

05 按住 Ctrl 键的同时，将图形载入选区，按 Ctrl+Shift+I 快捷键，反选得到选区，新建一个图层，填充淡蓝色，单击“图层 2”图层前面的按钮，将该图层隐藏，如图 5-116 所示。

06 在工具箱中选择横排文字工具，设置字体为“方正综艺简体”、字体大小为 60 点，输入文字，如图 5-117 所示。

图 5-116　填充选区

图 5-117　输入文字

07 单击“图层”|“文字”|“转换为形状”命令，转换文字为形状，如图 5-118 所示。

08 运用直接选择工具删除多余的锚点，选择钢笔工具，在工具选项栏中按下“添加到路径区域”按钮，绘制文字之间的连接部分图形，如图 5-119 所示。

09 按 Ctrl+H 快捷键隐藏路径，如图 5-120 所示。

图 5-118　转换文字为形状

图 5-119　制作变形效果

图 5-120　隐藏路径

10 执行“图层”|“图层样式”|“渐变叠加”命令，弹出“图层样式”对话框，单击渐变条，在弹出的“渐变编辑器”对话框中设置颜色如图 5-121 所示，其中淡蓝色的 RGB 参考值分别为 R0、G174、B239。

11 单击“确定”按钮，返回“图层样式”对话框，设置其他参数如图 5-122 所示。

图 5-121　“渐变编辑器”对话框

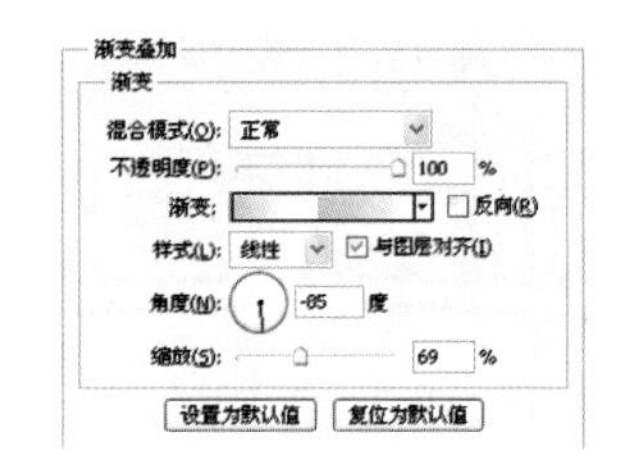

图 5-122　“渐变叠加”参数

12 选择“斜面和浮雕”选项，设置参数如图 5-123 所示。

13 选择“光泽”选项，设置参数如图 5-124 所示。

专家提醒

“光泽”效果可以用来模拟物体的内反射或者类似于绸缎的表面。

14 选择“描边”选项，设置参数如图 5-125 所示。

15 单击“确定”按钮，退出“图层样式”对话框，添加“图层样式”的效果如图 5-126 所示。

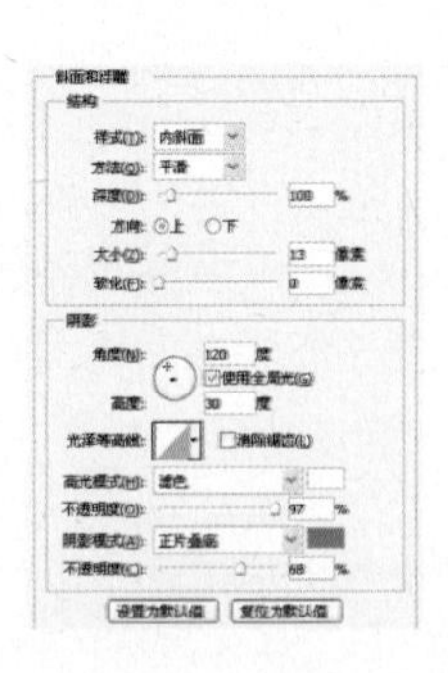

图 5-123　“斜面和浮雕”参数

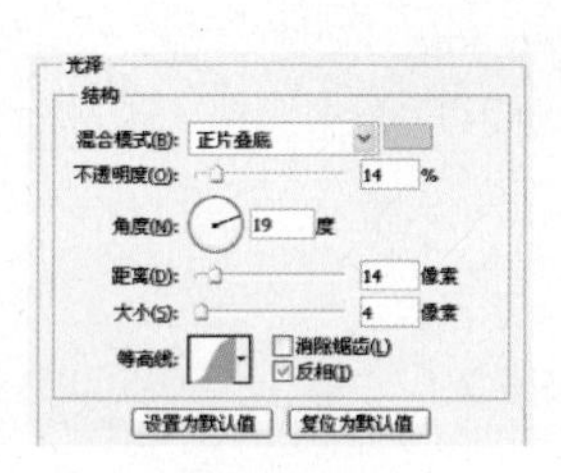

图 5-124　“光泽”参数

图 5-125　“描边”参数

图 5-126　添加“图层样式”效果

16 参照同样的操作方法制作其他文字，如图 5-127 所示。

17 按 Ctrl+O 快捷键，弹出“打开”对话框，选择文字素材，单击“打开”按钮，运用移动工具，将素材添加至文件中，放置在合适的位置，最终效果如图 5-128 所示。

图 5-127　制作其他文字

图 5-128　最终效果

Example

5.7 宣传单页——喜约喜庆家纺

本实例制作的是喜约喜庆家纺宣传单页，实例以轻柔梦幻的色彩为背景，焕发出一股淡淡的灵气，使整体轻柔舒适，充分展现了床上用品的产品特性，制作完成的效果如左图所示。

使用工具：钢笔工具、混合模式、矩形工具、自定形状工具、横排文字工具。

视频路径: avi\5.7.avi

01 启动 Photoshop 后，执行“文件”|“新建”命令，弹出“新建”对话框，设置参数如图 5-129 所示，单击“确定”按钮，新建一个空白文件。

02 新建一个图层，设置前景色为玫红色（CMYK 参考值分别为 C4、M95、Y0、K0），按 Alt+Delete 快捷键，填充颜色为玫红色。

03 设置前景色为粉红色（CMYK 参考值分别为 C2、M56、Y5、K0），在工具箱中选择钢笔工具，按下“形状图层”按钮，在图像窗口中，拖动鼠标绘制如图 5-130 所示图形。

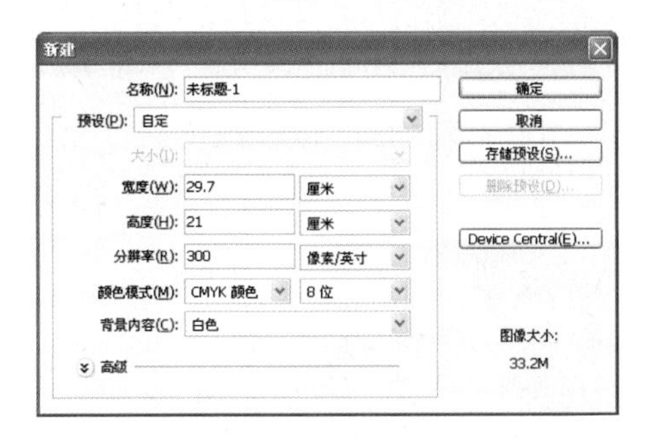

图 5-129　“新建”对话框

图 5-130　绘制图形

04 按 Ctrl+J 组合键，将形状图层复制一层，然后调整至合适的图形，并填充颜色为淡红色（CMYK 参考值分别为 C0、M22、Y5、K0）如图 5-131 所示。

05 按 Ctrl+O 快捷键，弹出“打开”对话框，选择人物图片，单击“打开”按钮，运用移动工具，将素材添加至文件中，放置在合适的位置。选择“形状 1 副本”图层，按 Enter+Ctrl 快捷键，转换路径为选区，按 Ctrl+Shift+I 组合键反选，得到如图 5-132 所示的选区。

图 5-131　填充颜色

图 5-132　转换路径为选区

06 按 Delete 键，删除选区，然后按 Ctrl+D 键取消选区如图 5-133 所示。

07 运用同样的操作方法添加素材，并调整图层顺序如图 5-134 所示。

08 设置前景色为红色（CMYK 参考值分别为 C16、M100、Y0、K0），新建一个图层，在工具箱中选择，按下“填充像素”按钮，在图像窗口中，拖动鼠标绘制一个矩形，如图 5-135 所示。

09 新建一个图层，在工具箱中选择自定形状工具，然后单击选项栏“形状”下拉列表按钮，从形状列表中选择“云彩 1”形状，如图 5-136 所示。

10 按下“填充像素”按钮，在图像窗口中，拖动鼠标绘制一个“云彩 1”形状，如图 5-137 所示。

11 执行“图层”|“图层样式”|“描边”命令，弹出“图层样式”对话框，单击渐变条，在弹出的“渐变编辑器”对话框中设置颜色如图 5-138 所示，其中橙色的 CMYK 参考值分别为 C0、M70、Y100、K0，黄色的 CMYK 参考值分别为 C8、M0、Y87、K0。

图 5-133　删除选区

图 5-134　添加素材

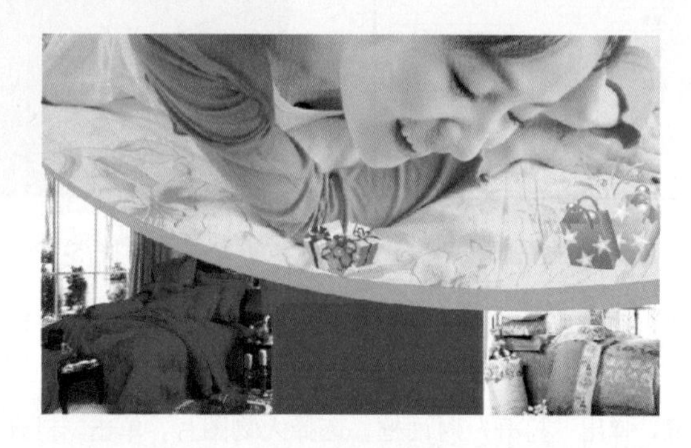

图 5-135　绘制路径

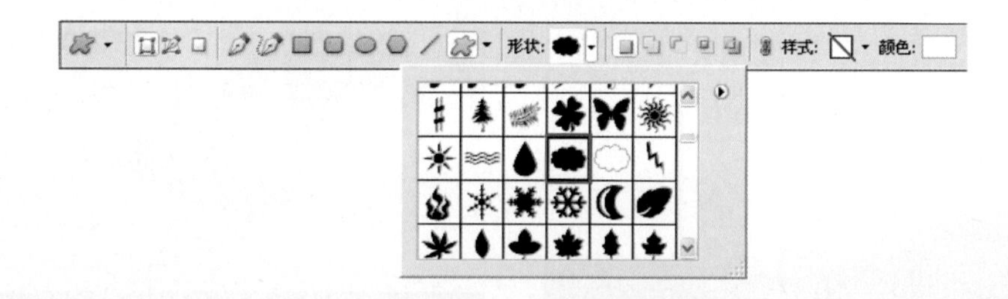

图 5-136　选择“云彩 1”形状

图 5-137　绘制“云彩 1”形状

图 5-138　“渐变编辑器”对话框

12 单击“确定”按钮，返回“图层样式”对话框，如图 5-139 所示。单击“确定”按钮，退出“图层样式”对话框。

13 运用同样的操作方法绘制图形，并添加“描边”的效果，如图 5-140 所示。

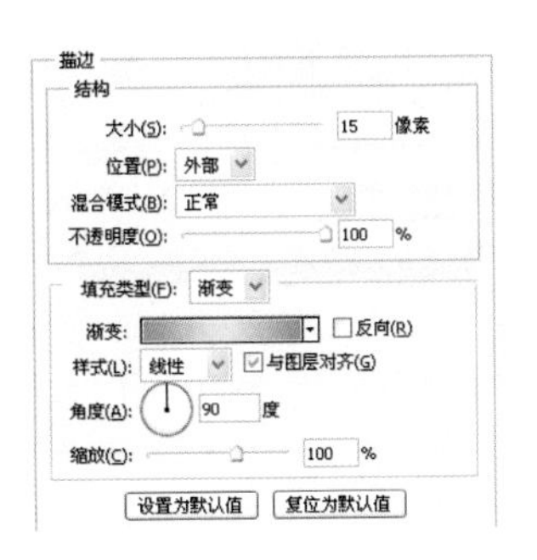

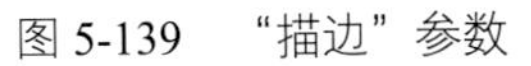

图 5-139 “描边”参数

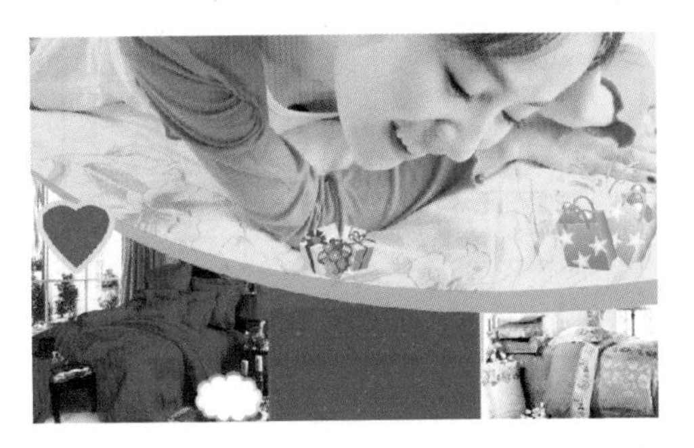

图 5-140 “描边”效果

14 在工具箱中选择横排文字工具T，设置字体为“方正水柱简体”、字体大小为 36 点，输入文字，运用同样的操作方法输入其他文字，最终效果如图 5-141 所示。

图 5-141 最终效果

Example

5.8 包装设计——普洱茶

本实例制作的是普洱茶包装设计，实例以鲜嫩的茶叶为主要元素，结合中国传统文化，以篆刻形式表现，将文化的源远流长和茶叶的清香幽长融合为一体，制作完成的效果如左图所示。

使用工具：横排文字工具、钢笔工具、路径选择工具、自定形状工具。

视频路径：avi\5.8.avi

01 启动 Photoshop 后，执行“文件”|“新建”命令，弹出“新建”对话框，设置参数如图 5-142 所示，单击“确定”按钮，新建一个空白文件。

02 新建一个图层。选择工具箱渐变工具，在工具选项栏中单击渐变条，打开“渐变编辑器”对话框，设置参数如图 5-143 所示。

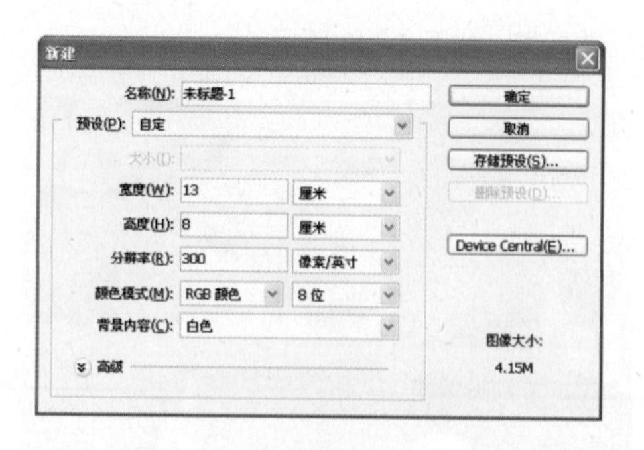

图 5-142　“新建”对话框

图 5-143　“渐变编辑器”对话框

03 单击“确定”按钮，关闭“渐变编辑器”对话框。按下工具选项栏中的“线性渐变”按钮，在图像中拖动鼠标，填充渐变效果如图 5-144 所示。

04 执行“文件”|“打开”命令，打开文字素材，运用移动工具将素材添加至文件中，调整好大小和位置，如图 5-145 所示。

图 5-144　填充线性渐变

图 5-145　添加文字素材

05 设置图层的“混合模式”为“正片叠底”，“不透明度”为 30%，如图 5-146 所示。

06 打开一张绿叶素材文件，运用移动工具将素材添加至文件中，调整好大小和位置，如图 5-147 所示。

图 5-146　设置混合模式

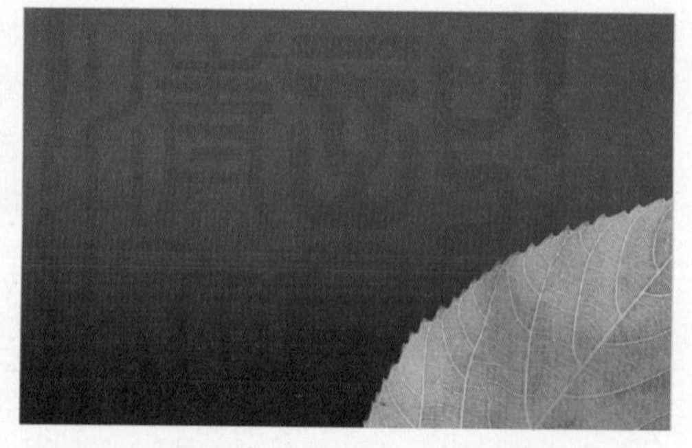

图 5-147　打开绿叶素材

07 在图层面板中单击“添加图层样式”按钮 *fx*，在弹出的快捷菜单中选择“投影”选项，弹出

“图层样式”对话框，设置参数如图 5-148 所示。

08 单击“确定”按钮，退出“图层样式”对话框，添加“投影”的效果如图 5-149 所示。

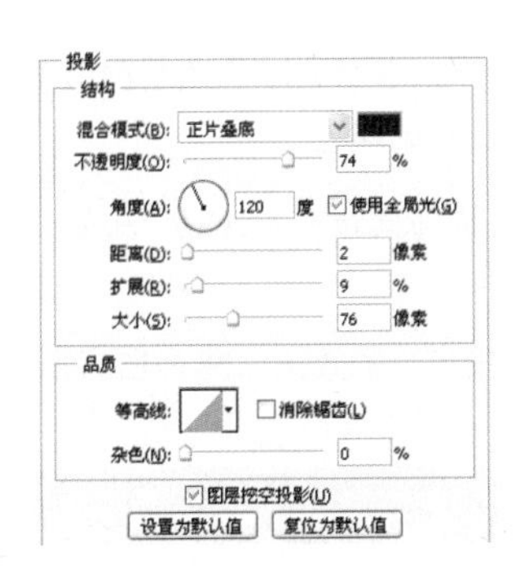

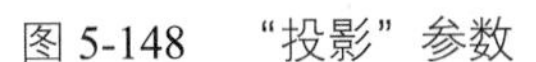

图 5-148 “投影”参数

图 5-149 “投影”效果

09 将绿叶复制一层，按住 Ctrl 键的同时单击图层缩览图，将图形载入选区，然后单击工具箱中的渐变工具，在工具选项栏中单击渐变条，打开“渐变编辑器”对话框，设置参数如图 5-150 所示。

10 单击“确定”按钮，关闭“渐变编辑器”对话框。按下工具选项栏中的“线性渐变”按钮，在图像中拖动鼠标，填充渐变效果如图 5-151 所示。

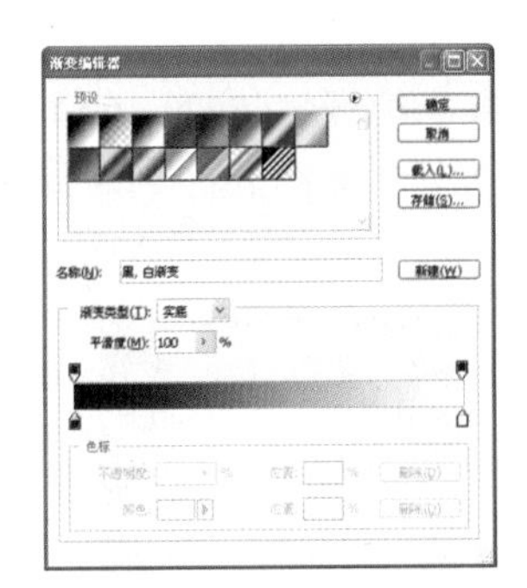

图 5-150 “渐变编辑器”对话框

图 5-151 填充渐变

11 设置图层的“混合模式”为“正片叠底”，“不透明度”为 30%，效果如图 5-152 所示。

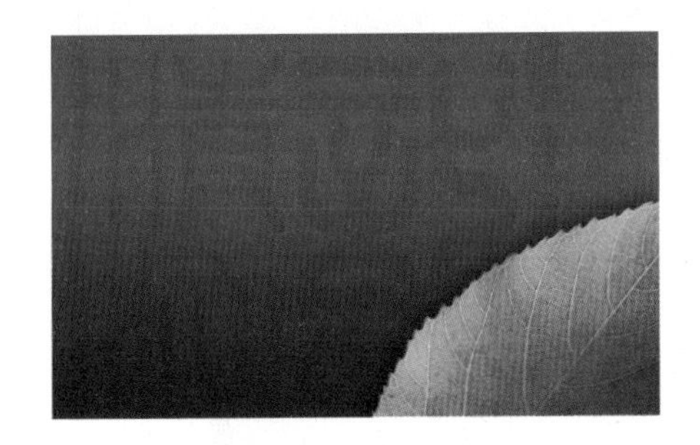

图 5-152 设置混合模式

图 5-153 添加杯子素材

12 按 Ctrl+O 快捷键，弹出“打开”对话框，选择杯子素材，单击“打开”按钮，运用移动工具，将素材添加至文件中，放置在合适的位置，如图 5-153 所示。

知识链接——正片叠底

该效果就像是把两张幻灯片放在一起并在同一个幻灯机上放映。其计算方式是将两图层的颜色值相乘，然后再除以 255，所得到的结果就是最终效果，因而总得到较暗的颜色。

13 在图层面板中单击“添加图层样式”按钮 fx，在弹出的快捷菜单中选择“投影”选项，弹出“图层样式”对话框，设置参数如图 5-154 所示。

14 单击“确定”按钮，退出“图层样式”对话框，添加“投影”的效果如图 5-155 所示。

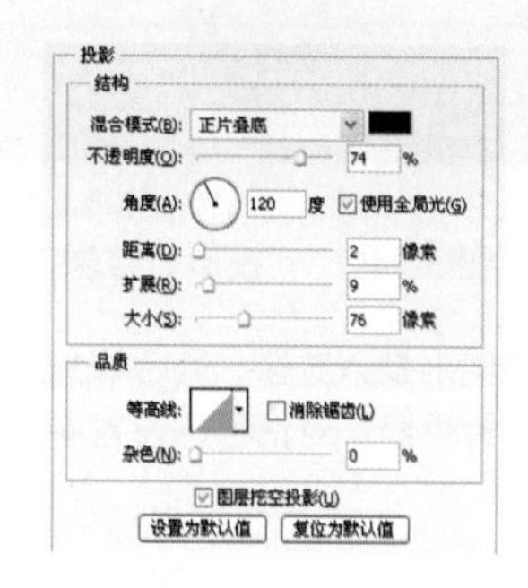

图 5-154 “投影”参数

图 5-155 “投影”效果

15 新建一个图层，单击工具箱中的椭圆工具，按下“填充像素”按钮，在图像窗口中，按住拖动鼠标绘制椭圆，如图 5-156 所示。设置前景色为红色（RGB 参考值分别为 R220、G54、B12）。

16 新建一个图层，选择钢笔工具，按下“路径”按钮，在图像窗口中，绘制如图 5-157 所示的路径。

图 5-156 绘制椭圆

图 5-157 绘制路径

17 选择画笔工具，设置前景色为白色，画笔“大小”为“5 像素”、“硬度”为 100%，选择钢笔工具，在绘制的路径上方单击鼠标右键，在弹出的快捷菜单中选择“描边路径”选项，在弹出的对话框中选择“画笔”选项，并选中“模拟压力”复选框，单击“确定”按钮，描边路径，得到如图 5-158 所示的效果。

18 运用同样的操作方法，继续绘制另一条路径，并描边路径，如图 5-159 所示。

图 5-158 描边路径

图 5-159 描边路径

19 参照前面同样的操作方法继续绘制路径，如图 5-160 所示。

20 新建一个图层，按 Ctrl + Enter 快捷键，转换路径为选区，填充选区为白色，如图 5-161 所示。

图 5-160　填充路径

图 5-161　高斯模糊

21 执行“滤镜”|“模糊”|“高斯模糊”命令，弹出“高斯模糊”对话框，设置参数如图 5-162 所示。

22 单击“确定”按钮，退出“高斯模糊”对话框，如图 5-163 所示。

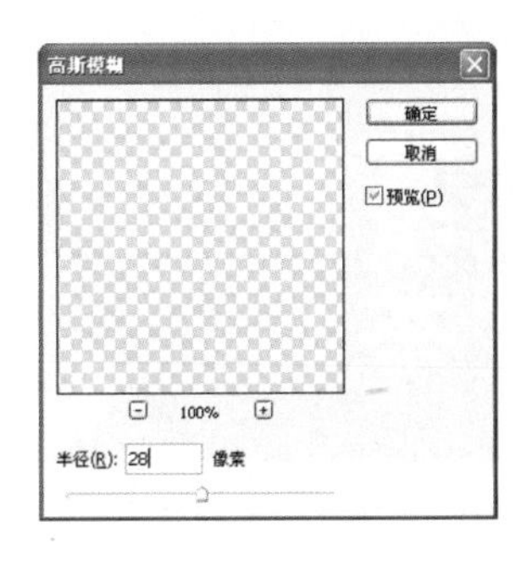

图 5-162　“高斯模糊”对话框

图 5-163　“高斯模糊”效果

23 将图形复制一层，如图 5-164 所示。

24 执行“文件”|“打开”命令，打开一张普洱茶文字素材文件，运用移动工具将素材添加至文件中，调整好大小和位置，如图 5-165 所示。

图 5-164　复制图形

图 5-165　添加文字素材

25 在图层面板中单击“添加图层样式”按钮 fx，在弹出的快捷菜单中选择“投影”选项，弹出“图层样式”对话框，设置参数如图 5-166 所示。

26 单击“确定”按钮，关闭“图层样式”对话框，添加“投影”效果如图 5-167 所示。

27 将文字素材复制一层，选择工具箱渐变工具，在工具选项栏中单击渐变条，打开“渐变编辑器”对话框，设置参数如图 5-168 所示，其中黄色的 RGB 参考值分别为 R255、G248、B156。

28 单击“确定”按钮，关闭“渐变编辑器”对话框。按下工具选项栏中的“线性渐变”按钮，在图像中拖动鼠标，填充渐变效果如图 5-169 所示。

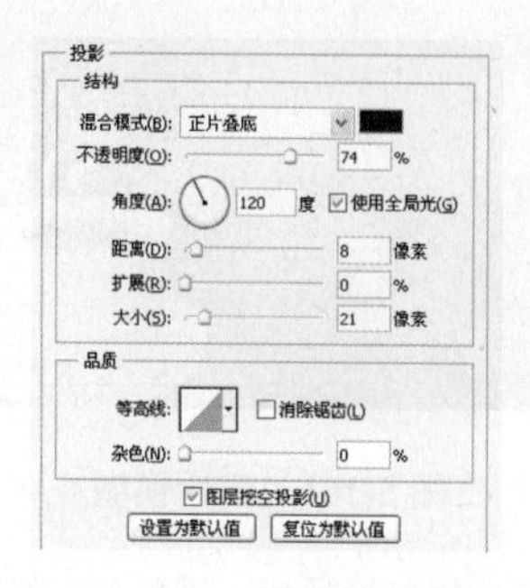

图 5-166 “投影”参数

图 5-167 “投影”效果

图 5-168 “渐变编辑器”对话框

图 5-169 填充渐变

29 选择钢笔工具，按下“路径”按钮，在图像窗口中，绘制如图 5-170 所示的叶状路径。

30 新建一个图层，按 Ctrl+Enter 快捷键，转换路径为选区，运用同样的操作方法填充渐变，如图 5-171 所示。

31 将绘制的图形复制一层，调整到合适的大小和位置，如图 5-172 所示。

图 5-170 绘制路径

图 5-171 填充渐变

32 选择画笔工具，设置前景色为设置前景色为绿色（RGB 参考值分别为 R98、G155、B36），在工具选项栏中设置“不透明度”为 20%，“流量”为 30%，在图像窗口中涂抹，如图 5-173 所示。

33 运用同样的操作方法继续涂抹，制作出更强的立体感，如图 5-174 所示。

34 设置前景色为绿色（RGB 参考值分别为 R22、G123、B47），在工具箱中选择横排文字工具，设置字体为“方正粗倩简体”、字体大小为 12 点，输入文字，如图 5-175 所示。

35 运用同样的操作方法输入文字，并添加其他素材，如图 5-176 所示。

图 5-172　填充渐变

图 5-173　涂抹

图 5-174　涂抹

图 5-175　输入文字

图 5-176　输入其他文字

36 执行“文件”|“新建”命令，弹出“新建”对话框，在对话框中设置参数如图 5-177 所示，单击“确定”按钮，新建一个空白文件。

37 设置背景色为黄色（RGB 参考值分别为 R245、G235、B194），填充背景颜色，切换至平面效果文件，选取矩形选框工具，绘制一个矩形选框，按 Ctrl+C 快捷键复制，切换立体效果文件，按 Ctrl+V 快捷键粘贴，并调整大小及位置，如图 5-178 所示。

38 按 Ctrl+T 组合键，单击鼠标右键，在弹出的快捷菜单中选择“斜切”选项，调整效果如图 5-179 所示。

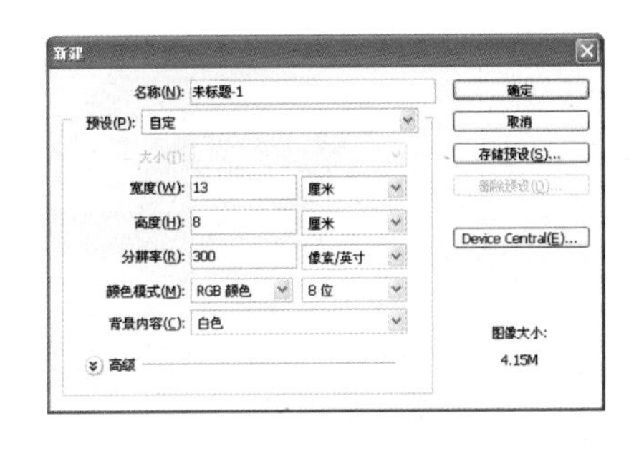

图 5-177　“新建”对话框

图 5-178　平面效果图

图 5-179　“斜切”效果

39 在图层面板中单击“添加图层样式”按钮 fx，在弹出的快捷菜单中选择“斜面和浮雕”选项，弹出“图层样式”对话框，参数设置如图 5-180 所示。

40 选择工具箱中的钢笔工具，绘制图形，填充颜色为红色（RGB 参考值分别为 161、10、18），并调整到合适的位置和角度，如图 5-181 所示。

41 运用同样的操作方法绘制其他边，制作出立体效果如图 5-182 所示。

42 按 Ctrl+O 键打开背景素材，运用移动工具，将素材添加至文件中，放置在合适的位置，设置图层的“混合模式”为“明度”，“不透明度”为 23%，如图 5-183 所示。

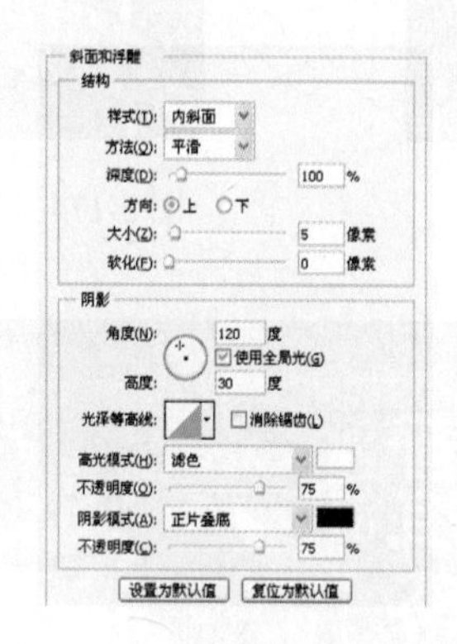

图 5-180 “斜面和浮雕”参数

图 5-181 调整图形

图 5-182 立体效果

图 5-183 添加背景素材

43 将包装的立体效果复制一层，并将各个图层合并，填充颜色为黑色。调整其大小和图层顺序，如图 5-184 所示。

44 按 Ctrl+T 快捷键，进入自由变换状态，单击鼠标右键，在弹出的快捷菜单中选择“斜切”选项，调整至合适的位置和角度，如图 5-185 所示。

图 5-184 复制图形

图 5-185 “斜切”效果

45 执行“滤镜”|“模糊”|“高斯模糊”命令，弹出“高斯模糊”对话框，设置参数如图 5-186 所示。

46 单击“确定”按钮，退出“高斯模糊”对话框，最终效果如图 5-187 所示。

图 5-186 “高斯模糊”对话框

图 5-187 最终效果

Example

5.9 电器包装设计——SGK

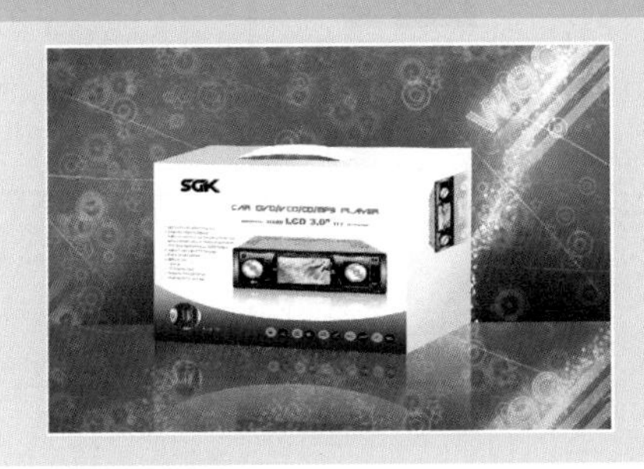

本实例制作的是 SGK 包装，实例通过产品真实的图像，更能准确的传达信息，让消费者能够一目了然，制作完成的效果如左图所示。

使用工具：横排文字工具、钢笔工具、路径选择工具、自定形状工具。

视频路径：avi\5.9.avi

01 启动 Photoshop 后，执行“文件”|“新建”命令，弹出“新建”对话框，设置参数如图 5-188 所示，单击“确定”按钮，新建一个空白文件。

02 执行“视图”|“新建参考线”命令，弹出“新建参考线”对话框，在对话框中设置参数，如图 5-189 所示。

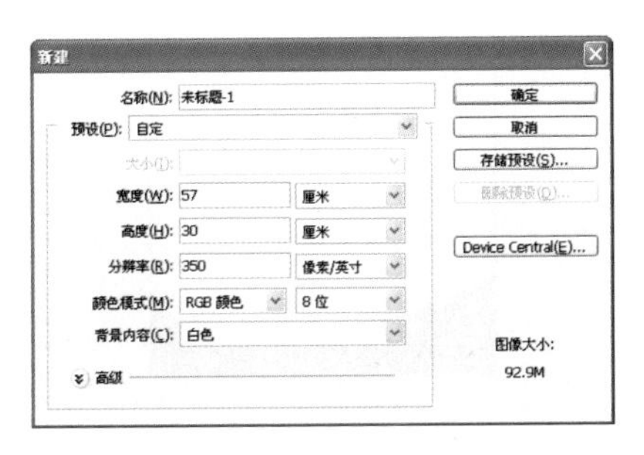

图 5-188 “新建”对话框

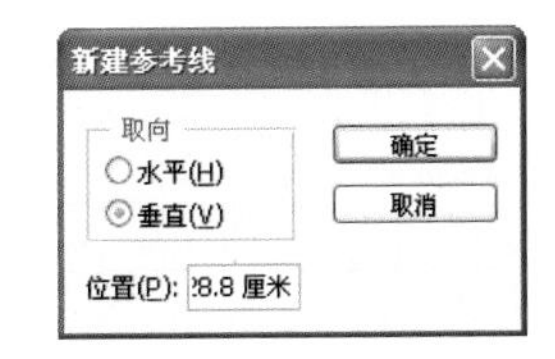

图 5-189 “新建参考线”对话框

03 单击“确定”按钮，退出“新建参考线”对话框，新建参考线如图 5-190 所示。

04 运用同样的操作方法，新建其他参考线，如图 5-191 所示。

技巧点拨

双击标尺交界处的左上角，可以将标尺原点重新设置于默认处。选择“视图”|“标尺”命令，或按下 Ctrl + R 快捷键，在图像窗口左侧及上方即显示出垂直和水平标尺。再次按下 Ctrl + R 快捷键，标尺则自动隐藏。

图 5-190　新建参考线

图 5-191　新建参考线

05 设置前景色为白色，在工具箱中选择矩形工具，按下“形状图层”按钮，在图像窗口中，拖动鼠标绘制矩形如图 5-192 所示。

06 选择工具栏选项从路径区域减去按钮，继续绘制矩形，如图 5-193 所示。

图 5-192　绘制矩形

图 5-193　从路径区域减去

07 运用同样的操作方法继续绘制其他图形，如图 5-194 所示。

08 设置前景色为白色，在工具箱中选择钢笔工具，按下“形状图层”按钮，在图像窗口中，绘制如图 5-195 所示图形。

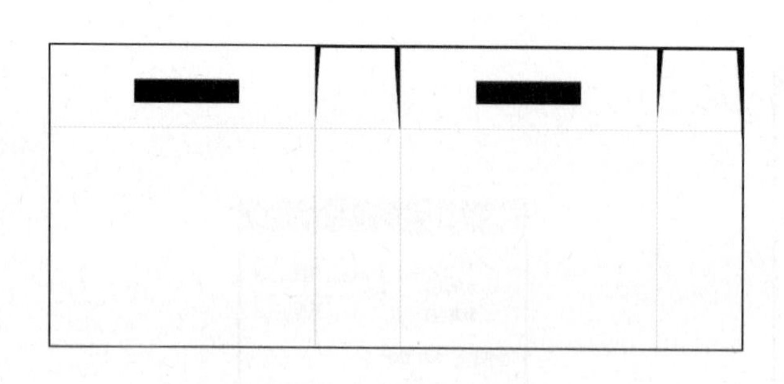

图 5-194　“新建”对话框

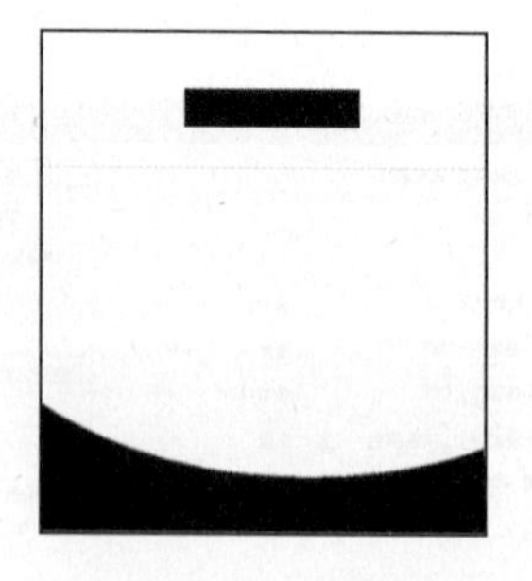

图 5-195　绘制图形

09 执行“图层”|“图层样式”|“渐变叠加”命令，弹出“图层样式”对话框，单击渐变条，打开“渐变编辑器”对话框，设置参数如图 5-196 所示，其中深紫色 RGB 参考值分别为 R31、G25、B71，紫色 RGB 参考值分别为 R177、G172、B200。

10 单击“确定”按钮，返回“图层样式”对话框，如图 5-197 所示。

11 单击“确定”按钮，退出“图层样式”对话框，添加“渐变叠加”效果如图 5-198 所示。

12 运用同样的操作方法为其他图形添加“渐变叠加”的效果，如图 5-199 所示。

13 按 Ctrl+O 快捷键，弹出“打开”对话框，选择电器产品，单击“打开”按钮，运用移动工具，将素材添加至文件中，放置在合适的位置，如图 5-200 所示。

14 将电器产品复制一层，按 Ctrl+T 快捷键，进入自由变换状态，单击鼠标右键，在弹出的快捷菜单中选择“垂直翻转”选项，调整至合适的位置和角度，如图 5-201 所示。

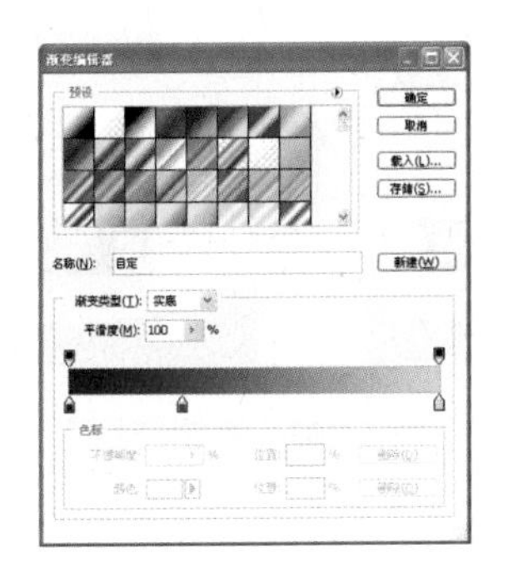

图 5-196 “渐变编辑器”对话框

图 5-197 “渐变叠加”参数

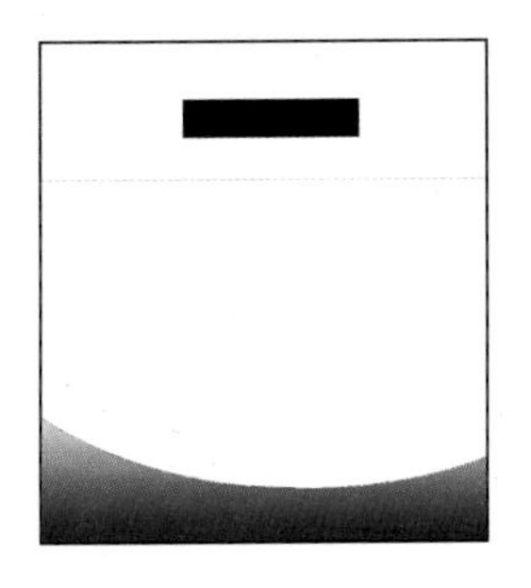

图 5-198 添加“渐变叠加”效果

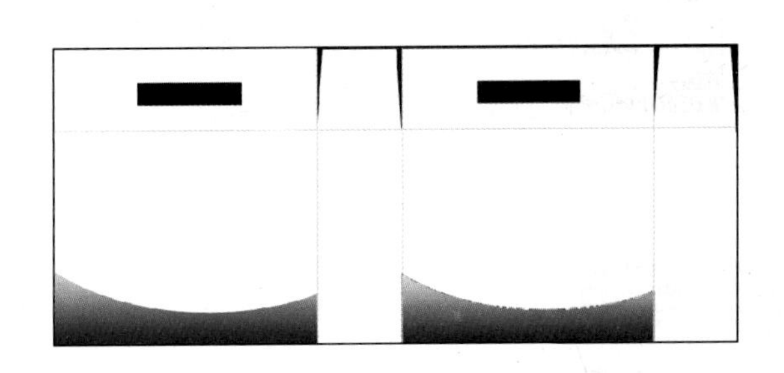

图 5-199 添加“渐变叠加”效果

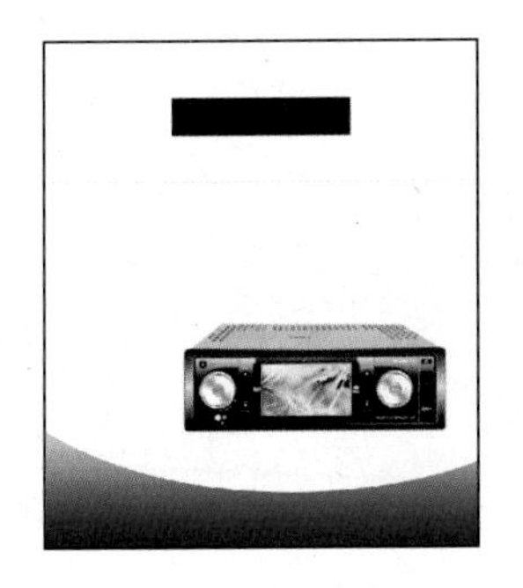

图 5-200 添加电器产品

图 5-201 复制

15 单击图层面板上的“添加图层蒙版”按钮，为图层添加图层蒙版，选择渐变工具，单击选项栏渐变列表框下拉按钮，从弹出的渐变列表中选择“黑白”渐变，按下“线性渐变”按钮，在图像窗口中按住并拖动鼠标，填充黑白线性渐变，如图 5-202 所示，制作出倒影效果。

16 将电器产品和投影复制几层，并调整到合适的位置和角度，如图 5-203 所示。

17 按 Ctrl+O 快捷键，弹出“打开”对话框，选择文字素材，单击“打开”按钮，运用移动工具，将素材添加至文件中，放置在合适的位置，如图 5-204 所示。

18 在工具箱中选择横排文字工具，设置字体为 Arial Narrow、字体大小为 8 点，输入文字，最终效果如图 5-205 所示。

图 5-202　添加图层蒙版

图 5-203　复制产品

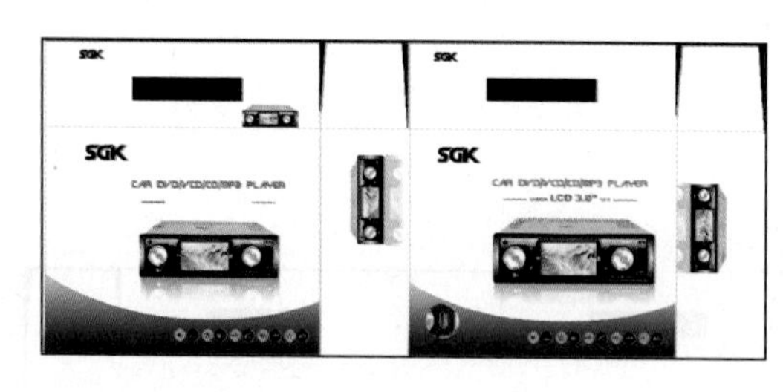

图 5-204　添加文字素材

图 5-205　输入文字

19 执行“文件”|“新建”命令，弹出“新建”对话框，设置参数如图 5-206 所示，单击“确定”按钮，新建一个空白文件。

20 按 Ctrl+O 快捷键，弹出“打开”对话框，选择背景素材，单击“打开”按钮，运用移动工具，将素材添加至文件中，放置在合适的位置，如图 5-207 所示。

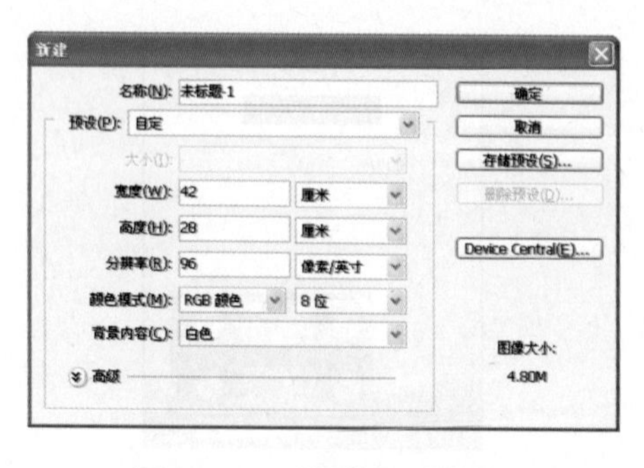

图 5-206　“新建”对话框

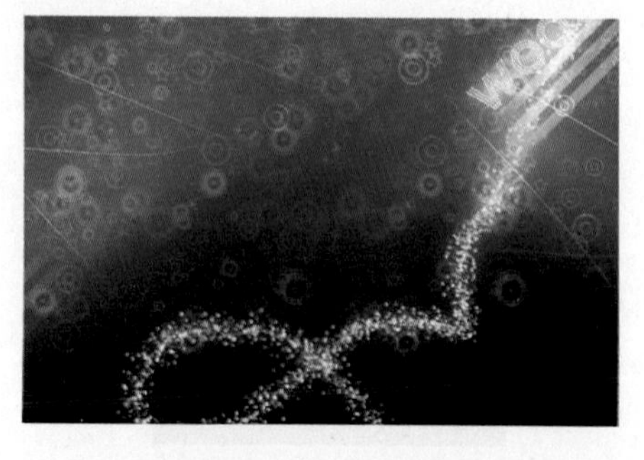

图 5-207　添加背景素材

21 将背景素材复制一层，并调整到合适的位置，设置图层的“不透明度”为 80%，如图 5-208 所示。

22 切换至平面效果文件，选取矩形选框工具，绘制一个矩形选框，按 Ctrl+C 快捷键复制，切换至立体效果文件，按 Ctrl+V 快捷键粘贴，并调整大小及位置。按 Ctrl+T 组合键，单击鼠标右键，在弹出的快捷菜单中选择“斜切”选项，调整效果如图 5-209 所示。

技巧点拨

按 Alt 键单击删除按钮，可以快速删除图层，而无须确认。

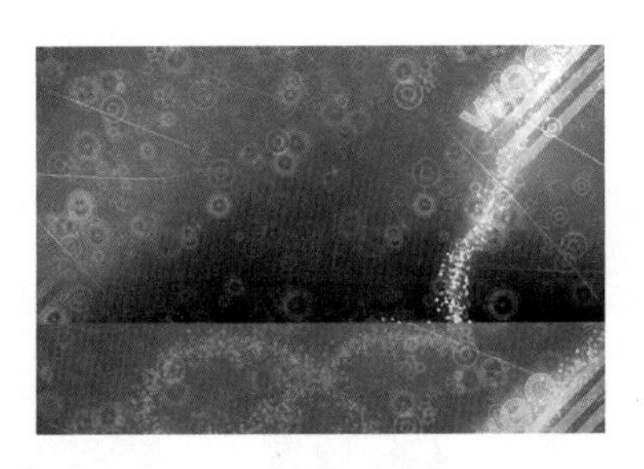

图 5-208 添加背景素材

图 5-209 调整图像

23 运用同样的操作方法制作包装盒的顶面和侧面，如图 5-210 所示。

24 选择工具箱的多边形套索工具，建立如图 5-211 所示的选区。

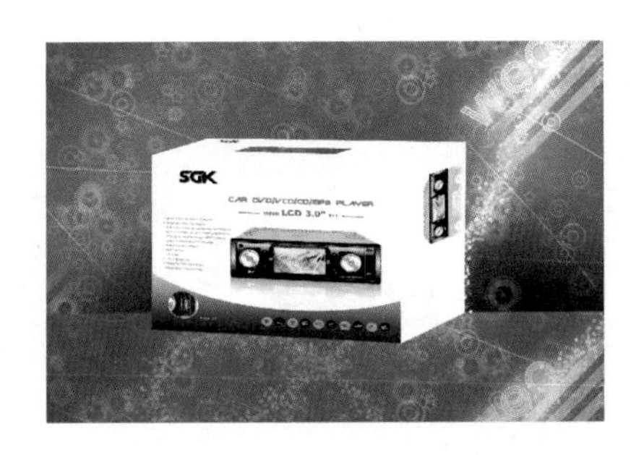

图 5-210 制作顶面和侧面

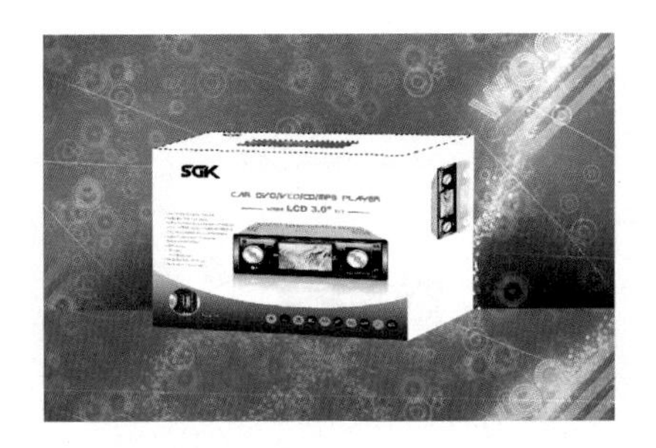

图 5-211 建立选区

25 选择工具箱渐变工具，在工具选项栏中单击渐变条，打开“渐变编辑器”对话框，设置参数如图 5-212 所示，其中灰色（RGB 参考值分别为 R202、G201、B201）。

图 5-212 “渐变编辑器”对话框

图 5-213 填充渐变

26 单击“确定”按钮，关闭“渐变编辑器”对话框。按下工具选项栏中的“线性渐变”按钮，在图像中拖动鼠标，填充渐变效果如图 5-213 所示。

27 运用同样的操作方法制作侧面的明暗，如图 5-214 所示。

28 设置前景色为白色，在工具箱中选择钢笔工具，按下“形状图层”按钮，在图像窗口中，绘制如图 5-215 所示图形，制作出包装手提部分。

29 将电器产品的正面复制一份，按 Ctrl+T 快捷键，进入自由变换状态，单击鼠标右键，在弹出的快捷菜单中选择“垂直翻转”选项，调整至合适的位置和角度，如图 5-216 所示。

30 单击图层面板上的“添加图层蒙版”按钮，为图层添加图层蒙版，按 D 键，恢复前景色和背景为默认的黑白颜色，选择渐变工具，按下“线性渐变”按钮，在图像窗口中按住并拖动鼠标，效果如图 5-217 所示。

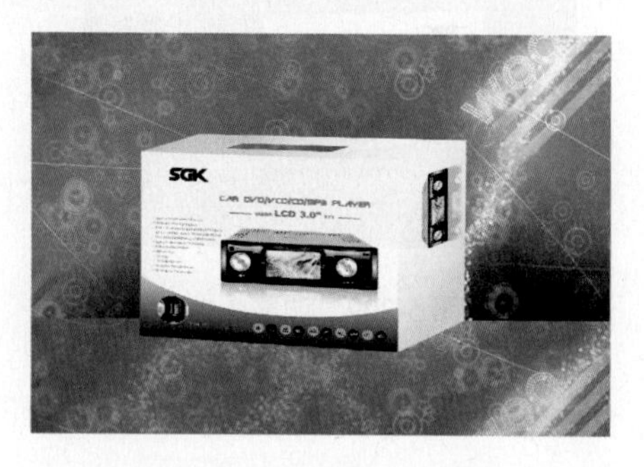

图 5-214　制作侧面的明暗

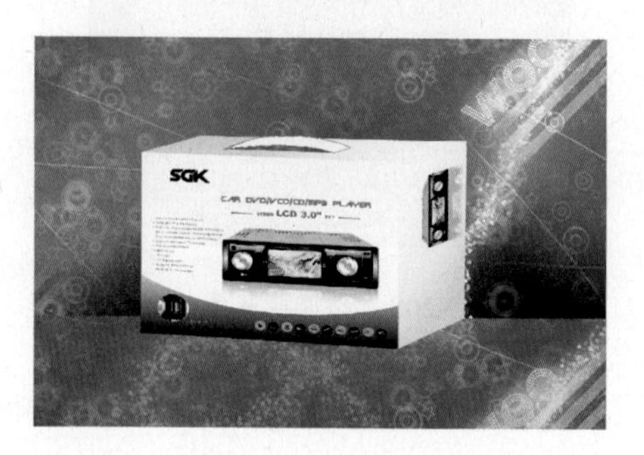

图 5-215　绘制图形

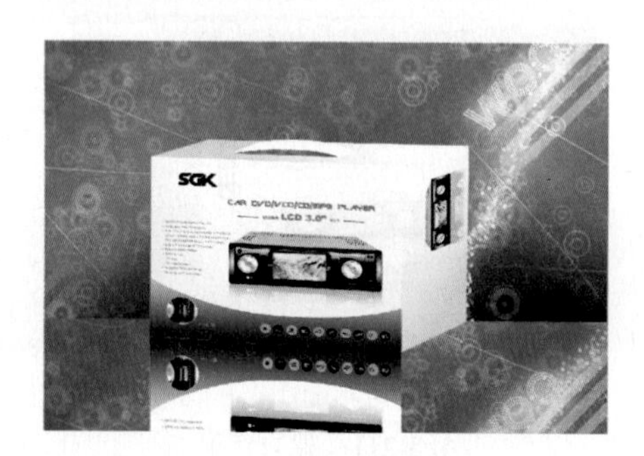

图 5-216　调整图形

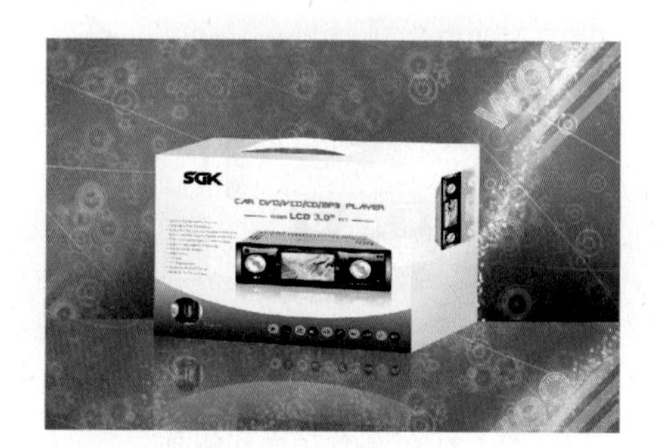

图 5-217　添加图层蒙版

31 运用同样的操作方法制作侧面的投影，如图 5-218 所示。

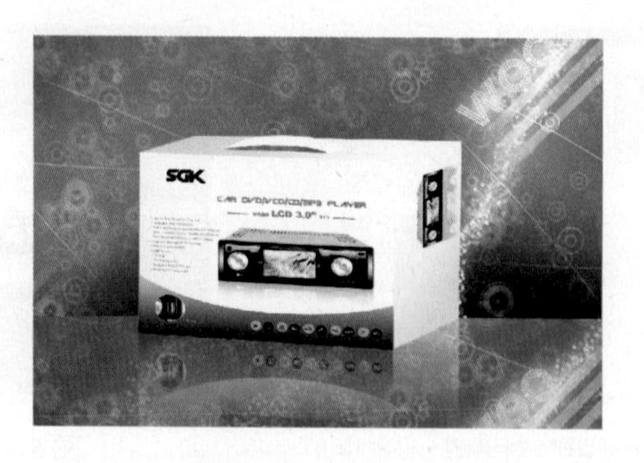

图 5-218　最终效果

第6章

节日庆典篇

节日是设计人民为适应生产和生活的需要而共同创造的一种民俗文化，是世界民俗文化的重要组成部分，这里所说的节日的类型比较广泛，包括我们平常所说的传统节日还有特殊节日等。

节日类设计在颜色方面首先考虑的是制造气氛，以提供给人们的一种欢乐、祥和、热闹、喜庆、放松和休闲的购物环境和氛围，从而刺激人们的购买欲望。

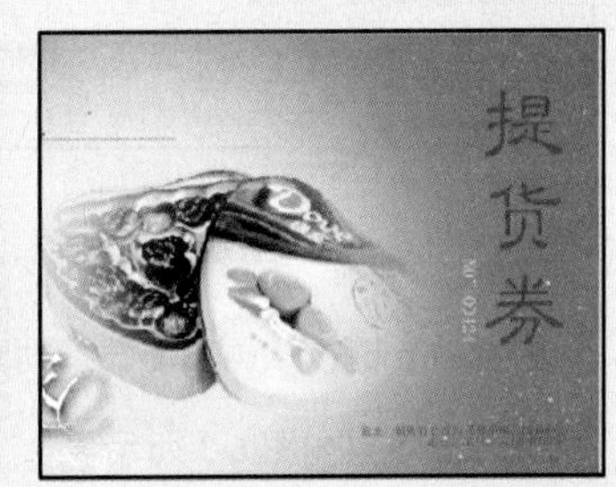

06

Example

6.1 宣传单页——移动好礼贺新春

本实例制作的是移动礼贺新春宣传单页，实例通过有韵律地排列文字和图片，使整幅画面具有较强的视觉冲击力，使用红色添加喜庆气氛。整个画面主次分明，条理清晰，制作完成的效果如左图所示。

使用工具：矩形选框工具、直线工具、圆角矩形工具、图层样式、“扩展”命令、横排文字工具。

视频路径：avi\6.1.avi

01 启动 Photoshop 后，执行“文件”|“新建”命令，弹出“新建”对话框，设置参数如图 6-1 所示，单击“确定”按钮，新建一个空白文件。

02 选择渐变工具，单击工具选项栏渐变条，在弹出的“渐变编辑器”对话框中设置颜色如图 6-2 所示，其中橙色的 CMYK 参考值分别为 C0、M40、Y100、K0，红色的 CMYK 参考值分别为 C0、M97、Y94、K0。

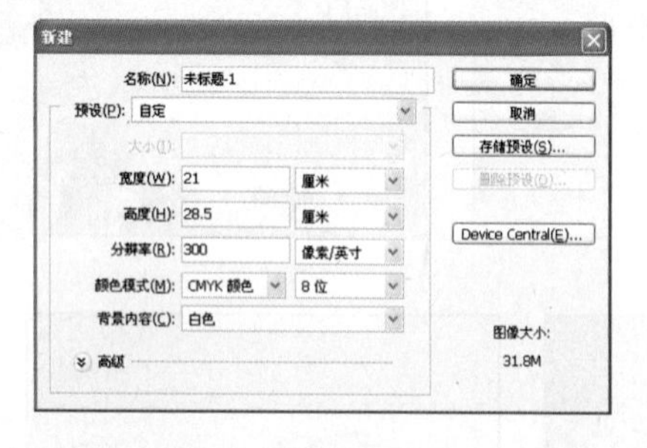

图 6-1 “新建”对话框

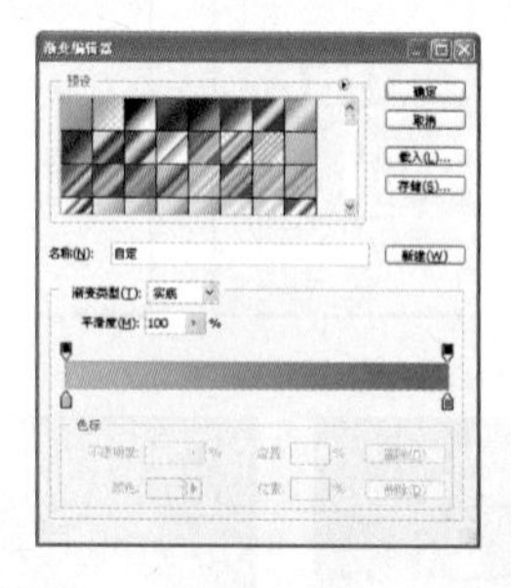

图 6-2 “渐变编辑器”对话框

03 按住 Shift 键，从画布顶端拖动鼠标至画布底端。

04 填充渐变效果如图 6-3 所示。

图 6-3 填充渐变

图 6-4 绘制矩形

图 6-5 添加素材

05 设置前景色为米色（CMYK 参考值分别为 C0、M6、Y20、K0），选择工具箱中矩形选框工具，在图像窗口中按住鼠标并拖动绘制选区，并填充颜色如图 6-4 所示。

06 按 Ctrl+O 快捷键，弹出“打开”对话框，选择活动项目和装饰素材，单击“打开”按钮，运用移动工具，将素材添加至文件中，放置在合适的位置，如图 6-5 所示。

07 选择工具箱中的直线工具，按住 Shift 键，在图像窗口中按住鼠标并拖动，绘制如图 6-6 所示表格。

08 设置前景色为白色，在工具箱中选择圆角矩形工具，按下“填充像素”按钮，在图像窗口中，绘制圆角矩形。

图 6-6 绘制表格

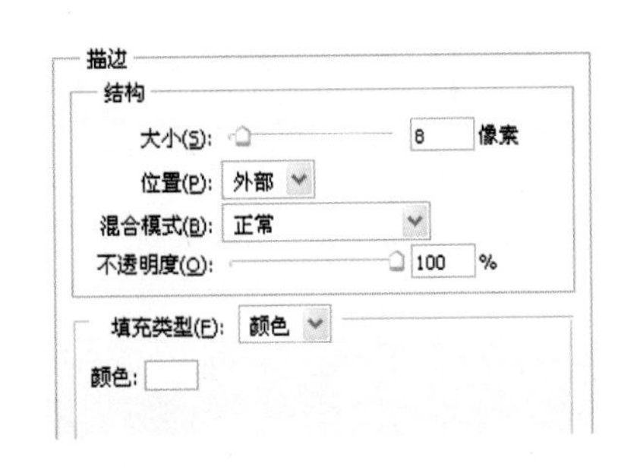

图 6-7 “描边”参数

09 双击图层，弹出“图层样式”对话框，选择“描边”选项，设置参数如图 6-7 所示，单击“确定”按钮，退出“图层样式”对话框，添加“描边”的效果如图 6-8 所示。

10 运用同样的操作方法制作其他图形，如图 6-9 所示。

图 6-8 绘制圆角矩形

图 6-9 绘制其他图形

11 按 Ctrl+O 快捷键，弹出“打开”对话框，选择标志和文字等，单击“打开”按钮，运用移动工具，将素材添加至文件中，放置在合适的位置，如图 6-10 所示。

12 在工具箱中选择横排文字工具，分别设置字体为“方正综艺简体”字体、字体大小为 48 点、72 点，输入文字，设置字体为“仿斜体”，如图 6-11 所示。

13 按 Ctrl+T 快捷键，进入自由变换状态，单击鼠标右键，在弹出的快捷菜单中选择“旋转”选项，调整至合适的位置和角度，如图 6-12 所示。

14 运用同样的操作方法添加“渐变叠加”效果，如图 6-13 所示。

图 6-10　添加素材

图 6-11　输入文字

图 6-12　调整文字

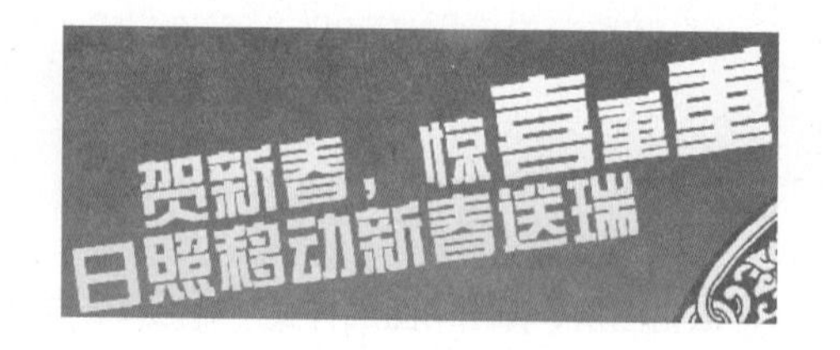

图 6-13　“渐变叠加”效果

15 使用上面同样的操作方法，输入文字，如图 6-14 所示。

16 按 Ctrl 键的同时，单击文字图层缩览图，将文字载入选区。

17 执行“选择”|“修改”|“扩展”命令，弹出的“扩展选区”对话框，设置“扩展量”为 15 像素，单击“确定”按钮，退出“扩展选区”对话框。

图 6-14　输入文字

图 6-15　扩展选区

18 设置前景色为深红色（CMYK 参考值分别为 C42、M100、Y100、K8），对文字图层填充颜色，如图 6-15 所示。

19 参照上面同样的操作方法，添加“外发光”和“描边”效果，如图 6-16 所示。

20 运用同样的操作方法，输入其他文字如图 6-17 所示。

图 6-16 “外发光”和“描边”效果

图 6-17 最终效果

设计传真

DM 单最突出的特点是直接、快速、成本低、认知度高，它为商家宣传自身形象和品牌提供了良好的宣传载体。

Example

6.2 贺卡设计——感悟母爱 呵护母亲

本实例制作的是母亲节贺卡设计，实例以“感悟母爱”为主题，通过添加图层蒙版，使各种元素过渡柔和，制作完成的贺卡设计效果如左图所示。

使用工具：画笔、图层蒙版、横排文字工具、“转换为形状”命令、钢笔工具、图层样式、横排文字工具。

视频路径：avi\6.2.avi

01 启动 Photoshop 后，执行“文件”|“新建”命令，弹出“新建”对话框，设置参数如图 6-18 所示，单击“确定”按钮，新建一个空白文件。

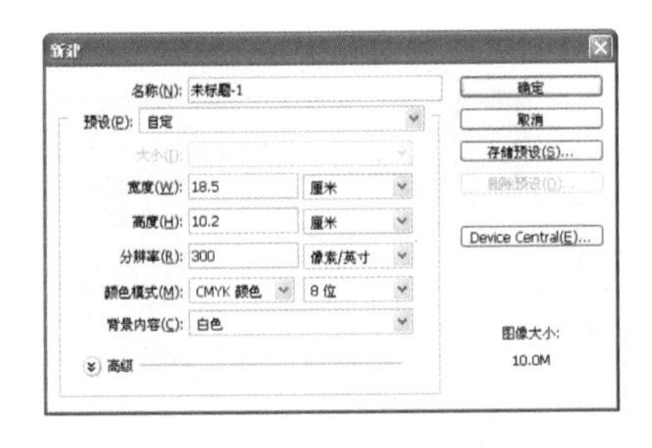

图 6-18 “新建”对话框

图 6-19 添加背景素材

02 按 Ctrl+O 快捷键，弹出“打开”对话框，选择背景素材，单击“打开”按钮，运用移动工具，将素材添加至文件中，放置在合适的位置，如图 6-19 所示。

03 运用同样的操作方法，打开人物素材，运用移动工具，将人物素材添加至文件中，放置在合适的位置，如图 6-20 所示。

04 单击图层面板上的“添加图层蒙版”按钮，为人物图层添加图层蒙版。编辑图层蒙版，设置前景色为黑色，选择画笔工具，按“[”或“]”键调整合适的画笔大小，在图像上涂抹，如图 6-21 所示，使人像与背景自然融合。

图 6-20　添加人物素材

图 6-21　添加图层蒙版

05 运用钢笔工具，绘制如图 6-22 所示的路径，按 Enter+Ctrl 快捷键，转换路径为选区。

06 运用同样的操作方法添加图层蒙版。设置前景色为白色，在选项栏中设置画笔大小为柔角 100 像素；不透明度 40%，填充 80%，涂抹选区，按 Ctrl+D 快捷键，取消选区，得到如图 6-23 所示的效果。

图 6-22　添加人物素材

图 6-23　绘制光效

07 参照第 5 章第二节欢乐颂 KTV 活动海报的方法自定义星光画笔，绘制星光，得到如图 6-24 所示效果。

图 6-24　绘制星光

图 6-25　输入文字

08 在工具箱中选择横排文字工具，设置字体为“方正小标宋简体”字体、字体大小为 60 点，输入文字效果如图 6-25 所示。

09 单击工具选项栏的字符面板，弹出“字符面板”对话框，选择字符面板上的“仿斜体”按钮，得到如图 6-26 所示的文字效果。

10 单击“图层”|“文字”|“转换为形状”命令，转换文字为形状，如图 6-27 所示。

11 运用直接选择工具删除多余的节点，选择钢笔工具，在工具选项栏中按下“添加到形状区域”按钮，绘制文字之间的连接部分图形，如图 6-28 所示。

图 6-26　仿斜体

图 6-27　转换文字为形状

图 6-28　制作变形效果

技巧点拨

在使用钢笔工具时，按住 Ctrl 键可切换至直接选择工具，按住 Alt 键可切换至转换点工具。

12 执行“图层”|“图层样式”|“投影”命令，弹出“图层样式”对话框，设置参数如图 6-29 所示。

13 选择“颜色叠加”选项，设置参数如图 6-30 所示，其中玫红色的 CMYK 参考值分别为 C17、M95、K21、G0。

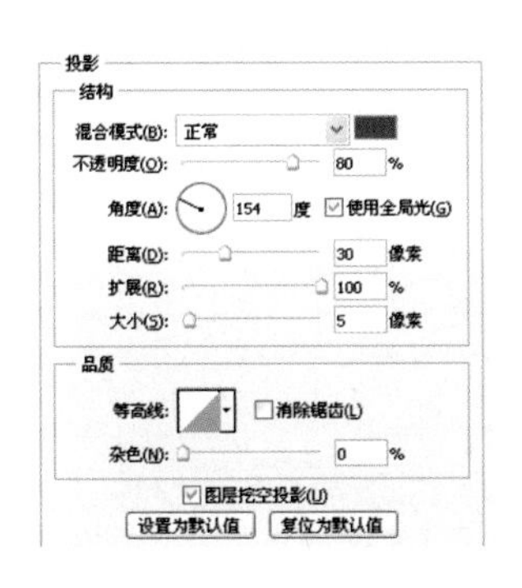

图 6-29　“投影”参数

图 6-30　“颜色叠加”参数

图 6-31　“描边”参数

专家提醒

“投影”效果用于模拟光源照射生成的阴影，添加“投影”效果可使平面图形产生立体感。

14 选择“描边”选项，设置参数如图 6-31 所示，单击“确定”按钮，得到如图 6-32 所示的效果。

15 运用同样的操作方法添加右下角的素材，最终效果如图 6-33 所示。

图 6-32 “图层样式”效果

图 6-33 最终效果

Example

6.3 超市堆头——端午粽飘香

本实例制作的是端午粽飘香超市堆头设计，实例主要通过异于常规的造型吸引受众，制作完成的端午粽飘香超市堆头设计效果如左图所示。

使用工具：矩形工具、渐变工具、“色彩范围”命令、矩形选框工具、混合模式、椭圆工具、创建剪贴蒙版、横排文字工具。

视频路径：avi\6.3.avi

01 启动 Photoshop 后，执行“文件”|“新建”命令，弹出“新建”对话框，设置参数如图 6-34 所示，单击“确定”按钮，新建一个空白文件。

02 新建一个图层，设置前景色为绿色（CMYK 参考值分别为 C85、M37、Y100、K1），在工具箱中选择矩形工具，按下“填充像素”按钮，在图像窗口中，绘制如图 6-35 所示矩形。

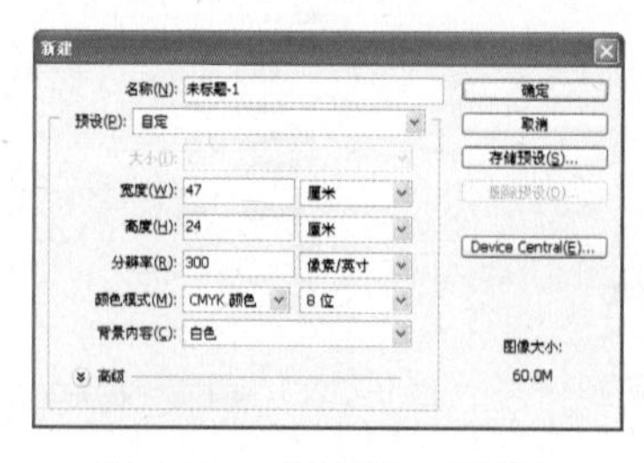

图 6-34 “新建”对话框

图 6-35 绘制矩形

03 选择工具箱渐变工具，在工具选项栏中单击渐变条，打开“渐变编辑器”对话框，设置参数如图 6-36 所示，其中深绿色的 CMYK 参考值分别为 C85、M37、Y100、K1、绿色的 CMYK 参考值分别为 C78、M13、Y97、K0、黄色的 CMYK 参考值分别为 C8、M0、Y78、K0。单击“确定”按钮，关闭“渐变编辑器”对话框。按下工具选项栏中的“径向渐变”按钮，在图像中按住并由左至右拖动鼠标，填充渐变效果如图 6-37 所示。

04 按 Ctrl+O 快捷键，弹出“打开”对话框，选择文字、龙和竹叶素材，单击“打开”按钮，运用移动工具，将素材添加至文件中，放置在合适的位置，选择工具箱中的矩形选框工具，在图像窗口中按住鼠标并拖动，绘制选区，按 Delete 键删除多余选区如图 6-38 所示。

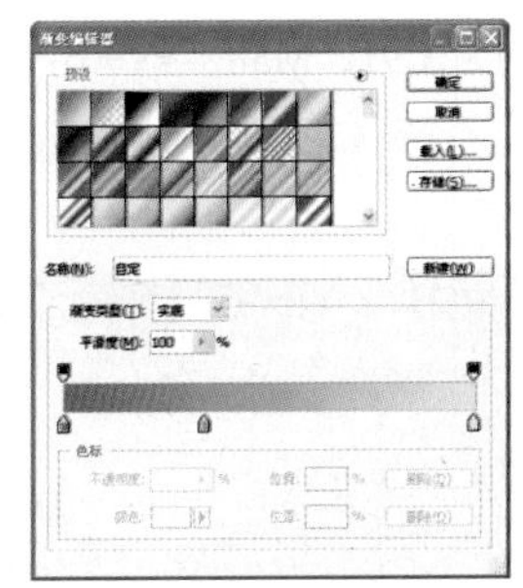

图 6-36 “渐变编辑器”对话框

图 6-37 填充渐变

05 按 Ctrl+T 快捷键，进入自由变换状态，单击鼠标右键，在弹出的快捷菜单中选择“斜切”选项，调整至合适的位置和角度，然后将竹叶复制一层，并调整到合适的位置和角度，如图 6-39 所示。

图 6-38 添加文字、龙和竹叶素材

图 6-39 调整效果

06 运用同样的操作方法打开竹子图片，执行“选择”|“色彩范围”命令，弹出“色彩范围”对话框，按下对话框右侧的吸管按钮，移动光标至图像窗口中背景位置单击鼠标，如图 6-40 所示，单击“确定”按钮，退出“色彩范围”对话框，得到选区如图 6-41 所示。

图 6-40 “色彩范围”对话框

图 6-41 建立选区

07 按 Ctrl+Shift+I 反选得到竹子选区，运用移动工具，将素材添加至文件中，放置在合适的位置，选择工具箱中的矩形选框工具，在图像窗口中按住鼠标并拖动，绘制选区，按 Delete 键删除多余选区如图 6-42 所示。

08 将图层复制一层，设置图层的“混合模式”为“明度”，如图 6-43 所示

图 6-42 添加竹子素材

图 6-43 复制图层

09 参照前面同样的操作方法，添加花纹素材，如图 6-44 所示。

10 新建一个图层，设置前景色为深绿色（CMYK 参考值分别为 C91、M58、Y100、K36），在工具箱中选择椭圆工具，按下“形状图层”按钮，在图像窗口中，绘制如图 6-45 所示正圆。

图 6-44 添加花纹素材

图 6-45 绘制正圆

11 新建一个图层，运用同样的操作方法再次绘制正圆如图 6-46 所示。

12 打开一张粽子图片，调整到合适的位置和大小，按住 Alt 键的同时，移动光标至分隔两个图层的实线上，当光标显示为形状时，单击鼠标左键，创建剪贴蒙版，如图 6-47 所示。

图 6-46 绘制正圆

图 6-47 创建剪贴蒙版

13 将竹子复制一层，调整到合适的位置和大小，然后对竹子和正圆创建剪贴蒙版，如图 6-48 所示。

图 6-48 最终效果

Example

6.4 提货券设计——情人节促销

本实例制作的是情人节促销活动提货券设计，丝丝香浓的巧克力展示，更准确的传达信息，让消费者能够一目了然，制作完成的情人节促销活动提货券设计效果如左图所示。

使用工具：矩形工具、图层样式、图层蒙版、渐变工具、魔棒工具、图层样式、画笔工具、横排文字工具。

视频路径：avi\6.4.avi

01 启动 Photoshop 后，执行“文件”|“新建”命令，弹出“新建”对话框，设置参数如图 6-49 所示，单击“确定”按钮，新建一个空白文件。

02 设置前景色为紫色（CMYK 参考值分别为 C87、M93、Y18、K0），按 Alt+Delete 键填充背景，如图 6-50 所示。

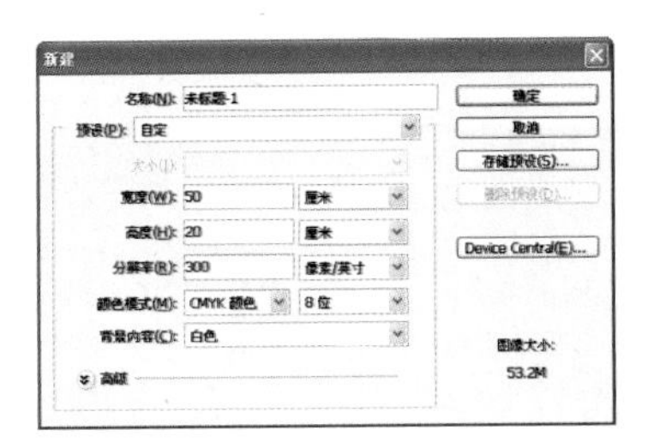

图 6-49 “新建”对话框

图 6-50 填充颜色

03 设置前景色为粉红色（CMYK 参考值分别为 C4、M19、Y18、K0），在工具箱中选择矩形工具，按下“形状图层”按钮，在图像窗口中绘制矩形。

04 按 Ctrl+T 快捷键，进入自由变换状态，单击鼠标右键，在弹出的快捷菜单中选择“旋转”选项，调整至合适的位置和角度，如图 6-51 所示。

图 6-51 “新建”对话框

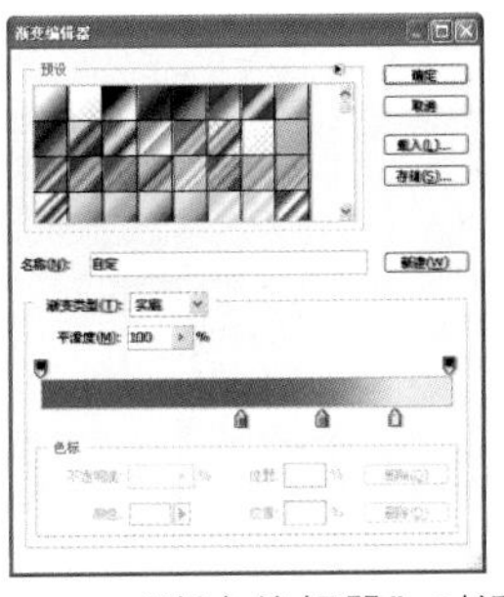

图 6-52 “渐变编辑器”对话框

05 执行“图层”|“图层样式”|“渐变叠加”命令，弹出“图层样式”对话框，单击渐变条，在弹出的“渐变编辑器”对话框中设置颜色如图 6-52 所示，其中紫色的 CMYK 参考值分别为 C45、M88、Y0、K0，桃红色的 CMYK 参考值分别为 C15、M84、Y11、K0，淡黄色的 CMYK 参考值分别为 C4、M19、Y18、K0。

06 单击“确定”按钮，返回“图层样式”对话框，设置参数如图 6-53 所示。

07 单击“确定”按钮，退出“图层样式”对话框，添加“渐变叠加”的效果如图 6-54 所示。

图 6-53 “渐变叠加”参数

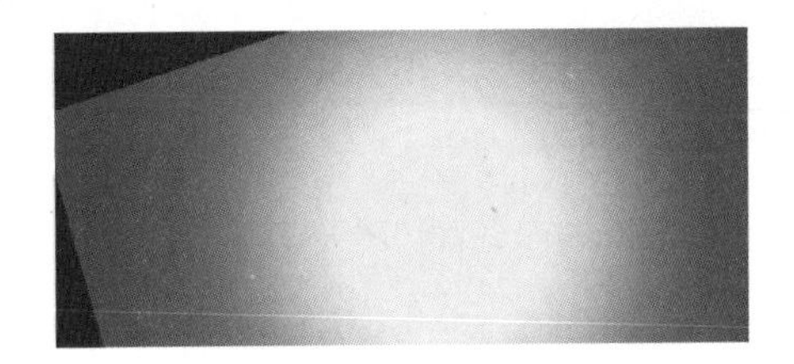

图 6-54 填充渐变

08 按 Ctrl+O 快捷键，弹出“打开”对话框，选择巧克力图片素材，单击“打开”按钮，选择工具箱魔棒工具，选择白色背景，按 Ctrl+Shift+I 快捷键，执行选区反选得到巧克力选区，将素材添加至文件中，放置在合适的位置，如图 6-55 所示。

09 单击图层面板上的“添加图层蒙版”按钮，为图层添加图层蒙版，按 D 键，恢复前景色和背景为默认的黑白颜色，选择渐变工具，按下“径向渐变”按钮，在图像窗口中按住并拖动鼠标，在图层蒙版中填充渐变如图 6-56 所示。

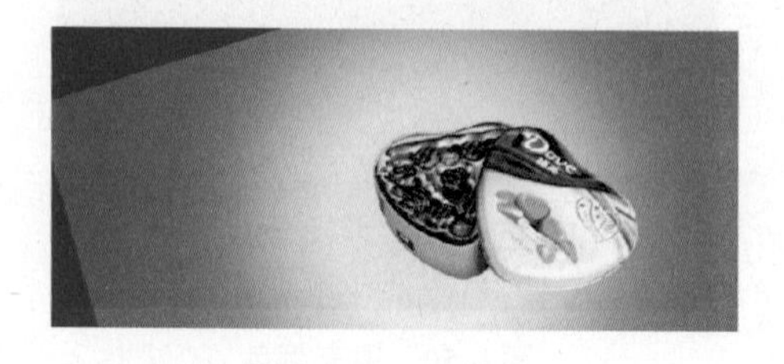

图 6-55　添加巧克力素材

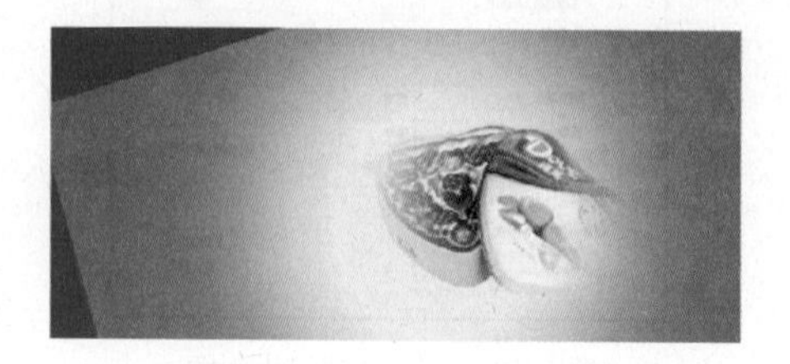

图 6-56　添加图层蒙版

10 参照前面同样的操作方法，添加巧克力、文字和花纹素材如图 6-57 所示。

11 在图层面板中单击“添加图层样式”按钮，在弹出的快捷菜单中选择“投影”选项，弹出“图层样式”对话框，设置参数如图 6-58 所示。

图 6-57　添加巧克力、文字和花纹素材

图 6-58　“投影”参数

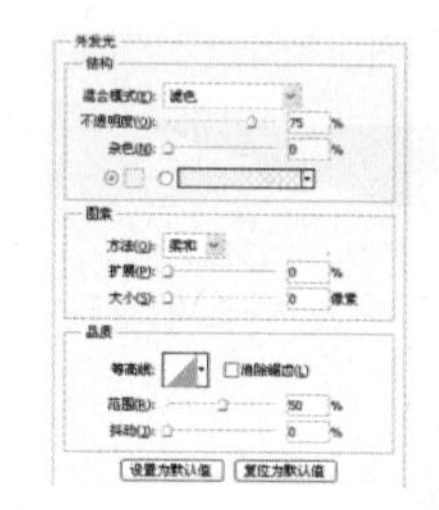

图 6-59　“外发光”参数

12 选择“外发光”选项，设置参数如图 6-59 所示。

13 单击“确定”按钮，退出“图层样式”对话框，添加“图层样式”效果如图 6-60 所示。

图 6-60　添加“图层样式”效果

图 6-61　绘制光点

14 新建一个图层，设置前景色为白色，选择画笔工具，在工具选项栏中设置“硬度”为 0%，“不透明度”和“流量”均为 80%，在图像窗口中单击鼠标，绘制如图 6-61 所示的光点。

15 设置前景色为紫色（CMYK 参考值分别为 C87、M93、Y18、K0），在工具箱中选择直排文字工具[T]，设置字体为“方正隶变简体”、字体大小分别为120点、输入文字，如图6-62所示。

图6-62　输入文字

图6-63　最终效果

16 运用同样的操作方法，输入其他文字，完成最终效果制作，如图6-63所示。

Example

6.5 招贴设计——第8届横溪西瓜节

本实例制作的是第8届横溪西瓜节招贴设计，实例通过绘制图形，并对图形添加各种效果，整个画面富有趣味和生机，制作完成的第8届横溪西瓜节招贴设计效果如左图所示。

使用工具：图层样式、钢笔工具、择椭圆工具、钢笔工具、画笔工具、“变形文字”命令、横排文字工具。

视频路径：avi\6.5.avi

01 启动Photoshop后，执行“文件”|“新建”命令，弹出“新建”对话框，设置参数如图6-64所示，单击“确定”按钮，新建一个空白文件。

02 设置前景色为白色，新建一个图层，执行“图层”|“图层样式”|“渐变叠加”命令，弹出“图层样式”对话框，单击渐变条，在弹出的“渐变编辑器”对话框中设置颜色如图6-65所示，其中绿色的CMYK参考值分别为C100、M0、Y100、K40，黄色的CMYK参考值分别为C23、M0、Y87、K0。

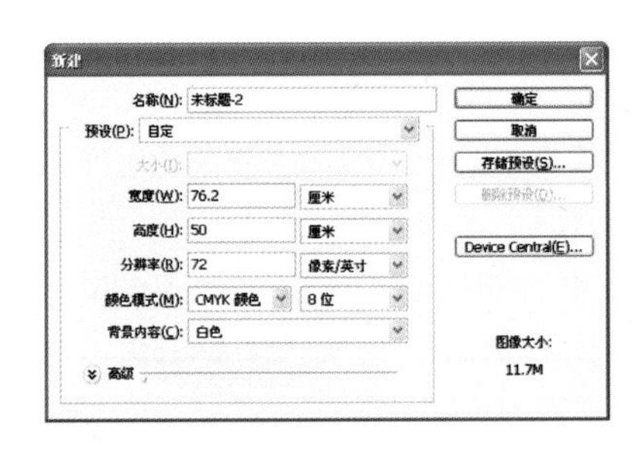

图6-64　“新建”对话框

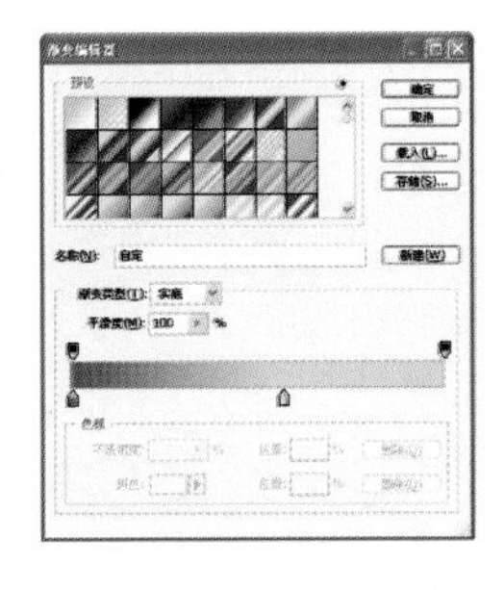

图6-65　“渐变编辑器”对话框

03 单击“确定”按钮，返回“图层样式”对话框，如图6-66所示。

04 单击“确定”按钮，退出“图层样式”对话框，添加“渐变叠加”的效果如图6-67所示。

05 设置前景色为白色，在工具箱中选择钢笔工具，按下“路径”按钮，在图像窗口中，绘制如图6-68所示路径。

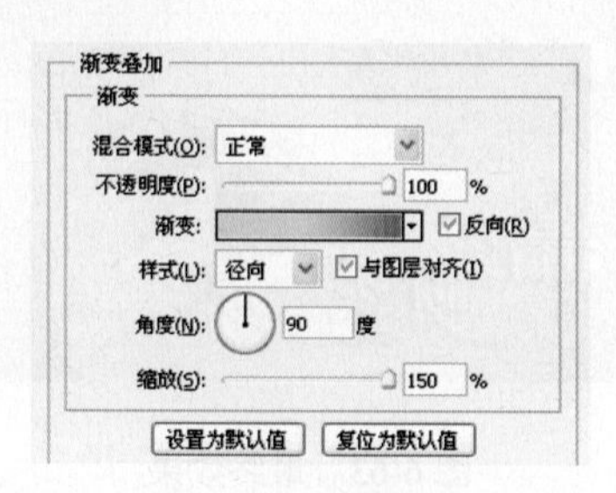

图6-66 “渐变叠加”参数

图6-67 “渐变叠加”效果

06 按Ctrl+Enter键，转换路径为选区。

07 参照前面同样的操作方法添加“渐变叠加”图层样式，如图6-69所示。

图6-68 绘制路径

图6-69 添加“渐变叠加”图层样式

08 运用同样的操作方法制作其他图形，如图6-70所示。

09 设置前景色为白色，在工具箱中选择椭圆工具，按下“形状图层”按钮，按住Shift键的同时，绘制正圆，如图6-71所示。

10 参照前面同样的操作方法添加“渐变叠加”图层样式，如图6-72所示。

图6-70 制作其他图形

图6-71 绘制正圆

图6-72 添加“渐变叠加”图层样式

11 再次绘制正圆并添加“渐变叠加”图层样式，如图6-73所示。

12 在工具箱中选择钢笔工具，按下“形状图层”按钮，在图像窗口中，拖动鼠标绘制图形，并添加“渐变叠加”图层样式，如图6-74所示。

13 运用同样的操作方法制作其他图形，如图 6-75 所示。

14 单击图层面板中的“创建新组”按钮，新建一个图层组。

图 6-73 再次绘制正圆

图 6-74 绘制其他图形

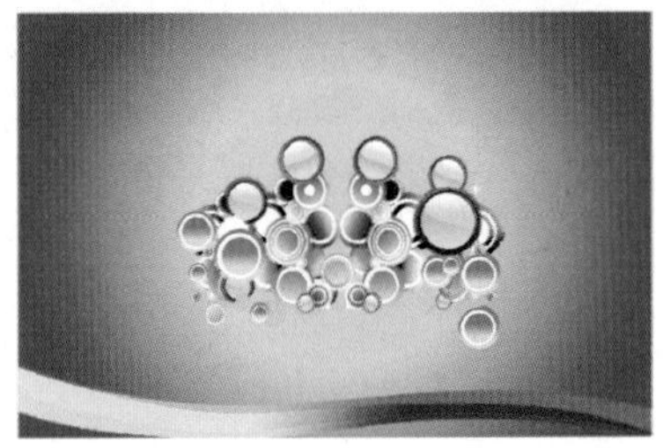

图 6-75 绘制其他图形

15 按 Ctrl+O 快捷键，弹出“打开”对话框，选择花纹、人物和其他文字素材，单击“打开”按钮，运用移动工具，将素材添加至文件中，放置在合适的位置，设置矢量花纹的混合模式为“叠加”，如图 6-76 所示。

图 6-76 添加花藤、文字和其他图形素材

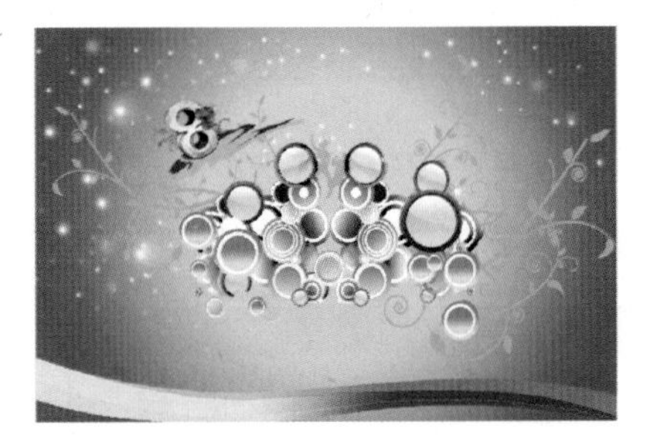

图 6-77 绘制星光

16 新建一个图层，设置前景色为白色，选择画笔工具，在工具选项栏中设置“硬度”为 0%，“不透明度”和“流量”均为 80%，在图像窗口中单击鼠标，绘制如图 6-77 所示的星光。

17 设置前景色为红色（CMYK 参考值分别为 C0、M100、Y100、K0）在工具箱中选择横排文字工具 T，设置字体为“方正流行体简体”、字体大小分别为 400 点、输入文字，如图 6-78 所示。

18 在图层面板中单击“添加图层样式”按钮 fx，在弹出的快捷菜单中选择“描边”选项，弹出“图层样式”对话框，设置参数如图 6-79 所示。

图 6-78 输入文字

图 6-79 “描边”参数

19 单击“确定”按钮，退出“图层样式”对话框，添加“描边”的效果如图 6-80 所示。

20 参照实例“6.1 宣传单页——移动礼贺新春”制作文字扩展效果，如图 6-81 所示。

21 按 Ctrl+T 快捷键，进入自由变换状态，单击鼠标右键，在弹出的快捷菜单中选择“透视”选项，调整至合适的位置、大小和角度，如图 6-82 所示。

22 参照前面同样的操作方法输入文字，并添加“描边”效果如图 6-83 所示。

图 6-80 “描边”效果

图 6-81 文字扩展效果

图 6-82 调整文字

图 6-83 输入文字

23 选择工具选项栏的创建变形文字按钮，弹出“变形文字”对话框，设置参数如图 6-84 所示。

24 单击“确定”按钮，退出“变形文字”对话框，添加“变形文字”的效果如图 6-85 所示。

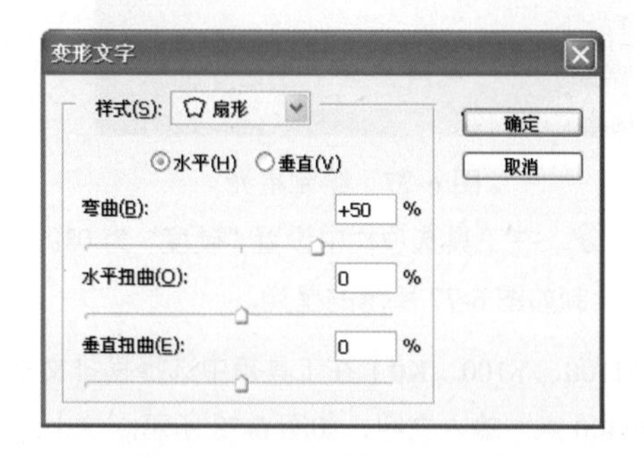

图 6-84 “变形文字”对话框

图 6-85 最终效果

Example

6.6 海报设计——复活节

本实例制作的是复活节海报设计，实例以深紫色体现出复活节神秘、静谧的氛围，再突出强调主体人物，然后通过艳丽的元素，打破沉闷和呆板的视觉感受，制作完成的复活节海报设计效果如左图所示。

使用工具：画笔工具、图层样式、图层蒙版、渐变工具、“色彩平衡”命令、钢笔工具、椭圆工具、横排文字工具。

视频路径：avi\6.6.avi

01 启动 Photoshop 后，执行“文件”|“新建”命令，弹出“新建”对话框，设置参数如图 6-86 所示，单击“确定”按钮，新建一个空白文件。

02 设置前景色为黑色，按 Alt+Delete 快捷键，填充黑色背景。新建一个图层，设置前景色为蓝绿色，RGB 参考值分别为 R18、G87、B102。，选择画笔工具，在工具选项栏中设置“硬度”为 0%，“不透明度”和“流量”均为 80%，在图像窗口中单击鼠标，绘制如图 6-87 所示的图形。

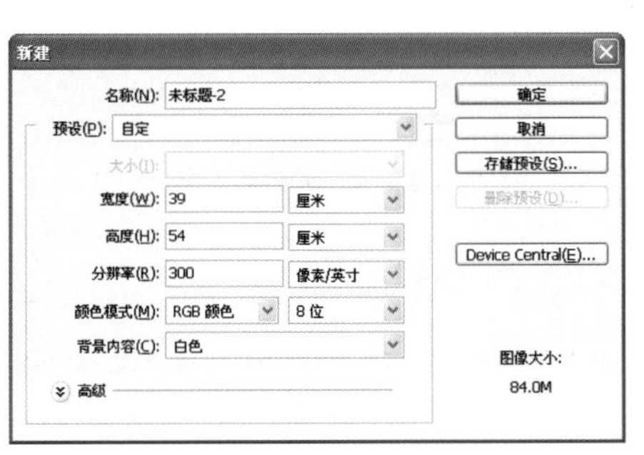

图 6-86 “新建”对话框

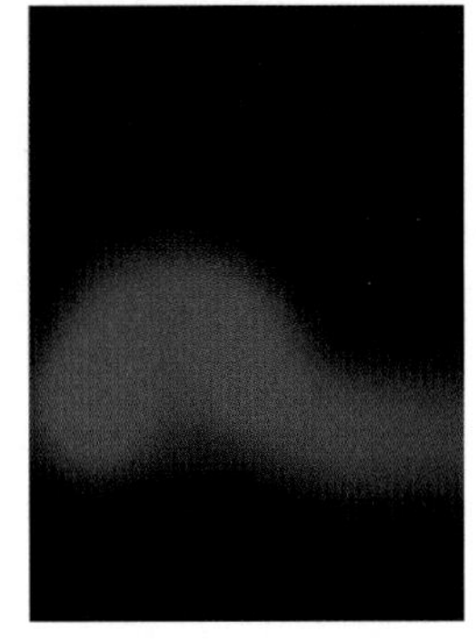

图 6-87 绘制图形

图 6-88 添加星球素材

03 按 Ctrl+O 快捷键，弹出“打开”对话框，选择星球素材，单击“打开”按钮，运用移动工具，将素材添加至文件中，放置在合适的位置，如图 6-88 所示。

04 执行“文件”|“新建”命令，弹出“新建”对话框，设置参数如图 6-89 所示。单击“确定”按钮，关闭对话框，新建一个图像文件。

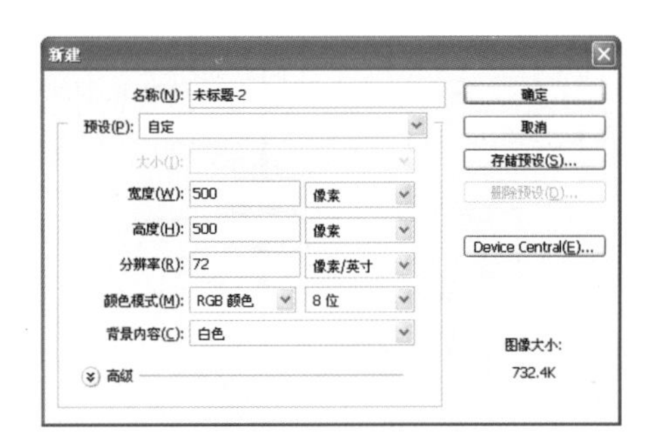

图 6-89 “新建”对话框

05 设置前景色为黑色，选择工具箱中的画笔工具，按 F5 键，弹出画笔面板，设置参数如图 6-90 所示，在图像窗口中单击鼠标左键，绘制图形。

06 继续在画笔面板设置参数如图 6-91 所示，在图像窗口中单击鼠标左键，绘制图形，得到如图 6-92 所示的效果。

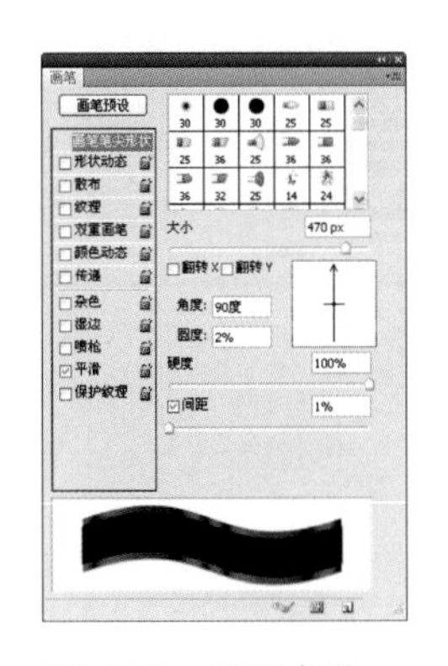

图 6-90 设置参数

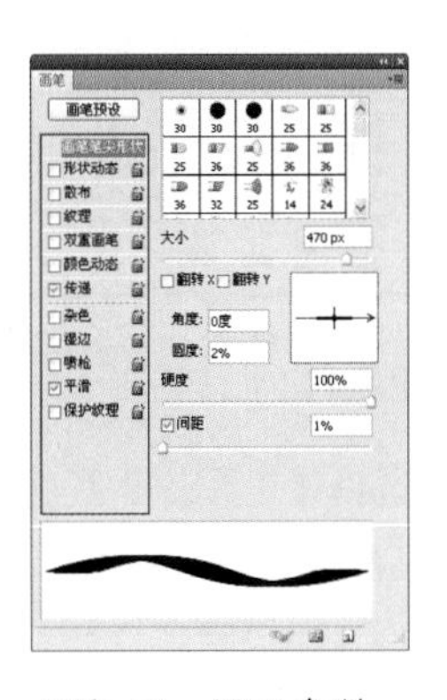

图 6-91 设置参数

07 选择椭圆工具，新建一个图层，按下工具选项栏中的“填充像素”按钮，按住 Shift 键的同时，在图像窗口中拖动鼠标，绘制一个圆，效果如图 6-93 所示。

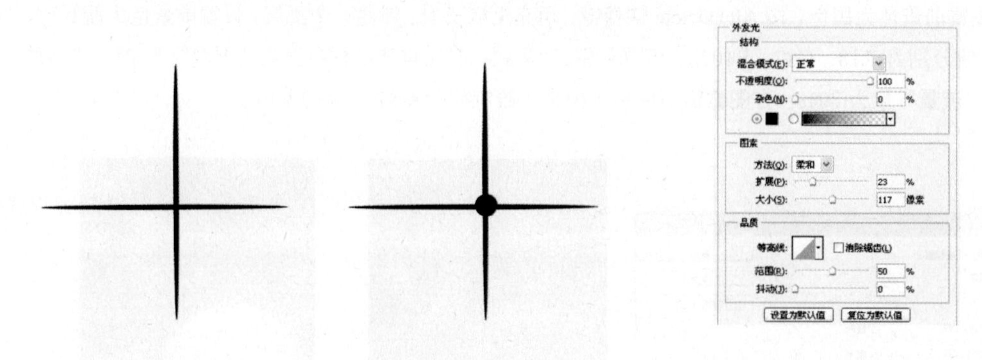

图 6-92　绘制星形　　图 6-93　绘制圆点　　图 6-94　“外发光”参数

08 执行“图层”|“图层样式”|“外发光”命令，在弹出的“图层样式”对话框中设置参数如图 6-94 所示。单击“确定”按钮，效果如图 6-95 所示。

09 执行“编辑”|“定义画笔预设”命令，弹出“画笔名称”对话框，设置“名称”为“星星”，如图 6-96 所示。

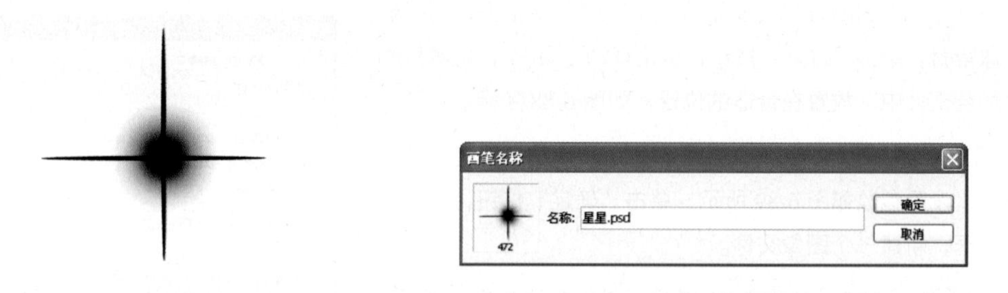

图 6-95　“外发光”效果　　图 6-96　设置名称

10 新建一个图层，切换至海报文件，选择画笔工具，按 F5 键打开画笔面板，选择刚才定义的画笔，设置“角度”为“158 度”，“间距”为 100%、“大小抖动”为 100%、“角度抖动”为 100%、“散布”为 150%，如图 6-97 所示。

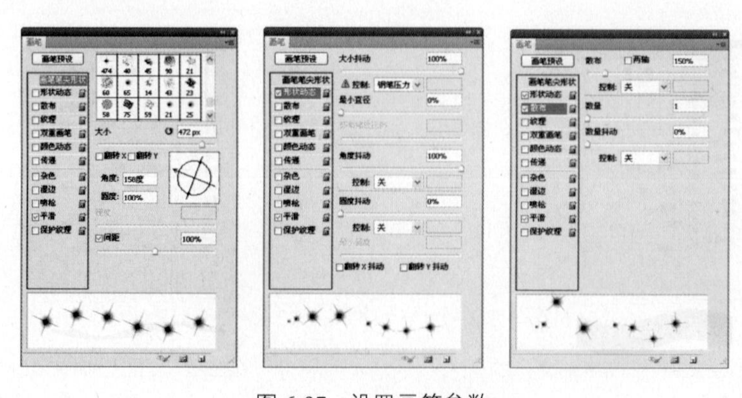

图 6-97　设置画笔参数

11 单击“创建新图层”按钮，新建一个图层，在图像窗口中用刚才设好的画笔绘制，效果如图 6-98 所示。

12 新建一个图层组，运用同样的操作方法，绘制如图 6-99 所示的星光。

图 6-98　绘制星星

图 6-99　继续绘制星光

13 按 Ctrl+O 快捷键，弹出“打开”对话框，选择城市建筑图片素材，单击“打开”按钮，运用移动工具，将素材添加至文件中，放置在合适的位置，如图 6-100 所示。

14 单击图层面板上的“添加图层蒙版”按钮，为图层添加图层蒙版，按 D 键，恢复前景色和背景为默认的黑白颜色，选择渐变工具，按下“线性渐变”按钮，在图像窗口中按住并拖动鼠标，效果如图 6-101 所示。

图 6-100　添加城市建筑图片素材

图 6-101　添加图层蒙版

知识链接——画笔选项

选择画笔工具，在工具选项栏中可以设置画笔的参数，具体选项的含义如下：

主直径：拖动滑块或者在数值栏中输入数值可以调整画笔的大小。

硬度：用来设置画笔笔尖的硬度。

不透明度：用于设置绘制图形的不透明度，该数值越小，越能透出背景图像

流量：用于设置画笔墨水的流量大小，以模拟真实的画笔，该数值越大，墨水的流量越大。

15 单击调整面板中的“色彩平衡”按钮，系统自动添加一个“色彩平衡”调整图层，设置参数如图 6-102 所示。

16 图像效果如图 6-103 所示。

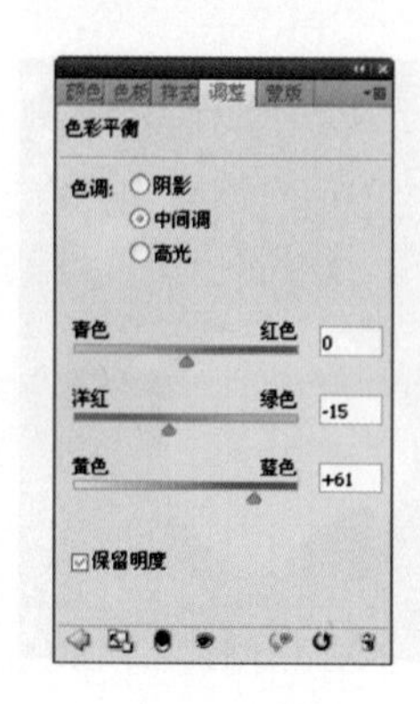

图 6-102 “色彩平衡”调整参数

图 6-103 “色彩平衡”调整效果

17 按 Ctrl+O 快捷键，弹出“打开”对话框，选择人物和翅膀素材，单击“打开”按钮，运用移动工具，将素材添加至文件中，放置在合适的位置，如图 6-104 所示。

18 新建一个图层，在工具箱中选择钢笔工具，按下“路径”按钮，在图像窗口中，绘制如图 6-105 所示路径。

图 6-104 添加人物和翅膀素材

图 6-105 绘制路径

19 按 Enter+Ctrl 快捷键，转换路径为选区，并填充白色，然后设置图层的“不透明度”为 50%，如图 6-106 所示。

20 运用同样的操作方法继续绘制图形，按 Ctrl+D 取消选区，如图 6-107 所示。

技巧点拨

在绘制路径时，如果将光标放于路径第一个锚点处，钢笔光标的右下角处会显示一个小圆圈标记，此时单击鼠标即可使路径闭合，得到闭合路径。

21 新建一个图层，设置前景色为蓝色（RGB 参考值分别为 R2、G144、B202），在工具箱中选择椭圆工具，在工具选项栏中按下“填充像素”按钮，按住 Shift 键的同时拖动鼠标，绘制一个正圆，如图 6-108 所示。

图 6-106　填充路径

图 6-107　绘制图形

22 运用同样的操作方法绘制如图 6-109 所示的正圆。

23 按 Ctrl+O 快捷键，弹出“打开”对话框，选择花纹和蝴蝶素材，单击“打开”按钮，运用移动工具，将素材添加至文件中，放置在合适的位置，如图 6-110 所示。

图 6-108　绘制正圆

图 6-109　绘制正圆

24 在工具箱中选择横排文字工具，设置字体为“方正粗圆简体”、字体大小分别为 75 点，输入文字，如图 6-111 所示。

25 运用同样的操作方法输入其他文字，最终效果如图 6-112 所示。

图 6-110　添加花纹和蝴蝶素材

图 6-111　输入文字

图 6-112　最终效果

Example

6.7 贺卡设计——迎春纳福

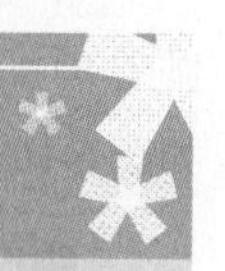

本实例制作的是迎春纳福贺卡设计，实例以红色为主色调，突出喜庆的节日氛围，结合传统元素，表现出中国传统节日的特色，制作完成的迎春纳福贺卡设计效果如左图所示。

使用工具：“新建参考线”命令、矩形工具、画笔工具、图层蒙版、椭圆工具、图层蒙版、横排文字工具。

视频路径: avi\6.7.avi

01 启动 Photoshop 后，执行“文件”|“新建”命令，弹出“新建”对话框，设置参数如图 6-113 所示，单击“确定”按钮，新建一个空白文件。

02 执行“视图”|“新建参考线”命令，弹出“新建参考线”对话框，在对话框中设置参数，如图 6-114 所示。

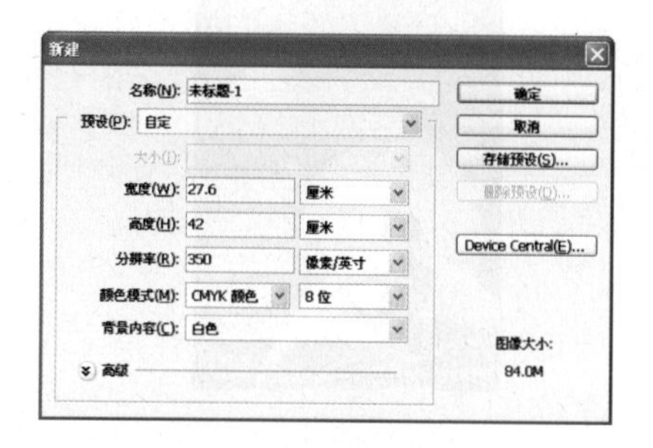

图 6-113 “新建”对话框

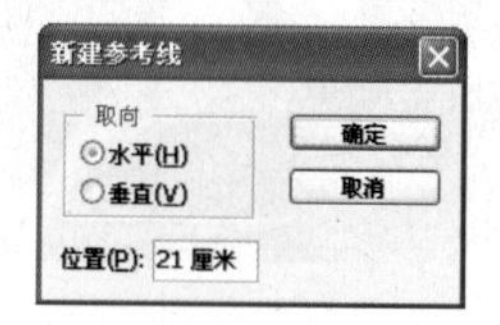

图 6-114 “新建参考线”对话框

03 单击“确定”按钮，退出“新建参考线”对话框，新建参考线如图 6-115 所示。

04 新建一个图层，设置前景色为红色（CMYK 参考值分别为 C0、M100、Y100、K50），按 Alt+Delete 键填充颜色，如图 6-116 所示。

图 6-115 新建参考线

图 6-116 填充颜色

知识链接——路径选项

选择工具箱中的矩形工具，在工具选项栏中有3种绘制方式可供选择：

形状图层：按下此选项按钮，使用矩形工具将创建得到矩形形状图层，填充的颜色为前景色。

路径：按下此选项按钮，使用矩形工具将创建得到矩形路径。

填充像素：按下此选项按钮，使用矩形工具将在当前图层绘制一个填充前景色的矩形区域。

05 新建一个图层，设置前景色为红色（CMYK参考值分别为C0、M100、Y100、K2），选择画笔工具，在工具选项栏中设置“硬度”为0%，“不透明度”和“流量”均为80%，在图像窗口中绘制如图6-117所示的光点。

06 按Ctrl+O快捷键，弹出“打开”对话框，选择底纹素材，单击“打开”按钮，运用移动工具，将素材添加至文件中，放置在合适的位置，如图6-118所示。

图6-117 绘制光点

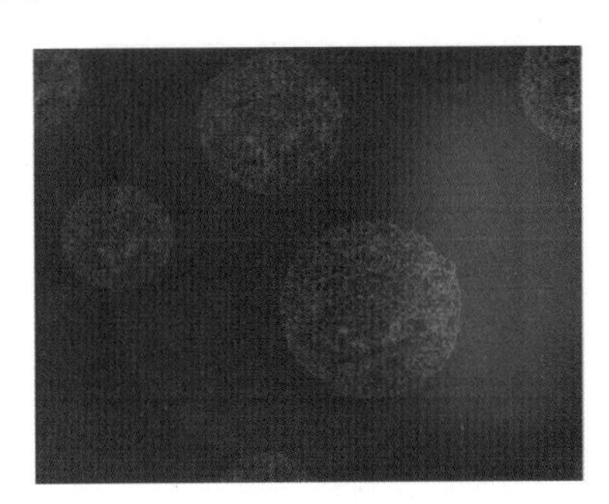

图6-118 添加底纹素材

07 运用同样的操作方法添加墨迹素材，单击图层面板上的“添加图层蒙版”按钮，为“墨迹”图层添加图层蒙版。编辑图层蒙版，设置前景色为黑色，选择画笔工具，按“[”或“]”键调整合适的画笔大小，在图像上涂抹，并设置图层的“混合模式”为“正片叠底”，如图6-119所示。

08 将墨迹复制一层，如图6-120所示。

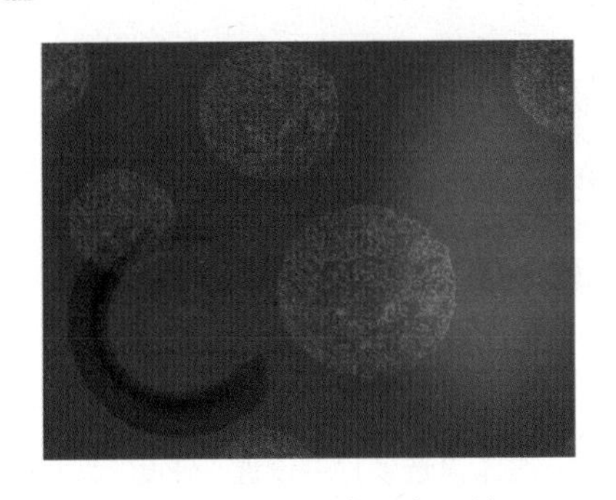

图6-119 “正片叠底”效果

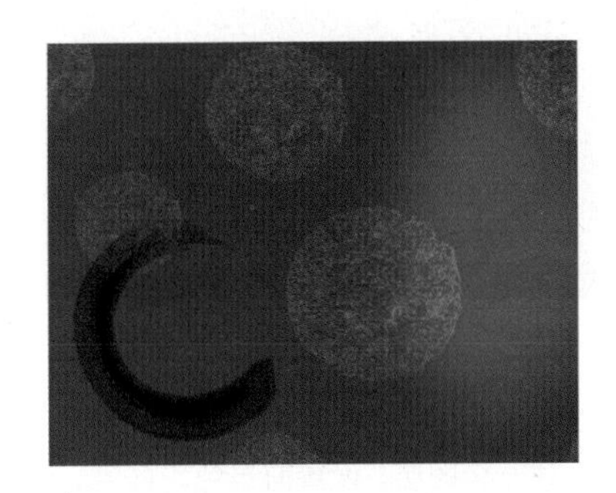

图6-120 复制墨迹

09 设置前景色为淡黄色（CMYK参考值分别为C3、M2、Y29、K0），在工具箱中选择椭圆工具，按下“形状图层”按钮，在图像窗口中，按住Shift键的同时，拖动鼠标绘制如图6-121所示正圆。

图 6-121　绘制正圆

10 将正圆复制一层，填充白色，按 Ctrl+T 快捷键，进入自由变换状态，向内拖动控制柄，调整到合适的大小，按 Enter 键确定调整，如图 6-122 所示。

11 按 Ctrl+O 快捷键，弹出“打开”对话框，选择花纹素材，单击“打开”按钮，运用移动工具，将素材添加至文件中，放置在合适的位置，按 Ctrl+Alt+G 快捷键，创建剪贴蒙版如图 6-123 所示。

图 6-122　复制正圆

图 6-123　创建剪贴蒙版

12 参照去同样的操作方法添加其他素材，如图 6-124 所示。

图 6-124　添加其他素材

图 6-125　绘制点

13 新建一个图层，设置前景色为白色，选择画笔工具，在工具选项栏中设置“硬度”为 0%，“不透明度”和“流量”均为 80%，在图像窗口中单击鼠标，绘制如图 6-125 所示的点。

14 将文字和图形复制一份，并调整到合适的大小和位置，如图 6-126 所示。

15 在工具箱中选择横排文字工具T，设置字体为 Hobo Std、字体大小分别为 26 点，输入文字，如

图 6-127 所示。

16 运用同样的操作方法输入其他文字，最终效果如图 6-128 所示。

图 6-126　复制图形

图 6-127　输入文字

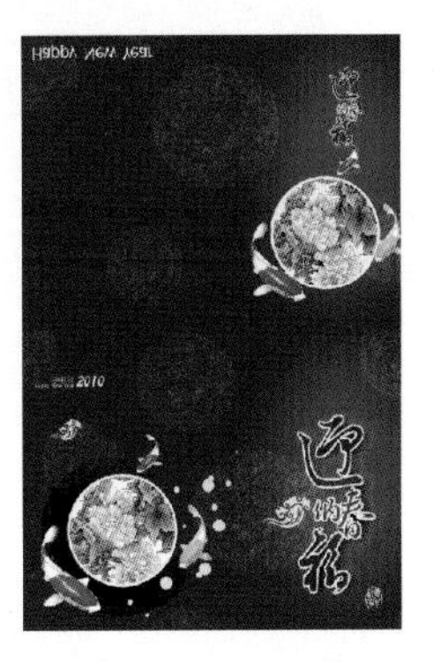

图 6-128　最终效果

Example

6.8 贺卡设计——圣诞快乐

本实例制作的是圣诞快乐贺卡设计，实例以蓝色为主色调，体现冬季的严寒，然后通过红色的飘带和礼品来驱赶严寒，通过另一种视觉感受来表达圣诞，制作完成的圣诞快乐贺卡设计效果如左图所示。

使用工具：渐变工具、画笔工具、矩形选框工具、钢笔工具、图层样式、自定形状工具、横排文字工具。

视频路径：avi\6.8.avi

01 启动 Photoshop 后，执行“文件”|“新建”命令，弹出“新建”对话框，设置参数如图 6-129 所示，单击“确定”按钮，新建一个空白文件。

02 选择工具箱渐变工具，在工具选项栏中单击渐变条，打开“渐变编辑器”对话框，设置参数如图 6-130 所示，其中蓝色的 RGB 参考值分别为 R29、G181、B239），深蓝色的 RGB 参考值分别为 R0、G102、B179）。

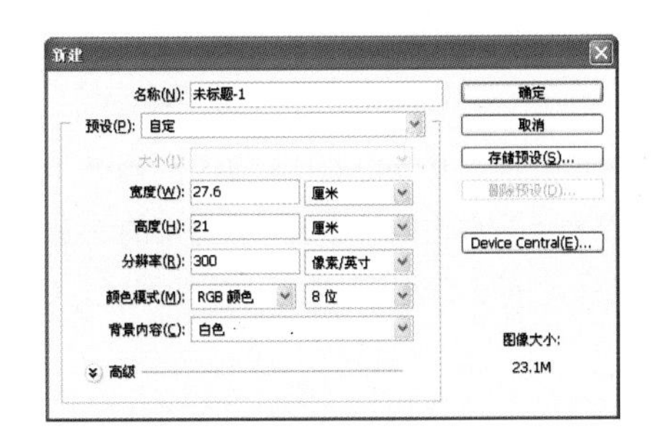

图 6-129　“新建”对话框

图 6-130　“渐变编辑器”对话框

03 单击“确定”按钮，关闭“渐变编辑器”对话框。按下工具选项栏中的“线性渐变”按钮，在图像中拖动鼠标，填充渐变效果如图 6-131 所示。

图 6-131 填充渐变

图 6-132 涂抹

04 新建一个图层，设置前景色为白色，选择工具箱中的矩形选框工具，在图像窗口中按住鼠标并拖动，绘制选区。选择画笔工具，在工具选项栏中设置“硬度”为 0%，“不透明度”为 50%，“流量”为 35%，在图像窗口中涂抹如图 6-132 所示。

05 按 Ctrl+O 快捷键，弹出“打开”对话框，选择园林素材，单击“打开”按钮，运用移动工具，将素材添加至文件中，放置在合适的位置，如图 6-133 所示。

06 参照前面同样的操作方法继续涂抹，如图 6-134 所示。

图 6-133 添加园林素材

图 6-134 涂抹

07 新建一个图层，设置前景色为白色，选择画笔工具，在工具选项栏中设置“硬度”为 0%，“不透明度”和“流量”均为 80%，在图像窗口中单击鼠标，绘制如图 6-135 所示的光点。在绘制的时候，可通过按“[”键和“]”键调整画笔的大小，以便绘制出不同大小的光点。

08 新建一个图层，在工具箱中选择钢笔工具，按下“路径”按钮，在图像窗口中绘制如图 6-136 所示路径。

09 选择画笔工具，设置前景色为黄色（RGB 参考值分别为 R179、G135、B5），画笔“大小”为“5 像素”、“硬度”为 100%，选择钢笔工具，在绘制路径上方单击鼠标右键，在弹出的快捷菜单中选择“描边路径”选项，在弹出的对话框中选择“画笔”选项，单击“确定”按钮，描边路径，Ctrl+H 快捷键隐藏路径，得到如图 6-137 所示效果。

10 运用同样的操作方法继续绘制曲线，如图 6-138 所示。

11 设置前景色为白色，在工具箱中选择钢笔工具，按下“形状图层”按钮，在图像窗口中，绘制如图 6-139 所示图形。

⑫ 执行“图层”|“图层样式”|“渐变叠加”命令，弹出“图层样式”对话框，单击渐变条，在弹出的“渐变编辑器”对话框中设置颜色如图 6-140 所示，其中深红色的 RGB 参考值分别为 R140、G23、B31，红色的 RGB 参考值分别为 R209、G31、B39。

图 6-135　绘制光点

图 6-136　绘制路径

图 6-137　描边路径

图 6-138　绘制曲线

图 6-139　绘制图形

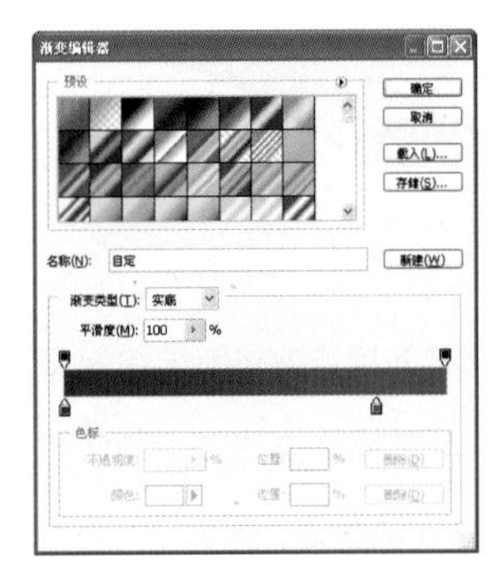

图 6-140　“渐变编辑器”对话框

⑬ 单击“确定”按钮，返回“图层样式”对话框，如图 6-141 所示。

⑭ 单击“确定”按钮，退出“图层样式”对话框，添加“渐变叠加”的效果如图 6-142 所示。

⑮ 运用同样的操作方法绘制其他图形，如图 6-143 所示。

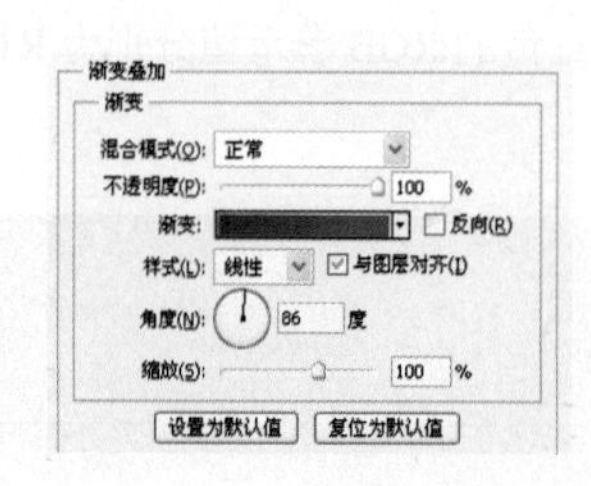

图 6-141　“渐变叠加”参数

图 6-142　“渐变叠加”效果

16 新建一个图层，设置前景色为土黄色（RGB 参考值分别为 R209、G31、B39），在工具箱中选择自定形状工具，然后单击选项栏“形状”下拉列表按钮，从形状列表中选择“五角星”形状。

技巧点拨

Photoshop 提供了大量的自定义形状，包括箭头、标识、指示牌等。选择自定义形状工具后，单击工具选项栏“形状”选项下拉列表右侧的按钮，可以打开下拉面板，在面板中可以选择形状。

17 按下“路径”按钮，在图像窗口中右上角位置，拖动鼠标绘制一个“五角星”形状，如图 6-144 所示。

图 6-143　“渐变叠加”

图 6-144　绘制五角星

18 运用同样的操作方法继续绘制五角星，如图 6-145 所示。

19 参照同样的操作方法，绘制雪花，如图 6-146 所示。

20 按 Ctrl+O 快捷键，弹出“打开”对话框，选择圣诞素材，单击“打开”按钮，运用移动工具，将素材添加至文件中，放置在合适的位置，如图 6-147 所示。

21 在工具箱中选择横排文字工具，设置字体为“方正粗活意繁体”，字体大小分别为 600 点，输入文字，如图 6-148 所示。

22 运用同样的操作方法继续输入文字，如图 6-149 所示。按住 Shift 键的同时，选择文字图层，按 Ctrl+E 快捷键将文字图层合并。

图 6-145 继续绘制五角星

图 6-146 绘制雪花

图 6-147 添加圣诞素材

图 6-148 输入文字

23 按 Ctrl+E 快捷键将文字图层合并，按住 Ctrl 键的同时单击文字图层的缩览图，将文字载入选区，单击鼠标右键，在弹出的快捷菜单中选择“建立工作路径”选项，转换文字为形状，如图 6-150 所示。

图 6-149 继续输入文字

图 6-150 转换文字为形状

24 运用直接选择工具删除多余的节点，选择钢笔工具，在工具选项栏中按下“添加到形状区域”按钮，绘制文字之间的连接部分图形，如图 6-151 所示。

25 运用同样的操作方法输入其他文字，最终效果如图 6-152 所示。

图 6-151 制作变形效果

图 6-152 最终效果

第 7 章

在中华民族五千年历史长河中，酒和酒类文化一直都占据着重要地位。酒是一种特殊的食品，是属于物质的，但酒又融于人们的精神生活之中。

不同的酒类有其不同的消费群体和场合，白酒诉求的是悠久的历史文化；啤酒的运动、解暑、豪爽属性深受年轻人的喜爱；葡萄酒的浪漫和健康，则得到了推崇时尚和健康的白领和小资情结的居家都市人的认可。

酒相关篇

Photoshop CS5

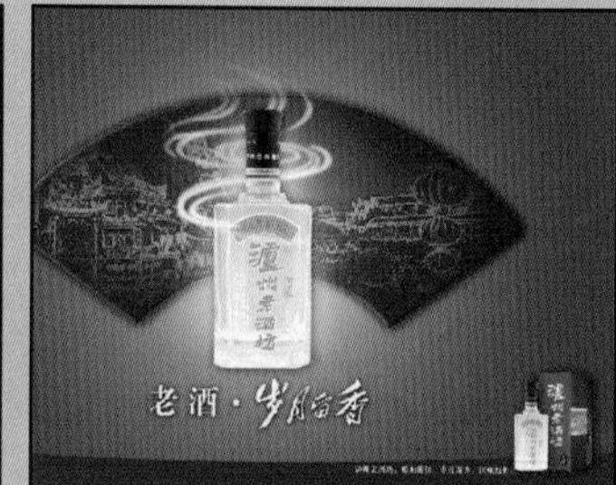

07

Example

7.1 户外灯箱广告——绝对伏特加

本实例制作的是绝对伏特加户外灯箱广告，实例以酒产品为主体，画面大量运用暖色系，让人感觉到一种希望与激情，制作完成的绝对伏特加户外灯箱广告效果如左图所示。

使用工具：图层蒙版、画笔工具、混合模式、“色相/饱和度”命令、创建剪贴蒙版、横排文字工具。

视频路径：avi\7.1.avi

01 启用 Photoshop 后，执行“文件”|“新建”命令，弹出“新建”对话框，设置参数如图 7-1 所示，单击“确定”按钮，新建一个空白文件。

02 按 Ctrl+O 快捷键，弹出“打开”对话框，选择云彩图片素材，单击“打开”按钮，运用移动工具，将素材添加至文件中，放置在合适的位置。

03 单击图层面板上的“添加图层蒙版”按钮，为云彩图层添加图层蒙版。编辑图层蒙版，设置前景色为黑色，选择画笔工具，按“[”或“]”键调整合适的画笔大小，在图像上涂抹，如图 7-2 所示。

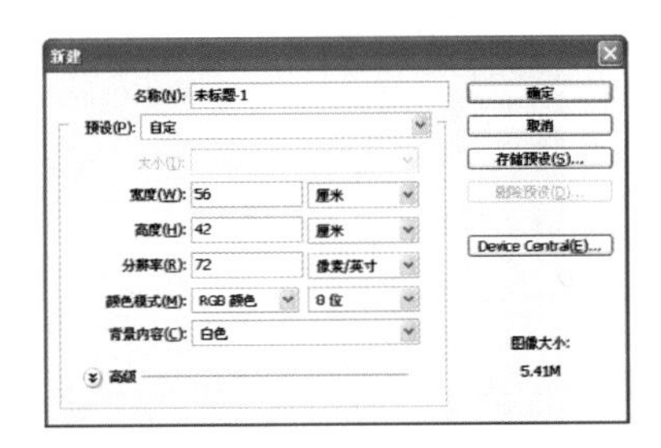

图 7-1 “新建”对话框

图 7-2 添加图层蒙版

04 设置图层的“混合模式”为“差值”，如图 7-3 所示。

图 7-3 差值混合模式

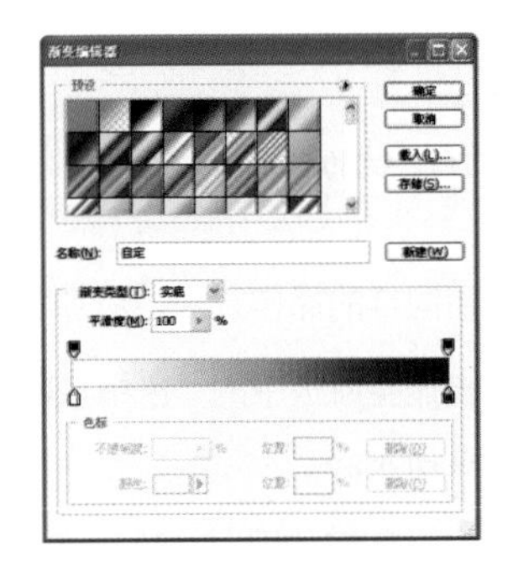

图 7-4 “渐变编辑器”对话框

05 在图层面板中单击“创建新的填充或调整图层”按钮，在弹出的快捷菜单中选择“渐变”选项，弹出“渐变”对话框，单击渐变条，在弹出的“渐变编辑器”对话框中设置颜色如图 7-4 所示，其中棕色的 RGB 参考值分别为 R105、G22、B0。

06 单击“确定”按钮，退出“渐变编辑器”对话框。

07 返回“渐变填充”对话框，设置其他参数如图 7-5 所示，单击“确定”按钮确认，如图 7-6 所示。

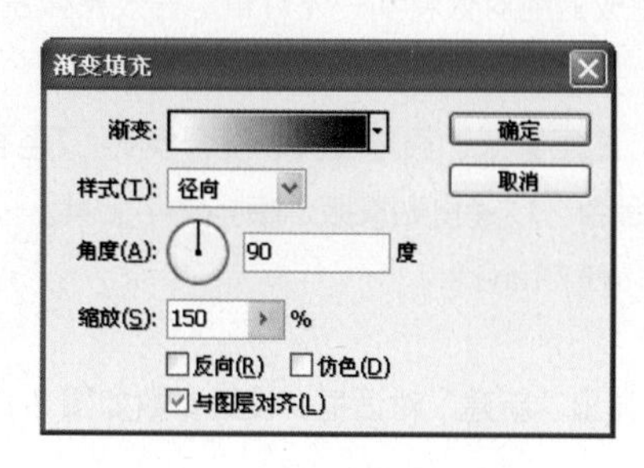

图 7-5 “渐变填充”参数

图 7-6 渐变填充

08 设置图层的“混合模式”为“线性光”，如图 7-7 所示。

09 按 Ctrl+O 快捷键，弹出“打开”对话框，选择椰子树和花冠等素材，单击“打开”按钮，运用移动工具，将素材添加至文件中，放置在合适的位置，设置图层的“混合模式”为“叠加”，如图 7-8 所示。

图 7-7 “线性光”效果

图 7-8 添加椰子树和花冠素材

技巧点拨

按住 Shift 键的同时，按“+”或“-”快捷键可快速切换当前图层的混合模式。

10 运用同样的操作方法，添加花环素材。

11 单击调整面板中的“色相/饱和度”按钮，系统自动添加一个“色相/饱和度”调整图层，设置参数如图 7-9 所示。

12 按住 Alt 键的同时，移动光标至分隔两个图层的实线上，当光标显示为形状时，单击鼠标左键，创建剪贴蒙版，图像效果如图 7-10 所示。

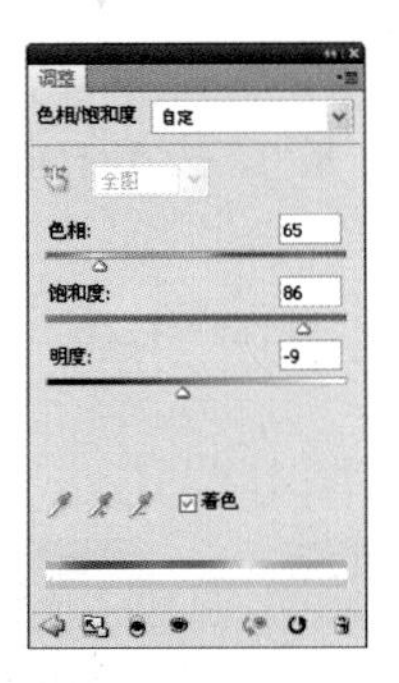

图 7-9 “色相/饱和度”调整参数

图 7-10 创建剪贴蒙版

知识链接——调整图层

调整图层作用于下方的所有图层，对其上方的图层没有任何影响，因而可通过改变调整图层的叠放次序来控制调整图层的作用范围。如果不希望调整图层对其下方的所有图层都起作用，可将该调整图层与图像图层创建剪贴蒙版。

13 运用同样的操作方法添加瓶子素材，并对“瓶子”图层添加图层蒙版，得到如图 7-11 所示效果。

14 运用同样的操作方法添加其他花纹素材，并分别对各个图层填充渐变、创建剪贴蒙版，得到如图 7-12 所示的最终效果。

图 7-11 添加瓶子素材

图 7-12 最终效果

Example

7.2 杂志内页设计——莫妮长城葡萄酒

本实例制作的是莫妮长城葡萄酒杂志内页设计，实例以轻柔的色彩为背景，焕发出一股淡淡的醇香，制作完成的莫妮长城葡萄酒杂志内页设计效果如左图所示。

使用工具：混合模式、矩形选框工具、图层样式、渐变工具、椭圆工具、画笔工具、魔棒工具、横排文字工具。

视频路径：avi\7.2.avi

01 启用 Photoshop 后，执行“文件”|“新建”命令，弹出“新建”对话框，设置参数如图 7-13 所

示，单击“确定”按钮，新建一个空白文件。

02 设置前景色为棕色，CMYK 参考值分别为 C54、M99、Y100、K70，按 Alt+Delete 快捷键，填充背景。

03 按 Ctrl+O 快捷键，弹出“打开”对话框，选择背景图片，单击“打开”按钮，运用移动工具，将背景图片素材添加至文件中，放置在合适的位置，如图 7-14 所示。

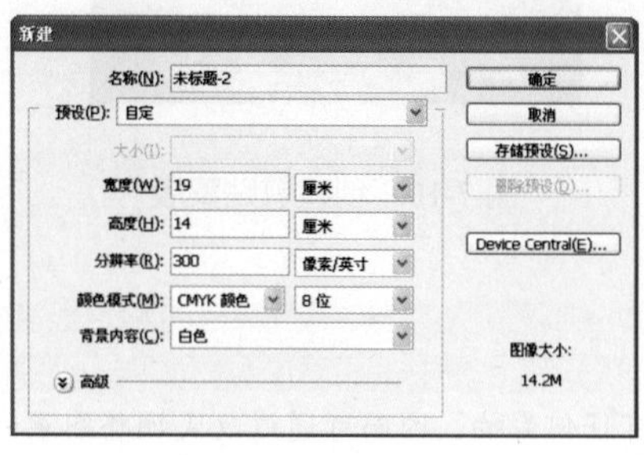

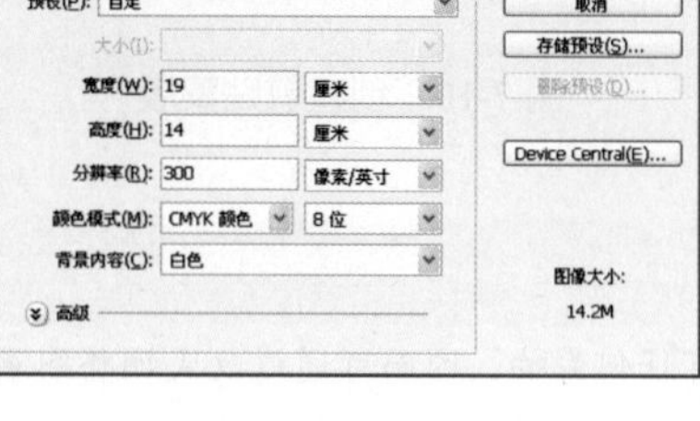

图 7-13 “新建”对话框

图 7-14 添加背景图片

04 选择工具箱中的矩形选框工具，在图像窗口中按住鼠标并拖动，绘制选区，新建一个图层，选择工具箱中的渐变工具，在工具选项栏中单击渐变条，打开“渐变编辑器”对话框，设置参数如图 7-15 所示，其中棕色的 CMYK 参考值分别为 C45、M76、Y100、K9。

05 单击“确定”按钮，关闭“渐变编辑器”对话框，在图像窗口中拖动鼠标，填充渐变，如图 7-16 所示。

图 7-15 “渐变编辑器”对话框

图 7-16 填充渐变

06 设置图层的“混合模式”为“强光”，如图 7-17 所示。

07 单击图层面板上的“添加图层蒙版”按钮，为图层添加图层蒙版，按 D 键，恢复前景色和背景为默认的黑白颜色，选择渐变工具，按下“线性渐变”按钮，在图像窗口中按住并拖动鼠标，填充渐变效果如图 7-18 所示。

08 选择椭圆工具，按下工具选项栏中的“填充像素”按钮，按住 Shift 键的同时，拖动鼠标绘制一个正圆，按住 Ctrl 键的同时单击图形的图层缩览图，将图形载入选区，执行“图层”|“图层样式”|“渐变叠加”命令，弹出“图层样式”对话框，单击渐变条，在弹出的“渐变编辑器”对话框中设置颜

色如图 7-19 所示，其中橘黄色的 CMYK 参考值分别为 C8、M53、Y90、K0。

图 7-17 “强光”效果

图 7-18 添加图层蒙版

09 单击“确定”按钮，返回“图层样式”对话框，设置“渐变叠加”其他参数如图 7-20 所示。

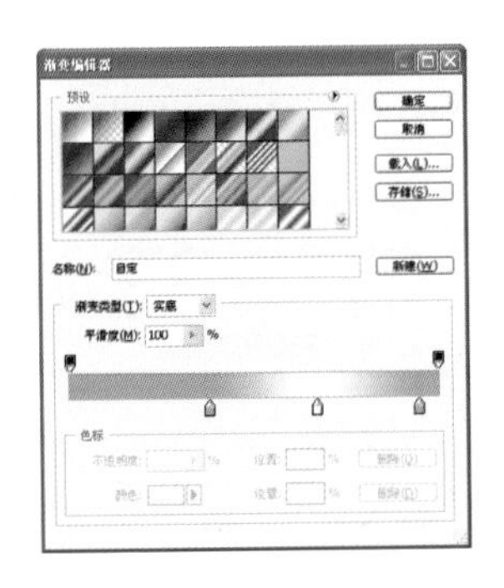

图 7-19 “渐变叠加”参数

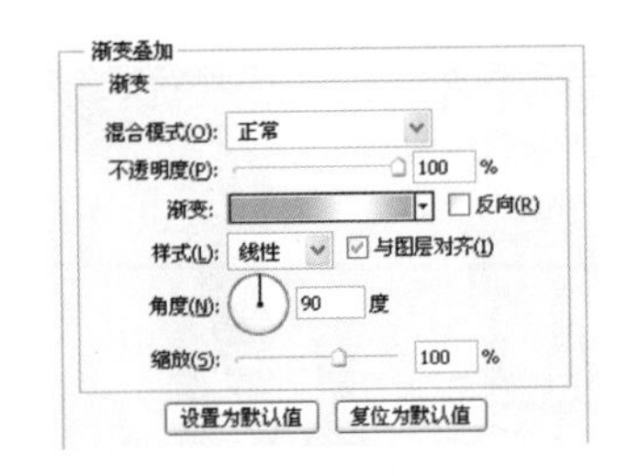

图 7-20 设置其他参数

10 单击“确定”按钮，退出“图层样式”对话框，效果如图 7-21 所示。

11 选择椭圆工具，按下工具选项栏中的“路径”按钮，按住 Shift 键的同时，拖动鼠标绘制路径如图 7-22 所示。

图 7-21 “渐变叠加”效果

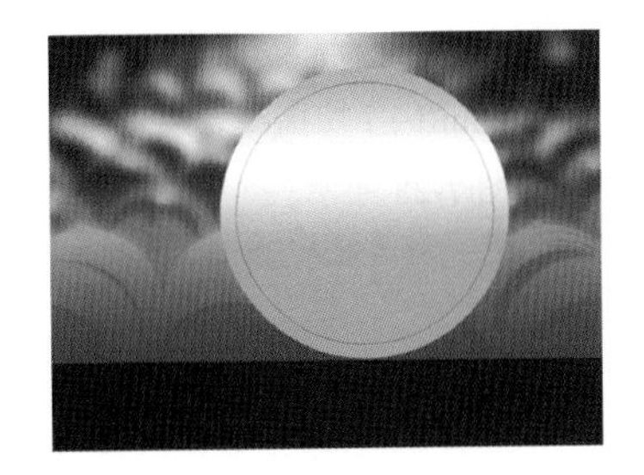

图 7-22 绘制正圆路径

12 选择画笔工具，设置前景色为棕色，画笔“大小”为“5 像素”、“硬度”为 100%，选择钢笔工具，在绘制的路径上方单击鼠标右键，在弹出的快捷菜单中选择“描边路径”选项，在弹出的对话框中选择“画笔”选项，单击“确定”按钮，描边路径，按 Ctrl+H 快捷键隐藏路径，得到如图 7-23 所示的效果。

13 运用同样的操作方法，添加葡萄酒素材，并为图层添加图层蒙版，如图 7-24 所示。

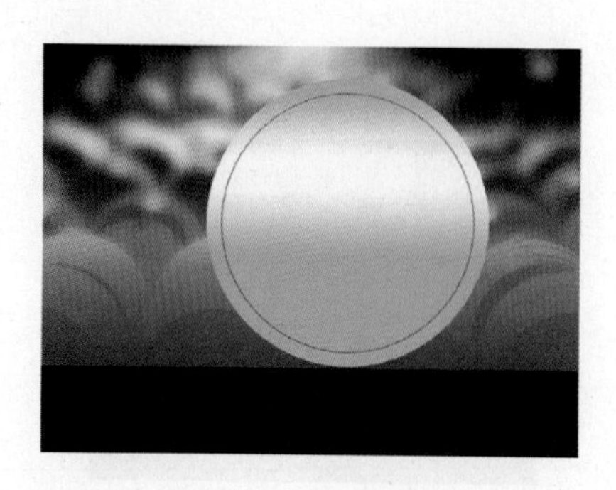

图 7-23　描边路径

图 7-24　添加图层蒙版

14 运用同样的操作方法，添加酒杯、文字和丝绸素材，如图 7-25 所示。

15 选择“莫妮长城”文字图层，双击图层，弹出“图层样式”对话框，选择“外发光”选项，设置参数如图 7-26 所示。

图 7-25　添加素材效果

图 7-26　“外发光”参数

16 单击“确定”按钮，退出“图层样式”对话框，添加“外发光”效果如图 7-27 所示。

17 运用同样的操作方法，打开图片素材，然后选择工具箱魔棒工具，选择白色背景。

18 按 Ctrl+Shift+I 快捷键，反选得到葡萄选区，运用移动工具，将素材添加至文件中，放置在合适的位置，如图 7-28 所示。

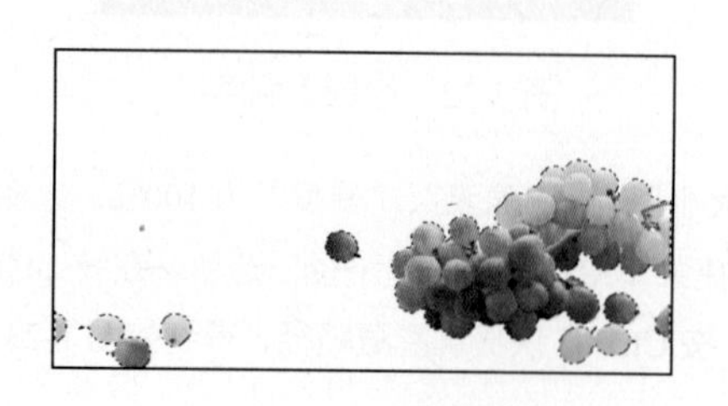

图 7-27　添加素材效果

图 7-28　添加葡萄素材

技巧点拨

添加图层样式既可以双击“图层缩览图”图标或空白处，也可以单击“添加图层样式”按钮 fx.，在弹出的菜单中执行相关命令，都可以打开“图层样式”对话框。

19 按 Ctrl+J 组合键将葡萄图层复制一层，设置图层的“混合模式”为“正片叠底”，如图 7-29 所示。

图 7-29 最终效果

设计传真

杂志广告标题字体较大，颜色比较突出，而正文的字相对较少。如果杂志中出现过多过密的文字，则会失去杂志自身的特点，不能充分发挥杂志媒体的优越性。

Example

7.3 X 展架广告设计——九门口优质白酒

本实例制作的是九门口优质白酒 X 展架广告设计，实例以黑色为主色调，突出酒产品的神韵和气质，结合图层蒙版使图像过渡自然，制作完成的九门口优质白酒 X 展架广告设计效果如左图所示。

使用工具：画笔工具、图层样式、图层蒙版、直排文字工具。

视频路径：avi\7.3.avi

01 启用 Photoshop 后，执行“文件”|“新建”命令，弹出“新建”对话框，设置对话框的参数如图 7-30 所示，单击“确定”按钮，新建一个空白文件。

02 设置前景色为黑色，按 Alt+Delete 键填充背景，按 Ctrl+O 快捷键，弹出“打开”对话框，选择标牌素材，单击“打开”按钮，运用移动工具，将素材添加至文件中，放置在合适的位置，如图 7-31 所示。

03 按 Ctrl+T 快捷键，进入自由变换状态，单击鼠标右键，在弹出的快捷菜单中选择“透视”选项，调整至合适的位置和角度，如图 7-32 所示。

04 单击图层面板上的“添加图层蒙版”按钮，为“标牌”图层添加图层蒙版。设置前景色为黑色，选择画笔工具，按“[”或“]”键调整合适的画笔大小，在图像蒙版上涂抹，如图 7-33 所示。

专家提醒

执行“编辑”|“自由变换”命令，拖动定界框任一角点时，拖动方向上的另一角点会发生相反的移动，最后得到对称的梯形，从而得到物体透视变形的效果。

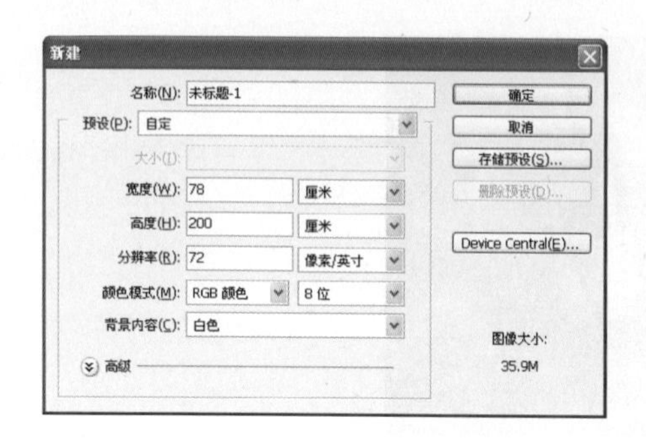

图 7-30 “新建”对话框

图 7-31 添加标牌素材

图 7-32 透视变换

图 7-33 添加图层蒙版

图 7-34 添加其他素材

图 7-35 绘制黑色

05 运用同样的操作方法，添加其他素材，并为素材图层添加图层蒙版，设置“图层 3”的“混合模式”为“明度”，“不透明度”为 50%，得到如图 7-34 所示的效果。

06 新建一个图层，设置前景色为黑色，选择画笔工具，在工具选项栏中设置“硬度”为 0%，“不透明度”和“流量”均为 80%，在图像窗口中单击鼠标，绘制如图 7-35 所示的效果。在绘制的时候，可通过按“[”键和“]”键调整画笔的大小。

07 设置前景色为红色（RGB 参考值分别为 R199、G0、B11），在工具箱中选择直排文字工具T，设置字体为“方正大黑简体”、字体大小为 200 点，输入文字。

08 执行“图层”|“图层样式”|“描边”命令，弹出“图层样式”对话框，设置参数如图 7-36 所示，得到如图 7-37 所示的文字效果。

09 运用同样的操作方法输入其他文字，如图 7-38 所示。

图 7-36 “描边”参数

图 7-37 “描边”效果

图 7-38 最终效果

Example

7.4 公交站牌广告——泸州老酒坊

本实例制作的是泸州老酒坊公交站牌广告，实例以“岁月留香”为主题，结合中国传统元素，将酒文化表现得淋漓尽致，制作完成的泸州老酒坊公交站牌广告设计效果如左图所示。

使用工具：图层样式、钢笔工具、“色彩范围”命令、“查找边缘”命令、图层蒙版、画笔、横排文字工具。

视频路径：avi\7.4.avi

01 启用 Photoshop 后，执行“文件”|“新建”命令，弹出“新建”对话框，设置参数如图 7-39 所示，单击“确定”按钮，新建一个空白文件。

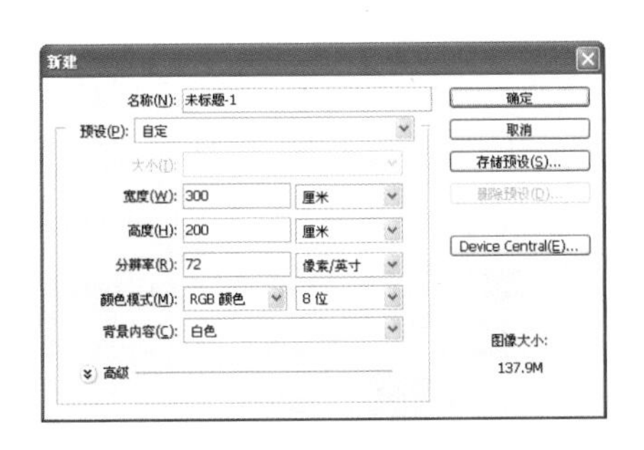

图 7-39 “新建”对话框

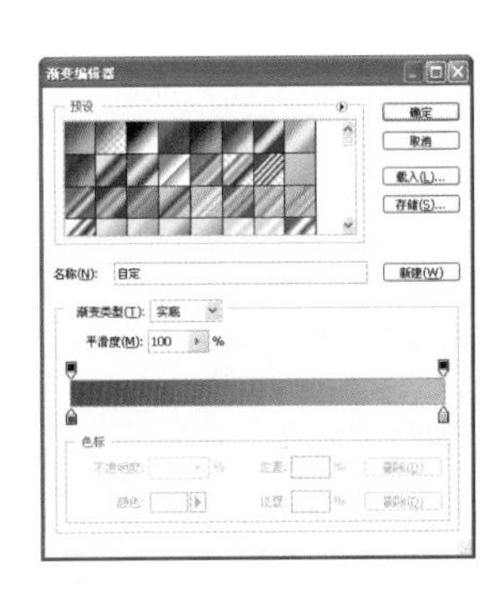

图 7-40 “渐变编辑器”对话框

02 执行“图层”|“图层样式”|“渐变叠加”命令，弹出“图层样式”对话框，单击渐变条，在弹出的“渐变编辑器”对话框中设置颜色如图 7-40 所示，其中红棕色的 RGB 参考值分别为 R149、G44、B29，橘黄色的 RGB 参考值分别为 R236、G157、B48。单击“确定”按钮，返回“图层样式”对话框，如图 7-41 所示。单击“确定”按钮，退出“图层样式”对话框，添加“渐变叠加”的效果如图 7-42 所示。

03 设置前景色为深褐色，RGB 参考值分别为 102、17、21，在工具箱中选择钢笔工具，按下“形状图层”按钮，在图像窗口中，绘制如图 7-43 所示路径。

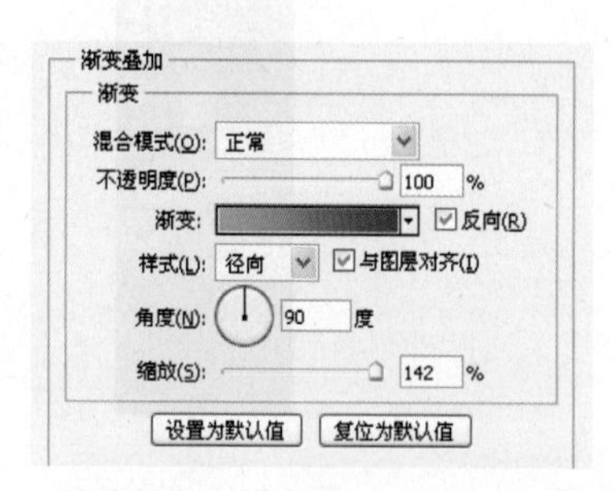

图 7-41 “渐变叠加”参数

图 7-42 “渐变叠加”效果

04 在图层面板中单击“添加图层样式”按钮 fx，在弹出的快捷菜单中选择“投影”选项，弹出“图层样式”对话框，设置参数如图 7-44 所示。

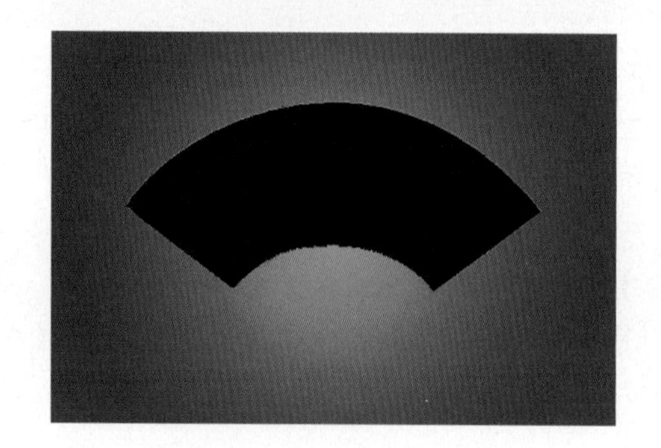

图 7-43 绘制路径

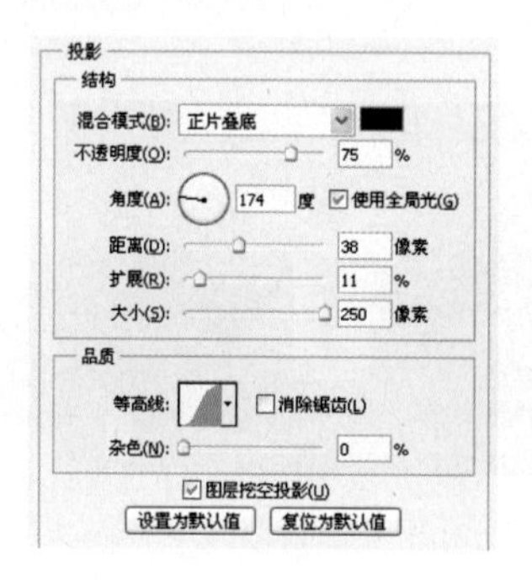

图 7-44 “投影”参数

05 分别选择“斜面和浮雕”和“图案叠加”选项，设置参数如图 7-45 和图 7-46 所示，单击“确定”按钮，退出“图层样式”对话框，添加“图层样式”的效果如图 7-47 所示。

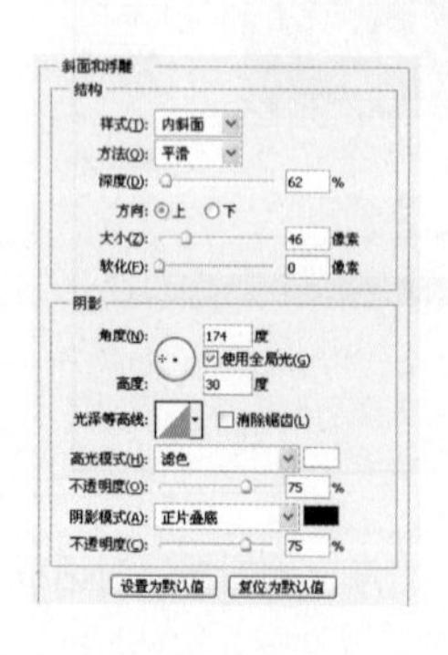

图 7-45 “斜面和浮雕”参数

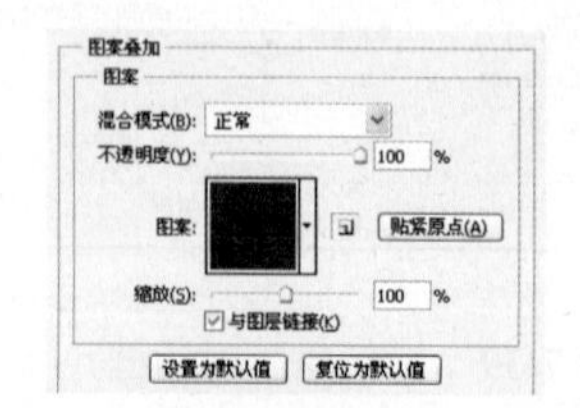

图 7-46 “图案叠加”参数

06 按 Ctrl+O 快捷键弹出“打开”对话框，选择湘西风景照片，单击“打开”按钮，如图 7-48 所示。

07 执行“滤镜”|“风格化”|“查找边缘”命令，得到图像效果如图 7-49 所示。

08 执行“选择”|“色彩范围”命令，弹出的“色彩范围”对话框，按下对话框右侧的吸管按钮，移动光标至图像窗口中背景位置单击鼠标，如图 7-50 所示。

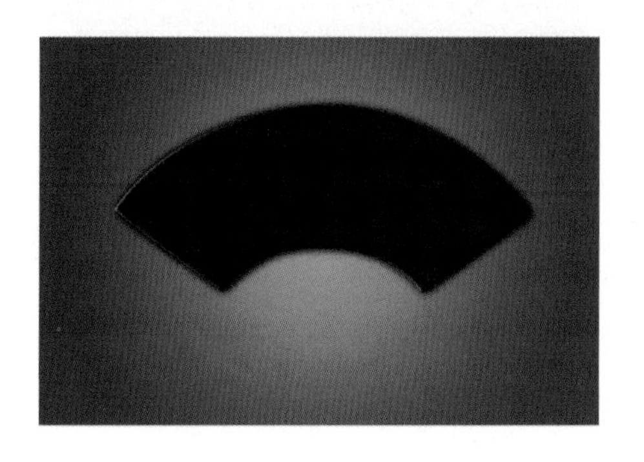

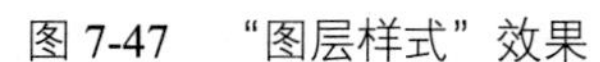

图 7-47 “图层样式”效果

图 7-48 湘西风景照片

09 设置前景色为橙色 RGB 参考值分别为 R240、G121、B5，按 Alt+Delete 快捷键填充颜色为橙色。

知识链接——查找边缘

查找边缘滤镜可以搜寻图像的主要颜色区域并强化其过滤像素，将高反差区域变亮，低反差区域变暗，其他区域则介于两者之间，硬边变为线条，柔边变粗，形成一个清晰的轮廓，产生一种用铅笔勾描轮廓的效果。

图 7-49 “查找边缘”效果

图 7-50 “色彩范围”对话框

10 运用移动工具，将素材添加至文件中，放置在合适的位置。单击图层面板上的“添加图层蒙版”按钮，为“图层 1”图层添加图层蒙版。编辑图层蒙版，设置前景色为黑色，选择画笔工具，按“[”或“]”键调整合适的画笔大小，在图像上涂抹，如图 7-51 所示。

11 参照前面同样的操作方法添加“斜面和浮雕”效果。

12 运用同样的操作方法绘制图形，并添加“投影”效果，如图 7-52 所示。

13 新建一个图层，设置前景色为白色，选择画笔工具，在工具选项栏中设置“硬度”为 0%，“不透明度”和“流量”均为 80%，在图像窗口中单击鼠标，绘制如图 7-53 所示的光点。

14 运用同样的操作方法，添加酒瓶、包装盒和标志素材如图 7-54 所示。

15 设置前景色为白色，在工具箱中选择钢笔工具，按下“路径”按钮，在图像窗口中，绘制如图 7-55 所示路径。

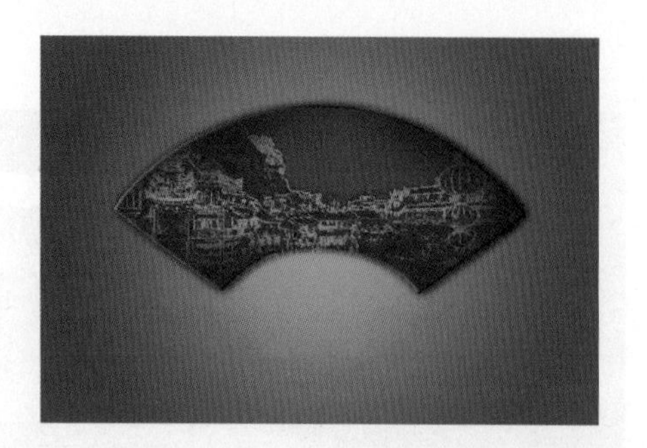

图 7-51　添加图层蒙版

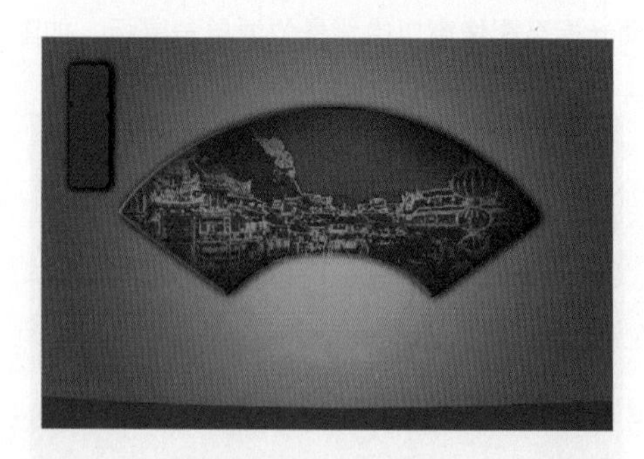

图 7-52　绘制图形

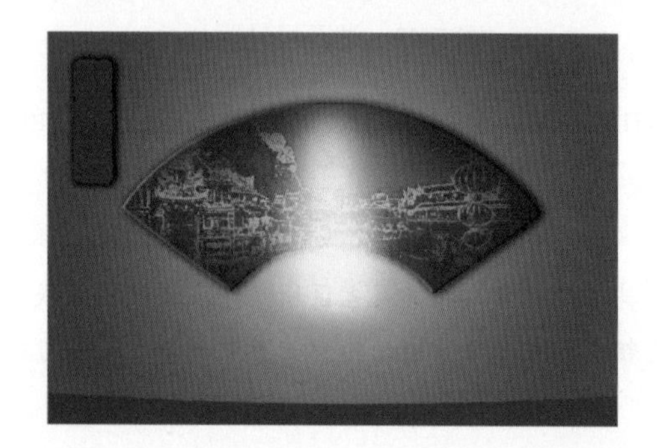

图 7-53　绘制光点

图 7-54　添加酒瓶、包装盒和标志素材

16 选择画笔工具，设置前景色为白色，画笔“大小”为“100 像素”、“硬度”为 100%，选择钢笔工具，在绘制的路径上方单击鼠标右键，在弹出的快捷菜单中选择“描边路径”选项，在弹出的对话框中选择“画笔”选项，单击“确定”按钮，描边路径，得到如图 7-56 所示的光束效果。

图 7-55　绘制光点

图 7-56　绘制图形

专家提醒

按下 Ctrl＋H 快捷键，可隐藏图像窗口中显示的当前路径，但当前路径并未关闭，编辑路径操作仍对当前路径有效。

17 运用同样的操作方法绘制如图 7-57 所示效果。

18 在工具箱中选择横排文字工具[T]，设置字体为“方正大标宋简体”字体、字体大小为 90 点，输入文字，如图 7-58 所示。

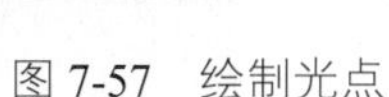
图 7-57　绘制光点

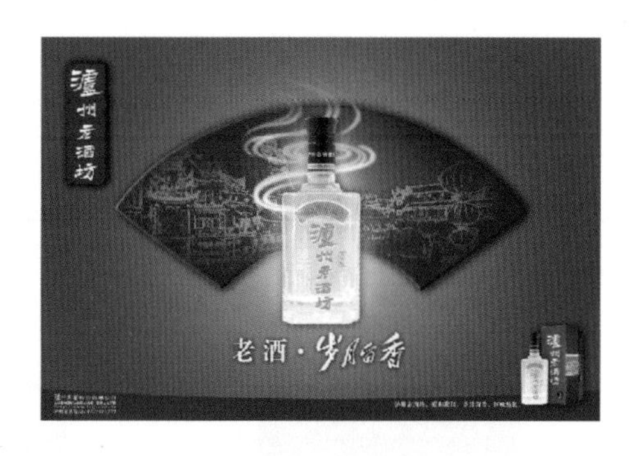

图 7-58　最终效果

Example

7.5 报纸广告——动力火车 DJ 大赛

本实例以深蓝色为主色调，渲染出年轻人喧闹、新潮的生活态度，通过制作颤动的文字，体现音乐带给人们的节奏和韵律感，制作完成的动力火车 DJ 大赛报纸广告效果如左图所示。

使用工具：魔棒工具、图层蒙版、渐变工具、钢笔工具、自定形状工具、横排文字工具。

视频路径：avi\7.5.avi

01 启用 Photoshop 后，执行“文件”|“新建”命令，弹出“新建”对话框，设置参数如图 7-59 所示，单击“确定”按钮，新建一个空白文件。

02 按 Ctrl+O 快捷键，弹出“打开”对话框，选择矢量人物图片，单击“打开”按钮，选择工具箱魔棒工具，选择白色背景，按 Ctrl+Shift+I 快捷键，反选得到人物选区，运用移动工具，将素材添加至文件中，放置在合适的位置，设置图层的“混合模式”为“排除”，如图 7-60 所示。

03 运用同样的操作方法添加酒吧背景素材，单击图层面板上的“添加图层蒙版”按钮，为图层添加图层蒙版，按 D 键，恢复前景色和背景为默认的黑白颜色，选择渐变工具，按下“线性渐变”按钮，在图像窗口中按住并拖动鼠标，如图 7-61 所示。

04 新建一个图层，设置前景色为白色，在工具箱中选择钢笔工具，按下“路径”按钮，在图像窗口中，绘制如图 7-62 所示路径。

05 选择画笔工具，设置前景色为白色，画笔“大小”为“5 像素”、“硬度”为 100%，选择钢笔工具，在绘制的路径上方单击鼠标右键，在弹出的快捷菜单中选择“描边路径”选项，在弹出的对话框中选择“画笔”选项，单击“确定”按钮，描边路径，按 Ctrl+H 快捷键隐藏路径，如图 7-63 所示。

06 将曲线复制几层，调整到合适的位置，然后将图层合并，如图 7-64 所示。

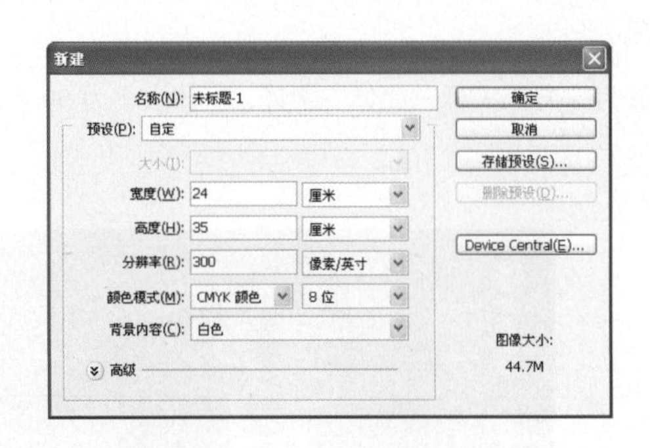

图 7-59 “新建”对话框

图 7-60 添加人物素材

图 7-61 添加图层蒙版

图 7-62 绘制路径

图 7-63 描边路径

图 7-64 复制曲线

图 7-65 绘制形状

图 7-66 绘制形状

07 新建一个图层组，然后新建一个图层，在工具箱中选择自定形状工具，然后单击选项栏“形状”下拉列表按钮，从形状列表中选择音乐符号形状，按下“填充像素”按钮，在图像窗口中右上角位置，拖动鼠标绘制一个“十六分音符”形状，并调整到合适的位置和角度，如图 7-65 所示。

08 运用同样的操作方法绘制其他音符，如图 7-66 所示。

09 执行“图层”|“图层样式”|“渐变叠加”命令，弹出“图层样式”对话框，单击渐变条，在弹出的“渐变编辑器”对话框中设置颜色如图 7-67 所示，其中黄色的 CMYK 参考值分别为 C5、M4、Y93、K0，橙色的 CMYK 参考值分别为 C6、M51、Y99、K0，浅棕色的 CMYK 参考值分别为 C41、M81、Y100、

K6。

10 单击“确定”按钮，退出“渐变编辑器”对话框，如图 7-68 所示。

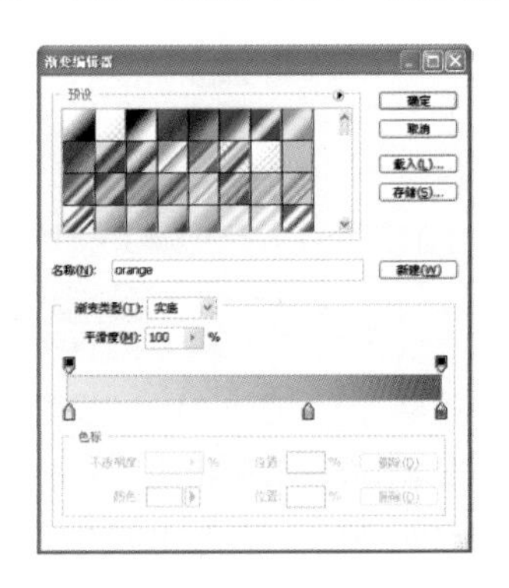

图 7-67　“渐变编辑器”对话框

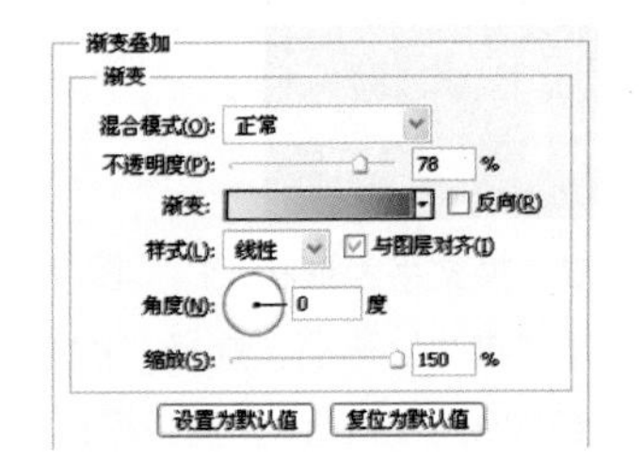

图 7-68　“渐变叠加”参数

11 单击“确定”按钮，退出“图层样式”对话框，得到效果如图 7-69 所示。

12 按 Ctrl+O 快捷键，弹出“打开”对话框，选择标志、酒瓶和 CD 素材，单击“打开”按钮，运用移动工具，将素材添加至文件中，放置在合适的位置，如图 7-70 所示。

图 7-69　“渐变叠加”效果

图 7-70　添加标志、酒瓶和 CD 素材

图 7-71　输入文字

13 在工具箱中选择横排文字工具，设置字体为“方正大标宋简体”字体、字体大小为 90 点，输入文字，如图 7-71 所示。

14 单击“图层”|“文字”|“转换为形状”命令，转换文字为形状，运用直接选择工具删除多余的节点，选择钢笔工具，在工具选项栏中按下“添加到形状区域”按钮，绘制文字之间的连接部分图形，如图 7-72 所示。

15 参照前面同样的操作方法，添加“渐变叠加”图层样式，如图 7-73 所示。

16 在图层面板中单击“添加图层样式”按钮，在弹出的快捷菜单中选择“投影”选项，弹出“图层样式”对话框，设置参数如图 7-74 所示。

技巧点拨

如果对文字图层使用工具箱中的工具或滤镜命令操作，必须将文字图层转化为普通图层，可以执行“图层”|“栅格化”|“文字”命令，将文字转换为普通图层。

图 7-72　换文字为形状

图 7-73　添加“图层样式”效果

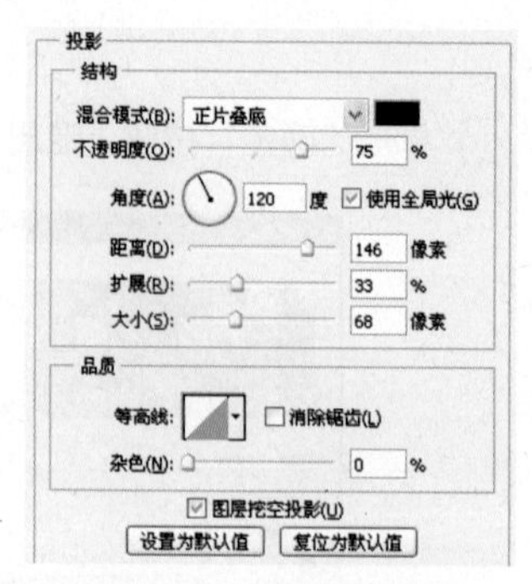

图 7-74　“投影”参数

17 选择“描边”选项，选择“描边”类型为“渐变”，单击渐变条，在弹出的“渐变编辑器”对话框中设置颜色如图 7-75 所示，其中橙色的 CMYK 参考值分别为 C6、M51、Y99、K0，黄色的 CMYK 参考值分别为 C6、M22、Y96、K0，浅棕色的 CMYK 参考值分别为 C41、M81、Y100、K6。

18 单击“确定”按钮，退出“渐变编辑器”对话框，如图 7-76 所示。

图 7-75　“渐变编辑器”对话框

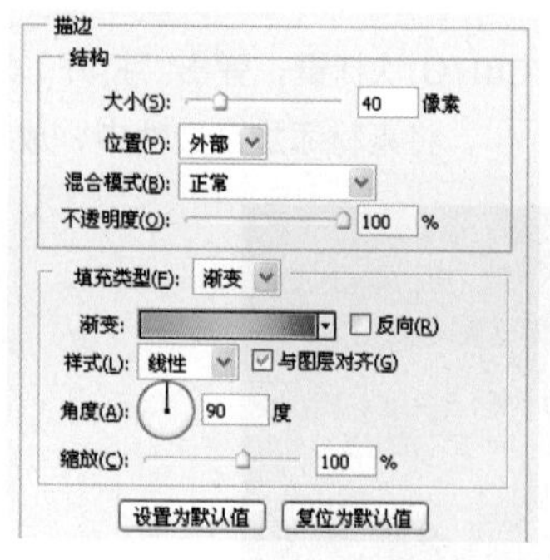

图 7-76　“描边”参数

19 单击“确定”按钮，退出“图层样式”对话框，得到效果如图 7-77 所示。

20 运用同样的操作方法，输入文字“J”。将图层复制几层，分别执行“滤镜”|“模糊”|“动感模糊”命令，弹出“动感模糊”对话框，设置“角度”为 10、“距离”为 42 像素。单击“确定”按钮，执行滤镜效果并退出“动感模糊”对话框，如图 7-78 所示。

21 运用同样的操作方法，制作其他文字，如图 7-79 所示。

图 7-77　添加“图层样式”效果

图 7-78　“动感模糊”效果

图 7-79　最终效果

Example

7.6 瓶贴设计——清纯千岛湖啤酒

本实例制作的是清纯千岛湖啤酒瓶贴设计，实例以大山的形态为背景，突出酒产品的优质、天然，制作完成的清纯千岛湖啤酒瓶贴设计效果如左图所示。

使用工具：圆角矩形工具、图层样式、图层蒙版、横排文字工具。

视频路径：avi\7.6.avi

01 启用 Photoshop 后，执行“文件”|“新建”命令，弹出“新建”对话框，设置参数如图 7-80 所示，单击“确定”按钮，新建一个空白文件。

02 新建一个图层，设置前景色为灰色，CMYK 参考值分别为 C11、M8、Y8、K0，按 Alt+Delete 快捷键填充背景。在图层面板中单击“添加图层样式”按钮 fx，在弹出的快捷菜单中选择“图案叠加”选项，弹出“图层样式”对话框，设置图层的“混合模式”为“明度”，如图 7-81 所示。

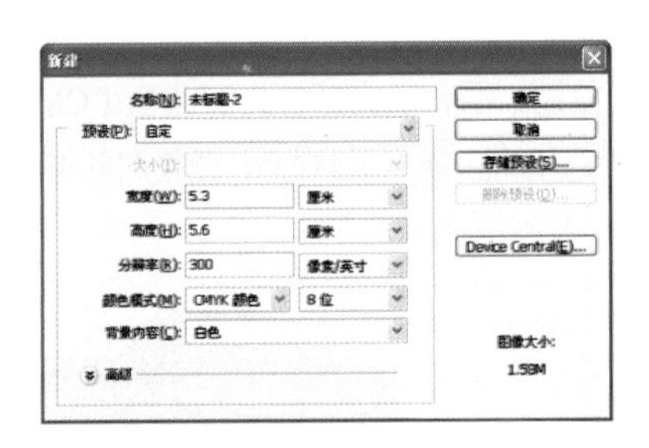

图 7-80 “新建”对话框

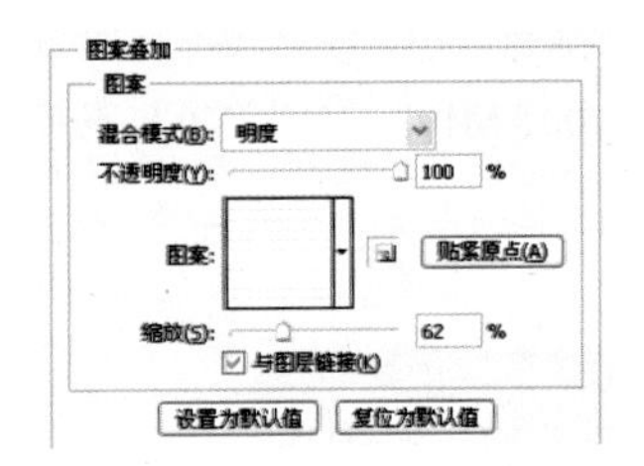

图 7-81 “图案叠加”参数

03 单击“确定”按钮，退出“图层样式”对话框，添加“图案叠加”的效果如图 7-82 所示。

04 设置前景色为绿色（CMYK 参考值分别为 C84、M34、Y100、K1），在工具箱中选择矩形工具，按下“形状图层”按钮，在图像窗口中绘制矩形，如图 7-83 所示。

图 7-82 “图层样式”效果

图 7-83 绘制矩形

05 设置前景色为绿色（CMYK 参考值分别为 C82、M28、Y100、K0），在工具箱中选择钢笔工具，按下“形状图层”按钮，在图像窗口中绘制如图 7-84 所示路径，表示群山。

06 运用同样的操作方法绘制其他图形，如图 7-85 所示。

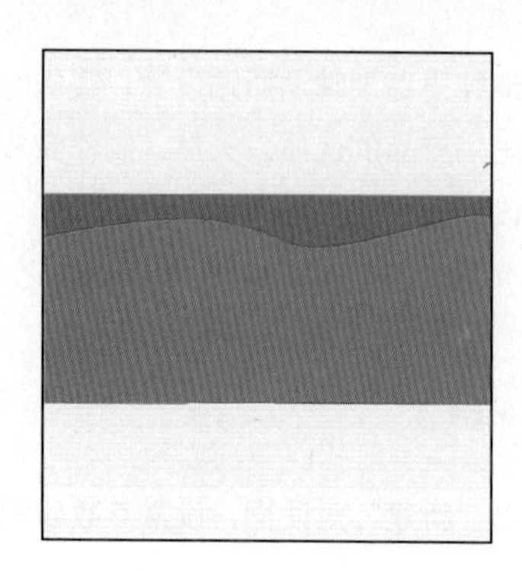

图 7-84　绘制路径

图 7-85　绘制其他图形

07 设置前景色为淡蓝色（CMYK 参考值分别为 C69、M13、Y20、K0），在工具箱中选择圆角矩形工具，按下“形状图层”按钮，设置半径为 15px，在图像窗口中，绘制圆角矩形，如图 7-86 所示。

08 按下工具选项栏的“添加到形状区域”按钮，在工具箱中选择钢笔工具，按下“形状图层”按钮，在图像窗口中，绘制图形，如图 7-87 所示。将图形复制一层，填充颜色为深蓝色（CMYK 参考值分别为 C100、M100、Y43、K0），分别选择添加锚点工具和删除锚点工具，调整图形如图 7-88 所示。

图 7-86　圆角矩形

图 7-87　绘制图形

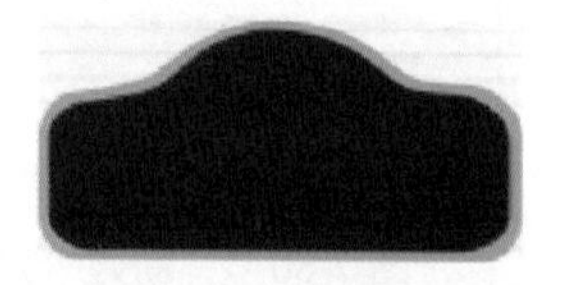

图 7-88　调整图形

09 设置前景色为淡蓝色（CMYK 参考值分别为 C69、M13、Y20、K0），在工具箱中选择钢笔工具，按下“形状图层”按钮，在图像窗口中绘制图形，如图 7-89 所示。

10 在工具箱中选择横排文字工具，设置字体为“方正粗倩简体”、字体大小为 36 点，输入文字，如图 7-90 所示。

图 7-89　绘制图形

图 7-90　输入文字

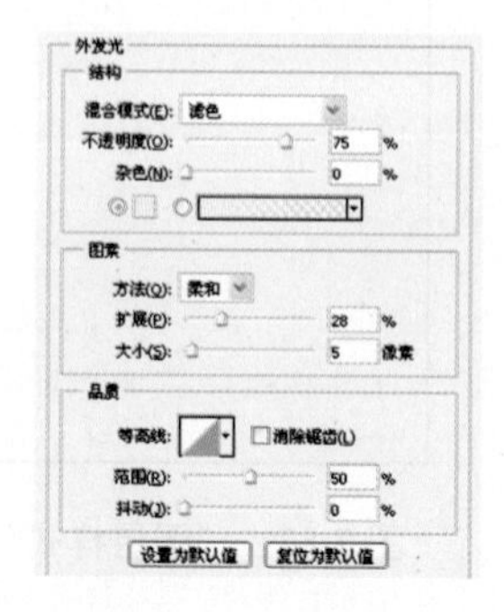

图 7-91　“外发光”参数

11 在图层面板中单击“添加图层样式”按钮 fx，在弹出的快捷菜单中选择“外发光”选项，弹出“图层样式”对话框，设置参数如图 7-91 所示。

12 选择“斜面和浮雕”选项，设置参数如图 7-92 所示。

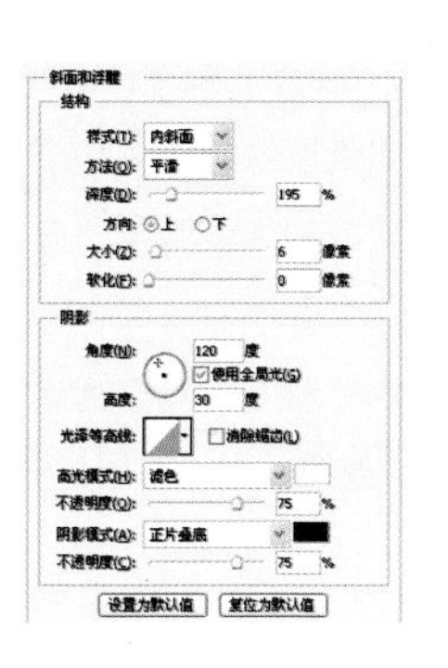

图 7-92 “斜面和浮雕”参数

图 7-93 添加“图层样式”的效果

图 7-94 绘制路径

技巧点拨

在设置发光颜色时，应选择与发光文字或图形反差较大的颜色，这样才能得到较好的发光效果，系统默认发光的颜色为淡黄色。

13 单击“确定”按钮，退出“图层样式”对话框，添加“图层样式”的效果如图 7-93 所示。

14 在工具箱中选择椭圆工具，按下“路径”按钮，在图像窗口中，按住 Shift 键的同时绘制如图 7-94 所示路径。

15 设置前景色为深蓝色（CMYK 参考值分别为 C100、M100、Y43、K0），在工具箱中选择横排文字工具 T，放置光标至路径上方，光标会显示为形状，单击鼠标插入文字光标，输入文字，如图 7-95 所示。

16 参照同样的操作方法，输入其他文字，如图 7-96 所示。

图 7-95 输入文字

图 7-96 最终效果

Example

7.7 手提袋设计——纯麦啤酒

本实例制作的是手提袋设计，实例以绿色为主色调，突出啤酒产品的清爽、新鲜，制作完成的纯麦啤酒手提袋设计效果如左图所示。

使用工具：“新建参考线”命令、渐变工具、钢笔工具、画笔工具、矩形选框工具、直线工具、图层样式、图层蒙版、横排文字工具。

视频路径: avi\7.7.avi

01 启用 Photoshop 后，执行“文件”|“新建”命令，弹出“新建”对话框，设置参数如图 7-97 所示，单击“确定”按钮，新建一个空白文件。

02 执行“视图”|“新建参考线”命令，弹出“新建参考线”对话框，在对话框中设置参数，如图 7-98 所示。

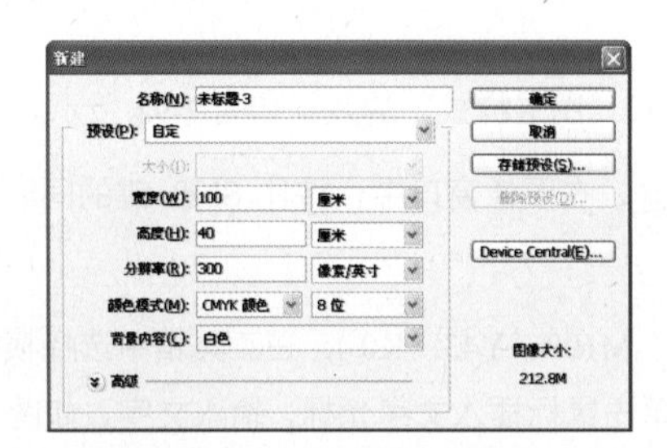

图 7-97　“新建”对话框

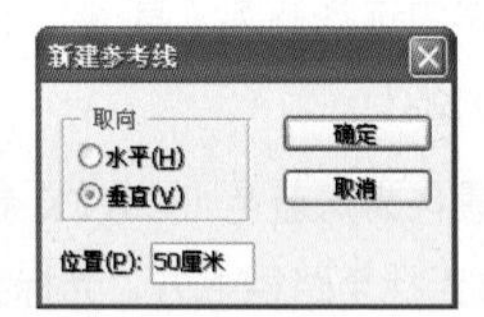

图 7-98　“新建参考线”对话框

专家提醒

辅助工具是图像处理必不可少的“好帮手”。例如，使用标尺辅助工具可以进行测量，使用参考线辅助工具可以进行定位和对齐等。辅助工具仅用于图像的辅助编辑，不会被打印输出。

03 单击“确定”按钮，退出“新建参考线”对话框，新建参考线如图 7-99 所示。

04 运用同样的操作方法，新建另一条参考线，如图 7-100 所示。

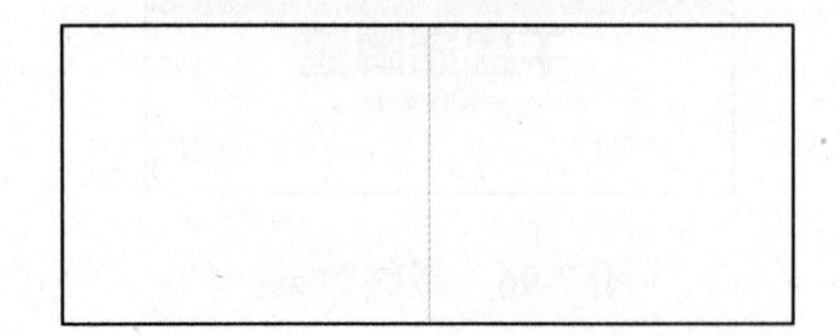

图 7-99　新建参考线

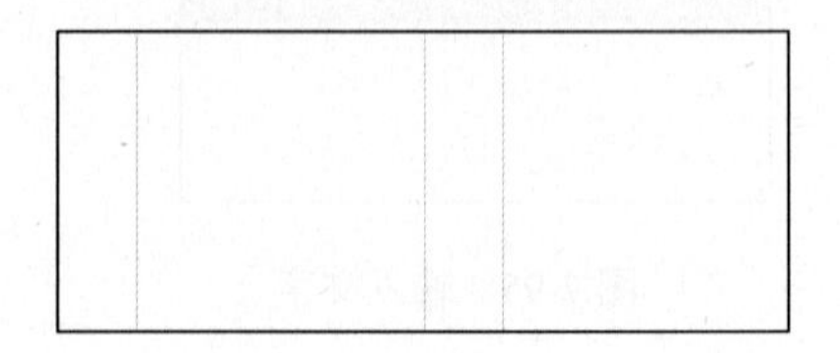

图 7-100　新建参考线

05 选择工具箱渐变工具，在工具选项栏中单击渐变条，打开“渐变编辑器”对话框，设置参数如图 7-101 所示，其中深绿色 CMYK 参考值分别为 C90、M71、Y91、K65，绿色 CMYK 参考值分别为 C77、M6、Y99、K7。

06 单击“确定”按钮，关闭“渐变编辑器”对话框。按下工具选项栏中的“径向渐变”按钮，在图像中拖动鼠标，填充渐变效果如图 7-102 所示。

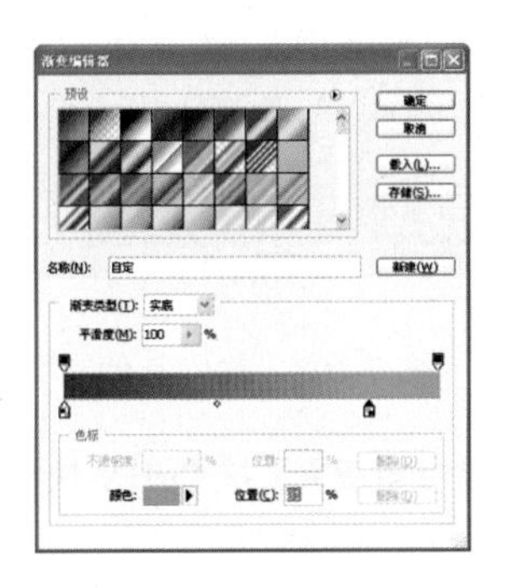

图 7-101 “渐变编辑器”对话框

图 7-102 填充渐变

07 新建一个图层，选择工具箱中的矩形选框工具，在图像窗口中按住鼠标并拖动，绘制选区如图 7-103 所示。

08 运用同样的操作方法再次填充渐变，如图 7-104 所示。

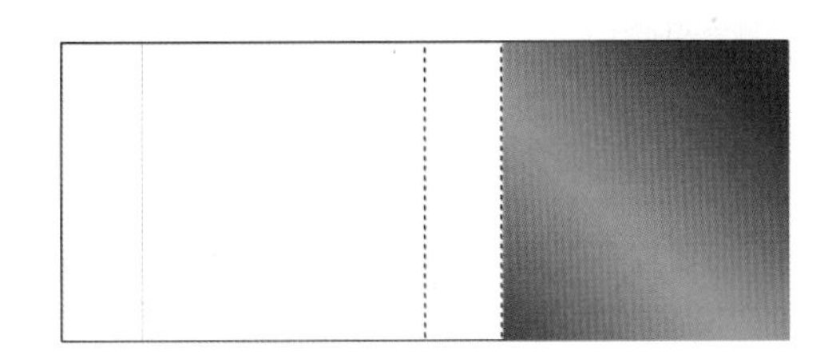

图 7-103 建立选区

图 7-104 填充渐变

09 新建一个图层，设置前景色为黄色（CMYK 参考值分别为 10、M0、Y51、K0），在工具箱中选择直线工具，按下“填充像素”按钮，在图像窗口中，按住 Shift 键的同时，拖动鼠标绘制直线，如图 7-105 所示。

10 按 Ctrl+O 快捷键，弹出“打开”对话框，选择标志素材，单击“打开”按钮，运用移动工具，将素材添加至文件中，放置在合适的位置，如图 7-106 所示。

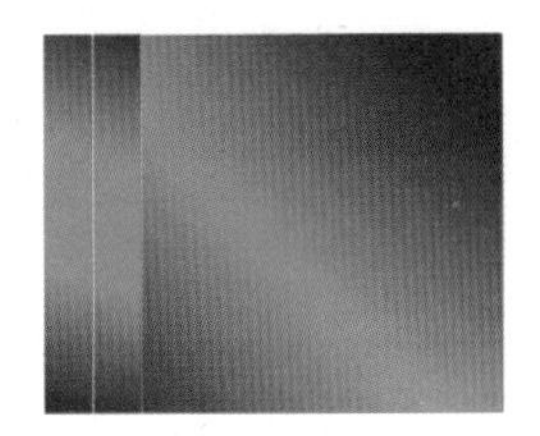

图 7-105 绘制直线

图 7-106 添加标志素材

11 在工具箱中选择横排文字工具，设置字体为“方正大黑简体”字体、字体大小为 47 点，输入文字，如图 7-107 所示。

12 运用同样的操作方法输入其他文字，如图 7-108 所示。

图 7-107　输入文字

图 7-108　输入其他文字

13 选取矩形选框工具，绘制一个矩形选框，按 Ctrl+C 快捷键复制。按 Ctrl+V 快捷键粘贴，并调整大小及位置，如图 7-109 所示。

14 运用同样的操作方法，复制粘贴制作侧面，如图 7-110 所示。

图 7-109　复制图像

图 7-110　复制图像

15 执行“文件”|“新建”命令，弹出“新建”对话框，设置参数如图 7-111 所示，单击“确定”按钮，关闭对话框，新建一个图像文件。

16 选择工具箱渐变工具，在工具选项栏中单击渐变条，打开“渐变编辑器”对话框，设置参数如图 7-112 所示，其中深绿色（CMYK 参考值分别为 C90、M71、Y91、K65），绿色（CMYK 参考值分别为 C77、M6、Y99、K7）。

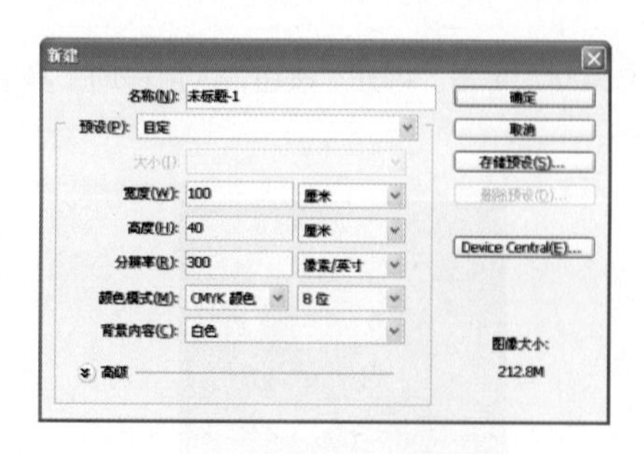

图 7-111　“新建”对话框

图 7-112　“渐变编辑器”对话框

17 单击“确定”按钮，关闭“渐变编辑器”对话框。按下工具选项栏中的“径向渐变”按钮，在图像中拖动鼠标，填充渐变效果如图 7-113 所示。

18 选取矩形选框工具，绘制一个矩形选框，如图 7-114 所示。

图 7-113 填充渐变

图 7-114 建立选区

19 运用同样的操作方法填充渐变，如图 7-115 所示。

20 切换至平面效果文件，选取矩形选框工具，绘制一个矩形选框，按 Ctrl+C 快捷键复制，切换立体效果文件，按 Ctrl+V 快捷键粘贴，并调整大小及位置，如图 7-116 所示。

图 7-115 填充渐变

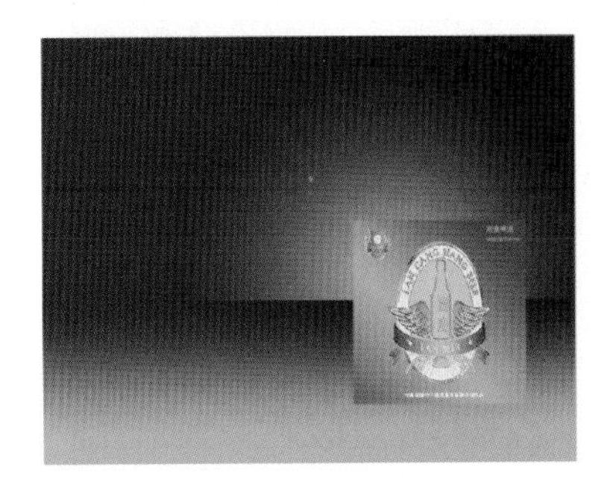

图 7-116 粘贴图像

21 按 Ctrl+T 组合键，单击鼠标右键，在弹出的快捷菜单中选择“斜切”选项，调整效果如图 7-117 所示。

22 运用同样的操作方法制作侧面，如图 7-118 所示。

图 7-117 变换调整

图 7-118 制作侧面

23 在工具箱中选择钢笔工具，按下“路径”按钮，在图像窗口中，绘制如图7-119所示路径。

24 按Ctrl+Enter快捷键，转换路径为选区，并填充黄色（CMYK参考值分别为C12、M29、Y92、K0），制作出提绳，如图7-120所示。

图7-119　绘制路径

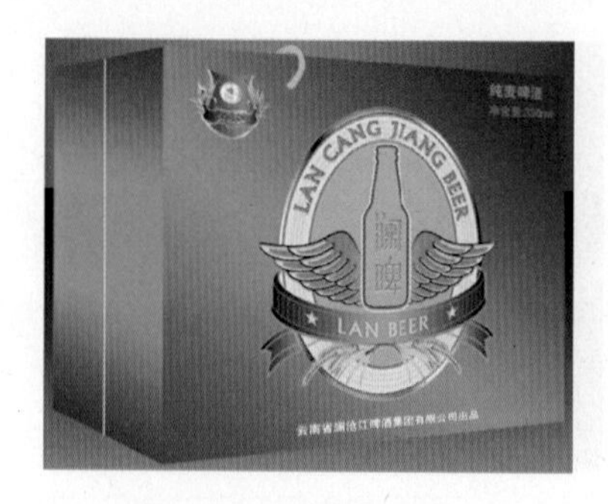

图7-120　填充颜色

25 运用同样的操作方法，绘制另一个手提绳，如图7-121所示。

26 新建一个图层，设置前景色为白色，选择画笔工具，在工具选项栏中设置“硬度”为0%，“不透明度”和“流量”均为80%，在图像窗口中涂抹，制作出提绳的投影效果，如图7-122所示。

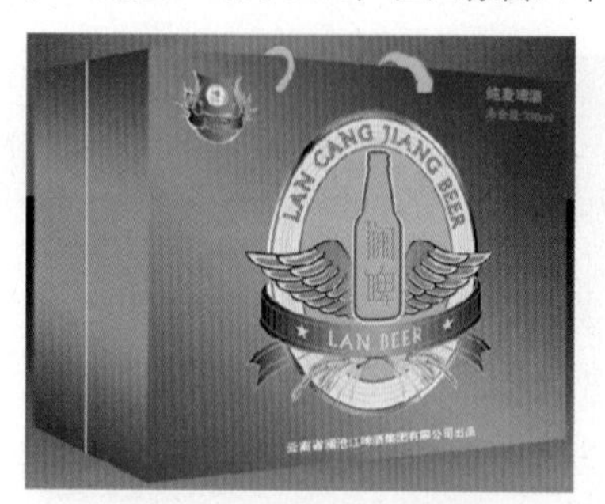

图7-121　绘制手提绳

图7-122　涂抹

27 切换至平面效果文件，选取矩形选框工具，绘制一个矩形选框，按Ctrl+C快捷键复制，切换立体效果文件，按Ctrl+V快捷键粘贴。按Ctrl+T快捷键，进入自由变换状态，单击鼠标右键，在弹出的快捷菜单中选择“垂直翻转”选项，垂直翻转图层，然后调整至合适的位置和角度，如图7-123所示。

28 单击图层面板上的“添加图层蒙版”按钮，为图层添加图层蒙版，选择渐变工具，单击渐变列表框下拉按钮，从弹出的渐变列表中选择“黑白”渐变，按下“线性渐变”按钮，在图像窗口中按住并拖动鼠标，填充黑白线性渐变，如图7-124所示。

技巧点拨

使用选框工具时，创建选区后按住Alt键可以减去选区，按住Shift键可以添加选区，按下快捷键Alt+Shift可以相交选区。

29 运用同样的操作方法制作侧面的倒影，如图7-125所示。

30 按Ctrl+O快捷键，弹出“打开”对话框，选择啤酒瓶素材，单击“打开”按钮，运用移动工具，将素材添加至文件中，放置在合适的位置，如图7-126所示。

图 7-123　调整效果

图 7-124　添加图层蒙版

图 7-125　制作侧面的倒影

图 7-126　添加啤酒瓶素材

31 将啤酒瓶复制一层，按 Ctrl+T 快捷键，进入自由变换状态，单击鼠标右键，在弹出的快捷菜单中选择“垂直翻转”选项，垂直翻转图层，然后调整至合适的位置和角度，并添加图层蒙版，最终效果如图 7-127 所示。

图 7-127　最终效果

Example

7.8 标志设计——“藏”酒标志

本实例制作的是“藏”酒标志设计，实例以传统的元素，表现出酒产品的神韵和气质，制作完成的“藏”酒标志设计效果如左图所示。

使用工具：渐变工具、矩形工具、钢笔工具、图层样式、横排文字工具。

视频路径：avi\7.8.avi

01 启用 Photoshop 后，执行“文件”|“新建”命令，弹出“新建”对话框，设置参数如图 7-128 所

示，单击“确定”按钮，新建一个空白文件。

02 选择工具箱渐变工具，在工具选项栏中单击渐变条，打开“渐变编辑器”对话框，设置参数如图7-129所示，其中深红色CMYK参考值分别为C84、M82、Y91、K73，红棕色CMYK参考值分别为C52、M100、Y99、K30。

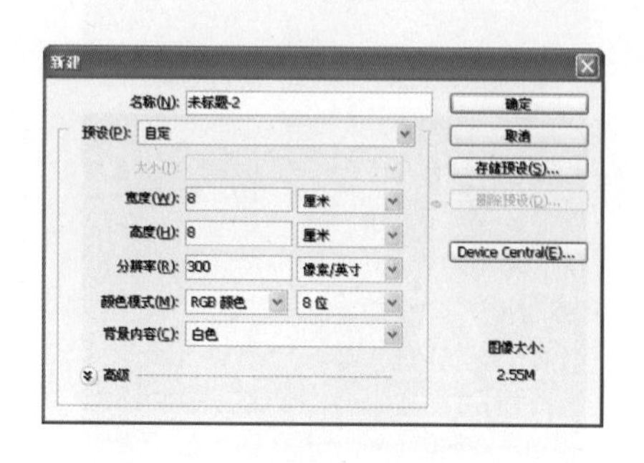

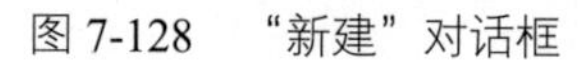
图7-128 “新建”对话框

图7-129 “渐变编辑器”对话框

03 单击“确定”按钮，关闭“渐变编辑器”对话框。按下工具选项栏中的“径向渐变”按钮，在图像中拖动鼠标，填充渐变效果如图7-130所示。

04 设置前景色为蓝色（CMYK参考值分别为C90、M83、Y64、K55），在工具箱中选择矩形工具，按下“形状图层”按钮，在图像窗口中，拖动鼠标绘制矩形，如图7-131所示。

05 按Ctrl+T快捷键，进入自由变换状态，单击鼠标右键，在弹出的快捷菜单中选择“旋转”选项，调整至合适的位置和角度，如图7-132所示。

图7-130 填充渐变

图7-131 绘制矩形

图7-132 自由变换

06 新建一个图层，设置前景色为土黄色（CMYK参考值分别为C36、M33、Y85、K21），在工具箱中选择自定形状工具，然后单击选项栏“形状”下拉列表按钮，从形状列表中选择“装饰4”形状，如图7-133所示。

07 按下“填充像素”按钮，在图像窗口中右上角位置，拖动鼠标绘制一个“装饰4”形状，如图7-134所示。

08 将绘制的形状复制一层，按下Ctrl+Alt+T快捷键，变换图形，并调整到如图7-135所示的位置。

09 按下 Ctrl+Alt+Shift+T 快捷键，进行再次变换的同时复制变换对象。如图 7-136 所示。

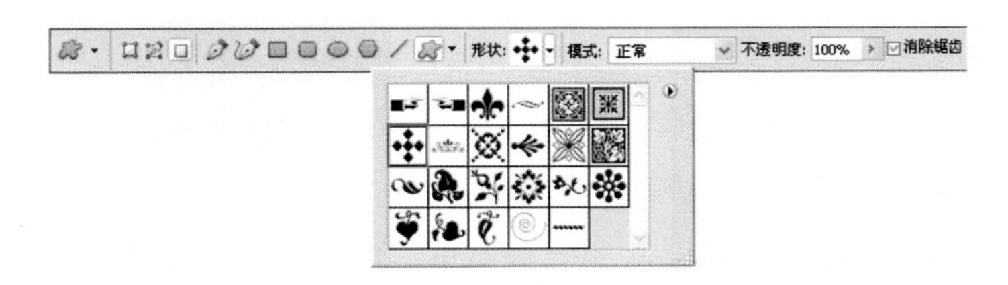

图 7-133　选择“装饰 4”形状

图 7-134　绘制形状

图 7-135　复制图形

10 将重复变换制作的图层合并，并调整到合适的位置和角度，设置图层的“不透明度”为 50%，如图 7-137 所示。

图 7-136　重复变换

图 7-137　调整图形

11 将合并的图层再复制几层，并调整到合适的位置和角度，如图 7-138 所示。

12 运用同样的操作方法继续制作图形，如图 7-139 所示。

13 新建一个图层，在工具箱中选择自定形状工具，然后单击选项栏“形状”下拉列表按钮，从形状列表中选择“百合花饰”形状，如图 7-140 所示。

14 按下“填充像素”按钮，在图像窗口中右上角位置，拖动鼠标绘制一个“百合花饰”形状，如图 7-141 所示。

15 将绘制的形状复制三层，并调整到如图 7-142 所示的位置和角度。

16 设置前景色为红色（CMYK 参考值分别为 C14、M99、Y98、K0），在工具箱中选择钢笔工具，按下“形状图层”按钮，在图像窗口中，绘制如图 7-143 所示图形。

图 7-138　调整图形

图 7-139　制作图形

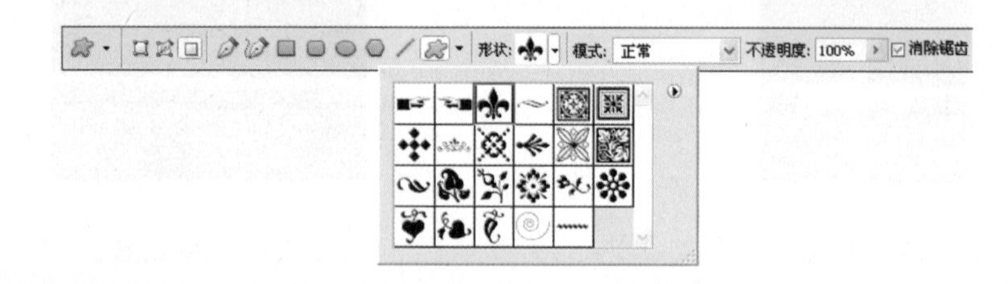

图 7-140　选择“百合花饰”形状

图 7-141　绘制形状

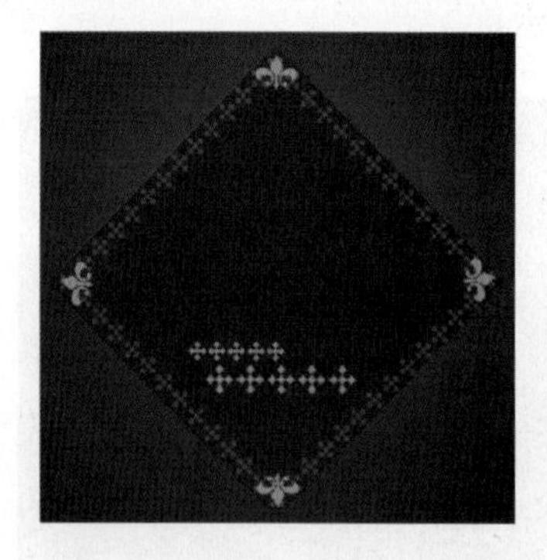

图 7-142　复制形状

17 在工具箱中选择横排文字工具，设置字体为“方正细黑一繁体”字体、字体大小为 65 点，输入文字，如图 7-144 所示。

设计传真

标志设计不仅仅是一个图案设计，而是要创造出一个具有商业价值的符号，并兼有艺术欣赏价值。标志图案是形象化的艺术概括。

18 单击鼠标右键，在弹出的快捷菜单中选择“栅格化文字”选项，按 Ctrl 键的同时单击文字图层缩览图，将文字载入选区，选择工具箱渐变工具，在工具选项栏中单击渐变条，打开“渐变编辑器”对话框，设置参数如图 7-145 所示，其中深绿色 CMYK 参考值分别为 C44、M41、Y91、K6，黄色 CMYK 参考值分别为 C15、M32、Y50、K0。

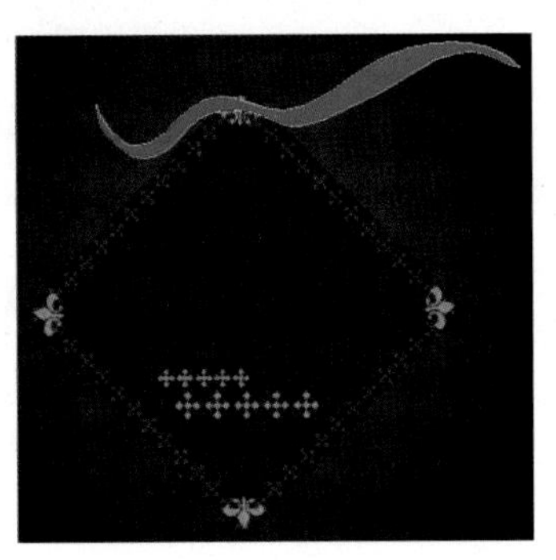

图 7-143　绘制图形

图 7-144　输入文字

19 单击“确定”按钮，关闭“渐变编辑器”对话框。按下工具选项栏中的“径向渐变”按钮，在图像中拖动鼠标，填充渐变，最终效果如图 7-146 所示。

图 7-145　“渐变编辑器”对话框

图 7-146　最终效果

知识链接——智能填充

Photoshop CS5 新增了更智能化的修复工具，删除任何图像细节或对象，这一突破性的技术与光照、色调及噪声相结合，删除的内容看上去似乎本来就不存在。

建立需要修复图像部分的选区后，执行“编辑”|“填充”命令，弹出“填充”对话框，单击“使用”下来列表，选择“内容识别”选项，单击“确定”按钮，执行效果并退出对话框即可，如图 7-147 所示。

图 7-147　修复图像

第 8 章

金融是货币流通和信用活动以及与人之相关的经济活动的总称。随着经济的发展，金融活动与老百姓的日常生活联系越来越紧密，日常的存款取款、刷卡消费、买卖股票，直至交水电、煤气、电话、电子转账、网上缴税等费用，都离不开与金融打交道。由此可见，金融与老百姓的生活息息相关。

金融类设计要突出金融体系的优越性和实用性，传递金融系统的信用和文化底蕴。

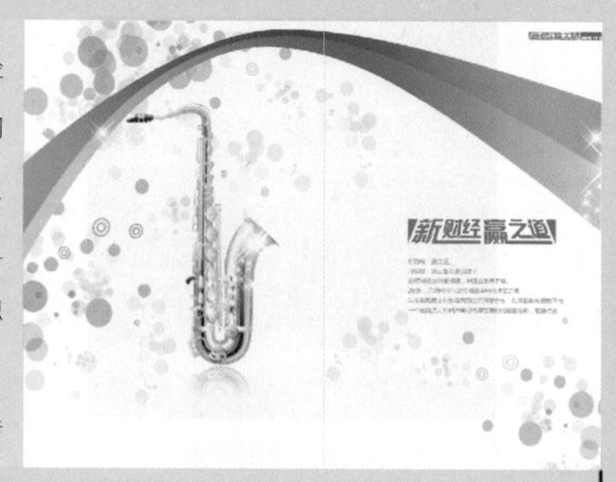

金融篇

Example

8.1 邀请函——商务大厦开工典礼

本实例制作的是金港湾国际商务大厦开工典礼邀请函，实例通过运用水墨画风格的素材，突出了中国文化的韵味，制作完成的金港湾国际商务大厦开工典礼邀请函设计效果如左图所示。

使用工具：“新建参考线”命令、渐变工具、矩形工具、多边形套索工具、“云彩”命令、混合模式、图层蒙版、画笔工具、魔棒工具、钢笔、横排文字工具。

视频路径: avi\8.1.avi

01 启动 Photoshop 后，执行“文件”|“新建”命令，弹出“新建”对话框，设置参数如图 8-1 所示，单击“确定”按钮，新建一个空白文件。

02 执行“视图”|“新建参考线”命令，弹出“新建参考线”对话框，在对话框中设置参数，如图 8-2 所示。

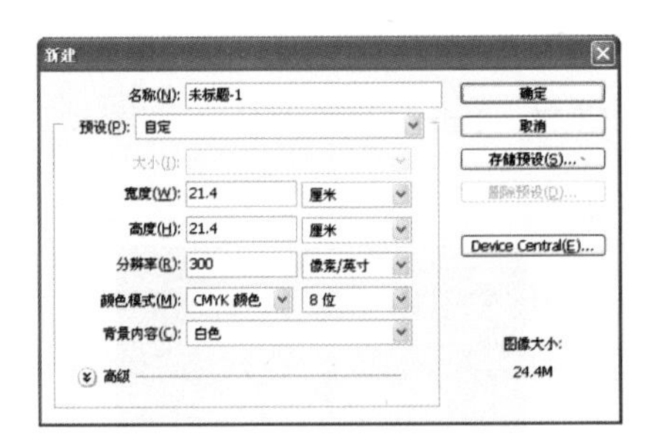

图 8-1 “新建”对话框

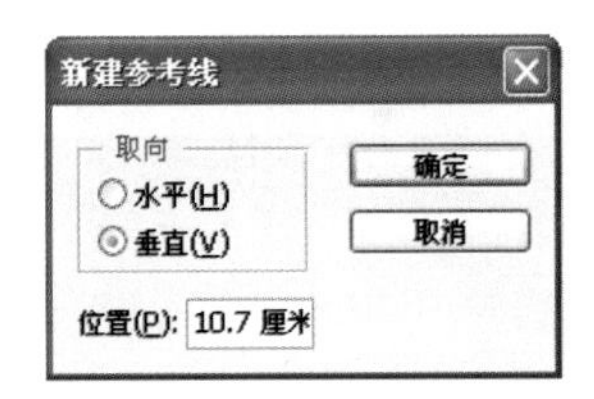

图 8-2 “渐变编辑器”对话框

03 单击“确定”按钮，退出“新建参考线”对话框，新建参考线如图 8-3 所示。

04 运用同样的操作方法，新建其他参考线，如图 8-4 所示。

图 8-3 新建参考线

图 8-4 新建参考线

05 选择工具箱渐变工具，在工具选项栏中单击渐变条，打开“渐变编辑器”对话框，设置参数如图 8-5 所示，其中绿色 CMYK 参考值分别为 C98、M0、Y100、K40，黄绿色 CMYK 参考值分别为 C47、M0、Y100、K1。

06 单击“确定”按钮，关闭“渐变编辑器”对话框。按下工具选项栏中的“径向渐变”按钮，在图像中拖动鼠标，填充渐变效果如图 8-6 所示。

图 8-5 “渐变编辑器”对话框

图 8-6 填充渐变

07 新建一个图层，设置前景色为奶白色（CMYK 参考值分别为 C10、M5、Y30、K0），在工具箱中选择矩形工具，按下“填充像素”按钮，在图像窗口中拖动鼠标绘制矩形如图 8-7 所示。

08 按 Ctrl+O 快捷键，弹出“打开”对话框，选择花纹素材，单击“打开”按钮，运用移动工具，将素材添加至文件中，放置在合适的位置，如图 8-8 所示。

图 8-7 绘制矩形

图 8-8 添加花纹素材

09 选择工具箱中的多边形套索工具，建立如图 8-9 所示的选区。

10 选择矩形图层，按 Delete 键删除选区，然后再选择花纹素材图层，按 Delete 键删除选区，然后按 Ctrl+D 取消选择，得到效果如图 8-10 所示。

图 8-9 建立选区

图 8-10 删除多余选区

技巧点拨

多边形套索工具是通过单击鼠标指定顶点的方式来建立多边形选区，因而常用来创建不规则形状的多边形选区。

11 新建一个图层，选择工具箱渐变工具，在工具选项栏中单击渐变条，打开“渐变编辑器”对话框，设置参数如图 8-11 所示。

12 单击“确定”按钮，关闭“渐变编辑器”对话框。按下工具选项栏中的“径向渐变”按钮，在图像中拖动鼠标，填充渐变效果如图 8-12 所示。

图 8-11 “渐变编辑器”对话框

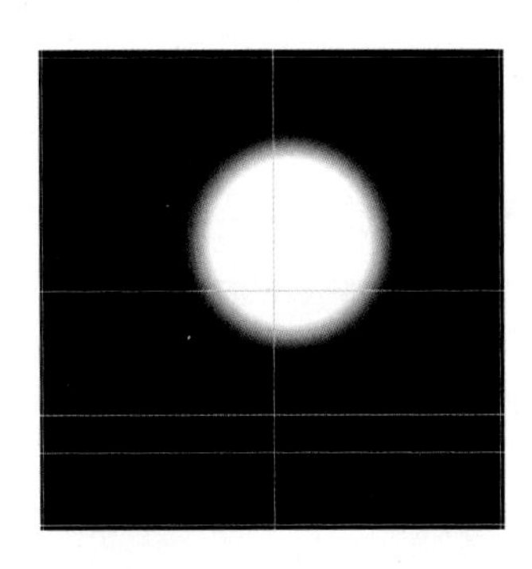

图 8-12 填充渐变

13 执行“滤镜”|“渲染”|“云彩”命令，效果如图 8-13 所示。

14 设置图层的“混合模式”为“柔光”，“不透明度”为 30%，如图 8-14 所示。

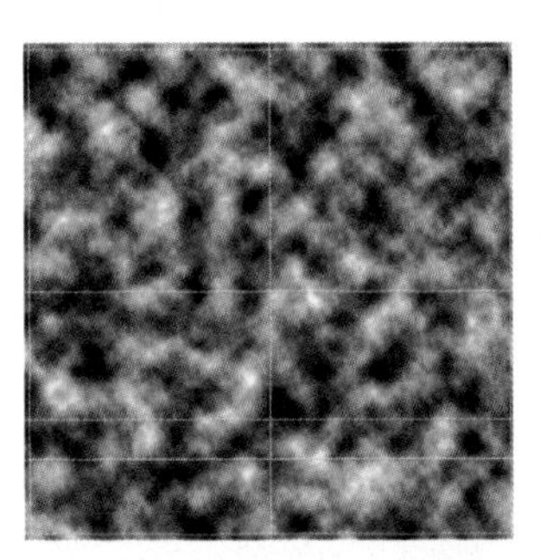

图 8-13 “云彩”效果

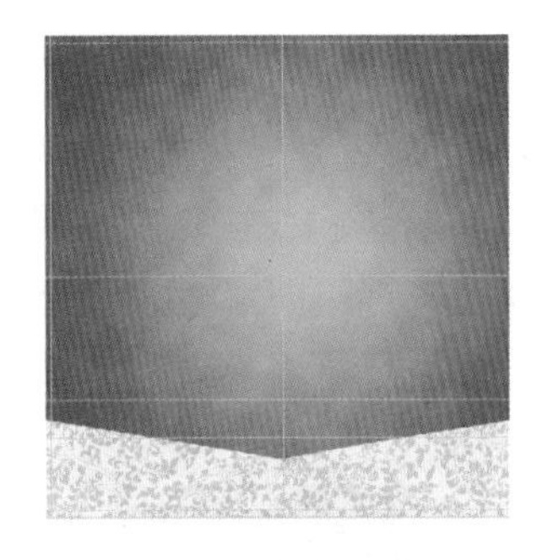

图 8-14 “柔光”效果

15 按 Ctrl+O 快捷键，弹出“打开”对话框，选择图形素材，单击“打开”按钮，运用移动工具，将素材添加至文件中，放置在合适的位置，如图 8-15 所示。

16 单击图层面板上的“添加图层蒙版”按钮，为图层添加图层蒙版，按 D 键，恢复前景色和背景为默认的黑白颜色，选择渐变工具，按下“线性渐变”按钮，在图像窗口中按住并拖动鼠标，填充渐变，设置图层的“混合模式”为“叠加”，效果如图 8-16 所示。

17 打开一张墨迹图片素材，运用移动工具，将素材添加至文件中，放置在合适的位置，如图 8-17

所示。

图 8-15 添加图形素材

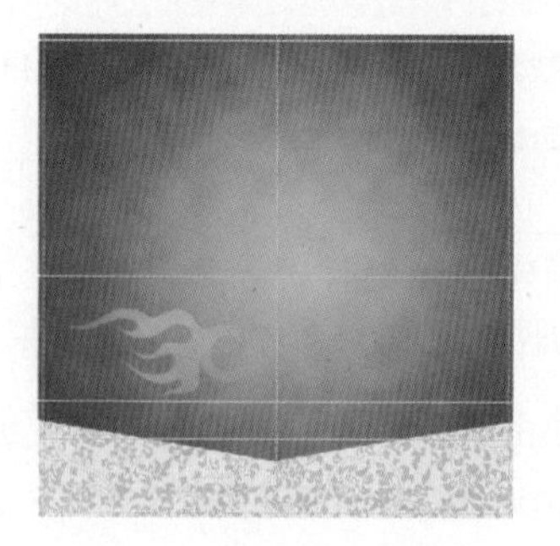

图 8-16 添加图层蒙版

18 单击图层面板上的“添加图层蒙版”按钮，为“墨迹”图层添加图层蒙版。编辑图层蒙版，设置前景色为黑色，选择画笔工具，按“[”或“]”键调整合适的画笔大小，在图像上涂抹，设置图层的混合模式为“正片叠底”，如图 8-18 所示。

图 8-17 添加墨迹图片素材

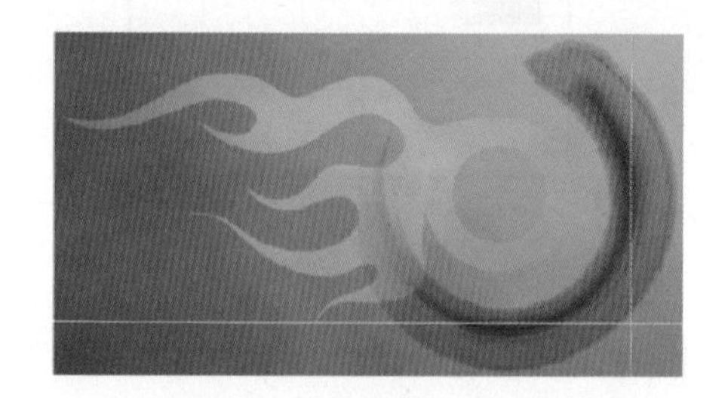

图 8-18 添加图层蒙版

19 打开一张玉图片素材，选择工具箱魔棒工具，在工具栏选项中选择添加到选区按钮，选择白色背景，如图 8-19 所示。

20 按 Ctrl+Shift+I 快捷键，反选得到玉图像选区，运用移动工具，将素材添加至文件中，放置在合适的位置，并添加图层蒙版，如图 8-20 所示。

图 8-19 玉图片素材

图 8-20 添加玉素材

21 设置前景色为淡绿色（CMYK 参考值分别为 C37、M0、Y100、K4），在工具箱中选择钢笔工具，按下“形状图层”按钮，在图像窗口中，绘制如图 8-21 所示图形。

22 参照前面同样的操作方法，添加其他素材，如图 8-22 所示。

图 8-21　绘制图形

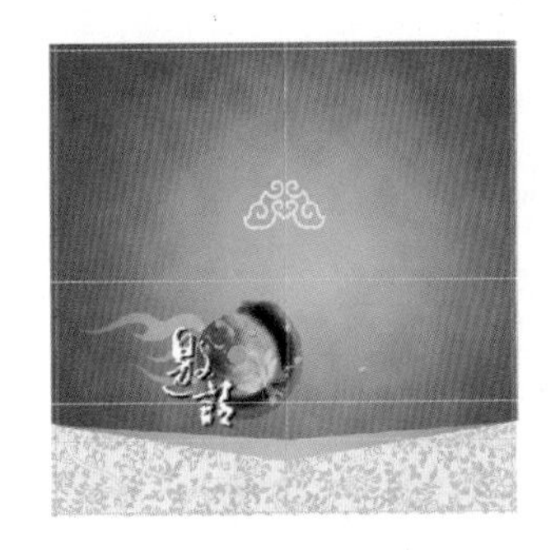

图 8-22　添加其他素材

23 在工具箱中选择横排文字工具，设置字体为“方正大标宋简体”、字体大小为 38 点，输入“函”文字，如图 8-23 所示。

24 在图层面板中单击“添加图层样式”按钮，在弹出的快捷菜单中选择“投影”选项，弹出“图层样式”对话框，设置参数如图 8-24 所示。

图 8-23　输入文字

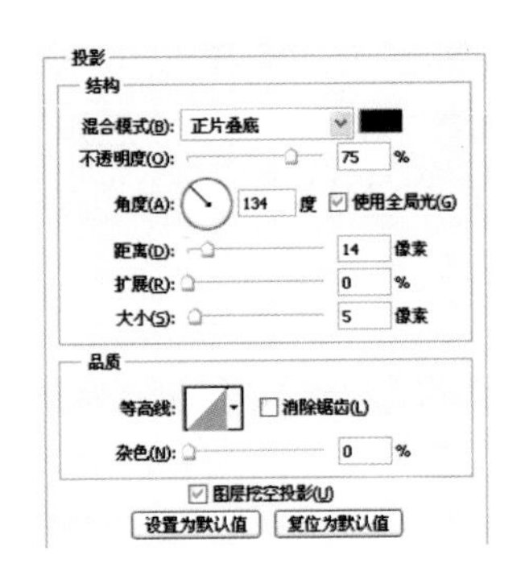

图 8-24　“投影”参数

25 单击“确定”按钮，退出“图层样式”对话框，添加“投影”的效果如图 8-25 所示。

26 运用同样的操作方法输入其他文字，最终效果，如图 8-26 所示。

图 8-25　“投影”效果

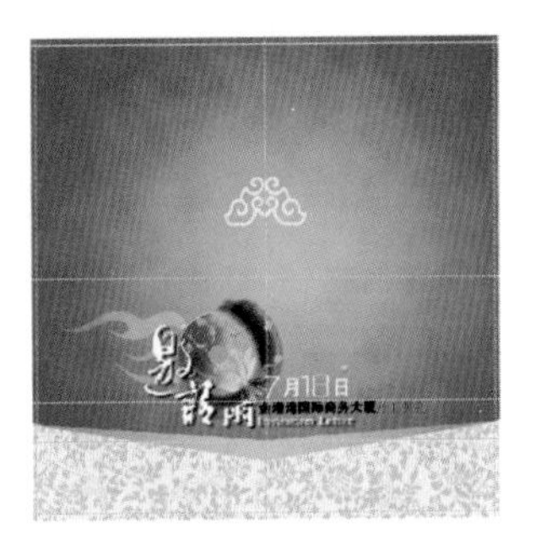

图 8-26　最终效果

Example

8.2 宣传单页设计——光大银行

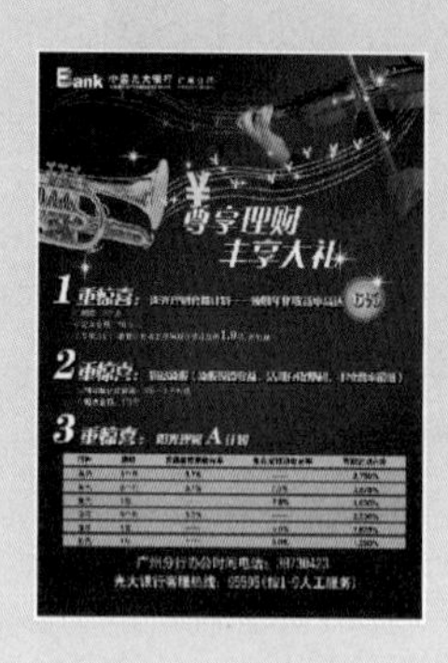

本实例制作的是中国光大银行宣传单页设计，实例采用了简单的线条和疏密有致的文字排列，表现出企业的文化理念，制作完成的中国光大银行宣传单页设计效果如左图所示。

使用工具：图层样式、矩形选框工具、图层蒙版、“色彩范围”命令、魔棒工具、钢笔工具、画笔工具、横排文字工具。

视频路径: avi\8.2.avi

01 启动 Photoshop 后，执行“文件”|“新建”命令，弹出“新建”对话框，设置参数如图 8-27 所示，单击“确定”按钮，新建一个空白文件。

02 新建一个图层，设置前景色为红色(CMYK 参考值分别为 C40、M100、Y100、K6)，按 Alt+Delete 快捷键，填充颜色为红色。

03 执行“图层”|“图层样式”|“渐变叠加”命令，弹出“图层样式”对话框，单击渐变条，在弹出的“渐变编辑器”对话框中设置颜色如图 8-28 所示，其中深红色的 CMYK 参考值分别为 C55、M100、Y98、K46，红色的 CMYK 参考值分别为 C31、M100、Y100、K1。

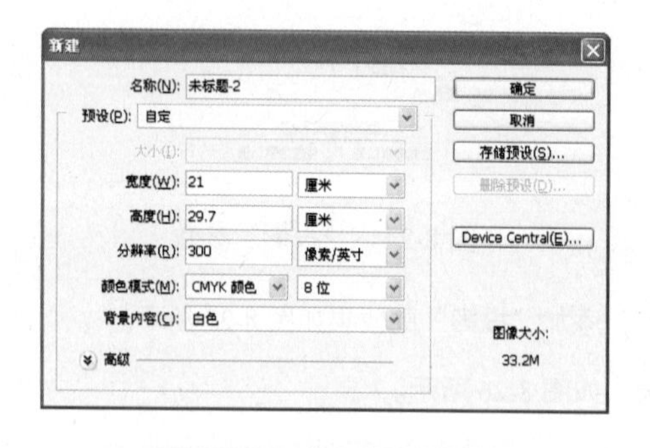

图 8-27 “新建”对话框

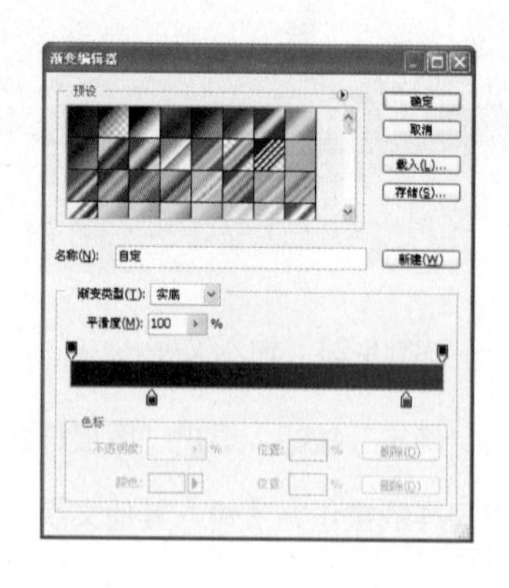

图 8-28 “渐变编辑器”对话框

04 单击“确定”按钮，返回“图层样式”对话框，如图 8-29 所示。

05 单击“确定”按钮，退出“图层样式”对话框，添加“渐变叠加”的效果。

06 新建一个图层，设置前景色为白色，选择画笔工具，在工具选项栏中设置“硬度”为 0%，“不透明度”和“流量”均为 80%，在图像窗口中单击鼠标，绘制如图 8-30 所示的光点。

07 按 Ctrl+O 快捷键，弹出“打开”对话框，选择拉小提琴手势图片，单击“打开”按钮，运用移动工具，将素材添加至文件中，放置在合适的位置。

08 单击图层面板上的“添加图层蒙版”按钮，为“图层 1”图层添加图层蒙版。编辑图层蒙版，设置前景色为黑色，选择画笔工具，按“[”或“]”键调整合适的画笔大小，在人物图像上涂抹，如图 8-31 所示。

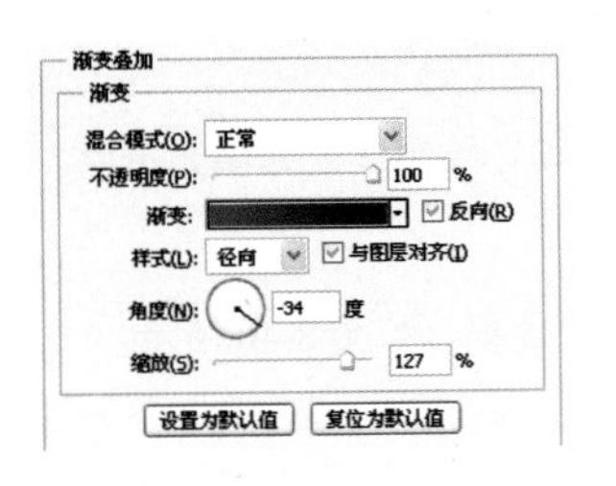

图 8-29　“渐变叠加”参数　　图 8-30　绘制光　　图 8-31　添加图层蒙版

09 执行“选择”|“色彩范围”命令，弹出的“色彩范围”对话框，按下对话框右侧的吸管按钮，移动光标至图像窗口中背景位置单击鼠标，如图 8-32 所示。

10 运用同样的操作方法，打开乐器图片，然后选择工具箱魔棒工具，选择白色背景。

11 按 Ctrl+Shift+I 快捷键，反选得到乐器选区如图 8-33 所示，运用移动工具，将素材添加至文件中，放置在合适的位置，如图 8-34 所示。

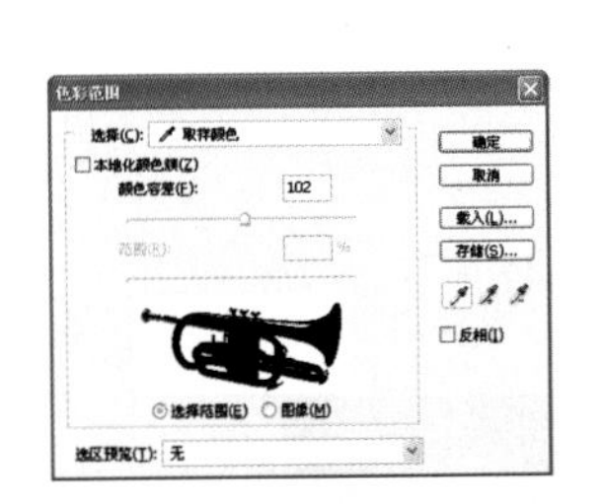

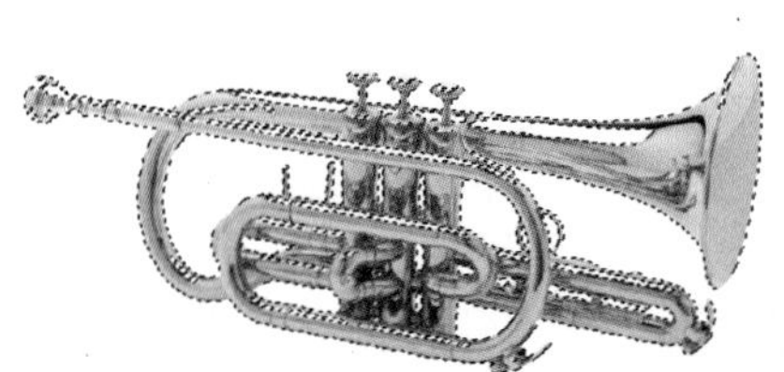

图 8-32　“色彩范围”对话框　　图 8-33　建立选区　　图 8-34　添加素材效果

12 新建一个图层，运用钢笔工具绘制一条路径，如图 8-35 所示。

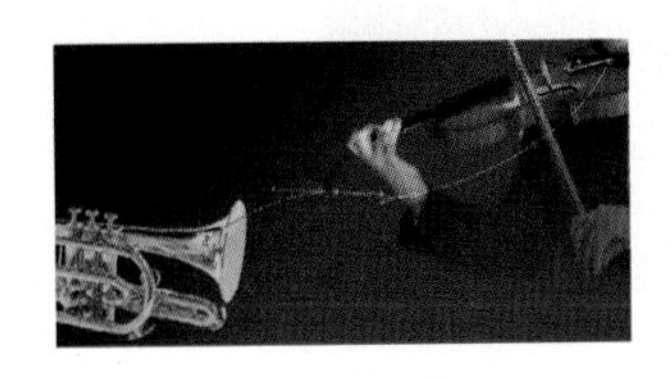

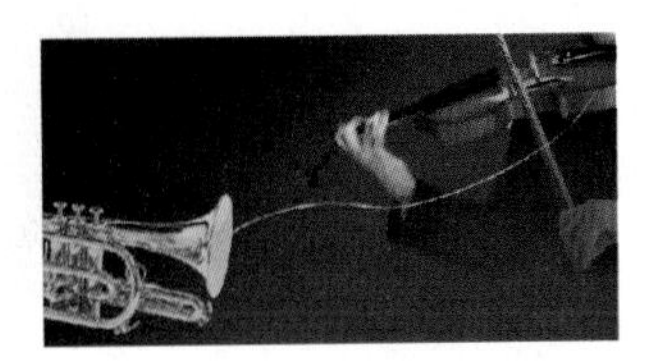

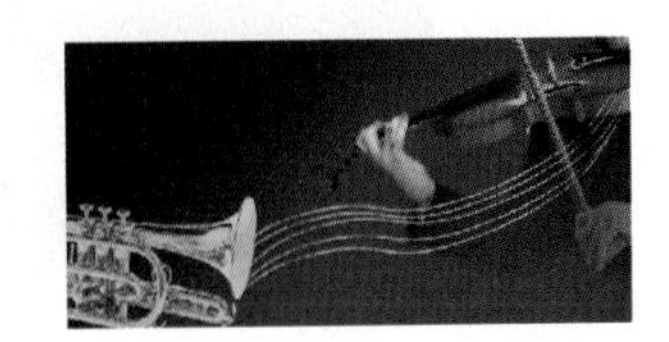

图 8-35　绘制路径　　图 8-36　描边路径　　图 8-37　重复变换效果

13 选择画笔工具，设置前景色为白色，画笔“大小”为“5 像素”、“硬度”为 100%，选择钢笔工具，在绘制的路径上方单击鼠标右键，在弹出的快捷菜单中选择“描边路径”选项，在弹出的对话框中选择“画笔”选项，单击“确定”按钮，描边路径，得到如图 8-36 所示的效果。

14 按 Ctrl+H 快捷键隐藏路径，参照第 2 章第 1 节吊旗设计——佛跳墙吊旗设计，制作重复变换效果，如图 8-37 所示。

15 按 Ctrl+E 快捷键，将曲线图层合并。

16 按 Ctrl+J 组合键，将五线谱图层复制一层，如图 8-38 所示。

17 选择工具箱中的矩形选框工具，在图像窗口中按住鼠标并拖动，绘制选区并填充黄色。运用同样的操作方法，制作白色矩形，如图 8-39 所示。

18 运用同样的操作方法绘制圆形，添加渐变叠加、描边等图层样式效果，如图 8-40 所示。

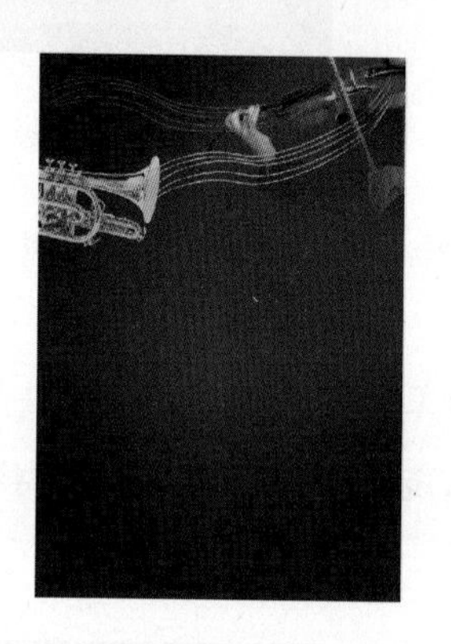

图 8-38　重复变换效果

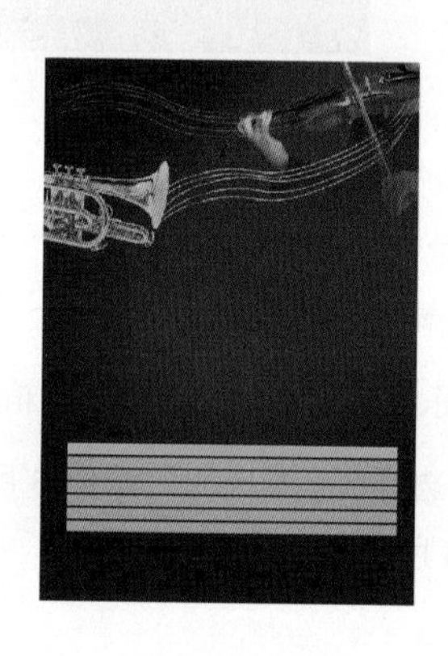

图 8-39　绘制矩形

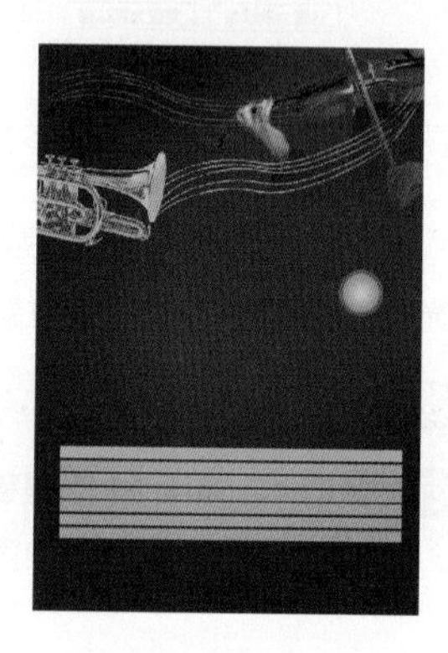

图 8-40　绘制圆

19 参照第 5 章第 2 节娱乐海报—欢乐颂 KTV 实例，制作星星效果。

20 在工具箱中选择横排文字工具T，设置字体为“方正大黑简体”字体、字体大小为 72 点，重复输入特殊字符，效果如图 8-41 所示。

21 运用同样的操作方法输入文字，并添加“图层样式”效果，如图 8-42 所示。

图 8-41　输入特殊字符

图 8-42　最终效果

Example

8.3 画册设计——新财经赢之道

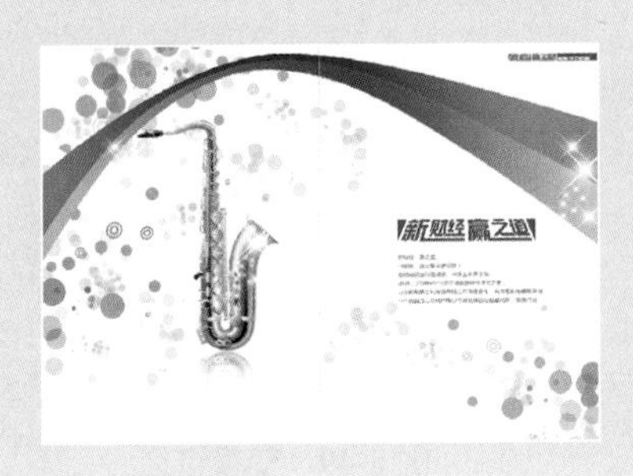

本实例制作的是新财经赢之道画册设计，实例以抽象几何图形的组合，色调柔和自然，制作完成的新财经赢之道画册设计效果如左图所示。

使用工具：“新建参考线”命令、椭圆工具、“色彩范围”命令、图层蒙版、钢笔工具、图层样式、矩形工具、横排文字工具。

视频路径: avi\8.3.avi

01 启动 Photoshop 后，执行“文件”|“新建”命令，弹出“新建”对话框，设置参数如图 8-43 所示，单击“确定”按钮，新建一个空白文件。

02 执行“视图”|“新建参考线”命令，弹出“新建参考线”对话框，在对话框中设置参数，如图 8-44 所示。单击“确定”按钮，退出“新建参考线”对话框，新建参考线如图 8-45 所示。

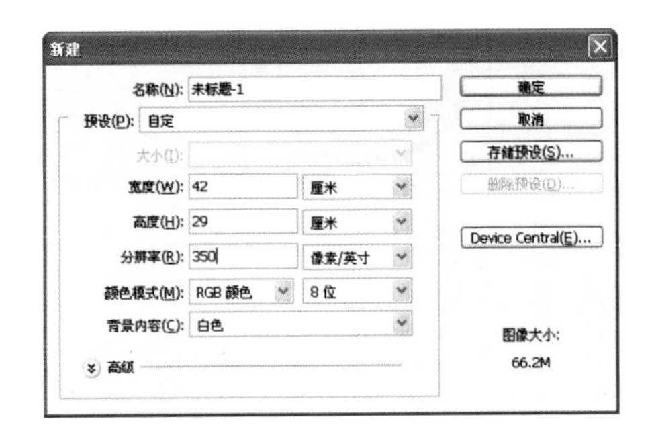

图 8-43 “新建”对话框

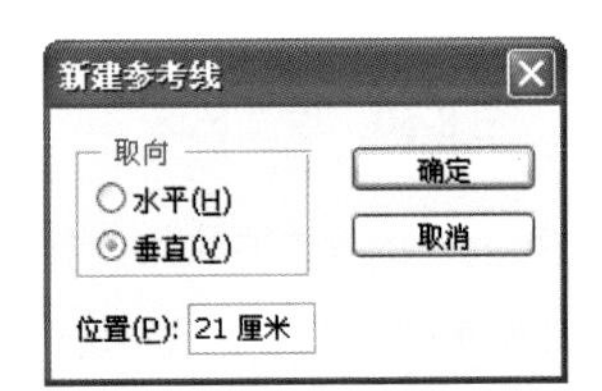

图 8-44 “新建参考线”对话框

03 新建一个图层，设置前景色为蓝色（RGB 参考值分别为 R31、G154、B199），在工具箱中选择椭圆工具，按下“形状图层”按钮，在图像窗口中，按住 Shift 键的同时，拖动鼠标绘制一个正圆选区，如图 8-46 所示。

图 8-45 新建参考线

图 8-46 绘制正圆选区

04 执行“选择”|“变换选区”命令，按住 Shift+Alt 键的同时，向内拖动控制柄，如图 8-47 所示。

05 按 Enter 键确认调整，填充选区中的部分图形为白色，如图 8-48 所示。

06 继续执行“选择”|“变换选区”命令，按住 Shift+Alt 键的同时，向内拖动控制柄，如图 8-49 所示。

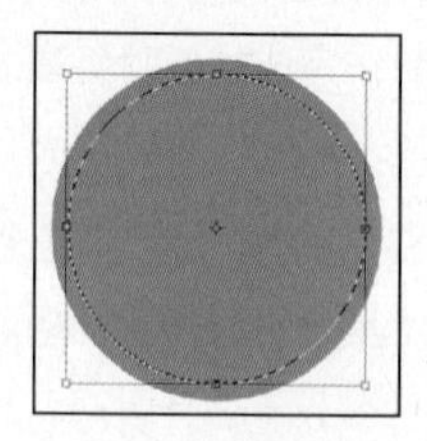

图 8-47　变换选区

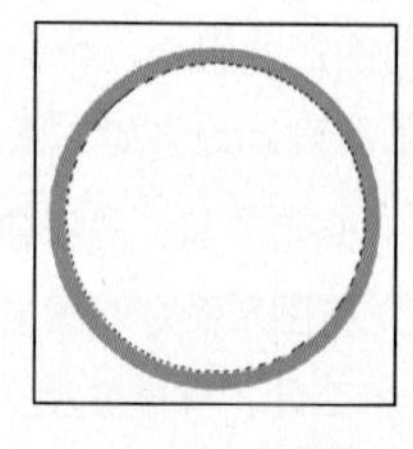

图 8-48　填充选区

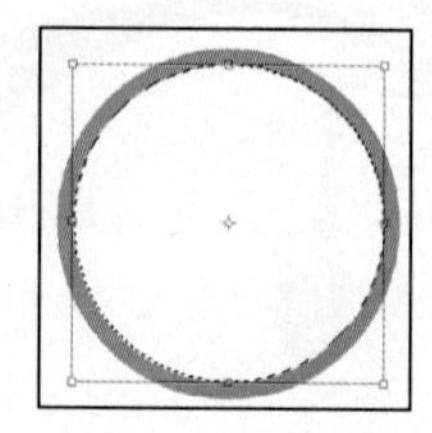

图 8-49　变换选区

07 按 Enter 键确认调整，填充颜色为蓝色（RGB 参考值分别为 R31、G154、B199），如图 8-50 所示。

08 运用同样的操作方法，完成圆环图形的绘制，如图 8-51 所示。

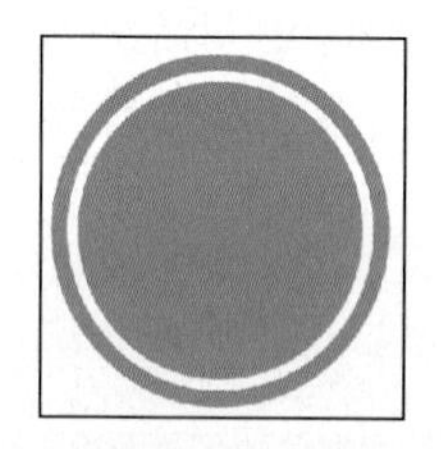

图 8-50　填充选区

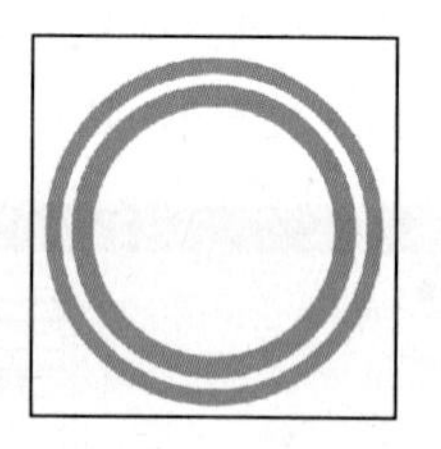

图 8-51　制作圆环

09 参照前面同样的操作方法绘制其他正圆，如图 8-52 所示。

10 按 Ctrl+O 快捷键，弹出“打开”对话框，选择乐器图片，单击“打开”按钮，运用移动工具，将素材添加至文件中，放置在合适的位置。执行“选择”|“色彩范围”命令，弹出的“色彩范围”对话框，按下对话框右侧的吸管按钮，移动光标至图像窗口中背景位置单击鼠标，如图 8-53 所示。

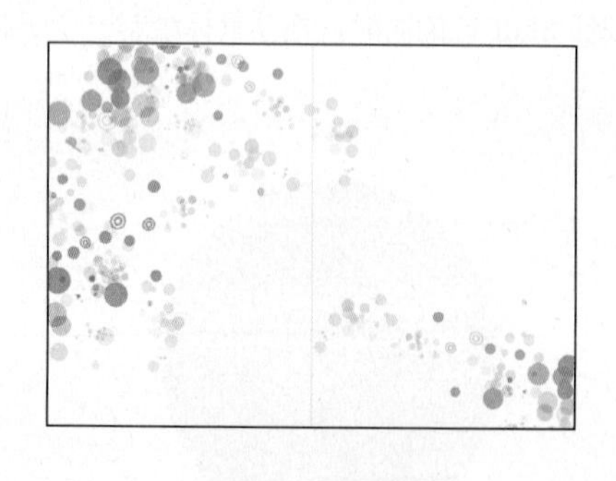

图 8-52　绘制图形

图 8-53　“色彩范围”对话框

11 单击“确定”按钮，退出“色彩范围”对话框。按 Ctrl+Shift+I 快捷键，反选得到乐器选区，运用移动工具，将素材添加至文件中，放置在合适的位置，如图 8-54 所示。

12 将乐器素材复制一层，按 Ctrl+T 快捷键，进入自由变换状态，单击鼠标右键，在弹出的快捷菜单中选择“垂直翻转”选项，调整至合适的位置和角度，如图 8-55 所示。

13 单击图层面板上的“添加图层蒙版”按钮，为图层添加图层蒙版，选择渐变工具，单击选项栏渐变列表框下拉按钮，从弹出的渐变列表中选择“黑白”渐变，按下“线性渐变”按钮，在图像窗口中按住并拖动鼠标，填充黑白线性渐变，效果如图 8-56 所示。

图 8-54　建立选区

图 8-55　调整乐器素材

图 8-56　添加图层蒙版

14 设置前景色为黑色，在工具箱中选择钢笔工具，按下“形状图层”按钮，在图像窗口中，绘制如图 8-57 所示的图形。

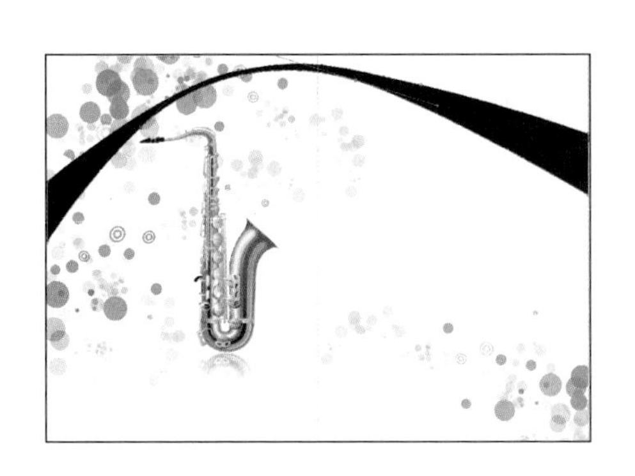

图 8-57　绘制图形

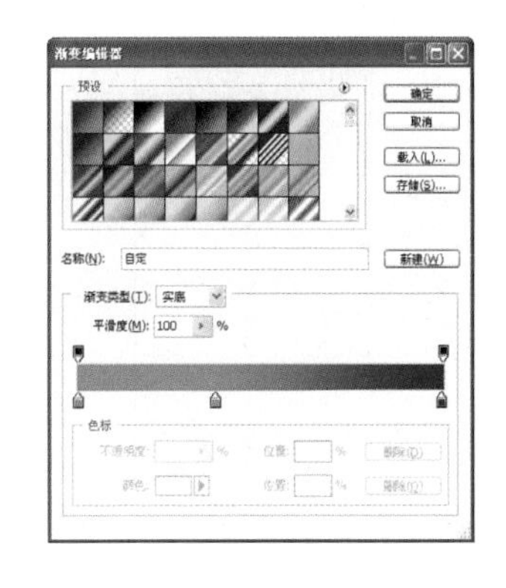

图 8-58　“渐变编辑器”对话框

15 执行“图层”|“图层样式”|“渐变叠加”命令，弹出“图层样式”对话框，单击渐变条，在弹出的“渐变编辑器”对话框中设置颜色如图 8-58 所示，其中蓝色的 RGB 参考值分别为 R53、G143、B205，深蓝色的 RGB 参考值分别为 R20、G52、B130。

16 单击“确定”按钮，返回“图层样式”对话框，如图 8-59 所示。

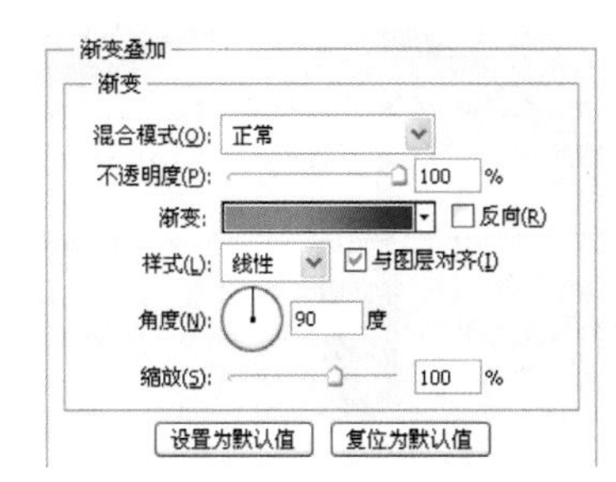

图 8-59　“渐变叠加”参数

17 单击“确定”按钮，退出“图层样式”对话框，添加“渐变叠加”效果，运用同样的操作方法继续绘制图形，如图 8-60 所示。

18 单击“创建新图层”按钮，新建一个图层，参照实例 6.6 海报设计——复活节绘制星星，在图像窗口中绘制星星，如图 8-61 所示。

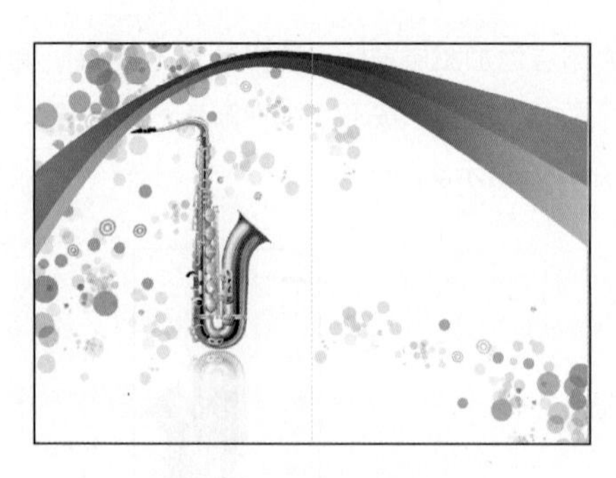

图 8-60　继续绘制图形

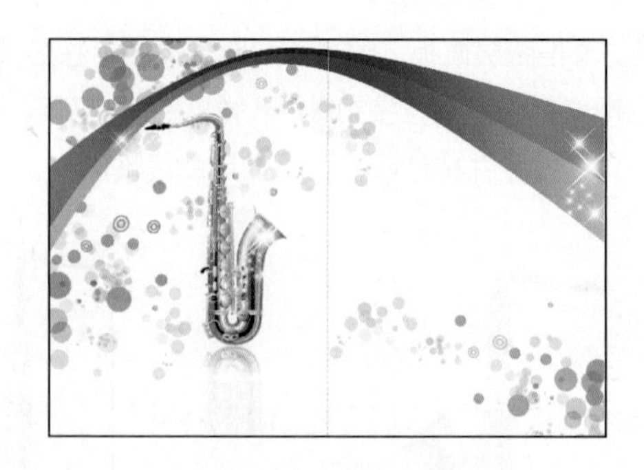

图 8-61　绘制星星

19 设置前景色为蓝色（RGB 参考值分别为 R0、G91、B172），在工具箱中选择矩形工具，按下“填充像素”按钮，在图像窗口中，拖动鼠标绘制矩形，如图 8-62 所示。

20 按 Ctrl+O 快捷键，弹出“打开”对话框，选择文字素材，单击“打开”按钮，运用移动工具，将素材添加至文件中，放置在合适的位置，如图 8-63 所示。

图 8-62　绘制矩形

图 8-63　添加文字素材

21 设置前景色为蓝色（RGB 参考值分别为 R0、G91、B172），在工具箱中选择横排文字工具，设置字体为“宋体”、字体大小为 12 点，输入文字，如图 8-64 所示。

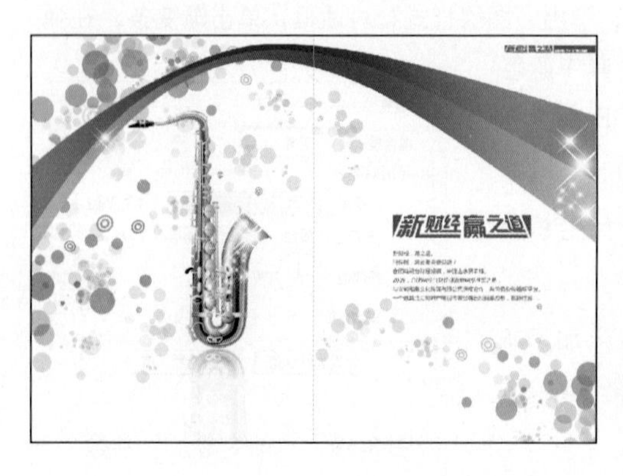

图 8-64　最终效果

设计传真

在设计时，如果使用 RGB 模式，则在输出时应该转换为 CMYK 模式。因为 RGB 得色域比 CMYK 的色域广，所以转换为 CMYK 模式后可以及时了解并更改不能印刷的颜色。

Example

8.4 高立柱大型户外广告——发展银行

本实例制作的是发展银行高立柱大型户外广告设计，实例以漫天的繁星，表现出银行的发展前景，制作完成的效果如左图所示。

使用工具：横排文字工具、椭圆工具、画笔工具、图层蒙版、“动感模糊”命令、“定义画笔预设”命令、画笔工具、横排文字工具。

视频路径：avi\8.4.avi

01 启动 Photoshop 后，执行“文件”|“新建”命令，弹出“新建”对话框，设置参数如图 8-65 所示，单击“确定”按钮，新建一个空白文件。

图 8-65 “新建”对话框

02 按 Ctrl+O 快捷键，弹出“打开”对话框，选择云彩图片，单击“打开”按钮，运用移动工具，将素材添加至文件中，放置在合适的位置，如图 8-66 所示。

03 运用同样的操作方法添加云彩和岛屿图片素材，单击图层面板上的“添加图层蒙版”按钮，为云彩和岛屿素材图层添加图层蒙版。编辑图层蒙版，设置前景色为黑色，选择画笔工具，按“[”或“]”键调整合适的画笔大小，在图像上涂抹，如图 8-67 所示。

图 8-66 添加素材效果

图 8-67 添加图层蒙版

04 设置前景色为白色，在工具箱中选择椭圆工具，按下“形状图层”按钮，在图像窗口中，绘制如图 8-68 所示正圆。

图 8-68 绘制正圆

图 8-69 删除选区

图 8-70 输入文字

05 单击工具选项栏的从“路径区域减去”按钮，绘制圆环如图 8-69 所示。

06 在工具箱中选择横排文字工具，设置字体为 Verdana、字体大小为 700 点，输入文字，如图

8-70 所示。

07 按 Ctrl+E 快捷键，合并文字和正圆图层，并调整到合适的角度，如图 8-71 所示。

图 8-71　调整文字

图 8-72　动感模糊

08 执行“滤镜”|“模糊”|“动感模糊”命令，弹出“动感模糊”对话框，设置“角度”为 10 度，“距离”为 42 像素。单击“确定”按钮，执行滤镜效果并退出“动感模糊”对话框，效果如图 8-72 所示。

09 新建一个图层，运用钢笔工具，绘制如图 8-73 所示的图形。执行“编辑”|“定义画笔预设”命令，弹出“画笔名称”对话框，设置“名称”为“星星”，如图 8-74 所示。

图 8-73　添加素材效果

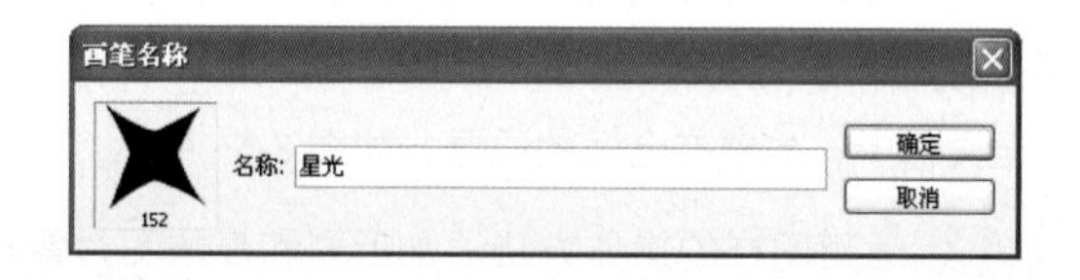

图 8-74　设置名称

10 切换至海报文件，选择画笔工具，按 F5 键，打开画笔面板，选择刚才定义的画笔，设置“角度”为“0 度”，“间距”为 56%、“大小抖动”为 8%、“角度抖动”为 69%、“散布”为 249%，如图 8-75 所示。

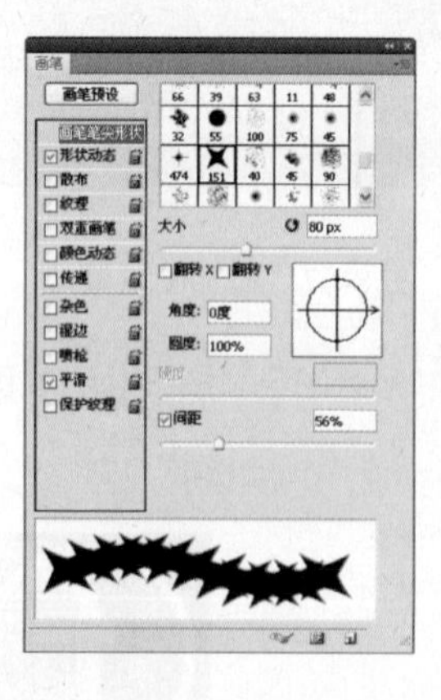

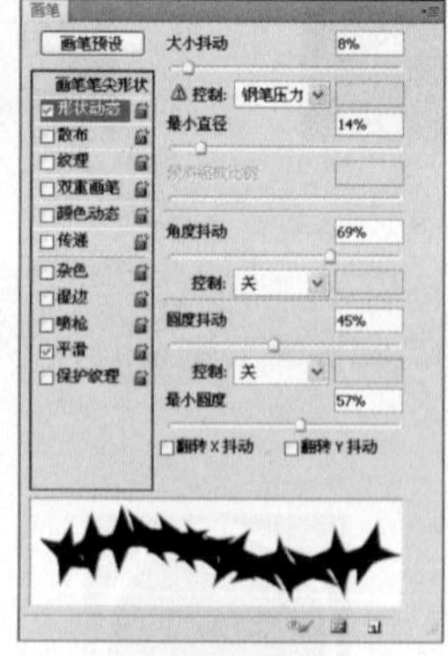

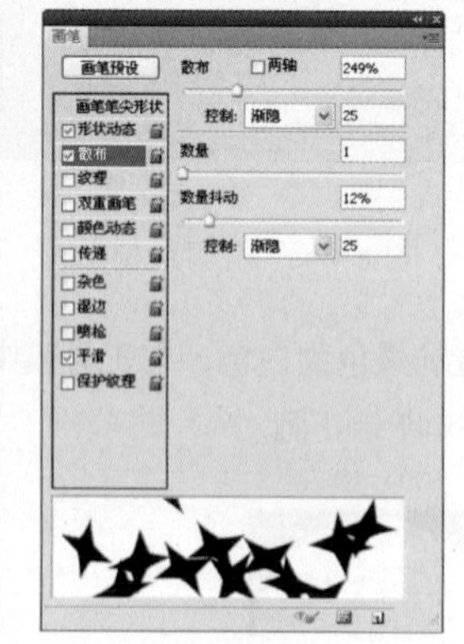

图 8-75　画笔面板

11 设置前景色为白色，单击“创建新图层”按钮，新建图层，在图像窗口中用刚才设好的画笔绘制，效果如图 8-76 所示。

12 运用同样的操作方法，添加其他素材，如图 8-77 所示。

图 8-76　绘制星光

图 8-77　添加其他素材

13 新建一个图层，设置前景色为黄色（RGB 参考值分别为 R243、G236、B38），选择画笔工具，在工具选项栏中设置“硬度”为 0%，“不透明度”和“流量”均为 80%，在图像窗口中单击鼠标，绘制如图 8-78 所示的光点。

14 设置前景色为淡蓝色（RGB 参考值分别为 R222、G236、B236），在工具箱中选择钢笔工具，按下“形状图层”按钮，在图像窗口中绘制如图 8-79 所示图形。

图 8-78　绘制光点

图 8-79　绘制图形

15 设置图层的“不透明度”为 40%，如图 8-80 所示。

16 运用同样的操作方法，重复绘制图形，如图 8-81 所示。

图 8-80　绘制星光

图 8-81　添加其他的素材

17 在工具箱中选择横排文字工具，设置字体为“华文中宋”、字体大小为 220 点，输入文字，如图 8-82 所示。

设计传真

高立柱广告是一种重要的广告宣传手段，它的应用越来越普遍，因此要求广告的画面醒目、文字精练。

图 8-82　最终效果

Example

8.5 标志设计——汇通理财

本实例制作的是汇通理财标志，实例以文字来突出立体感，让整个视觉中心集中在标志上，而整个画面不仅仅是停留在平面中，标志的中间部分为立体方块图像，通过渐变的手法使图像富有空间感，

使用工具：矩形工具、图层样式、钢笔工具、横排文字工具。

视频路径：avi\8.5.avi

01 启动 Photoshop 后，执行“文件”|“新建”命令，弹出“新建”对话框，设置参数如图 8-83 所示，单击“确定”按钮，新建一个空白文件。

02 新建一个图层，设置前景色为黑色，在工具箱中选择矩形工具，按下“形状图层”按钮，在图像窗口中，拖动鼠标绘制一个矩形，单击从路径区域减去，再次绘制矩形，如图 8-84 所示。

03 运用同样的操作方法，绘制其他矩形，如图 8-85 所示。

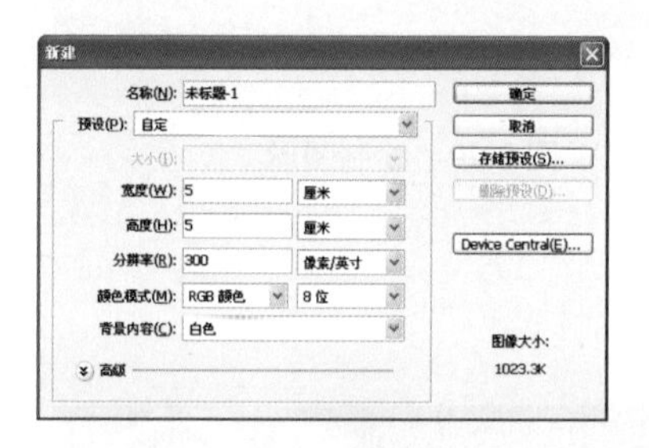

图 8-83 “新建”对话框

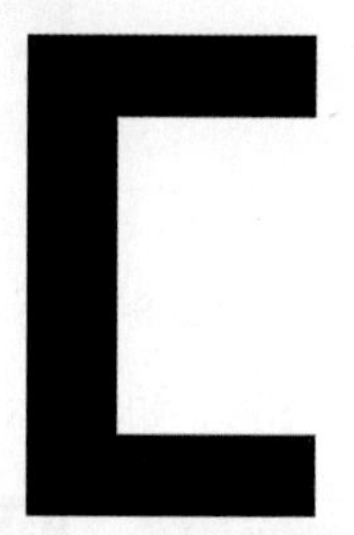

图 8-84 从选区中减去

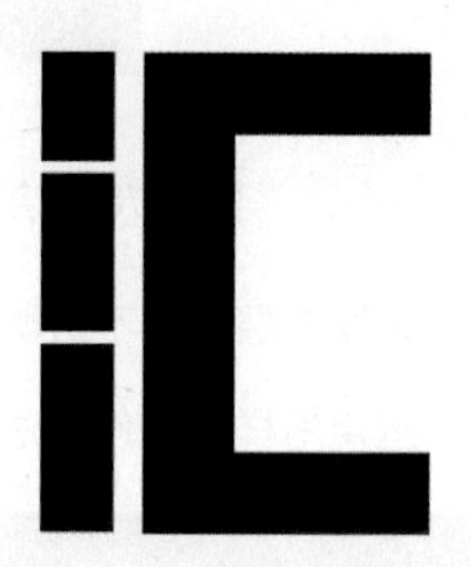

图 8-85 绘制其他矩形

04 执行“图层”|“图层样式”|“渐变叠加”命令，弹出“图层样式”对话框，单击渐变条，在弹出的“渐变编辑器”对话框中设置颜色如图 8-86 所示，其中蓝色的 RGB 参考值分别为 R19、G55、B136，淡蓝色的 RGB 参考值分别为 R5、G154、B253。

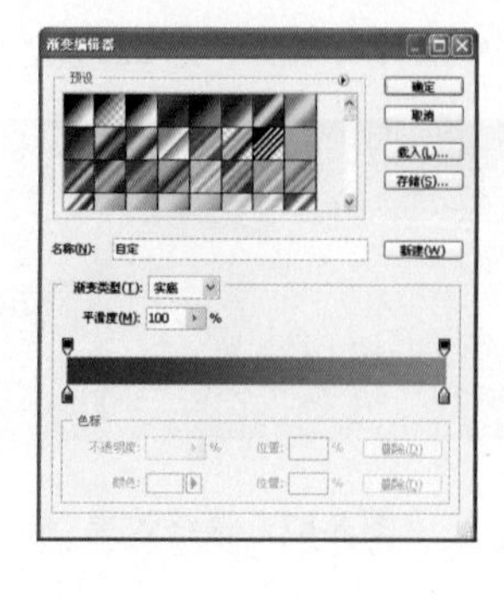

图 8-86 “渐变编辑器”对话框

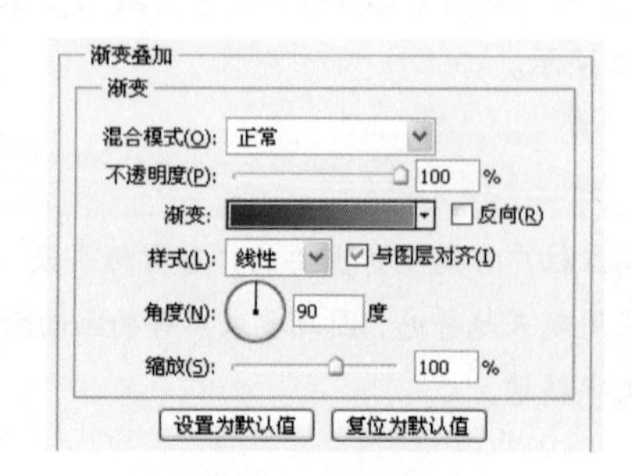

图 8-87 “渐变叠加”参数

05 单击“确定”按钮，返回“图层样式”对话框，如图 8-87 所示。

06 单击“确定”按钮，退出“图层样式”对话框，添加“渐变叠加”的效果如图 8-88 所示。

07 设置前景色为蓝色 RGB 参考值分别为 R19、G55、B136，在工具箱中选择钢笔工具，按下“形状图层”按钮，在图像窗口中，绘制如图 8-89 所示三角形。

图 8-88 “渐变叠加”效果

图 8-89 绘制三角形

08 参照上面同样的操作方法绘制三角形，如图 8-90 所示。

09 按 Ctrl+T 快捷键，进入自由变换状态，单击鼠标右键，在弹出的快捷菜单中选择“透视”选项，调整至合适的位置和角度，如图 8-91 所示。

图 8-90 绘制三角形

图 8-91 透视变换

10 参照上面同样的操作方法，绘制矩形如图 8-92 所示。

11 按 Ctrl+T 快捷键，进入自由变换状态，单击鼠标右键，在弹出的快捷菜单中选择“斜切”选项，调整至合适的位置和角度，如图 8-93 所示。

图 8-92 绘制矩形

图 8-93 调整矩形

12 参照上面同样的操作方法，制作立体效果如图 8-94 所示。

13 在工具箱中选择横排文字工具 T，设置字体为“方正综艺简体”字体、字体大小为 21 点，输入文字，如图 8-95 所示。

图 8-94 绘制立体效果

图 8-95 输入文字

14 参照上面同样的操作方法，添加“渐变叠加”效果，如图 8-96 所示。

图 8-96 最终效果

Example

8.6 户外媒体灯箱——中国银行

本实例制作的是中国银行户外媒体灯箱设计，实例通过金色来表现银行的企业定位，制作完成的灯箱设计效果如左图所示。

使用工具：圆角矩形工具、图层样式、横排文字工具。

视频路径：avi\8.6.avi

01 启动 Photoshop 后，执行“文件” | “新建”命令，弹出“新建”对话框，设置参数如图 8-97 所示，单击“确定”按钮，新建一个空白文件。

02 设置前景色为深红色（RGB 参考值分别为 R183、G17、B25），按 Alt+Delete 快捷键，填充背景。

03 新建一个图层，设置前景色为红色（RGB 参考值分别为 R202、G14、B24），在工具箱中选择圆角矩形工具按钮 ，按下“形状图层”按钮 ，设置“半径”为 50px，在图像窗口中，拖动鼠标绘制一个圆角矩形，如图 8-98 所示。

图 8-97 “新建”对话框

图 8-98 绘制圆角矩形

04 将绘制的圆角矩形复制一份，并调整至合适的文字，设置“半径”为 8px，单击从路径区域减去，再次绘制圆角矩形，如图 8-99 所示。

05 运用同样的操作方法，绘制其他图形，如图 8-100 所示。

图 8-99 再次绘制圆角矩形

图 8-100 绘制其他图形

06 设置前景色为白色，选择工具箱中的矩形工具，在图像窗口中拖动鼠标绘制矩形，如图 8-101 所示。

07 执行“图层”|“图层样式”|“渐变叠加”命令，弹出“图层样式”对话框，单击渐变条，在弹出的“渐变编辑器”对话框中设置颜色如图 8-102 所示，其中黄色的 RGB 参考值分别为 R205、G184、B106。

图 8-101 绘制矩形

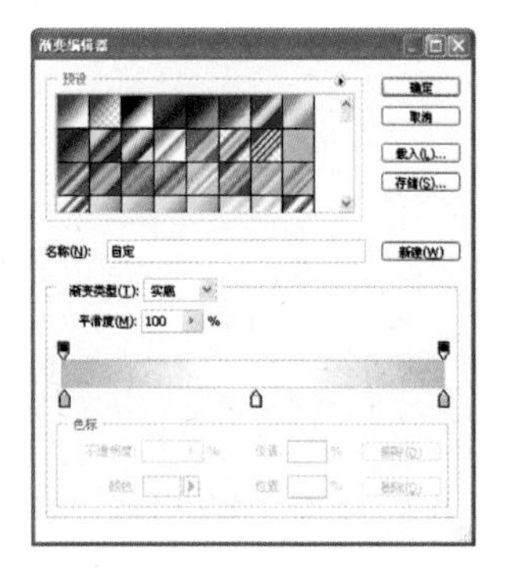

图 8-102 绘制其他图形

08 单击“确定”按钮，返回“图层样式”对话框，如图 8-103 所示。

09 单击“确定”按钮，退出“图层样式”对话框，添加“渐变叠加”的效果如图 8-104 所示。

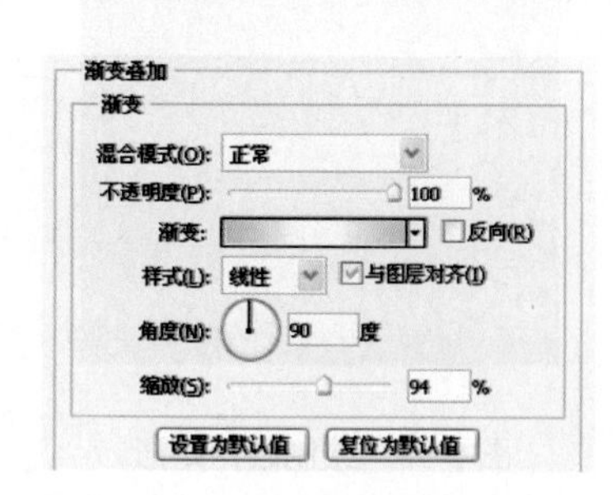

图 8-103 “渐变编辑器”对话框

图 8-104 “渐变叠加”参数

10 按 Ctrl+O 快捷键，弹出“打开”对话框，选择金豆、球体和标志等素材，单击“打开”按钮，运用移动工具，将素材添加至文件中，放置在合适的位置，如图 8-105 所示。

11 在工具箱中选择横排文字工具 T，设置字体为“黑体”、字体大小为 288 点，输入文字，如图 8-106 所示。

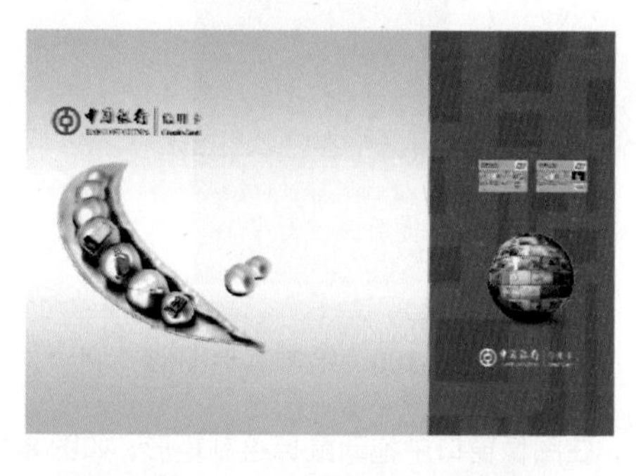

图 8-105 “渐变编辑器”对话框

不只是40000分的礼遇

图 8-106 输入文字

12 参照前面同样的操作方法，添加“图层样式”效果，如图 8-107 所示。

13 运用同样的操作方法输入其他文字，最终效果如图 8-108 所示。

不只是40000分的礼遇

图 8-107 添加“图层样式”效果

图 8-108 最终效果

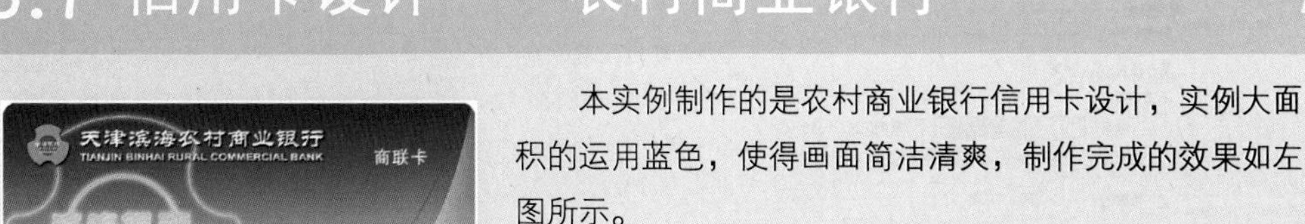

8.7 信用卡设计——农村商业银行

本实例制作的是农村商业银行信用卡设计，实例大面积的运用蓝色，使得画面简洁清爽，制作完成的效果如左图所示。

使用工具：圆角矩形工具、图层样式、钢笔工具、横排文字工具。

视频路径：avi\8.7.avi

01 启动 Photoshop 后，执行“文件”|“新建”命令，弹出“新建”对话框，设置参数如图 8-109 所示，单击“确定”按钮，新建一个空白文件。

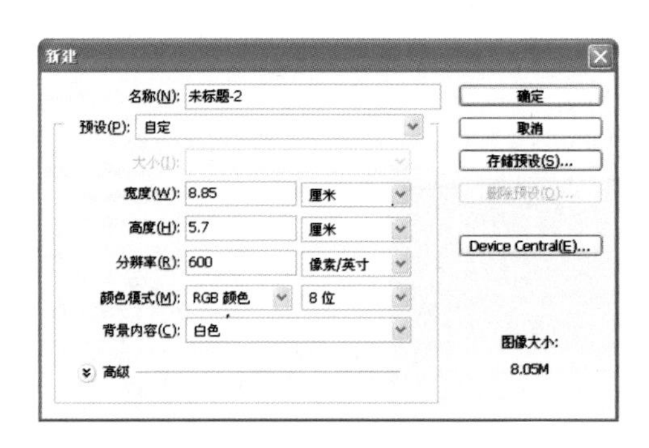

图 8-109 “新建”对话框

02 设置前景色为黑色，在工具箱中选择圆角矩形工具，按下“形状图层”按钮，单击几何选项下拉按钮，在弹出的面板中设置参数如图 8-110 所示。在图像窗口中，拖动鼠标绘制一个圆角矩形。

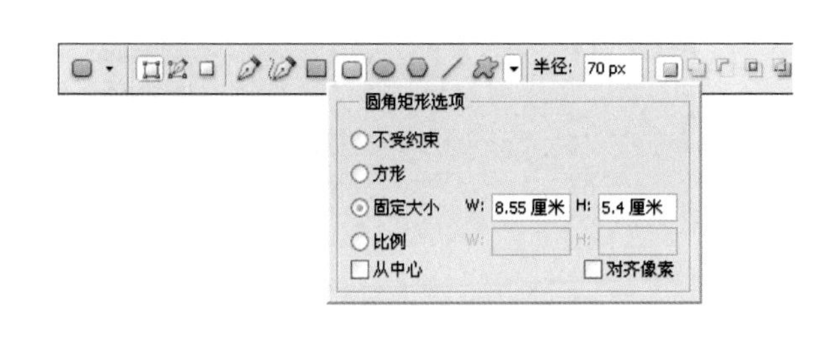

图 8-110 圆角矩形选项面板

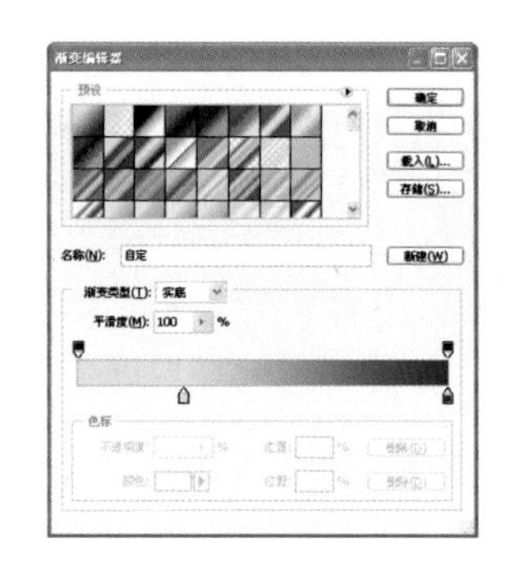

图 8-111 “渐变编辑器”对话框

03 执行“图层”|“图层样式”|“渐变叠加”命令，弹出“图层样式”对话框，单击渐变条，在弹出的“渐变编辑器”对话框中设置颜色如图 8-111 所示，其中淡蓝色的 RGB 参考值分别为 R154、G208、B241、蓝色的 RGB 参考值分别为 R1、G13、B114。单击“确定”按钮，返回“图层样式”对话框，如图 8-112 所示。单击“确定”按钮，退出“图层样式”对话框，添加“渐变叠加”的效果如图 8-113 所示

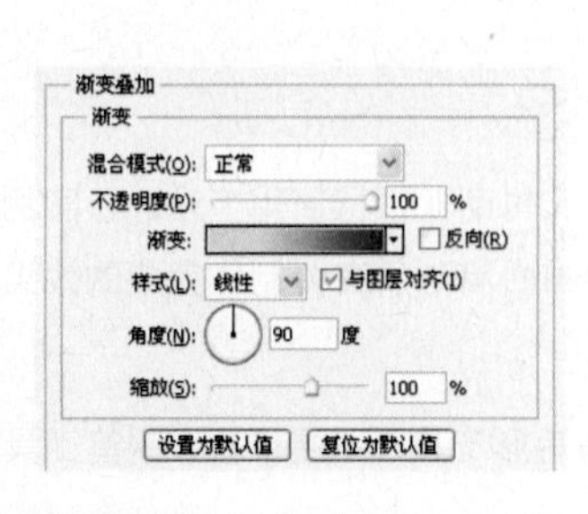

图 8-112 “渐变叠加”参数

图 8-113 “渐变叠加”效果

04 设置前景色为白色，在工具箱中选择钢笔工具，按下“形状图层”按钮，在图像窗口中，绘制如图 8-114 所示的图形，设置图层的“混合模式”为“正片叠底”，“不透明度”为 40%。

05 双击图层，弹出“图层样式”对话框，选择“外发光”选项，设置参数如图 8-115 所示，单击“确定”按钮，退出“图层样式”对话框，添加“外发光”的效果如图 8-116 所示。

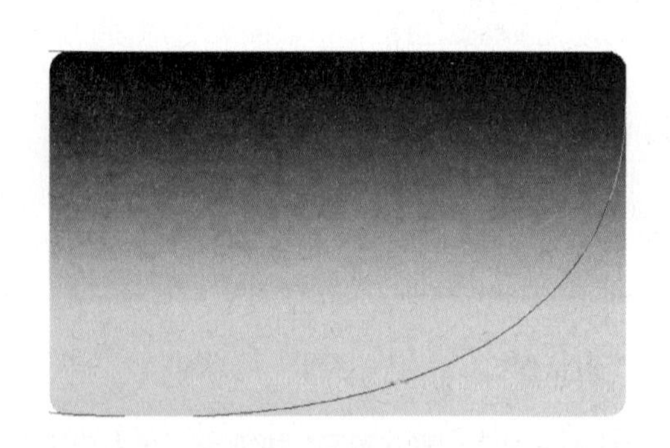

图 8-114 绘制图形

图 8-115 “外发光”参数

06 运用同样的操作方法绘制路径并添加“外发光”效果，如图 8-117 所示。

图 8-116 “外发光”效果

图 8-117 绘制其他路径

07 按 Ctrl+O 快捷键，弹出“打开”对话框，选择文字和标志素材，单击“打开”按钮，运用移动工具，将素材添加至文件中，放置在合适的位置，如图 8-118 所示。

08 参照前面同样的操作方法为各个图层添加“图层样式”效果，如图 8-119 所示。

图 8-118　添加文字和标志素材

图 8-119　添加“图层样式”

09 设置前景色为黑色，在工具箱中选择横排文字工具T，设置字体为“方正大黑简体”、字体大小为 15 点，输入文字，如图 8-120 所示。

10 运用同样的操作方法输入其他文字，如图 8-121 所示。

图 8-120　输入文字

图 8-121　最终效果

Example

8.8 画册设计——农业银行

本实例制作的是中国农业银行画册设计，实例以金光闪闪的钥匙作为画面的视觉中心点，通过钥匙表现出银行的企业文化，制作完成的中国农业银行画册设计效果如左图所示。

使用工具：“新建参考线”命令、钢笔工具、直线工具、图层样式、横排文字工具。

视频路径: avi\8.8.avi

01 启动 Photoshop 后，执行“文件”|“新建”命令，弹出“新建”对话框，设置参数如图 8-122 所示，单击“确定”按钮，新建一个空白文件。

02 执行“视图”|“新建参考线”命令，弹出“新建参考线”对话框，在对话框中设置参数，如图 8-123 所示。

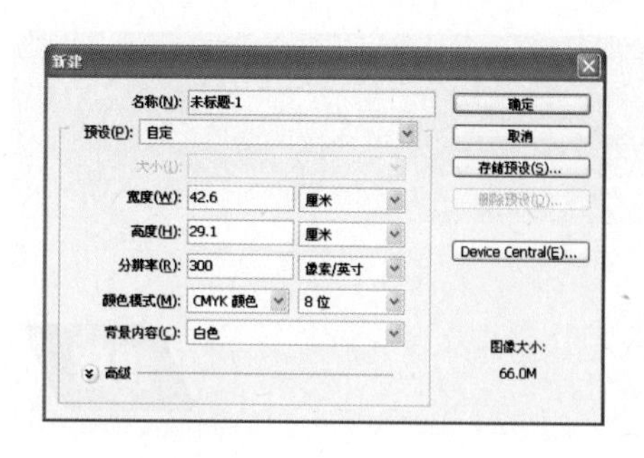

图 8-122 “新建”对话框

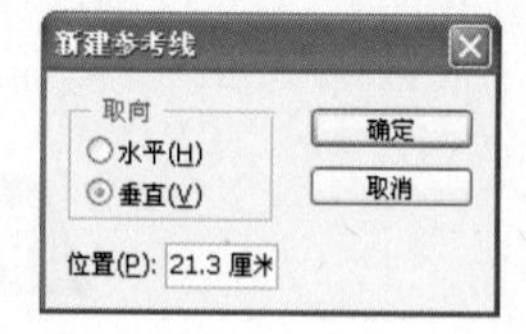

图 8-123 “新建参考线”对话框

03 单击“确定”按钮，退出“新建参考线”对话框，新建参考线如图 8-124 所示。

04 按 Ctrl+O 快捷键，弹出“打开”对话框，选择背景图片照片，单击“打开”按钮，运用移动工具，将素材添加至文件中，放置在合适的位置，如图 8-125 所示。

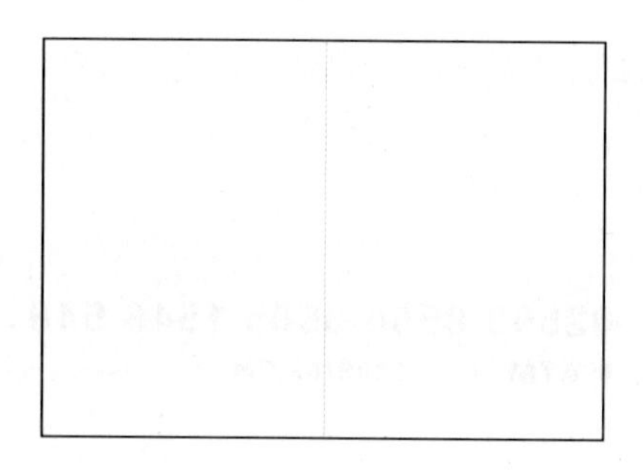

图 8-124 新建参考线

图 8-125 添加背景素材

05 设置前景色为白色，在工具箱中选择钢笔工具，按下“形状图层”按钮，在图像窗口中，绘制图形如图 8-126 所示。

06 将图形复制一份并调整至合适的位置，如图 8-127 所示。

图 8-126 绘制图形

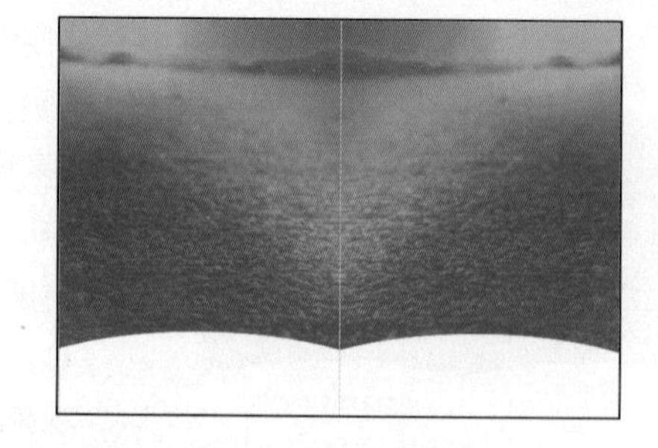

图 8-127 复制图形

07 在工具箱中选择直线工具，按下“填充像素”按钮，在图像窗口中，按住 Shift 键的同时，拖动鼠标绘制直线如图 8-128 所示。

08 按 Ctrl+O 快捷键，弹出“打开”对话框，选择钥匙素材，单击“打开”按钮，运用移动工具，将素材添加至文件中，放置在合适的位置，如图 8-129 所示。

图 8-128 绘制直线

图 8-129 添加钥匙素材

09 在图层面板中单击“添加图层样式”按钮 fx，在弹出的快捷菜单中选择“投影”选项，弹出“图层样式”对话框，设置参数如图 8-130 所示。

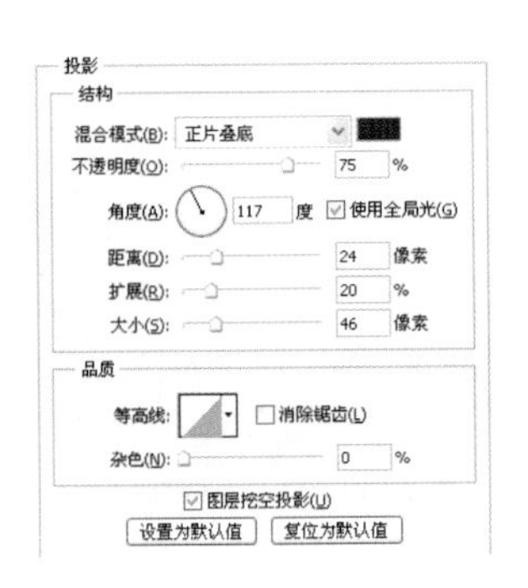

图 8-130 “投影”参数

图 8-131 “投影”效果

10 单击“确定”按钮，退出“图层样式”对话框，添加“投影”的效果如图 8-131 所示。

11 打开一张办公室素材图片，运用移动工具，将素材添加至文件中，放置在合适的位置，如图 8-132 所示。

图 8-132 添加办公室素材图片

图 8-133 羽化

12 选择办公室图片，按住 Ctrl 键的同时，将图片载入选区，在工具选项栏中设置羽化值为 100px，按 Ctrl+Shift+I 快捷键反选，然后按 Delete 键删除选区，得到如图 8-133 所示的羽化的效果。

13 按 Ctrl+O 快捷键，弹出“打开”对话框，选择标志素材，单击“打开”按钮，运用移动工具，将素材添加至文件中，放置在合适的位置，如图 8-134 所示。

14 设置前景色为黑色，在工具箱中选择横排文字工具T，设置字体为“方正大标宋简体”、字体大小为 55 点，输入文字，如图 8-135 所示。

图 8-134　添加标志素材

图 8-135　输入文字

15 执行“图层”|“图层样式”|“渐变叠加”命令，弹出“图层样式”对话框，单击渐变条，在弹出的“渐变编辑器”对话框中设置颜色如图 8-136 所示，其中黄棕色的 CMYK 参考值分别为 C13、M54、Y100、K8，黄色的 CMYK 参考值分别为 C6、M8、Y93、K0。

16 单击“确定”按钮，返回“图层样式”对话框，如图 8-137 所示。

图 8-136　“渐变编辑器”对话框

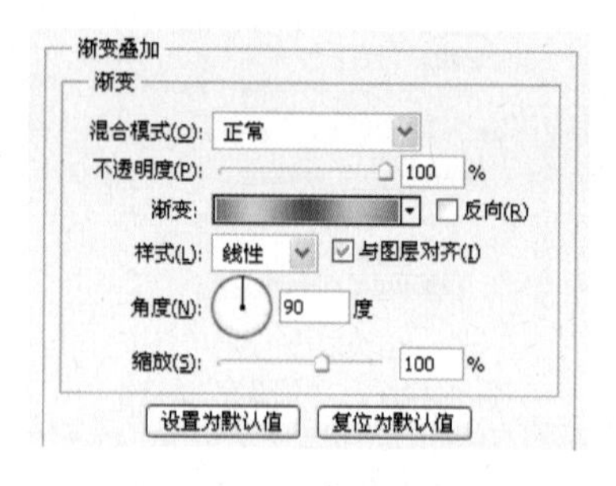

图 8-137　“渐变叠加”参数

17 选择“投影”选项，设置参数如图 8-138 所示。

18 选择“描边”选项，设置参数如图 8-139 所示。

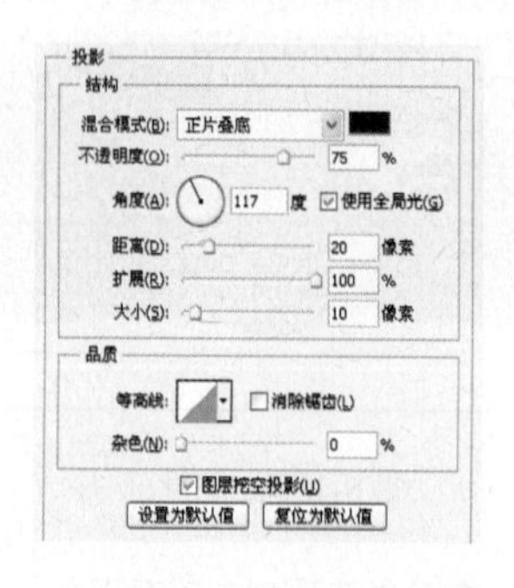

图 8-138　“投影”参数

图 8-139　“描边”参数

19 单击“确定”按钮，退出“图层样式”对话框，添加“图层样式”的效果如图 8-140 所示。

20 运用同样的操作方法输入其他文字，最终效果如图 8-141 所示。

图 8-140　添加“图层样式”的效果

图 8-141　最终效果

Example

8.9 网站设计——金牌销售平台

本实例制作的是金牌销售平台网站设计，实例通过规整的版式设计传达出企业的文化和理念，制作完成的金牌销售平台网站设计效果如左图所示。

使用工具：“参考线、网格和切片”命令、“网格”命令、矩形选框工具、渐变工具、圆角矩形工具、“新建”命令、移动工具、图层样式、图层蒙版、横排文字工具。

视频路径: avi\8.9.avi

01 启动 Photoshop 后，执行“文件”|“新建”命令，弹出“新建”对话框，设置参数如图 8-142 所示，单击“确定”按钮，新建一个空白文件。

02 单击“编辑”|“首选项”|“参考线、网格和切片”命令，在弹出的对话框中设置参数，如图 8-143 所示。

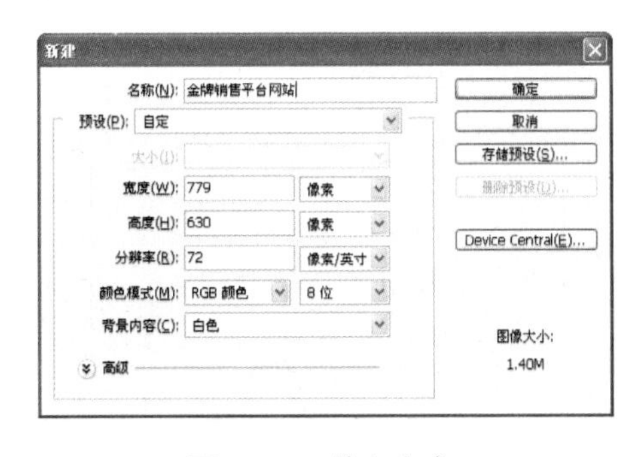

图 8-142　输入文字

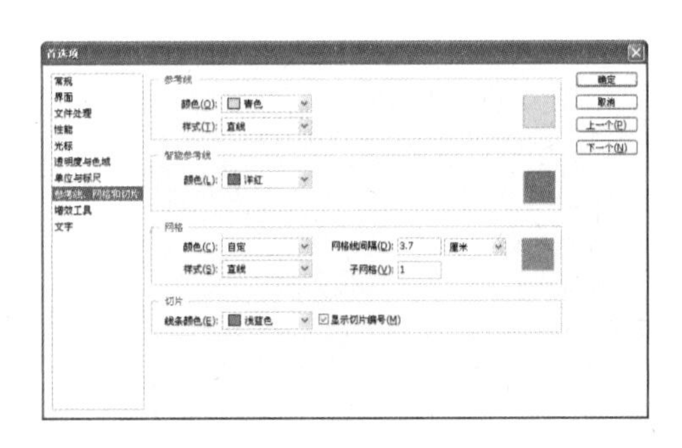

图 8-143　“首选项”对话框

03 执行“视图”|“显示”|“网格”命令，或按下“Ctrl+ '”快捷键，在图像窗口中显示网格，如图 8-144 所示。

04 选择工具箱矩形选框工具，在网格线上拖动鼠标，绘制一个矩形选框，如图 8-145 所示。

05 单击图层面板中的“创建新图层”按钮，新建一个图层，设置前景色为灰色（RGB 参考值分别为 R191、G191、B191），按下 Alt+Delete 快捷键，填充前景色，效果如图 8-146 所示。

06 参照上述同样的操作方法，继续绘制矩形，如图 8-147 所示。

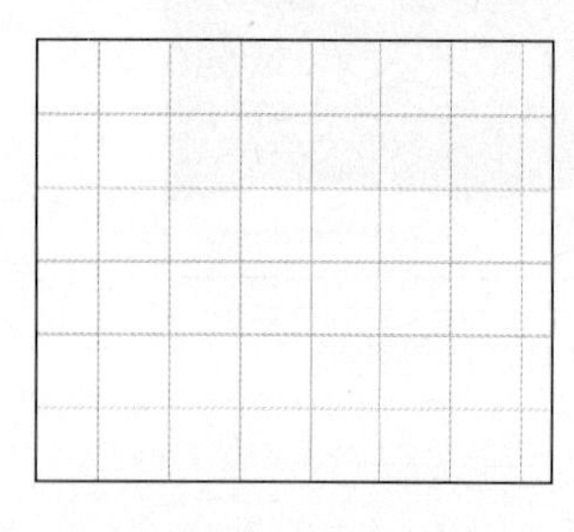

图 8-144　显示网格

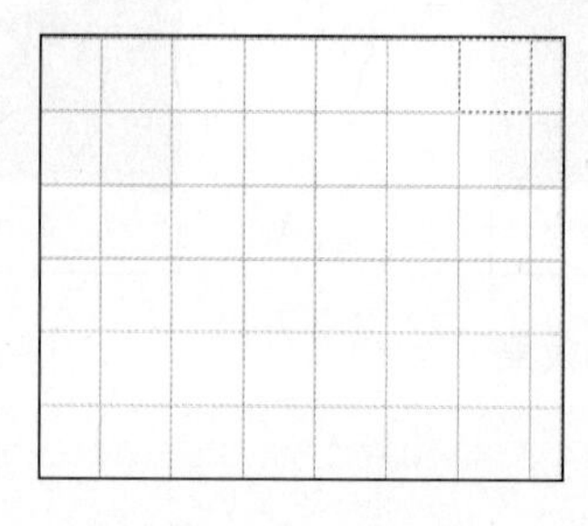

图 8-145　绘制矩形选框

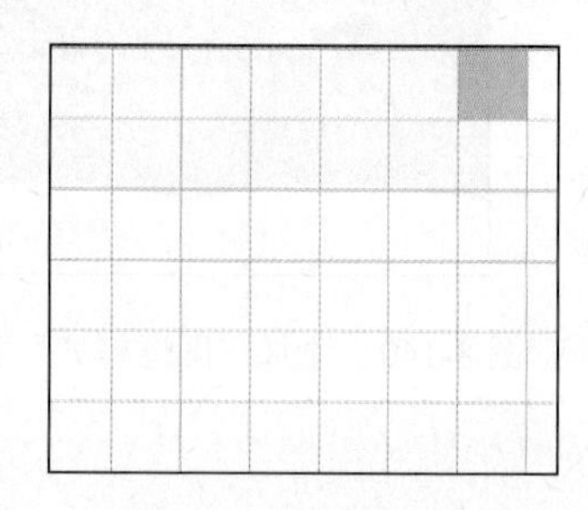

图 8-146　填充矩形选框

07 选择其中一个矩形图层，选择工具箱渐变工具，在工具选项栏中单击渐变条，打开“渐变编辑器”对话框，设置参数如图 8-148 所示，其中灰色 RGB 参考值分别为 R194、G194、B194。

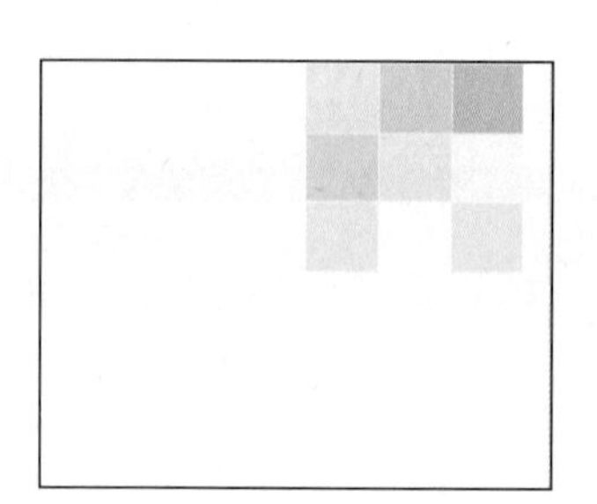

图 8-147　绘制其他矩形

图 8-148　“渐变编辑器”对话框

08 单击“确定”按钮，关闭“渐变编辑器”对话框。按下工具选项栏中的“线性渐变”按钮，在图像中拖动鼠标，填充渐变效果如图 8-149 所示。

09 运用同样的操作方法，为另外几个矩形填充渐变，如图 8-150 所示。

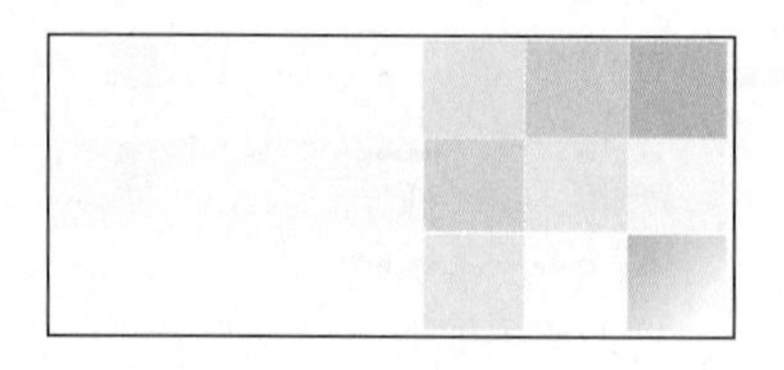

图 8-149　填充渐变

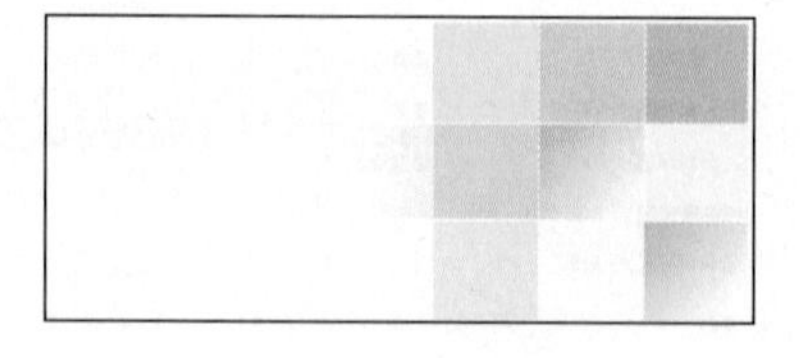

图 8-150　填充渐变

10 按 Ctrl+O 快捷键，弹出“打开”对话框，选择齿轮图片，单击“打开”按钮，如图 8-151 所示。

11 运用移动工具，将素材添加至文件中，放置在合适的位置，并调整图层顺序至合适的位置。按住 Alt 键的同时，移动光标至分隔两个图层的实线上，当光标显示为形状时，单击鼠标左键，创建剪贴蒙版，如图 8-152 所示。

12 运用同样的操作方法添加其他图片，并创建剪贴蒙版，如图 8-153 所示。

13 设置前景色为深蓝色（RGB 参考值分别为 R0、G148、B189），在工具箱中选择圆角矩形工具，设置半径为 15px，按下“形状图层”按钮，在图像窗口中，拖动鼠标绘制圆角矩形如图 8-154 所示。

图 8-151　齿轮图片

图 8-152　创建剪贴蒙版

图 8-153　创建剪贴蒙版

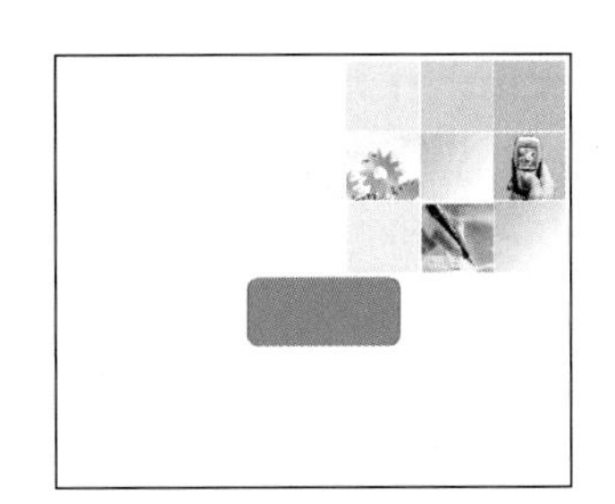

图 8-154　绘制圆角矩形

14 运用同样的操作方法继续绘制圆角矩形，如图 8-155 所示。

15 运用同样的操作方法，继续绘制圆角矩形，执行“图层”|“图层样式”|“渐变叠加”命令，弹出“图层样式”对话框，单击渐变条，在弹出的“渐变编辑器”对话框中设置颜色如图 8-156 所示，其中蓝色的 RGB 参考值分别为 R41、G165、B199，淡蓝色的 RGB 参考值分别为 R187、G226、B238。

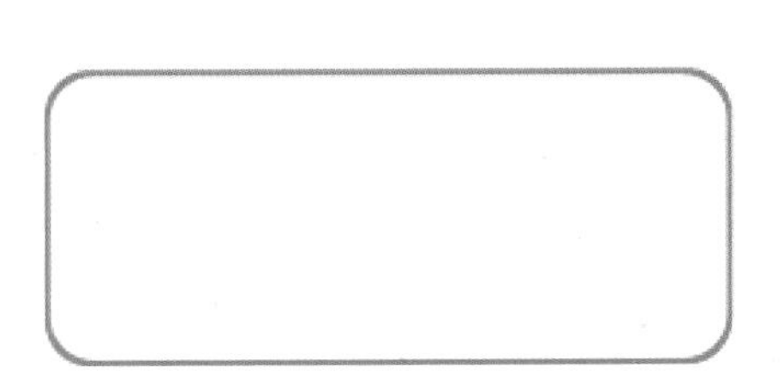

图 8-155　绘制圆角矩形

图 8-156　渐变设置

16 单击“确定”按钮，返回“图层样式”对话框，如图 8-157 所示。

17 单击“确定”按钮，退出“图层样式”对话框，添加“渐变叠加”的效果如图 8-158 所示。

18 设置前景色为深蓝色（RGB 参考值分别为 R0、G148、B189），在工具箱中选择圆角矩形工具，按下“形状图层”按钮，设置半径为 400px，在图像窗口中，拖动鼠标绘制圆角矩形如图 8-159 所示。

19 选择工具箱中的直接选择工具，调整圆角矩形的节点，如图 8-160 所示。

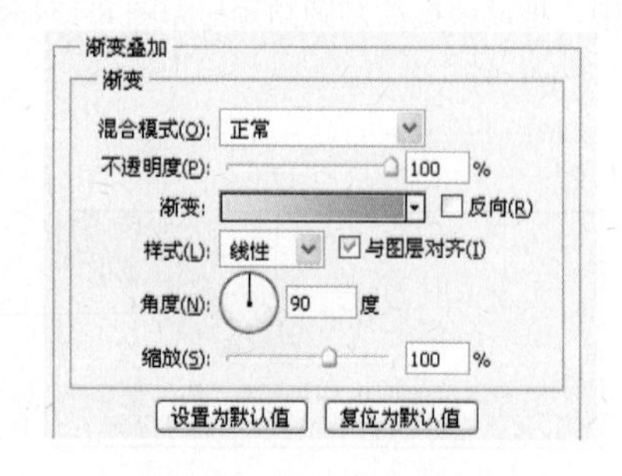

图 8-157 “渐变叠加”参数

图 8-158 “渐变叠加”效果

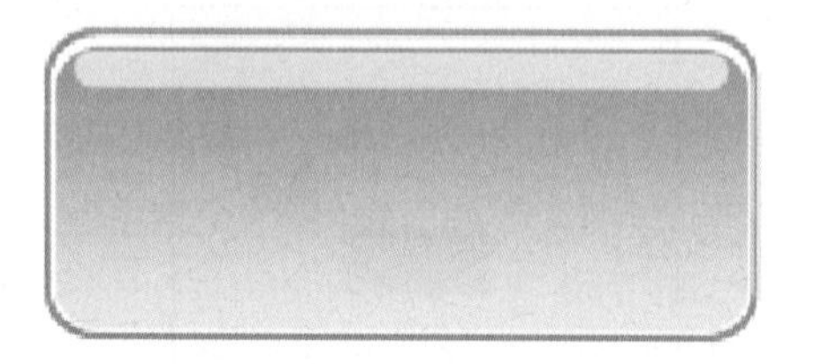

图 8-159 绘制圆角矩形

图 8-160 调整节点

20 将绘制的图标复制一层，并调整到合适的位置，如图 8-161 所示。

21 按 Ctrl+O 快捷键，弹出“打开”对话框，选择人物和标志素材，单击“打开”按钮，运用移动工具，将素材添加至文件中，放置在合适的位置，如图 8-162 所示。

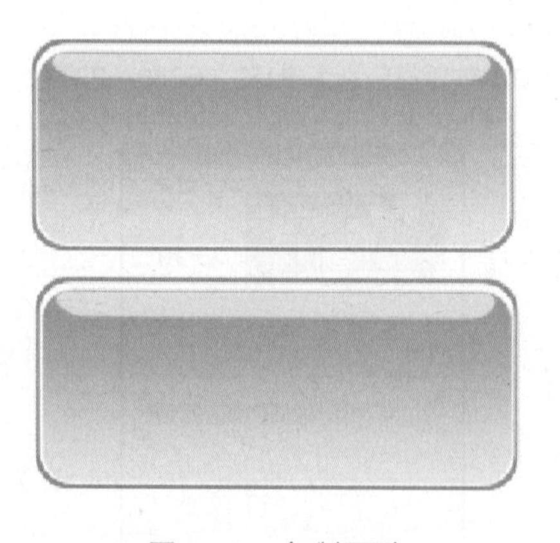

图 8-161 复制图形

图 8-162 添加人物和标志素材

22 在工具箱中选择横排文字工具，设置字体为“方正粗倩简体”字体、字体大小为 24 点，输入文字，如图 8-163 所示。

23 在图层面板中单击“添加图层样式”按钮，在弹出的快捷菜单中选择“描边”选项，弹出“图层样式”对话框，设置参数如图 8-164 所示。

24 单击“确定”按钮，退出“图层样式”对话框，添加“描边”的效果如图 8-165 所示。

25 运用同样的操作方法输入其他文字，最终效果如图 8-166 所示。

图 8-163 输入文字

图 8-164 “描边”参数

图 8-165 添加“描边”的效果

图 8-166 最终效果

第 9 章

教育是一种人类道德、科学、技术、知识储备、精神境界的传承和提升行为，也是人类文明的传递。它既是一种以某些主观意识形态去适当改变另外一些主观意识形态的方法，也是改变他人观念与思想的科学方法。

公益设计是带有一定思想性的。这类设计具有特定的对公众的教育意义，其主题包括各种社会公益、道德的宣传，或政治思想的宣传，弘扬爱心奉献、共同进步的精神等。

教育公益篇

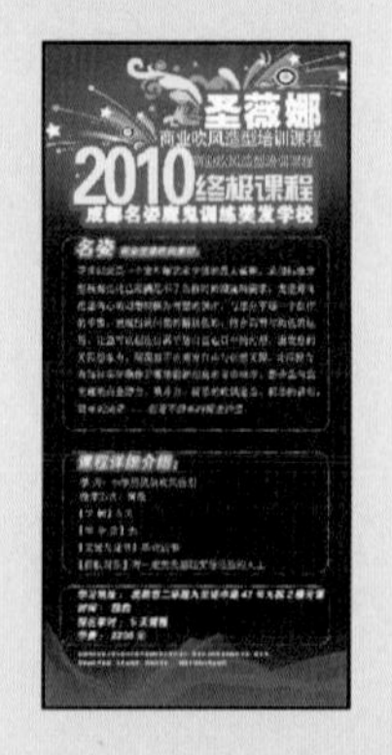

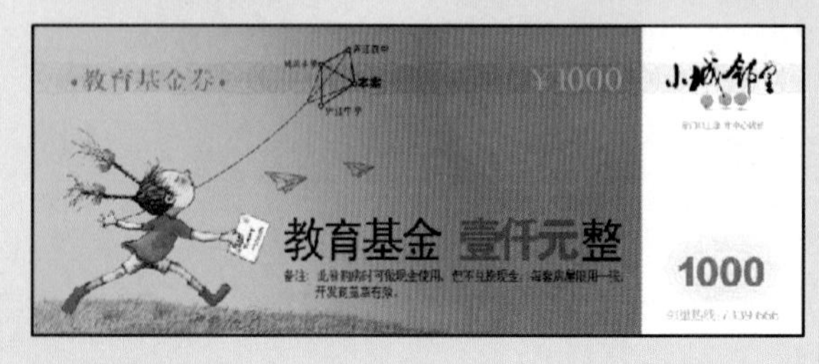

Photoshop CS5

09

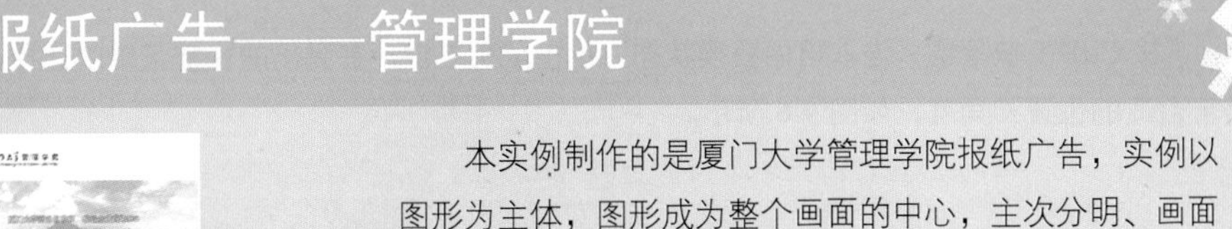

Example

9.1 报纸广告——管理学院

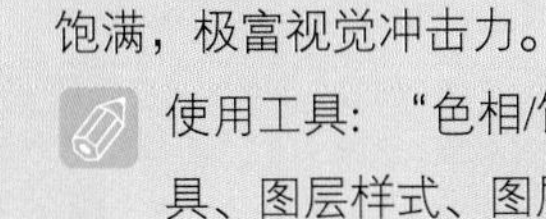

本实例制作的是厦门大学管理学院报纸广告，实例以图形为主体，图形成为整个画面的中心，主次分明、画面饱满，极富视觉冲击力。

使用工具：“色相/饱和度”、横排文字工具、矩形工具、图层样式、图层蒙版、画笔工具、直线工具。

视频路径: avi\9.1.avi

01 启动 Photoshop 后，执行“文件”|“新建”命令，弹出“新建”对话框，设置参数如图 9-1 所示，单击“确定”按钮，新建一个空白文件。

02 按 Ctrl+O 快捷键，弹出“打开”对话框，选择大海图片素材，单击“打开”按钮，运用移动工具，将文字素材添加至文件中，放置在合适的位置，如图 9-2 所示。

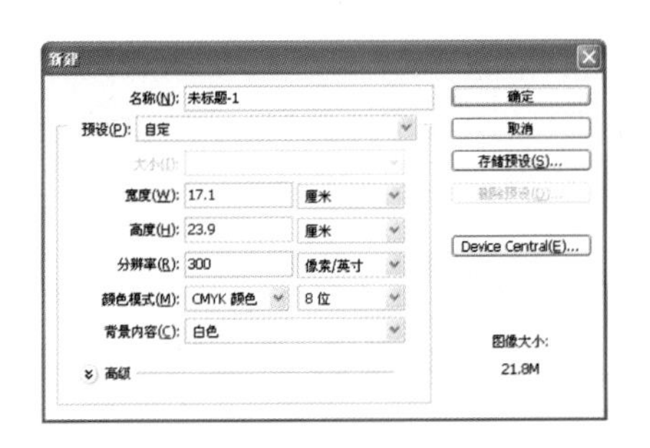

图 9-1 “新建”对话框

图 9-2 添加大海图片素材

03 单击调整面板中的“色相/饱和度”按钮，系统自动添加一个“色相/饱和度”调整图层，设置参数如图 9-3 所示，此时图像效果如图 9-4 所示。

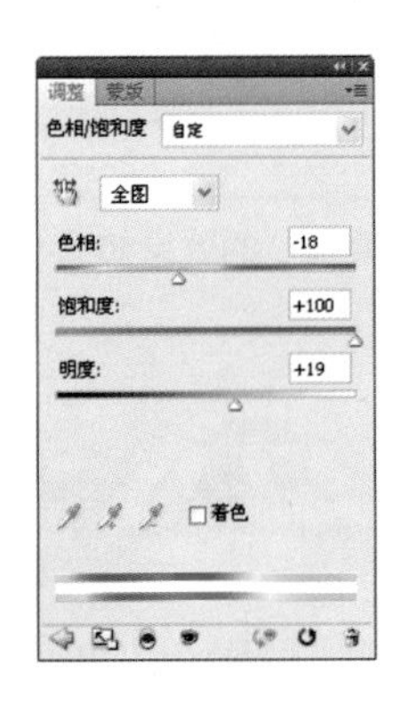

图 9-3 “色相/饱和度”调整参数

图 9-4 “色相/饱和度”调整效果

04 在工具箱中选择横排文字工具，设置字体为 MyPuma、字体大小为 180 点，输入文字，效果如图 9-5 所示。

05 按 Ctrl+T 快捷键，进入自由变换状态，单击鼠标右键，在弹出的快捷菜单中选择“透视”选项，调整至合适的位置和角度，如图 9-6 所示。

图 9-5　输入文字

图 9-6　透视变形

06 在工具箱中选择矩形工具，按下“形状图层”按钮，在图像窗口中，绘制矩形如图 9-7 所示。

07 执行“图层”|“图层样式”|“渐变叠加”命令，弹出“图层样式”对话框，单击渐变条，在弹出的“渐变编辑器”对话框中设置颜色如图 9-8 所示，其中深蓝色的 RGB 参考值分别为 R0、G93、B132，蓝色的 RGB 参考值分别为 R135、G199、B230。

图 9-7　绘制矩形

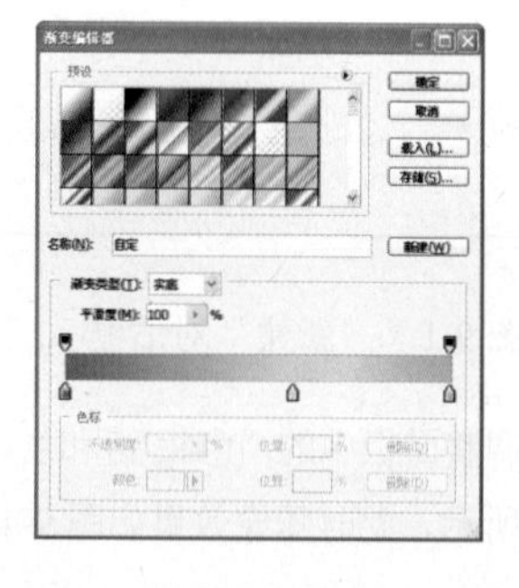

图 9-8　“渐变编辑器”对话框

08 单击“确定”按钮，返回“图层样式”对话框，如图 9-9 所示。

09 单击“确定”按钮，退出“图层样式”对话框，添加“渐变叠加”的效果如图 9-10 所示。

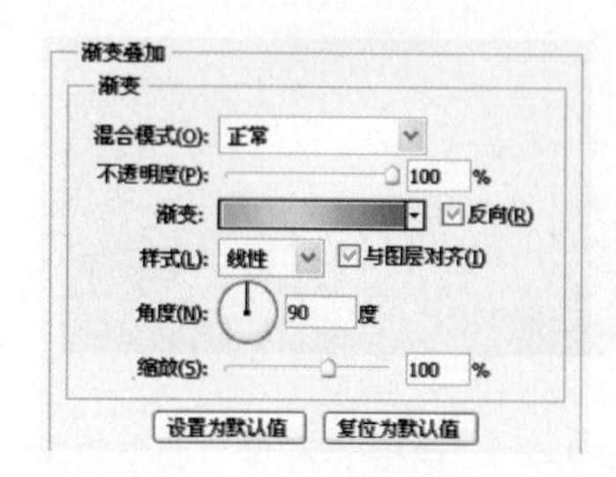

图 9-9　“渐变叠加”参数

图 9-10　“渐变叠加”效果

10 单击图层面板上的“添加图层蒙版”按钮，为“图层1”图层添加图层蒙版。编辑图层蒙版，设置前景色为黑色，选择画笔工具，按“[”或“]”键调整合适的画笔大小，在图像上涂抹，如图9-11所示。

图9-11 添加图层蒙版

图9-12 制作图形

11 运用同样的操作方法制作其他部分，如图9-12所示。

12 新建一个图层，设置前景色为白色，选择画笔工具，在工具选项栏中设置“硬度”为0%，“不透明度”和“流量”均为80%，按住Shift键的同时拖动鼠标，绘制光线，并添加图层蒙版如图9-13所示。

13 运用同样的操作方法绘制其他光效并添加图层蒙版如图9-14所示。

图9-13 绘制光线

图9-14 绘制光效

14 选择工具箱中的直线工具，按住Shift键的同时，在图像窗口中按住鼠标绘制直线，如图9-15所示。

图9-15 绘制直线

图9-16 添加其他素材

图9-17 最终效果

15 按 Ctrl+O 快捷键，弹出“打开”对话框，选择标志和飘带素材，单击“打开”按钮，运用移动工具，将素材添加至文件中，放置在合适的位置，如图 9-16 所示。

16 运用同样的操作方法输入文字，并添加“图层样式”效果，如图 9-17 所示。

设计传真

报纸广告所占篇幅较小，需要注意文字的精炼及表述的侧重点，使读者对于产品宣传主题能一目了然。

Example

9.2 宣传海报——天上彩虹 人间真情

本实例制作的是天上彩虹，人间真情宣传海报，实例以暖色调为主，通过颜色来传递温情。

使用工具：图层样式、图层蒙版、画笔工具、魔棒工具、混合模式、直排文字工具。

视频路径：avi\9.2.avi

01 启动 Photoshop 后，执行“文件”|“新建”命令，弹出“新建”对话框，设置参数如图 9-18 所示，单击“确定”按钮，新建一个空白文件。

02 选择工具箱渐变工具，在工具选项栏中单击渐变条，打开“渐变编辑器”对话框，设置参数如图 9-19 所示，其中红色的 CMYK 参考值分别为 C44、M98、Y100、K12。

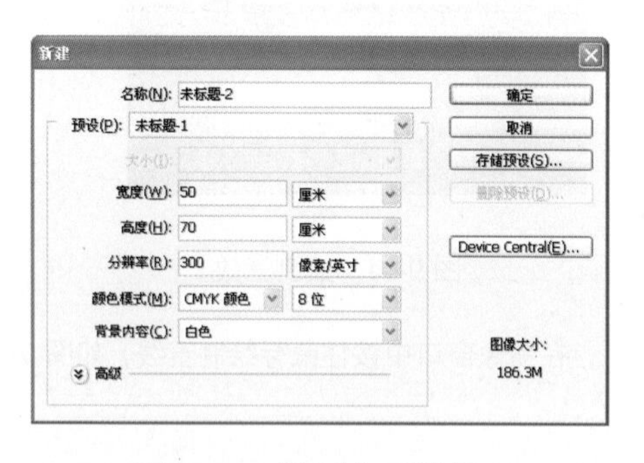

图 9-18 “新建”对话框

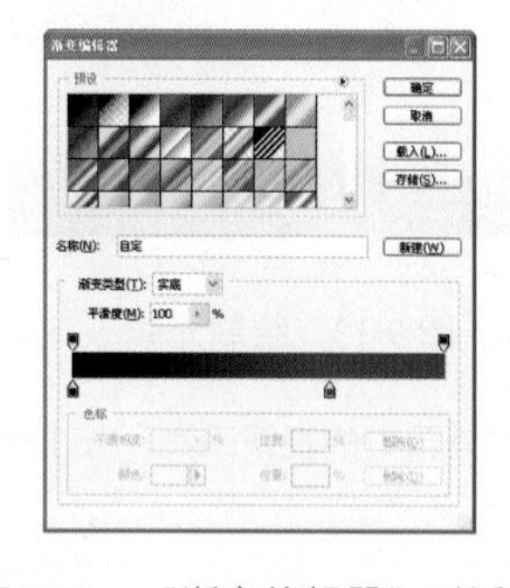

图 9-19 “渐变编辑器”对话框

03 单击“确定”按钮，关闭“渐变编辑器”对话框，填充渐变的效果如图 9-20 所示。

04 按 Ctrl+O 快捷键，弹出“打开”对话框，选择长城，单击“打开”按钮，运用移动工具，将长城图片素材添加至文件中，放置在合适的位置，设置图层的“混合模式”为“变暗”。

05 单击图层面板上的“添加图层蒙版”按钮，为“长城”图层添加图层蒙版。编辑图层蒙版，设置前景色为黑色，选择画笔工具，按“[”或“]”键调整合适的画笔大小，在图像上涂抹，如图 9-21 所示。

06 运用同样的操作方法打开中国地图素材，选择工具箱魔棒工具，选择白色背景，按 Ctrl+Shift+I 快捷键，反选得到中国地图选区，然后运用移动工具，分别将地球、中国地图素材添加至文件中，放置在合适的位置，运用同样的操作方法添加地球图片素材，设置“地球”图层的“混合模式”为“颜色减淡”，如图 9-22 所示。

图 9-21　添加图层蒙版

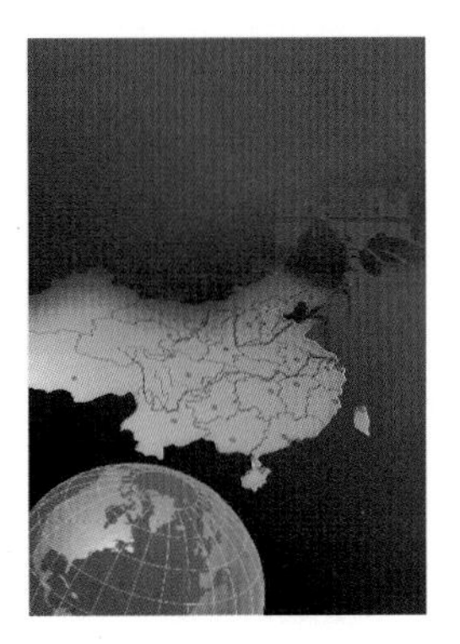

图 9-22　添加地球素材

07 参照前面同样的操作方法为地球素材添加图层蒙版，如图 9-23 所示。

08 运用同样的操作方法添加其他素材，并为素材添加图层蒙版，如图 9-24 所示。

09 设置前景色为黄色(CMYK 参考值分别为 C6、M5、Y64、K0)，在工具箱中选择直排文字工具 IT，设置字体为“方正大黑简体”、字体大小为 100，输入文字，效果如图 9-25 所示。

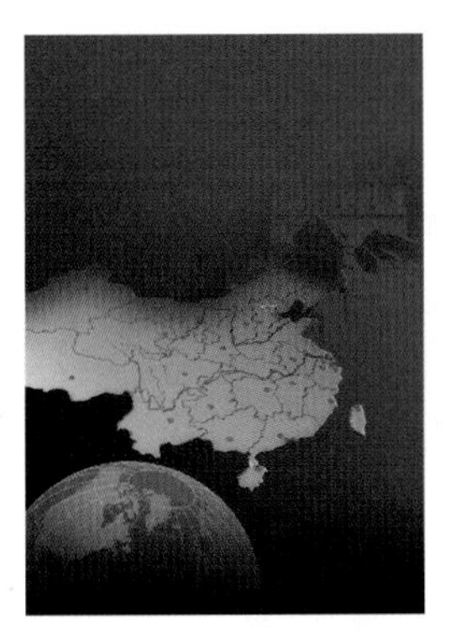

图 9-23　添加图层蒙版

图 9-24　添加其他素材

图 9-25　最终效果

Example

9.3 户外灯箱广告——关爱地球 保护环境

本实例制作的是关爱地球、保护环境户外灯箱广告，实例以绿叶为主体，通过双手呵护地球和绿叶爱表达“关爱地球保护环境”的主题，制作完成的关爱地球 保护环境户外灯箱广告效果如左图所示。

使用工具：磁性套索工具、魔棒工具、画笔工具、横排文字工具。

视频路径：avi\9.3.avi

01 启动 Photoshop 后，执行“文件”|“新建”命令，弹出“新建”对话框，设置参数如图 9-26 所

示，单击“确定”按钮，新建一个空白文件。

02 按D键，恢复前景色和背景色的默认设置，按Alt+Delete快捷键，填充颜色为黑色。

03 新建一个图层，设置前景色为蓝色（RGB参考值分别为R4、G5、B85），选择画笔工具，在工具选项栏中设置“硬度”为0%，“不透明度”和“流量”均为80%，在图像窗口中单击鼠标，绘制如图9-27所示效果。

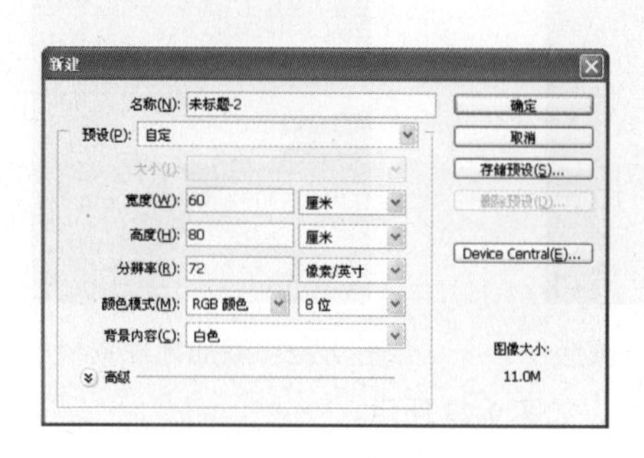

图9-26 “新建”对话框

图9-27 绘制效果

04 按Ctrl+O快捷键，弹出“打开”对话框，选择手势素材图片，单击“打开”按钮打开素材。

05 选择工具箱磁性套索工具，选择手势的外轮廓，如图9-28所示。运用移动工具，将素材添加至文件中，放置在合适的位置。

图9-28 手势

图9-29 地球

06 运用同样的操作方法打开地球图片素材。然后选择工具箱魔棒工具，选择白色背景，按Ctrl+Shift+I快捷键，反选得到地球选区如图9-29所示。

07 运用移动工具，将素材添加至文件中，放置在合适的位置，如图9-30所示。

08 打开一张叶子图片素材，选择磁性套索工具，建立选区如图9-31所示，运用移动工具，将素材添加至文件中，放置在合适的位置。

技巧点拨

磁性套索工具也可以看作是通过颜色选取的工具，因为它自动根据颜色的反差来确定选区的边缘，但同时它又具有圈地式选取工具的特征，即通过鼠标的单击和移动来指定选取的方向。

09 新建一个图层，设置前景色为白色，选择画笔工具，在工具选项栏中设置“硬度”为0%，“不透明度”和“流量”均为80%，在图像窗口中单击鼠标，绘制如图9-32所示的光点。在绘制的时候，可通过按“[”键和“]”键调整画笔的大小，以便绘制出不同大小的光点。

图9-30　添加素材

图9-31　建立选区

10 在工具箱中选择横排文字工具T，设置字体为“方正小标宋简体”、字体大小为100点，输入文字，运用同样的操作方法输入其他文字，最终效果如图9-33所示。

图9-32　绘制光点

图9-33　最终效果

Example

9.4 招贴设计——节能减耗从我做起

本实例制作的是节能减耗从我做起招贴设计，实例以煤油灯为主体，手托着光芒四射的煤油灯，让人感觉到一种希望与力量。

使用工具：图层样式、多边形套索工具、渐变工具、图层蒙版、画笔工具、魔棒工具、“色彩范围”命令、横排文字工具。

视频路径：avi\9.4.avi

01 启动Photoshop后，执行“文件”|“新建”命令，弹出“新建”对话框，设置参数如图9-34所

示，单击“确定”按钮，新建一个空白文件。

02 设置前景色为蓝色（CMYK 参考值分别为 C98、M11、Y7、K0），按 Alt+Delete 键填充背景图层，然后双击背景图层，转换为“图层 0”普通图层。

03 执行“图层”|“图层样式”|“渐变叠加”命令，弹出“图层样式”对话框，单击渐变条，在弹出的“渐变编辑器”对话框中设置颜色如图 9-35 所示。

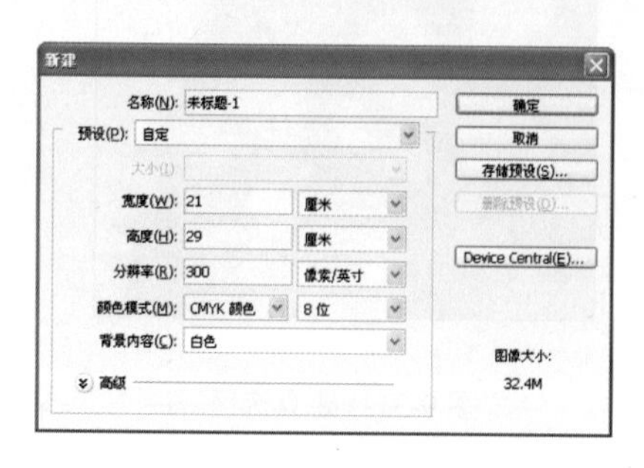

图 9-34 “新建”对话框

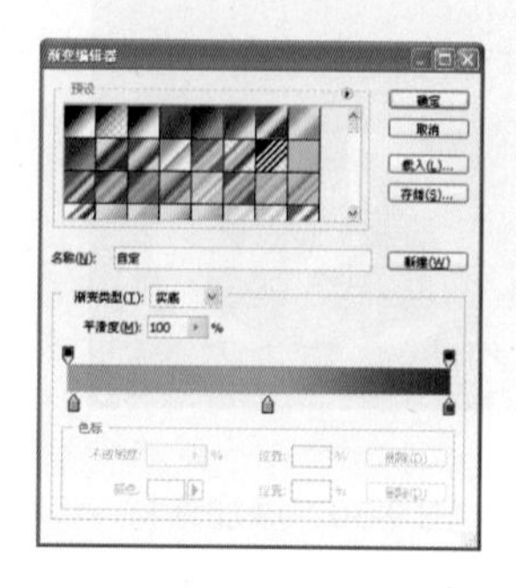

图 9-35 “渐变编辑器”对话框

04 其中淡蓝色的 CMYK 参考值分别为 C98、M6、Y5、K0，深蓝色的 CMYK 参考值分别为 C100、M100、Y25、K0。单击“确定”按钮，返回“图层样式”对话框，如图 9-36 所示。

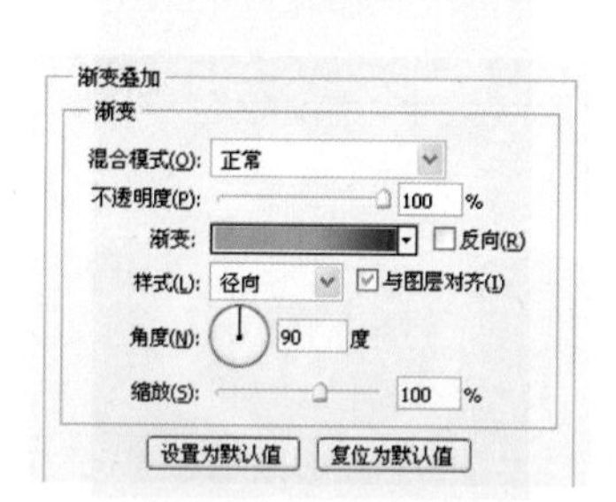

图 9-36 “渐变叠加”参数

图 9-37 “渐变叠加”效果

05 单击“确定”按钮，退出“图层样式”对话框，添加“渐变叠加”的效果如图 9-37 所示。

06 新建一个图层，设置前景色为白色，运用多边形套索工具，绘制一个三角形选区，填充白色，如图 9-38 所示。

图 9-38 绘制白色图形

图 9-39 调整变换中心并旋转 4º

07 按下 Ctrl+Alt+T 键，开启自由变换，按住 Alt 键的同时，拖动中心控制点至画布中心，调整变换中心并旋转 4º，如图 9-39 所示。

技巧点拨

在使用套索工具或多边形套索工具时，按住 Alt 键可以在这两个工具之间相互切换。

08 按下 Ctrl＋Alt＋Shift＋T 快捷键，在进行再次变换的同时复制变换对象，如图 9-40 所示。

09 合并变换图形的图层，按 Ctrl+T 快捷键，进入自由变换状态，单击鼠标右键，在弹出的快捷菜单中选择“缩放”选项，调整图层至合适的大小和位置，设置图层的“不透明度”为 18%。

10 添加一个图层蒙版，按 D 键，恢复前/背景色为系统默认的黑白颜色。在工具箱中选择渐变工具，按下“径向渐变”按钮，单击选项栏渐变列表框下拉按钮，从弹出的渐变列表中选择“前景到背景”渐变。移动光标至图像窗口中间位置，然后向边缘拖动鼠标填充渐变，释放鼠标后，得到如图 9-41 所示的效果。

图 9-40　重复变换

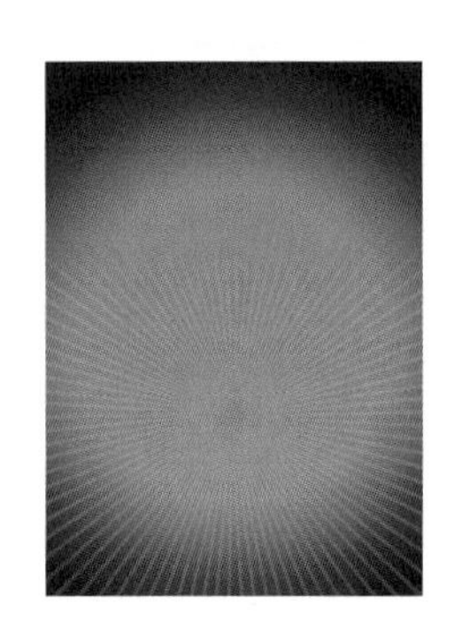

图 9-41　添加图层蒙版

图 9-42　绘制光点

11 新建一个图层，设置前景色为白色，选择画笔工具，在工具选项栏中设置“硬度”为 0%，“不透明度”和“流量”均为 80%，在图像窗口中单击鼠标，绘制如图 9-42 所示的光点。

12 按 Ctrl+O 快捷键，弹出“打开”对话框，选择手势、油灯图片，单击“打开”按钮。

13 选择工具箱魔棒工具，选择白色背景，建立选区如图 9-43 所示。

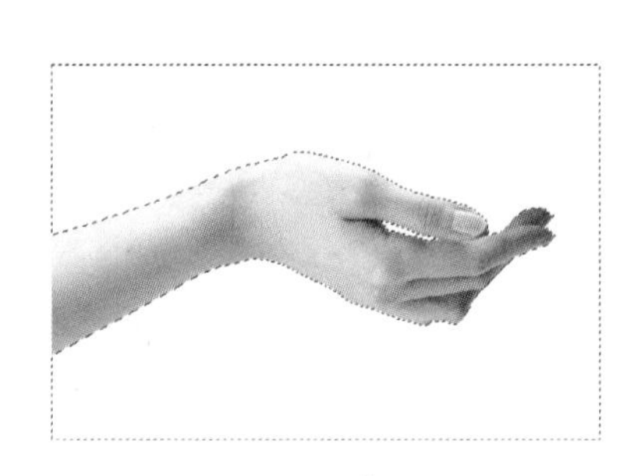

图 9-43　选区

图 9-44　“色彩范围”对话框

14 执行“选择”|“色彩范围”命令弹出的“色彩范围”对话框，按下对话框右侧的吸管按钮，

移动光标至图像窗口中背景位置单击鼠标，如图 9-44 所示。

15 建立选区如图 9-45 所示。

16 分别按 Ctrl＋Shift＋I 快捷键，反选得到选区，运用移动工具，将素材添加至文件中，放置在合适的位置，如图 9-46 所示。

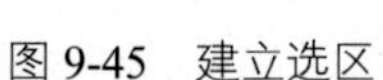

图 9-45　建立选区

图 9-46　绘制选区

图 9-47　添加图层蒙版

17 按 Ctrl+J 组合键，将叶子图层复制几层，并调整到合适的位置。

18 单击图层面板上的“添加图层蒙版”按钮，为“叶子”图层添加图层蒙版。设置前景色为黑色，选择画笔工具，按“[”或“]”键调整合适的画笔大小，在图像上涂抹，如图 9-47 所示。

19 运用同样的操作方法添加建筑群和标志素材，如图 9-48 所示。

20 在工具箱中选择横排文字工具，设置字体为“方正毡笔黑简体”字体、分别设置字体数值，输入文字。

21 在图层面板中单击“添加图层样式”按钮，在弹出的快捷菜单中选择“投影”选项，弹出“图层样式”对话框，设置参数如图 9-49 所示，单击“确定”按钮，退出“图层样式”对话框，添加“投影”的效果如图 9-50 所示。

图 9-48　添加建筑群和标志素材

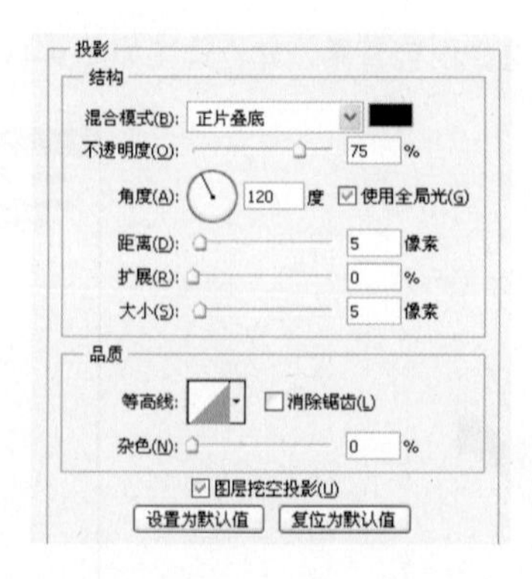

图 9-49　“投影”参数

图 9-50　最终效果

技巧点拨

添加“投影”效果时，移动光标至图像窗口，当光标显示为▶✥形状时拖动，可手动调整阴影的方向和距离。

Example

9.5 展板设计——群艺培训展板

本实例制作的是群艺培训展板设计，实例以流畅的版式设计，体现轻松、愉悦的氛围，制作完成的群艺培训展板设计效果如左图所示。

使用工具：钢笔工具、圆角矩形工具、创建剪贴蒙版、图层样式、图层蒙版、画笔工具、混合模式、横排文字工具。

视频路径：avi\9.5.avi

01 启动 Photoshop 后，执行“文件”|“新建”命令，弹出，设置参数如图 9-51 所示，单击“确定”按钮，新建一个空白文件。

02 设置前景色为黑色，在工具箱中选择钢笔工具，按下“形状图层”按钮，在图像窗口中拖动鼠标绘制如图 9-52 所示图形。

图 9-51 “新建”对话框

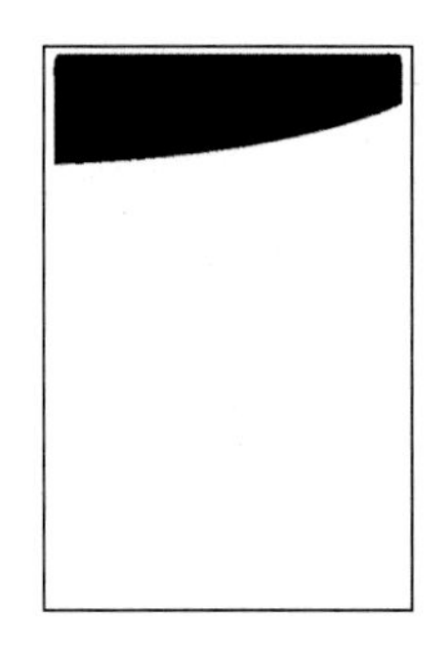

图 9-52 绘制图形

03 设置前景色为绿色（RGB 参考值分别为 R76、G205、B49），新建一个图层，在工具箱中选择圆角矩形工具，按下“形状图层”按钮，在图像窗口中，拖动鼠标绘制一个圆角矩形，如图 9-53 所示。

04 运用同样的操作方法继续绘制如图 9-54 所示的颜色的矩形。

图 9-53 绘制圆角矩形

图 9-54 绘制圆角矩形

05 按住 Alt 键的同时，移动光标至分隔两个图层的实线上，当光标显示为形状时，单击鼠标左键，创建剪贴蒙版，如图 9-55 所示。

06 设置前景色为绿色（RGB 参考值分别为 R29、G186、B17），在工具箱中选择钢笔工具，按下"形状图层"按钮，在图像窗口中，拖动鼠标绘制如图 9-56 所示图形。

图 9-55　创建剪贴蒙版

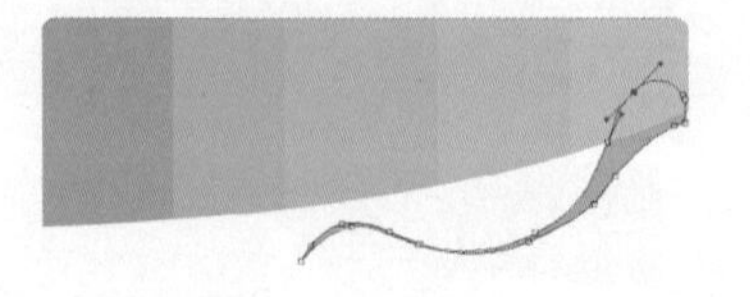

图 9-56　绘制图形

技巧点拨

选择剪贴蒙版中的基底图层后，执行"图层"|"释放剪贴蒙版"命令，或按下 Alt + Ctrl + G 快捷键，可释放全部剪贴蒙版。

07 设置前景色为绿色（RGB 参考值分别为 R9、G186、B17），选择椭圆工具，按下工具选项栏中的"形状图层"按钮，按住 Shift 键的同时，拖动鼠标绘制一个正圆如图 9-57 所示。

08 按 Ctrl＋Alt＋T 快捷键，进入自由变换状态，按住 Shift＋Alt 键的同时，向内拖动控制柄，如图 9-58 所示。

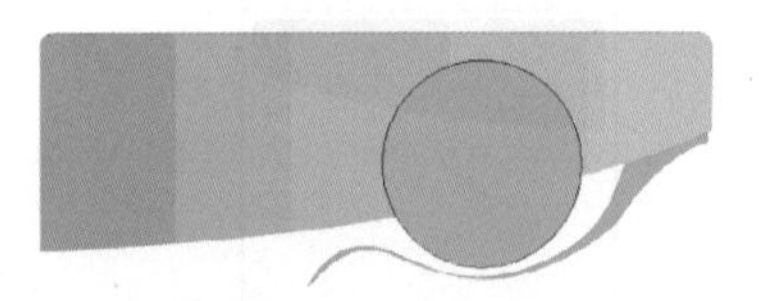

图 9-57　绘制正圆

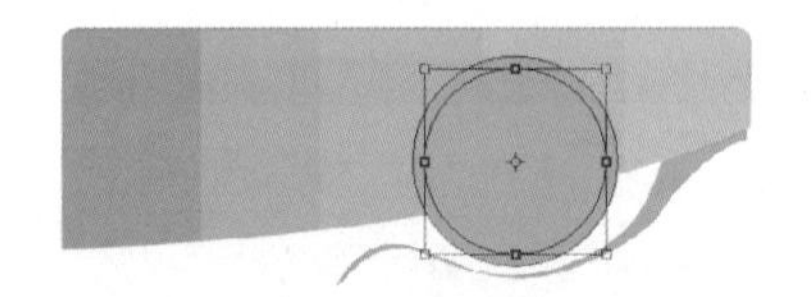

图 9-58　变换选区

09 按 Enter 键确认调整，按下工具选项栏中的"从形状区域减去"按钮，删除选区中的部分图形，如图 9-59 所示。

10 执行"图层"|"图层样式"|"渐变叠加"命令，弹出"图层样式"对话框，单击渐变条，在弹出的"渐变编辑器"对话框中设置颜色如图 9-60 所示，其中深绿色的 RGB 参考值分别为 R20、G105、B54，绿色的 RGB 参考值分别为 R113、G187、B72。

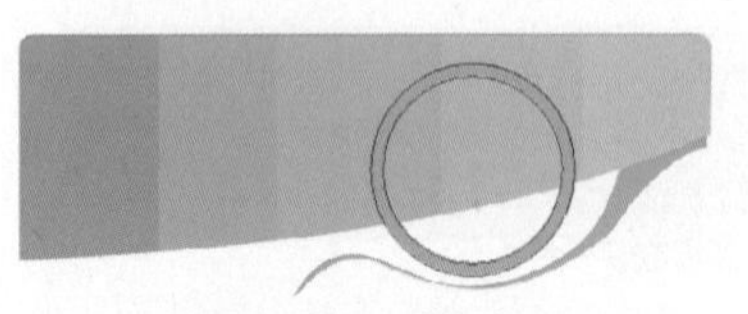

图 9-59　删除选区

图 9-60　"渐变编辑器"对话框

11 单击"确定"按钮，返回"图层样式"对话框，如图 9-61 所示。

12 单击“确定”按钮，退出“图层样式”对话框，添加“渐变叠加”的效果如图 9-62 所示。

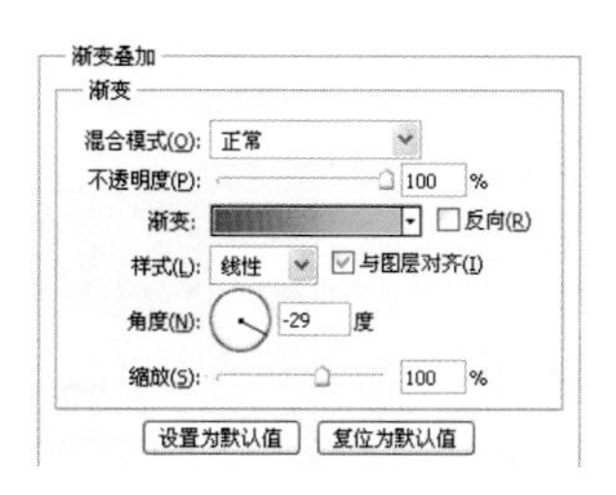

图 9-61 “渐变叠加”参数

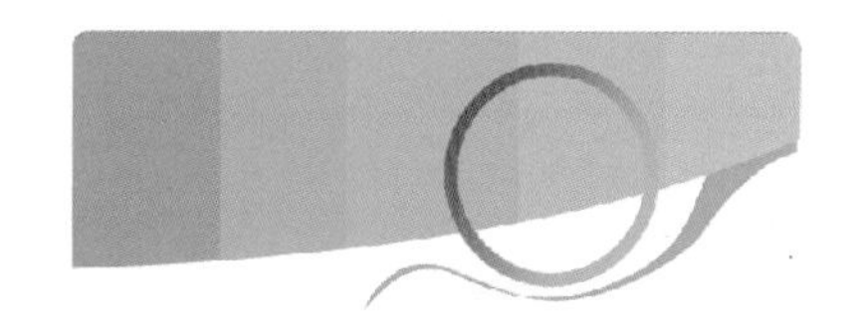
图 9-62 “渐变叠加”效果

13 运用同样的操作方法继续绘制如图 9-63 所示颜色的图形。

14 按 Ctrl+O 快捷键，弹出“打开”对话框，选择菊花图片，单击“打开”按钮，运用移动工具，将素材添加至文件中，放置在合适的位置，设置图层的“混合模式”为“叠加”。

15 单击图层面板上的“添加图层蒙版”按钮，为“菊花”图层添加图层蒙版。编辑图层蒙版，设置前景色为黑色，选择画笔工具，按“[”或“]”键调整合适的画笔大小在图像上涂抹，如图 9-64 所示。

图 9-63 添加菊花图片

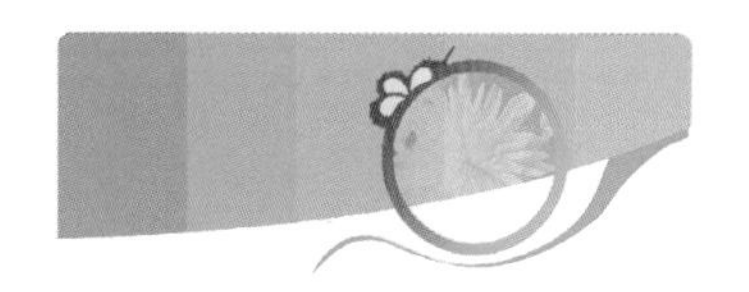
图 9-64 添加图层蒙版

16 参照前面同样的操作方法制作图形，并填充如图 9-65 所示的颜色。

17 运用同样的操作方法添加照片和标志素材，如图 9-66 所示。

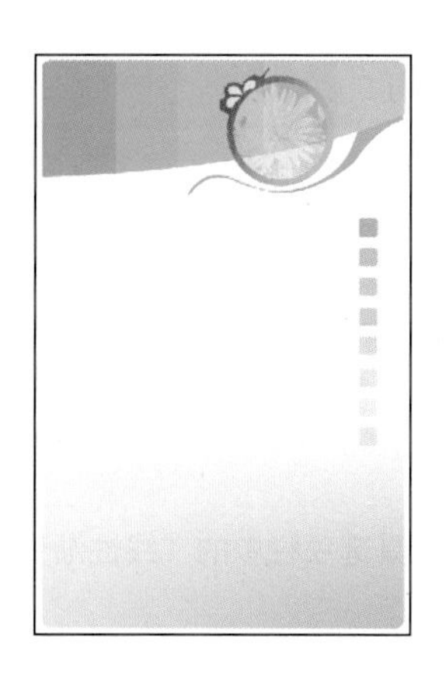
图 9-65 绘制图形

图 9-66 添加素材

18 运用同样的操作方法分别为照片和标志素材图层添加“图层样式”效果。在图层面板中单击“添加图层样式”按钮 fx，在弹出的快捷菜单中选择“投影”选项，弹出“图层样式”对话框，设置参数如图 9-67 所示，选择“描边”选项，设置参数如图 9-68 所示，单击“确定”按钮，退出“图层样式”对话框，添加“图层样式”的效果。

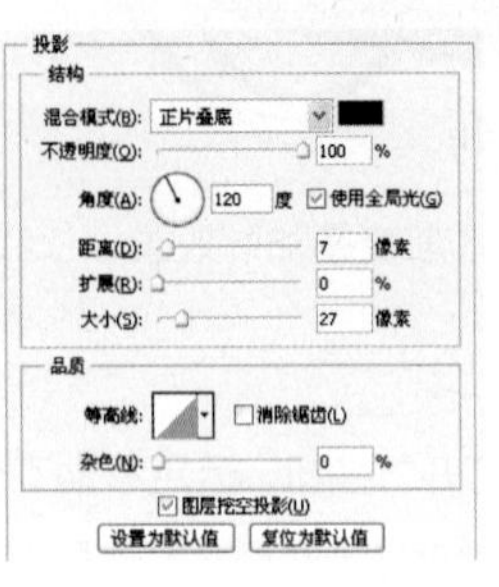

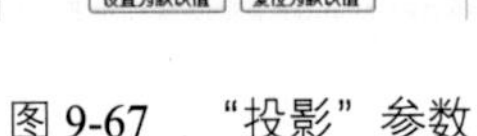

图 9-67 “投影”参数

图 9-68 “描边”参数

图 9-69 最终效果

19 设置前景色为蓝色（RGB 参考值分别为 R0、G124、B195），在工具箱中选择横排文字工具 T，设置字体为“方正水柱简体”，字体大小 65 点，输入文字，最终效果如图 9-69 所示。

Example

9.6 网站设计——商务经纪人培训

本实例制作的是商务经纪人培训网站设计，实例以蓝色为主色调，通过运用版面空间的构成元素，从而使整个画面动静皆宜。

使用工具：渐变工具、圆角矩形工具、矩形工具、图层样式、矩形工具、钢笔工具、渐变工具、“变形文字”命令、横排文字工具。

视频路径：avi\9.6.avi

01 启动 Photoshop 后，执行“文件”|“新建”命令，设置参数如图 9-70 所示，单击“确定”按钮，新建一个空白文件。

02 选择工具箱渐变工具，在工具选项栏中单击渐变条，打开“渐变编辑器”对话框，设置参数如图 9-71 所示，其中深蓝色 RGB 参考值分别为 R3、G19、B84，蓝色 RGB 参考值分别为 R6、G160、B207。

03 单击“确定”按钮，关闭“渐变编辑器”对话框。按下工具选项栏中的“线性渐变”按钮，在图像中拖动鼠标，填充渐变效果如图 9-72 所示。

04 在工具箱中选择圆角矩形工具，按下“形状图层”按钮，在图像窗口中，拖动鼠标绘制圆角矩形如图 9-73 所示。

05 在工具箱中选择矩形工具，按下“形状图层”按钮，选择添加到路径区域按钮，在图像窗口中，拖动鼠标绘制矩形如图 9-74 所示。

06 运用同样的操作方法再次绘制矩形，如图 9-75 所示。

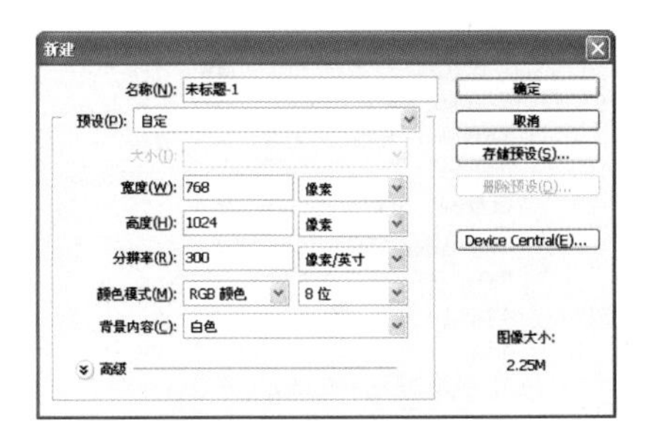

图 9-70 “新建”对话框

图 9-71 “渐变编辑器”对话框

图 9-72 填充渐变

图 9-73 绘制圆角矩形

图 9-74 绘制矩形

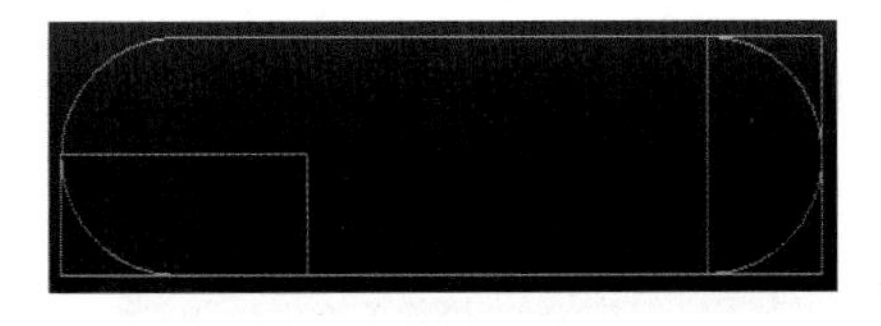

图 9-75 绘制矩形

07 执行“图层”|“图层样式”|“描边”命令，弹出“图层样式”对话框，选择“填充类型”为渐变，单击渐变条，在弹出的“渐变编辑器”对话框中设置颜色如图 9-76 所示，其中蓝色的 RGB 参考值分别为 R6、G170、B255，深蓝色的 RGB 参考值分别为 R1、G75、B176。

08 单击“确定”按钮，返回“图层样式”对话框，如图 9-77 所示。

09 单击“确定”按钮，退出“图层样式”对话框，添加“描边”的效果如图 9-78 所示。

10 按 Ctrl+O 快捷键，弹出“打开”对话框，选择材质素材图片，单击“打开”按钮，如图 9-79 所示。

11 运用移动工具，将素材添加至文件中，放置在合适的位置，选择绘制的图形，按住 Ctrl 键，将图层载入选区，按 Ctrl+Shift+I 快捷键反选，然后选择“材质素材”图层，按 Delete 键删除多余选区，如图 9-80 所示。

12 运用同样的操作方法制作其他图形，如图 9-81 所示。

图 9-76 “渐变编辑器”对话框

图 9-77 “描边”参数

图 9-78 添加“描边”效果

图 9-79 材质素材

图 9-80 删除多余选区

图 9-81 制作其他图形

13 运用同样的操作方法继续绘制图形，如图 9-82 所示。

14 按 Ctrl+O 快捷键，弹出“打开”对话框，选择背景和其他素材，单击“打开”按钮，运用移动工具，将素材添加至文件中，放置在合适的位置，如图 9-83 所示。

15 新建一个图层，在工具箱中选择矩形工具，按下“填充像素”按钮，在图像窗口顶部拖动鼠标绘制矩形如图 9-84 所示。

16 按 Ctrl+O 快捷键，弹出“打开”对话框，选择标志素材，单击“打开”按钮，运用移动工具，将素材添加至文件中，放置在合适的位置，如图 9-85 所示。

17 在工具箱中选择钢笔工具，按下“路径”按钮，在图像窗口中，绘制如图 9-86 所示路径。

18 选择工具箱渐变工具，在工具选项栏中单击渐变条，打开“渐变编辑器”对话框，设置参数如图 9-87 所示，其中蓝色 RGB 参考值分别为 R0、G221、B243，深蓝色 RGB 参考值分别为 R0、G67、B112。

图 9-82　绘制其他图形

图 9-83　添加背景和其他素材

图 9-84　绘制矩形

图 9-85　添加标志素材

图 9-86　绘制路径

图 9-87　“渐变编辑器”对话框

19 单击“确定”按钮，关闭“渐变编辑器”对话框。按下工具选项栏中的“线性渐变”按钮，在图像中拖动鼠标，填充渐变效果如图 9-88 所示。

20 参照前面同样的操作方法添加人物素材，如图 9-89 所示。

21 在工具箱中选择横排文字工具，设置字体为“汉仪菱心体简”字体、字体大小为 7 点，输入文字，效果如图 9-90 所示。

22 单击工具选项栏的创建文字变形按钮，弹出“变形文字”对话框，设置参数如图 9-91 所示。

23 单击“确定”按钮，退出“变形文字”对话框，如图 9-92 所示。

24 在图层面板中单击“添加图层样式”按钮 fx，在弹出的快捷菜单中选择“描边”选项，弹出

“图层样式”对话框，设置参数如图 9-93 所示。

图 9-88 填充渐变

图 9-89 添加人物素材

覆盖全国的电子商务经纪人培训

图 9-90 输入文字

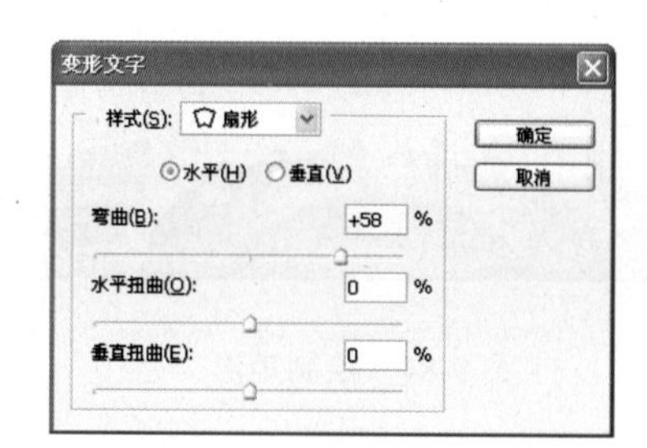

图 9-91 “变形文字”对话框

知识链接——重置变形与取消变形

使用横排文字工具和直排文字工具创建的文本，只要保持文字的可编辑性，即没有将其栅格化、转换成为路径或形状前，可以随时进行重置变形与取消变形的操作。

要重置变形，可选择一个文字工具，然后单击工具选项栏中的“创建文字变形”按钮，也可执行“图层”|“文字”|“文字变形”命令，打开“变形文字”对话框，此时可以修改变形参数，或者在“样式”下拉列表中选择另一种样式。

要取消文字的变形，可以打开“变形文字”对话框，在“样式”下拉列表中选择“无”选项，单击“确定”按钮关闭对话框，即可取消文字的变形。

图 9-92 变形效果

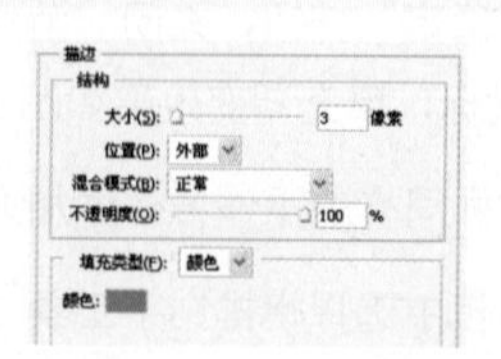

图 9-93 “描边”参数

25 单击“确定”按钮，退出“图层样式”对话框，添加“描边”的样式，如图 9-94 所示。

26 运用同样的操作方法输入其他文字，最终效果如图 9-95 所示。

图 9-94 “描边”效果

图 9-95 最终效果

Example

9.7 易拉宝——圣薇娜终极课程

本实例制作的是圣薇娜终极课程易拉宝，实例以玫红色为主色调，通过艳丽的图形充分展现了女性独特的魅力，制作完成的易拉宝广告效果如左图所示。

使用工具：渐变工具、画笔工具、钢笔工具、图层样式、横排文字工具。

视频路径：avi\9.7.avi

01 启动 Photoshop 后，执行“文件”|“新建”命令，弹出，设置参数如图 9-96 所示，单击“确定”按钮，新建一个空白文件。

02 选择工具箱渐变工具，在工具选项栏中单击渐变条，打开“渐变编辑器”对话框，设置参数如图 9-97 所示，其中玫红色 RGB 参考值分别为 R199、G3、B112。

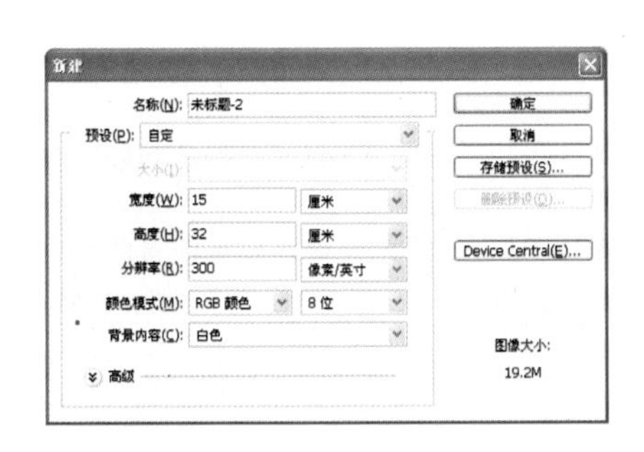

图 9-96 “新建”对话框

图 9-97 “渐变编辑器”对话框

03 单击“确定”按钮，关闭“渐变编辑器”对话框。按下工具选项栏中的“线性渐变”按钮，在图像中拖动鼠标，填充渐变效果如图 9-98 所示。

04 新建一个图层，设置前景色为玫红色（RGB 参考值分别为 R214、G0、B120），选择画笔工具，在工具选项栏中设置“硬度”为 0%，“不透明度”和“流量”均为 80%，在图像窗口中单击鼠标，绘制如图 9-99 所示的光点。

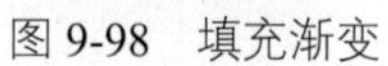

图 9-98　填充渐变

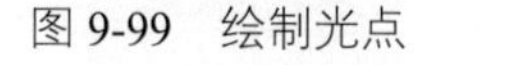

图 9-99　绘制光点

图 9-100　添加飘带和图形素材

05 按 Ctrl+O 快捷键，弹出“打开”对话框，选择飘带和图形素材，单击“打开”按钮，运用移动工具，将素材添加至文件中，放置在合适的位置，如图 9-100 所示。

06 新建一个图层，设置前景色为玫红色（RGB 参考值分别为 R214、G0、B120），选择画笔工具，在工具选项栏中设置“硬度”为 0%，“不透明度”和“流量”均为 80%，在图像窗口下方涂抹如图 9-101 所示。

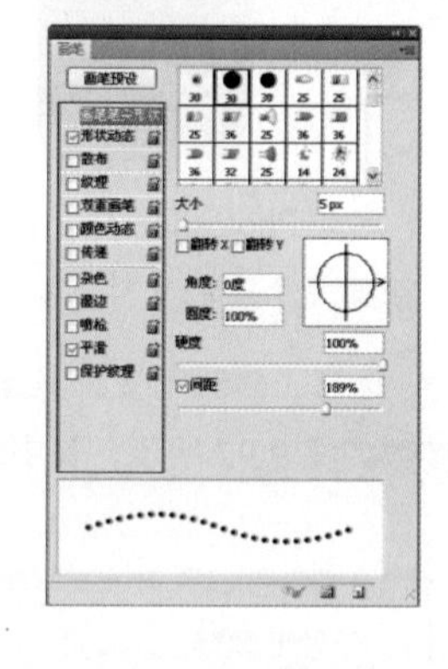

图 9-101　涂抹

图 9-102　绘制路径

图 9-103　“画笔面板”参数

07 设置前景色为深棕色（RGB 参考值分别为 R57、G10、B3），填充背景，设置前景色为白色，在工具箱中选择圆角矩形工具，按下“路径”按钮，在图像窗口中，拖动鼠标绘制路径如图 9-102 所示。

08 新建一个图层，设置前景色为白色，按 F5 键，弹出画笔面板，设置参数如图 9-103 所示，选择钢笔工具，在绘制的路径上方单击鼠标右键，在弹出的快捷菜单中选择“描边路径”选项，在弹出的对话框中选择“画笔”选项。

09 单击“确定”按钮，描边路径，按 Ctrl+H 快捷键隐藏路径，得到如图 9-104 所示的效果。

10 运用同样的操作方法继续制作边框，如图 9-105 所示。

11 在工具箱中选择横排文字工具T，设置字体为“方正超粗黑简体”、字体大小为 52 点，输入文字，效果如图 9-106 所示。

图 9-104　描边路径

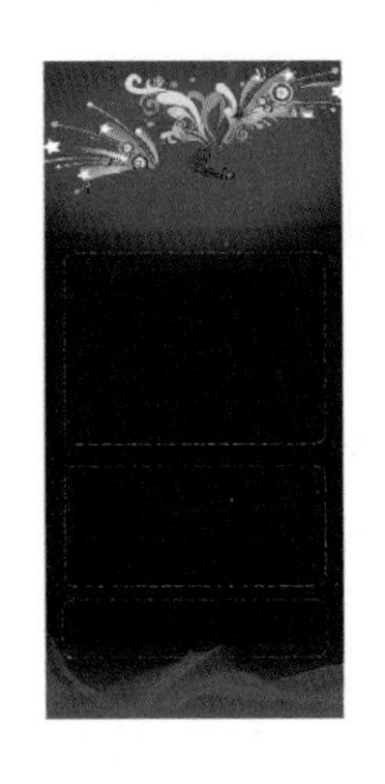

图 9-105　制作边框

12 运用同样的操作方法继续输入文字，如图 9-107 所示。

图 9-106　输入文字

图 9-107　继续输入文字

13 按住 Shift 键的同时，选择文字图层，按 Ctrl+E 快捷键，将文字图层合并，按住 Ctrl 键的同时单击文字图层所按图，将合并的文字图层载入选区，执行“选择”|“修改”|“扩展”命令，弹出的“扩展选区”对话框，新建一个图层，然后填充玫红色（RGB 参考值分别为 R225、G0、B125），将图层顺序下移一层，如图 9-108 所示。

14 参照前面同样的操作方法，继续输入文字，如图 9-109 所示。

图 9-108　填充颜色

图 9-109　继续输入文字

15 执行“图层”|“图层样式”|“外发光”命令，弹出“图层样式”对话框，单击渐变条，在弹出的“渐变编辑器”对话框中设置颜色如图 9-110 所示，其中紫色的 RGB 参考值分别为 R181、G69、B148。

16 单击“确定”按钮，返回“图层样式”对话框，如图 9-111 所示。

17 选择“斜面和浮雕”选项，设置参数如图 9-112 所示。

18 单击“确定”按钮，退出“图层样式”对话框，添加“图层样式”的效果如图 9-113 所示。

19 运用同样的操作方法制作其他文字，最终效果如图 9-114 所示。

图 9-110 “渐变编辑器”对话框

图 9-111 “外发光”参数

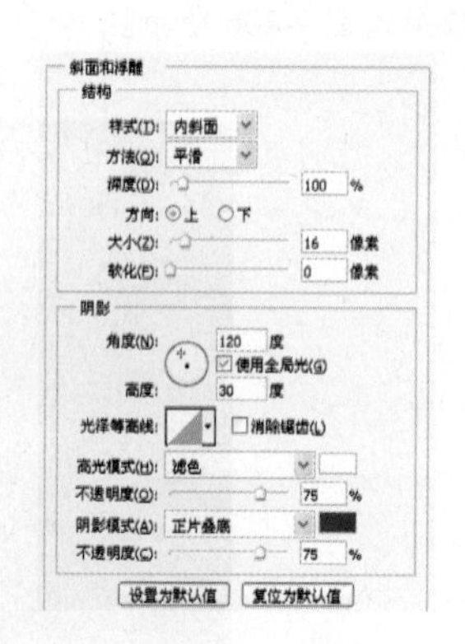

图 9-112 “斜面和浮雕”参数

图 9-113 添加“图层样式”的效果

图 9-114 最终效果

专家提醒

“斜面和浮雕”是一个非常实用的图层效果，可用于制作各种凹陷或凸出的浮雕图像或文字。以前需要复杂的通道运算才能得到的结果，现在一个步骤即可完成。

Example

9.8 教育基金券——小城邻里

本实例制作的是小城邻里教育基金券，实例通过绿色来体现学生是教育事业的希望，表现出教育基金全的内涵、意义，制作完成的效果如左图所示。

使用工具：“新建参考线”命令、渐变工具、混合模式、图层蒙版、横排文字工具。

视频路径: avi\9.8.avi

01 启动 Photoshop 后，执行“文件”|“新建”命令，弹出，设置参数如图 9-115 所示，单击“确定”按钮，新建一个空白文件。

02 执行“视图”|“新建参考线”命令，弹出“新建参考线”对话框，在对话框中设置参数，如图 9-116 所示。

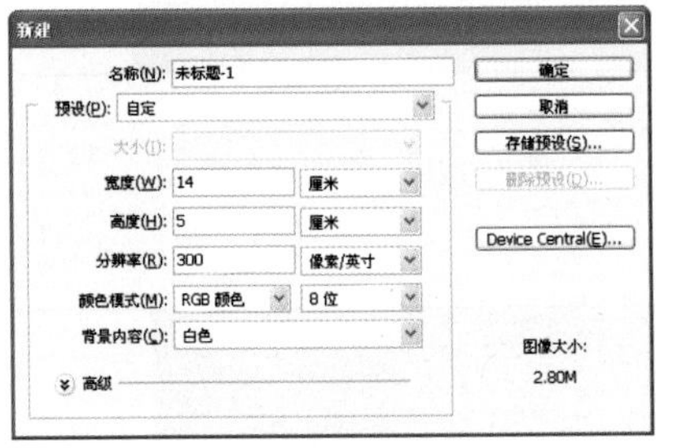

图 9-115 “新建”对话框

图 9-116 “渐变编辑器”对话框

03 单击“确定”按钮，退出“新建参考线”对话框，新建参考线如图 9-117 所示。

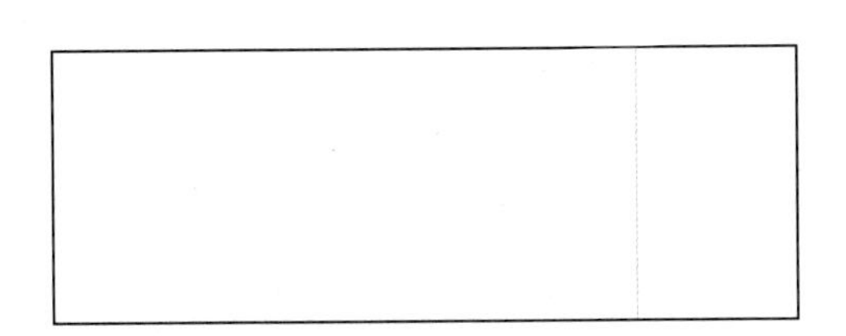

图 9-117 绘制参考线

图 9-118 “渐变编辑器”对话框

04 选择工具箱中的矩形选框工具，在图像窗口中拖动鼠标绘制矩形选区，选择工具箱渐变工具，在工具选项栏中单击渐变条，打开“渐变编辑器”对话框，设置参数如图 9-118 所示，其中深绿色 RGB 参考值分别为 R44、G111、B72，绿色 RGB 参考值分别为 R124、G195、B76。

技巧点拨

选择“视图”|“清除参考线”命令，可快速清除图像窗口中所有参考线。若想删除某一条参考线，则只需拖动该参考线至标尺或图像窗口范围外即可。

05 单击“确定”按钮，关闭“渐变编辑器”对话框。按下工具选项栏中的“线性渐变”按钮，在图像中拖动鼠标，填充渐变，按 Ctrl+D 取消选择，效果如图 9-119 所示。

06 按 Ctrl+O 快捷键，弹出“打开”对话框，选择底纹素材，单击“打开”按钮，运用移动工具，将素材添加至文件中，放置在合适的位置，如图 9-120 所示。

07 设置图层的“混合模式”为“正片叠底”，“不透明度”为 30%，如图 9-121 所示。

08 运用同样的操作方法，添加其他底纹素材，并调整图层的不透明度，如图 9-122 所示。

图 9-119　填充渐变

图 9-120　添加底纹素材

图 9-121　“正片叠底”效果

图 9-122　添加其他底纹素材

09 运用同样的操作方法添加人物和其他素材，如图 9-123 所示。

10 在工具箱中选择横排文字工具 T，设置字体为“黑体”字体、字体大小为 23 点，输入文字，如图 9-124 所示。

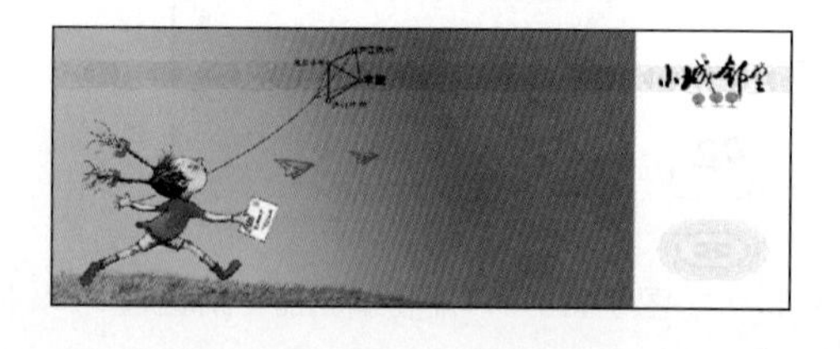

图 9-123　添加人物和其他素材

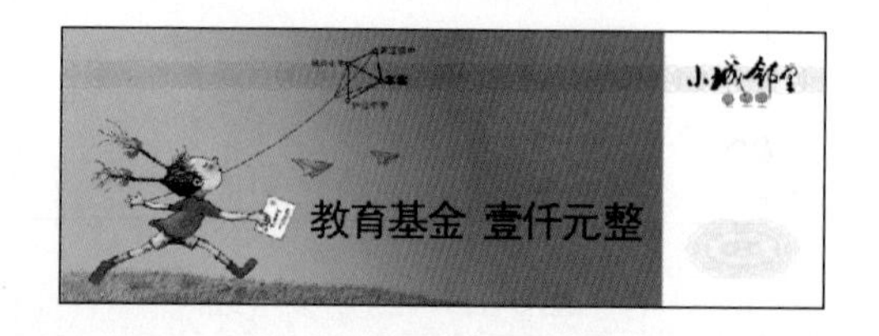

图 9-124　输入文字

11 设置前景色为红色（RGB 参考值分别为 R164、G0、B15），调整“壹仟元”方正超粗黑简体、字体颜色为红色，如图 9-125 所示。

12 运用同样的操作方法输入其他文字，最终效果如图 9-126 所示。

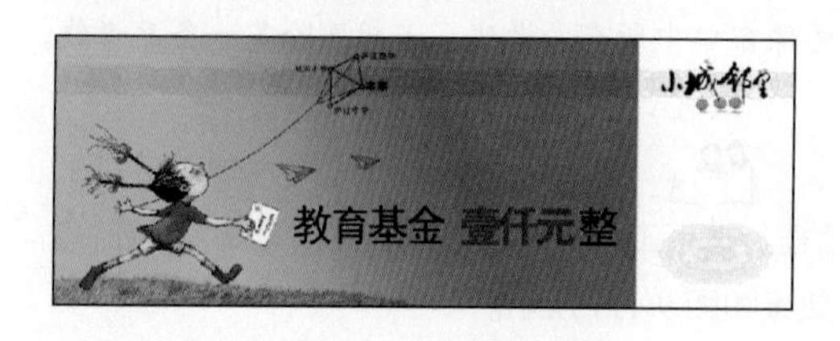

图 9-125　调整文字

图 9-126　最终效果

第 10 章

电子通信技术的飞速发展，大大改变了人们的生活方式和工作方式。电话、手机、宽带互联网、MP3、电脑、数码相机、数码摄像机等，各类电子数码产品层出不穷，让人目不暇接。其中许多产品已经成为我们赖以生存的工具和日常生活中密不可分的伙伴。

电子通信篇

10

Example

10.1 宣传单设计——电信学子 E 行套餐

本实例制作的是电信学子 E 行套餐宣传单设计，实例以充满青春活力的动态人物为主体，图形成为整个画面的中心，迎合了高校学子的消费心理和需求。

使用工具：矩形工具、“变形”命令、横排文字工具、“扩展”命令、椭圆工具。

视频路径: avi\10.1.avi

01 启用 Photoshop 后，执行“文件”|“新建”命令，弹出“新建”对话框，设置参数如图 10-1 所示，单击“确定”按钮，新建一个空白文件。

02 按 Ctrl+O 快捷键，弹出“打开”对话框，选择背景图片，单击“打开”按钮，运用移动工具，将背景图片添加至文件中，放置在合适的位置，如图 10-2 所示。

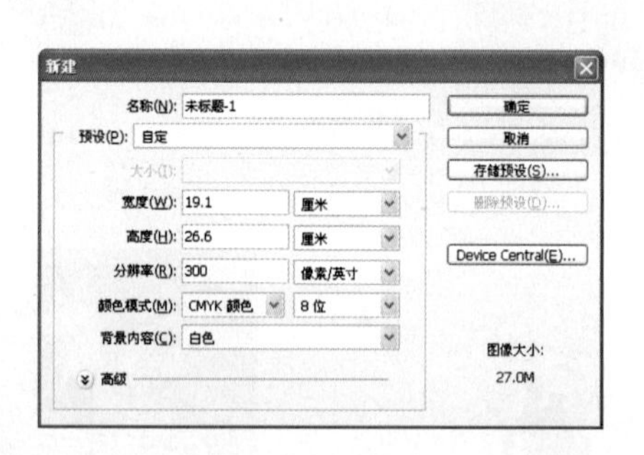

图 10-1 “新建”对话框

图 10-2 添加背景图片

03 设置前景色为白色，新建一个图层，在工具箱中选择矩形工具，按下“填充像素”按钮，在图像窗口中，拖动鼠标绘制一个矩形，效果如图 10-3 所示。

04 按 Ctrl+T 快捷键，进入自由变换状态，单击鼠标右键，在弹出的快捷菜单中选择“变形”选项，如图 10-4 所示，调整变形控制点得到如图 10-5 所示的效果，按 Enter 键确认，退出调整模式。

图 10-3 绘制矩形

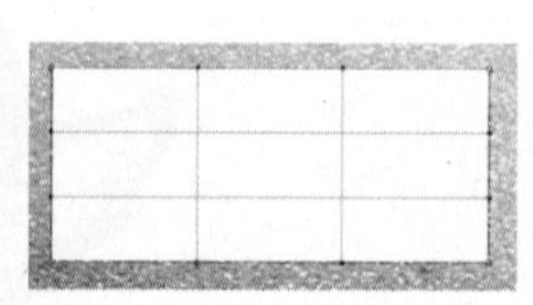

图 10-4 自由变换

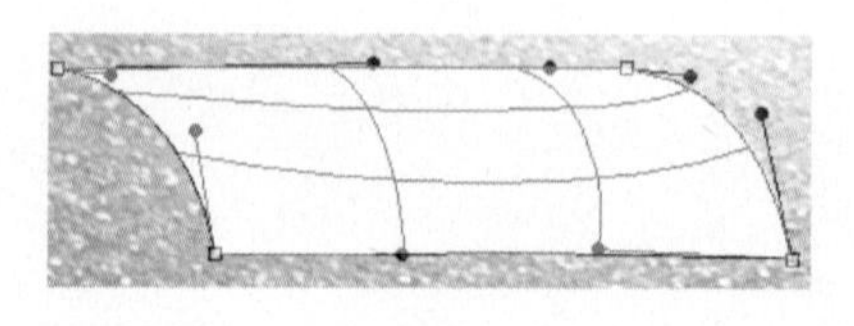

图 10-5 调节节点

知识链接——文字变形

变形是 Photoshop CS2 开始新增的变换命令，使用此命令可以对图像进行更为灵活和细致的变形操作。例如，制作页面折角及翻转胶片等效果。

选择“编辑”|“变换”|“变形”命令，或者在工具选项栏中单击按钮，即可进入变形模式，此时工具选项栏显示如图 10-6 所示。

X: 4087.50 px　Y: 1263.50 px　W: 100.00%　H: 100.00%　173.36 度　H: 0.00 度　V: 0.00 度

图 10-6　变形选项栏

在调出变形控制框后，可以采用以下两种方法对图像进行变形操作：

在工具选项栏“变形”下拉列表框中选择适当的形状选项。

直接在图像内部、节点或控制手柄上拖动，直至将图像变形为所需的效果。

变形工具选项栏各个参数解释如下：

变形：在该下拉列表框中可以选择 15 种预设的变形选项，如果选择自定选项则可以随意对图像进行变形操作。

更改变形方向按钮：单击该按钮可以在不同的角度改变图像变形的方向。

弯曲：在此输入正或负数可以调整图像的扭曲程度。

H、V 输入框：在此输入数值可以控制图像扭曲时在水平和垂直方向上的比例。

05 参照 2.2 佛跳墙吊旗设计制作重复变换，设置图层的“不透明度”为 40%，得到效果如图 10-7 所示。

06 运用同样的操作方法添加人物素材，得到效果如图 10-8 所示。

图 10-7　重复变换效果

图 10-8　添加人物素材

07 在工具箱中选择横排文字工具T，设置字体为“方正综艺简体”字体、字体大小为 60 点，输入文字，单击工具选项栏的字符面板，弹出“字符面板”对话框，选择字符面板上的“仿斜体”按钮T，得到如图 10-9 所示的文字效果。

08 双击图层，弹出“图层样式”对话框，选择“描边”选项，设置参数如图 10-10 所示，设置描边颜色为绿色（CMYK 参考值分别为 C52、M0、Y100、K0）。

图 10-9　输入文字

图 10-10　“描边”参数

09 单击“确定”按钮，退出“图层样式”对话框，得到效果如图 10-11 所示。

10 设置前景色为淡黄色，CMYK 参考值分别为 C0、M0、Y19、K0。执行“选择”|“修改”|“扩展”命令，弹出的“扩展选区”对话框，设置“扩展量”为“20 像素”，单击“确定”按钮，退出“扩展选区”对话框，如图 10-12 所示。

图 10-11　“描边”效果

图 10-12　“扩展选区”效果

11 设置前景色为玫红色，CMYK 参考值分别为 C0、M100、Y0、K4。，运用同样的操作方法，输入文字。参照 4.3VIP 贵宾卡——阳光女人屋服饰，制作字体变形，如图 10-13 所示。

图 10-13　转换文字为形状

图 10-14　绘制正圆

12 选择椭圆工具，按下工具选项栏中的“形状图层”按钮，按住 Shift 键的同时，拖动鼠标绘制一个正圆如图 10-14 所示。

13 按 Ctrl+Alt+T 快捷键，进入自由变换状态，按住 Shift+Alt 键的同时，向内拖动控制柄，如图 10-15 所示。

14 按 Ctrl+Enter 键确认调整，按下工具选项栏中的“从路径区域减去”按钮，制作出如图 10-16 所示的圆环效果。

图 10-15　变换路径

图 10-16　制作圆环

15 继续按 Ctrl+Alt+T 快捷键，按住 Shift+Alt 键的同时，向内拖动控制柄，按 Enter 键确认调整，按下工具选项栏中的“添加到路径区域”按钮。

16 执行“图层”|“图层样式”|“渐变叠加”命令，弹出“图层样式”对话框，单击渐变条，在弹出的“渐变编辑器”对话框中设置颜色如图 10-17 所示，其中玫红色的 CMYK 参考值分别为 C0、M100、Y0、K24、洋红色的 CMYK 参考值分别为 C0、M100、Y0、K6。单击“确定”按钮，返回“图层样式”对话框如图 10-18 所示，单击“确定”按钮，退出“图层样式”对话框，添加渐变叠加效果如图 10-19 所示。

图 10-17　“渐变编辑器”对话框

图 10-18　“渐变叠加”参数

技巧点拨

在已经执行过一次变换操作后，选择“编辑”|“变换”|“再次”命令，或按下 Ctrl+Shift+T 键，可以以相同的参数再次对当前图层或选区图像进行变换，并确保两次变换操作的效果相同。使用该命令可大大简化重复变换操作。

17 按 Ctrl+J 组合键，将圆背景图层复制一层，填充白色，调整图层顺序得到如图 10-20 所示效果。

18 将圆点复制几层，调整位置，得到如图 10-21 所示效果。

19 运用同样的操作方法制作矩形，得到如图 10-22 所示效果。

图 10-19 “渐变叠加”效果

图 10-20 填充白色

图 10-21 复制圆

20 运用钢笔工具，按下工具选项栏中的“形状图层”按钮，绘制如图 10-22 所示的路径，添加“渐变叠加”得到如图 10-23 所示效果。

图 10-22 绘制矩形

图 10-23 渐变叠加

21 运用同样的操作方法添加标志和文字素材，如图 10-24 所示。

图 10-24 最终效果

Example

10.2 邀请函设计——心之韵综艺晚会邀请函

本实例制作的是心之韵综艺晚会邀请函设计，实例以绚丽的人物剪影图形为主体，通过色彩透出强烈的视觉冲击力，制作完成的心之韵综艺晚会邀请函设计效果如左图所示。

使用工具：图层蒙版、渐变工具、“色相/饱和度”命令、“照片滤镜”命令、魔棒工具、渐变工具、横排文字工具、图层样式。

视频路径：avi\10.2.avi

01 启用 Photoshop 后，执行“文件”|“新建”命令，弹出“新建”对话框，设置参数如图 10-25 所示，单击“确定”按钮，新建一个空白文件。

02 按 Ctrl+O 快捷键，弹出“打开”对话框，选择云彩图片，单击“打开”按钮，运用移动工具，分别将两张云彩图片添加至文件中，放置在合适的位置，如图 10-26 所示。

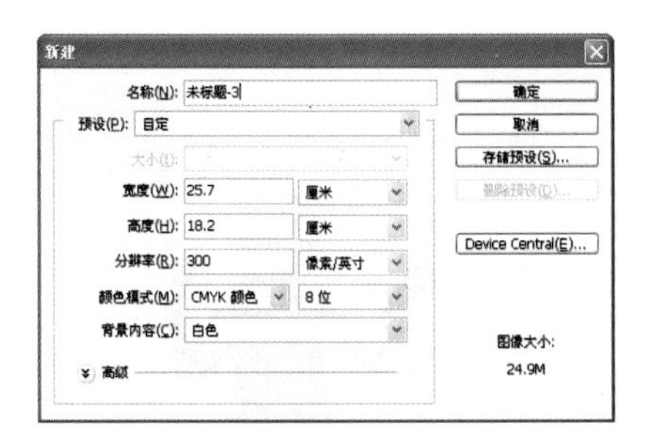

图 10-25 “新建”对话框

图 10-26 添加云彩图片素材

03 单击图层面板上的“添加图层蒙版”按钮，为图层添加图层蒙版，按 D 键，恢复前景色和背景为默认的黑白颜色，选择渐变工具，按下“线性渐变”按钮，在图像窗口中按住并拖动鼠标，填充渐变如图 10-27 所示。

图 10-27 添加图层蒙版

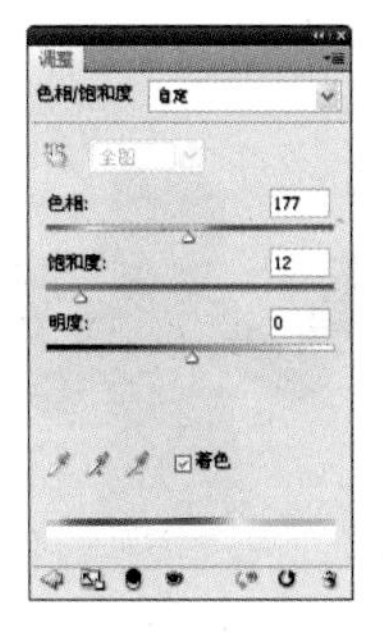

图 10-28 “色相/饱和度”调整参数

04 单击调整面板中的“色相/饱和度”按钮，系统自动添加一个“色相/饱和度”调整图层，设置参数如图 10-28 所示。

05 “色相/饱和度”调整效果如图 10-29 所示。

06 单击图层面板上的“创建新的填充或调整图层”按钮，在弹出的快捷菜单中选择“照片滤镜”选项，系统自动添加一个“照片滤镜”调整图层，调整参数如图 10-30 所示。

图 10-29 “色相/饱和度”调整效果

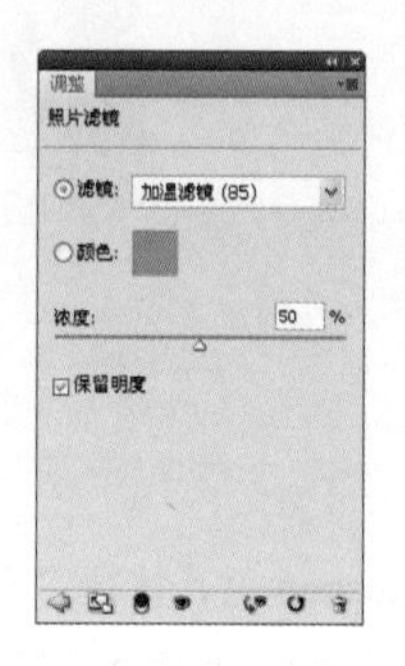

图 10-30 “照片滤镜”调整参数

07 “照片滤镜”调整效果如图 10-31 所示。

08 运用同样的操作方法，打开指挥家图片，然后选择工具箱魔棒工具，选择白色背景，如图 10-32 所示。

图 10-31 调整“照片滤镜”效果

图 10-32 打开指挥家素材

09 按 Ctrl+Shift+I 快捷键，反选得到人物选区，运用移动工具，将素材添加至文件中，放置在合适的位置，如图 10-33 所示。

图 10-33 添加指挥家素材

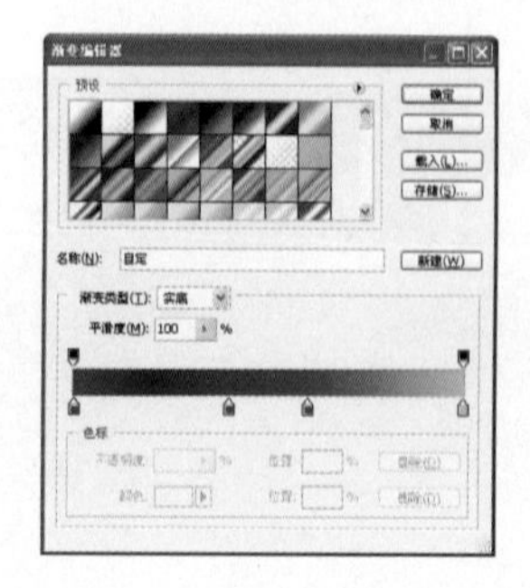

图 10-34 “渐变编辑器”对话框

10 按住 Ctrl 键的同时，将人物载入选区，选择工具箱渐变工具，在工具选项栏中单击渐变条，打开“渐变编辑器”对话框，设置参数如图 10-34 所示，其中淡黄色的 CMYK 参考值分别为 C0、M30、Y97、K0，玫红色的 CMYK 参考值分别为 C4、M100、Y57、K0，紫色的 CMYK 参考值分别为 C54、M89、Y8、K0，蓝色的 CMYK 参考值分别为 C93、M64、Y0、K0。

11 单击“确定”按钮，关闭“渐变编辑器”对话框。按下工具选项栏中的“线性渐变”按钮，在图像中拖动鼠标，填充渐变效果如图 10-35 所示。

12 运用同样的操作方法，添加花纹和标志素材，得到效果如图 10-36 所示。

图 10-35　填充渐变效果

图 10-36　添加花纹和标志素材

13 在工具箱中选择直排文字工具，设置字体为“方正瘦金书简体”、字体大小为 60 点，输入文字，如图 10-37 所示。

14 执行“图层”|“图层样式”|“描边”命令，弹出“图层样式”对话框，单击渐变条，在弹出的“渐变编辑器”对话框中设置颜色如图 10-38 所示，其中黄色的 CMYK 参考值分别为 C3、M2、Y91、K0，玫红色的 CMYK 参考值分别为 C1、M98、Y4、K0，紫色的 CMYK 参考值分别为 C98、M98、Y2、K0。

图 10-37　输入文字

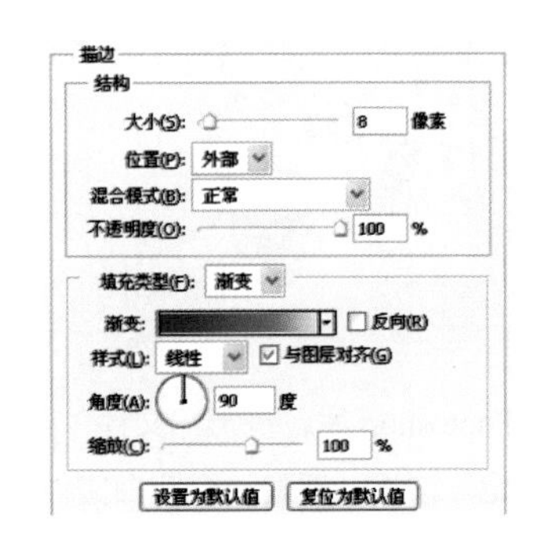

图 10-38　“描边”参数

15 单击“确定”按钮，返回“图层样式”对话框，如图 10-39 所示。

16 选择“外发光”选项，设置参数如图 10-40 所示。

17 单击“确定”按钮，退出“图层样式”对话框，添加“图层样式”的效果如图 10-41 所示。

18 运用同样的操作方法输入其他文字，得到如图 10-42 所示最终效果

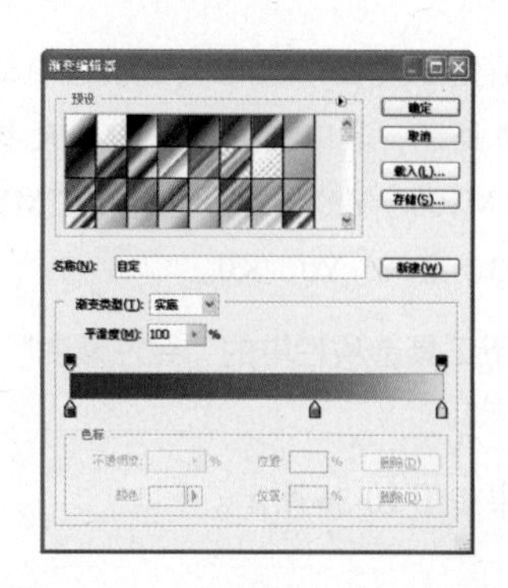

图 10-39 “渐变编辑器”对话框

图 10-40 “外发光”参数

图 10-41 添加“图层样式”的效果

图 10-42 最终效果

Example

10.3 包装盒设计——惠普鼠标

本实例制作的是惠普鼠标包装盒设计，实例以鼠标为主体，通过图形元素将鼠标置入轻松的氛围中，使整个包装充满动感和灵气。

使用工具：椭圆工具、矩形工具、图层样式、渐变工具、图层蒙版、圆角矩形工具、矩形工具。

视频路径：avi\10.3.avi

01 启用 Photoshop 后，执行“文件”|“新建”命令，弹出“新建”对话框，设置参数如图 10-43 所示，单击“确定”按钮，新建一个空白文件。

02 设置前景色为黑色，按 Alt+Delete 键填充背景，执行“视图”|“新建参考线”命令，弹出“新建参考线”对话框，在对话框中设置参数，如图 10-44 所示。

03 单击“确定”按钮，退出“新建参考线”对话框，新建参考线如图 10-45 所示。

04 运用同样的操作方法，新建其他的参考线，如图 10-46 所示。

05 新建一个图层，设置前景色为白色，在工具箱中选择矩形工具，按下“填充像素”按钮，在图像窗口中，按住 Shift 键的同时拖动鼠标绘制矩形，如图 10-47 所示。

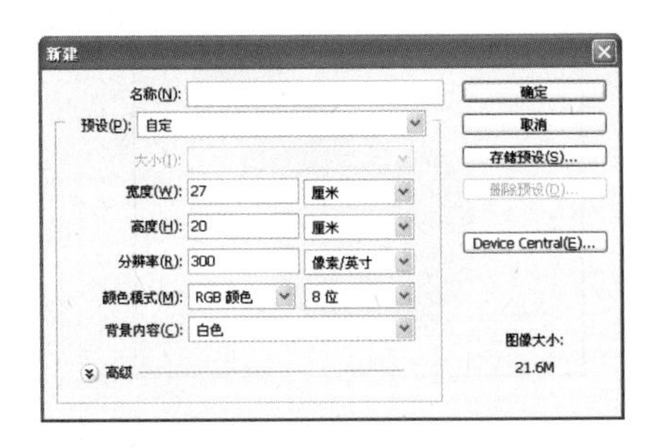

图 10-43 “新建”对话框

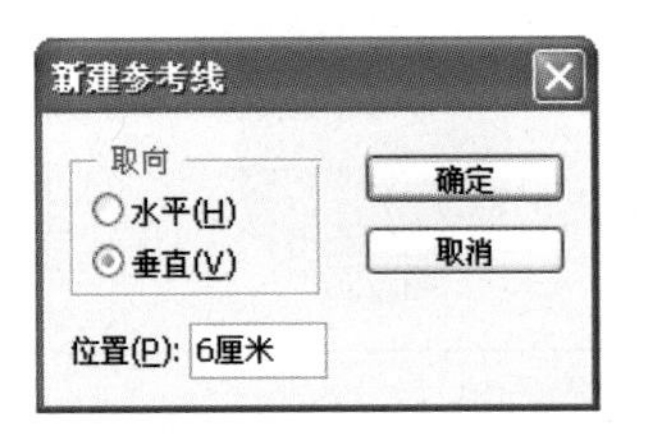

图 10-44 “新建参考线”对话框

图 10-45 新建参考线

图 10-46 新建参考线

技巧点拨

如果当前选择的是移动工具，则可以直接移动光标至参考线上方，当光标显示为或形状时拖动鼠标即可移动参考线；如果当前选择的是其他工具，则需先按下 Ctrl 键，再移动光标至参考线上方拖动。

06 新建一个图层，设置前景色为绿色（RGB 参考值分别为 R179、G208、B0），在工具箱中选择椭圆工具，在工具选项栏中按下“形状图层”按钮，在图像窗口中，按住 Shift 键的同时拖动鼠标，绘制一个正圆，如图 10-48 所示。

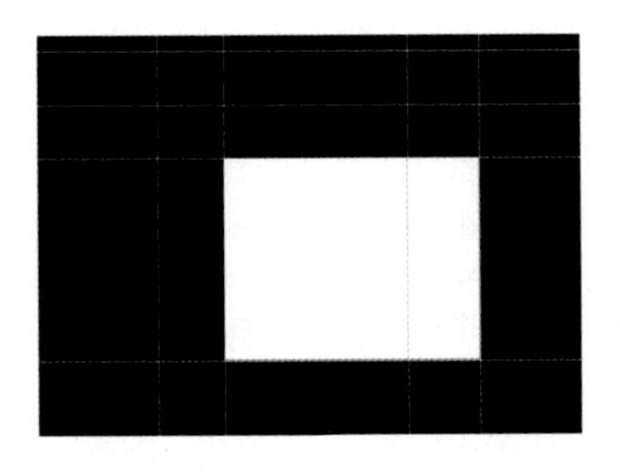

图 10-47 绘制正方形

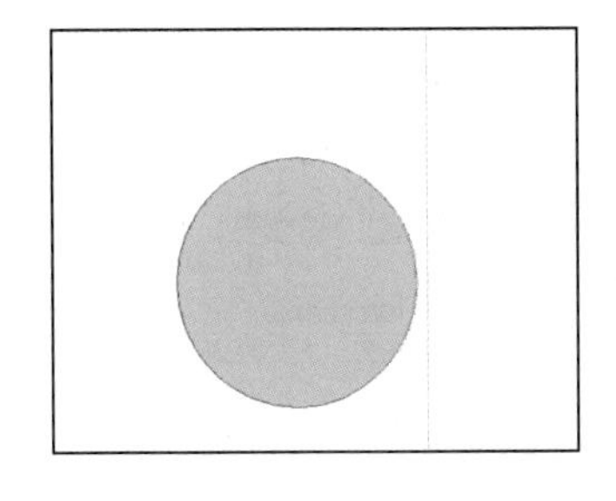

图 10-48 绘制正圆

07 在工具箱中选择椭圆工具，在工具选项栏中按下添加到形状区域按钮，在图像窗口中，拖动鼠标，绘制一个椭圆，如图 10-49 所示。

08 在工具箱中选择椭圆工具，在工具选项栏中按下添加到形状区域按钮，在图像窗口中，按住 Shift 键的同时拖动鼠标，绘制一个正圆，如图 10-50 所示。

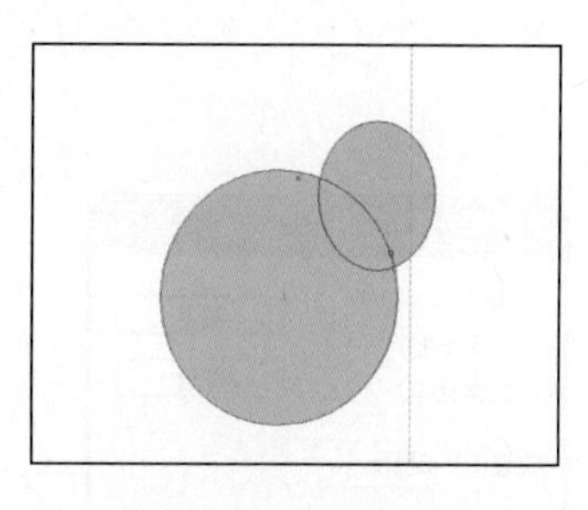

图 10-49　绘制椭圆

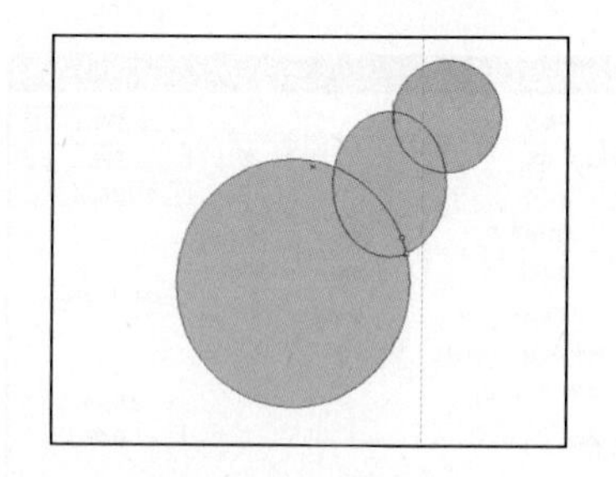

图 10-50　绘制正圆

09 在工具箱中选择椭圆工具，在工具选项栏中按下从形状区域减去按钮，按住 Shift 键的同时拖动鼠标，绘制一个正圆，如图 10-51 所示。

10 运用同样的操作方法继续绘制正圆，如图 10-52 所示。

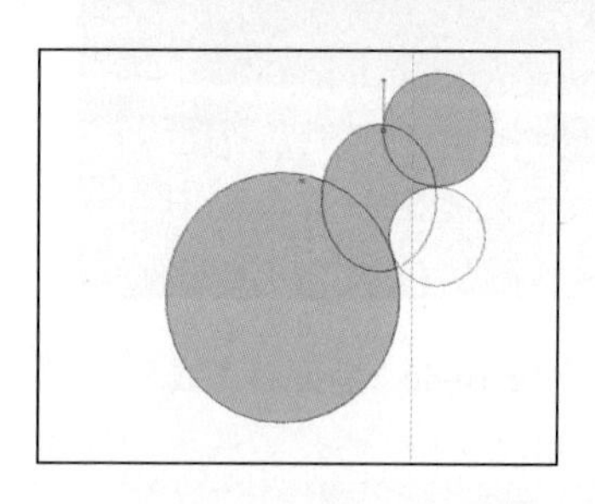

图 10-51　减去正圆

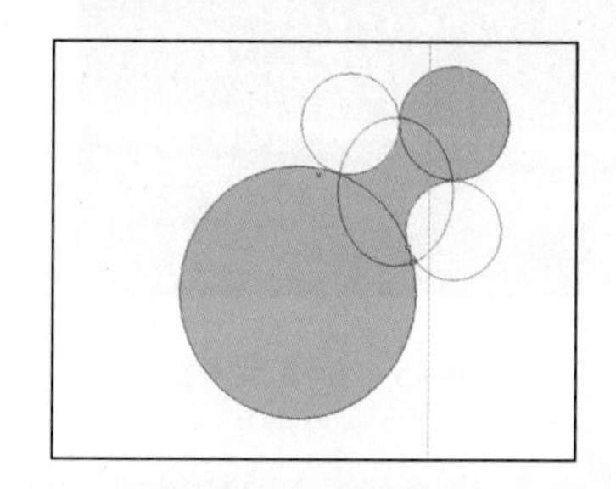

图 10-52　减去正圆

11 在图层面板中单击“添加图层样式”按钮 fx，在弹出的快捷菜单中选择“投影”选项，弹出“图层样式”对话框，设置参数如图 10-53 所示。

12 选择“内阴影”选项，设置参数如图 10-54 所示。

图 10-53　“投影”参数

图 10-54　“内阴影”参数

技巧点拨

与“投影”效果从图层背后产生阴影不同，“内阴影”效果在图层前面内部边缘位置产生柔化的阴影效果，常用于立体图形的制作。

13 单击“确定”按钮，退出“图层样式”对话框，添加“图层样式”的效果如图 10-55 所示。

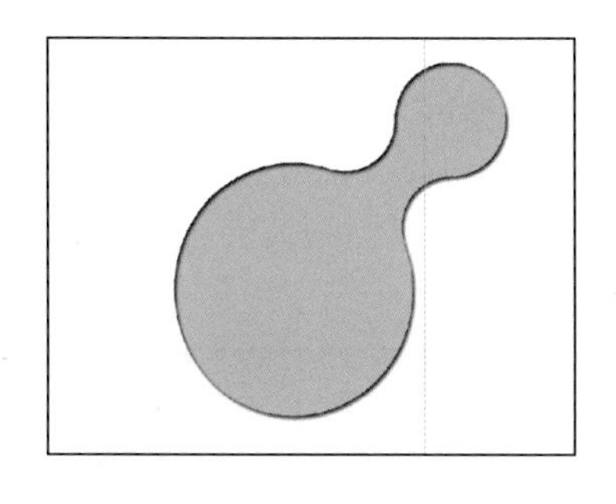

图 10-55　添加图层样式效果

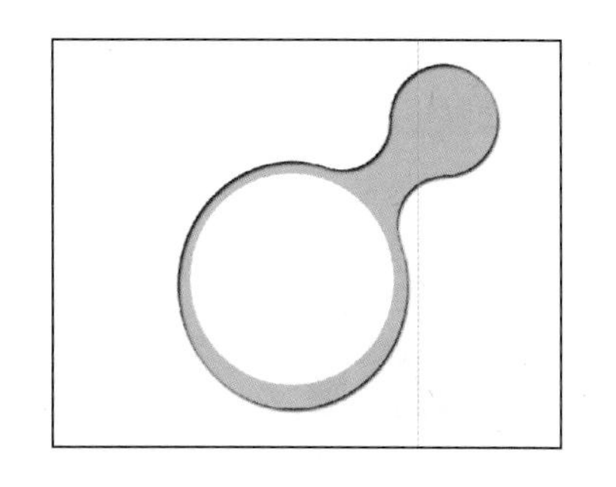

图 10-56　绘制正圆

14 新建一个图层，设置前景色为白色，在工具箱中选择椭圆工具，在工具选项栏中按下“填充像素”按钮，按住 Shift 键的同时拖动鼠标，绘制一个正圆，如图 10-56 所示。

15 单击图层面板上的“添加图层蒙版”按钮，为图层添加图层蒙版，按 D 键，恢复前景色和背景为默认的黑白颜色，选择渐变工具，按下“线性渐变”按钮，在图像窗口中按住并拖动鼠标，效果如图 10-57 所示。

16 新建一个图层，设置前景色为绿色（RGB 参考值分别为 R153、G173、B39），在工具箱中选择椭圆工具，在工具选项栏中按下“填充像素”按钮，按住 Shift 键的同时拖动鼠标，绘制一个正圆，如图 10-58 所示。使用同样的方法绘制另一个略大的正圆。

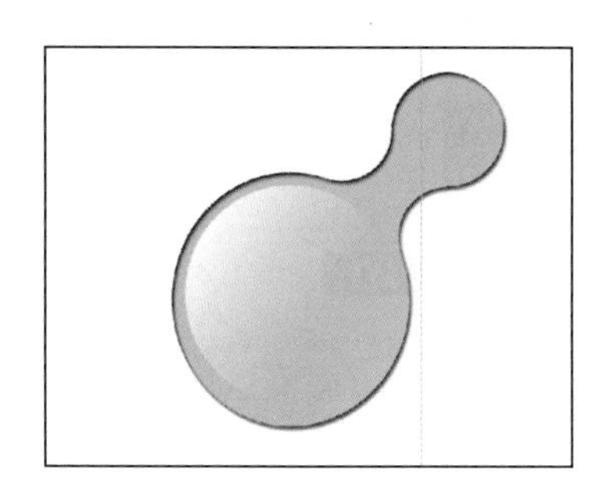

图 10-57　添加图层蒙版

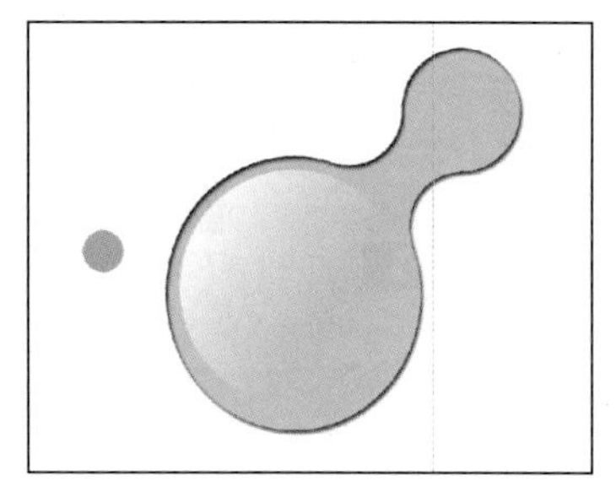

图 10-58　绘制正圆

17 新建一个图层，设置前景色为黑色，在工具箱中选择圆角矩形工具，在工具选项栏中按下“形状图层”按钮，设置“半径”为 20px，按住 Shift 键的同时拖动鼠标，绘制一个圆角矩形，如图 10-59 所示。

18 按 Ctrl+O 快捷键，弹出“打开”对话框，选择鼠标和标志素材，单击“打开”按钮，运用移动工具，将素材添加至文件中，放置在合适的位置，如图 10-60 所示。

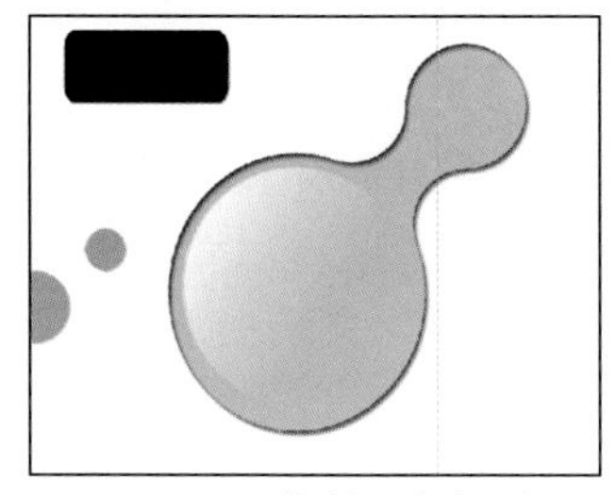

图 10-59　绘制圆角矩形

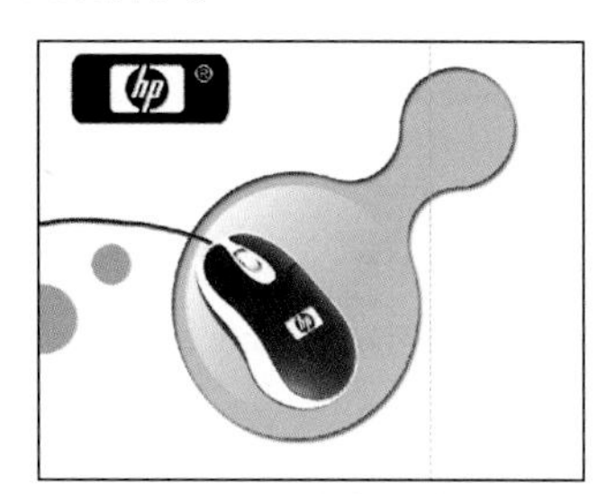

图 10-60　添加鼠标和标志素材

19 新建一个图层组，新建一个图层，设置前景色为绿色（RGB 参考值分别为 R179、G208、B0），在工具箱中选择矩形工具，按下“填充像素”按钮，在图像窗口中，拖动鼠标绘制矩形，如图 10-61 所示。

20 运用同样的操作方法，继续绘制图形，如图 10-62 所示。

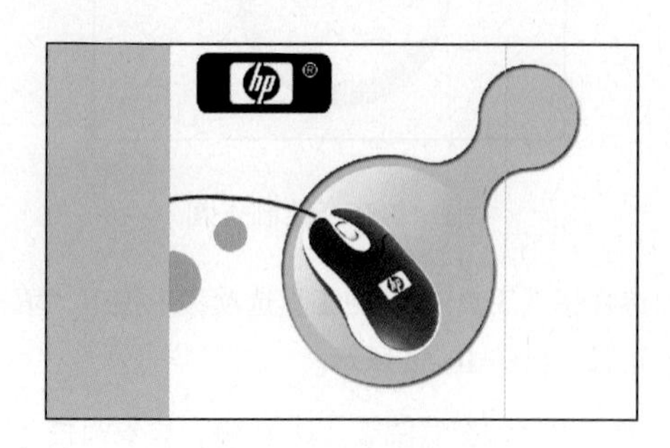

图 10-61　绘制矩形

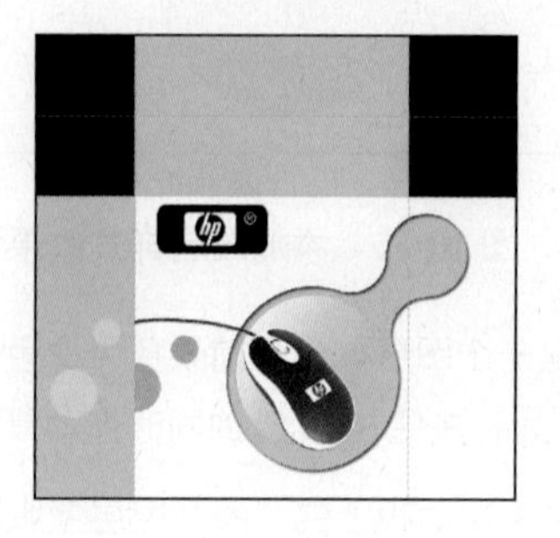

图 10-62　添加素材

21 按 Ctrl+O 快捷键，弹出“打开”对话框，选择标志素材，单击“打开”按钮，运用移动工具，将素材添加至文件中，放置在合适的位置，如图 10-63 所示。

22 新建一个图层，设置前景色为白色，参照前面同样的操作方法绘制圆角矩形和正圆，并添加标志素材，如图 10-64 所示。

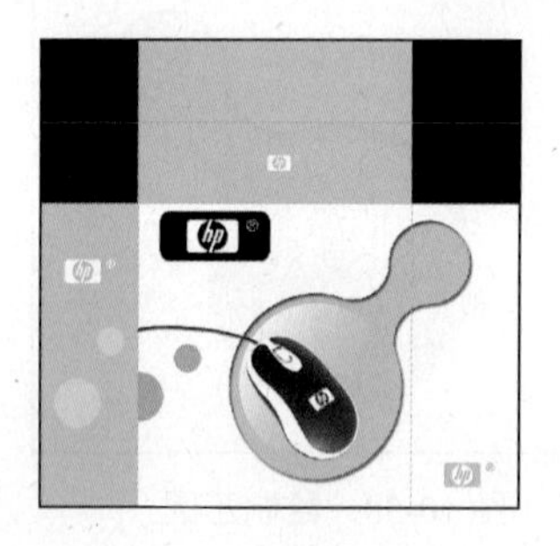

图 10-63　添加素材

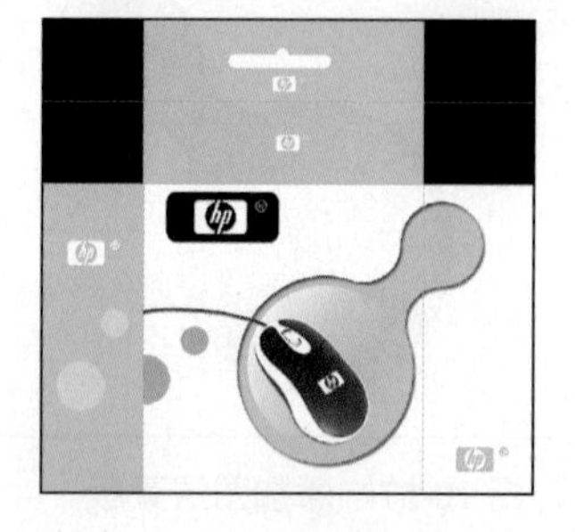

图 10-64　绘制图形

23 按 Ctrl+Shift+Alt+E 组合键，盖印可见图层。

24 执行“文件”|“新建”命令，弹出“新建”对话框，设置参数如图 10-65 所示，单击“确定”按钮，新建一个空白文件。

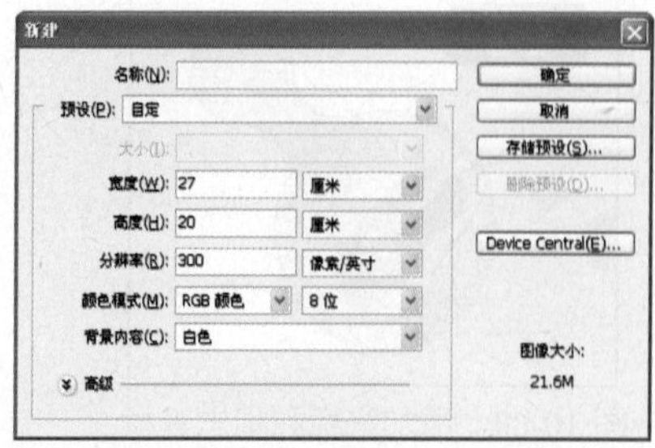

图 10-65　“新建”对话框

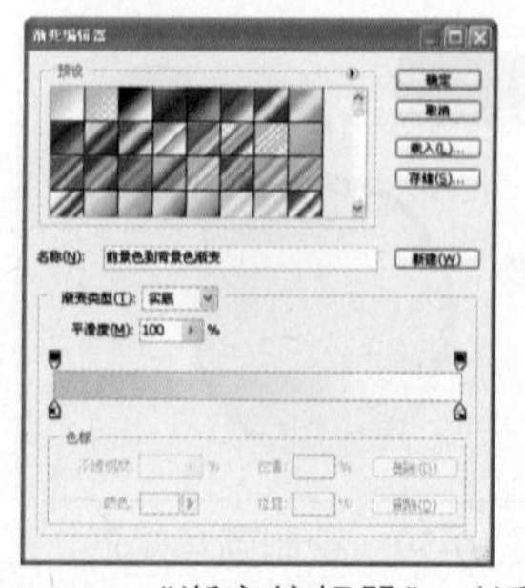

图 10-66　“渐变编辑器”对话框

25 新建一个图层，单击工具箱■图标，或按下D键，恢复前/背景色为系统默认的黑白颜色。在工具选项栏中选择渐变工具■，单击渐变条■，打开“渐变编辑器”对话框，设置参数如图10-66所示，其中灰色RGB参考值为R189、G189、B189。

26 单击“确定”按钮，关闭“渐变编辑器”对话框。按下工具选项栏中的“线性渐变”按钮■，在图像中拖动鼠标，填充渐变效果如图10-67所示。

27 切换至平面效果文件，选取矩形选框工具[]，绘制一个矩形选框，按Ctrl+C快捷键复制，切换立体效果文件，按Ctrl+V快捷键粘贴，并调整大小及位置，如图10-68所示。

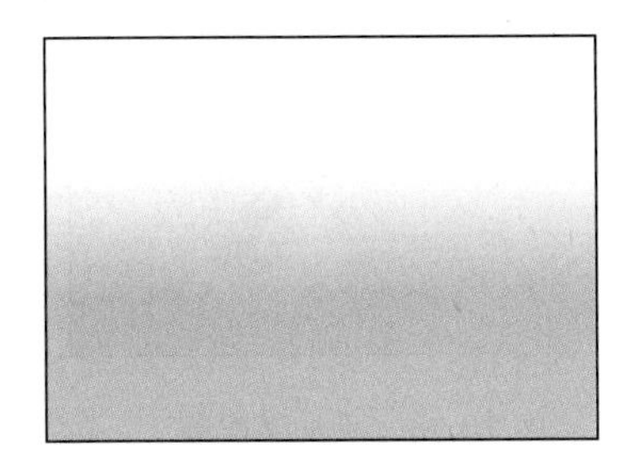

图10-67　填充渐变

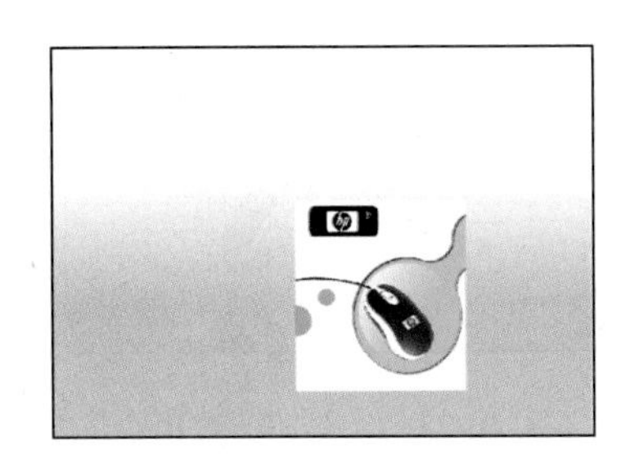

图10-68　复制选区

28 按Ctrl+T组合键，单击鼠标右键，在弹出的快捷菜单中选择“斜切”选项，调整效果如图10-69所示。

29 运用同样的操作方法制作包装的其他侧面，如图10-70所示。

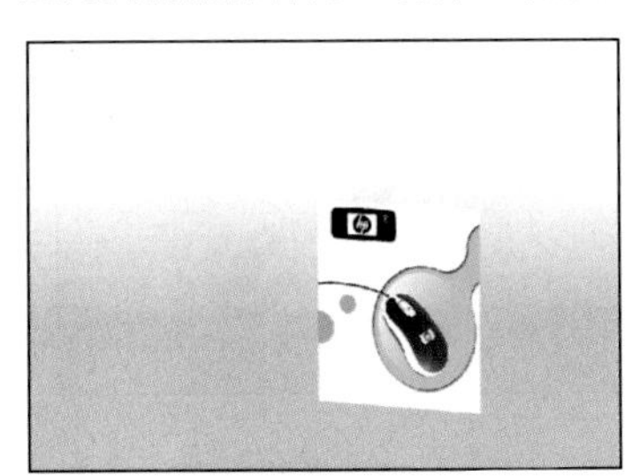

图10-69　“斜切”效果

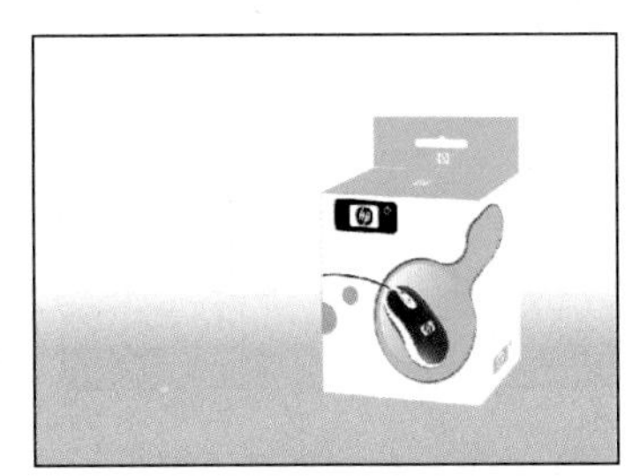

图10-70　制作包装的其他侧面

30 选择工具箱中的多边形套索工具■，在图像窗口中绘制选区，如图10-71所示。

31 单击工具箱■图标，或按下D键，恢复前/背景色为系统默认的黑白颜色。按下工具选项栏中的“线性渐变”按钮■，在图像中拖动鼠标，填充渐变效果，按Ctrl+D取消选择，制作出侧面阴影效果，如图10-72所示。

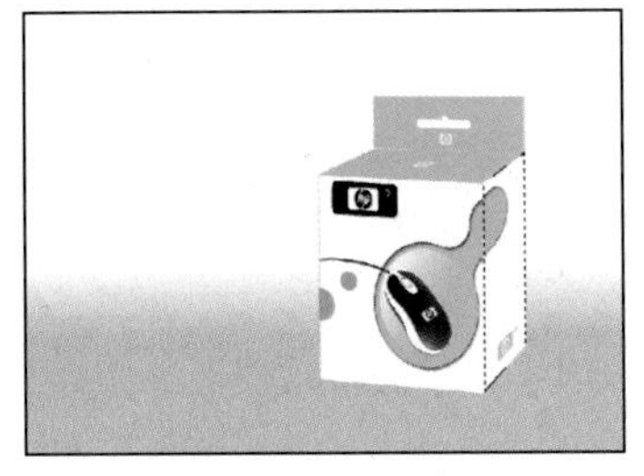

图10-71　建立选区

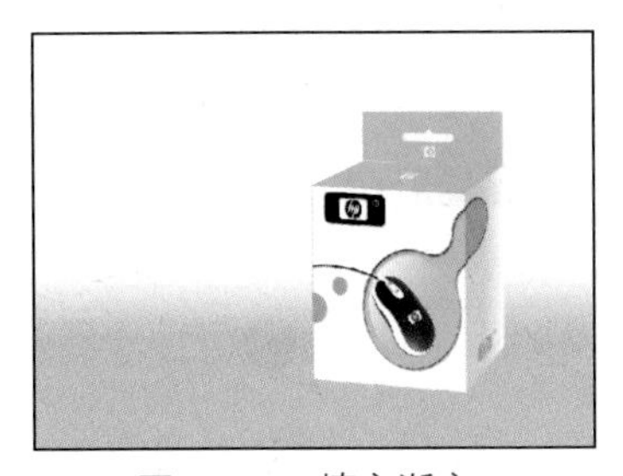

图10-72　填充渐变

32 参照前面同样的操作方法，将正面图形复制一份至立体文件中，按 Ctrl+T 快捷键，进入自由变换状态，单击鼠标右键，在弹出的快捷菜单中选择“垂直翻转”选项，然后选择“透视”选项，调整图像至合适的位置和角度，如图 10-73 所示。

33 单击图层面板上的“添加图层蒙版”按钮，为图层添加图层蒙版，按 D 键，恢复前景色和背景为默认的黑白颜色，选择渐变工具，按下“线性渐变”按钮，在图像窗口中按住并拖动鼠标，制作倒影渐隐效果，如图 10-74 所示。

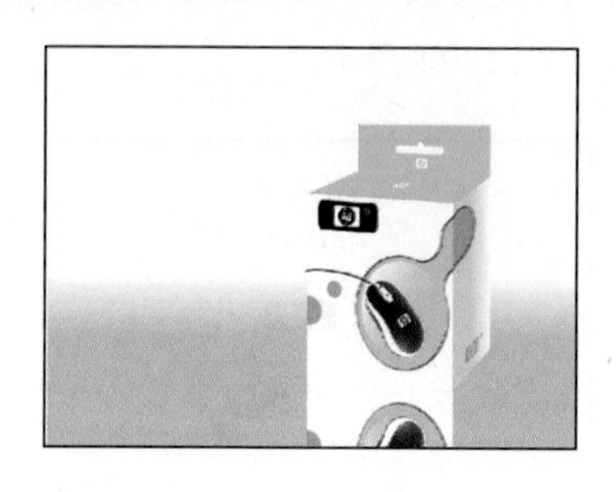

图 10-73 “斜切”效果

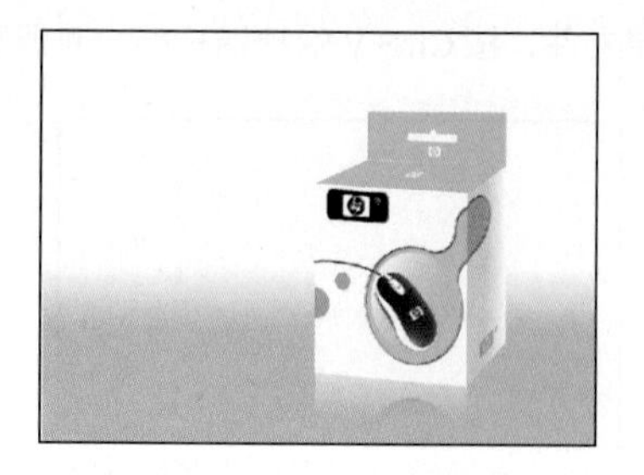

图 10-74 添加图层蒙版

34 运用同样的操作方法，制作侧面的倒影，如图 10-75 所示。

35 参照前面同样的操作方法，制作另一个包装盒的立体效果，并调整图层顺序，完成实例的制作，最终效果如图 10-76 所示。

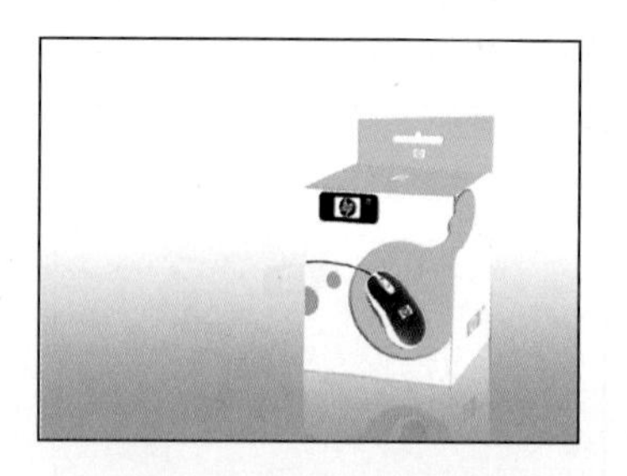

图 10-75 制作侧面的倒影

图 10-76 最终效果

Example

10.4 信封设计——引领 3G 生活

本实例制作的是引领 3G 生活信封设计，实例以人物为主体，主次分明、清新淡雅，制作完成的引领 3G 生活信封设计效果如左图所示。

使用工具：“新建参考线”命令、“曲线”命令、“色相/饱和度”、横排文字工具、图层样式、钢笔工具、画笔工具、矩形选框工具、渐变工具、矩形工具、图层样式、矩形工具、直线工具、。

视频路径: avi\10.4.avi

01 启用 Photoshop 后，执行“文件”|“新建”命令，弹出“新建”对话框，设置参数如图 10-77 所示，单击“确定”按钮，新建一个空白文件。

02 参照实例 10.3 包装盒设计——惠普鼠标新建参考线，如图 10-78 所示。

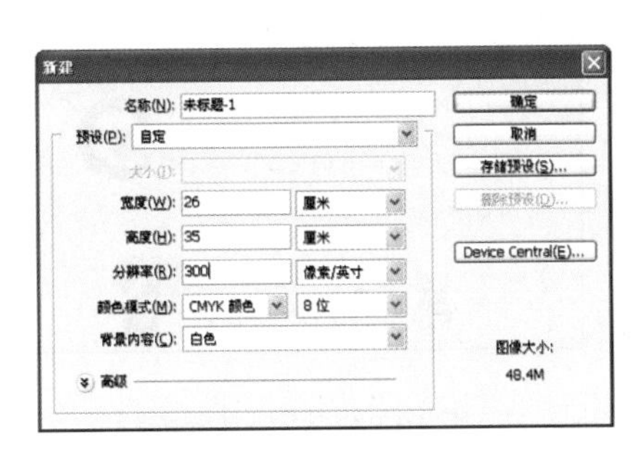

图 10-77 “新建”对话框

图 10-78 新建参考线

03 按 Ctrl+O 快捷键，弹出“打开”对话框，选择云彩图片，单击“打开”按钮，运用移动工具，将素材添加至文件中，放置在合适的位置，如图 10-79 所示。

图 10-79 添加云彩素材

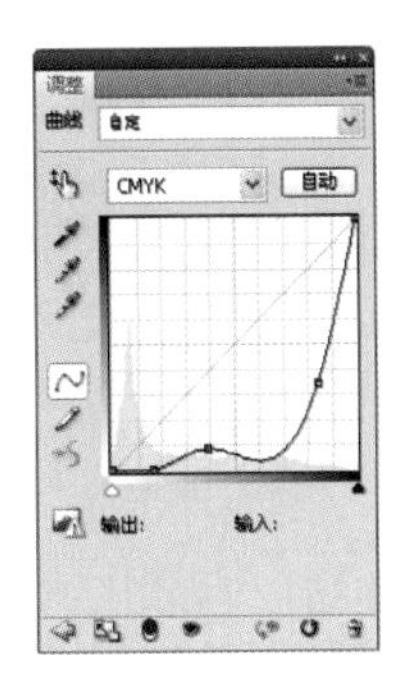

图 10-80 “曲线”参数

04 单击调整面板中的“曲线”按钮，系统自动添加一个“曲线”调整图层，设置参数如图 10-80 所示。

05 “曲线”调整效果如图 10-81 所示。

06 单击调整面板中的“色相/饱和度”按钮，系统自动添加一个“色相/饱和度”调整图层，设置参数如图 10-82 所示。

图 10-81 调整“曲线”效果

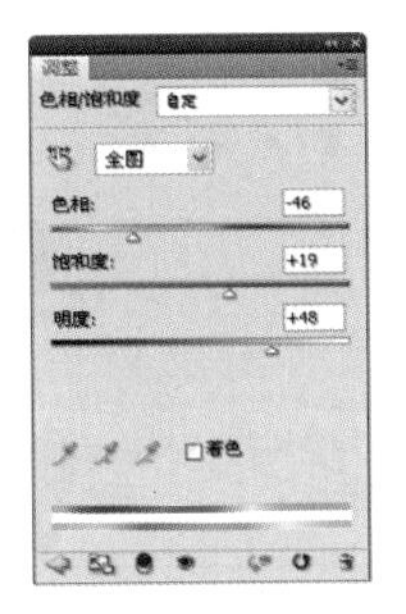

图 10-82 “色相/饱和度”参数

07 “色相/饱和度”调整效果如图10-83所示。

08 运用同样的操作方法，添加其他素材，分别调整素材到合适的位置，得到如图10-84所示效果。

图10-83 调整“色相/饱和度”效果

图10-84 添加其他素材

09 设置前景色为白色，在工具箱中选择横排文字工具T，设置字体为“方正行楷繁体”字体、字体大小为48点，输入文字“喂！礼从天降啦！”。在图层面板中单击“添加图层样式”按钮fx，选择“投影”选项，设置参数如图10-85所示。

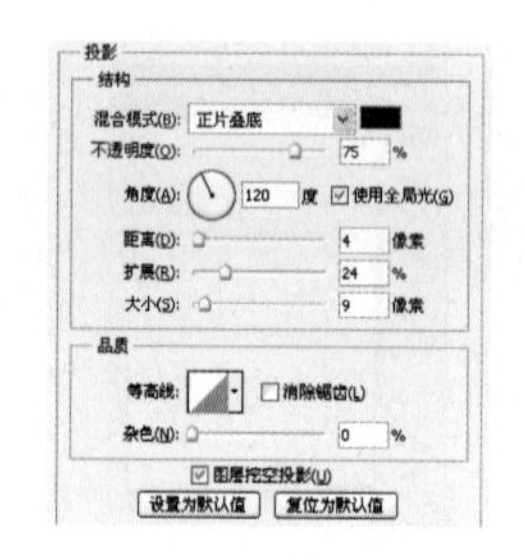

图10-85 “投影”参数

图10-86 添加“图层样式”的效果

10 单击“确定”按钮，退出“图层样式”对话框。按Ctrl+T快捷键，进入自由变换状态，单击鼠标右键，在弹出的快捷菜单中选择“垂直翻转”选项，垂直翻转图层，然后调整至合适的位置，如图10-86所示。

11 运用钢笔工具，绘制如图10-87所示的路径。

12 选择画笔工具，设置前景色为黑色，画笔“大小”为“3像素”、“硬度”为100%，然后单击画笔浮动面板的“画笔笔尖形状”选项，会出现相对应的调整参数，设置参数如图10-88所示。

图10-87 绘制路径

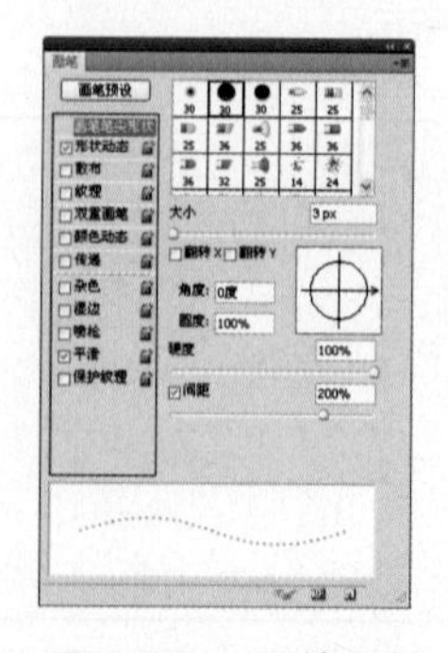

图10-88 画笔调板

13 选择钢笔工具，在绘制的路径上方单击鼠标右键，在弹出的快捷菜单中选择“描边路径”选项，在弹出的对话框中选择“画笔”选项，单击“确定”按钮，描边路径，然后按Ctrl+Enter快捷键载入选区，Ctrl+D取消选区，得到如图10-89所示的效果。

14 选择工具箱中的矩形选框工具，在图像窗口中按住鼠标并拖动，绘制选区。

15 选择工具箱渐变工具，在工具选项栏中单击渐变条，打开“渐变编辑器”对话框，设置参数如图10-90所示，其中黄色CMYK参考值分别为C0、M12、Y57、K0、淡黄色CMYK参考值分别为C0、M1、Y2、K0。

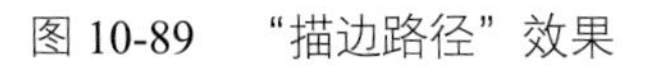

图10-89 “描边路径”效果

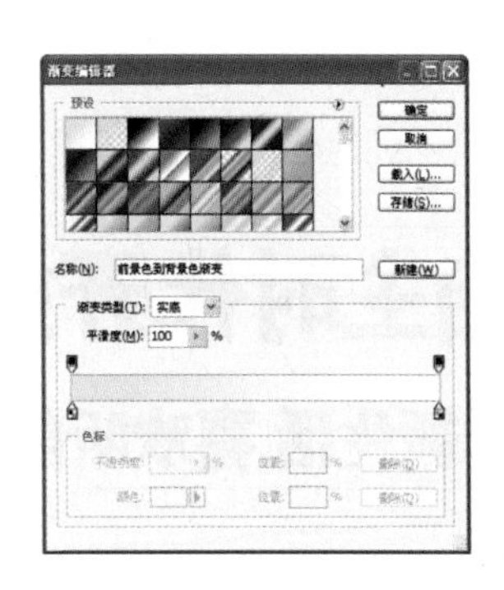

图10-90 “渐变编辑器”对话框

16 单击“确定”按钮，关闭“渐变编辑器”对话框。按下工具选项栏中的“线性渐变”按钮，在图像中按住并由上至下拖动鼠标，填充渐变效果然后按Ctrl+D取消选区，如图10-91所示。

17 运用同样的操作方法添加邮票、毕业生和标志等素材，得到如图10-92所示效果。

18 设置前景色为红色（CMYK参考值分别为C0、M100、Y100、K0），新建一个图层，在工具箱中选择矩形工具，按下“填充像素”按钮，在图像窗口中，拖动鼠标绘制一个矩形，效果如图10-94所示。

图10-91 填充渐变效果

图10-92 添加素材效果

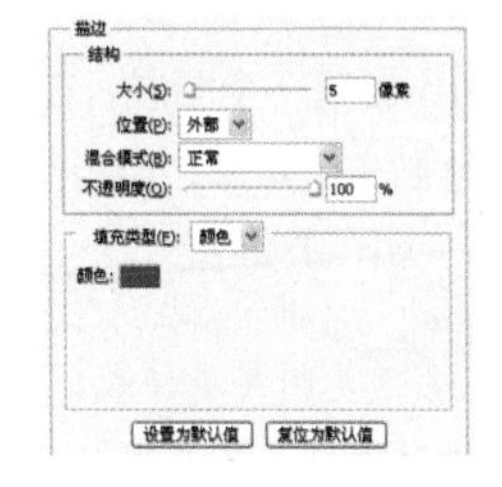

图10-93 “描边”参数

19 双击图层，弹出“图层样式”对话框，选择“描边”选项，设置参数如图10-93所示。

20 设置图层的不透明度为100%，填充为0%，得到邮政编码框如图10-95所示。

21 重复变换制作邮政编码框，如图 10-96 所示。

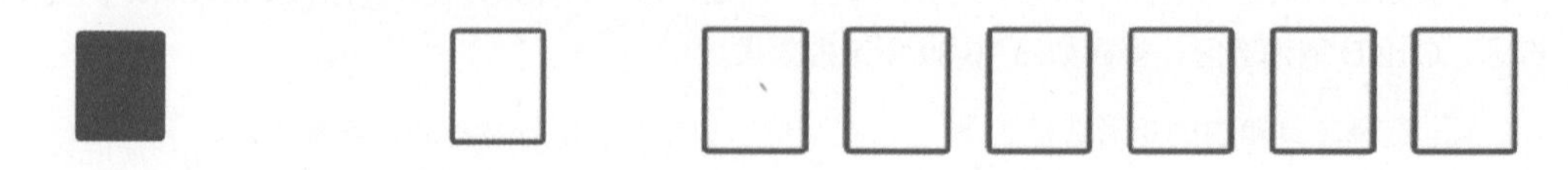

图 10-94　绘制矩形　图 10-95　制作矩形边框　　　　图 10-96　制作邮政编码框

22 在工具箱中选择横排文字工具T，设置字体为“方正大黑简体”、字体大小为 24 点，输入文字，如图 10-97 所示。

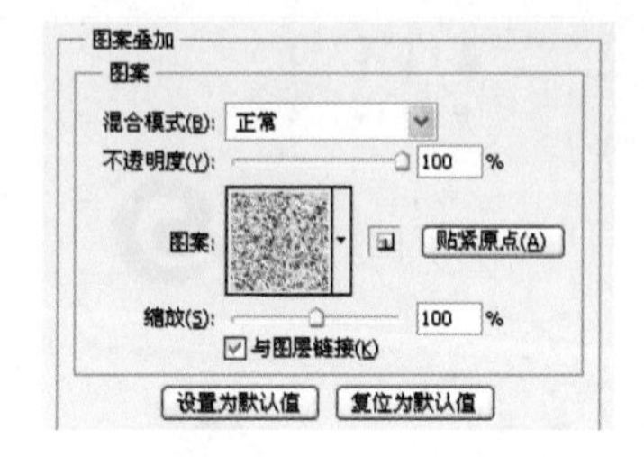

图 10-97　输入文字　　　　图 10-98　“图案叠加”参数

23 双击图层，弹出“图层样式”对话框，选择“图案叠加”选项，设置参数如图 10-98 所示。

24 择选择“投影”选项，设置参数如图 10-99 所示。

25 单击“确定”按钮，退出“图层样式”对话框，添加“图层样式”的效果如图 10-100 所示。

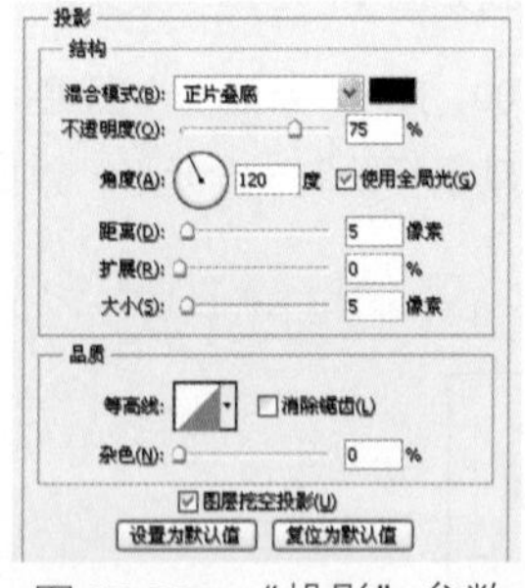

图 10-99　“投影”参数　　　　图 10-100　添加“图层样式”效果

26 新建一个图层，在工具箱中选择矩形工具，按下“填充像素”按钮，在图像窗口中，拖动鼠标绘制一个矩形，运用同样的操作方法，添加“图层样式”效果，如图 10-101 所示。

知识链接——复制图层样式

快速复制图层样式，有鼠标拖动和菜单命令两种方法可供选用。

鼠标拖动：展开图层面板图层效果列表，拖动“效果”项或fx图标至另一图层上方，即可移动图层样式至另一个图层，此时光标显示为形状，同时在光标下方显示fx标记。而如果在拖动时按住 Alt 键，则可以复制该图层样式至另一图层，此时光标显示为形状。

菜单命令：在具有图层样式的图层上单击右键，在弹出的菜单中选择“拷贝图层样式”命令，然后在需要粘贴样式的图层上单击右键，在弹出菜单中选择“粘贴图层样式”命令即可。

27 按 Ctrl+T 快捷键，进入自由变换状态，单击鼠标右键，在弹出的快捷菜单中选择“旋转”选项，旋转图层，然后调整至合适的位置和角度，得到如图 10-102 所示效果。

我的自主时代开始啦!
大学新生活,喜欢听自己的

图 10-101　“图层样式”效果

图 10-102　自由变换效果

28 运用同样的操作方法，输入其他文字，得到如图 10-103 所示。

29 设置前景色为黑色，新建一个图层，在工具箱中选择直线工具，按 Shift 键的同时绘制线段，最终效果如图 10-104 所示。

图 10-103　输入其他文字

图 10-104　最终效果

Example

10.5 X 展架设计——华擎主板

本实例制作的是华擎主板 X 展架设计，实例以“环保”为主题，着重体现产品的优势，制作完成的华擎主板 X 展架设计效果如左图所示。

使用工具：椭圆工具、图层样式、横排文字工具、“转换为形状”命令、钢笔工具、“扩展”命令、。

视频路径: avi\10.5.avi

01 启用 Photoshop 后，执行“文件” | “新建”命令，弹出“新建”对话框，设置参数如图 10-105 所示，单击“确定”按钮，新建一个空白文件。

02 按 Ctrl+O 快捷键，弹出“打开”对话框，选择光效素材，单击“打开”按钮，运用移动工具，将素材添加至文件中，放置在合适的位置。设置图层的“不透明度”为 83%，如图 10-106 所示。

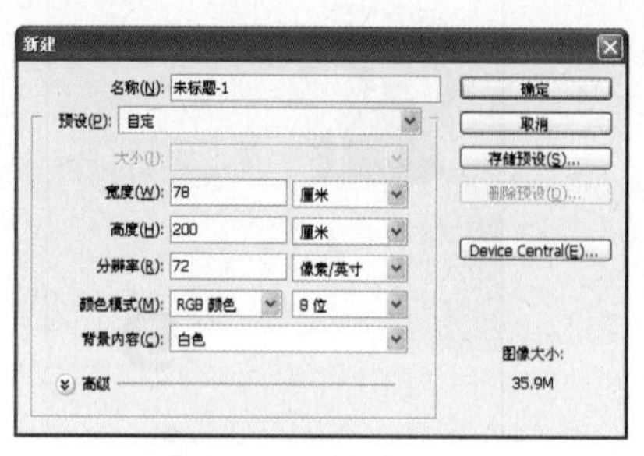

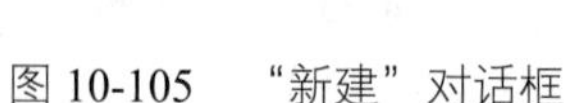

图 10-105 “新建”对话框

图 10-106 添加素材

03 运用同样的操作方法添加云彩素材。单击图层面板上的“添加图层蒙版”按钮，为“云彩”图层添加图层蒙版。编辑图层蒙版，设置前景色为黑色，选择画笔工具，按“[”或“]”键调整合适的画笔大小，在图像上涂抹，如图 10-107 所示。

04 选择工具箱中的矩形选框工具，在图像窗口中按住鼠标并拖动，绘制选区如图 10-108 所示。

05 新建一个图层，选择工具箱渐变工具，在工具选项栏中单击渐变条，打开“渐变编辑器”对话框，设置参数如图 10-109 所示，其中粉绿色 RGB 参考值分别为 R47、G170、B182。

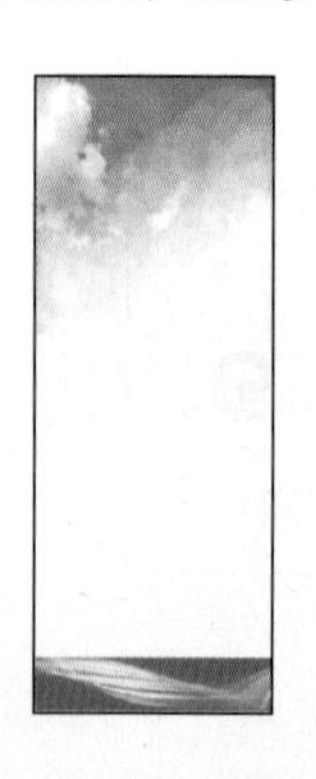

图 10-107 添加图层蒙版

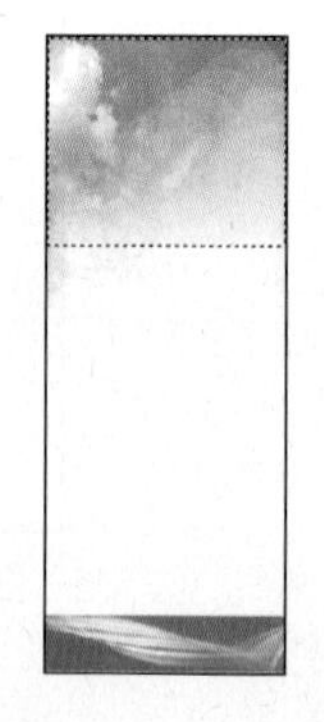

图 10-108 绘制选区

图 10-109 “渐变编辑器”对话框

06 单击“确定”按钮，关闭“渐变编辑器”对话框。按下工具选项栏中的“线性渐变”按钮，在图像中拖动鼠标，填充渐变效果，按 Ctrl+D 键取消选区，如图 10-110 所示。

07 设置前景色为绿色（RGB 参考值分别为 R0、G159、B100），在工具箱中选择椭圆工具，按下“形状图层”按钮，在图像窗口中，按住 Shift 键的同时，拖动鼠标绘制一个正圆，效果如图 10-111 所示。

08 按下 Ctrl+Alt+T 键，变换图形，按住 Shift+Alt 键的同时，向内拖动控制柄，如图 10-112 所示。按 Enter 键确认调整。

图 10-110 填充渐变效果

图 10-111 绘制正圆

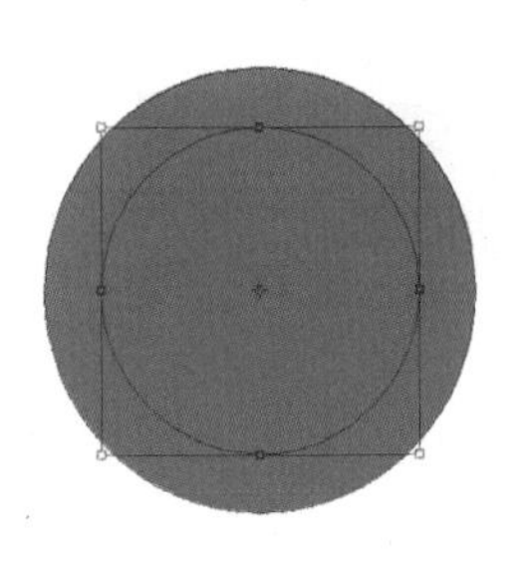

图 10-112 调整图形

09 单击工具选项栏的“从形状区域减去”按钮，减去路径得到圆环，如图 10-113 所示。

10 运用同样的操作方法，选择工具箱中的矩形工具，按下工具选项栏“从形状区域减去”按钮，在图像窗口中绘制矩形，如图 10-114 所示。

11 选择圆角矩形工具，单击工具选项栏的“添加到形状区域”按钮，设置“半径”为 220px，在图像窗口中绘制圆角矩形，如图 10-115 所示。

图 10-113 删除选区

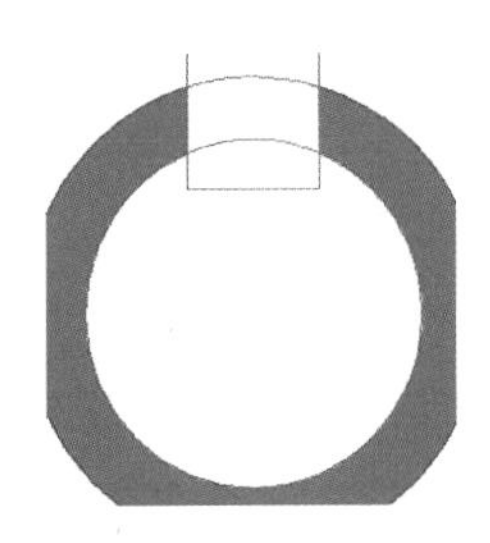

图 10-114 绘制矩形

图 10-115 绘制圆角矩形

12 在图层面板中单击“添加图层样式”按钮 fx，在弹出的快捷菜单中选择“斜面和浮雕”选项，弹出“图层样式”对话框，设置参数如图 10-116 所示。

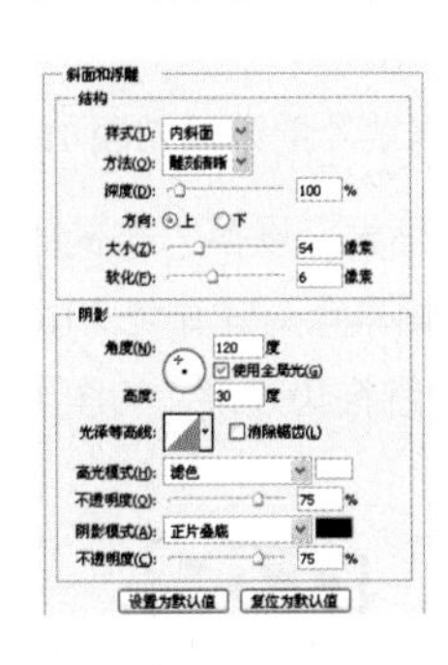

图 10-116 “斜面和浮雕”参数

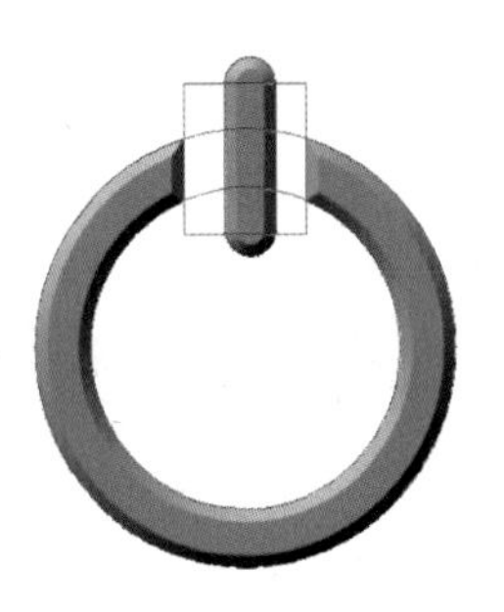

图 10-117 “斜面和浮雕”效果

13 单击“确定”按钮，退出“图层样式”对话框，添加“斜面和浮雕”的效果如图 10-117 所示。

14 参照前面同样的操作方法添加其他素材，设置前景色为黑色，在工具箱中选择横排文字工具，设置字体为“方正超粗黑简体”、字体大小 360 点，输入文字，按 Ctrl+T 快捷键，进入自由变换状态，单击鼠标右键，在弹出的快捷菜单中选择“透视”选项，调整至合适的位置和角度，如图 10-118 所示。

图 10-118　输入文字　　图 10-119　“透视”效果　　图 10-120　转换文字为形状

15 运用同样的操作方法，输入其他文字，并调整至合适的位置和角度，按 Ctrl+E 快捷键将文字合并，如图 10-119 所示。

16 按住 Ctrl 键的同时，选择合并的文字图层，将文字载入选区，在图像窗口中单击鼠标右键，在弹出的快捷菜单中选择“建立工作路径”选项，转换文字为形状，如图 10-120 所示。

17 通过文字创建路径，然后使用路径调整工具进行变形，可以非常方便创建一些特殊艺术字效果。用直接选择工具删除多余的节点，选择钢笔工具，调整字体形状，如图 10-121 所示。

18 在图层面板中单击“添加图层样式”按钮 fx，在弹出的快捷菜单中选择“颜色叠加”选项，弹出“图层样式”对话框，设置参数如图 10-122 所示。

19 选择“描边”选项，设置参数如图 10-123 所示。

图 10-121　调整字体形状

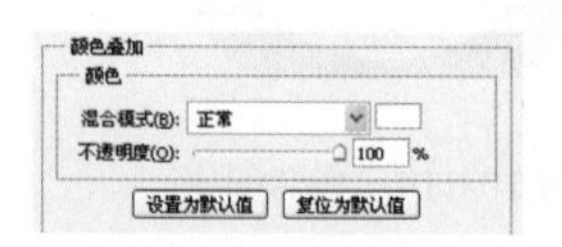

图 10-122　“颜色叠加”参数

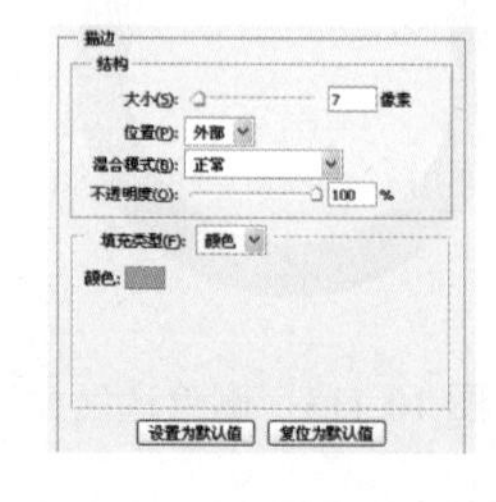

图 10-123　“描边”参数

20 单击“确定”按钮，退出“图层样式”对话框，添加“图层样式”的效果如图 10-124 所示。

21 执行“选择”|“修改”|“扩展”命令，弹出“扩展选区”对话框，设置“扩展量”为 35 像素，单击“确定”按钮，退出“扩展选区”对话框。新建一个图层，设置前景色为深绿色（RGB 参考值分别为 R0、G85、B60），填充颜色，然后将图层顺序下移一层，制作出文字描边效果，如图 10-125 所示。

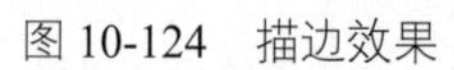
图 10-124　描边效果

图 10-125　扩展选区

22 运用同样的操作方法添加吉祥物、标志和景观素材，如图 10-126 所示。

23 参照前面同样的操作方法输入其他文字，最终效果如图 10-127 所示。

图 10-126　添加素材效果

图 10-127　最终效果

Example

10.6 户外灯箱广告——网络企业广告

本实例制作的是 ASADAL 网络商业生涯户外灯箱广告，实例以地球为主体，通过独特的开启方式，体现网络商业的创新意识。

使用工具：图层样式、魔棒工具、钢笔工具、创建剪贴蒙版、椭圆工具、“扩展”命令、创建剪贴蒙版、“照片滤镜”命令、画笔工具、横排文字工具。

视频路径：avi\10.6.avi

01 启用 Photoshop 后，执行“文件”|“新建”命令，弹出“新建”对话框，设置参数如图 10-128 所示，单击“确定”按钮，新建一个空白文件。双击图层面板背景图层，转换为“图层 0”普通图层，以便添加图层样式。

02 执行“图层”|“图层样式”|“渐变叠加”命令，弹出“图层样式”对话框，单击渐变条，在弹出的“渐变编辑器”对话框中设置颜色如图 10-129 所示，其中深蓝色的 RGB 参考值分别为 R15、G80、B133，淡蓝色的 RGB 参考值分别为 R75、G167、B239。

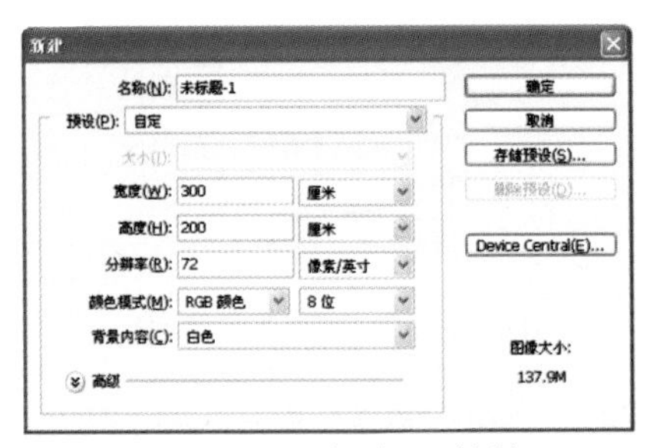

图 10-128　“新建”对话框

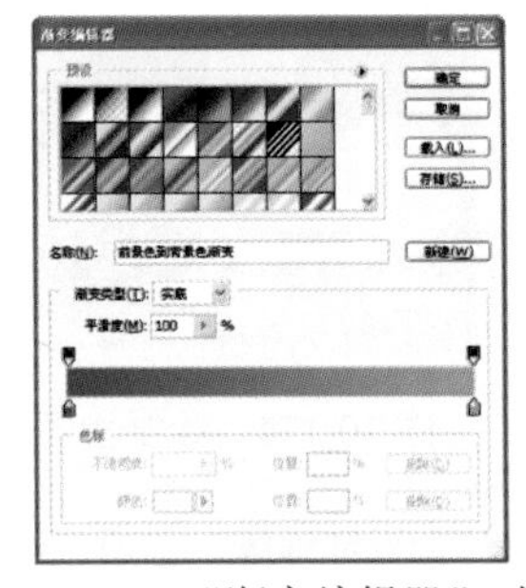

图 10-129　“渐变编辑器”对话框

03 单击“确定”按钮，返回“图层样式”对话框，如图 10-130 所示。

04 单击“确定”按钮，退出“图层样式”对话框，添加“渐变叠加”的效果如图 10-131 所示。

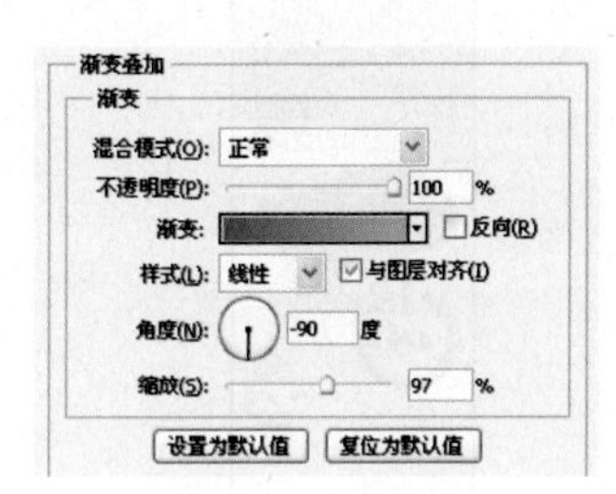

图 10-130 “渐变叠加”参数

图 10-131 渐变叠加效果

05 按 Ctrl+O 快捷键，弹出“打开”对话框，选择星球素材图片，单击“打开”按钮，选择工具箱魔棒工具，选择黑背景，按 Ctrl+Shift+I 快捷键，反选得到星球选区，运用移动工具，将素材添加至文件中，放置在合适的位置，如图 10-132 所示。

06 运用同样的操作方法添加其他素材，如图 10-133 所示。

图 10-132 添加星球

图 10-133 添加其他素材

07 设置前景色为白色，在工具箱中选择钢笔工具，按下“形状图层”按钮，在图像窗口中，绘制如图 10-134 所示图形。

08 双击图层，弹出“图层样式”对话框，选择“投影”选项，设置参数如图 10-135 所示。

图 10-134 绘制拼图

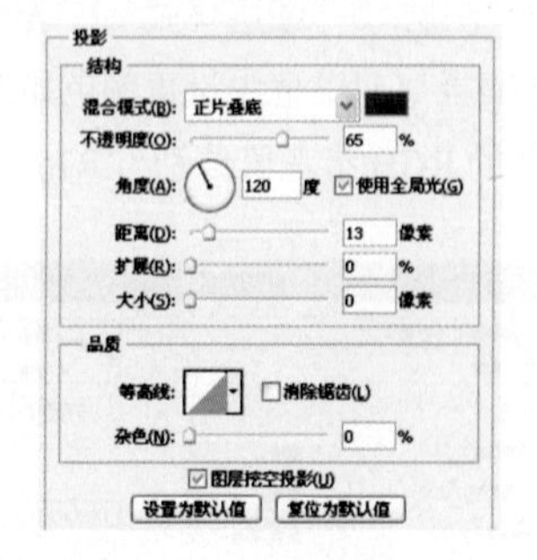

图 10-135 “投影”参数

09 选择“斜面和浮雕”选项，设置参数如图 10-136 所示，单击“确定”按钮，退出“图层样式”

对话框，添加“图层样式”的效果如图 10-137 所示。

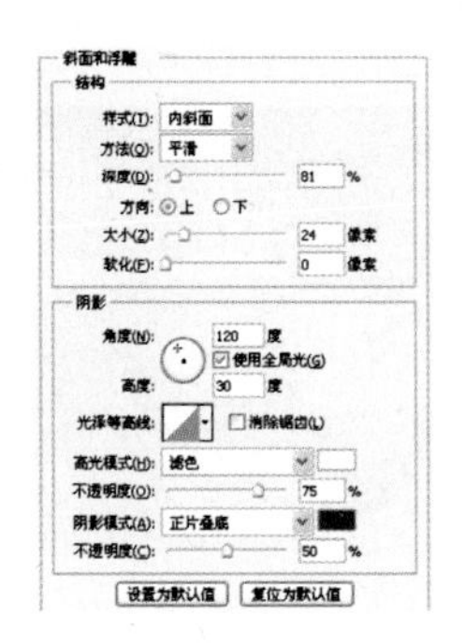

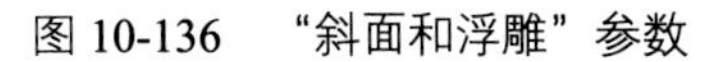

图 10-136 “斜面和浮雕”参数

图 10-137 添加“图层样式”效果

10 按 Ctrl+T 快捷键，进入自由变换状态，单击鼠标右键，在弹出的快捷菜单中选择“斜切”选项，调整至合适的位置和角度，如图 10-138 所示。

11 按 Ctrl+J 组合键，将星球图层复制一层，按住 Alt 键的同时，移动光标至分隔两个图层的实线上，当光标显示为形状时，单击鼠标左键，创建剪贴蒙版，如图 10-139 所示。

图 10-138 斜切变换

图 10-139 创建剪贴蒙版

12 新建一个图层，设置前景色为深棕色（RGB 参考值分别为 R85、G80、B93），在工具箱中选择椭圆工具，按下“填充像素”按钮，在图像窗口中，按住 Shift 键的同时拖动鼠标绘制一个正圆。

13 运用同样的操作方法绘制矩形，按 Ctrl+T 快捷键，进入自由变换状态，单击鼠标右键，在弹出的快捷菜单中选择“透视”选项，调整至合适的位置和角度，如图 10-140 所示。

14 运用同样的操作方法再次调整图形的位置和角度，如图 10-141 所示。

图 10-140 绘制图形

图 10-141 调整图形

15 执行“选择”|“修改”|“扩展”命令，弹出“扩展选区”对话框，设置“扩展量”为40像素，并填充白色，运用同样的操作方法添加“斜面和浮雕”图层样式，制作出钥匙孔效果，如图10-142所示。

图10-142　扩展选区并填充

图10-143　添加剪贴蒙版

16 添加光盘中的“光效.jpg”素材，运用同样的方法，创建剪贴蒙版，如图10-143所示。

17 执行“图像”|“调整”|“照片滤镜”命令，设置参数如图10-144所示。

18 调整图像效果如图10-145所示。

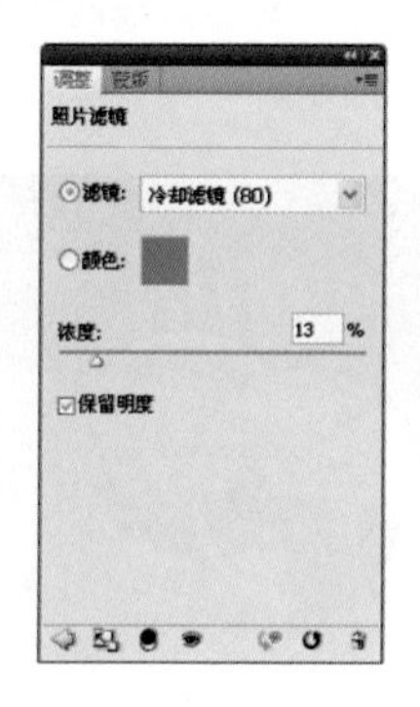

图10-144　“照片滤镜”参数

图10-145　“照片滤镜”效果

19 新建一个图层，设置前景色为白色，选择画笔工具，在工具选项栏中设置“硬度”为0%，“不透明度”和“流量”均为80%，在图像窗口中单击鼠标，绘制如图10-146所示的光点。

20 在工具箱中选择横排文字工具T，设置字体为Arial字体、字体大小为450点，输入文字，如图10-147所示。

图10-146　绘制光点

图10-147　输入文字

21 运用同样的操作方法添加“图层样式”效果，最终效果如图 10-148 所示。

图 10-148　最终效果

Example

10.7 椅贴广告设计——天翼带你畅游 3G

本实例制作的是天翼带你畅游 3G 椅贴广告，实例以独特的图形为主体，通过红色抓住人们的眼球，带翅膀的人物成为整个画面的中心。

使用工具：椭圆工具、钢笔工具、创建剪贴蒙版、画笔工具、横排文字工具、“转换为形状”命令。

视频路径：avi\10.7.avi

01 启用 Photoshop 后，执行“文件”|“新建”命令，弹出“新建”对话框，设置参数如图 10-149 所示，单击“确定”按钮，新建一个空白文件。

02 设置前景色为红色，CMYK 参考值分别为 C0、M96、Y87、K0，在工具箱中选择椭圆工具，按下“形状图层”按钮，在图像窗口中，按住 Shift 键的同时，拖动鼠标绘制如图 10-150 所示的正圆。

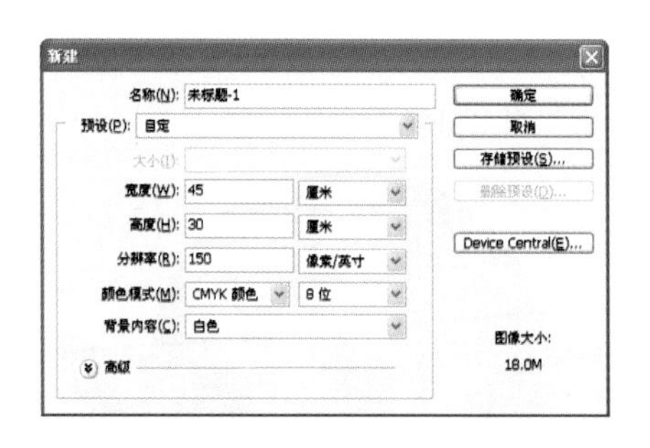

图 10-149　“新建”对话框

图 10-150　绘制正圆

03 在工具箱中选择钢笔工具，按下“形状图层”按钮，在图像窗口中，绘制如图 10-151 所示的翅膀轮廓图形。

04 按 Ctrl+J 组合键，将图形复制一层，选择“编辑”|“变换”|“水平翻转”命令，翻转图形并调整到合适的位置，如图 10-152 所示。

图 10-151　绘制图形

图 10-152　复制图形

05 按 Ctrl+O 快捷键，弹出“打开”对话框，选择人物素材，单击“打开”按钮，运用移动工具，将素材添加至文件中，放置在合适的位置。

06 按住 Alt 键的同时，移动光标至分隔两个图层的实线上，当光标显示为形状时，单击鼠标左键，创建剪贴蒙版，如图 10-153 所示，人物多余的部分被隐藏。

07 运用同样的操作方法，添加光效翅膀和标志素材，如图 10-154 所示。

图 10-153　创建剪贴蒙版

图 10-154　添加光效翅膀和标志素材

08 参照 5.2 娱乐海报——欢乐颂 KTV 制作星光，如图 10-155 所示。

09 新建一个图层，设置前景色为白色，选择画笔工具，在工具选项栏中设置“硬度”为 0%，“不透明度”和“流量”均为 80%，在图像窗口中单击鼠标，绘制如图 10-156 所示的光点。

图 10-155　制作星光

图 10-156　绘制光点

10 在工具箱中选择横排文字工具，设置字体为“方正大标宋简体”、字体大小分别为 72 点，输入文字，调整文字“3G”的文字大小为 120 点，设置字体为仿斜体，如图 10-157 所示。

图 10-157　制作星光

图 10-158　转换文字为形状

11 按住 Ctrl 键的同时，选择文字图层，将文字载入选区，在图像窗口中单击鼠标右键，在弹出的快捷菜单中选择“建立工作路径”选项，转换文字为形状，如图 10-158 所示。

12 分别选择添加锚点工具、删除锚点工具，制作文字变形，如图 10-159 所示。

13 在图层面板中单击“添加图层样式”按钮 fx，在弹出的快捷菜单中选择“斜面和浮雕”选项，弹出“图层样式”对话框。设置参数如图 10-160 所示，单击“确定”按钮，退出“图层样式”对话框，添加“斜面和浮雕”的效果如图 10-161 所示。

图 10-159　制作星光

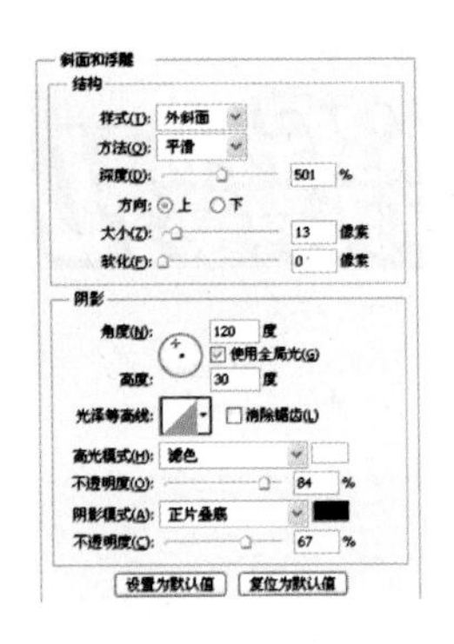

图 10-160　“斜面和浮雕”参数

14 参照本章第 6 节 X 展架广告设计——华擎主板展架实例，制作扩展选区效果，并填充黑色，如图 10-162 所示。

图 10-161　“斜面和浮雕”效果

图 10-162　扩展选区

15 在图层面板中单击“添加图层样式”按钮 fx，在弹出的快捷菜单中选择“颜色叠加”选项，弹出“图层样式”对话框，设置参数如图 10-163 所示。

16 其中颜色为深红色（CMYK 参考值分别为 C52、M100、Y55、K7），选择“描边”选项，设置参数如图 10-164 所示。添加描边颜色为深红色，CMYK 参考值分别为 C57、M100、Y60、K22。

17 单击“确定”按钮，退出“图层样式”对话框，添加“图层样式”的效果如图 10-165 所示。

18 运用同样的操作方法制作其他文字，最终效果如图 10-166 所示。

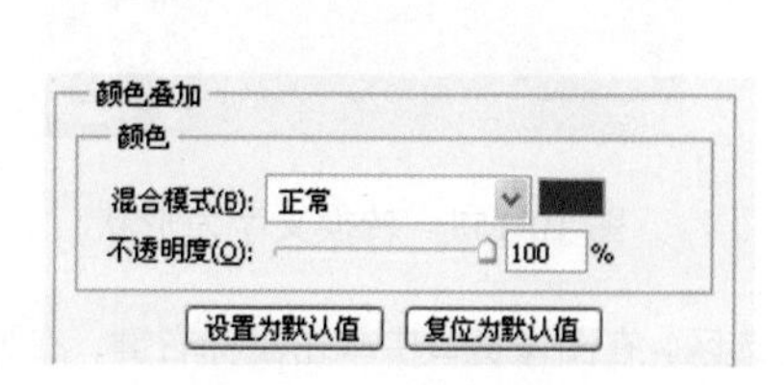

图 10-163 “颜色叠加”参数

图 10-164 “描边”参数

图 10-165 “图层样式”效果

图 10-166 最终效果

技巧点拨

如果某一文档使用了系统未安装的字体，则在打开该文档时看到一条警告信息。Photoshop 会指明缺少哪些字体，如果出现这种情况，可以选择文本并替换当前文档中使用的系统尚未安装的字体。

Example

10.8 杂志内页广告——海尔笔记本

本实例制作的是海尔笔记本杂志内页广告，实例以笔记本为主体，通过曲线调整命令，突出笔记本的质感，成为整个画面的视觉中心。

使用工具：渐变工具、混合模式、“曲线”命令、钢笔工具、画笔工具、图层样式。

视频路径：avi\10.8.avi

01 启用 Photoshop 后，执行“文件”|“新建”命令，弹出“新建”对话框，设置参数如图 10-167 所示，单击“确定”按钮，新建一个空白文件。

02 选择工具箱渐变工具，在工具选项栏中单击渐变条，打开“渐变编辑器”对话框，设置参数如图 10-168 所示，其中深蓝色 RGB 参考值分别为 R3、G94、B147，蓝色 RGB 参考值分别为

R17、G229、B237。

图 10-167 “新建”对话框

图 10-168 “渐变编辑器”对话框

03 单击“确定”按钮，关闭“渐变编辑器”对话框。按下工具选项栏中的“线性渐变”按钮，在图像窗口中拖动鼠标，填充渐变效果如图 10-169 所示。

04 按 Ctrl+O 快捷键，弹出“打开”对话框，选择背景素材，单击“打开”按钮，运用移动工具，将背景素材添加至文件中，放置在合适的位置，设置图层的“混合模式”为“柔光”，如图 10-170 所示。

图 10-169 填充渐变

图 10-170 添加背景素材

05 将添加的背景素材复制一份，设置图层的“混合模式”为“颜色减淡”，“填充”为 70%，如图 10-171 所示。

06 按 Ctrl+O 快捷键，弹出“打开”对话框，选择笔记本素材，单击“打开”按钮，运用移动工具，将素材添加至文件中，放置在合适的位置，如图 10-172 所示。

图 10-171 复制图形

图 10-172 添加笔记本素材

07 单击调整面板中的“曲线”按钮，系统自动添加一个“曲线”调整图层，设置参数如图 10-173 所示。

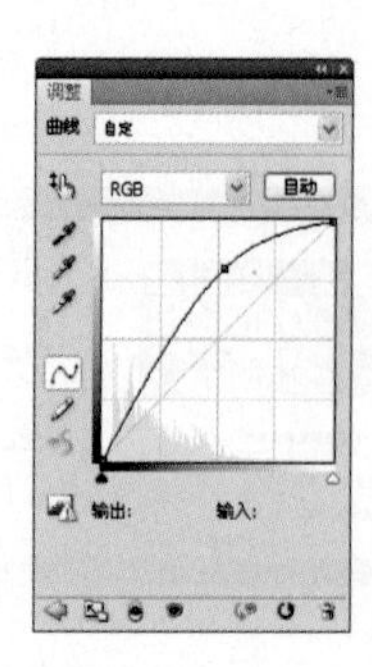

图 10-173 “曲线”调整参数

图 10-174 “曲线”调整效果

08 按 Ctrl+Alt+G 快捷键，创建剪贴蒙版，使此调整只作用于笔记本素材图像，图像效果如图 10-174 所示。

09 设置前景色为白色，在工具箱中选择钢笔工具，按下“形状图层”按钮，在图像窗口中，绘制如图 10-175 所示图形。

10 运用同样的操作方法绘制绿色图形，并将图层顺序下移一层，如图 10-176 所示。

图 10-175 绘制图形

图 10-176 绘制图形

11 运用同样的操作方法绘制如图 10-177 所示的其他图形。

12 新建一个图层，在工具箱中选择钢笔工具，按下“路径”按钮，在图像窗口中，绘制如图 10-178 所示的路径。

图 10-177 绘制其他图形

图 10-178 绘制路径

13 选择画笔工具，设置前景色为白色，画笔“大小”为“5 像素”、“硬度”为 100%，选择钢笔工具，在绘制的路径上方单击鼠标右键，在弹出的快捷菜单中选择“描边路径”选项，在弹出的对话框中选择“画笔”选项，并选中“模拟压力”复选框，单击“确定”按钮，描边路径，得到如图 10-179 所示的效果。

图 10-179　描边路径

图 10-180　复制光线

14 将光线复制一份，如图 10-180 所示。

15 在图层面板中单击“添加图层样式”按钮 fx，在弹出的快捷菜单中选择“外发光”选项，弹出“图层样式”对话框，设置参数如图 10-181 所示。

16 单击“确定”按钮，退出“图层样式”对话框，添加“外发光”的效果如图 10-182 所示。

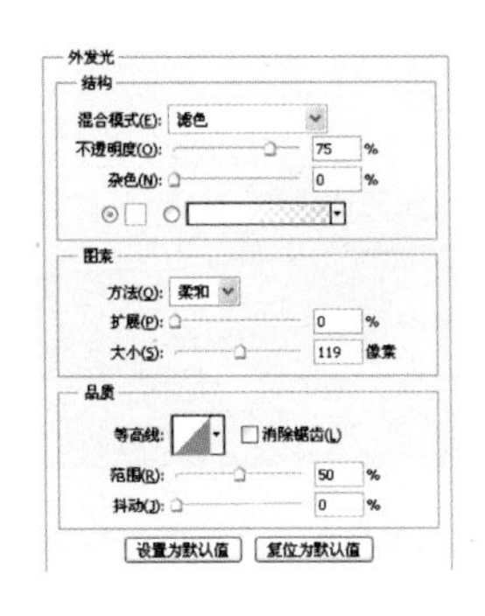

图 10-181　“外发光”参数

图 10-182　“外发光”效果

17 参照实例 1.7 海报设计——化妆美容大赛海报设计绘制星星，如图 10-183 所示。

18 参照前面同样的操作方法添加“外发光”样式，并将星星复制一层，如图 10-184 所示。

图 10-183　绘制星星

图 10-184　复制星星

19 按 Ctrl+O 快捷键，弹出“打开”对话框，选择其他素材，单击“打开”按钮，运用移动工具，将素材添加至文件中，放置在合适的位置，如图 10-185 所示。

20 选择“双驱芯平台”图层，在图层面板中单击“添加图层样式”按钮 fx，在弹出的快捷菜单中选择“外发光”选项，弹出“图层样式”对话框，设置参数如图 10-186 所示。

21 单击“确定”按钮，退出“图层样式”对话框，添加“外发光”的效果，如图 10-187 所示。

22 运用同样的操作方法，为“高清全接口”添加“外发光”的效果，如图 10-188 所示。

图 10-185　添加其他素材

图 10-186　“外发光”参数

图 10-187　“外发光”效果

图 10-188　“外发光”效果

23 设置前景色为红色（RGB 参考值分别为 R255、G0、B0），在工具箱中选择横排文字工具 T，设置字体为“方正大黑简体”、字体大小为 24 点，输入文字，调整 6999 的字体大小为 85 点，最终效果如图 10-189 所示。

图 10-189　最终效果

第 11 章

地产类中最重要的广告形式包括楼书、海报以及报纸广告，而在这三者中往往都会有一个比较清晰的表述主线贯穿，且这条主线又是至关重要的，它既要符合房产广告表现的一般形式，也要遵循消费者阅读的心理兴趣。一个楼盘所带给消费者的并不仅仅是项目本身，而对于大方面来说还涉及到其地理位置、交通条件、周边配套设施等。在一个项目中，无论是其人文关怀还是精神享受，甚至是生活方式，都是始终贯穿于其中的主要思想，应该从各方面都体现出来。

地产篇

Example

11.1 房地产手提袋设计——怡涛阁

本实例制作的是怡涛阁房地产手提袋设计，以图形元素为主体，通过波涛、大海、蓝天和白云，体现房产融于水天一色的居住环境氛围。

使用工具：“新建参考线”命令、矩形工具、钢笔工具、创建剪贴蒙版、钢笔工具、横排文字工具、矩形工具、直排文字工具、矩形选框工具、多边形套索工具、渐变工具。

视频路径: avi\11.1.avi

01 启动 Photoshop 后，执行“文件”|“新建”命令，弹出“新建”对话框，设置参数如图 11-1 所示，单击“确定”按钮，新建一个空白文件，填充背景为黑色。

02 执行“视图”|“新建参考线”命令，弹出“新建参考线”对话框，在对话框中设置参数，如图 11-2 所示。

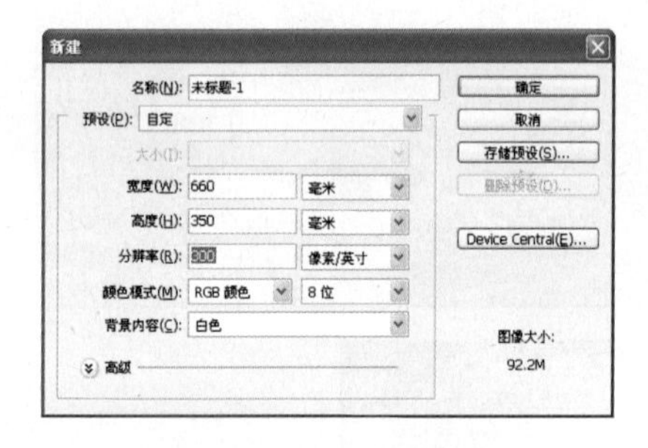

图 11-1 “新建”对话框

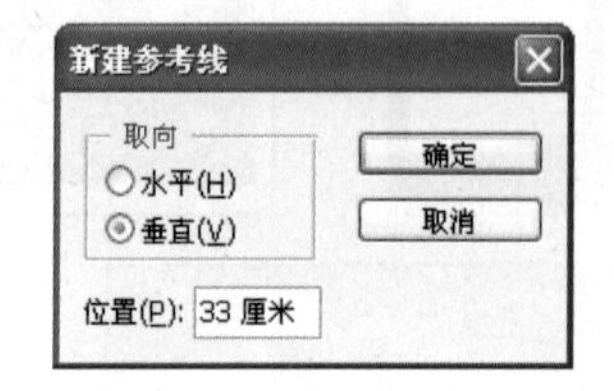

图 11-2 “新建参考线”对话框

03 单击“确定”按钮，退出“新建参考线”对话框，新建参考线如图 11-3 所示。

04 运用同样的操作方法，新建其他参考线，如图 11-4 所示。

图 11-3 新建参考线

图 11-4 新建参考线

05 新建一个图层，设置前景色为白色，在工具箱中选择矩形工具，按下“填充像素”按钮，在图像窗口中，拖动鼠标绘制矩形如图 11-5 所示。

06 新建一个图层，设置前景色为蓝色（RGB 参考值分别为 R0、G102、B179），在工具箱中选择矩形工具，按下“填充像素”按钮，在图像窗口中，拖动鼠标绘制矩形如图 11-6 所示。

图 11-5　绘制矩形

图 11-6　继续绘制矩形

07 新建一个图层，单击工具箱中的钢笔工具，在选项栏中选择“形状图层”按钮，绘制如图11-7所示的图形。

08 按 Ctrl+Alt+G 快捷键，创建剪贴蒙版，如图 11-8 所示。

09 运用同样的操作方法，绘制其他图形如图 11-9 所示。

图 11-7　绘制图形

图 11-8　创建剪贴蒙版

图 11-9　绘制其他图形

10 新建一个图层，设置前景色为蓝色（RGB 参考值分别为 R63、G200、B244），在工具箱中选择矩形工具，按下“填充像素”按钮，在图像窗口中，拖动鼠标绘制矩形如图 11-10 所示。

图 11-10　绘制矩形

图 11-11　绘制云彩和月亮

图 11-12　输入文字

11 新建一个图层，单击工具箱中的钢笔工具，在选项栏中选择“形状图层”按钮，绘制云彩和月亮如图 11-11 所示。

12 设置前景色为蓝色（RGB 参考值分别为 R65、G136、B198），单击工具箱中的横排文字工具T，设置字体为华文中宋，字体大小为 60 点，输入文字，如图 11-12 所示。

13 新建一个图层，设置前景色为白色，在工具箱中选择矩形工具，按下“填充像素”按钮，在图像窗口中，拖动鼠标绘制矩形如图 11-13 所示。

14 设置前景色为蓝色（RGB 参考值分别为 R65、G136、B198），单击工具箱中的直排文字工具，设置字体为楷体_GB2312，字体大小为 60 点，输入文字，如图 11-14 所示。

图 11-13　绘制矩形

图 11-14　输入文字

15 将手提袋侧面的图层合并，将合并的图层复制一份，调整到合适的位置，如图 11-15 所示。

16 运用同样的操作方法，将手提袋的正面的图层合并，将合并的图层复制一份，调整到合适的大小和位置，如图 11-16 所示。

图 11-15　复制侧面

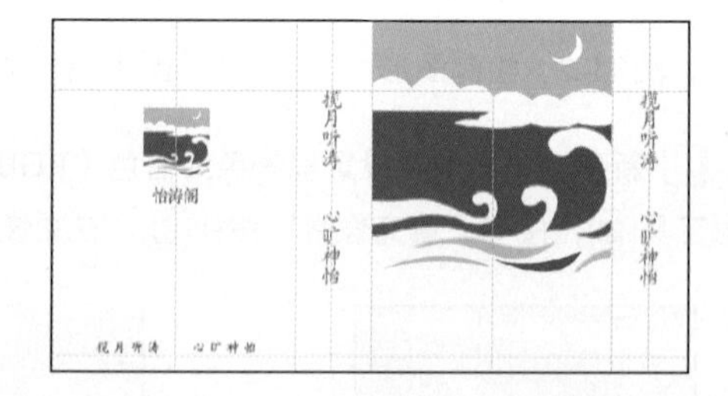

图 11-16　复制正面

17 执行“文件”|“新建”命令，弹出“新建”对话框，设置参数如图 11-17 所示，单击“确定”按钮，新建一个空白文件，填充背景为黑色。

18 切换至平面效果文件，选取矩形选框工具，绘制一个矩形选框，按 Ctrl+C 快捷键复制，切换至立体效果文件，按 Ctrl+V 快捷键粘贴，并调整大小及位置。按 Ctrl+T 组合键，单击鼠标右键，在弹出的快捷菜单中选择“斜切”选项，调整图像，如图 11-18 所示。

19 运用同样的操作方法制作手提袋的侧面，如图 11-19 所示。

20 选择工具箱的多边形套索工具，建立如图 11-20 所示的选区。

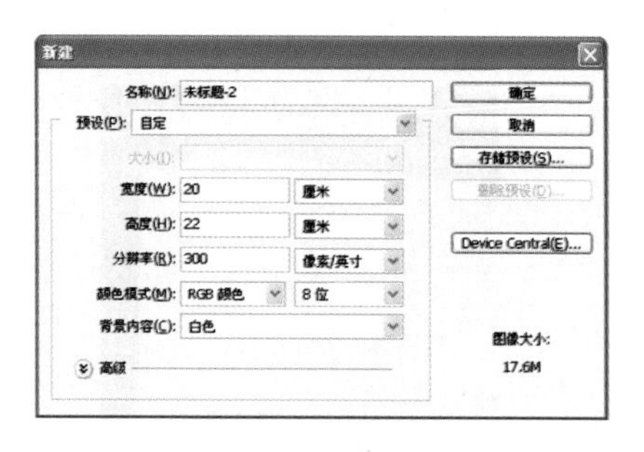

图 11-17 手提袋侧面素材

图 11-18 调整图像

图 11-19 制作手提袋的侧面

图 11-20 建立选区

21 选择工具箱渐变工具，在工具选项栏中单击渐变条，打开“渐变编辑器”对话框，设置参数如图 11-21 所示，其中浅白色 RGB 参考值分别为 R230、G230、B230。

图 11-21 “渐变编辑器”对话框

图 11-22 填充渐变

22 单击“确定”按钮，关闭“渐变编辑器”对话框。按下工具选项栏中的“线性渐变”按钮，在图像中拖动鼠标，填充渐变。按 Ctrl+D 取消选区选择，效果如图 11-22 所示。

23 选择工具箱中的多边形套索工具，绘制如图 11-23 所示选区。

24 按 Delete 键删除所选区域的图形，按 Ctrl+D 取消选择，效果如图 11-24 所示。

图 11-23　建立选区

图 11-24　删除选区图形

25 新建一个图层，选择工具箱中的钢笔工具，在选项栏中选择“路径”按钮，绘制如图 11-25 所示的路径。

26 选择画笔工具，设置前景色为白色，画笔“大小”为“5 像素”、“硬度”为 100%。

27 选择钢笔工具，在绘制的路径上方单击鼠标右键，在弹出的快捷菜单中选择“描边路径”选项，在弹出的对话框中选择“画笔”选项，单击“确定”按钮，描边路径，按 Ctrl+H 快捷键隐藏路径，得到如图 11-26 所示的效果。

图 11-25　绘制绳子路径

图 11-26　描边路径

28 运用同样的操作方法制作另一根绳子，如图 11-27 所示。

29 切换至平面效果文件，选取矩形选框工具，绘制一个矩形选框，按 Ctrl+C 快捷键复制，切换至立体效果文件，新建一个图层，按 Ctrl+V 快捷键粘贴，并调整大小及位置，如图 11-28 所示。

30 单击图层面板上的“添加图层蒙版”按钮，为图层添加图层蒙版，按 D 键，恢复前景色和背景为默认的黑白颜色，选择渐变工具，按下“线性渐变”按钮，在图像窗口中按住并拖动鼠标，效果如图 11-29 所示。

31 运用同样的操作方法制作手提袋侧面投影，如图 11-30 所示。

图 11-27　制作另一根绳子

图 11-28　复制图像

图 11-29　添加图层蒙版

图 11-30　制作手提袋侧面投影

32 参照前面同样的操作方法制作手提袋背面的立体效果，如图 11-31 所示。

图 11-31　最终效果

Example

11.2 标志设计——西域皇家港湾

本实例制作的是西域皇家港湾标志设计，实例以选用较为沉稳的色调表现出庄重和典雅的风格。

使用工具：椭圆工具、“变换选区”命令、图层样式、钢笔工具、图层蒙版、渐变工具、画笔工具、创建剪贴蒙版、横排文字工具。

视频路径：avi\11.2.avi

01 启动 Photoshop 后，执行“文件”|“新建”命令，弹出“新建”对话框，设置参数如图 11-32 所示，单击“确定”按钮，新建一个空白文件。

02 设置前景色为深棕色（RGB 参考值分别为 R57、G10、B3），填充背景颜色，设置前景色为白色，在工具箱中选择椭圆工具，按下“形状图层”按钮，在图像窗口中，按住 Shift 键的同时，拖动鼠标绘制如图 11-33 所示正圆。

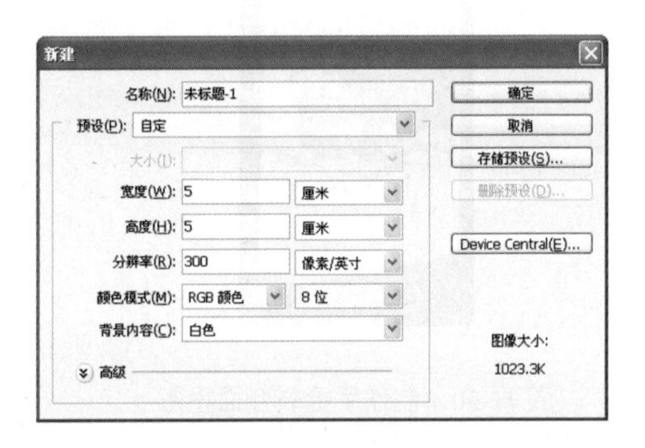

图 11-32 “新建”对话框

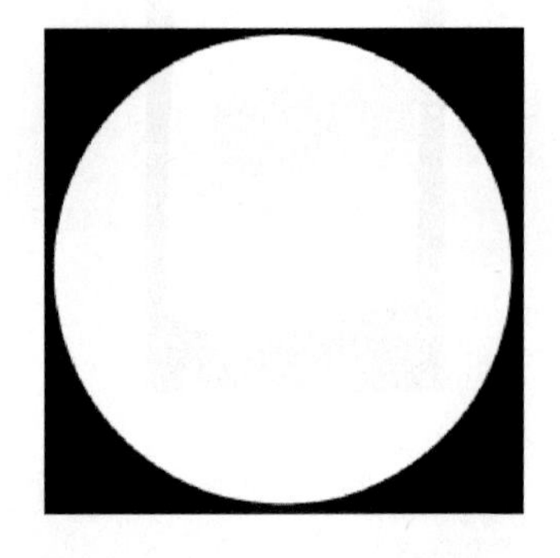

图 11-33 绘制正圆

知识链接——背景图层与普通图层的转换

使用白色背景或彩色背景创建新图像时，图层面板中最下面的图像为背景。

背景图层转换为普通图层。“背景”图层是较为特殊的图层，我们无法修改它的堆叠顺序、混合模式和不透明度。要进行这些操作，需要将“背景”图层转换为普通图层。

双击“背景”图层，打开“新建图层”对话框，如图 11-34 所示，在该对话框中可以为它设置名称、颜色、模式和不透明度，设置完成后单击“确定”按钮，即可将其转换为普通图层，如图 11-35 所示。

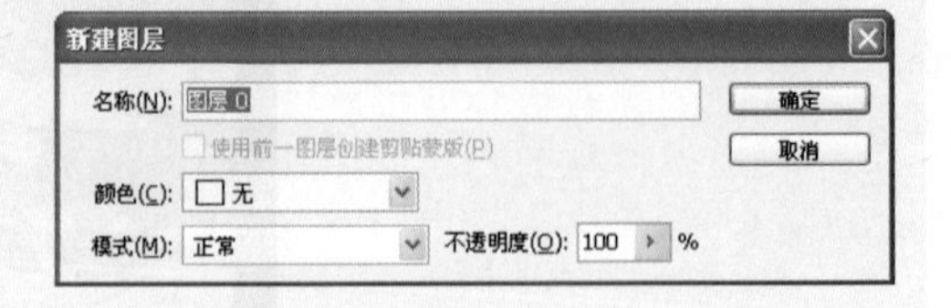

图 11-34 “新建图层”对话框

图层普通转换为背景图层。在创建包含透明内容的新图像时，图像中没有“背景”图层。

如果当前文件中没有“背景”图层，可选择一个图层，然后执行“图层”|“新建”|“背景图层”命

令，将该图层转换为背景图层，如图 11-36 所示。

图 11-35　背景图层转换为普通图层

图 11-36　普通图层转换为背景图层

03 将绘制的正圆复制一层，执行“选择”|“自由变换路径”命令，按住 Shift+Alt 键的同时，向内拖动控制柄，按 Enter 键确认调整。执行“图层”|“图层样式”|“渐变叠加”命令，弹出“图层样式”对话框，单击渐变条，在弹出的“渐变编辑器”对话框中设置颜色如图 11-37 所示，其中黄色的 RGB 参考值分别为 R248、G218、B138，深黄色的 RGB 参考值分别为 R105、G84、B37。

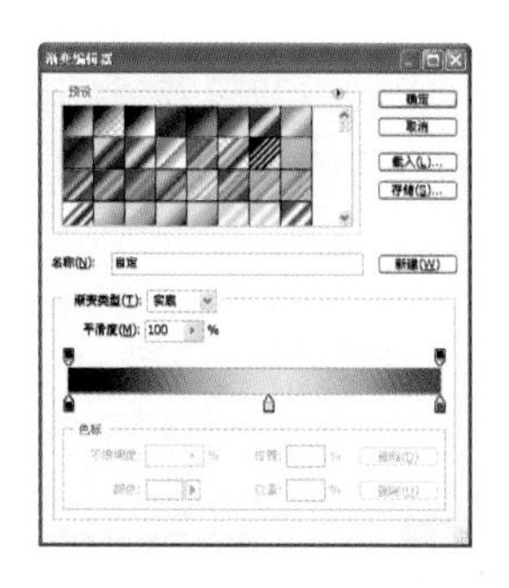

图 11-37　“渐变编辑器”对话框

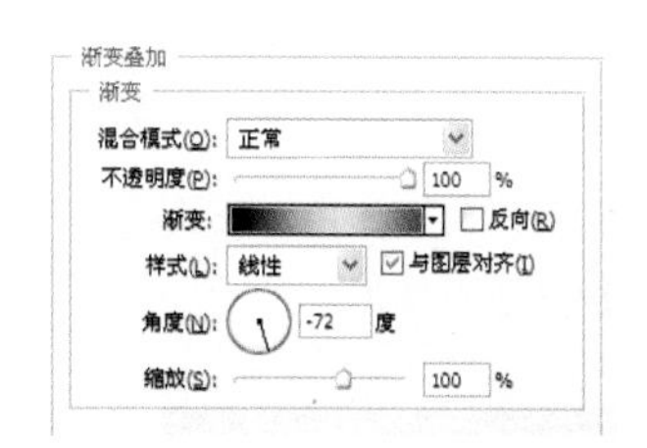

图 11-38　“渐变叠加”参数

04 单击“确定”按钮，返回“图层样式”对话框，如图 11-38 所示。

05 单击“确定”按钮，退出“图层样式”对话框，添加“渐变叠加”的效果如图 11-39 所示。

06 运用同样的操作方法，再次制作如图 11-40 所示的正圆。

07 设置前景色为白色，在工具箱中选择钢笔工具，按下“形状图层”按钮，在图像窗口中，绘制如图 11-41 所示路径。

08 单击图层面板上的“添加图层蒙版”按钮，为图层添加图层蒙版，按 D 键，恢复前景色和背景为默认的黑白颜色，选择渐变工具，按下“线性渐变”按钮，在图像窗口中按住并拖动鼠标，然后选择画笔工具，按“[”或“]”键调整合适的画笔大小，在绘制的高光部分涂抹，如图 11-42 所示。

图 11-39 “渐变叠加”效果

图 11-40 再次制作正圆

图 11-41 绘制路径

09 参照前面同样的操作方法，绘制右下角的高光部分，并添加图层蒙版，如图 11-43 所示。

10 参照前面同样的操作方法，将正圆复制两层，再次制作正圆，如图 11-44 所示。

图 11-42 添加图层蒙版

图 11-43 添再次制作高光部分

图 11-44 再次制作正圆

11 按 Ctrl+O 快捷键，弹出“打开”对话框，选择金色花纹，单击“打开”按钮，运用移动工具，将素材添加至文件中，放置在合适的位置，按 Ctrl+Alt+G 快捷键，创建剪贴蒙版，如图 11-45 所示。

12 将金色花纹复制一层，调整到合适的大小和位置如图 11-46 所示。

13 设置前景色为白色，在工具箱中选择钢笔工具，按下“形状图层”按钮，在图像窗口中，绘制如图 11-47 所示图形。

图 11-45 添加金色花纹素材

图 11-46 复制金色花纹

图 11-47 绘制图形

14 参照前面同样的操作方法，添加“渐变叠加”图层样式，如图 11-48 所示。

15 再次制作图形，如图 11-49 所示。

16 添加一张园林建筑图片，单击图层面板上的“添加图层蒙版”按钮，为图层添加图层蒙版。编辑图层蒙版，设置前景色为黑色，选择画笔工具，按“[”或“]”键调整合适的画笔大小，在图像上涂抹，如图 11-50 所示。

图 11-48　添加“渐变叠加”图层样式

图 11-49　再次制作图形

图 11-50　添加图层蒙版

17 在工具箱中选择横排文字工具，设置字体为“方正综艺简体”字体、字体大小为 13 点，输入文字如图 11-51 所示。

18 参照前面同样的操作方法，添加“渐变叠加”图层样式，最终效果如图 11-52 所示。

图 11-51　输入文字

图 11-52　最终效果

Example

11.3 报纸广告——恒荔湾畔二期

本实例制作的是恒荔湾畔二期报纸广告，实例通过灯火通明的夜景，体现出楼盘的得天独厚的地理位置和都市繁华景象，是居住和投资的极佳选择。

使用工具：图层蒙版、画笔工具、“亮度/对比度”命令、横排文字工具、图层样式。

视频路径：avi\11.3.avi

01 启动 Photoshop 后，执行“文件”|“新建”命令，弹出“新建”对话框，设置参数如图 11-53 所示，单击“确定”按钮，新建一个空白文件。

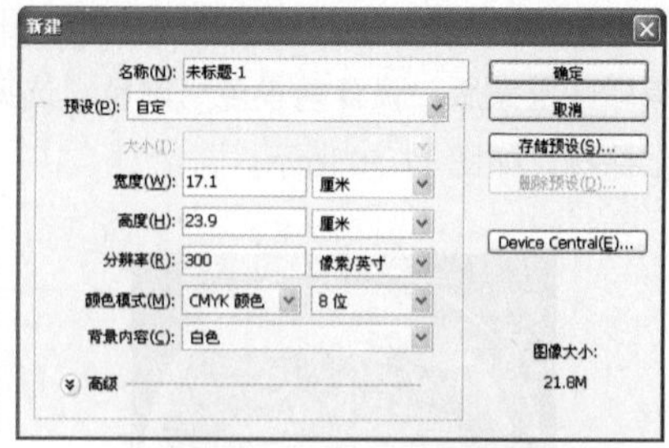

图 11-53 “新建”对话框

02 按 Ctrl+O 快捷键，弹出“打开”对话框，选择布纹图片素材，单击“打开”按钮，运用移动工具，将素材添加至文件中，放置在合适的位置。

03 按 Ctrl+J 组合键，将布纹图层复制一层，调整大小，放置在合适的位置，如图 11-54 所示。

04 参照同样的操作方法添加建筑夜景素材如图 11-55 所示。

05 继续添加夜景素材，然后单击图层面板上的“添加图层蒙版”按钮，为“图层 1”图层添加图层蒙版。编辑图层蒙版，设置前景色为黑色，选择画笔工具，按“[”或“]”键调整合适的画笔大小，在图像上涂抹，使两幅夜景图像自然融合，如图 11-56 所示。

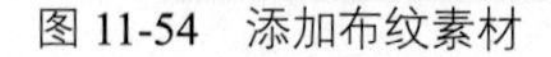

图 11-54 添加布纹素材

图 11-55 添加图片素材

图 11-56 添加图层蒙版

06 单击调整面板中的“亮度/对比度”按钮，系统自动添加一个“亮度/对比度”调整图层，设置参数如图 11-57 所示，使此调整只作用于夜景素材图像，此时图像效果如图 11-58 所示。

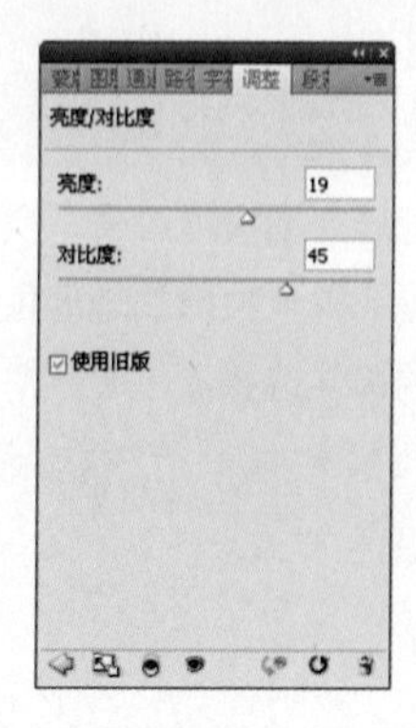

图 11-57 “亮度/对比度”调整参数

图 11-58 “亮度/对比度”调整效果

07 运用同样的操作方法添加标志和布纹素材，如图 11-59 所示。

08 在工具箱中选择横排文字工具T，设置字体为“方正准圆繁体”、字体大小为 13 点，输入文字，如图 11-60 所示。

图 11-59　添加标志和布纹素材

图 11-60　输入文字

09 执行“图层”|“图层样式”|“渐变叠加”命令，弹出“图层样式”对话框，单击渐变条，在弹出的“渐变编辑器”对话框中设置颜色如图 11-61 所示，其中土黄色的 CMYK 参考值分别为 C23、M42、Y75、K16，淡黄色的 CMYK 参考值分别为 C16、M33、Y64、K0。单击“确定”按钮，返回“图层样式”对话框，如图 11-62 所示。

图 11-61　“渐变编辑器”对话框

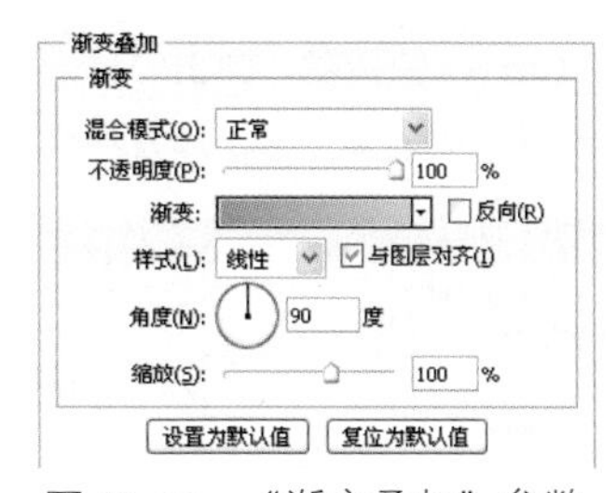

图 11-62　“渐变叠加”参数

10 选择“斜面和浮雕”选项，设置参数如图 11-63 所示，单击“确定”按钮，退出“图层样式”对话框，添加“图层样式”的效果如图 11-64 所示。

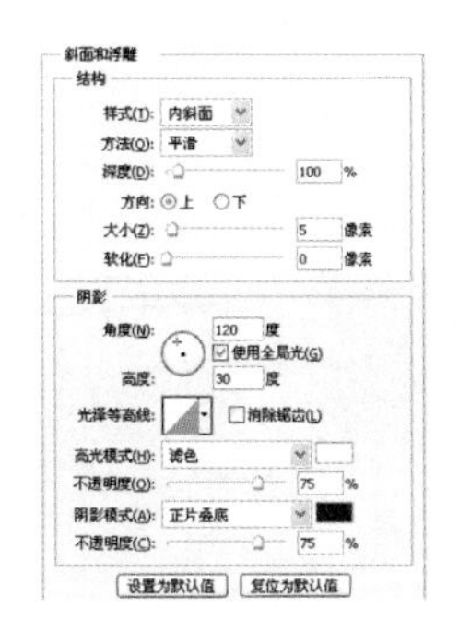

图 11-63　“斜面和浮雕”参数

图 11-64　添加“图层样式”效果

图 11-65　最终效果

11 运用同样的操作方法输入其他文字，最终效果如图 11-65 所示。

技巧点拨

在选定文字的情况下，按下 Ctrl + Shift + >或 Ctrl + Shift + <快捷键，可以 2 点为步长快速地增大或减少文字的大小；按下 Ctrl + Alt + Shift + >或 Ctrl + Alt + Shift + <快捷键可以 10 点为步长增大/减少文字的大小。

Example

11.4 楼盘参观券设计——长沙新城房产

本实例制作的是长沙新城房产楼盘参观券设计，实例以温馨、舒适的家居为主体，以富丽堂皇的家居图片，暗示楼盘的奢华和高贵。

使用工具：矩形工具、图层样式、“色彩范围”命令、混合模式、矩形工具、横排文字工具。

视频路径：avi\11.4.avi

01 启动 Photoshop 后，执行“文件”|“新建”命令，弹出“新建”对话框，设置参数如图 11-66 所示，单击“确定”按钮，新建一个空白文件。

02 按 Ctrl+O 快捷键，弹出“打开”对话框，选择户型照片素材，单击“打开”按钮，运用移动工具，将素材添加至文件中，放置在合适的位置，如图 11-67 所示。

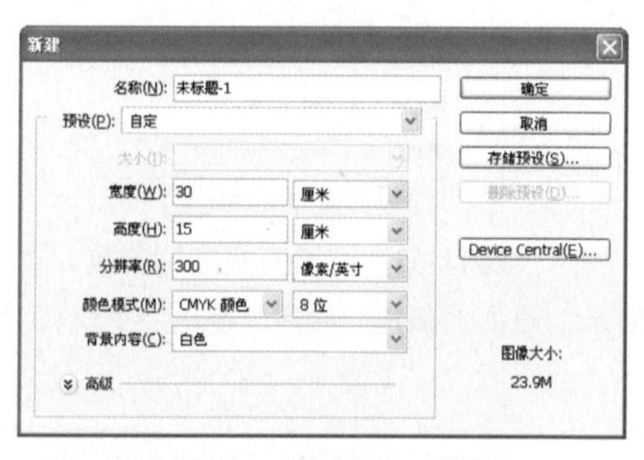

图 11-66 “新建”对话框

图 11-67 添加户型照片

03 设置前景色为橙色（CMYK 参考值分别为 C1、M85、Y97、K0），在工具箱中选择矩形工具，按下“形状图层”按钮，在图像窗口中，绘制矩形如图 11-68 所示。

04 按下“添加到形状区域”按钮，继续绘制矩形，如图 11-69 所示。

图 11-68 绘制矩形

图 11-69 再次绘制矩形

05 打开一张花纹图片，执行“选择”|“色彩范围”命令，弹出的“色彩范围”对话框，按下对话框右侧的吸管按钮，移动光标至图像窗口中背景位置单击鼠标，如图11-70所示。

06 建立选区，如图11-71所示。

图11-70 “色彩范围”对话框

图11-71 建立选区

07 按Ctrl+Shift+I键，将选区反向得到花纹的选区，运用移动工具，将花纹添加至文件中，如图11-72所示。

08 设置图层的“混合模式”为“线性加深”，“不透明度”为64%，将花纹复制一层，放置在合适的位置，如图11-73所示。

图11-72 添加花纹素材

图11-73 “线性加深”效果

09 设置前景色为棕色（CMYK参考值分别为C64、M90、Y84、K58），在工具箱中选择矩形工具，按下“形状图层”按钮，在图像窗口中，绘制矩形如图11-74所示。

10 设置前景色为红色（CMYK参考值分别为C1、M85、Y97、K0），在工具箱中选择横排文字工具，设置字体为“方正综艺简体”、字体大小为50点，输入文字如图11-75所示。

图11-74 绘制图形

图11-75 添加大海照片

11 在图层面板中单击“添加图层样式”按钮，在弹出的快捷菜单中选择“描边”选项，弹出

“图层样式”对话框，设置参数如图 11-76 所示。

12 单击“确定”按钮，退出“图层样式”对话框，添加“描边”的效果如图 11-77 所示。

图 11-76 “描边”参数

图 11-77 “描边”效果

13 运用同样的操作方法，输入其他文字，如图 11-78 所示。

技巧点拨

使用文字工具添加文字以后，如果需要调整个别字符之间的距离，可以将光标放在两个字符之间，按住 Alt 键后，用左右方向键调整。

图 11-78 “描边”效果

Example

11.5 户外灯箱广告——大江岸上的院馆

本实例制作的是大江岸上的院馆户外灯箱广告，实例通过暖色调，体现出院馆的自然和温情，制作完成的大江岸上的院馆户外灯箱广告效果如左图所示。

使用工具：图层蒙版、画笔工具、“色彩平衡”命令、创建剪贴蒙版、横排文字工具。

视频路径：avi\11.5.avi

01 启动 Photoshop 后，执行“文件”|“新建”命令，弹出“新建”对话框，设置参数如图 11-79 所示，单击“确定”按钮，新建一个空白文件。

02 按 Ctrl+O 快捷键，弹出“打开”对话框，选择院落图片素材，单击“打开”按钮，运用移动工具，将素材添加至文件中，放置在合适的位置，如图 11-80 所示。

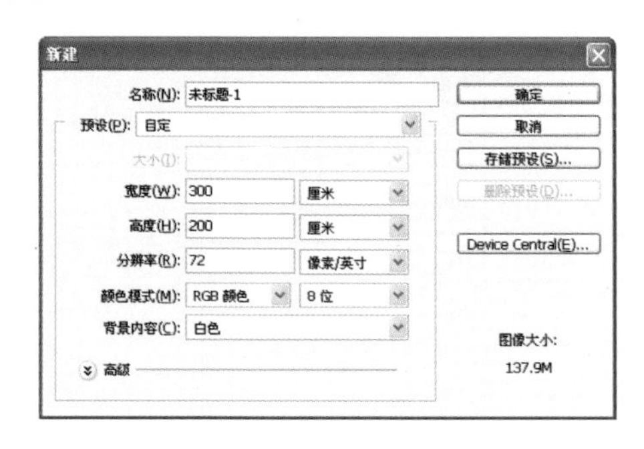

图 11-79 “新建”对话框

图 11-80 添加素材文件

03 运用同样的操作方法添加云彩素材图片，设置图层的“混合模式”为“颜色加深”，效果如图 11-81 所示。

04 单击图层面板上的“添加图层蒙版”按钮，为“云彩”图层添加图层蒙版。编辑图层蒙版，设置前景色为黑色，选择画笔工具，按“[”或“]”键调整合适的画笔大小，在图像上涂抹，如图 11-82 所示。

图 11-81 “颜色加深”效果

图 11-82 添加图层蒙版

技巧点拨

颜色加深图层混合模式混合时查看图层每个通道的颜色信息，通过增加对比度以加深图像颜色，通常用于创建非常暗的阴影效果。

05 运用同样的操作方法添加皇宫和栏杆素材，如图 11-83 所示。

06 单击调整面板中的“色彩平衡”按钮，系统自动添加一个“色彩平衡”调整图层，设置参数如图 11-84 所示。

07 按住 Alt 键的同时，移动光标至分隔两个图层的实线上，当光标显示为形状时，单击鼠标左键，创建剪贴蒙版，调整图像，运用同样的操作方法添加其他素材，如图 11-85 所示。

08 选择地毯图层，按 Ctrl+T 快捷键，进入自由变换状态，单击鼠标右键，在弹出的快捷菜单中选择“斜切”选项，调整地毯至合适的透视角度，如图 11-86 所示。

图 11-83　添加皇宫和栏杆素材

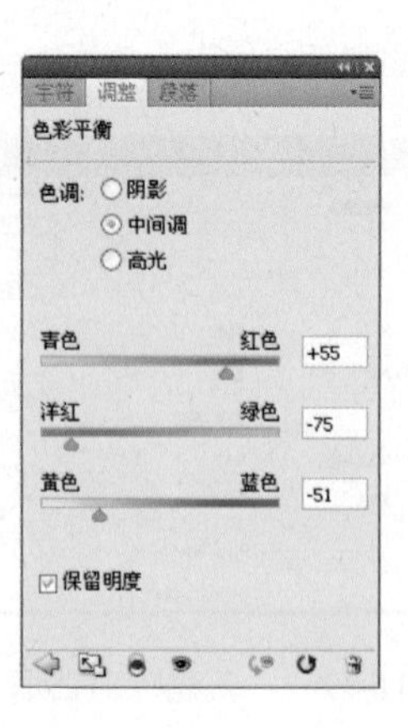

图 11-84　“色彩平衡”调整参数

图 11-85　添加皇宫和栏杆素材

图 11-86　调整素材

09 参照上面同样的操作方法，调整素材，如图 11-87 所示。

10 运用同样的操作方法添加鸟、人物和台灯等素材，如图 11-88 所示。

图 11-87　调整素材

图 11-88　添加其他素材

11 设置前景色为绿色（RGB 参考值分别为 R0、G88、B38），在工具箱中选择横排文字工具 T，设置字体为“方正粗宋简体”、字体大小为 120 点，输入文字如图 11-89 所示。

12 运用同样的操作方法输入其他文字，得到如图 11-90 所示的最终效果。

图 11-89 输入文字

图 11-90 最终效果

Example

11.6 地产开业广告——Open

本实例制作的是地产开业广告，实例以“Open”为主题，以盛开的花朵比喻地产，象征本地产项目将像鲜花盛开一样绚彩夺目，前景似锦。

使用工具：画笔工具、混合模式、画笔工具、“色彩平衡”命令、横排文字工具、图层样式。

视频路径：avi\11.6.avi

01 启动 Photoshop 后，执行“文件”|“新建”命令，弹出“新建”对话框，设置参数如图 11-91 所示，单击“确定”按钮，新建一个空白文件。

02 新建一个图层，设置前景色为黄色（RGB 参考值分别为 R240、G227、B0），按 Alt+Delete 键填充背景图层。设置前景色为红色（RGB 参考值分别为 R220、G17、B19），选择画笔工具，在工具选项栏中设置画笔为“柔角 300 像素”“硬度”为 0%，“不透明度”为 100%、“流量”均为 16%，在图像窗口中单击鼠标，绘制效果如图 11-92 所示。在绘制的时候，可通过按“[”键和“]”键调整画笔的大小。

图 11-91 “新建”对话框

图 11-92 画笔效果

03 按 Ctrl+O 快捷键，弹出“打开”对话框，选择背景图片，单击“打开”按钮，运用移动工具，将素材添加至文件中，放置在合适的位置，如图 11-93 所示。

04 设置图层的“混合模式”为“颜色加深”，“不透明度”为 100%，效果如图 11-94 所示。

图 11-93　添加背景图片

图 11-94　“颜色加深”效果

05 按 Ctrl+O 快捷键，弹出“打开”对话框，选择建筑群、荷花素材，单击“打开”按钮，运用移动工具，将素材添加至文件中，放置在合适的位置，如图 11-95 所示。

06 运用同样的操作方法。添加园林建筑图片素材，单击图层面板上的“添加图层蒙版”按钮，为“园林建筑”添加图层蒙版。编辑图层蒙版，设置前景色为黑色，选择画笔工具，按“[”或“]”键调整合适的画笔大小，在图像上涂抹，如图 11-96 所示。

图 11-95　添加素材文件

图 11-96　添加图层蒙版

07 单击调整面板中的“色彩平衡”按钮，系统自动添加一个“色彩平衡”调整图层，设置参数如图 11-97 所示。

08 按住 Alt 键的同时，移动光标至分隔两个图层的实线上，当光标显示为形状时，单击鼠标左键，创建剪贴蒙版，使“色彩平衡”调整只作用于园林建筑素材图像，如图 11-98 所示。

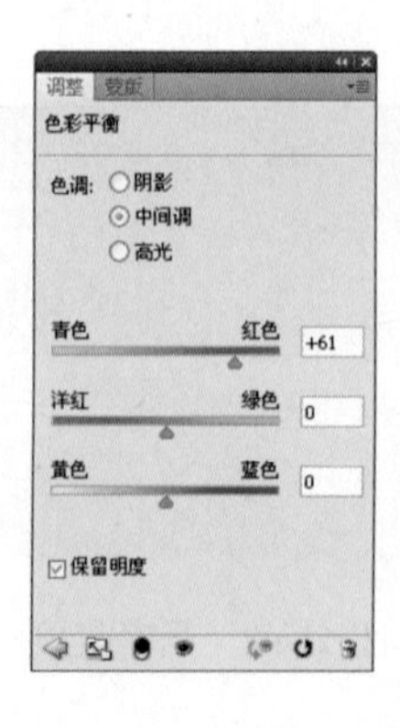

图 11-97　“色彩平衡”调整参数

图 11-98　“色彩平衡”调整效果

09 设置前景色为黑色，在工具箱中选择横排文字工具，设置字体为 Franklin Gothic，字体大小为

111 点，输入文字，如图 11-99 所示。

10 在图层面板中单击“添加图层样式”按钮 *fx*，弹出“图层样式”对话框，选择“斜面和浮雕”选项，设置参数如图 11-100 所示。

11 选择“渐变叠加”选项，单击渐变条，在弹出的“渐变编辑器”对话框中设置颜色如图 11-101 所示，其中黄色的 CMYK 参考值分别为 C10、M32、Y89、K5，淡黄色的 CMYK 参考值分别为 C2、M11、Y65、K0。

12 单击“确定”按钮，返回“图层样式”对话框，如图 11-102 所示。

图 11-99　输入文字

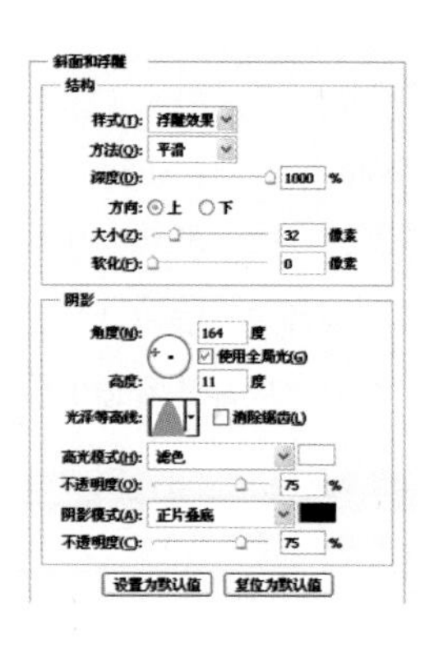

图 11-100　“斜面和浮雕”参数

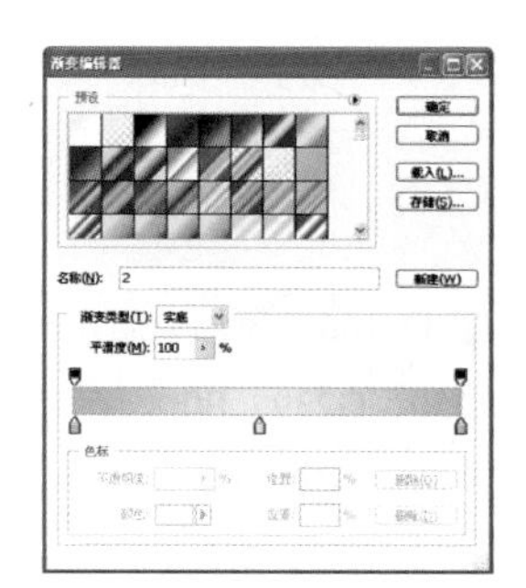

图 11-101　“渐变编辑器”对话框

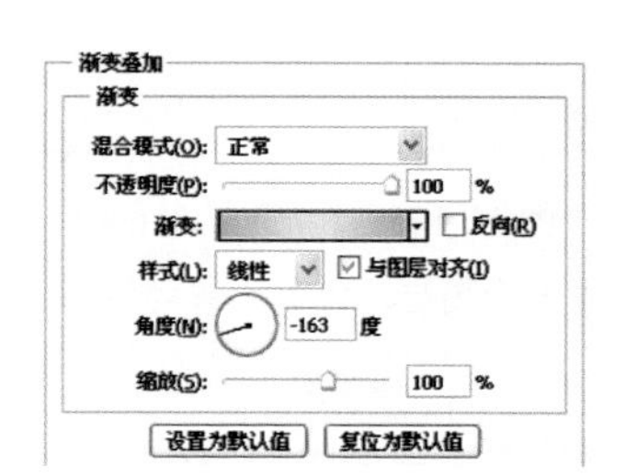

图 11-102　“渐变叠加”参数

13 单击“确定”按钮，退出“图层样式”对话框，添加“图层样式”的效果如图 11-103 所示。

14 参照前面同样的操作方法添加其他素材，最终效果如图 11-104 所示。

图 11-103　“色彩平衡”效果

图 11-104　最终效果

Example

11.7 户外墙体广告——星汇雅苑

本实例制作的是星汇雅苑户外墙体广告广告，实例以大江岸的都市夜景为主体，通过温馨、舒适的色调，体现出星汇雅苑的繁华、高贵。

使用工具：矩形工具、画笔工具、“色彩平衡”命令、横排文字工具。

视频路径：avi\11.7.avi

01 启动 Photoshop 后，执行“文件” | “新建”命令，弹出“新建”对话框，设置参数如图 11-105 所示，单击“确定”按钮，新建一个空白文件。

02 按 Ctrl+O 快捷键，弹出“打开”对话框，选择大海照片，单击“打开”按钮，运用移动工具，将素材添加至文件中，放置在合适的位置，如图 11-106 所示。

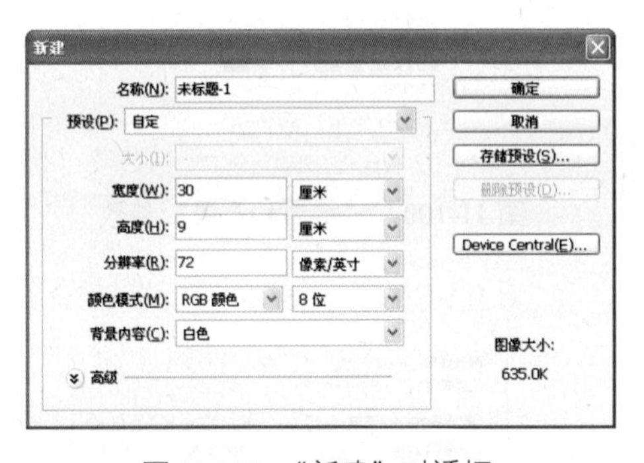

图 11-105 “新建”对话框

图 11-106 添加大海照片

03 新建一个图层，设置前景色为黄色（RGB 参考值分别为 R250、G239、B0），在工具箱中选择矩形工具，按下“填充像素”按钮，在图像窗口中，绘制矩形如图 11-107 所示。

04 新建一个图层，设置前景色为紫红色（RGB 参考值分别为 R184、G94、B152），选择画笔工具，在工具选项栏中设置“硬度”为 0%，“不透明度”和“流量”均为 45%，在图像窗口涂抹，如图 11-108 所示。

图 11-107 绘制矩形

图 11-108 涂抹效果

技巧点拨

当需要把图层至于最上层时，除了在图层面板上拖动外，还可以按下快捷键 Ctrl+Shift+]，使图层快速置于最上层。

05 运用同样的操作方法，再次涂抹，如图 11-109 所示。

06 打开建筑素材，调整到合适的大小和位置，如图 11-110 所示。

图 11-109 再次涂抹效果

图 11-110 添加建筑素材

07 单击调整面板中的“色彩平衡”按钮，系统自动添加一个“色彩平衡”调整图层，设置参数如图 11-111 所示，以统一整幅图像的色调。

08 “色彩平衡”调整效果如图 11-112 所示。

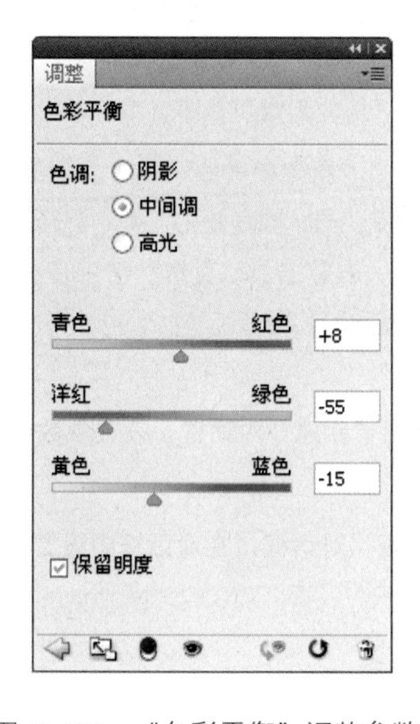

图 11-111 “色彩平衡”调整参数

图 11-112 “色彩平衡”调整效果

09 参照前面同样的操作方法，添加标志和沙发等素材，如图 11-113 所示。

10 在工具箱中选择横排文字工具，设置字体为“黑体”，字体大小为 30 点，输入文字，如图 11-114 所示。

图 11-113 添加标志和沙发等素材

图 11-114 输入文字

11 输入其他文字，得到如图 11-115 所示的最终效果。

图 11-115　最终效果

Example

11.8 地产画册设计——居住天堂

本实例制作的是居住天堂房地产画册设计，实例以“居住天堂”为主题，将家居饰品融入画册中，体现出真切的“居住天堂”片景。

使用工具：“新建参考线”命令、矩形选框工具、渐变工具、圆角矩形工具、混合模式、直线工具、画笔工具、直排文字工具。

视频路径: avi\11.8.avi

01 启动 Photoshop 后，执行“文件”|“新建”命令，弹出“新建”对话框，设置参数如图 11-116 所示，单击“确定”按钮，新建一个空白文件。

02 执行“视图”|“新建参考线”命令，弹出“新建参考线”对话框，在对话框中设置参数，如图 11-117 所示。

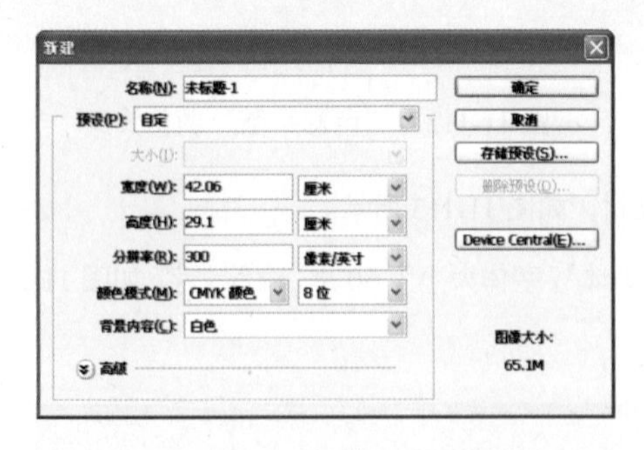

图 11-116　“新建”对话框

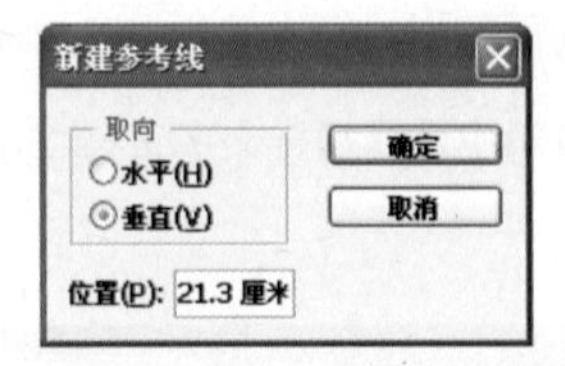

图 11-117　“新建参考线”对话框

03 单击“确定”按钮，退出“新建参考线”对话框，新建参考线如图 11-118 所示。

04 运用同样的操作方法，新建另两条水平参考线，如图 11-119 所示。

05 选择工具箱中的矩形选框工具，在图像窗口中按住鼠标并拖动，绘制选区如图 11-120 所示。

06 选择工具箱渐变工具，在工具选项栏中单击渐变条，打开“渐变编辑器”对话框，设置参数如图 11-121 所示，其中深红色 CMYK 参考值分别为 C36、M100、Y100、K2。

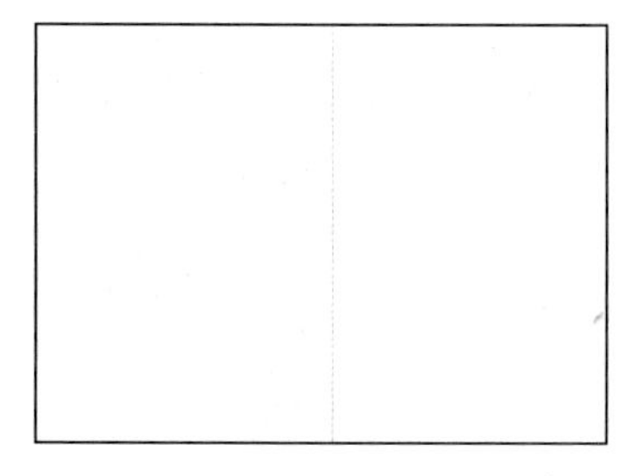

图 11-118　新建参考线

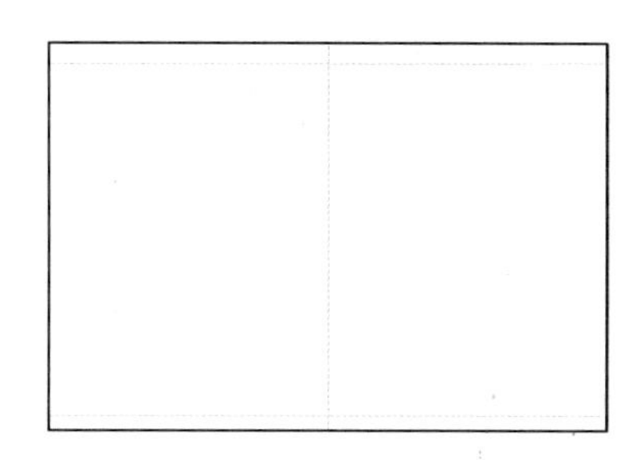

图 11-119　新建参考线

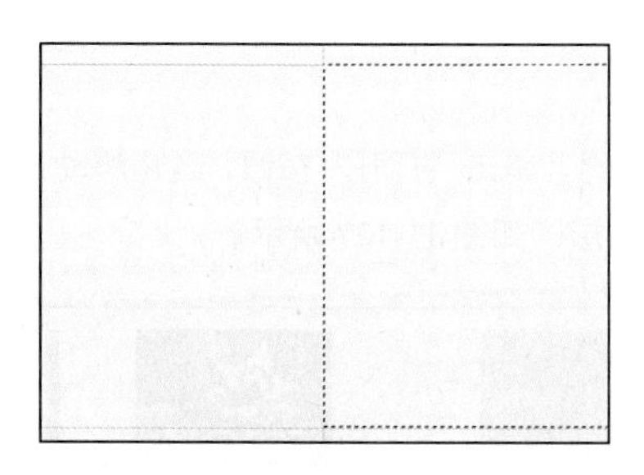

图 11-120　建立选区

图 11-121　“渐变编辑器”对话框

07 单击“确定”按钮，关闭“渐变编辑器”对话框。按下工具选项栏中的“径向渐变”按钮，在图像中拖动鼠标，填充渐变效果如图 11-122 所示。

08 设置前景色为红色（CMYK 参考值分别为 C19、M97、Y83、K7），在工具箱中选择圆角矩形工具，按下“填充像素”按钮，设置“半径”为 50px，在图像窗口中拖动鼠标绘制圆角矩形如图 11-123 所示。

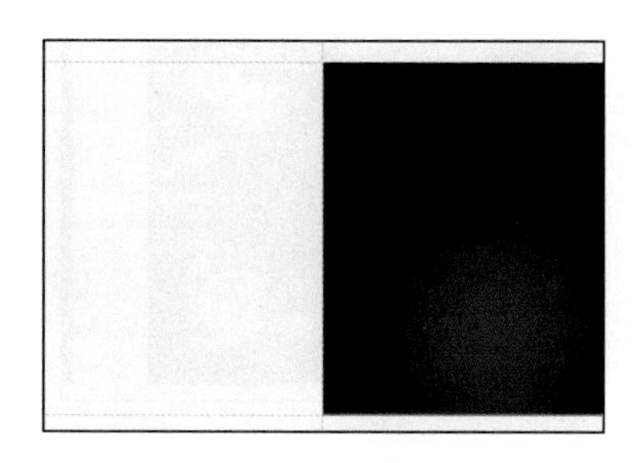

图 11-122　填充渐变

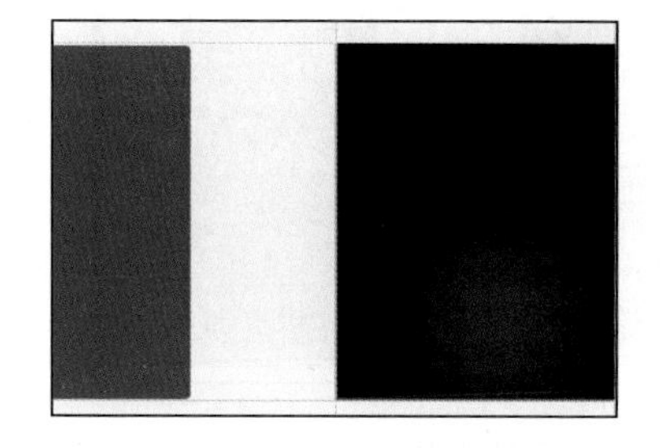

图 11-123　绘制圆角矩形

09 按住 Ctrl 键的同时将圆角矩形载入选区，选择工具箱渐变工具，在工具选项栏中单击渐变条，打开“渐变编辑器”对话框，设置参数如图 11-124 所示，其中红色 CMYK 参考值分别为 C19、M97、Y83、K7，黄色 CMYK 参考值分别为 C4、M40、Y58、K7。

10 单击“确定”按钮，关闭“渐变编辑器”对话框。按下工具选项栏中的“径向渐变”按钮，在图像中拖动鼠标，填充渐变效果如图 11-125 所示。

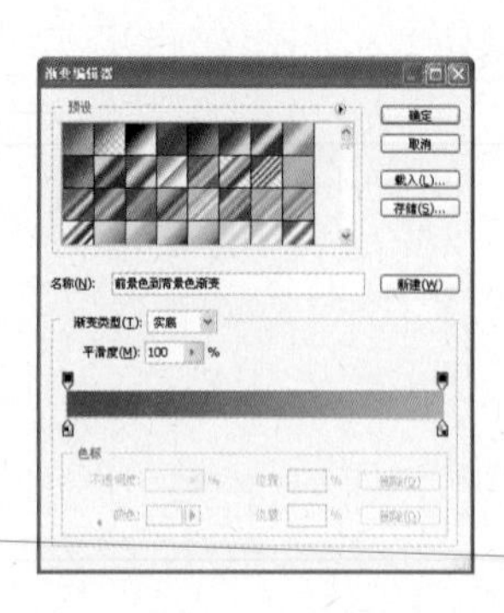

图 11-124 “渐变编辑器”对话框

图 11-125 填充渐变

11 设置前景色为奶白色 CMYK 参考值分别为 C5、M9、Y10、K0，在工具箱中选择圆角矩形工具，按下“填充像素”按钮，设置“半径”为 50px，在图像窗口中，拖动鼠标绘制圆角矩形如图 11-126 所示。

12 按 Ctrl+O 快捷键，弹出“打开”对话框，选择花纹素材，单击“打开”按钮，运用移动工具，将素材添加至文件中，放置在合适的位置，将图层顺序下移一层，如图 11-127 所示。

图 11-126 绘制圆角矩形

图 11-127 添加花纹素材

13 设置图层的“混合模式”为“柔光”，“不透明度”为 25%，如图 11-128 所示。

图 11-128 “柔光”效果

图 11-129 添加其他素材

14 按 Ctrl+O 快捷键，弹出“打开”对话框，选择其他素材，单击“打开”按钮，运用移动工具，将素材添加至文件中，放置在合适的位置，如图 11-129 所示。

15 新建一个图层，设置前景色为红色（CMYK 参考值分别为 C3、M82、Y70、K0），选择画笔工具，在工具选项栏中设置“硬度”为 0%，“不透明度”和“流量”均为 80%，在图像窗口中单击鼠标，绘制如图 11-130 所示的光点。

16 设置前景色为深红色（CMYK 参考值分别为 47、M100、Y100、K20），在工具箱中选择直线工具，按下“填充像素”按钮，在图像窗口中，按住 Shift 键的同时，拖动鼠标绘制直线，如图 11-131 所示。

图 11-130　绘制光点

图 11-131　绘制直线

17 运用同样的操作方法绘制另一条直线，如图 11-132 所示。

18 新建一个图层，设置前景色为红色，选择画笔工具，画笔设置如图 11-133 所示。

图 11-132　绘制直线

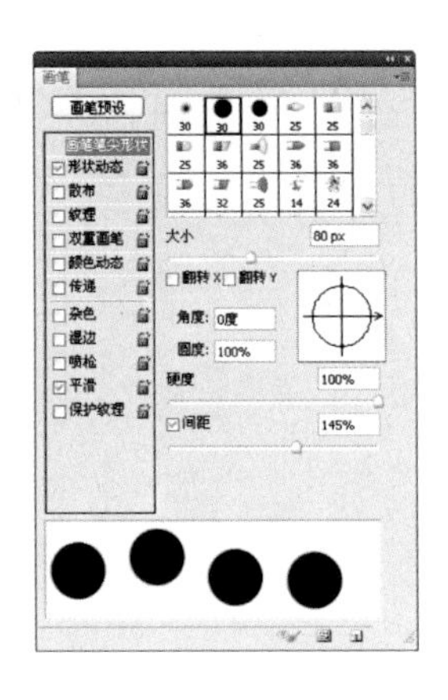

图 11-133　画笔设置

19 按住 Shift 键的同时垂直拖动鼠标，绘制效果如图 11-134 所示。

20 在工具箱中选择直排文字工具，设置字体为“方正隶书简体”字体、字体大小为 85 点，输入文字，如图 11-135 所示。

图 11-134　绘制正圆

图 11-135　输入文字

21 运用同样的操作方法输入其他文字，最终效果如图 11-136 所示。

图 11-136　最终效果

设计传真

设计中要用许多图片，如果是用于印刷，则图像的分辨率应在 300 像素/英寸左右。

第 12 章

交通工具是现代人生活中不可缺少的一个部分。随着时代的变化和科学技术的进步，我们周围的交通工具越来越多，给每一个人的生活带来了极大的方便。作为交通主力工具的汽车，自加入 WTO 后，中国汽车市场迅速扩大，轿车保持了两位数的增长，中国已是世界第一大新车销售市场。

每一种汽车都有其市场定位和消费人群，因此在汽车平面设计作品中要根据目标人群考虑其设计风格、版式、颜色和具体的内容，面向年轻人的要时尚、动感，面向成功商业人士的要成熟、稳重。

交通工具篇

Photoshop CS5

Example

12.1 宣传单页——哈飞汽车

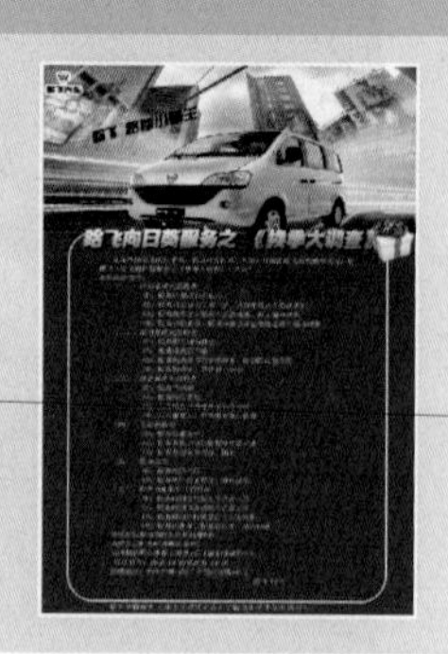

本实例制作的是哈飞汽车宣传单页，实例以飞速行驶的汽车为主体，通过运用版面空间的构成元素，在画面中形成动态和静态的对比，从而使整个画面更加醒目、突出，制作完成的哈飞汽车宣传单页效果如左图所示。

使用工具：圆角矩形工具、画笔工具、钢笔工具、图层蒙版、“方框模糊”命令、横排文字工具。

视频路径：avi\12.1.avi

01 启动 Photoshop 后，执行“文件”|“新建”命令，弹出“新建”对话框，设置参数如图 12-1 所示，单击“确定”按钮，新建一个空白文件。

02 选择工具箱渐变工具，在工具选项栏中单击渐变条，打开“渐变编辑器”对话框，设置参数如图 12-2 所示，其中红色的 CMYK 参考值分别为 C25、M99、Y99、K22，深红色的 CMYK 参考值分别为 C34、M96、Y95、K54。

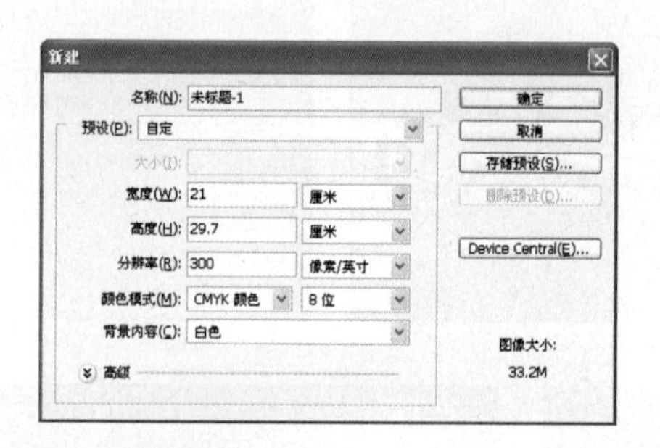

图 12-1 “新建”对话框

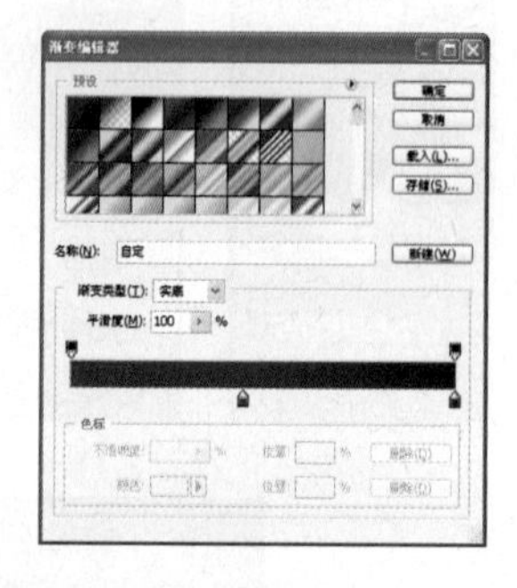

图 12-2 “渐变编辑器”对话框

03 单击“确定”按钮，关闭“渐变编辑器”对话框，按下工具选项栏中的“线性渐变”按钮，在图像中拖动鼠标，填充渐变效果如图 12-3 所示。

图 12-3 填充渐变效果

图 12-4 绘制圆角矩形

图 12-5 描边路径

04 新建一个图层，设置前景色为白色，在工具箱中选择圆角矩形工具，按下“路径”按钮，在图像窗口中，拖动鼠标绘制一个如图 12-4 所示的圆角矩形。

05 选择画笔工具，设置前景色为白色，画笔“大小”为“5像素”、“硬度”为100%，选择钢笔工具，在绘制的路径上方单击鼠标右键，在弹出的快捷菜单中选择“描边路径”选项，在弹出的对话框中选择“画笔”选项，单击“确定”按钮，描边路径，按Ctrl+H快捷键隐藏路径得到如图12-5所示的效果。

06 按Ctrl+O快捷键，弹出“打开”对话框，选择街道和夜景素材，单击“打开”按钮，运用移动工具，将素材添加至文件中，调整大小、放置在合适的位置。

07 单击图层面板上的“添加图层蒙版”按钮，为街道和夜景图层添加图层蒙版。按D键，恢复前景色和背景色为默认的黑白颜色，然后选择画笔工具，在图像上涂抹，得到如图12-6所示效果。

08 设置前景色为黄色，CMYK参考值分别为C7、M4、Y47、K1，选择工具箱中的多边形套索工具，按Alt+Delete填充黄色，如图12-7所示。

09 执行“滤镜”|“模糊”|“方框模糊”命令，弹出“方框模糊”对话框，设置参数如图12-8所示，单击“确定”按钮，执行滤镜效果并对话框，设置图层的“不透明度”为80%。

图12-6 添加图层蒙版

图12-7 绘制图形

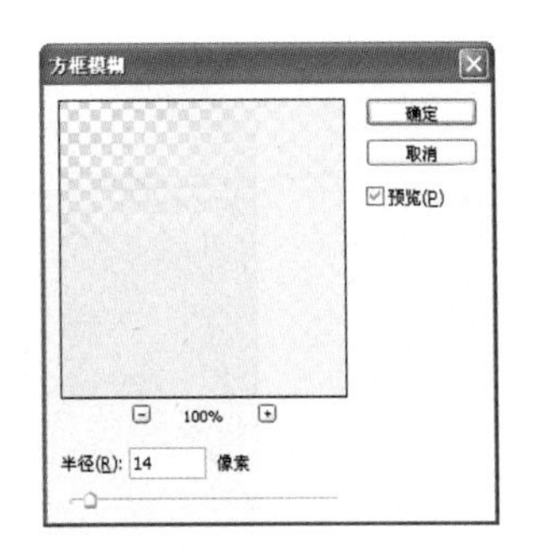

图12-8 “方框模糊”参数

10 运用同样的操作方法继续制作其他光效，得到如图12-9所示的效果。

11 按Ctrl+O快捷键，弹出“打开”对话框，选择汽车素材，单击“打开”按钮，运用移动工具，将素材添加至文件中，放置在合适的位置。

12 设置前景色为黑色，在工具箱中选择横排文字工具，设置字体为“方正超粗黑简体”、字体大小为30点，输入文字，如图12-10所示。

图12-9 “模方框糊”效果

图12-10 输入文字

专家提醒

方框模糊滤镜基于相邻像素的平均颜色值来模糊图像。

13 在图层面板中单击“添加图层样式”按钮 fx，在弹出的快捷菜单中选择“描边”选项，弹出“图层样式”对话框，设置参数如图 12-11 所示。

14 单击“确定”按钮，退出“图层样式”对话框，添加“图层样式”的效果如图 12-12 所示。

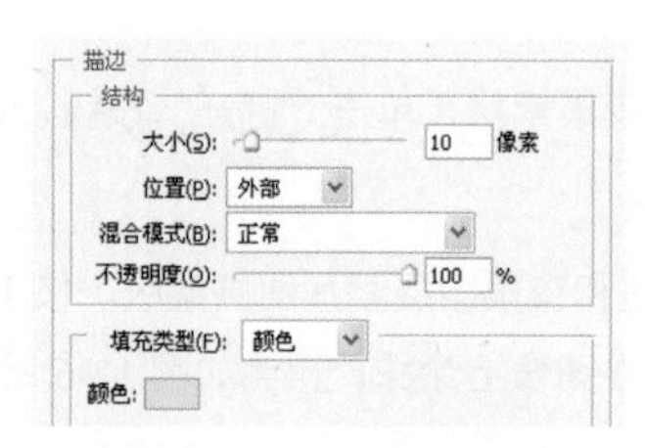

图 12-11 “描边”参数

图 12-12 “图层样式”效果

15 运用同样的操作方法添加其他素材，如图 12-13 所示。

16 运用同样的操作方法，输入文字，得到如图 12-14 所示的最终效果。

图 12-13 添加其他素材效果

图 12-14 最终效果

Example

12.2 宣传海报——高速列车

本实例制作的是高速列车宣传海报，实例以蓝色为主色调，高速列车为整个画面的主体，通过鲜明的色彩对比突出高速列车，制作完成的高速列车宣传海报效果如左图所示。

使用工具：图层蒙版、画笔工具、多边形套索工具、画笔工具“曲线”命令、横排文字工具。

视频路径：avi\12.2.avi

01 启动 Photoshop 后，执行“文件” | “新建”命令，弹出“新建”对话框，设置对话框的参数如图 12-15 所示，单击“确定”按钮，新建一个空白文件。

02 设置前景色为深蓝色（CMYK 参考值分别为 C100、M94、Y0、K75），按 Alt+Delete 键填充背景。

03 按 Ctrl+O 快捷键，弹出“打开”对话框，选择桥图片素材，单击“打开”按钮，运用移动工具，将桥素材添加至文件中，放置在合适的位置，如图 12-16 所示。

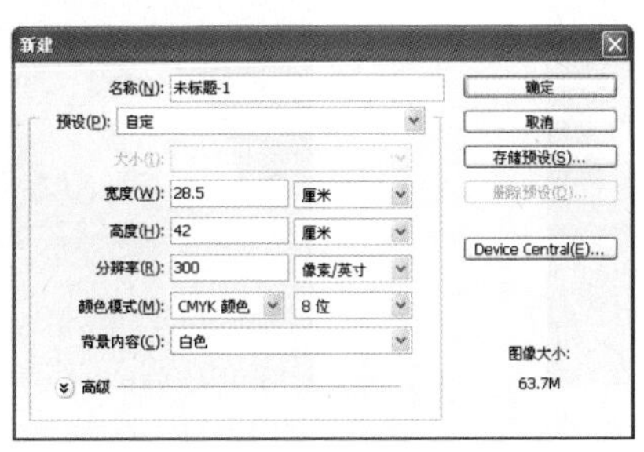

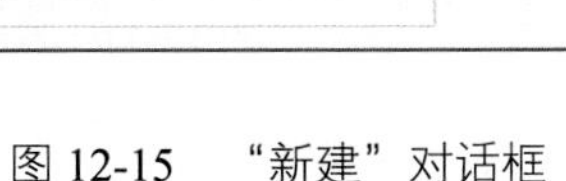

图 12-15 “新建”对话框

图 12-16 添加桥素材图片

04 设置图层的“混合模式”为“明度”，效果如图 12-17 所示。

05 单击图层面板上的“添加图层蒙版”按钮，为“图层 1”图层添加图层蒙版。设置前景色为黑色，选择画笔工具，按“[”或“]”键调整合适的画笔大小，在图像上涂抹，编辑图层蒙版如图 12-18 所示。

图 12-17 “明度”效果

图 12-18 添加图层蒙版

06 运用同样的操作方法添加其他素材，并为素材图层添加图层蒙版，得到如图 12-19 所示的效果。

07 运用同样的操作方法打开高速列车图片和标志素材，选择工具箱多边形套索工具，选择高速列车的轮廓，建立选区。

08 运用移动工具，将高速列车和标志素材添加至文件中，放置在合适的位置，并添加图层蒙版，得到如图 12-20 所示效果。

09 新建一个图层，设置前景色为白色，选择画笔工具，在工具选项栏中设置“硬度”为 0%，“不透明度”和“流量”均为 80%，在图像窗口中单击鼠标，绘制如图 12-21 所示的光点。在绘制的时候，可通过按“[”键和“]”键调整画笔的大小，以便绘制出不同大小的光点。

10 单击调整面板中的“曲线”按钮，系统自动添加一个“曲线”调整图层，设置参数如图 12-22 所示。

11 “曲线”调整效果如图 12-23 所示。

图 12-19　添加其他素材

图 12-20　添加图层蒙版

图 12-21　绘制光点

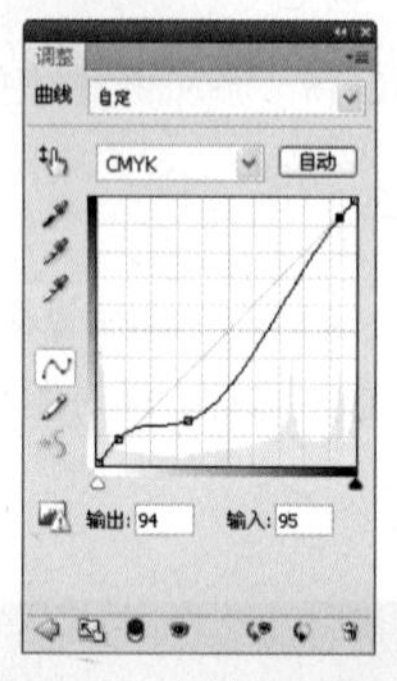

图 12-22　“曲线”调整参数

图 12-23　“曲线”调整效果

12 参照前面同样的方法添加标志素材。

13 在工具箱中选择横排文字工具 T，设置前景色为土黄色（RGB 参考值分别为 R177、G149、B119），设置字体为“方正宋三简体”、字体大小为 24 点，输入文字，如图 12-24 所示。

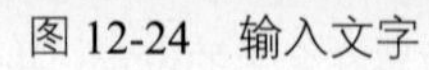

图 12-24　输入文字

图 12-25　最终效果

14 运用同样的操作方法，输入其他文字，得到最终效果如图 12-25 所示。

设计传真

户外广告设计有独特性、提示性、简洁性、计划性和合理的图形与文案设计等几个要点。户外广告的受众是流行的人群，那么在户外广告设计中就要考虑到受众经过广告的位置等因素。繁琐的画面很难让行人在很短的时间内看明白，简洁的画面和提示性的形式更容易引起行人注意，进而吸引受众观看广告内容。所以户外广告以图像为主导，文字为辅助，使用文字要简单明快，切忌冗长。

Example

12.3 CD设计——汽车专用CD设计

本实例制作的是汽车专用CD设计，实例以黄色为主色调，动态人物和字体成为整个画面的亮点，制作完成的汽车专用CD设计效果如左图所示。

使用工具：“色彩范围”命令、钢笔工具、魔棒工具、图层蒙版、横排文字工具。

视频路径: avi\12.3.avi

01 启动Photoshop后，执行“文件”|“新建”命令，弹出“新建”对话框，设置对话框的参数如图12-26所示，单击“确定”按钮，新建一个空白文件。

02 参照实例10.3包装盒设计——惠普鼠标新建参考线，如图12-27所示。

图12-26 “新建”对话框

图12-27 新建参考线

03 选择椭圆工具，按下工具选项栏中的“形状图层”按钮，按住Shift键的同时，拖动鼠标绘制一个正圆如图12-28所示。

图12-28 绘制正圆

图12-29 制作圆环

04 参照11.1杂志内页——电信学子E行套餐，制作圆环得到如图12-29所示效果。

05 执行“图层”|“图层样式”|“渐变叠加”命令，弹出“图层样式”对话框，单击渐变条，在弹出的“渐变编辑器”对话框中设置颜色如图12-30所示，其中柠檬黄的CMYK参考值分别为C7、M9、Y87、K0，桔黄色的CMYK参考值分别为C7、M47、Y93、K0。添加“渐变叠加”的参数如图12-31所示，单击“确定”按钮，返回“图层样式”对话框。单击“确定”按钮，退出“图层样式”对话框，添加“渐变叠加”的效果如图12-32所示。

06 运用同样的方法绘制其他圆环，得到如图12-33所示效果。

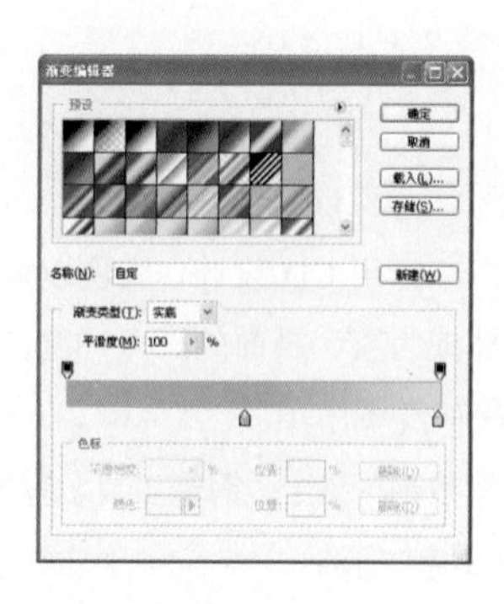

图 12-30 "渐变编辑器"对话框

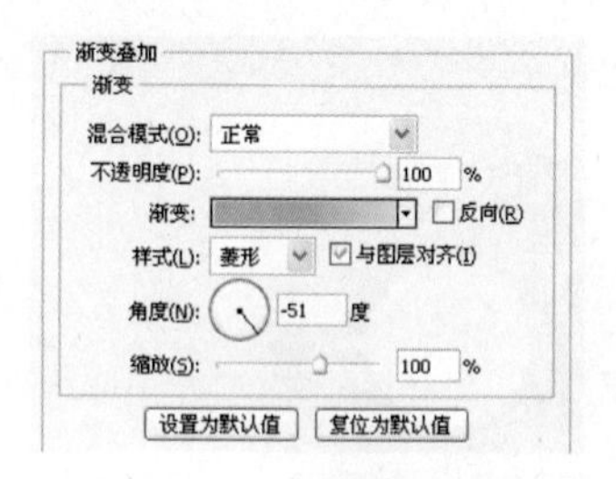

图 12-31 "渐变叠加"参数

图 12-32 "渐变叠加"效果

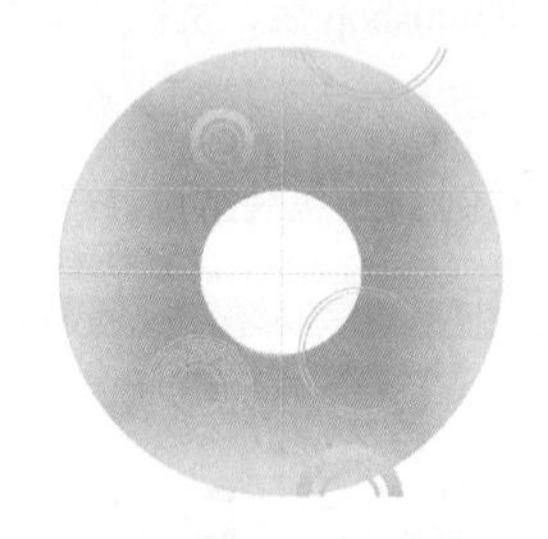

图 12-33 绘制其他圆环

07 按 Ctrl+O 快捷键，弹出"打开"对话框，选择花纹图片，单击"打开"按钮。执行"选择" | "色彩范围"命令，弹出"色彩范围"对话框，设置参数如图 12-34 所示。

08 运用移动工具，将花纹素材添加至文件中，放置在合适的位置，如图 12-35 所示。

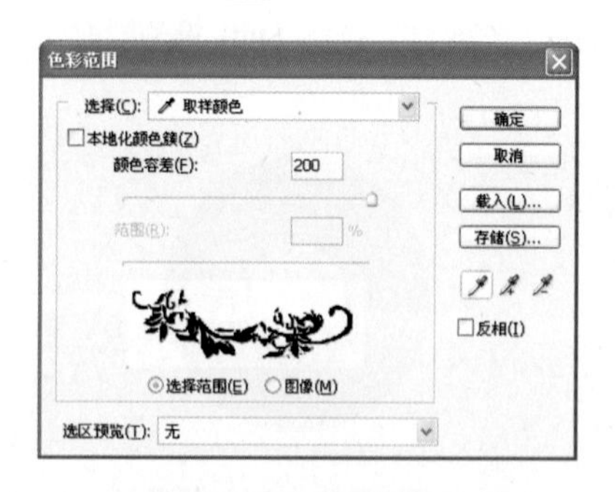

图 12-34 "色彩范围"参数

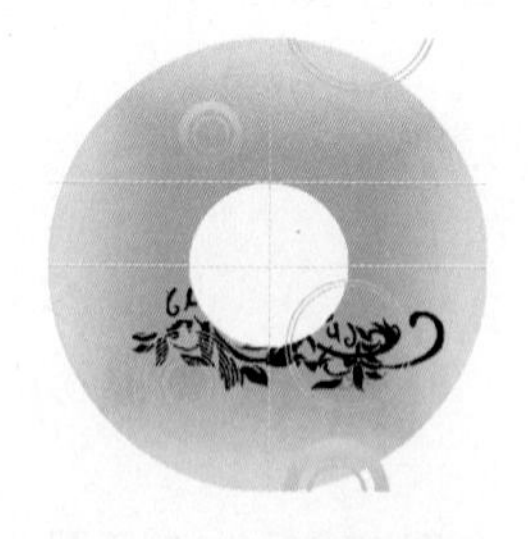

图 12-35 添加花纹素材

技巧点拨

如果当前选择的工具不是移动工具，按下 Ctrl 键，可切换至移动工具；按住 Alt 键移动图像，可以在移动过程中复制图像（此时光标显示为形状），如图 3-65 所示；按住 Shift 拖动，可以限制移动方向为水平或垂直。

09 运用同样的方法添加"图层样式"效果，在"渐变编辑器"对话框中设置颜色如图 12-36 所示，其中大红色的 CMYK 参考值分别为 C11、M97、Y100、K0，深红色的 CMYK 参考值分别为 C58、M100、

Y100、K52。

10 单击“确定”按钮，返回“图层样式”对话框，如图 12-37 所示。

11 单击“确定”按钮，退出“图层样式”对话框，添加“渐变叠加”的效果如图 12-38 所示。

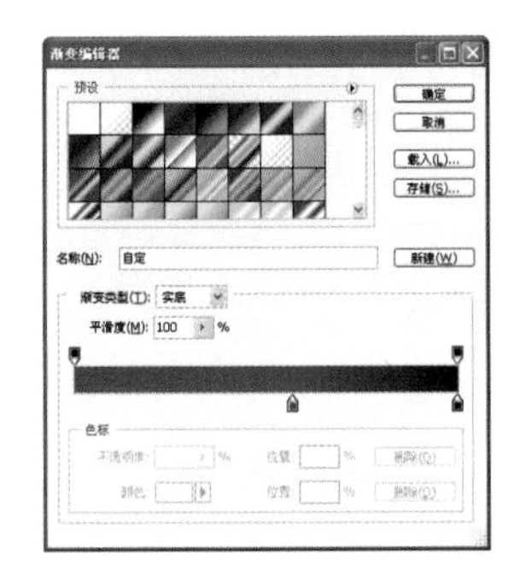

图 12-36 “渐变编辑器”对话框

图 12-37 添加“渐变叠加”参数

技巧点拨

在渐变条上选中一个色标，然后再在渐变条下方单击添加色标，可使添加的色标的颜色与当前所选色标的颜色相同。

12 运用钢笔工具，绘制如图 12-39 所示的路径。

13 按 Ctrl + Enter 快捷键，转换路径为选区。

14 运用同样的操作方法添加“图层样式”，得到如图 12-40 所示效果。

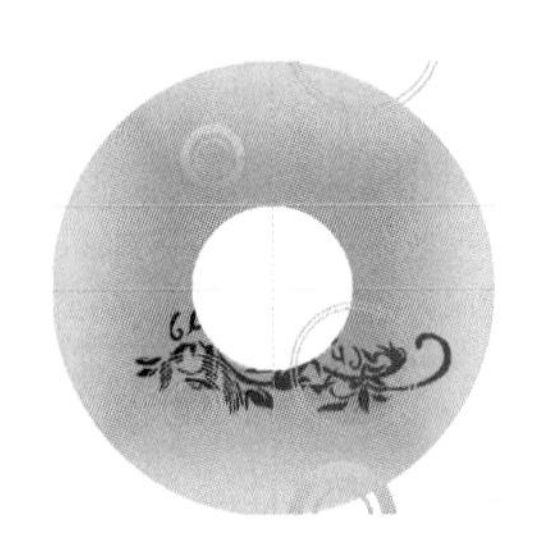

图 12-38 添加“渐变叠加”的效果

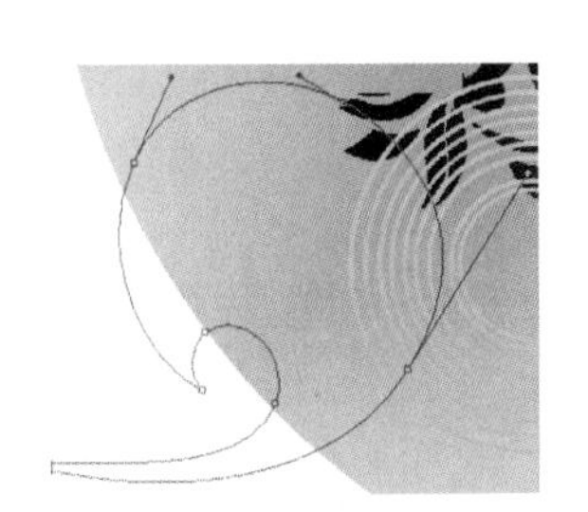

图 12-39 绘制路径

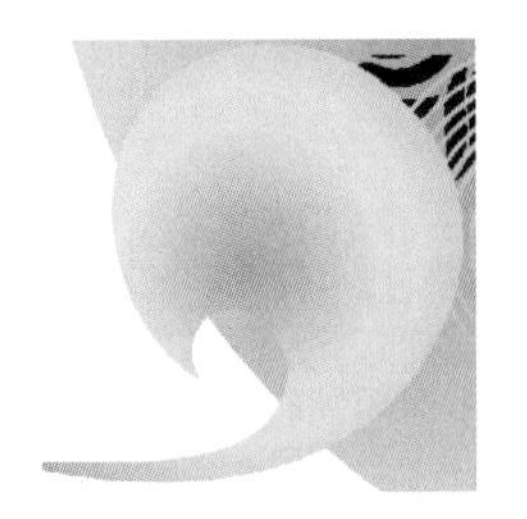

图 12-40 添加“图层样式”效果

15 按 Ctrl+J 组合键，将图层复制几层，如图 12-41 所示。

16 运用同样的操作方法制作其他图形，得到如图 12-42 所示效果。

17 运用同样的操作方法，打开人物剪影素材，选择工具箱魔棒工具，选择白色人物剪影，运用移动工具，将人物剪影素材添加至文件中，放置在合适的位置，如图 12-43 所示，运用同样的操作方法添加“图层样式”，得到如图 12-44 所示效果。

18 参照第 4 章第 4 节海报设计—收获金秋，制作字体变形效果，如图 12-45、图 12-46、图 12-47 所示。

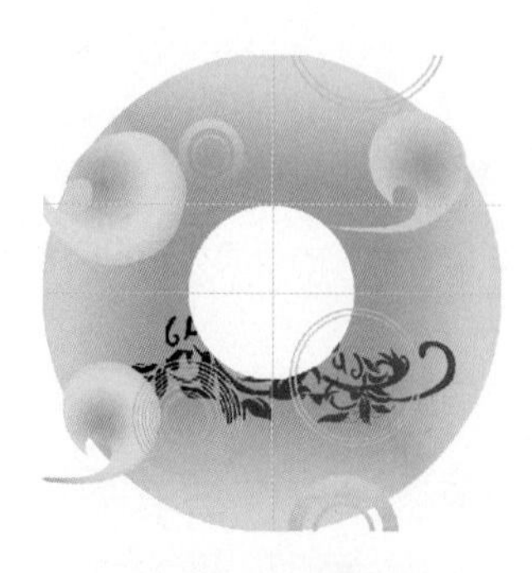

图 12-41　复制图层

图 12-42　制作其他图形

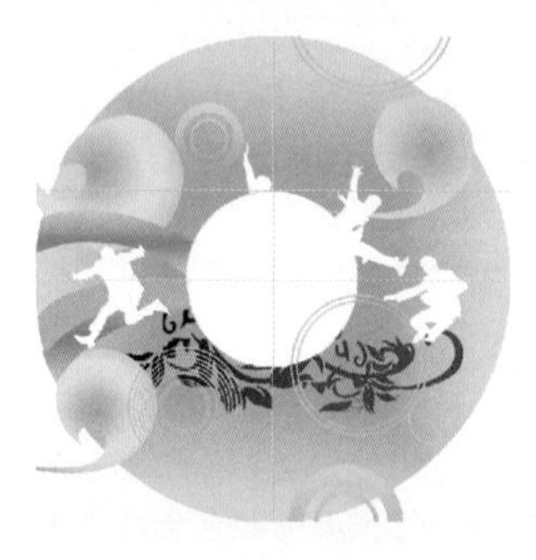

图 12-43　添加人物剪影素材

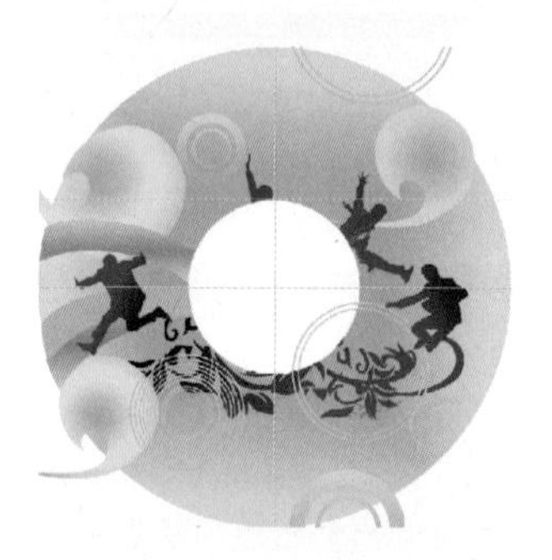

图 12-44　“图层样式”效果

图 12-45　输入文字

图 12-46　绘制路径

图 12-47　添加“图层样式”效果

19 运用同样的操作方法，输入其他文字，得到如图 12-48 所示效果。

20 按 Shift 键的同时，单击“形状 1”图层，将图层载入选区，然后对“组 1”添加图层蒙版，运用同样的操作方法，对其他图层添加图层蒙版，得到如图 12-49 所示最终效果。

图 12-48　输入其他文字效果

图 12-49　最终效果

Example

12.4 公交站牌广告——GTR

本实例制作的是汽车公交站牌广告，实例以隆重登场的汽车为主体，通过添加投影制作汽车的质感，制作完成的汽车公交站牌广告效果如左图所示。

使用工具：“图层蒙版、画笔工具、矩形选框工具、钢笔工具、图层蒙版、渐变工具、照片滤镜”命令、横排文字工具。

视频路径: avi\12.4.avi

01 启动 Photoshop 后，执行“文件”|“新建”命令，弹出“新建”对话框，设置参数如图 12-50 所示，单击“确定”按钮，新建一个空白文件。

02 设置前景色为黑色，按 Alt+Delete 快捷键，填充背景。

03 按 Ctrl+O 快捷键，弹出“打开”对话框，选择 CG 插画素材，单击“打开”按钮，运用移动工具，将素材添加至文件中，放置在合适的位置，如图 12-51 所示。

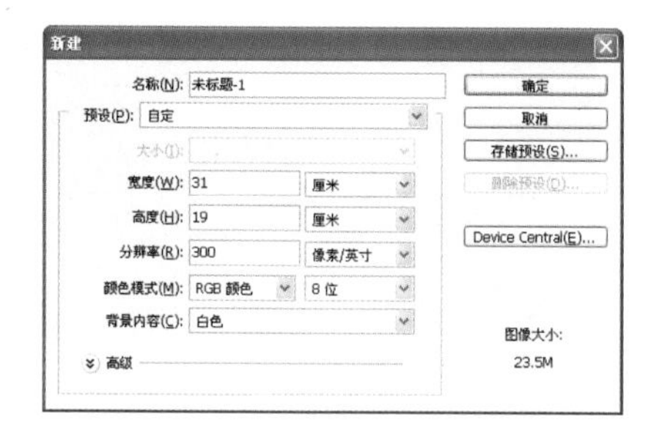

图 12-50 “新建”对话框

图 12-51 添加 CG 插画素材

04 单击图层面板上的“添加图层蒙版”按钮，为图层添加图层蒙版。编辑图层蒙版，设置前景色为黑色，选择画笔工具，按“[”或“]”键调整合适的画笔大小，在图像上涂抹，设置图层 3 的“不透明度”为 49%，得到如图 12-52 所示效果。

05 运用同样的方法添加触角等素材，设置“图层 3”的“不透明度”为 35%，得到如图 12-53 所示效果。

图 12-52 添加图层蒙版

图 12-53 添加其他素材

06 选择工具箱中的矩形选框工具，在图像窗口中按住鼠标并拖动，绘制选区，按 Alt+Delete 快捷键，填充选区颜色为黑色，如图 12-54 所示

07 打开一张汽车图片，运用钢笔工具，沿汽车轮廓绘制如图 12-55 所示的路径。

图 12-54 绘制矩形选框

图 12-55 绘制路径

08 按 Ctrl+Enter 快捷键，转换路径为选区，运用移动工具，将汽车添加至文件中，放置在合适的位置，如图 12-56 所示。

图 12-56 添加汽车素材

图 12-57 自由变换

09 按 Ctrl+J 组合键，分别将触角和汽车图层复制一层，然后按 Ctrl+E 快捷键，将触角和汽车图层合并。

10 按 Ctrl+T 快捷键，进入自由变换状态，单击鼠标右键，在弹出的快捷菜单中选择“垂直翻转”选项，垂直翻转图层，然后调整至合适的位置如图 12-57 所示。

11 单击图层面板上的“添加图层蒙版”按钮，为图层添加图层蒙版，设置前景色为黑色，选择渐变工具，按下“线性渐变”按钮，在图像窗口中拖动鼠标填充渐变，效果如图 12-58 所示。

12 新建一个图层，设置前景色为白色，选择画笔工具，在工具选项栏中设置“硬度”为 0%，“不透明度”和“流量”均为 80%，在图像窗口中单击鼠标，绘制如图 12-59 所示的光点。

图 12-58 添加图层蒙版

图 12-59 绘制光点

13 运用同样的操作方法添加光效素材，得到如图 12-60 所示效果。

14 单击调整面板中的“照片滤镜”按钮，系统自动添加一个“照片滤镜”调整图层，设置参数如图 12-61 所示。

图 12-60 添加光效素材图片

图 12-61 “照片滤镜”调整参数

15 图像调整效果如图 12-62 所示。

图 12-62 “照片滤镜”调整效果

图 12-63 最终效果

16 在工具箱中选择横排文字工具，设置字体为 OCR A Std、字体大小为 48 点，输入文字，最终效果如图 12-63 所示。

Example

12.5 杂志内页广告——力帆摩托车

本实例制作的是力帆摩托车杂志内页广告广告，实例以力帆摩托车为主体，以产品为画面的中心，直接点明主题，制作完成的力帆摩托车杂志内页广告效果如左图所示。

使用工具: 图层样式、磁性套索工具、图层蒙版、矩形选框工具、直线工具、魔棒工具。

视频路径: avi\12.5.avi

01 启动 Photoshop 后，执行“文件” | “新建”命令，弹出“新建”对话框，设置对话框的参数如图 12-64 所示，单击“确定”按钮，新建一个空白文件。

02 执行“图层” | “图层样式” | “渐变叠加”命令，弹出“图层样式”对话框，单击渐变条，在弹

出的“渐变编辑器”对话框中设置颜色如图 12-65 所示，其中深红色的 CMYK 参考值分别为 C79、M100、Y91、K40，红色的 CMYK 参考值分别为 C0、M100、Y100、K0。

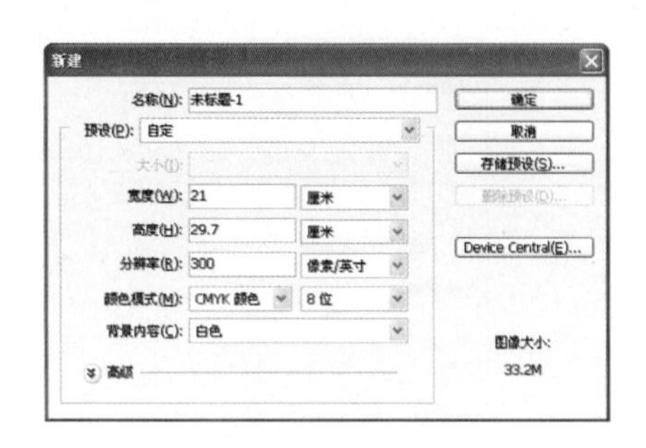

图 12-64 “新建”对话框

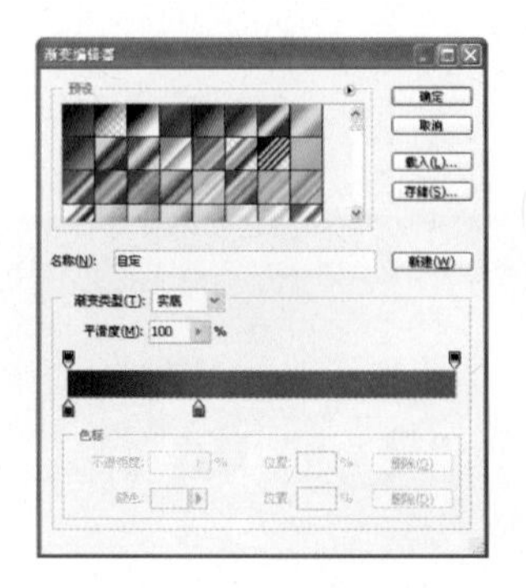

图 12-65 “渐变编辑器”对话框

03 单击“确定”按钮，返回“图层样式”对话框，如图 12-66 所示。

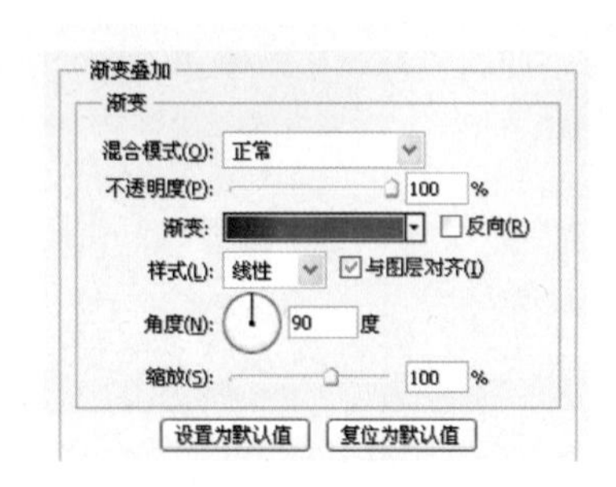

图 12-66 “渐变叠加”参数

图 12-67 “渐变叠加”效果

04 单击“确定”按钮，退出“图层样式”对话框，添加“渐变叠加”的效果图 12-67 如所示。

技巧点拨

在编辑渐变时，拖动两色标间的中点（◇）菱形标记可改变两色标颜色在渐变中所占的比例。需要注意的是，只有当选中两色标中的其中一个时，其中点标记才会显示出来。

05 按 Ctrl+O 快捷键，弹出“打开”对话框，选择星球图片素材，单击“打开”按钮。选择工具箱磁性套索工具，建立如图 12-68 所示的选区，选择星球的轮廓，运用移动工具，将素材添加至文件中，放置在合适的位置。

06 继续添加光效素材，单击图层面板上的“添加图层蒙版”按钮，为“光效”图层添加图层蒙版。

07 置前景色为黑色，选择画笔工具，按“[”或“]”键调整合适的画笔大小，在图像上涂抹，设置图层“混合模式”为“线性加深”，如图 12-69 所示。

08 新建一个图层，选择工具箱矩形选框工具，在画布顶端拖动鼠标绘制选区。

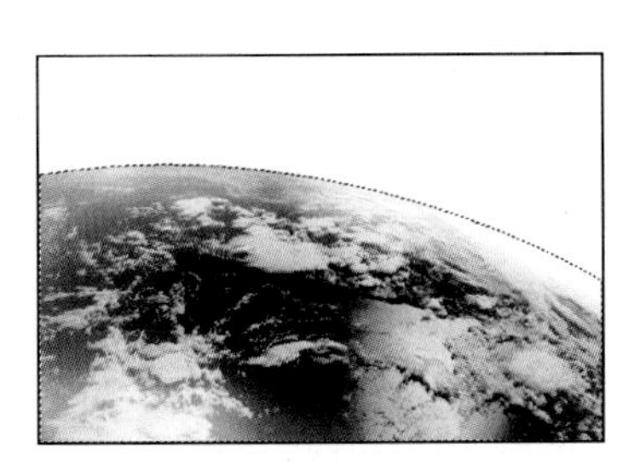

图 12-68　绘制选区

图 12-69　添加图层蒙版

09 选择工具栏渐变工具，按 Shift 键从上至下拖动鼠标，填充如图 12-65 所示的线性渐变，结果如图 12-70 所示。

图 12-70　“渐变叠加”效果

图 12-71　绘制直线

10 新建一个图层，设置前景色为黄色（CMYK 参考值分别为 C7、M17、Y80、K0），选择工具箱中的直线工具，在工具选项栏中按下“填充像素”按钮，设置“粗细”为 4px，在图像窗口中按住 Shift 键的同时拖动鼠标，绘制两条直线，如图 12-71 所示。

11 参照实例 1.8 化妆美容大赛海报，绘制星星，得到如图 12-72 所示的效果。

12 打开一张摩托车图片素材。

13 选择工具箱魔棒工具，选择白色背景，按 Ctrl+Shift+I 快捷键，反选得到摩托车选区，运用移动工具，将素材添加至文件中，放置在合适的位置。

14 打开标志素材，运用移动工具，将标志素材添加至文件中，放置在合适的位置图 12-73 所示。

图 12-72　绘制星星

图 12-73　添加摩托车和标志等素材

15 在工具箱中选择横排文字工具T，设置字体为“方正小标宋简体”、字体大小为 54 点，输入文字效果如图 12-74 所示。

16 执行“图层”|“图层样式”|“渐变叠加”命令，弹出“图层样式”对话框，单击渐变条，在弹出的“渐变编辑器”对话框中设置颜色如图 12-75 所示，其中黄色的 CMYK 参考值分别为 C7、M20、Y80、K0。

图 12-74　绘制星星

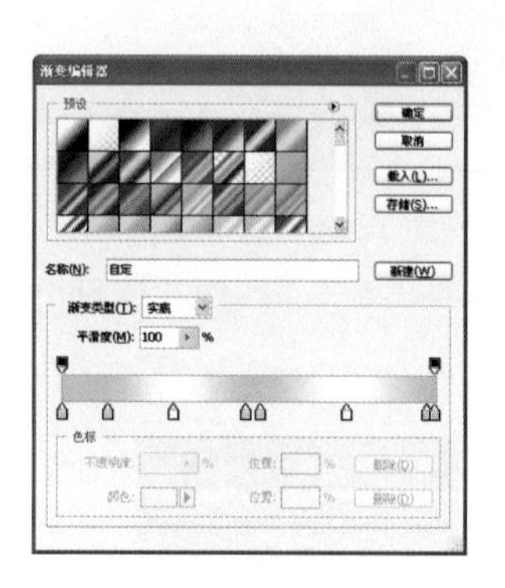

图 12-75　“渐变编辑器”对话框

17 单击“确定”按钮，返回“图层样式”对话框，如图 12-76 所示。

18 选择“投影”选项，设置参数如图 12-77 所示。

19 单击“确定”按钮，退出“图层样式”对话框，添加“渐变叠加”的效果如图 12-78 所示。

20 运用同样的操作方法，输入其他文字，最终效果如图 12-79 所示。

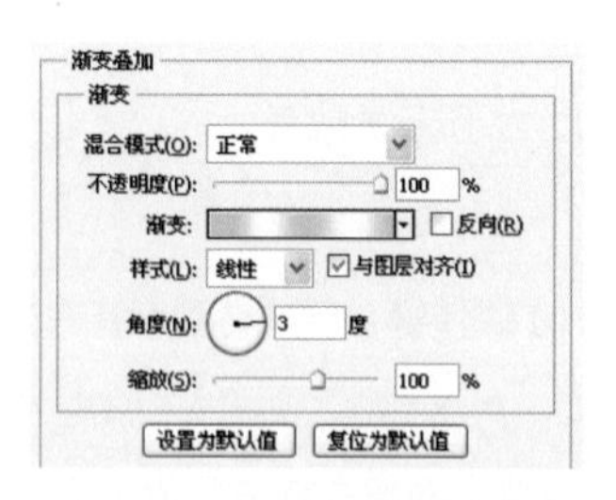

图 12-76　“渐变叠加”参数

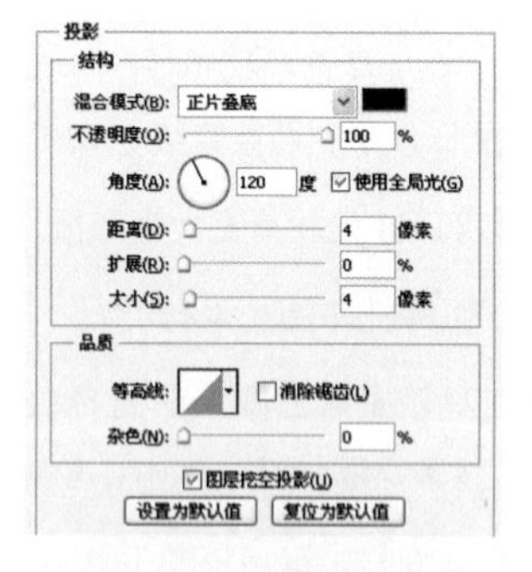

图 12-77　“投影”参数

图 12-78　“渐变叠加”效果

图 12-79　最终效果

设计传真

平面设计是由图形、色彩、文字三大设计要素组成的。其中图形是平面设计的主要构成要素，它能够形象地表现主题和创意；色彩是平面作品中重要的视觉因素，它具有迅速冲击视觉的作用，是形成作品冲击力和震撼力的主要因素；文字是平面广告的眼睛，具有引起注意、说明对象的作用。

Example

12.6 杂志封面设计——南海汽维

本实例制作的是南海汽维杂志封面设计，实例以蓝绿色为主色调，通过将风景图片与汽车图像完美融合，表达出杂志的思想和主题。

使用工具：“色彩平衡”命令、图层蒙版、渐变工具、钢笔工具、矩形工具、横排文字工具。

视频路径: avi\12.6.avi

01 启动 Photoshop 后，执行“文件”|“新建”命令，弹出“新建”对话框，设置参数如图 12-80 所示，单击“确定”按钮，新建一个空白文件。

02 按 Ctrl+O 快捷键，弹出“打开”对话框，选择天空图片，单击“打开”按钮，运用移动工具，将素材添加至文件中，按 Ctrl+T 快捷键，进入自由变换状态，单击鼠标右键，在弹出的快捷菜单中选择“缩放”选项，调整至合适的位置和角度，按 Enter 键确定调整，如图 12-81 所示。

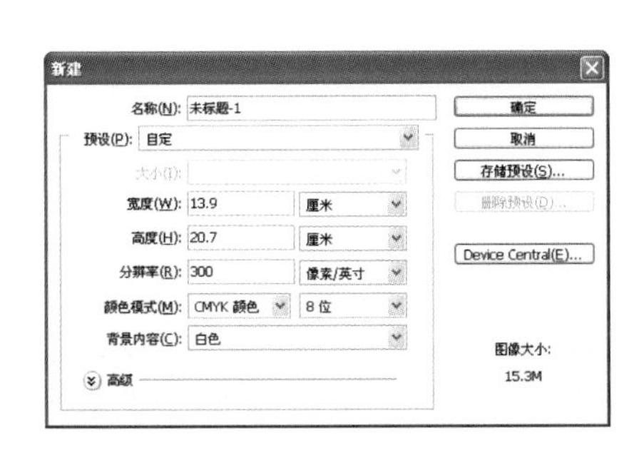

图 12-80 “新建”对话框

图 12-81 添加天空图片

03 单击调整面板中的“色彩平衡”按钮，系统自动添加一个“色彩平衡”调整图层，设置参数如图 12-82 所示，此时图像效果如图 12-83 所示。

04 运用同样的操作方法添加道路素材图片。

05 单击图层面板上的“添加图层蒙版”按钮，为图层添加图层蒙版，按 D 键，恢复前景色和背景为默认的黑白颜色，选择渐变工具，按下“线性渐变”按钮，在图像窗口中按住并拖动鼠标效果如图 12-84 所示。

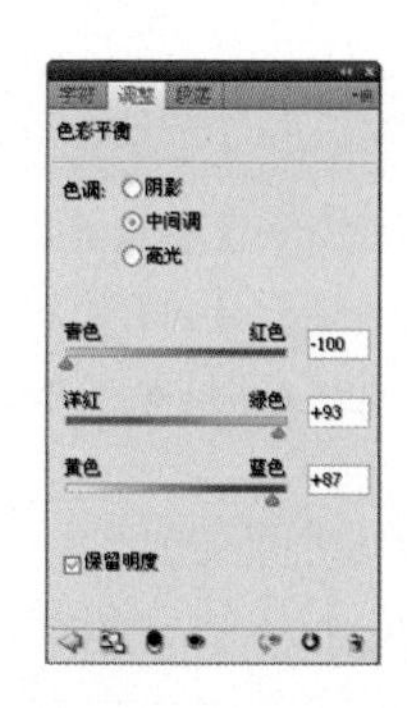

图 12-82 “色彩平衡”调整参数

图 12-83 “色彩平衡”调整效果

图 12-84 添加道路素材

06 打开一张汽车图片素材。运用钢笔工具，沿汽车轮廓绘制如图 12-85 所示的路径，按 Ctrl+Enter 快捷键，转换路径为选区。

技巧点拨

在使用钢笔工具时，按住 Ctrl 键可切换至直接选择工具，按住 Alt 键可切换至转换点工具，从而对路径进行调整。

07 运用移动工具，将素材添加至文件中，放置在合适的位置，如图 12-86 所示。

图 12-85 绘制路径

图 12-86 添加汽车素材

08 设置前景色为黄色（CMYK 参考值分别为 C4、M26、Y89、K0），在工具箱中选择横排文字工具，设置字体为“方正超粗黑简体”、字体字体大小为 80 点，输入文字“汽维”，选择直排文字工具，设置字体为“方正超粗黑简体”、字体字体大小为 36 点，输入文字“南海”，效果如图 12-87 所示。

09 按 Ctrl+E 组合键将文字合并，按住 Ctrl 键的同时，单击文字图层缩览图，将文字载入选区，在图像窗口中单击鼠标右键，在弹出的快捷菜单中选择“建立工作路径”选项，转换文字为形状，如图 12-88 所示。

10 运用直接选择工具删除多余的节点，选择钢笔工具，在工具选项栏中按下“添加到形状区域”按钮，绘制文字之间的连接部分图形，如图 12-89 所示。

11 新建一个图层，在工具箱中选择矩形工具，按下“形状图层”按钮，在图像窗口中，拖动鼠标绘制矩形，效果如图 12-90 所示。

12 按 Ctrl+T 快捷键，进入自由变换状态，单击鼠标右键，在弹出的快捷菜单中选择“斜切”选项，调整至合适的位置和角度，如图 12-91 所示。

图 12-87 输入文字

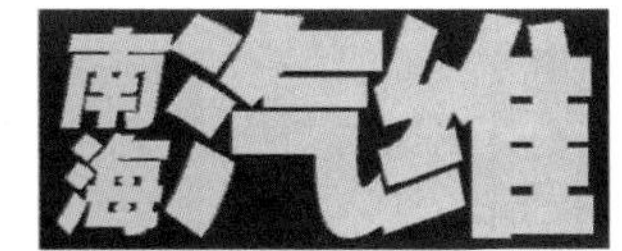

图 12-88 转换文字为形状

图 12-89 制作变形效果

图 12-90 绘制矩形

图 12-91 斜切

13 运用同样的操作方法继续绘制矩形，并填充颜色，如图 12-92 所示。

14 运用同样的操作方法输入文字，最终效果如图 12-93 所示。

图 12-92 绘制矩形

图 12-93 最终效果

设计传真

杂志常用的印刷纸张有铜版纸、胶版纸等类型。杂志尺寸也各有不同，常见的有 221mm × 281mm、260mm × 375mm、210mm × 285mm、203mm × 305mm 等类型。

Example

12.7 户外媒体广告——机场户外

本实例制作的是机场户外媒体广告，实例以人物为主体，通过鲜明的人物形象，体现出国航的优质服务，制作完成的机场户外媒体广告效果如左图所示。

使用工具：“亮度/对比度”命令、魔棒工具、矩形选框工具、图层蒙版、渐变工具、图层样式、横排文字工具。

视频路径: avi\12.7.avi

01 启动 Photoshop 后，执行“文件”|“新建”命令，弹出“新建”对话框，设置参数如图 12-94 所示，单击“确定”按钮，新建一个空白文件。

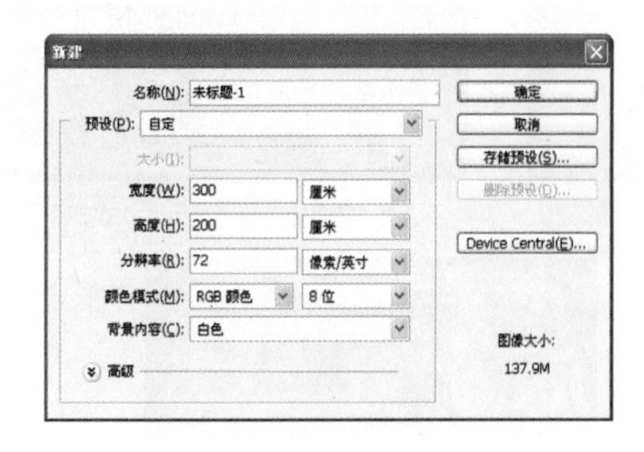

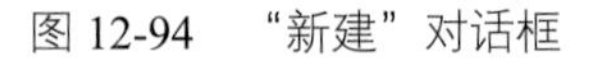

图 12-94 “新建”对话框　　　　图 12-95 添加云彩素材

02 按 Ctrl+O 快捷键，弹出“打开”对话框，选择云彩图片，单击“打开”按钮，运用移动工具，将素材添加至文件中，放置在合适的位置，如图 12-95 所示。

03 执行“图像”|“调整”|“亮度/对比度”命令，弹出“亮度/对比度”对话框，调整参数如图 12-96 所示。单击“确定”按钮，调整效果如图 12-97 所示。

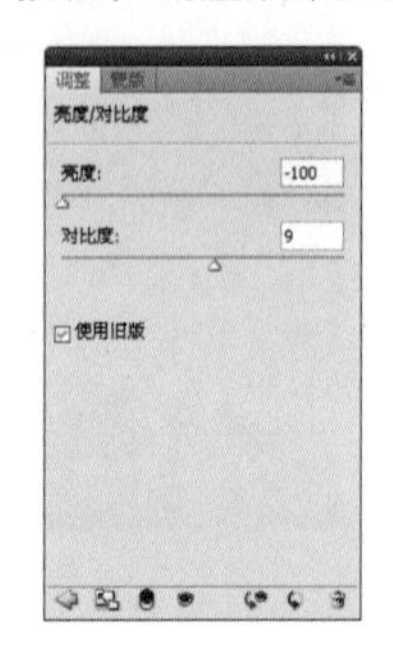

图 12-96 “亮度/对比度”参数　　　　图 12-97 添加云彩素材

04 打开飞机素材，选择工具箱魔棒工具，选择白色背景，如图 12-98 所示。

05 按 Ctrl+Shift+I 快捷键，反选得到飞机选区，运用移动工具，将添飞机加至文件中，放置在合适的位置，如图 12-99 所示。

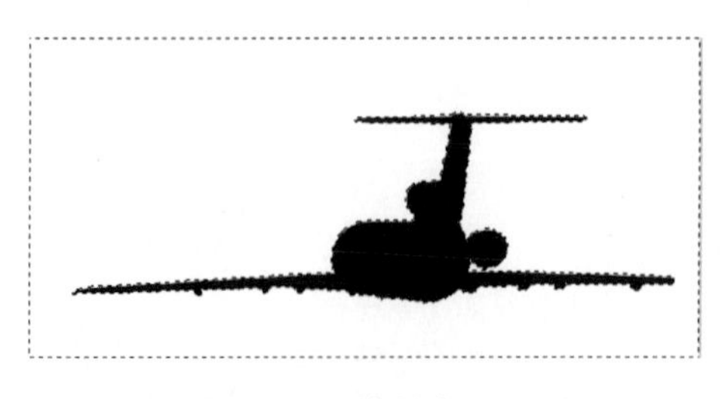

图 12-98 绘制选区　　　　图 12-99 添加飞机素材

06 设置前景色为深蓝色（RGB 参考值分别为 R0、G3、B96），选择工具箱中的矩形选框工具，在图像窗口中按住鼠标并拖动，绘制选区，按 Alt+Delete 快捷键，填充颜色如图 12-100 所示。

图 12-100　填充颜色

图 12-101　添加图层蒙版

07 单击图层面板上的“添加图层蒙版”按钮，为图层添加图层蒙版，按 D 键，恢复前景色和背景为默认的黑白颜色，选择渐变工具，按下“线性渐变”按钮，在图像窗口中按住并拖动鼠标，设置图层的“不透明度”为 30%，如图 12-101 所示。

08 运用同样的操作方法绘制矩形，并填充颜色。

09 运用同样的操作方法绘制如图 12-102 所示的光效，并填充白色，设置图层的“不透明度”为 39%。

图 12-102　绘制光效

图 12-103　绘制形状

10 选择钢笔工具，设置前景色为白色，绘制如图 12-103 所示的形状。

11 设置背景色为黄色，RGB 参考值分别为 R190、G145、B45。执行“图层”|“图层样式”|“渐变叠加”命令，弹出“图层样式”对话框，在渐变下拉列表框中选择“前景色到背景色渐变”类型，如图 12-104 所示。

12 单击“确定”按钮，退出“图层样式”对话框，添加“渐变叠加”的效果如图 12-105 所示。

图 12-104　“渐变叠加”参数

图 12-105　“渐变叠加”效果

13 运用同样的操作方法绘制图形，如图 12-106 所示.

14 参照上面同样的操作方法添加人物和标志素材，如图 12-107 所示。

图 12-106　绘制图形

图 12-107　添加人物和标志素材

15 在工具箱中选择横排文字工具 T，设置字体为“宋体”字体、字体大小分别为 309 点、120 点，输入文字效果如图 12-108 所示。

16 运用同样的操作方法输入文字，得到如图 12-109 所示的最终效果。

图 12-108　输入文字

图 12-109　最终效果

设计传真

户外广告画面一般较大，大都使用喷绘方式，如高速公路旁众多的广告牌，一般是 3.2 米的最大幅宽。喷绘机使用的介质一般都是广告布(俗称灯箱布)，墨水使用油性墨水。喷绘公司为保证画面的持久性，一般画面色彩比显示器上的颜色要深一些。喷绘实际输出的图像分辨率一般只需要 30～45dpi (设备分辨率)。

Example

12.8 X 展架设计——绿能电动车

本实例制作的绿能电动车 X 展架设计，实例以绿色为主色调，强调和突出产品的科技和环保，制作完成的绿能电动车 X 展架设计效果如左图所示。

使用工具：图层样式、图层蒙版、钢笔工具、渐变工具、横排文字工具。

视频路径：avi\12.8.avi

01 启动 Photoshop 后，执行“文件”|“新建”命令，弹出“新建”对话框，设置参数如图 12-110 所示，单击“确定”按钮，新建一个空白文件。

02 执行“图层”|“图层样式”|“渐变叠加”命令，弹出“图层样式”对话框，单击渐变条，在弹出的“渐变编辑器”对话框中设置颜色如图 12-111 所示，其中绿色的 RGB 参考值分别为 R9、G122、B61，黄绿色的 RGB 参考值分别为 R186、G207、B12，绿色的 RGB 参考值分别为 R141、G202、B10。

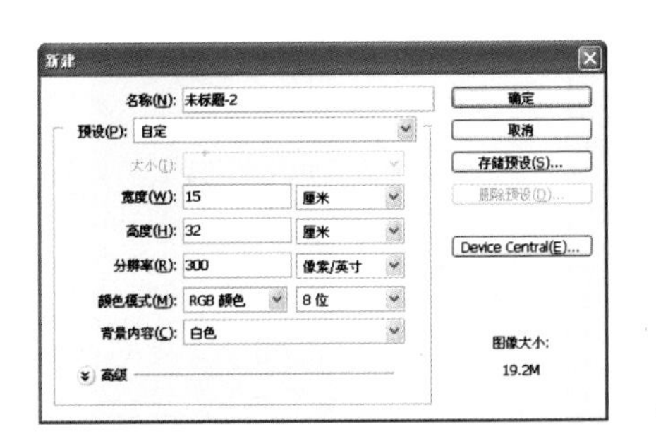

图 12-110 “新建”对话框

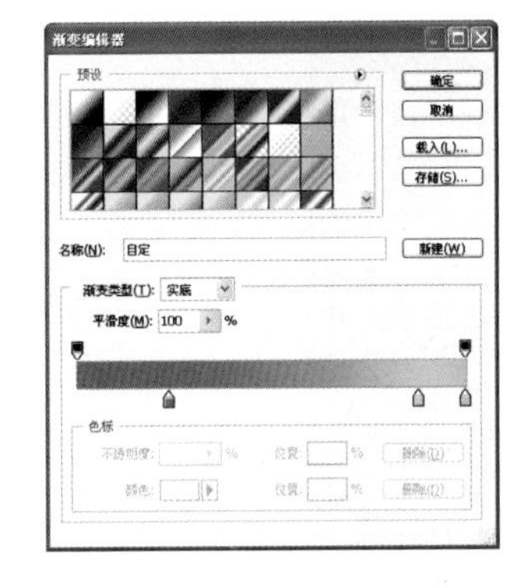

图 12-111 “渐变编辑器”对话框

03 单击“确定”按钮，返回“图层样式”对话框，如图 12-112 所示。单击“确定”按钮，退出“图层样式”对话框，添加“渐变叠加”的效果如图 12-113 所示。

设计传真

绿色蕴涵着和平、和谐、放松、真诚、慷慨、生命、青春、希望、舒适、安逸、公正、平庸等情感含义。

04 参照第 9 章教育公益第 4 节招贴设计——节能减耗从我做起，制作发散线效果如图 12-114 所示。

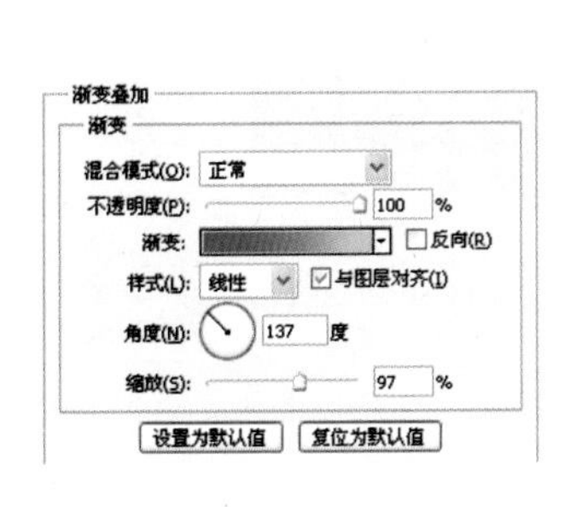

图 12-112 “渐变叠加”参数

图 12-113 “渐变叠加”效果

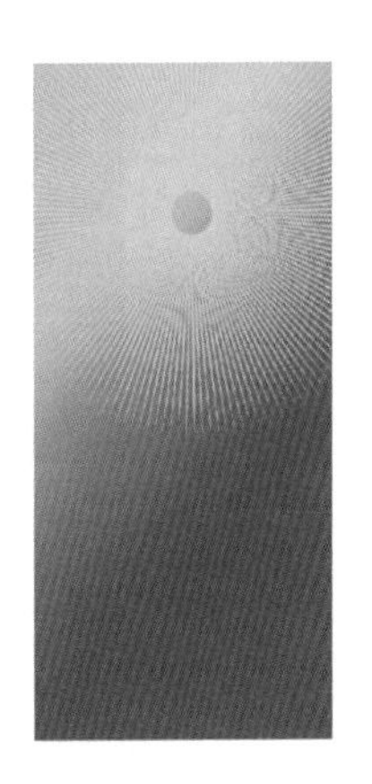

图 12-114 制作发散线效果

05 设置前景色为绿色 RGB 参考值分别为 R0、G72、B58。在工具箱中选择钢笔工具，按下“形状图层”按钮，在图像窗口中，绘制如图 12-115 所示图形。

06 运用同样的操作方法制作其他图形，如图 12-116 所示。

07 单击图层面板上的“添加图层蒙版”按钮，为图层添加图层蒙版，按 D 键，恢复前景色和背景为默认的黑白颜色，选择渐变工具，按下“径向渐变”按钮，在图像窗口中按住并拖动鼠标，如图 12-117 所示。

图 12-115　绘制图形

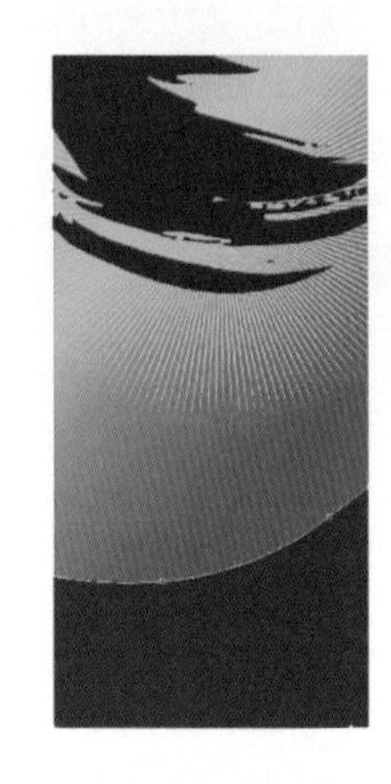

图 12-116　制作其他图形

图 12-117　添加图层蒙版

08 参照前面同样的操作方法分别绘制图形并添加“图层样式”，效果图 12-118 所示。

09 按 Ctrl+O 快捷键，弹出“打开”对话框，选择电动车和标志等素材，单击“打开”按钮，运用移动工具，将素材添加至文件中，放置在合适的位置，如图 12-119 所示。

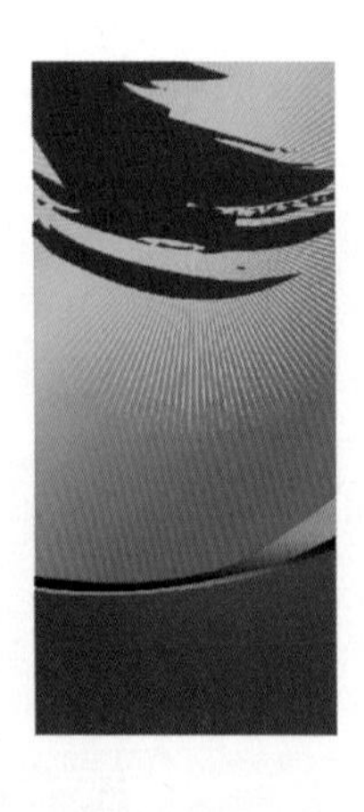

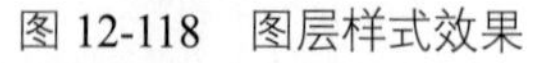

图 12-118　图层样式效果

图 12-119　添加素材

10 在工具箱中选择横排文字工具，设置字体分别为“方正大黑简体”、Arial Black 字体、字体大小均为 49 点，输入文字效果如图 12-120 所示。

图 12-120　输入文字

图 12-121　“描边”效果

11 在图层面板中单击“添加图层样式”按钮 fx，在弹出的快捷菜单中选择“描边”选项，弹出“图层样式”对话框，设置“描边”颜色为深绿色（RGB 参考值分别为 R0、G72、B58），设置参数如图 12-122 所示，单击“确定”按钮，退出“图层样式”对话框，添加“描边”的效果如图 12-121 所示。最终效果如图 12-123 所示。

图 12-122 “描边”参数

图 12-123 最终效果

设计传真

POP 广告除了要注重节日氛围和创造热闹的气氛外，还要根据商店的整体造型、宣传的主题，以及加强商店形象的总体出发，烘托商店的气氛。

第 13 章

数码暗房篇

13

Example

13.1 让头发色彩飞扬——为头发染色

本实例是为人物头发染色，实例通过“色彩平衡”调整命令，调整头发颜色，然后运用画笔工具涂抹，调整完成的照片效果如左图所示。

使用工具：“色彩平衡”命令、画笔工具、混合模式、横排文字工具。

视频路径: avi\13.1.avi

01 启动 Photoshop 后，按 Ctrl+O 快捷键，弹出“打开”对话框，选择人物照片，单击“打开”按钮，在图层面板中单击选中“背景”图层，按住鼠标将其拖动至“创建新图层”按钮 上，复制得到“背景副本”图层，如图 13-1 所示。

02 单击调整面板中的“色彩平衡”按钮，系统自动添加一个“色彩平衡”调整图层，设置参数如图 13-2 所示。

图 13-1　打开人物照片

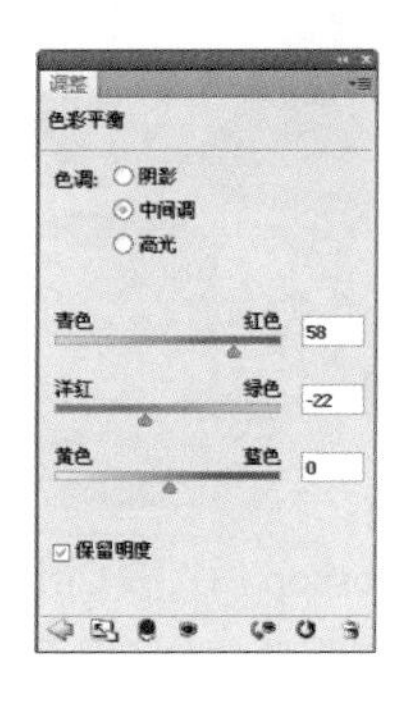

图 13-2　“色彩平衡”调整参数

03 “色彩平衡”调整效果如图 13-3 所示。

图 13-3　“色彩平衡”调整效果

图 13-4　涂抹头发

04 调整图像颜色完成后，在图层调板中自动添加了一个图层蒙版，按 D 键，恢复前景色和背景色为默认的黑白颜色，按 Alt+Delete 快捷键，填充蒙版为黑色，选择画笔工具，按下 X 快捷键，将前景色切换为白色，在工具选项栏中设置“模式”为“正常”，“不透明度”为 85%，“流量”为 55%。然后在人物头发上涂抹，使颜色调整只对头发区域有效，如图 13-4 所示。

05 设置图层的“混合模式”为“颜色”，“不透明度”为 80%，最终效果如图 13-5 所示。

图 13-5　最终效果

Example

13.2 还原真实——矫正照片偏色

本实例是矫正偏色，实例通过“色彩平衡”调整命令“可选颜色”调整命令、“色阶”调整命令、“自然饱和度”调整命令，调整偏色的人物照片，调整完成的照片效果如左图所示。

使用工具：“色彩平衡”命令、“可选颜色”命令、“色阶”命令、“自然饱和度”命令。

视频路径: avi\13.2.avi

01 启动 Photoshop 后，按 Ctrl+O 快捷键，弹出“打开”对话框，选择人物照片，单击“打开”按钮，打开图像如图 13-6 所示。在图层面板中单击选中“背景”图层，按住鼠标将其拖动至“创建新图层”按钮 上，复制得到“背景副本”图层。

图 13-6　打开人物照片

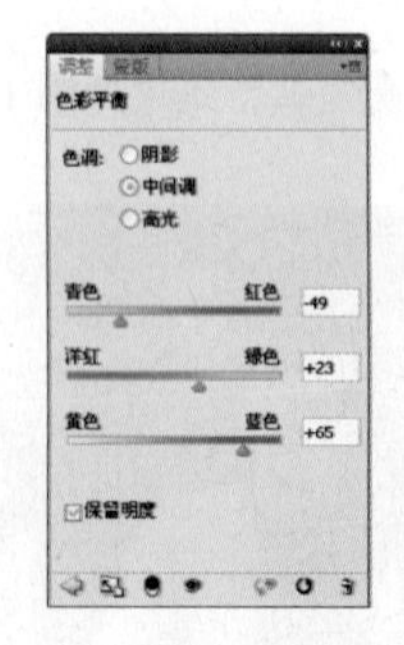

图 13-7　“色彩平衡”调整参数

02 单击调整面板中的“色彩平衡””按钮，系统自动添加一个“色彩平衡”调整图层，设置参数如图 13-7 所示。

03 “色彩平衡”调整效果如图 13-8 所示。

04 单击调整面板中的“可选颜色”按钮，系统自动添加一个“可选颜色”调整图层，设置参数如图 13-9 所示。

图 13-8 “色彩平衡”调整效果　　图 13-9 “可选颜色”调整参数

技巧点拨

“可选颜色”调整命令可以校正颜色的平衡，主要针对 RGB、CMYK 和黑、白、灰等主要颜色的组成进行调节。可以选择性地在图像某一主色调成分中增加或减少印刷颜色含量，而不影响该印刷色在其他主色调中的表现，从而对图像的颜色进行校正。例如，可以使用可选颜色命令显著减少或增加黄色中的青色成份，同时保留其他颜色的青色成份不变。

05 “可选颜色”调整效果如图 13-10 所示。

06 单击调整面板中的“色阶”按钮，系统自动添加一个“色阶”调整图层，设置参数如图 13-11 所示。

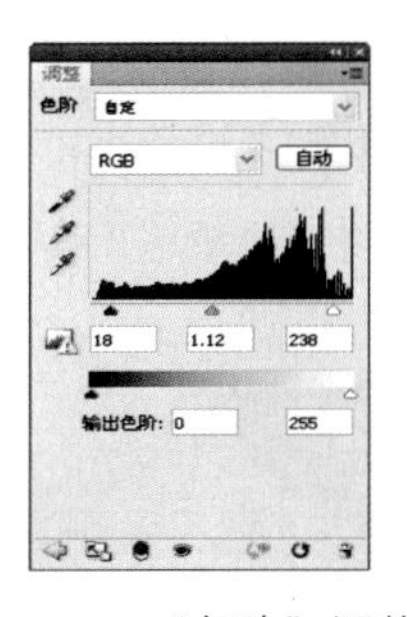

图 13-10 “可选颜色”调整效果　　图 13-11 “色阶”调整参数

07 “色阶”调整效果如图 13-12 所示。

08 单击调整面板中的“自然饱和度”按钮，系统自动添加一个“自然饱和度”调整图层，设置参数如图 13-13 所示。

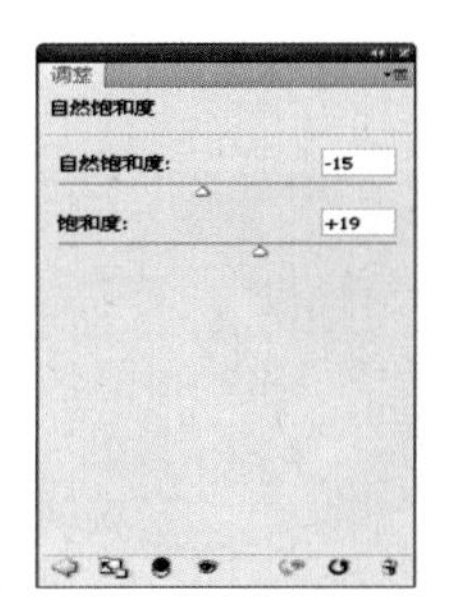

图 13-12 “色阶”调整效果　　图 13-13 “自然饱和度”调整参数

09 “自然饱和度”调整效果如图 13-14 所示。

技巧点拨

“自然饱和度”调整可以对画面进行有选择性的饱和度的调整，它会对已经接近完全饱和的色彩降低调整程度，而对不饱和度的色彩，进行较大幅度的调整。另外，它还可以对皮肤肤色进行一定的保护，确保不会在调整过程中变得过度饱和。

图 13-14 “自然饱和度”调整效果

Example

13.3 完美彩妆——添加唇彩

本实例是为人物添加唇彩，实例通过钢笔工具建立嘴唇的选区，然后通过“色相/饱和度”调整命令，调整合适的唇彩，添加完成的唇彩效果如左图所示。

使用工具：钢笔工具、“羽化”命令、“色相饱和度”命令、横排文字工具。

视频路径：avi\13.3.avi

01 启动 Photoshop 后，按 Ctrl+O 快捷键，弹出“打开”对话框，选择人物照片，单击“打开”按钮，在图层面板中单击选中“背景”图层，按住鼠标将其拖动至“创建新图层”按钮上，复制得到“背景副本”图层，如图 13-15 所示。

02 在工具箱中选择钢笔工具，按下“路径”按钮，在图像窗口中，绘制如图 13-16 所示路径。

图 13-15 打开人物照片

图 13-16 绘制路径

03 按 Ctrl + Enter 快捷键，转换路径为选区，如所图 13-17 示。

图 13-17 转化路径为选区

图 13-18 “色相饱和度”参数

04 执行“选择”|“修改”|“羽化”命令，弹出“羽化”对话框，设置“羽化半径”为 3 像素。单击“确定”按钮，执行羽化效果并退出“羽化半径”对话框，按 Ctrl+D 键取下选区。然后单击调整面板中的“色相饱和度”按钮，系统自动添加一个“色相饱和度”调整图层，设置参数如图 13-18 所示。

05 “色相饱和度”调整效果如图 13-19 所示。

技巧点拨

创建羽化选区的两种方法：

选择选框工具后，在其属性栏中的“羽化”文本框中输入需要羽化的参数；

在选区上单击鼠标右键后，在弹出的快捷菜单中执行“羽化”命令，或直接按 Shift+F6 快捷键，在弹出的“羽化”对话框中设置羽化参数，单击“确定”按钮。

图 13-19 最终效果

Example

13.4 甜美笑容——打造迷人酒窝

本实例制作的是甜美酒窝，实例使用椭圆选框工具在人物的脸部适合位置建立选区，然后为其添加图层样式，添加和设置好“斜面和浮雕”参数后设置图层的“不透明度”，制作完成的甜美酒窝效果如左图所示。

使用工具：缩放工具、椭圆选框工具、“通过拷贝的图层”命令、图层样式。

视频路径：avi\13.4.avi

01 启动 Photoshop 后，按 Ctrl+O 快捷键，弹出“打开”对话框，选择人物照片，单击“打开”按钮，如图 13-20 所示。

02 在工具箱中选择缩放工具，或按快捷键 Z，然后移动光标至图像窗口，这时光标显示形状，在人物脸部按住鼠标并拖动，绘制一个虚线框，释放鼠标后，窗口放大显示人物脸部，如图 13-21 所示，方便于后面的操作。

图 13-20 人物素材

图 13-21 放大显示

技巧点拨

调整图像显示比例有多种方法，在实际工作中可以灵活运用。需要注意的是，图像的显示比例越大，并不表示图像的尺寸越大。在放大和缩小图像显示比例时，并不影响和改变图像的打印尺寸、像素数量和分辨率。

03 选择工具箱中的椭圆选框工具，按住 Shift 键的同时，在人物酒窝的位置单击鼠标并拖动，绘制如图 13-22 所示的正圆选区。

04 执行“图层”|“新建”|“通过拷贝的图层”命令，将选区内的图形复制至新建的“图层 1”图层。执行“图层”|“图层样式”|“斜面和浮雕”命令，弹出“图层样式”对话框，在“结构”选项组中设置参数如图 13-23 所示。

图 13-22　绘制选区

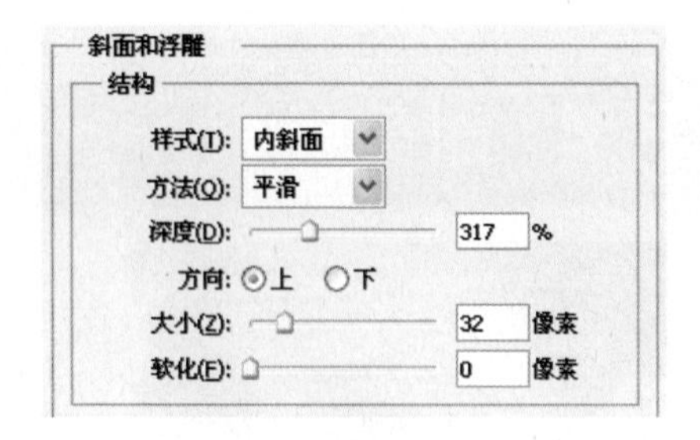

图 13-23　“结构”选项组

05 单击“阴影”选项组中“光泽等高线”下拉按钮，在弹出的下拉面板中选择“锥形”选项，如图 13-24 所示。

06 在“阴影”选项组中单击“高光模式”后的色块，如图 13-25 所示。

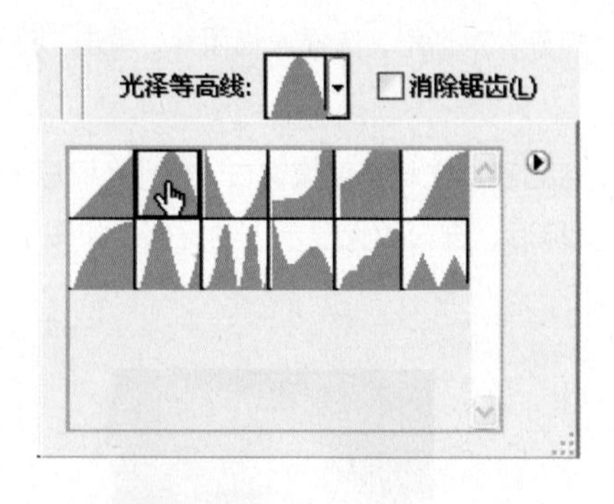

图 13-24　选择“锥形”选项

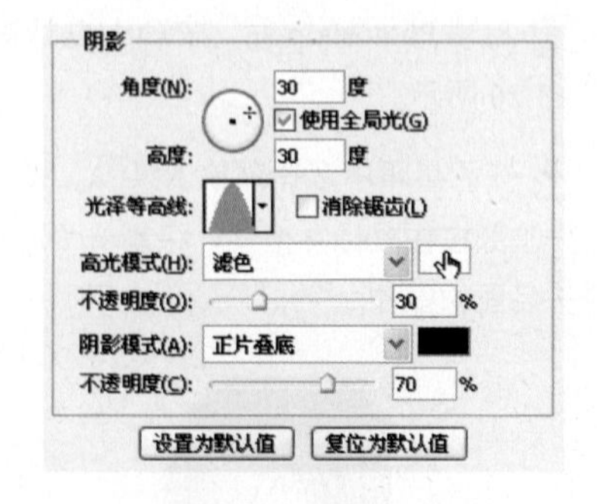

图 13-25　“阴影”选项组

07 弹出“选择高光颜色”对话框，设置颜色如图 13-26 所示。

08 单击“确定”按钮，运用同样的操作方法，单击阴影模式后的色块，弹出“选择高光颜色”对话框，设置颜色如图 13-27 所示，单击“确定”按钮。

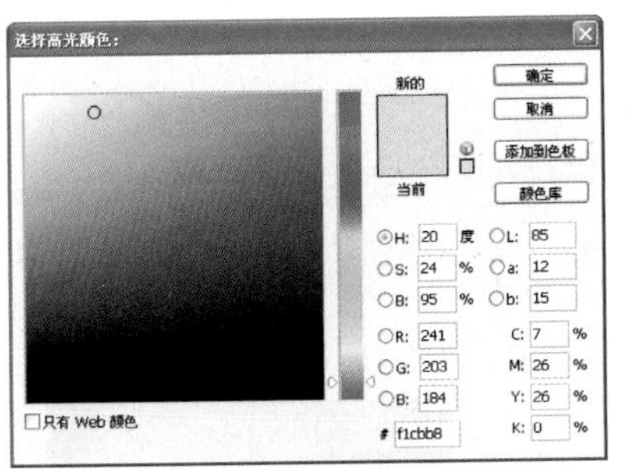

图 13-26　设置颜色

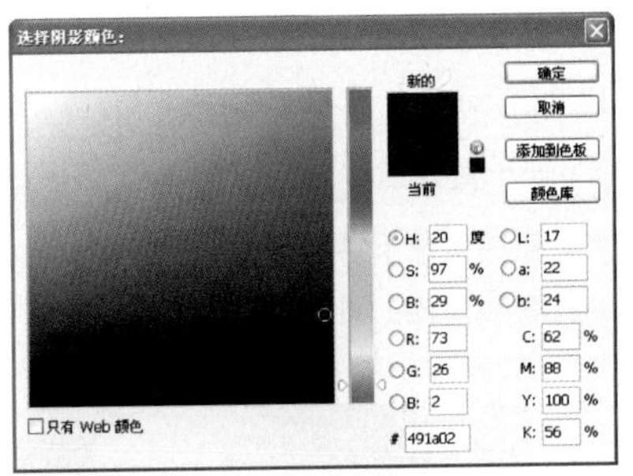

图 13-27　设置颜色

09 继续设置其他参数，如图 13-28 所示，设置完成后单击“确定”按钮。

10 添加“斜面和浮雕”图层样式的效果如图 13-29 所示。

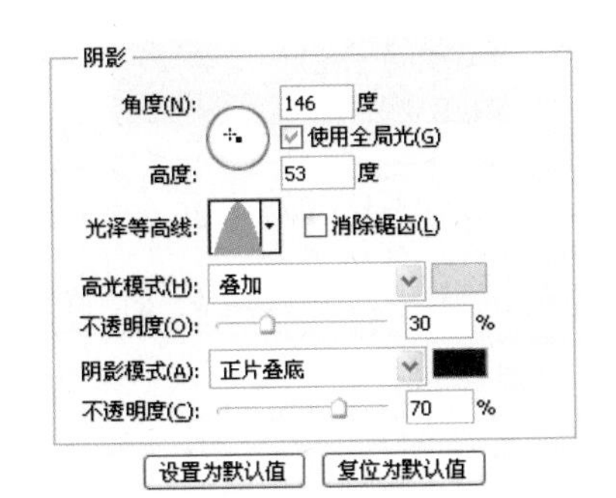

图 13-28　设置参数

图 13-29　酒窝效果

11 在图层面板中设置“图层 1”图层的“不透明度”为 52%，最终效果如图 13-30 所示。

图 13-30　最终效果

Example

13.5 眼色大变样——给人物的眼睛变色

本实例是给人物的眼睛变色，实例通过使用快速蒙版和图层的混合模式快速实现眼睛变色效果。

使用工具：缩放工具、快速蒙版、画笔工具、橡皮擦工具、混合模式、“曲线”命令。

视频路径: avi\13.5.avi

01 启动 Photoshop 后，按 Ctrl+O 快捷键，弹出“打开”对话框，选择人物照片，单击“打开”按钮，如图 13-31 所示。

02 在工具箱中选择缩放工具，或按快捷键 Z，然后移动光标至图像窗口，这时光标显示形状，在人物脸部按住鼠标并拖动，绘制一个虚线框，释放鼠标后，窗口放大显示人物脸部，如图 13-32 所示，方便于后面的操作。

图 13-31　人物素材

图 13-32　放大显示

03 单击工具箱中“以快速蒙版模式编辑”按钮，然后在工具箱中选择画笔工具，在人物的眼睛处涂抹，如图 13-33 所示。

04 继续使用画笔工具，在人物的另一只眼睛上涂抹，如图 13-34 所示。

图 13-33　人物素材涂抹眼睛

图 13-34　涂抹眼睛

技巧点拨

快速蒙版是一个编辑选区的临时环境，可以辅助用户创建选区。默认情况下在快速蒙版模式中，无色的区域表示选区以内的区域，半透明的红色区域表示选区以外的区域。当离开快速蒙版模式时，无色区域成为当前选择区域

05 单击工具箱中“以标准模式编辑”按钮，按 Ctrl+Shift+I 快捷键反选，得到如图 13-35 所示的选区。

06 单击工具箱中的“设置前景色”色块，弹出“拾色器（前景色）”对话框，设置颜色为绿色（RGB 参考值分别为 R73、G126、B54），如图 13-36 所示。

07 单击“确定”按钮，退出对话框。单击图层面板中的“创建新图层”按钮，新建一个图层，

按 Alt+Delete 快捷键，填充颜色，如图 13-37 所示。

08 选择橡皮擦工具，擦除眼部多余部分，如图 13-38 所示。

图 13-35　建立选区

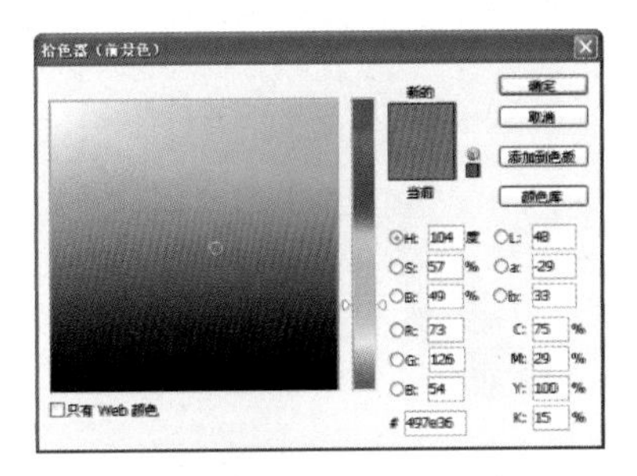

图 13-36　“拾色器（前景色）”对话框

图 13-37　设置颜色填充颜色

图 13-38　擦除眼部多余部分

09 设置图层的“混合模式”为“叠加”，效果如图 13-39 所示。

10 在图层面板中单击选中“背景”图层，按住鼠标将其拖动至“创建新图层”按钮上，复制得到“背景副本”图层，单击调整面板中的“曲线”按钮，系统自动添加一个“曲线”调整图层，设置参数如图 13-40 所示。

图 13-39　“叠加”效果

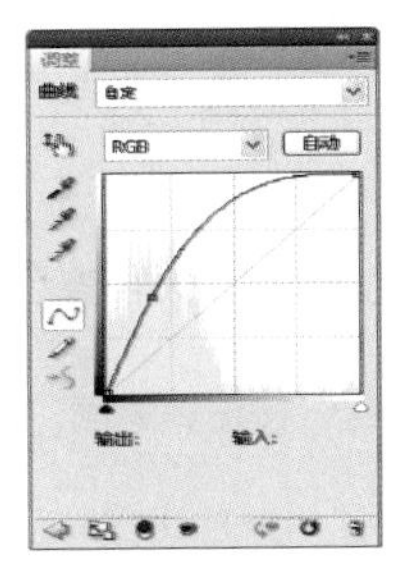

图 13-40　“曲线”调整参数

11 调整效果如图 13-41 所示。

图 13-41　“曲线”调整效果

Example

13.6 流行美——调出浪漫色调

本实例是调出浪漫色调，实例通过添加图层样式、和调整图层混合模式为主，调整照片的颜色，调整完成的效果如左图所示。

使用工具：图层样式、混合模式、横排文字工具。

视频路径：avi\13.6.avi

01 启动 Photoshop 后，按 Ctrl+O 快捷键，弹出“打开”对话框，选择人物照片，单击“打开”按钮，如图 13-42 所示。

02 按 Ctrl+J 快捷键，将“背景”图层复制一份，在图层面板中生成“背景副本”图层，执行“图层”|“图层样式”|“渐变叠加”命令，弹出“图层样式”对话框，单击渐变条，在弹出的“渐变编辑器”对话框中设置参数如图 13-43 所示，其中黄色的 RGB 参考值分别为 252、236、182，红色的 RGB 参考值分别为 241、153、149，绿色的 RGB 参考值分别为 149、201、99。

图 13-42　人物素材

图 13-43　“渐变编辑器”对话框

03 单击“确定”按钮，返回“图层样式”对话框，设置图层的“混合模式”为“叠加”，如图 13-44 所示。

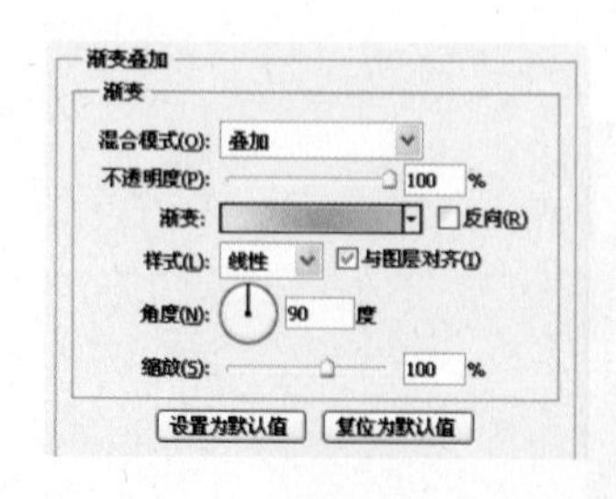

图 13-44　“渐变叠加”参数

图 13-45　“渐变叠加”效果

04 单击“确定”按钮，退出“图层样式”对话框，添加“渐变叠加”的效果如图 13-45 所示。

05 按 Ctrl+J 快捷键，将“背景”图层复制一份，在图层面板中生成“背景副本 2”图层，，将“背景副本 2”图层放置在最顶层。设置“背景副本”图层的“混合模式”为“正片叠底”、“不透明度”为 45%，如图 13-46 所示。

06 执行“文件”|“打开”命令，打开文字素材，运用移动工具将文字素材添加至文件中，调整好位置，如图 13-47 所示。

07 在工具箱中选择横排文字工具T，设置字体为“黑体”、字体大小为 150 点，输入文字，设置图层的“不透明度”为 40%，最终效果如图 13-48 所示。

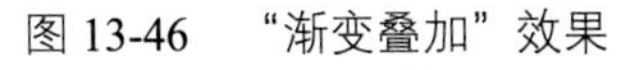

图 13-46 “渐变叠加”效果　　图 13-47 设置图层属性　　图 13-48 最终效果

Example

13.7 儿童照片模板——天使女孩儿童艺术照

本实例制作的是天使女孩儿童艺术照，实例以人物为主体，通过俏皮的表情，表现出女孩儿的天真、无邪，制作完成的天使女孩儿童艺术照效果如左图所示。

使用工具：图层蒙版、画笔工具、椭圆工具、创建剪贴蒙版、横排文字工具。

视频路径：avi\13.7.avi

01 启动 Photoshop 后，执行“文件”|“新建”命令，弹出“新建”对话框，设置参数如图 13-49 所示，单击“确定”按钮，新建一个空白文件。

02 设置前景色为灰色（RGB 参考值分别为 R214、G214、B192），按 Alt+Delete 键填充背景。

03 按 Ctrl+O 快捷键，弹出“打开”对话框，选择人物照片，单击“打开”按钮，运用移动工具，将素材添加至文件中，放置在合适的位置，如图 13-50 所示。

04 单击图层面板上的“添加图层蒙版”按钮，为图层添加图层蒙版。编辑图层蒙版，设置前景色为黑色，选择画笔工具，按“[”或“]”键调整合适的画笔大小，在人物图像上涂抹，如图 13-51 所示。

05 运用同样的操作方法，添加另一张人物和家居素材，并分别为图层添加图层蒙版，如图 13-52 所示。

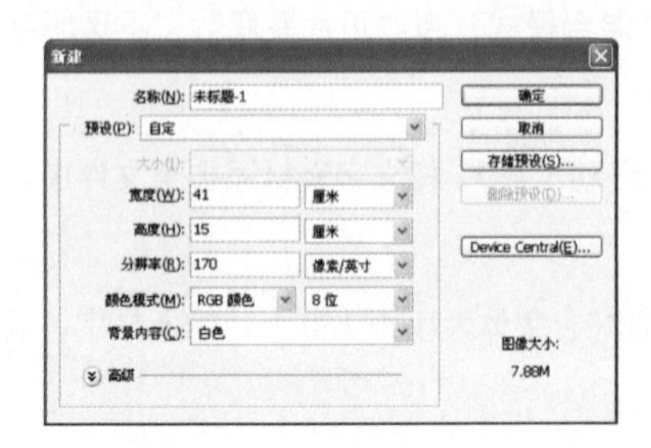

图 13-49 “新建”对话框

图 13-50 添加人物照片素材

图 13-51 添加图层蒙版

图 13-52 添加图层蒙版

06 设置前景色为蓝色（RGB 参考值分别为 R155、G215、B235），在工具箱中选择椭圆工具，按下“形状图层”按钮，按住 Shift 键的同时拖动鼠标绘制正圆，如图 13-53 所示。

07 将绘制的正圆复制一层，按 Ctrl+T 快捷键进入自由变换状态，向内拖动控制柄，调整至合适的大小，按 Enter 键确认调整，如图 13-54 所示。

图 13-53 绘制正圆

图 13-54 调整图形

08 将图形复制两份，并调整到合适的位置，如图 13-55 所示

图 13-55 复制图形

图 13-56 创建剪贴蒙版

09 打开一张人物图片，按住 Alt 键的同时，移动光标至分隔两图层的实线上，当光标显示为形状时，单击鼠标左键，创建剪贴蒙版，如图 13-56 所示。

10 运用同样的操作方法，为另外两张人物图片创建剪贴蒙版，如图 13-57 所示。

11 设置前景色为紫色（RGB 参考值分别为 R118、G132、B223），在工具箱中选择矩形工具，按下“形状图层”按钮，绘制矩形，并设置图层的“不透明度”为 60%，如图 13-58 所示。

图 13-57 创建剪贴蒙版

图 13-58 绘制矩形

12 在工具箱中选择横排文字工具T，设置字体为 Impact、字体大小为 30 点，输入文字，如图 13-59 所示。

13 运用同样的操作方法，输入其他文字，最终效果如图 13-60 所示。

图 13-59 输入文字

图 13-60 最终效果

Example

13.8 写真照片模板——青春的痕迹

本实例制作的是青春的痕迹写真照片模版，实例以淡淡哀愁的女性为主体，运用圆角矩形工具绘制轮廓，通过创建剪贴蒙版使图像融于圆角矩形，制作完成的青春的痕迹写真照片模版效果如左图所示。

使用工具：圆角矩形工具、创建剪贴蒙版、魔棒工具、混合模式、画笔、横排文字工具。

视频路径：avi\13.8.avi

01 启动 Photoshop 后，执行“文件”|“新建”命令，弹出“新建”对话框，设置参数如图 13-61 所示，单击“确定”按钮，新建一个空白文件。

02 新建一个图层，设置前景色为棕色（RGB 参考值分别为 R88、G54、B50），填充背景颜色。设置前景色为白色，在工具箱中选择圆角矩形工具，按下“填充像素”按钮，拖动鼠标绘制圆角矩形，如图 13-62 所示。

03 按 Ctrl+O 快捷键，弹出“打开”对话框，选择人物照片，单击“打开”按钮，运用移动工具，将素材添加至文件中，放置在合适的位置，按住 Alt 键的同时，移动光标至分隔两个图层的实线上，当光标显示为形状时，单击鼠标左键，创建剪贴蒙版，如图 13-63 所示。

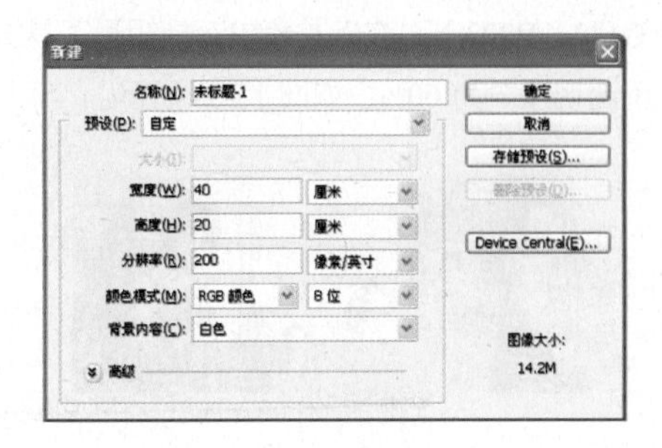

图 13-61　“新建”对话框

图 13-62　绘制圆角矩形

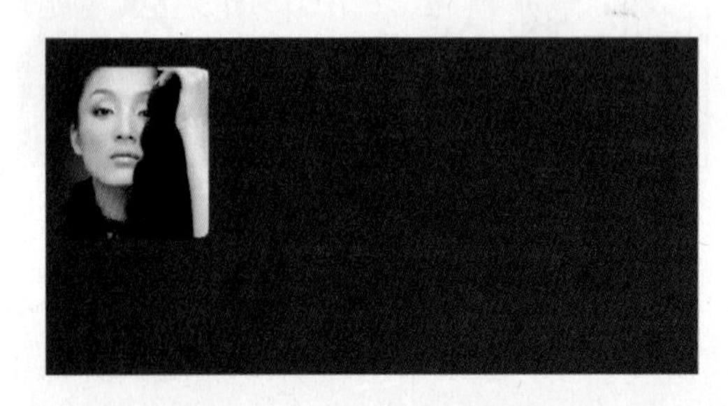

图 13-63　创建剪贴蒙版

图 13-64　人物素材

04 运用同样的操作方法，打开另一张人物照片，选择工具箱魔棒工具，选择白色背景，得到选区，如图 13-64 所示。运用移动工具，将素材添加至文件中，放置在合适的位置。

05 将人物照片复制一层，并填充黑色，然后将图层下移一层，制作出投影效果，如图 13-65 所示。

图 13-65　复制人物

图 13-66　添加花纹和其他素材

06 运用同样的操作方法添加花纹和其他素材，然后选择花纹素材，设置图层的“混合模式”为“正片叠底”，“不透明度”为 40%，如图 13-66 所示。

专家提醒

背景底纹可以根据画面主体物的色彩和明度而变化，背景底纹色彩的亮度和明度不可以高于主体物，否则画面的主体就失去了位置。

07 新建一个图层，设置前景色为白色，选择画笔工具，在工具选项栏中设置“硬度”为0%，“不透明度”和“流量”均为80%，在图像上涂抹，如图13-67所示。

08 在工具箱中选择横排文字工具T，设置字体为My Puma、字体大小为150点，输入文字，设置图层的“不透明度”为40%，如图13-68所示。

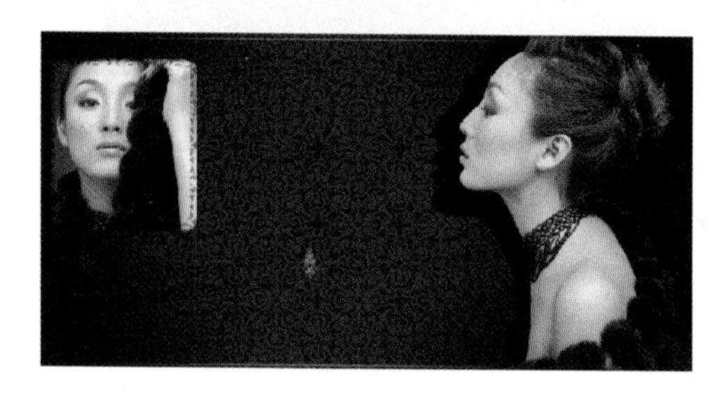

图13-67　涂抹

图13-68　输入文字

09 运用同样的操作方法，输入其他文字，如图13-69所示。

图13-69 最终效果

Example

13.9 写真照片模板——蓝色情迷

本实例制作的是蓝色情迷写真照片模版，实例以人物形态为主体，通过添加图层蒙版，使人物与背景的过渡更柔和，制作完成的蓝色情迷写真照片模版效果如左图所示。

使用工具：画笔工具、自定形状工具、图层样式、“色相/饱和度”、图层蒙版、圆角矩形工具、矩形选框工具、横排文字工具。

视频路径：avi\13.9.avi

01 启动Photoshop后，执行“文件”|“新建”命令，弹出“新建”对话框，设置参数如图13-70所

示，单击“确定”按钮，新建一个空白文件。

02 按 Ctrl+O 快捷键，弹出“打开”对话框，选择背景图片素材，单击“打开”按钮，运用移动工具，将素材添加至文件中，放置在合适的位置，如图 13-71 所示。

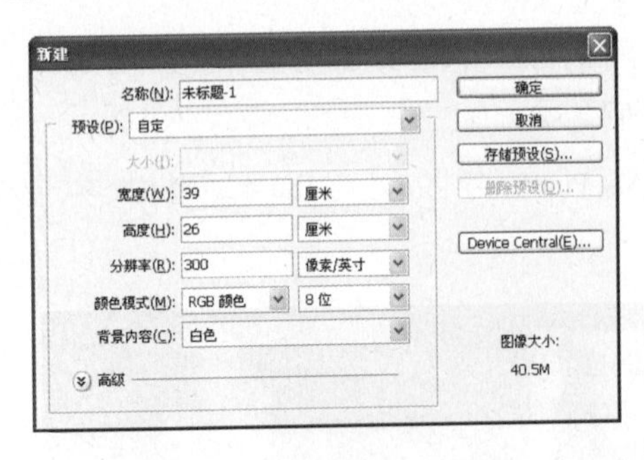

图 13-70 “新建”对话框

图 13-71 添加背景图片素材

03 新建一个图层，设置前景色为白色，选择画笔工具，在工具选项栏中设置“硬度”为 0%，“不透明度”和“流量”均为 80%，在图像窗口中单击鼠标，绘制如图 13-72 所示的光点。

图 13-72 绘制星光

图 13-73 绘制形状

04 新建一个图层，在工具箱中选择自定形状工具，然后单击选项栏“形状”下拉列表按钮，从形状列表中选择“叶形装饰 3”形状。按下“填充像素”按钮，在图像窗口中拖动鼠标绘制一个“叶形装饰 3”形状，如图 13-73 所示。

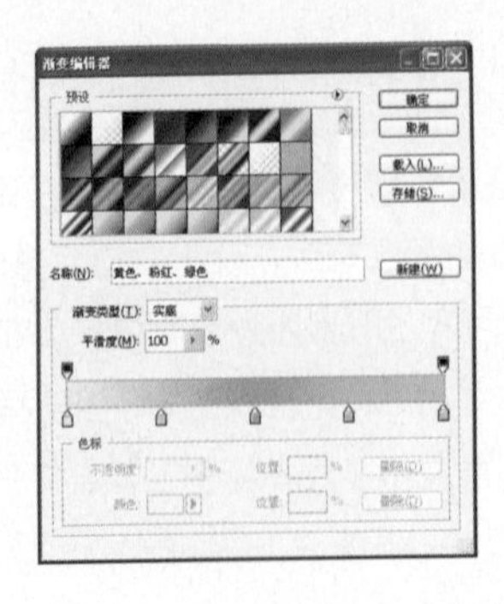

图 13-74 “渐变编辑器”对话框

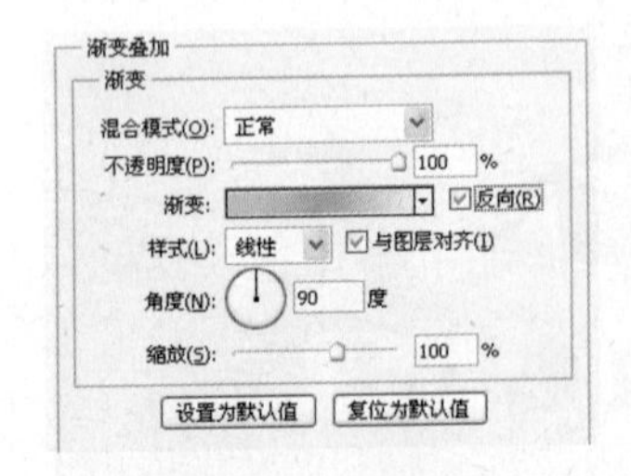

图 13-75 “渐变叠加”参数

05 执行“图层”|“图层样式”|“渐变叠加”命令，弹出“图层样式”对话框，单击渐变条，在弹

出的“渐变编辑器”对话框中设置颜色如图 13-74 所示，其中淡黄色的 RGB 参考值分别为 R252、G236、B182，桃红色的 RGB 参考值分别为 R247、G197、B166，粉红色的 RGB 参考值分别为 R241、G153、B149，土黄色的 RGB 参考值分别为 R202、G188、B130，绿色的 RGB 参考值分别为 R149、G201、B99。

06 单击“确定”按钮，返回“图层样式”对话框，如图 13-75 所示。

07 单击“确定”按钮，退出“图层样式”对话框，添加“渐变叠加”的效果如图 13-76 所示。

08 运用同样的操作方法绘制其他形状，并添加“渐变叠加”的效果，如图 13-77 所示。

图 13-76　添加“渐变叠加”效果

图 13-77　绘制其他形状

09 单击调整面板中的“”按钮，系统自动添加一个“色相/饱和度”调整图层，设置参数如图 13-78 所示。

10 “色相/饱和度”调整效果如图 13-79 所示。

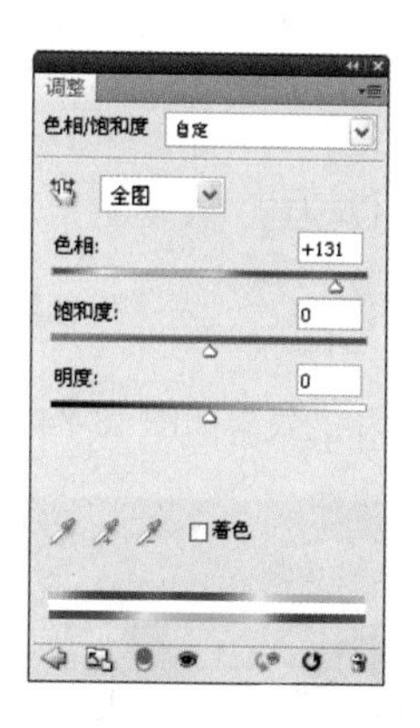

图 13-78　“色相/饱和度”参数

图 13-79　调整“色相/饱和度”效果

11 打开一张人物照片，运用移动工具，将素材添加至文件中，放置在合适的位置，如图 13-80 所示。

12 单击图层面板上的“添加图层蒙版”按钮，为“人物”图层添加图层蒙版。编辑图层蒙版，设置前景色为黑色，选择画笔工具，按“[”或“]”键调整合适的画笔大小，在人物图像上涂抹，如图 13-81 所示。

13 设置前景色为白色，在工具箱中选择圆角矩形工具，按下“形状图层”按钮，在图像窗口中，拖动鼠标绘制如图 13-82 所示圆角矩形。

技巧点拨

若要选择连续图层，还可以在按下 Shift 键的同时，单击图层面板第一个和最后一个图层，中间的图层全部自动选择。

图 13-80　添加人物照片素材

图 13-81　添加图层蒙版

14 选择圆角矩形图层，双击图层，弹出“图层样式”对话框，选择“描边”选项，设置参数如图 13-83 所示。

图 13-82　绘制圆角矩形

图 13-83　“描边”参数

15 单击“确定”按钮，退出“图层样式”对话框，添加“描边”的效果如图 13-84 所示。

图 13-84　“描边”效果

图 13-85　创建剪贴蒙版

16 按住 Alt 键的同时，移动光标至分隔两个图层的实线上，当光标显示为形状时，单击鼠标左键，创建剪贴蒙版，如图 13-85 所示。

17 运用同样的操作方法，为其他图片创建剪贴蒙版，如图 13-86 所示。

18 在工具箱中选择横排文字工具[T]，设置字体为方正大标宋简体字体、字体大小为 24 点，输入文字，如图 13-87 所示。

图 13-86　创建剪贴蒙版

图 13-87　输入文字

19 运用同样的操作方法，输入其他文字，如图 13-88 所示。

图 13-88　最终效果